합격을 위한 자격검정 시험대비

컴퓨터응용가공 산업기사 실기

Industrial Engineer Computer Aided Manufacturing

최정훈 · 정의대 공저

www.cyber.co.kr

도서 A/S 안내

성안당에서 발행하는 모든 도서는 저자와 출판사, 그리고 독자가 함께 만들어 나갑니다.

좋은 책을 펴내기 위해 많은 노력을 기울이고 있습니다. 혹시라도 내용상의 오류나 오탈자 등이 발견되면 "좋은 책은 나라의 보배"로서 우리 모두가 함께 만들어 간다는 마음으로 연락주시기 바랍니다. 수정 보완하여 더 나은 책이 되도록 최선을 다하겠습니다.

성안당은 늘 독자 여러분들의 소중한 의견을 기다리고 있습니다. 좋은 의견을 보내주시는 분께는 성안당 쇼핑몰의 포인트(3,000포인트)를 적립해 드립니다.

잘못 만들어진 책이나 부록 등이 파손된 경우에는 교환해 드립니다.

저자 문의 e-mail : cjh3818@hanmail.net(최정훈)
본서 기획자 e-mail : coh@cyber.co.kr(최옥현)
홈페이지 : http://www.cyber.co.kr 전화 : 031) 950-6300

머리말

PREFACE

산업이 지속적으로 발전함에 따라 인간은 좀 더 편리한 삶을 추구하게 되고, 이를 위해 여러 가지 기계나 설비들을 필요로 하게 됩니다. 그 대표적인 장비로는 CNC 공작 기계를 들 수 있습니다.

현재 우리나라는 세계 다섯 번째 생산 제조국으로서 정밀 기계, 전자, 항공기 부품, 자동차, 금형의 그 특성이 점차 복잡 · 다양화되고 있습니다. 이 책은 복합화, 고기능화되고 있는 CNC 공작 기계를 좀 더 쉽고 정확하게 이해하여 운영할 수 있도록 하기 위해 핵심적인 사항을 엄선하여 다루었으며, 수험생들이 자격 시험을 좀 더 편리하게 준비할 수 있도록 하는 데 중점을 두었습니다.

컴퓨터응용가공산업기사(Industrial Engineer Computer Aided Manufacturing)는 CNC 공작 기계의 부분 프로그램을 작성 및 수정하고 구멍가공, 선삭가공, 형상가공, 연삭가공, 공구가공 등의 조건에 알맞은 적정 공구 및 코드를 선정하거나 치수 및 면 조도를 고려하여 프로그램을 작성하는 업무를 수행하여 전산응용기계를 직접 조작하거나 점검 · 정비 · 관리하는 업무 등의 직무 수행 능력을 평가하는 국가 검정 자격증입니다.

이 책은 최근에 출제된 문제와 시험을 앞둔 수험생들이 실기 시험을 보면서 실수하는 부분을 중심으로 구성했습니다. 이와 아울러 첫 모델링에서부터 마지막 수기 작성까지 초보자도 쉽게 할 수 있도록 구성했으며, 더 나아가 수치제어밀링기능사, 컴퓨터응용가공산업기사 실기 시험의 실기 검정에 도움이 되도록 구성했습니다.

국가기술자격증의 핵심 포인트를 알고 꾸준히 노력하면 누구나 자격 취득에 성공할 수 있을 것입니다. 끝으로 이 책이 출간되기까지 많은 도움을 주신 성안당 편집부 관계자 여러분께 감사드립니다.

최정훈 · 정의대

목차

CONTENTS

컴퓨터응용가공산업기사
0
PART

출제 기준 및 요구 사항

컴퓨터응용가공산업기사 실기 시험은 출제에 관련된 주요 항목과
각 항목별 세부 항목 기준에 두어 문제 출제가 이루어집니다.
또한 각 항목별 요구 사항에 맞춰 채점이 이루어지며,
항목별 채점을 합하여 기준 점수(60점) 이상을 취득해야 합격할 수 있습니다.
이 파트에서는 컴퓨터응용가공산업기사의 출제 기준 및 실기 시험 문제 요구 사항에 대해 알아보겠습니다.

Craftsman Compter Aided Architectural Drawing

CHAPTER

1

컴퓨터응용가공산업기사 개요

이번 장에서는 컴퓨터응용가공산업기사 자격검정 시험에 관련된 전반적인 내용과 출제 경향, 출제 기준에 대해 알아보겠습니다.

1 | 개요

1 컴퓨터응용가공산업기사 개요

원가 절감, 납기 단축, 생산성 향상 및 신뢰도 향상을 목적으로 컴퓨터에 의한 설계 및 생산(CAD/CAM) 시스템이 전 산업분야에 광범위하게 이용되고 있습니다. 그렇지만 이러한 시스템을 효과적으로 적용하고 응용할 수 있는 인력은 부족한 실정입니다. 이에 따라 산업현장에서 필요로 하는 컴퓨터응용가공 분야의 인력을 양성하고자 생산기계산업기사와 전산응용가공산업기사를 통합하여 제정하였습니다.

2 응시자격

❶ 기능사 등급 이상의 자격을 취득한 후 응시하려는 종목이 속하는 동일 및 유사 직무분야에 1년 이상 실무에 종사한 사람
❷ 응시하려는 종목이 속하는 동일 및 유사 직무분야의 다른 종목의 산업기사 등급 이상의 자격을 취득한 사람
❸ 관련학과의 2년제 또는 3년제 전문대학졸업자 등 또는 그 졸업예정자
❹ 관련학과의 대학졸업자 등 또는 그 졸업예정자
❺ 동일 및 유사 직무분야의 산업기사 수준 기술훈련과정 이수자 또는 그 이수예정자
❻ 응시하려는 종목이 속하는 동일 및 유사 직무분야에서 2년 이상 실무에 종사한 사람
❼ 고용노동부령으로 정하는 기능경기대회 입상자
❽ 외국에서 동일한 종목에 해당하는 자격을 취득한 사람

3 수행 직무

CNC 공작기계의 부분 프로그램을 작성 및 수정하고 구멍가공, 선삭가공, 형상가공, 연삭가공, 공구가공, 와이어 커트 방전가공 등의 조건에 알맞은 적정 공구 및 코드를 선정하거나 치수 및 면조도를 고려하여 프로그램을 작성하는 업무를 수행하여, 전산응용기계를 직접 조작하거나 점검 · 정비 · 관리하는 업무를 수행합니다.

4 취득 방법

❶ 시행처: 한국산업인력공단

❷ 관련 학과: 전문대학 및 대학의 기계공학, 기계설계공학, 기계시스템공학, CAD전공, CAM전공 등 관련학과

❸ 시험 과목

- **필기:** 1. 기계가공법 및 안전관리 2. 기계설계 및 기계재료 3. 컴퓨터응용가공 4. 기계제도 및 CNC공작법
- **실기:** 컴퓨터응용가공 작업

❹ 검정 방법

- **필기:** 객관식 4지 택일형, 과목당 20문항(과목당 30분)
- **실기:** 작업형(4시간 30분 정도)

❺ 합격 기준

- **필기:** 100점을 만점으로 과목당 40점 이상, 전 과목 평균 60점 이상
- **실기:** 100점을 만점으로 60점 이상(1과제: CAM 작업 30점, 2과제: 머시닝센터 작업 70점)
- **실격:** CAM 작업 머시닝센터 작업 등 2개 과제 중 1개 과제라도 득점이 각 부분 총점의 40%를 넘지 않은 작품(머시닝센터 작업 28점, CAM 작업 12점 미만)

5 시험 수수료

❶ 필기: 19,400원

❷ 실기: 53,200원

6 자격 검정 홈페이지 '큐넷'

큐넷 홈페이지(http://www.q-net.or.kr)

7 진로 및 전망

주로 각종 기계 제조업체, 금속 제품 제조업체, 의료 기기 · 계측 기기 · 광학 기기 제조업체, 조선, 항공, 전기 · 전자 기기 제조업체, 자동차 중장비, 운수 장비업체, 건설업체 등으로 진출할 수 있습니다. 앞으로 전산 응용 가공 분야의 기능 인력 수요는 지속적으로 증가할 전망인데, 그 이유는 기존 범용 공작 기계에서부터 수치 제어 공작 기계로의 빠른 대체가 이루어지고 있고, 수치 제어 공작 기계를 이용한 각종 제품의 생산이 증대되고 있기 때문입니다. 이에 따라 최근 해당 자격을 취득하려는 응시 인원이 매년 증가하는 추세입니다.

2 | 시험 일정 및 출제 기준(실기)

1 시험 일정

한국산업인력공단의 일정에 따라 연간 필기 · 실기 3회의 정기 시험이 있습니다(큐넷 홈페이지 http://www.q-net.or.kr 에서 시험 일정 참고).

2 출제 기준(실기)

직무 분야	기계	중직무 분야	기계 제작	자격 종목	컴퓨터응용가공산업사	적용 기간	2017. 1. 1 ~ 2020.12.31

• 직무 내용

작업과제에 적합한 3D 모델링을 수행하여 CNC 공작기계의 운용을 위한 각 공정별 절삭가공에 알맞은 공구 및 절삭조건을 설정할 수 있으며 치수 및 표면 거칠기를 고려한 NC프로그램을 생성하고 수정한 후 CNC 공작기계를 직접 조작하거나 유지 · 보수 · 관리하는 업무 등의 직무 수행

• 수행 준거

1. 부품도면을 분석하고 가공공정계획을 수립하여 작업지시서를 작성할 수 있다.
2. CAD/CAM 시스템을 활용하여 2차원 및 3차원 도면을 작성하고 가공데이터를 생성할 수 있다.
3. CNC선반 및 머시닝센터를 사용하여 절삭조건에 따라 부품을 가공할 수 있다.
4. 측정기구를 사용하여 부품도면에 따라 완성된 제품을 측정할 수 있다
5. 장비지침서에 의하여 장비를 점검하고 이상유무를 판단한 후 조치할 수 있다.

실기 검정 방법	작업형	시험 시간	약 4시간 30분

실기 과목명	주요 항목	세부 항목	세세 항목
컴퓨터응용가공 작업	1. CNC 공작 기계 가공 준비	1. 기본 공구 사용하기	1. 해당 작업에 알맞은 기본 공구를 선정하고, 안전 규칙에 따라 사용할 수 있다.
		2. 치공구 관리하기	1. 적절한 치공구를 선정 · 제작하고 사용할 수 있다.
		3. 작업 계획 수립하기	1. 작업 조건과 작업의 결과를 고려하여 작업의 우선순위를 결정할 수 있다. 2. 작업 공정에서 우선순위를 고려하여 작업 단계를 계획할 수 있다.

컴퓨터응용가공 작업	1. CNC 공작 기계 가공 준비	4. 도면 결정하기	1. 작업요구사항에 적합한 도면을 공정별로 분류할 수 있다. 2. 해당도면을 해독하기 위해 필요한 자료를 결정하고 수집할 수 있다. 3. 해당도면의 개정(version), 설계변경사항을 확인할 수 있다.
		5. 도면 해독하기	1. 부품의 전체적인 조립관계와 각 부품별 조립관계를 파악할 수 있다. 2. 도면에서 해당부품의 주요가공 부위를 선정하고, 주요가공 치수를 결정할 수 있다. 3. 가공공차에 대한 가공정밀도를 파악하고 그에 맞는 가공설비 · 치공구를 결정하고 공정별로 설비를 분류 결정할 수 있다. 4. 도면에서 해당부품에 대한 특이사항을 정의하고 작업에 반영하여 방법을 결정할 수 있다. 5. 도면에서 해당부품에 대한 재질특성을 파악하여 가공가능성을 결정할 수 있다. 6. 도면을 보고 가공시간을 산정하고, 완성 시 예상되는 작업결과를 파악할 수 있다.
	2. CNC 선반 작업	1. 프로그래밍	1. 작업 도면 및 작업 공정에 준하여 장비 및 공구를 선택하고, 공정별 절삭 조건을 설정할 수 있다. 2. 도면 해독 및 작업 공정에 따라 수동 프로그램 및 CAM에 의한 자동 프로그램을 작성할 수 있다. 3. 작성된 프로그램을 입력하여 공구 경로의 이상 유무를 검증하고 수정할 수 있다.
		2. CNC선반 조작 준비하기	1. CNC선반 장비의 취급설명서를 숙지하고 장비를 조작할 수 있다. 2. CNC선반 장비의 안전운전 준수사항을 숙지하고 안전하게 장비를 조작할 수 있다. 3. 소재를 적절한 압력으로 척에 고정할 수 있다. 4. 소프트죠(Soft jaw)를 장착할 수 있다. 5. 작업공정순으로 절삭공구를 공구대(Turret)에 설치할 수 있다. 6. CNC선반 장비의 유지보수 설명서를 숙지하고 장비를 유지 관리할 수 있다. 7. CNC선반 컨트롤러의 주요 알람메세지에 관한 정보를 이해할 수 있다.
		3. CNC선반 조작하기	1. 공작물 좌표계 설정을 할 수 있다. 2. 작업공정에서 선정된 각 공구의 공구보정(Tooloffset)을 할 수 있다. 3. CNC프로그램을 전송 매체를 활용하거나 수동 입력을 통해 CNC 선반 컨트롤러에 가공 프로그램을 등록 할 수 있다. 4. 자동운전모드에서 안전하게 시제품을 가공할 수 있다. 5. 가공부품을 확인하고 공작물 좌표계 보정량 및 공구 보정량을 수정할 수 있다. 6. 생산성을 높이기 위하여 절삭조건 수정 및 프로그램을 수정할 수 있다. 7. 공구수명이 완료되었거나 손상된 공구를 확인하고 교체할 수 있다.
	3. 머시닝센터 작업	1. 프로그래밍	1. 작업 도면 및 작업 공정에 준하여 장비 및 공구를 선택하고, 공정별 절삭 조건을 설정할 수 있다. 2. 도면 해독 및 작업 공정에 따라 수동 프로그램 및 CAM에 의한 자동 프로그램을 작성할 수 있다. 3. 작성된 프로그램을 입력하여 공구 경로의 이상 유무를 검증하고 수정할 수 있다.

컴퓨터응용가공 작업	3. 머시닝센터 작업	2. CNC밀링(머시닝센터) 조작 준비하기	1. CNC밀링(머시닝센터) 장비의 취급설명서를 숙지하고 장비를 조작할 수 있다. 2. CNC밀링(머시닝센터) 장비의 안전운전 준수사항을 숙지하고 안전하게 장비를 조작할 수 있다. 3. 소재를 바이스에 정확하게 고정할 수 있다. 4. 작업공정순으로 절삭공구를 설치할 수 있다. 5. CNC밀링(머시닝센터) 장비의 유지보수 설명서를 숙지하고 장비를 유지 관리할 수 있다. 6. CNC밀링(머시닝센터) 컨트롤러의 주요 알람메세지에 관한 정보를 이해 할 수 있다.
		3. CNC밀링(머시닝센터) 조작하기	1. 공작물 좌표계 설정을 할 수 있다. 2. 작업공정에서 선정된 공구의 공구보정(Tool offset)을 할 수 있다. 3. CNC프로그램을 수동으로 입력하거나 전송매체를 이용하여 CNC밀링(머시닝센터)에서 안전하게 시제품을 가공할 수 있다. 4. 가공부품을 확인하고 공작물 좌표계 보정량 및 공구 보정량을 수정할 수 있다. 5. 생산성을 높이기 위하여 절삭조건 수정 및 프로그램을 수정할 수 있다 6. 공구수명이 완료되었거나 손상된 공구를 확인하고 교체할 수 있다.
	4. CAM 작업	1. 모델링	1. 제품 형상을 확인하기 위해 2D 및 3D 데이터의 오류 여부를 확인하고, 데이터의 수정 및 재작업을 할 수 있다. 2. 모델링의 수정 및 편집이 용이하도록 요구되는 형상을 완벽하게 구현할 수 있다. 3. 작업 표준서에 의해 요구되는 2D 데이터 및 3D 데이터 형식의 파일로 저장하거나 출력할 수 있다.
		2. CNC데이터 생성하기	1. CAM프로그램을 사용하여 CNC데이터를 생성할 수 있다. 2. CNC데이터의 시뮬레이션을 수행하여 공작물과 절삭공구의 충돌 및 간섭여부를 확인하고, 과미삭 검사를 할 수 있다. 3. CNC프로그램을 수정 및 보완할 수 있다.
	5. 검사 및 측정	1. 측정기 선정하기	1. 제품의 형상과 측정범위, 허용공차, 치수 정도에 알맞은 측정기를 선정할 수 있다. 2. 측정에 필요한 보조기구를 선정할 수 있다.
		2. 검사 및 측정하기	1. 기계 가공된 부품들을 도면의 요구 사항에 맞게 형상, 표면 상태, 흠집 등 이상 부위를 육안으로 검사할 수 있다. 2. 기계 가공 후 부품의 각도, 진원도, 틈새, 평면도, 진직도, 테이퍼 등 일반적인 측정을 할 수 있다. 3. 기계 가공된 부품을 그 사용 목적에 따라 치수, 형상 및 면 등을 정밀하게 측정 및 검사할 수 있다. 4. 표준 치수 게이지와 제품을 비교 · 측정할 수 있다. 5. 측정기의 변형을 방지하고 최적 상태로 보관, 관리할 수 있다.
	6. 정리 및 작업 안전	1. 작업 정리하기	1. 작업 후 사용 공구 · 장비를 정리하고 장비 주변을 청결하게 할 수 있다. 2. 장비 운영 체크리스트에 의하여 일상 점검을 할 수 있다.
		2. 작업 안전	1. 작업장에 적용되는 안전 기준을 확인하고, 준수할 수 있다. 2. 안전사고를 예방할 수 있도록 보전 및 사전 대책을 수립할 수 있다.

2

CHAPTER

컴퓨터응용가공산업기사 실기 시험 문제 요구 사항

이번 장에서는 여러분이 실제 시험장에서 받아보게 될 시험 문제지를 살펴보겠습니다. 각 부분별 시험 요구 사항과 실격 사유가 잘 나타나 있으므로 빠짐없이 숙지하기 바랍니다.

1 | 국가기술자격 실기 시험 문제(과제 1 : CAM 작업)

자격 종목	컴퓨터응용가공산업기사	과제 1	CAM 작업

비번호		시험일시		시험장명	

※ 시험시간: 2시간 30분

1 | 요구 사항

※ 지급된 재료 및 시설을 사용하여 아래 작업을 완성하시오.

1) 지급된 도면을 보고 절삭지시서에 의거하여 모델링한 후 모델링(Top, Front, Right, Isometric)형상, 정삭 Tool path를 출력하고 저장매체에 모델링, 황 · 정 · 잔삭 Tool path 및 NC data를 저장 후 제출하시오.
2) 출력물은 다음과 같이 철하여 페이지를 부여한 후 제출하시오. (단, 오른쪽 하단에 비번호와 출력 내용을 기재합니다.)
   "표지 + 절삭지시서 + 모델링(Top, Front, Right, Isometric)형상 + 정삭 tool path + 황삭 NC data + 정삭 NC data + 잔삭 NC data"
3) 도면에 명시된 원점을 기준으로 모델링 및 NC data를 생성하여야 하며 모델링 형상은 반드시 1:1로 출력하여 제출하시오.
4) 소재 규격을 참조하여 공작물을 고정하는 베이스(10mm) 윗 부분이 절삭가공되도록 modeling 하여 NC data를 생성하시오.
5) 공작물을 고정하는 베이스(높이 10mm) 윗 부분이 절삭가공으로 완성되어야 할 부분이며, 여기에 맞게 모델링하고 주어진 공구 조건에 의해 발생하는 가공 잔량은 무시하고 작업하시오.
6) 황삭 가공에서 Z방향으로 50mm 높은 곳으로 하시오.
7) 안전 높이는 원점에서 Z방향으로 50mm 높은 곳으로 하시오.
8) 절대 좌표 값을 이용하시오.
9) 프로그램 원점은 기호(◔)로 표시된 부분으로 하시오.
10) 공구 세팅 point는 공구 중심의 끝점으로 하시오.
11) 공구번호, 작업내용, 공구조건, 공구경로 간격, 절삭조건 등은 반드시 절삭 지시서에 준하여 작

업하시오.

12) 치수가 명시되지 않는 개소는 도면크기에 유사하게 완성하시오.

13) 시험 종료 시 제출 자료는 다음과 같습니다.

가) Modeling 형상의 출력물: 정면, 평면, 우측면, 입체

나) 황 · 정 · 잔삭 Tool path의 출력물

다) 황 · 정 · 잔삭 NC code의 전반부 30 Block만 편집하여 출력하여 제출

라) 저장 파일(5개): 모델링(2D+3D), 황 · 정 · 잔삭 NC data

[절삭지시서]

NO (공구 번호)	작업 내용	파일명 (비번호가 2일 경우)	공구 조건		공구 경로 간격 (mm)	절삭 조건				비고
			종류	지름		회전 수 (rpm)	이송 (mm/min)	절입량 (mm)	잔량 (mm)	
1	황삭	02황삭.nc	평E/M	Ø12	5	1,400	100	6	0.5	–
2	정삭	02정삭.nc	볼E/M	Ø4	1	1,800	90	–	–	–
3	잔삭	02잔삭.nc	볼E/M	Ø2	–	3,700	80	–	–	pencil

2 | 수험자 유의 사항

※ 다음 유의사항을 고려하여 요구사항을 수행하시오.

1) 지정된 시설과 본인이 지참한 장비를 사용하며 안전수칙을 준수해야 합니다.

2) 수험자용 PC는 관련 내용을 사전에 삭제시킨 후 프로그램을 하여야 합니다.

3) 정전 또는 기계고장을 대비하여 수시로 저장하시기 바랍니다. (단, 이러한 문제 발생 시 "작업정지시간+5분"의 추가시간을 부여합니다.)

4) 시작 전 바탕화면에 본인 비번호로 폴더를 생성 후 이 폴더에 파일명을 다음과 같이 만들어 저장합니다.

예 비번호가 2인 경우: 02황삭.nc, 02잔삭.nc

비번호가 11인 경우: 11황삭.nc, 11잔삭.nc

5) tool path는 효율적인 가공이 될 수 있도록 수험자가 적절하게 결정하고 양방향으로 합니다.

6) 도면에 표시한 원점을 기준으로 모델링 및 NC 데이터를 생성하였는지 확인한 후 제출합니다.

7) 기타 주어지지 않은 기준으로 수험자가 적절하게 정하여 프로그램 합니다.

8) 문제지를 포함한 모든 제출 자료는 반드시 비번호를 기재한 후 제출합니다.

9) 다음 사항에 대해서는 채점대상에서 제외하니 특히 유의하시기 바랍니다.

○ 기권

(1) 수험자 본인이 수험 도중 시험에 대한 포기의사를 표하는 경우

(2) 실기시험 과정 중 1개 과정이라도 불참한 경우

○ 실격

(1) 컴퓨터응용가공산업기사의 실기종목 (가) CAM 작업, (나) 머시닝센터 작업 중 하나라도 0점인 작업이 있는 경우

(2) 프로그램 내용이 다른 수험자와 일부 또는 전부가 동일한 경우

(3) 시험 중 봉인을 훼손하거나 저장매체를 주고받는 행위를 할 경우

(4) 수험자의 장비조작 미숙으로 파손 및 고장을 일으킨 경우

(5) CAM 작업, 머시닝센터 작업 등 2개 과제 중 1개 과제라도 득점이 각 부분 총점의 40%를 넘지 않는 작품

○ 미완성

(1) 시험시간 내에 작품을 제출하지 못한 경우

(2) 제출된 프로그램이 미완성 프로그램으로 채점이 불가능한 경우

○ 오작

(1) NC데이터 작성 및 저장 시 요구사항을 준수하지 않아 채점이 불가능한 경우

(2) 형상이 1:1로 출력되지 않아 채점이 불가능한 경우

(3) 완성된 NC data로 가공하는데 구조적 문제점이 있어 채점위원 만장일치로 합의하여 채점 대상에서 제외된 작품

(4) 홈 가공, 단(段)가공, 라운드 또는 모떼기 가공 등 주어진 도면과 형상이 상이한 부분이 한 곳이라도 있는 경우

(5) 정삭 Tool path 공구경로에서 미절삭 및 과절삭 부분이 있는 경우

※ 출력은 사용하는 설계 프로그램상에서 출력하는 것이 원칙이나, 이상이 있을 경우 PDF 파일 혹은 출력 가능한 호환성 있는 파일로 변환하여 출력하여도 무방합니다. (단, 폰트 깨짐 등의 현상이 발생될 수 있으니 이점 유의하여 설계 프로그램의 사용환경을 적절히 설정하여 주시기 바랍니다.)

2 | 국가기술자격 실기 시험 문제(과제 2 : 머시닝 작업)

자격 종목	컴퓨터응용가공산업기사	과제 2	머시닝 작업

비번호		시험일시		시험장명	

※ 시험시간: 2시간(프로그래밍: 1시간, 기계가공: 1시간)

1 | 요구 사항

※ 지급된 재료 및 시설을 사용하여 아래 작업을 완성하시오.

가. 지급된 도면과 같이 가공할 수 있도록 프로그램 입력장치에서 수동으로 프로그램 하여 NC데이터를 저장매체(USB 등)에 저장 후 제출하시오.
나. 저장매체(USB 등)에 저장된 NC데이터를 머시닝센터에 입력시켜 제품을 가공하시오.
다. 공구 세팅 및 좌표계 설정을 제외하고는 CNC프로그램에 의한 자동운전으로 가공하시오.
라. 치수가 명시되지 않는 개소는 도면크기에 유사하게 완성하시오.

2 | 수험자 유의 사항

※ 다음 유의사항을 고려하여 요구사항을 완성하시오.

1) 본인이 지참한 공구와 지정된 시설을 사용하며 안전수칙을 준수해야 합니다.
2) 시험시간은 프로그래밍 시간, 기계가공 시간을 합하여 2시간이며, 프로그램 시간은 1시간을 초과할 수 없고 남는 시간을 기계가공 시간에 사용할 수 없습니다.
3) 지급된 재료는 교환할 수 없습니다. (단, 지급된 재료에 이상이 있다고 감독위원이 판단할 경우 교환이 가능합니다.)
4) 작업 완료 시 작품은 기계에서 분리하여 제출하고, 프로그램 및 공구보정을 삭제한 후, 다음 수험자가 가공하도록 합니다.
5) 문제지를 포함한 모든 제출 자료는 반드시 비번호를 기재한 후 제출합니다.
6) 프로그래밍
   가) 시험시간 안에 문제도면을 가공하기 위한 NC프로그램을 작성하고 지급된 저장매체(USB 등)에 저장 후 도면과 같이 제출합니다.
7) 기계가공
   가) 감독위원으로부터 수험자 본인의 저장매체(USB 등) 또는 프로그램을 전송받도록 합니다.
   나) 프로그램을 머시닝센터에 입력 후 수험자 본인이 직접 공작물을 장착하고, 공작물 좌표계 설정 등을 합니다.
   다) 가공 경로를 통해 프로그램의 이상 유무를 감독위원으로부터 확인을 받은 후 가공을 시작합니다. (단, 감독위원의 공구경로 확인 과정은 시험시간에서 제외합니다.)
   라) 가공 시 프로그램 수정은 좌표계 설정 및 절삭조건으로 제한합니다.
   마) 안전상 가공은 감독위원 입회하에 자동운전 합니다.
   바) 가공이 끝난 후 수험자 본인의 프로그램 및 공구 보정 값은 반드시 삭제합니다.
   사) 가공작업 중 안전과 관련된 복장상태, 안전보호구(안전화) 착용여부 및 사용법, 안전수칙 준수 여부에 대하여 각 2회 이상 점검하여 채점합니다.
   아) 고가의 장비이므로 파손의 위험이 없도록 각별히 유의해야 하며, 파손 시 수험자가 책임을 져야합니다.
   자) 프로그램이 저장된 저장매체(USB 등)는 작업이 완료된 후, 작품과 동시에 제출합니다.

8) 다음 사항에 대해서는 채점 대상에서 제외하니 특히 유의하시기 바랍니다.

○ 기권

(1) 수험자 본인이 수험 도중 시험에 대한 포기의사를 표하는 경우

(2) 실기시험 과정 중 1개 과정이라도 불참한 경우

○ 실격

(1) 기계조작이 미숙하여 가공이 불가능한 경우나 기계파손 위험 등으로 위해를 일으킬 것으로 시험위원 전원이 합의하여 판단한 경우

(2) 공구 및 일감 세팅 시 조작 미숙으로 감독 위원에게 3회 이상 지적을 받거나 정당한 지시에 불응한 경우

(3) 지급된 재료 이외의 재료를 사용한 경우

(4) 공단에서 지급한 날인이 누락된 작품을 사용한 경우

(5) CAM 작업, 머시닝센터 작업 등 2개 과제 중 1개라도 득점이 각 부분 총점의 40%를 넘지 않는 작품

○ 미완성

(1) 프로그래밍 시간 안에 NC프로그램을 제출하지 못한 경우

(2) 기계가공 시간 안에 완성된 작품을 제출하지 못한 경우

(3) 주어진 문제내용 중 1개소라도 미가공된 요소가 있는 경우

○ 오작

(1) 주어진 도면의 치수와 비교하여 ±1.0mm 이상 벗어난 부분이 1개소 이상 있는 경우

(2) 과다한 절삭 깊이로 인하여 작품의 일부분이 파손된 경우

(3) 홈 가공, 단(段) 가공, 라운드 또는 모떼기 가공 등 주어진 도면과 형상이 상이하게 가공된 부분이 한 곳이라도 있는 경우

(4) 시험장에 설치되어 있는 장비에 사용할 수 없는 기능으로 프로그램을 한 경우

(5) 제출된 가공 프로그램이 미완성 프로그램으로 가공이 불가능한 경우

컴퓨터응용가공산업기사
1
PART

모델링

컴퓨터응용가공산업기사 시험의 첫 시간은 모델링 작업입니다.
NC data를 CAM 프로그램을 통해 얻어 내기 위한 작업의 일환으로
우리는 UG NX 9.0을 이용하여 모델링할 것이며,
모델링에 필요한 아이콘 사용 및 옵션 선택 그리고 실기 시험에 필요한 환경을
만드는 것까지 따라하기 방법을 통해 습득할 것입니다.
이 파트에서는 제일 최근에 출시된 문제 중 다섯 개를 선정하여 모델링을 연습하겠습니다.
또한 모델링에는 여러 소프트웨어가 사용되지만 컴퓨터응용가공산업기사 실기 모델링에
가장 적합하고 실무에서도 많이 사용하는 UG NX 프로그램을 선정하였습니다.

Craftsman Compter Aided Architectural Drawing

CHAPTER 1

UG NX 9.0 환경 설정

본격적인 모델링 작업에 들어가기에 앞서 컴퓨터응용가공산업기사 모델링을 하기 위한 UG NX 9.0 환경을 만들고, 이를 통해 불필요한 아이콘을 제거하고 시간을 단축하기 위한 환경을 만들어 보겠습니다.

1 | UG NX 9.0 환경 설정

1 영문, 한글 변환하기

01 바탕화면의 UG NX 9.0(아이콘)을 더블클릭하거나 [윈도우] 버튼의 [모든 프로그램–Siemens NX 9.0–NX 9.0]을 클릭합니다.

NVIDIA Corporation
PTC Creo
SharePoint
Siemens NX 9.0
NX 9.0 Viewer
NX 9.0 파워 드래프팅
NX 9.0
메카트로닉스 개념 설계자 9.0
Manufacturing
NX 도구
NX 라이선스 도구
릴리스 정보
변환기
뒤로
프로그램 및 파일 검색
클릭

02 UG NX 9.0을 실행하면 나타나는 첫 화면입니다. 메뉴 바 및 풀다운 메뉴가 영문인 것을 확인할 수 있습니다. UG NX 9.0은 프로그램 설치 시 언어를 선택할 수 있고, 설치 완료 후에도 환경 변수를 변경하여 한글과 영문을 선택적으로 사용할 수 있습니다.

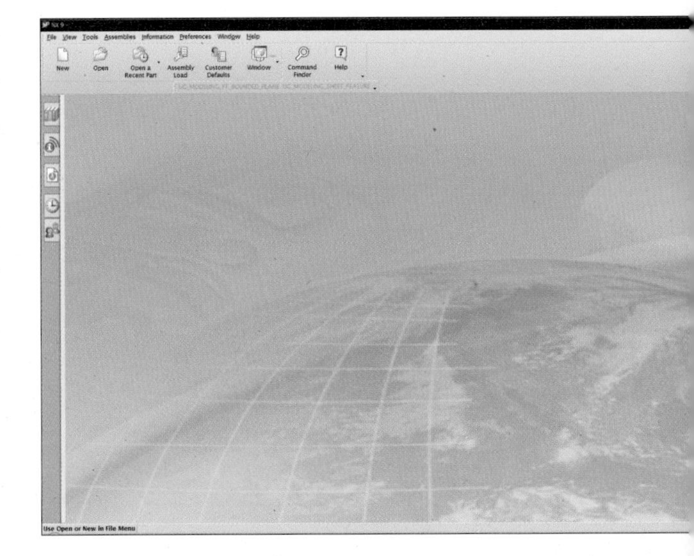

03 바탕화면의 [내 컴퓨터]를 마우스 오른쪽 버튼으로 클릭하면 나타나는 단축 메뉴에서 [속성]을 클릭합니다.

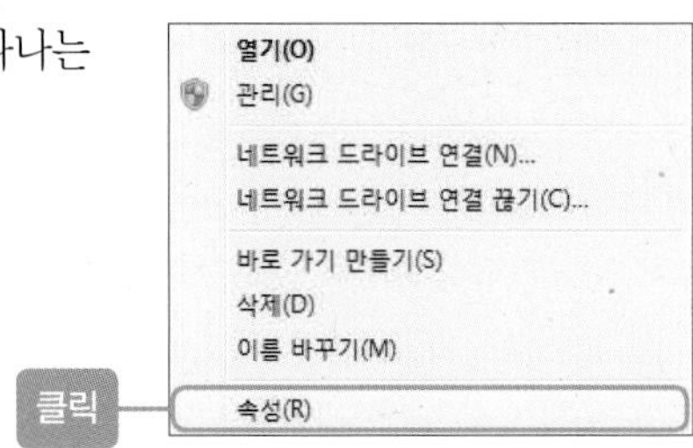

04 [시스템 속성] 대화상자에서 [고급] 탭을 클릭합니다.

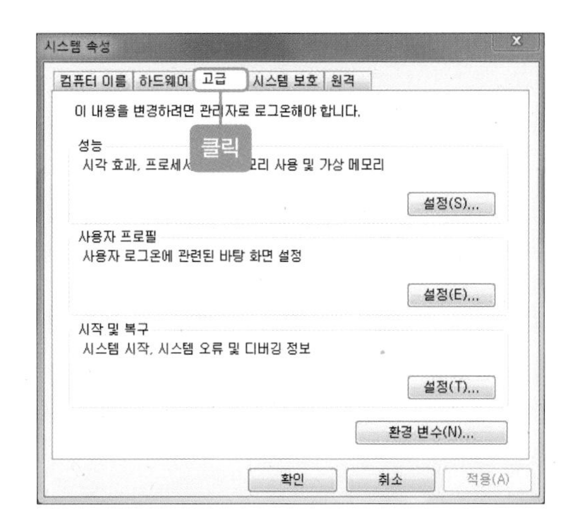

05 [환경 변수] 버튼을 클릭합니다.

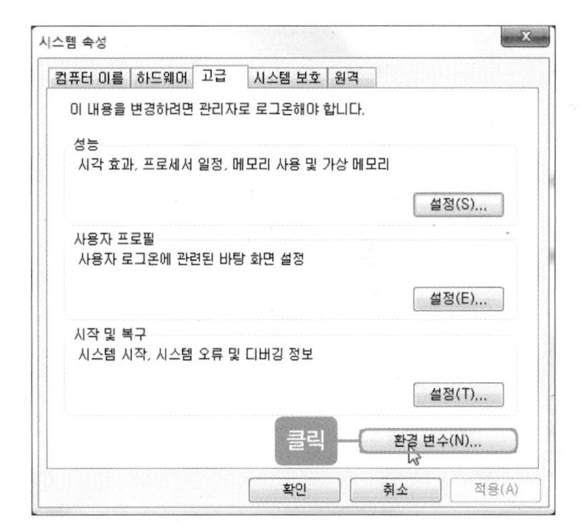

06 [환경 변수] 대화상자의 [시스템 변수] 항목에서 'UGII_LANG/ENGLISH'를 선택한 후 [편집] 버튼을 클릭합니다.

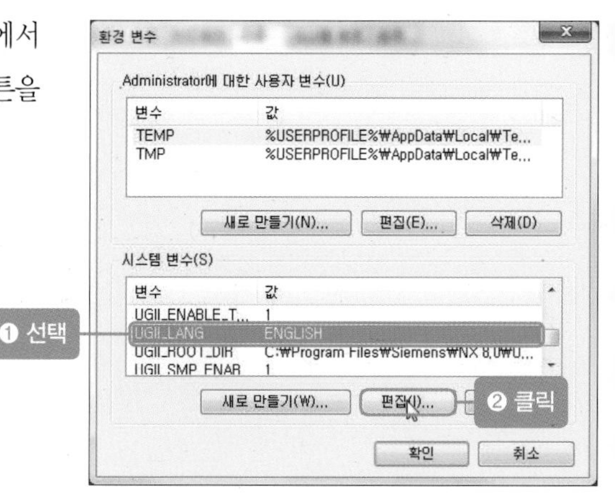

07 변수값을 'ENGLISH'에서 'KOREAN'으로 변경한 후 [확인] 버튼을 클릭합니다. 모델링과 CAM 작업 시 언어적으로 불편한 사항이 없다면 굳이 한글로 변경하지 않아도 됩니다.

08 UG NX 9.0 프로그램을 종료한 후 다시 시작하면 설정이 적용됩니다.

❷ [모델링] 아이콘 배치하기

❶ 아이콘 환경 설정

01 UG NX 9.0 프로그램을 실행한 후 [새로 만들기]를 클릭합니다.

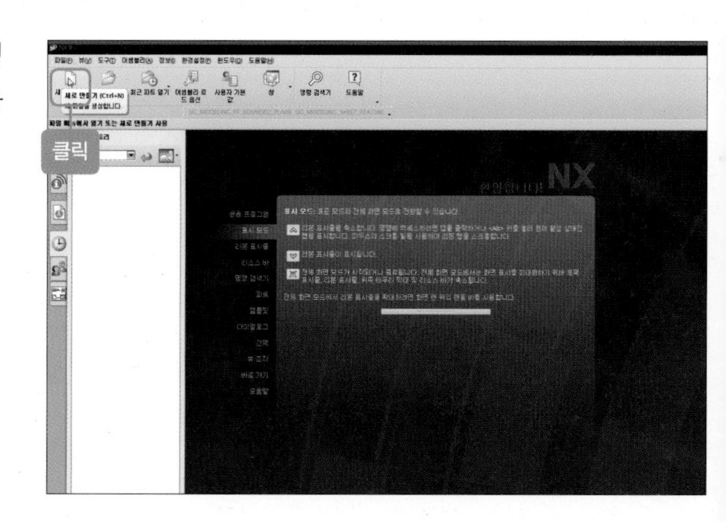

02 [새로 만들기] 대화상자의 [모델] 탭을 클릭합니다. 그런 다음 [템플릿] 항목의 [모델]을 선택합니다. 모델링 이름 및 저장할 폴더의 위치를 설정한 후 [확인] 버튼을 클릭합니다.

Tip 파일 및 폴더 이름 지정 시 주의 사항

① 파일 이름과 폴더 이름은 한글을 지원하지 않으므로 영문 또는 숫자를 사용하여 설정해야 합니다.

② 시험 시 저장 디스크 드라이브에 새 폴더를 수험 번호 또는 비번호로 생성하고, 이름은 수험 번호로 작성하여 저장하기 바랍니다(예 01.prt, 0001.prt, 수험번호.prt 등).

03 모델링 초기 화면입니다. 컴퓨터응용가공산업기사 모델링을 위한 화면으로 변경하겠습니다.

04 클래식 도구 모음으로 변경하기 위해 [메뉴–환경 설정–사용자 인터페이스 경로]를 클릭합니다.

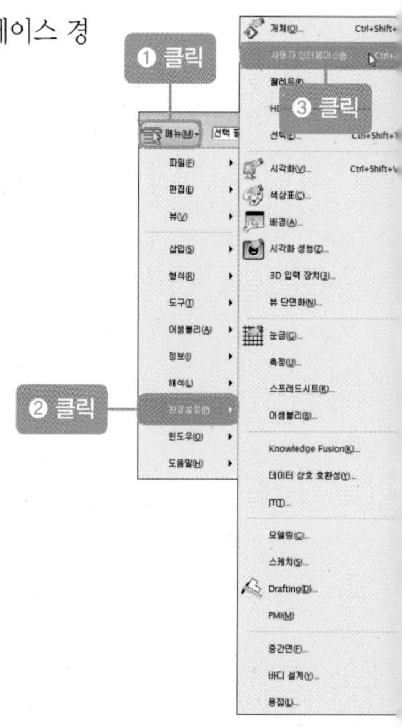

05 [사용자 인터페이스 환경 설정] 대화상자에서 [레이아웃] 탭을 클릭합니다. 그런 다음 [사용자 인터페이스 환경] 항목의 [클래식 도구 모음]을 선택합니다.

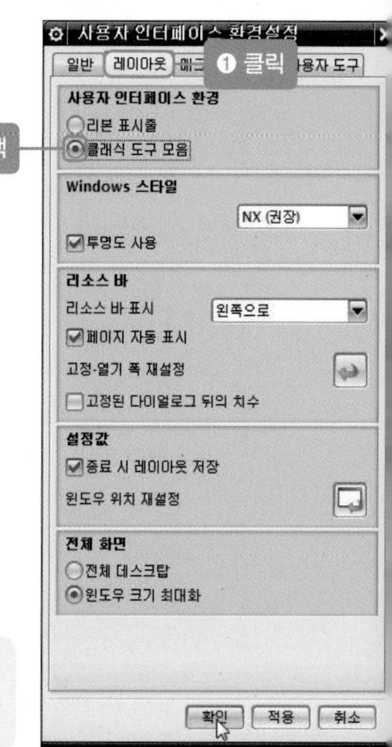

> **Tip** [클래식 도구 모음]을 선택하면 상단에 메뉴 표시가 일렬로 변경되어 모델링하기가 편리합니다. 사용자 편의에 따라 설정 유무를 판단하여 사용하기 바랍니다.

06 이번에는 아이콘 하단의 아이콘 이름을 제거해보겠습니다. [도구] 메뉴의 [사용자 정의]를 클릭합니다.

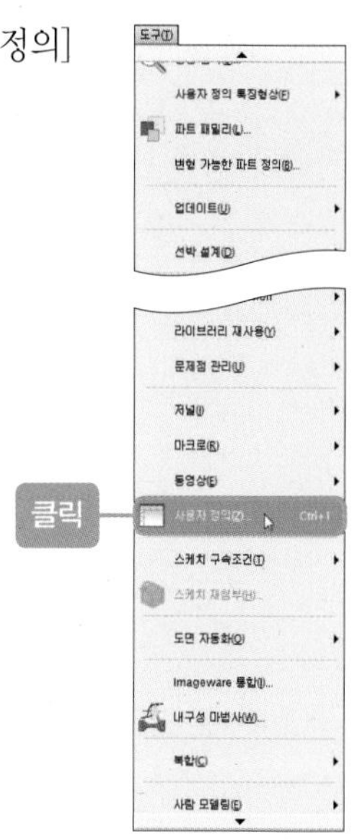

07 [사용자 정의] 대화상자가 나타나면 [도구 모음] 탭을 클릭한 후 원하는 항목을 체크 또는 체크 해제합니다. 이 항목의 체크 여부에 따라 아이콘 하단의 아이콘 이름 표시가 결정됩니다.

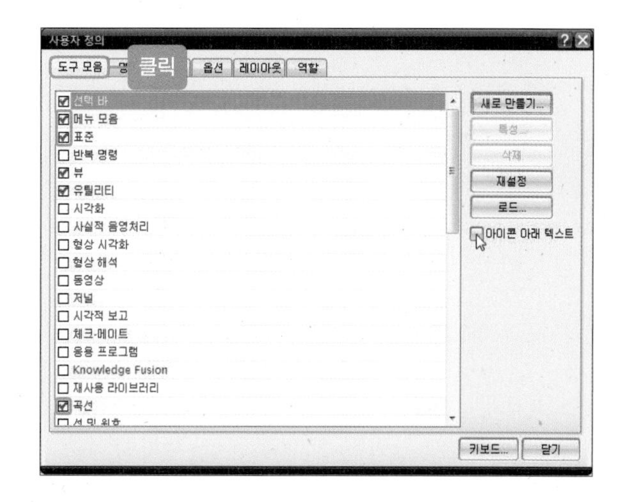

08 이번에는 아이콘을 배치해보겠습니다. 아이콘이 배치되어 있는 화면의 상단 빈 곳을 선택한 후 마우스 오른쪽 버튼을 클릭하면 나타나는 단축 메뉴 중 [선택 바], [표준], [뷰], [유틸리티], [직접 스케치], [특징 형상], [동기식 모델링], [곡면]을 선택합니다.

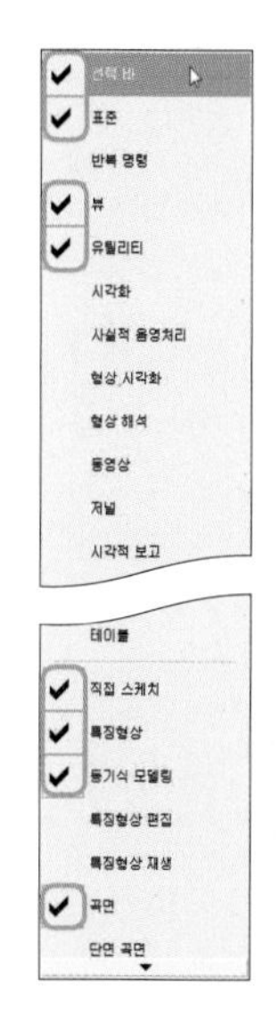

09 [설계 특징 형상 드롭다운] 아이콘 바의 [도구 모음] 옵션을 클릭한 후 [버튼 추가 또는 제거]를 클릭하고 [특징 형상]을 클릭합니다. 그런 다음 그림과 같이 필요한 아이콘에 체크합니다.

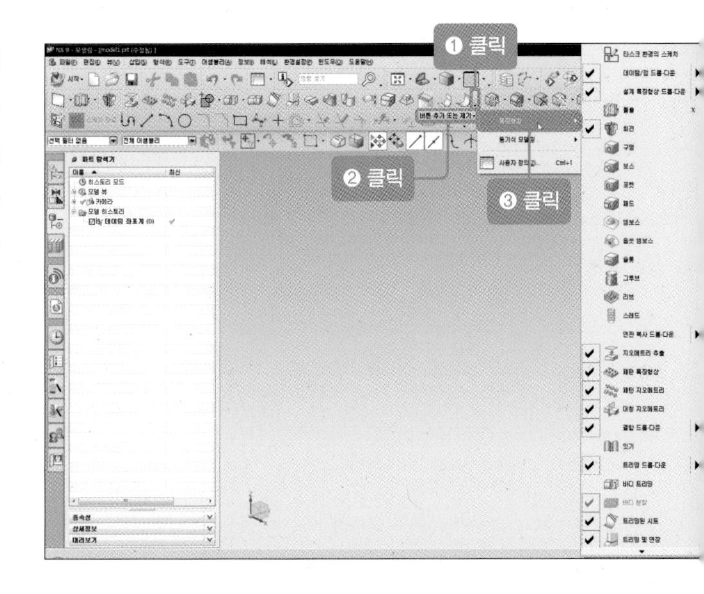

10 [설계 특징 형상 드롭다운] 아이콘 바의 [도구 모음] 옵션을 클릭한 후 [버튼 추가 또는 제거]를 클릭하고 [동기식 모델링]을 클릭합니다. 그런 다음 그림과 같이 필요한 아이콘에 체크합니다.

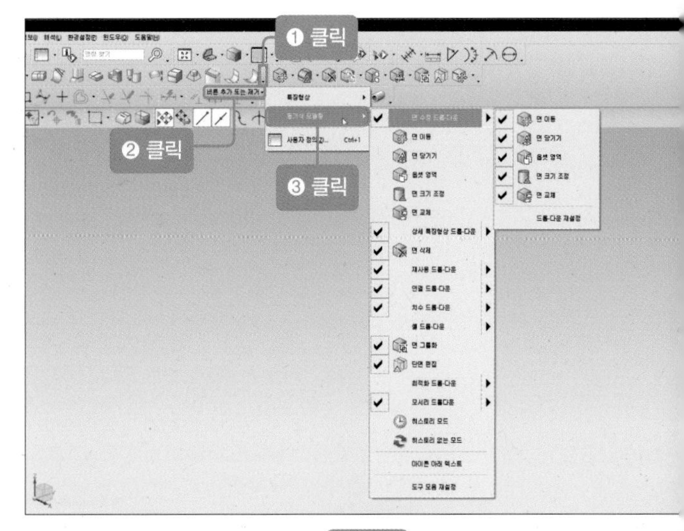

11 [설계 특징 형상 드롭다운] 아이콘 바의 [도구 모음] 옵션을 클릭한 후 [버튼 추가 또는 제거]를 클릭하고 [표준]을 클릭합니다. 그런 다음 그림과 같이 필요한 아이콘에 체크합니다.

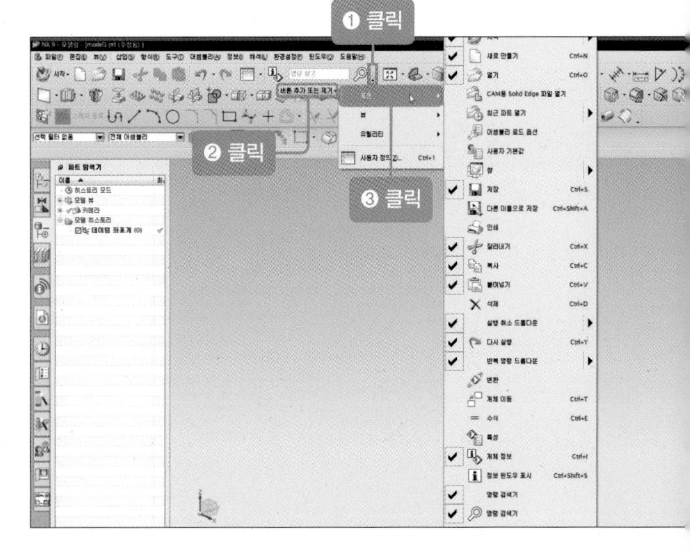

12 [설계 특징 형상 드롭다운] 아이콘 바의 [도구 모음] 옵션을 클릭한 후 [버튼 추가 또는 제거]를 클릭하고 [뷰]를 클릭합니다. 그런 다음 그림과 같이 필요한 아이콘에 체크합니다.

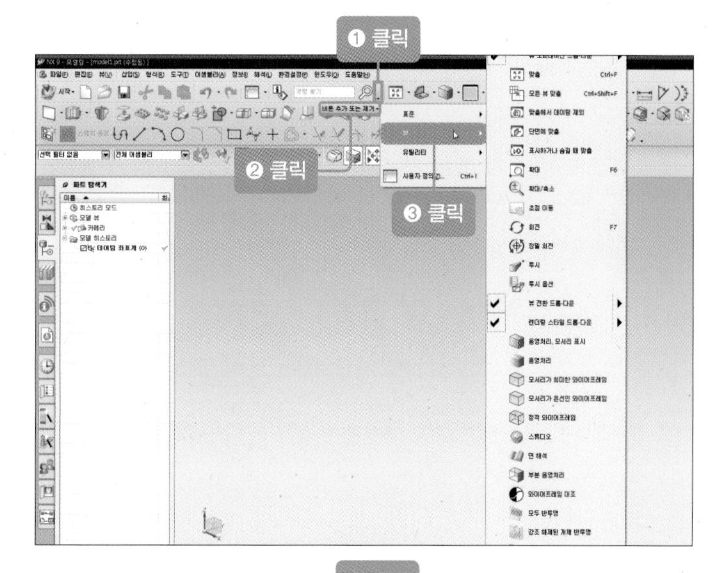

13 [설계 특징 형상 드롭다운] 아이콘 바의 [도구 모음] 옵션을 클릭한 후 [버튼 추가 또는 제거]를 클릭하고 [유틸리티]를 클릭합니다. 그런 다음 그림과 같이 필요한 아이콘에 체크합니다.

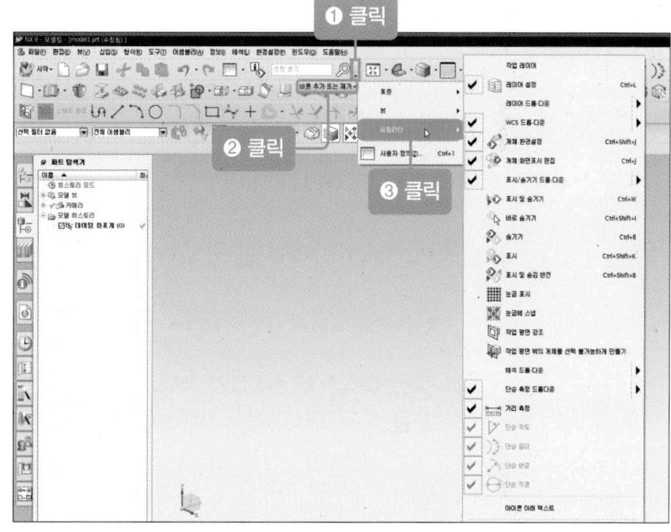

14 [직접 스케치 드롭다운] 아이콘 바의 [도구 모음] 옵션을 클릭한 후 [버튼 추가 또는 제거]를 클릭하고 [직접 스케치]를 클릭합니다. 다음 그림과 같이 필요한 아이콘에 체크합니다.

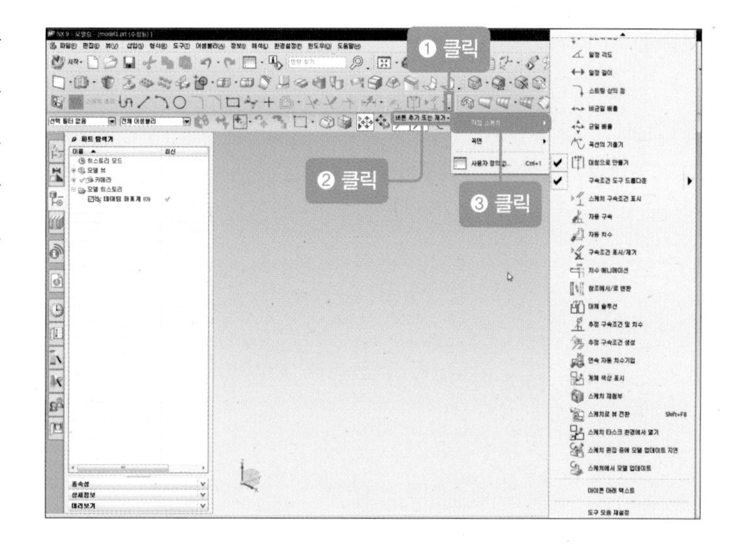

15 [직접 스케치 드롭다운] 아이콘 바의 [도구 모음] 옵션을 클릭한 후 [버튼 추가 또는 제거]를 클릭하고 [곡면]을 클릭합니다. 다음 그림과 같이 필요한 아이콘에 체크합니다.

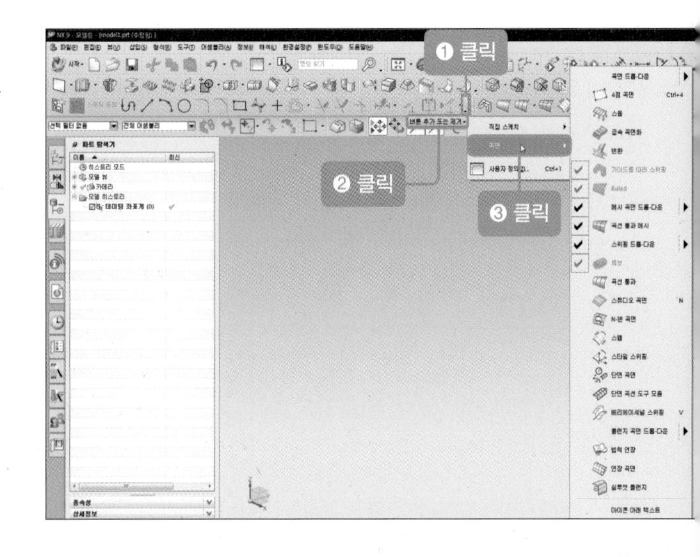

16 아이콘의 배치가 완료된 화면입니다. 추가로 필요한 아이콘은 위와 같은 방법으로 화면에 배치합니다.

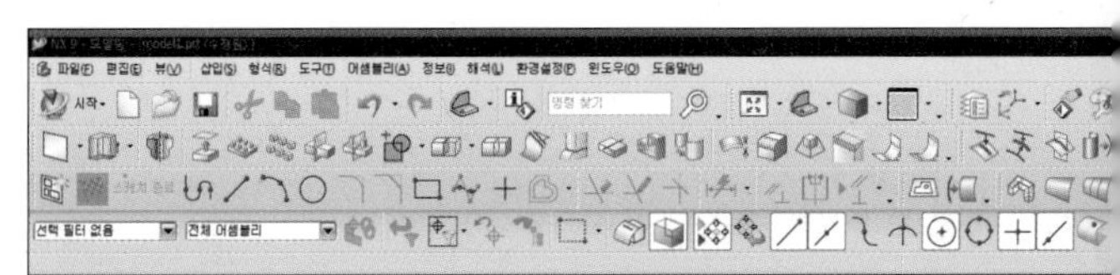

2 | 마우스 조작법

1 마우스 조작법 습득하기

UG NX 9.0 모델링을 시작하기에 앞서 기본적인 마우스 조작 방법부터 익혀보겠습니다.

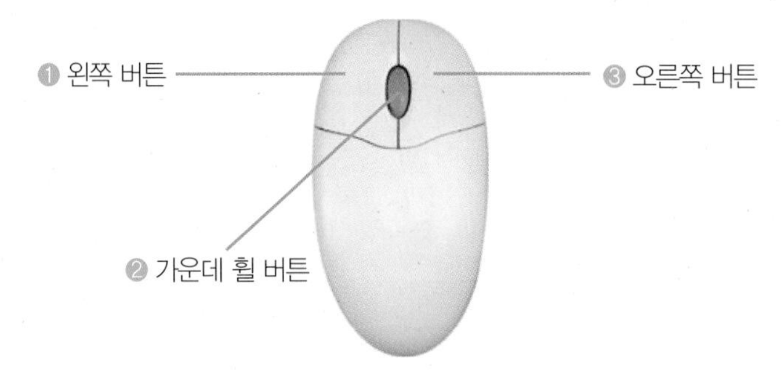

1) 마우스 버튼의 기능

가) 마우스 왼쪽 버튼

(1) 클릭으로 객체를 선택할 수 있습니다.

(2) 드래그로 사용할 수 있습니다.

(3) 더블클릭을 하면 치수 및 솔리드 모델링을 수정할 수 있습니다.

(4) **Shift** 를 누르고 마우스 왼쪽 버튼을 선택하면 부분 취소를 할 수 있습니다.

나) 마우스 오른쪽 버튼 (2)

(1) 화면 갱신, 확대, 초점 이동, 뷰 전환 등 3D 모델링 중 마우스 오른쪽 버튼을 클릭하면 화면 움직임을 설정하는 아이콘이 나타납니다.

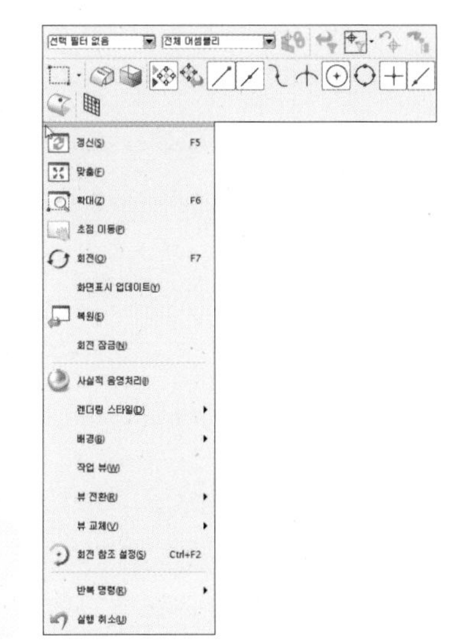

> **Tip** 단축키 **Ctrl**+**F2**를 누르면 모델링 작업 시 회전 점을 이용하여 모델링을 회전할 수 있습니다. 모델링 작업 시 많이 사용되는 단축키이므로 숙지하기 바랍니다.

(2) 솔리드 모델링을 선택한 후 마우스 오른쪽 버튼을 누르고 [숨기기]를 클릭하면 모델링을 숨길 수 있습니다.

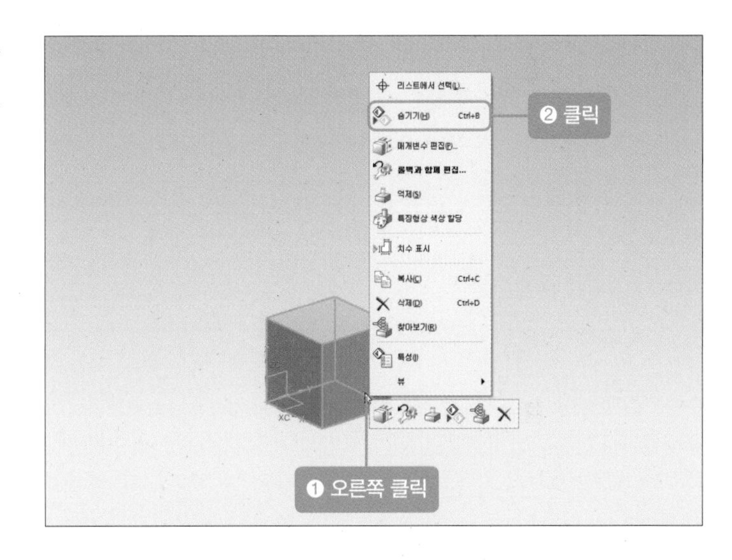

(3) 스케치 주위에 마우스 오른쪽 버튼을 클릭하면 편집 및 구속을 설정해줄 수 있는 세부 아이콘이 나타납니다.

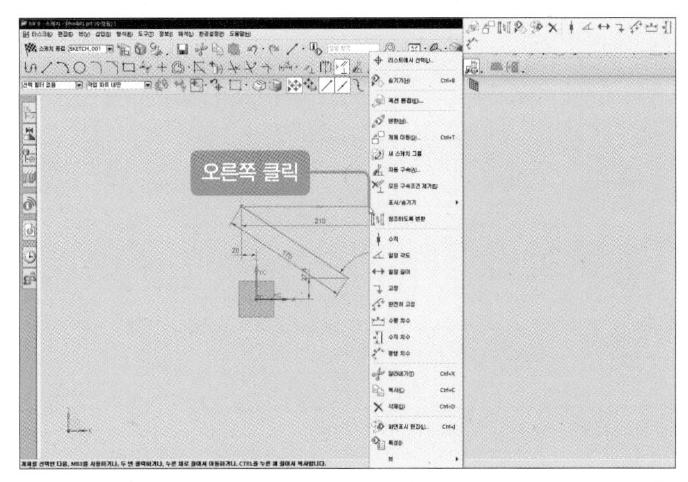

(4) 마우스 오른쪽 버튼을 2초간 길게 누르고 있으면 모델링의 '음형 처리' 및 '와이어 프레임'(선으로만 보여짐)으로 바꿀 수 있는 아이콘이 나타납니다.

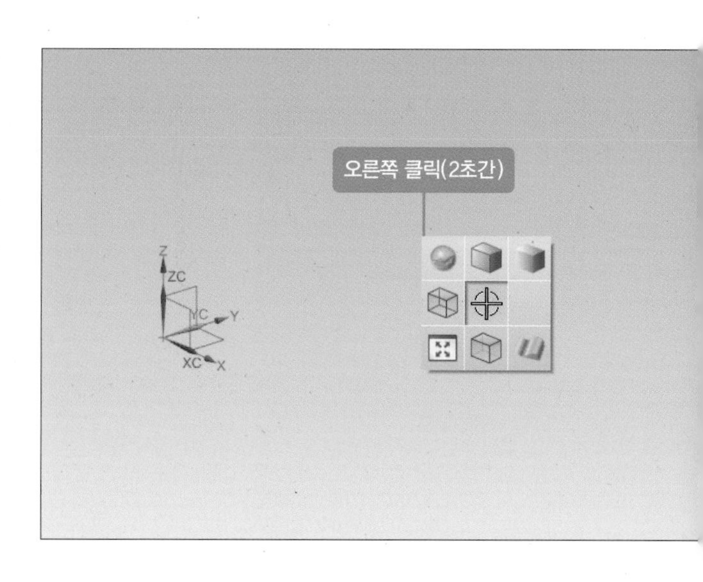

다) 마우스 가운데 휠 버튼 (3)

(1) 마우스 가운데 버튼을 누르고 마우스를 움직이면 모델링을 회전할 수 있습니다.

(2) 마우스 가운데 버튼 휠을 전후로 움직이면 화면이 ZOOM됩니다.

(3) Ctrl과 마우스 가운데 버튼 휠을 누르고 상하 또는 좌우로 움직이면 화면이 ZOOM됩니다.

(4) Shift와 마우스 가운데 버튼 휠을 누르면 모델링을 잡고 원하는 위치로 이동할 수 있습니다.

Tip 자주 사용하는 단축키

단축키	기능	단축키	기능
Ctrl+N	새로운 파트 파일 생성	Ctrl+A	화면 상에 있는 객체 전부 선택
Ctrl+O	저장되어 있는 파일 불러오기	Ctrl+B	선택된 객체 숨김
Ctrl+S	저장	Ctrl+Shift+B	숨어 있는 객체들만 보임
Ctrl+Shift+A	다른 이름으로 저장	Ctrl+Shift+U	숨어 있는 객체, 숨어 있지 않은 객체 전부 보임
Alt+F4	프로그램 종료	Ctrl+F	객체들 화면에 알맞은 크기로 보임
Ctrl+Z	작업 중이던 바로 전으로 돌아감	Ctrl+H	뷰 단면도 창 활성화(단면도 보임)
Ctrl+S	저장	F5	잔상 제거
Ctrl+Y	작업 전으로 돌아간 것 복귀	F8	화면 가장 가까운 뷰로 정렬됨
Ctrl+D 또는 Delete	삭제		

2

CHAPTER

UG NX 9.0 기본 명령어 알아보기

UG NX 9.0을 이용하여 모델링하기 전에 스케치를 하기 위한 데이텀을 설정하는 방법과 스케치에서의 구속을 설정하는 방법, 그리고 모델링에서 사용 횟수가 많은 명령어 및 아이콘 형상에 대해 알아보겠습니다.

1 | 스케치 데이텀 설정

1 스케치 데이텀 설정하기

01 바탕화면의 UG NX 9.0( )을 더블클릭하거나 [윈도우] 버튼의 [모든 프로그램–Siemens NX 9.0–NX 9.0]을 클릭합니다.

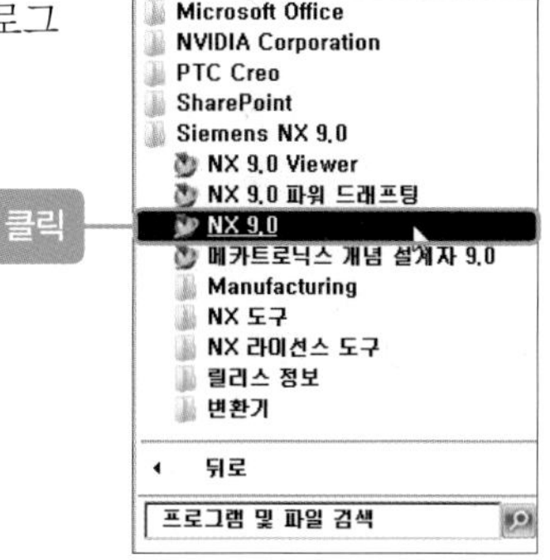

02 [새로 만들기] 버튼을 선택합니다.

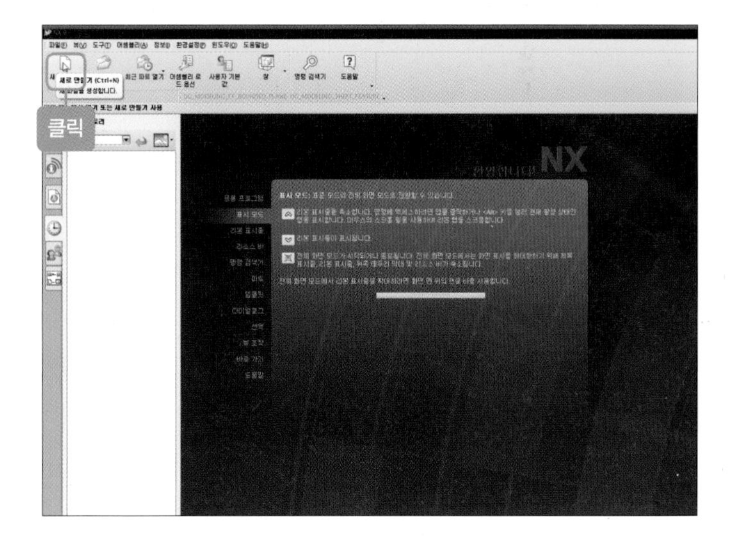

03 [새로 만들기] 대화상자가 나타나면 [모델] 탭의 [모델]을 클릭합니다. 모델링 이름 및 저장할 폴더의 위치를 설정한 후 [확인] 버튼을 선택합니다.

04 모델링 작업을 하기 위한 공간이 나타납니다.

05 '타스크 환경의 스케치'로 변경하겠습니다. 풀다운 메뉴의 [삽입-타스크 환경의 스케치]를 클릭합니다.

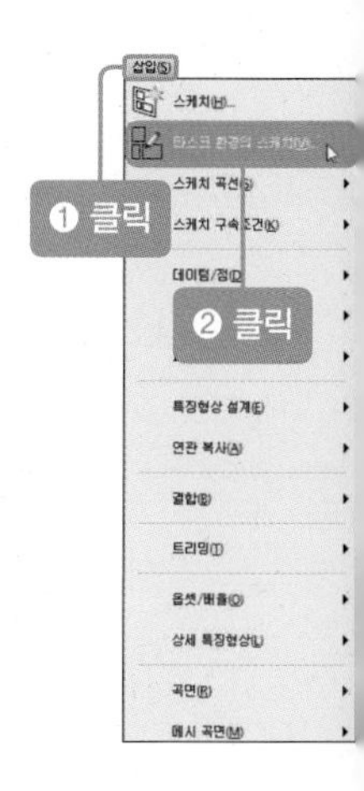

06 '타스크 환경의 스케치'로 전환되면서 [스케치 생성] 대화상자가 나타납니다. [스케치 면] 항목의 [평면 방법]에서 [기존 평면]을 선택합니다.

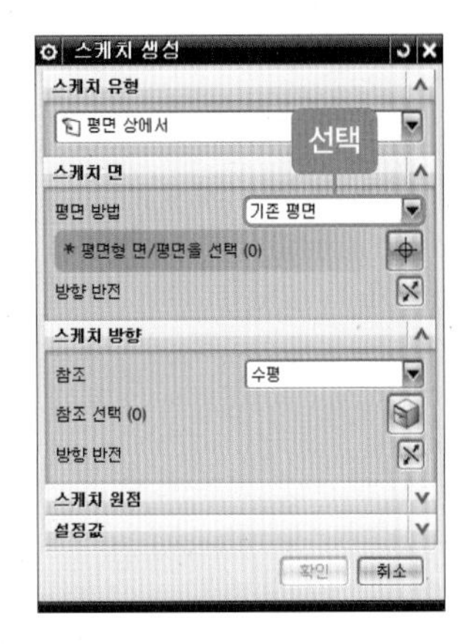

07 데이텀 좌표계의 'XY 평면', 'XZ 평면', 'YZ 평면' 중 스케치 작업 평면으로 사용할 평면을 선택합니다. 여기서는 'XY 평면'을 선택했습니다.

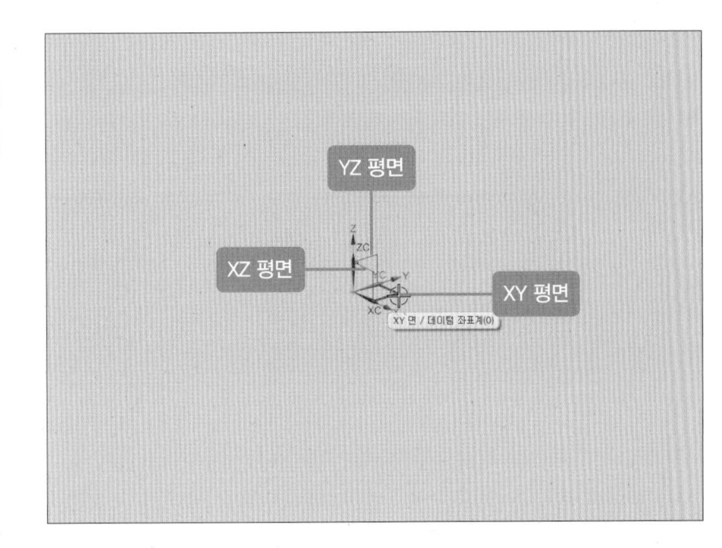

08 스케치 뷰를 정의해줄 수 있는 가상의 데이텀 좌표계가 생성되면 [확인] 버튼을 클릭합니다.

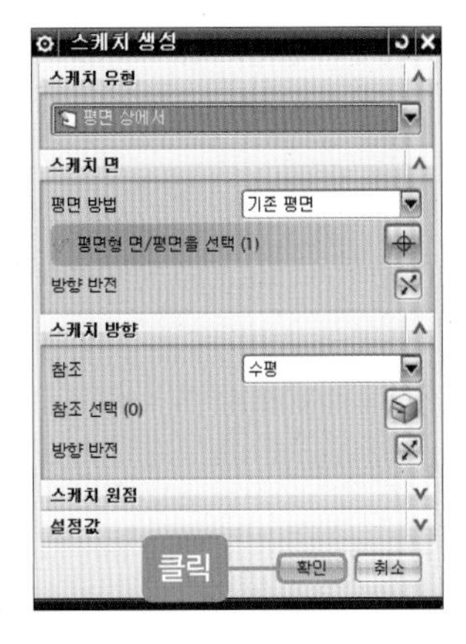

09 '타스크 환경의 스케치' 평면이 정의되었습니다.

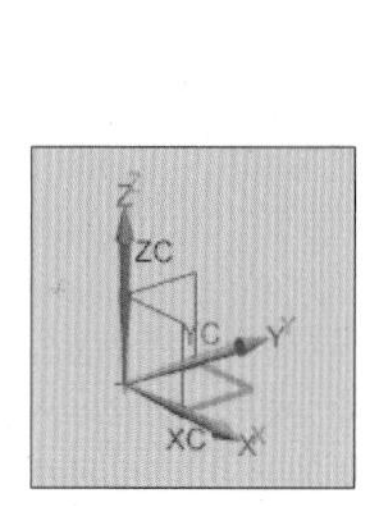

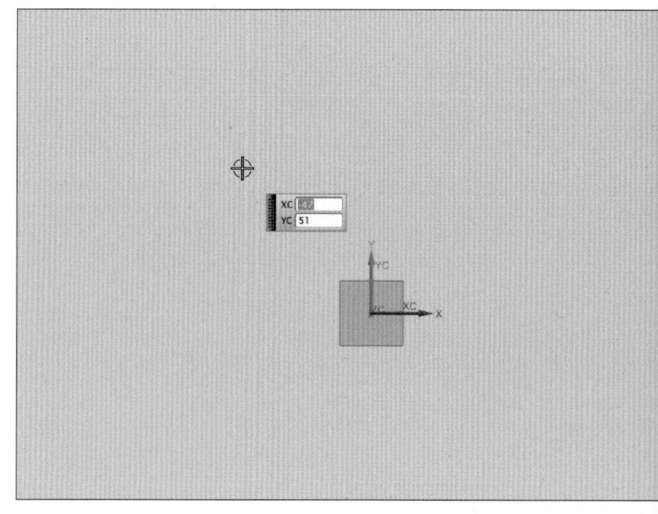

2 | 스케치 아이콘

1 선

- 아이콘:
- 단축키: L
- 내용: 구속 조건을 추정하며, 선을 생성합니다.
- 작업 방법: 'P1'을 클릭한 후 'P2'를 클릭합니다.

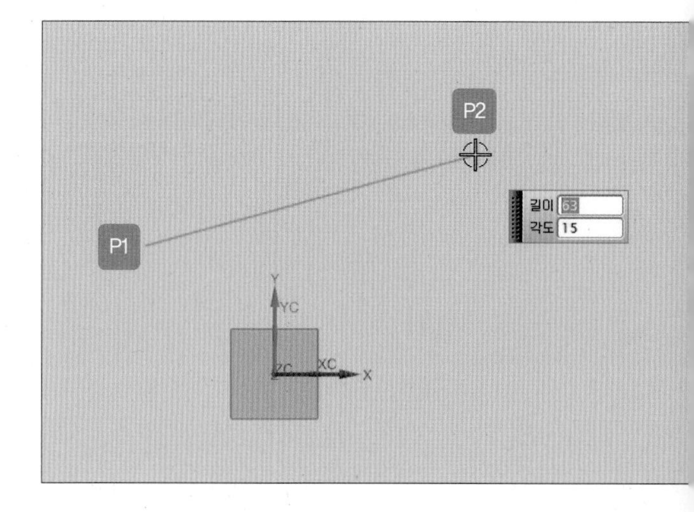

2 원호

- 아이콘:
- 단축키: A
- 내용: 세 점 또는 중심과 두 끝점으로 원호를 생성합니다.
- 작업 방법: 'P1'을 클릭한 후 'P2'와 'P3'를 클릭합니다.

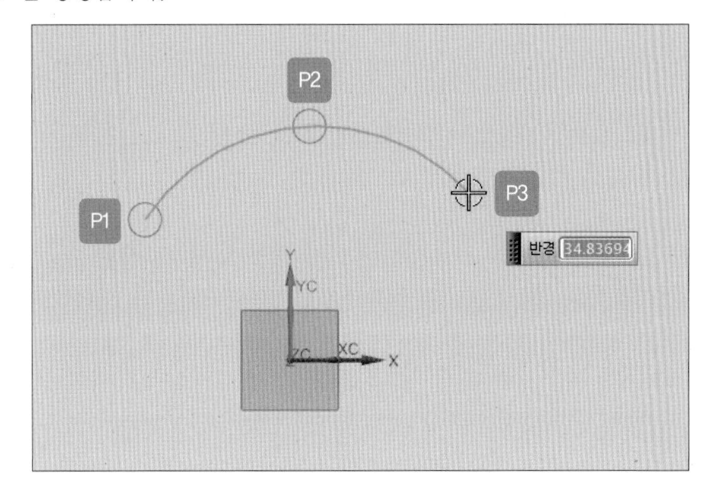

3 원

- 아이콘:
- 단축키: O
- 내용: 세 점 또는 중심과 지름으로 원을 생성합니다.
- 작업 방법: 'P1'(원의 중심)을 클릭한 후 마우스를 움직여 원의 지름을 조절합니다.

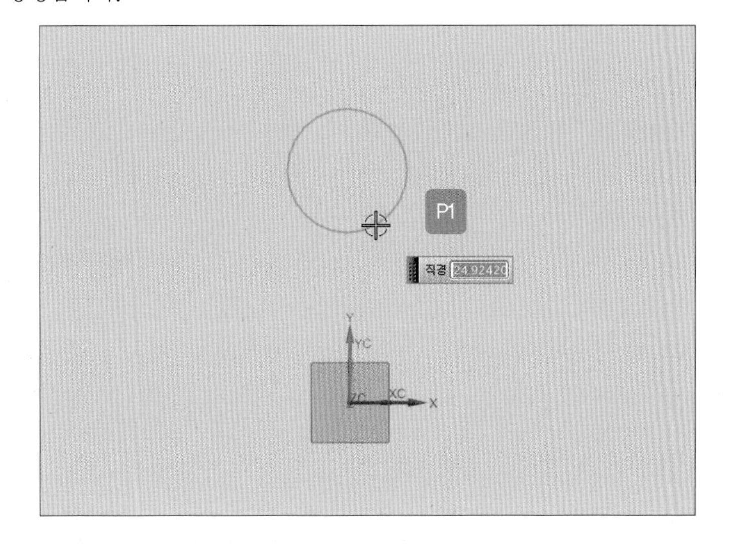

4 필렛과 모따기

- 아이콘: [icon], [icon]
- 단축키: F
- 내용:
  - 필렛: 두 곡선 또는 세 곡선 사이에 필렛을 생성합니다.
  - 모따기: 두 개의 스케치 선 사이에 샤프 코너를 모따기합니다.
- 작업 방법: 'L1'(선)을 클릭한 후 'L2'(선)를 클릭하고 필렛 및 모따기 선 표기 반경 및 치수를 입력합니다.

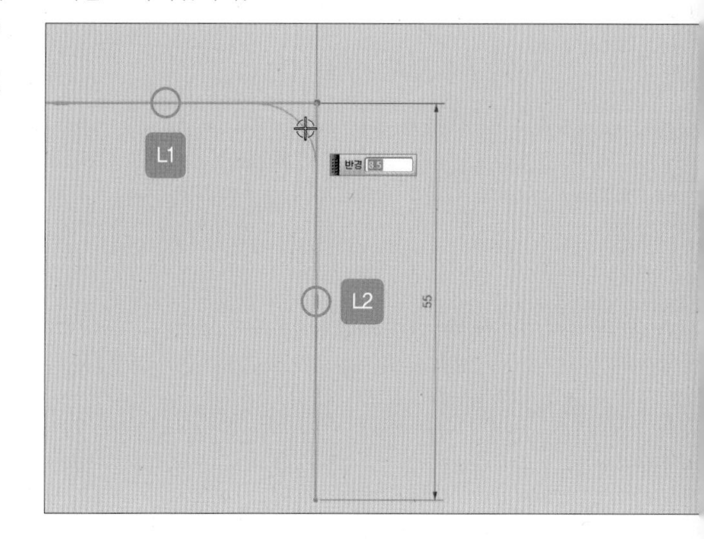

5 직사각형

- 아이콘: [icon]
- 단축키: R
- 내용: 세 가지 방법 중 한 가지를 이용하여 직사각형을 생성합니다.
- 작업 방법: 'P1'을 클릭한 후 'P2'를 클릭합니다.

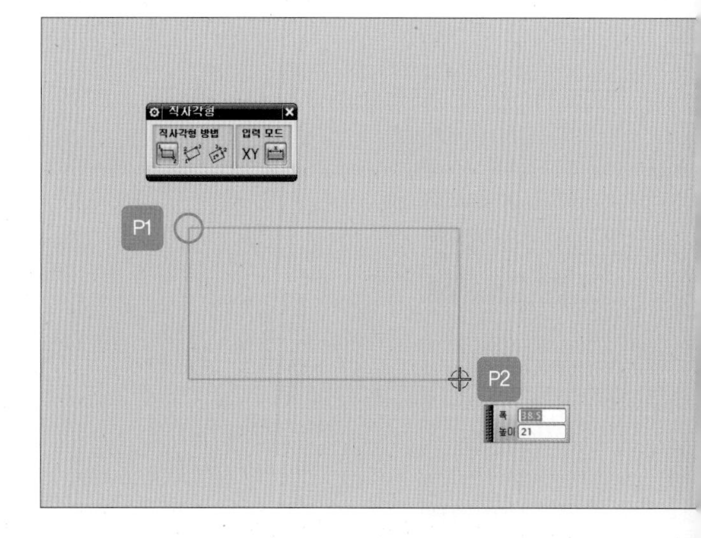

6 점

- 아이콘:
- 단축키: 직접 아이콘을 선택합니다.
- 내용: 점을 생성합니다.
- 작업 방법: 원하는 곳을 클릭하거나 [점 지정]을 선택한 후 'P1'을 클릭합니다.

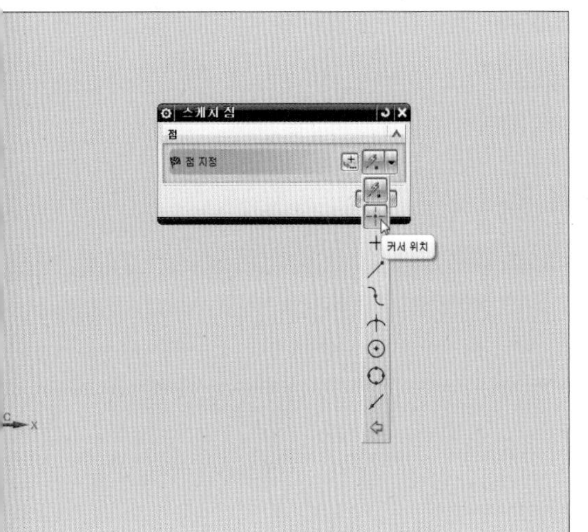

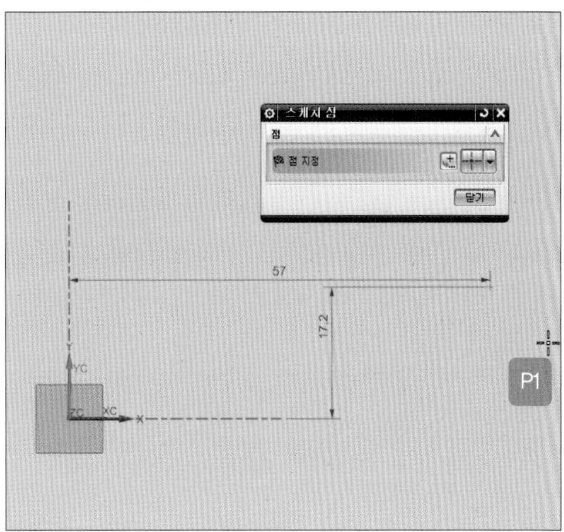

7 옵셋 곡선

- 아이콘:
- 단축키: 직접 아이콘을 선택합니다.
- 내용: 스케치 평면상에 있는 곡선 체인을 옵셋합니다.
- 작업 방법: 'L1'(곡선)을 선택한 후 세부 내용을 정하고 [확인] 버튼을 클릭합니다.
  - 거리: 옵셋을 할 거리값 생성 방향으로 옵셋합니다.
  - 대칭 옵셋: 기준 곡선의 대칭으로 옵셋합니다.
  - 복사본 수: 옵셋 거리로 복사본의 수만큼 나타납니다.

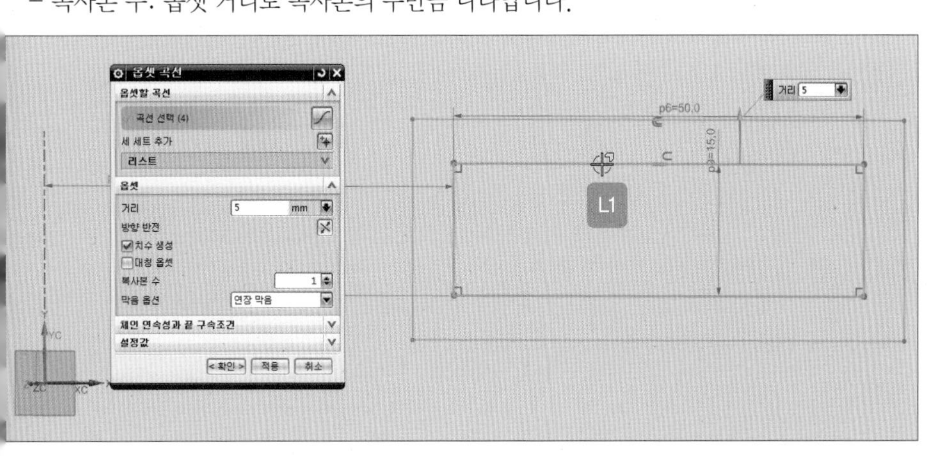

⑧ 패턴 곡선

- 아이콘:
- 단축키: 직접 아이콘을 선택합니다.
- 내용: 스케치 평면상에 있는 곡선 체인에 패턴을 지정합니다.
- 작업 방법: 스케치에서 패턴은 선형, 원형, 일반이 있으며, 곡선에 대하여 같은 방향, 같은 크기로 복사합니다.

01 패턴의 종류를 선택합니다.

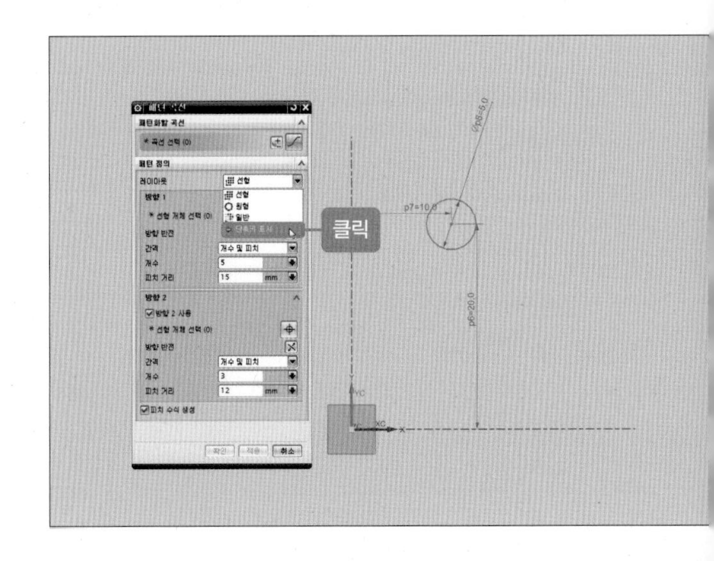

02 먼저 선형에 대해 알아보겠습니다. 선형의 경우 곡선은 'L1', 레이아웃은 '선형', 방향 1은 '선형', 객체는 'P1' 선택(데이텀의 X, Y, Z축을 이용하거나 솔리드 면의 모서리 선으로 방향 선택), 개수에는 수량에 '5', 피치 거리에 '8'을 입력한 후 [확인] 버튼을 클릭합니다.

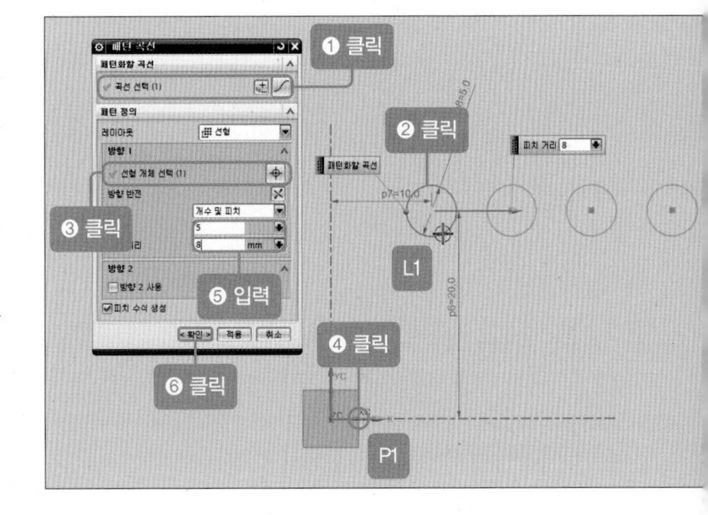

03 [방향 2 사용]에 체크한 후 방향 2에 선형 객체인 'P2'를 선택합니다 그런 다음 개수에는 '3', 피치 거리에는 '6'을 입력하고 [확인] 버튼을 클릭합니다.

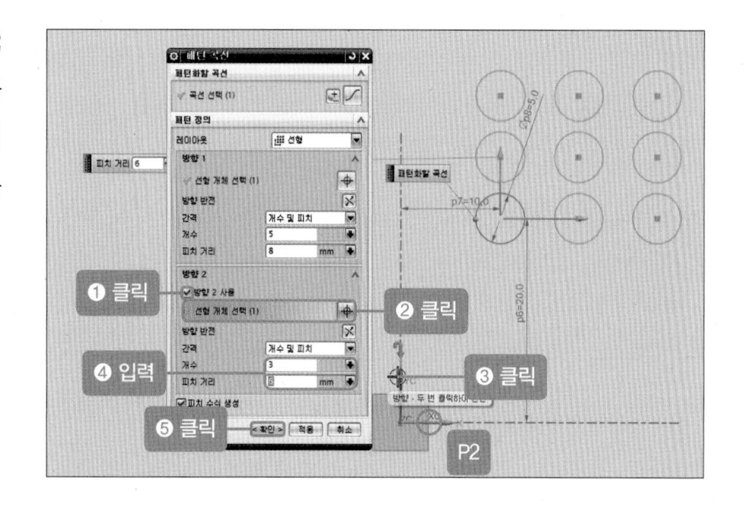

04 이번에는 원형에 대해 알아보겠습니다. 원형의 경우 곡선은 'L1', 레이아웃은 '원형', 회전점은 'P1'(설정 및 필요에 맞게 선택), 개수는 '7', 피치 각도는 '272'를 입력한 후 [확인] 버튼을 클릭합니다.

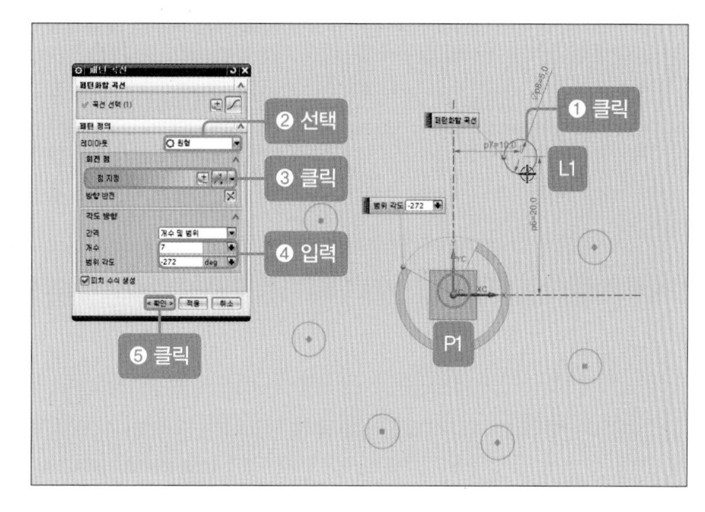

대칭 곡선

- 아이콘:
- 단축키: 직접 아이콘을 선택합니다.
- 내용: 스케치 평면상에 있는 곡선 체인의 대칭 패턴을 생성합니다.
- 작업 방법: 곡선은 'L1', 중심선은 'P1'을 선택(데이텀의 X, Y, Z축을 이용하거나 대칭 기준선을 선택)한 후 [확인] 버튼을 클릭합니다.

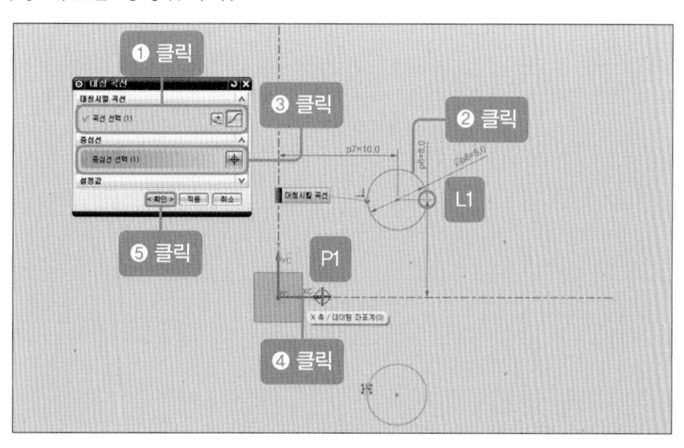

10 빠른 트리밍

- 아이콘:
- 단축키: T
- 내용: 가장 가까운 교차점 또는 선택한 경계에 맞춰 곡선을 제거합니다.
- 작업 방법: 'L1'을 선택한 후 제거할 선을 선택하면 삭제됩니다.

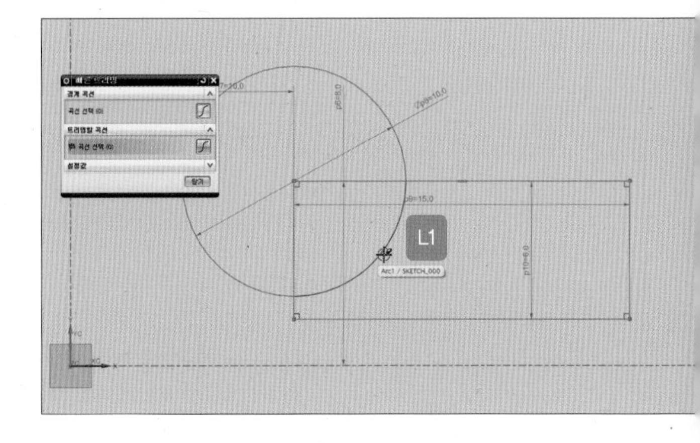

11 빠른 연장

- 아이콘:
- 단축키: E
- 내용: 가장 가까운 교차점 또는 선택한 경계에 맞춰 곡선을 연장합니다.
- 작업 방법: 연장할 곳('L1')을 클릭하면

직선으로 연장됩니다.

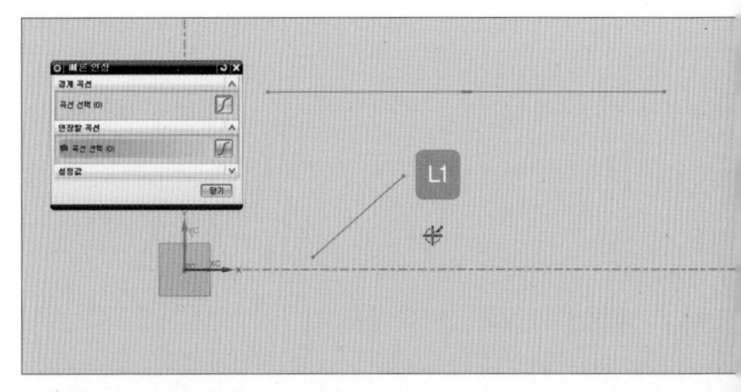

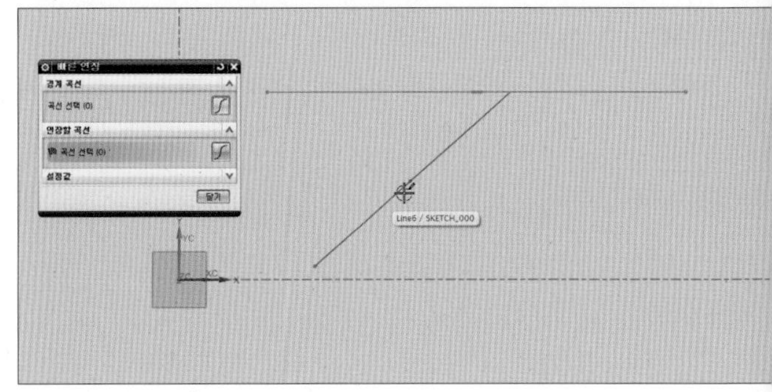

12 급속 치수

- 아이콘:
- 단축키: D
- 내용: 선택한 개체와 커서 위치로부터 치수 유형을 추정하여 치수 구속 조건을 생성합니다.
- 작업 방법: 직선 측정에는 치수를 측정할 곳('L1')을 클릭하는 방법과 'L2'를 클릭한 후 'L3'를 클릭하는 두 가지 방법이 있습니다.

1) 직선 치수 입력

두 개체 또는 점 위치 간에 선형 거리 구속 조건을 생성합니다.

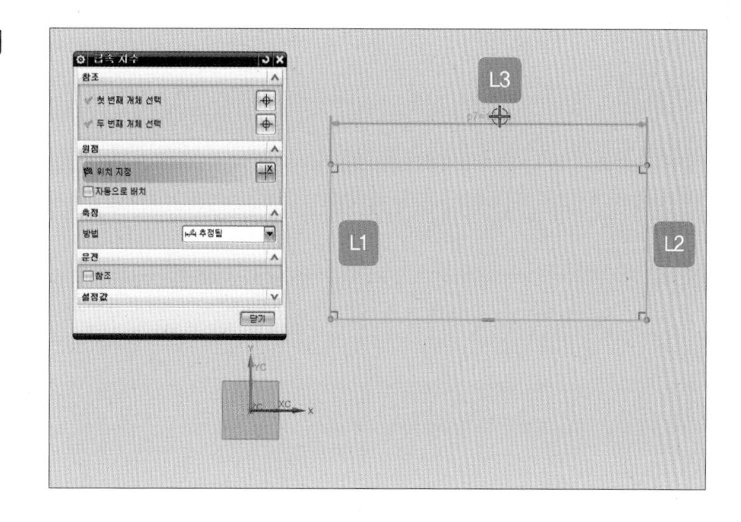

2) 원형 치수 입력

[측정-방법-추정됨]을 클릭하면 지름 및 원통 등 측정할 수 있는 창이 활성화됩니다. 지름 측정 시 치수 측정할 곳(L1)을 선택합니다.

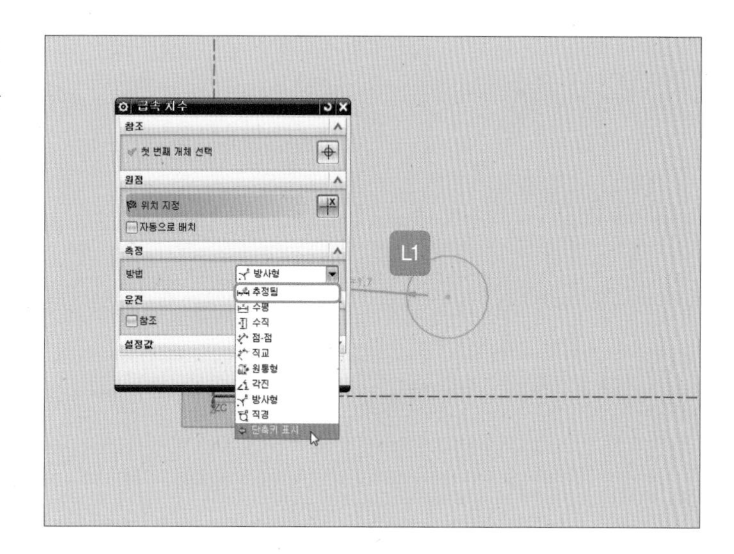

⑬ 참조에서/로 변환

- 아이콘: [[아이콘]]
- 단축키: 아이콘을 직접 선택합니다.
- 내용: 스케치 곡선 또는 스케치 치수를 '활성에서 참조로' 또는 '참조에서 활성으로'로 변환합니다(솔리드 시트 바디 모델링의 명령으로 제어하지 않습니다).
- 작업 방법: L1을 선택한 후 [참조하도록 변환]을 선택합니다.

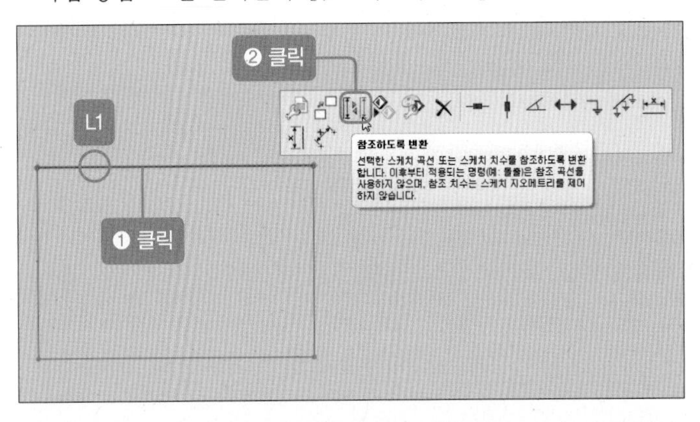

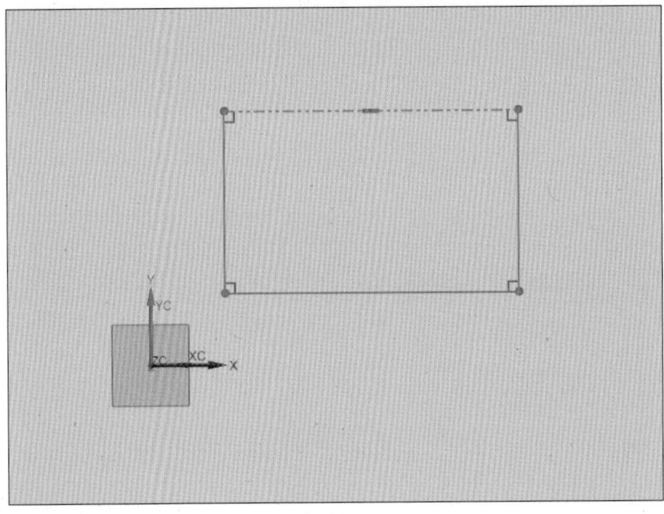

▲ 변환된 모습

3 | 스케치 구속 조건

스케치 환경에서 지오메트리에 구속 조건을 추가, 지정 및 유지합니다.

1 사용 방법

태스크 환경의 스케치에서 단축키 C를 누르거나 아이콘( )을 선택한 후 [지오메트리 구속조건] 창에서 스케치 환경에 필요한 구속 조건을 추가 또는 지정합니다.

2 주요 구속 조건 및 설명

① 일치

- 아이콘:
- 내용: 둘 이상의 꼭짓점 또는 점이 일치하도록 구속합니다.
- 작업 방법: 'P1'의 끝점을 선택한 후 'P2'의 끝점을 선택하면 'P1'을 기준으로 'P2'가 이동하면서 꼭짓점이 일치됩니다.

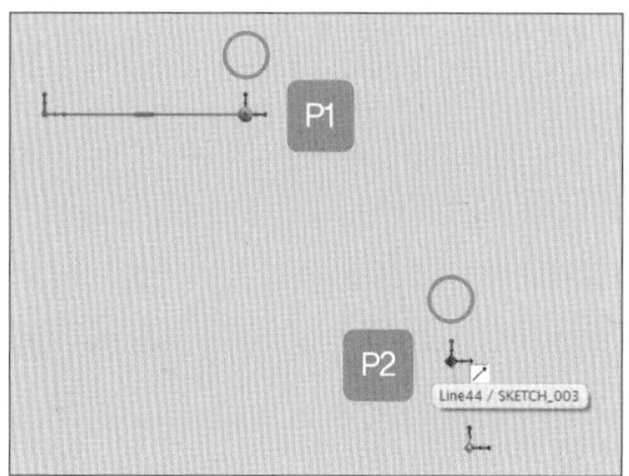

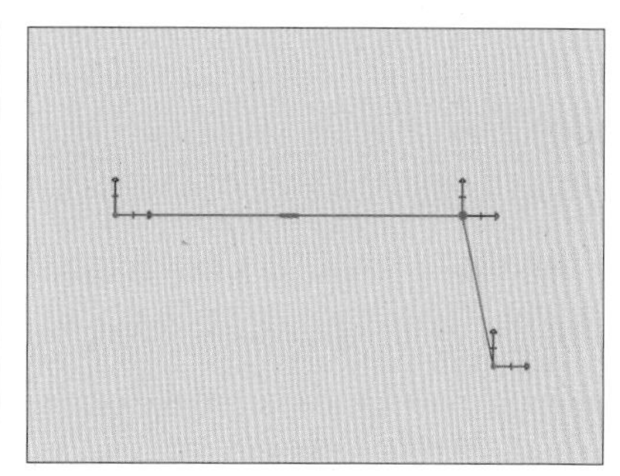

❷ 곡선상의 점

- 아이콘:
- 내용: 꼭짓점 또는 점의 곡선 위에 있도록 구속합니다.
- 작업 방법: 'P1'을 선택한 후 'P2의' 끝점을 선택하면 'P1'의 커브선상에 'P2'의 끝점이 일치됩니다.

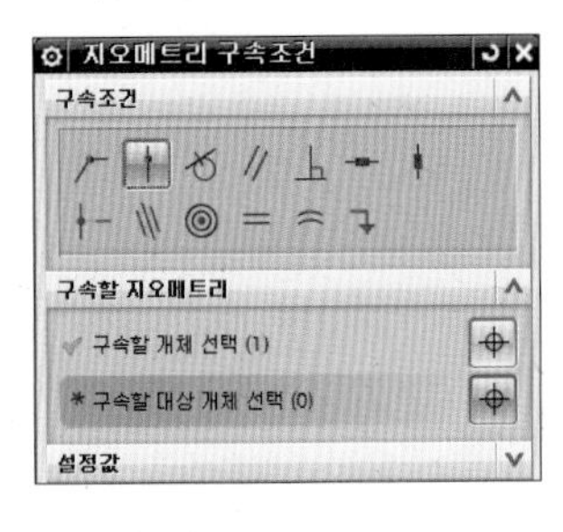

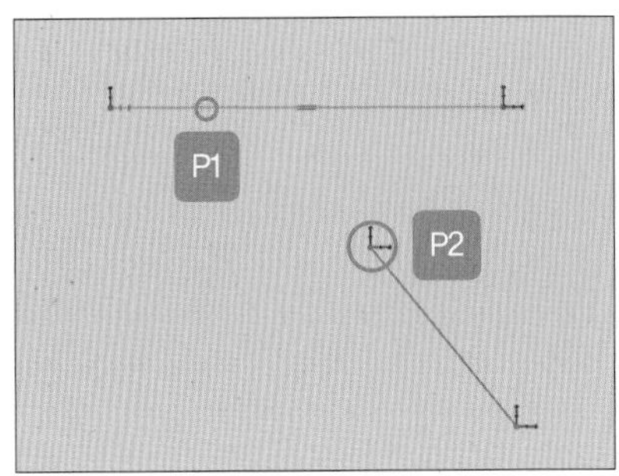

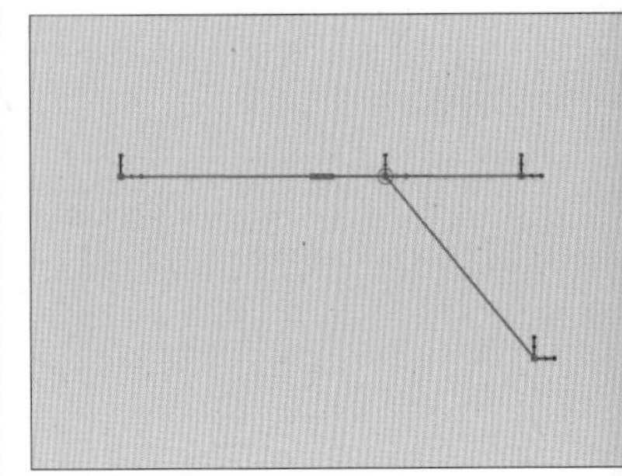

❸ 접합

- 아이콘:
- 내용: 두 곡선이 접하도록 구속합니다.
- 작업 방법: 'P1'을 선택한 후 'P2'를 선택하면 'P2'가 'P1'과 탄젠트하게 일치됩니다.

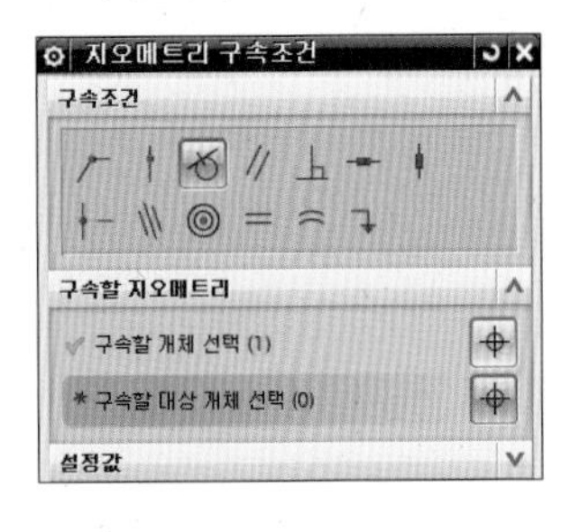

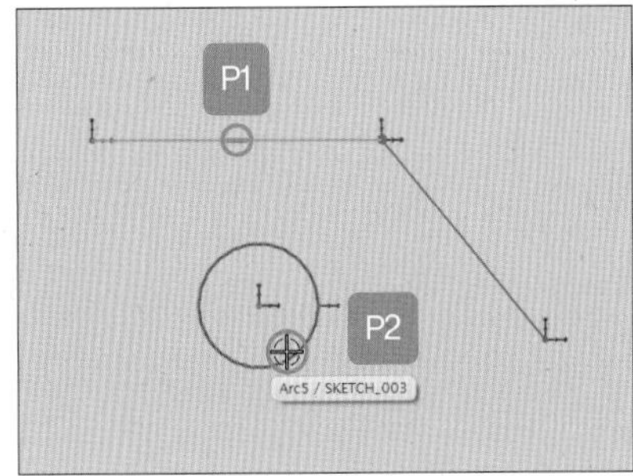

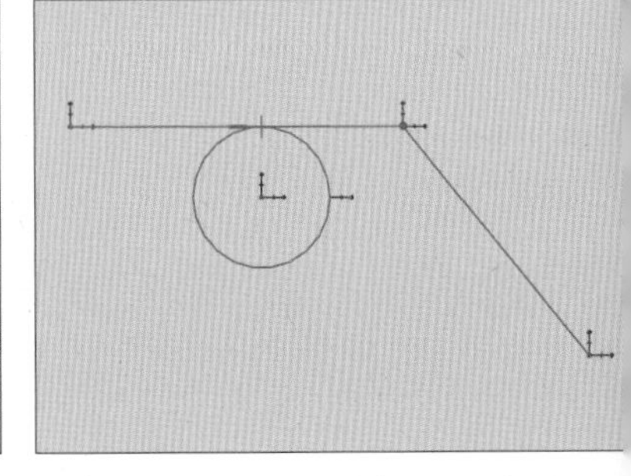

❹ 평행

- 아이콘:
- 내용: 둘 이상의 곡선이 평행하도록 구속합니다.
- 작업 방법: 'P1'을 선택한 후 'P2'를 선택하면 'P1'을 기준으로 'P2'가 평행을 이룹니다.

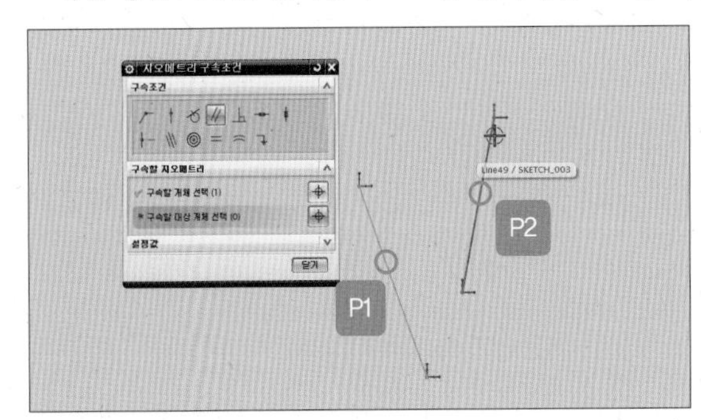

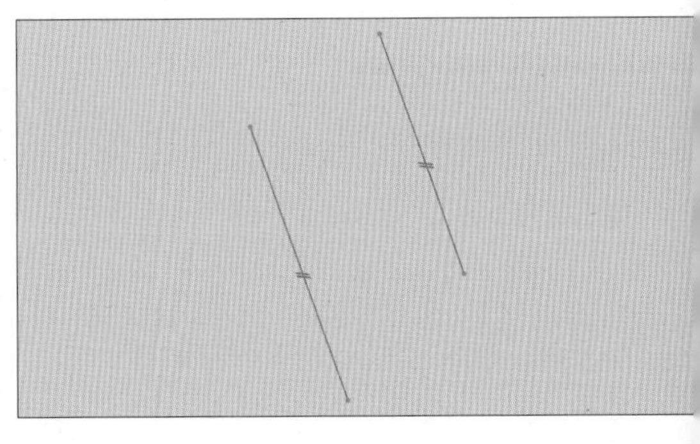

5 직교

- 아이콘: [icon]
- 내용: 두 곡선의 직교를 구속합니다.
- 작업 방법: 'P1'을 선택한 후 'P2'를 선택하면 'P1'을 기준으로 'P2'가 직각을 이룹니다.

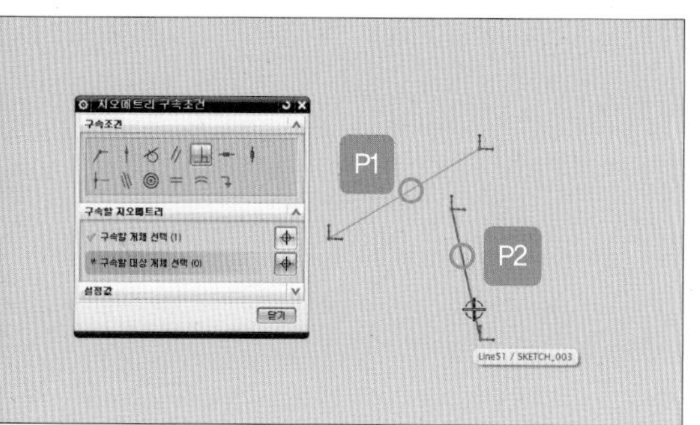

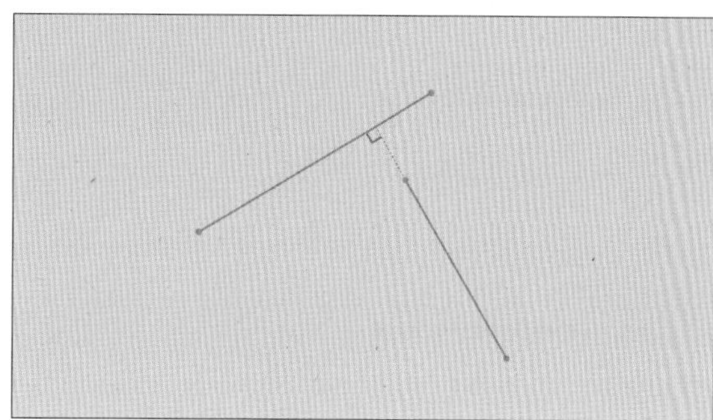

6 수평, 수직

- 아이콘: [icon], [icon]
- 내용: 하나 이상의 선이 수평, 수직이 되도록 구속합니다.
- 작업 방법: [수평] 또는 [수직] 아이콘을 선택한 후 'P1'을 선택하면 수평 또는 수직으로 구속됩니다.

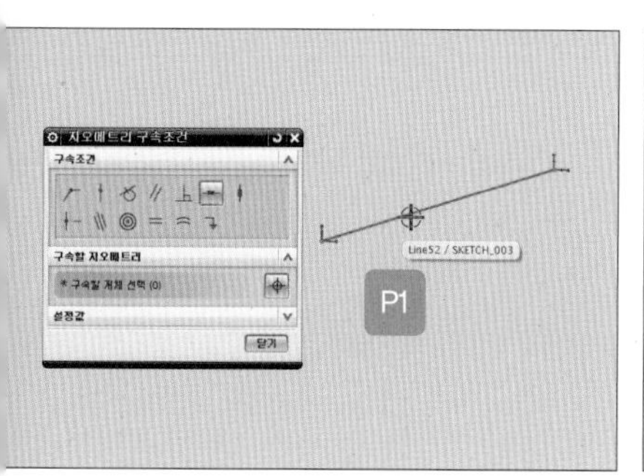

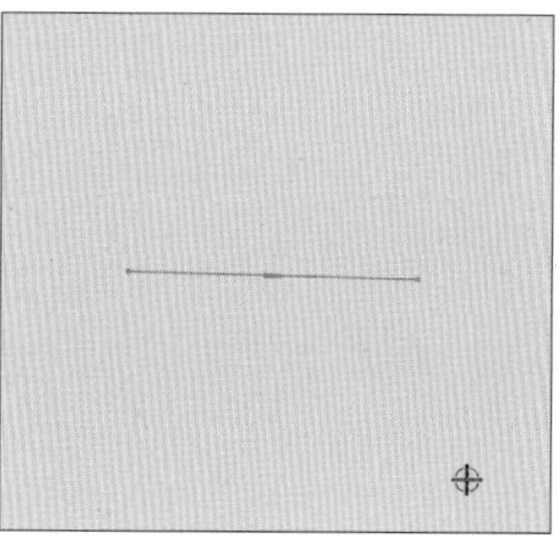

7 중간점

- 아이콘: [icon]
- 내용: 꼭짓점 또는 점이 선의 중간에 정렬되도록 구속합니다.
- 작업 방법: 'P1'을 선택한 후 'P2'를 선택하면 'P1'의 중간점에 'P2'가 위치합니다.

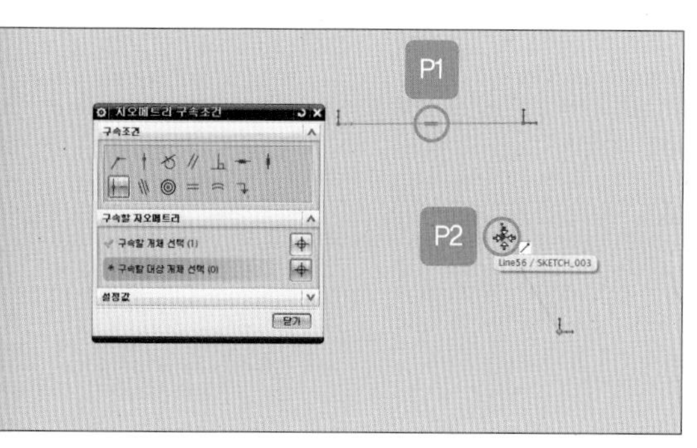

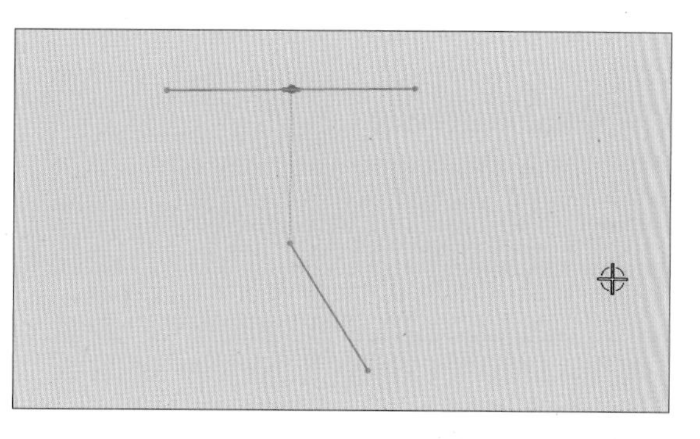

⑧ 동일 직선상

- 아이콘:
- 내용: 둘 이상의 선이 동일직선상에 있도록 구속합니다.
- 작업 방법: 'P1'을 선택한 후 'P2'를 선택하면 'P1'을 기준으로 'P2'가 나란히 구속됩니다.

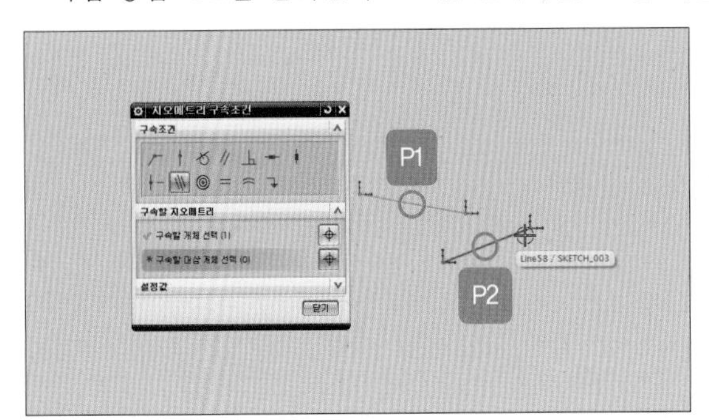

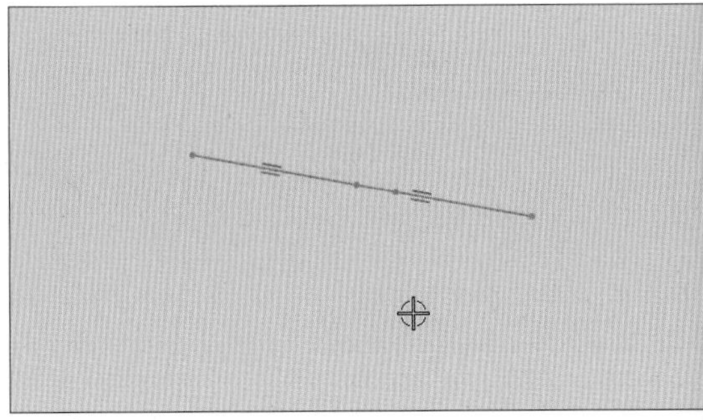

⑨ 동심

- 아이콘:
- 내용: 둘 이상의 곡선이 동심이 되도록 구속합니다.
- 작업 방법: 'P1'을 선택한 후 'P2'를 선택하면 'P1'의 중심과 'P2'의 중심이 일치합니다.

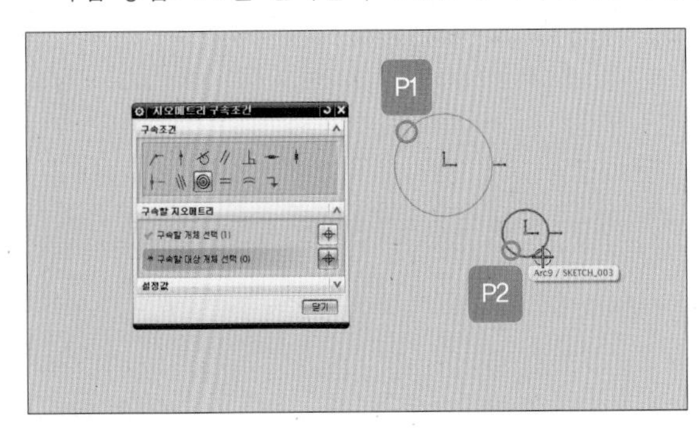

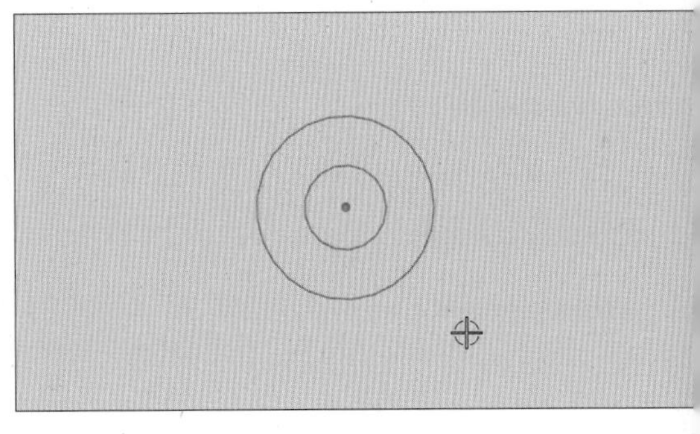

⑩ 같은 길이

- 아이콘:
- 내용: 둘 이상의 선이 같은 길이가 되도록 구속합니다.
- 작업 방법: 'P1'을 선택한 후 'P2'를 선택하면 'P1'과 'P2'의 길이가 같게 됩니다.

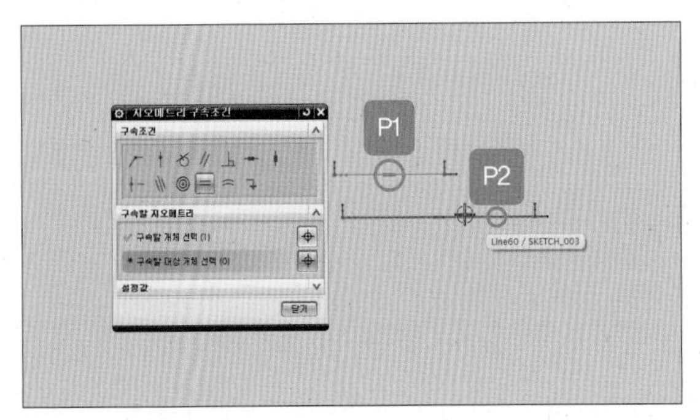

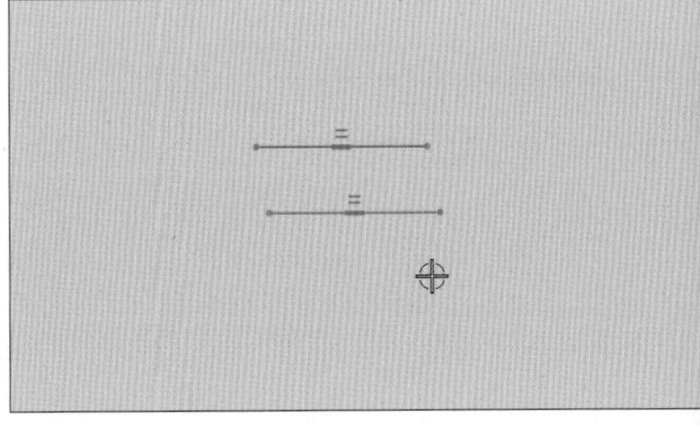

⑪ 같은 반경

• 아이콘:

• 내용: 둘 이상의 원호가 같은 반경을 가지도록 구속합니다.

• 작업 방법: 'P1'을 선택한 후 'P2'를 선택하면 'P1'과 'P2'에 반경을 갖게 됩니다.

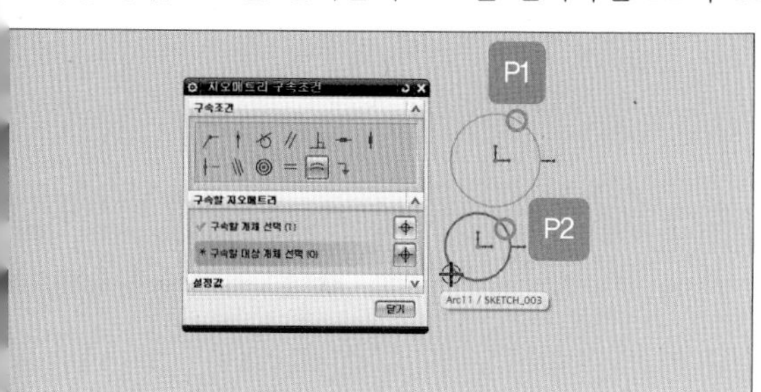

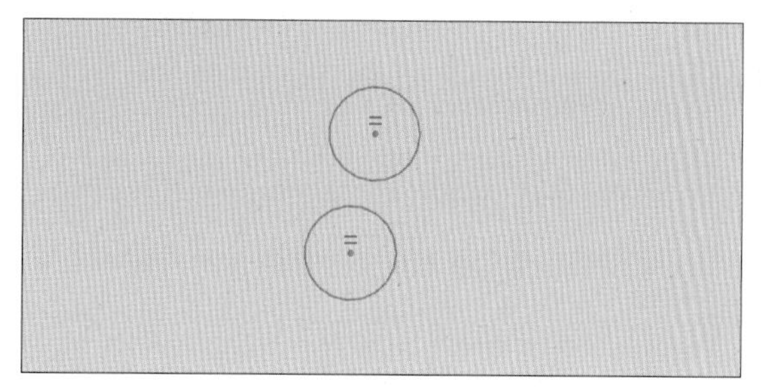

⑫ 고정

• 아이콘:

• 내용: 하나 이상의 곡선 또는 꼭짓점이 고정되도록 구속합니다.

• 작업 방법: 'P1'을 선택하면 길이 및 위치가 고정됩니다.

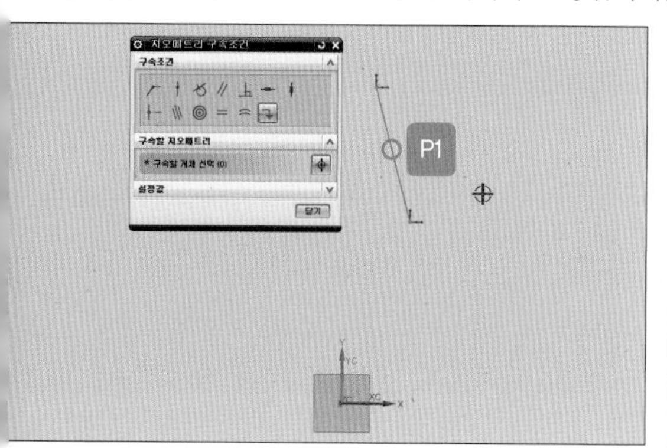

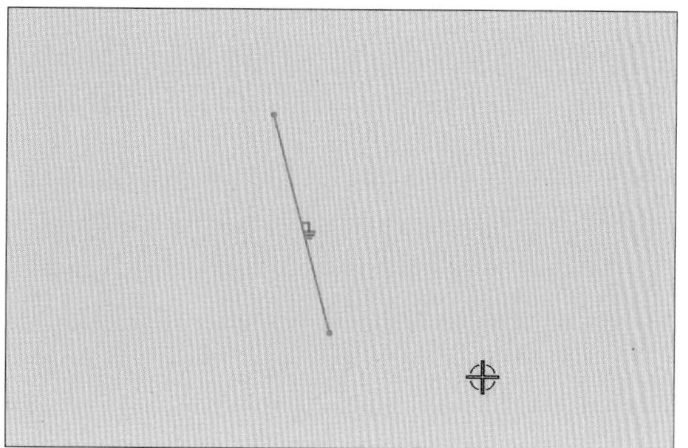

4 | WCS 활용하기

원점 좌표를 이동하여 데이텀을 설정하는 방법에 대해 알아보겠습니다.

1 원점 이동에 필요한 모델링 만들기

01 바탕화면의 UG NX 9.0()을 더블클릭하거나 [윈도우] 버튼의 [모든 프로그램–Siemens NX 9.0–NX 9.0]을 클릭합니다.

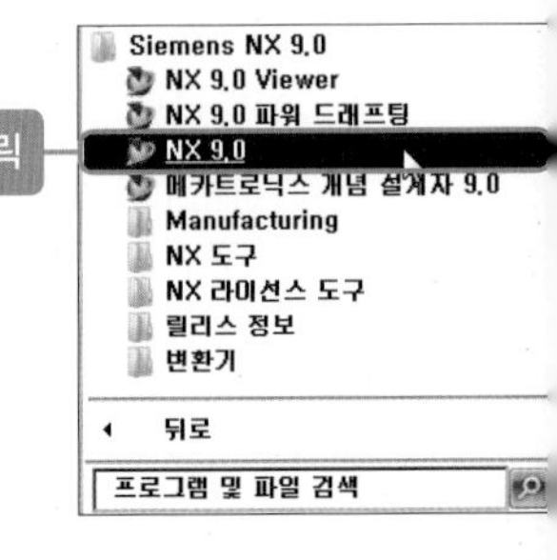

02 [새로 만들기] 버튼을 클릭합니다.

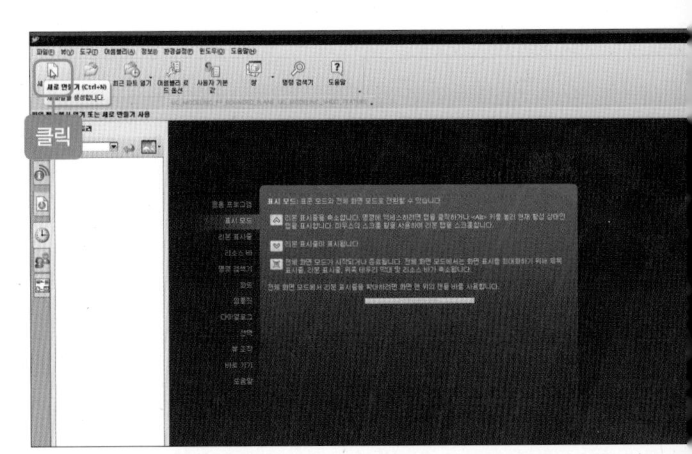

03 [새로 만들기] 대화상자의 [모델] 탭을 클릭합니다. 그런 다음 [템플릿] 항목의 [모델]을 선택합니다. 모델링의 이름 및 저장할 폴더의 위치를 설정한 후 [확인] 버튼을 클릭합니다.

04 모델링 작업을 하기 위한 공간이 나타납니다.

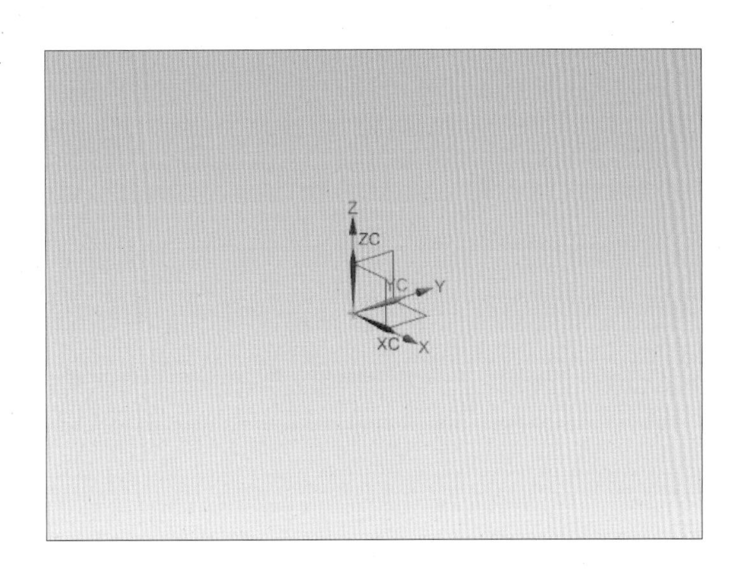

05 가로 100, 세로 100, 높이 100의 사각형을 만들겠습니다. [삽입] 메뉴의 [특징형상 설계-블록]을 클릭합니다.

06 [블록] 대화상자가 나타나면 치수에 길이 '100', 폭 '100', 높이 '100'을 입력합니다.

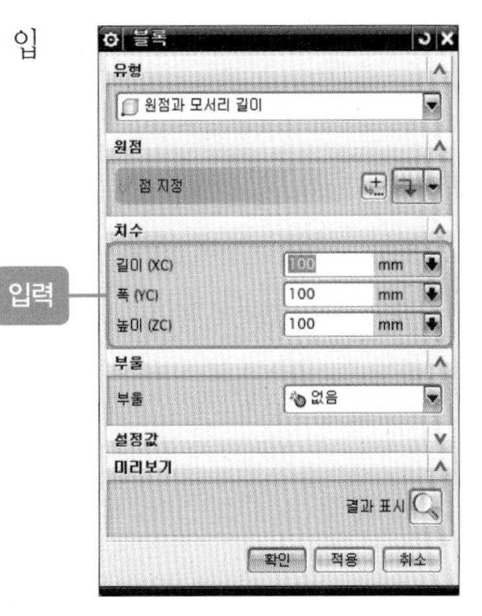

07 [블록] 대화상자에서 원점의 위치를 설정하고 [점 다이얼로그] 버튼(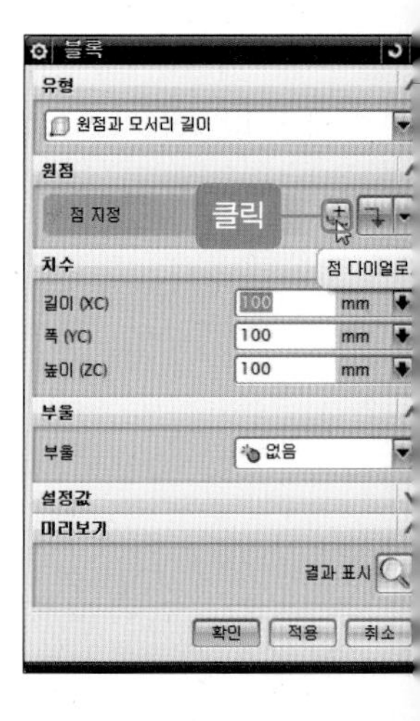)을 클릭합니다.

08 [점] 대화상자가 나타나면 [출력 좌표] 항목의 참조에 'WCS' 선택, YC에 '-100'을 입력한 후 [확인] 버튼을 클릭합니다.

09 원점의 위치가 '-100'만큼 이동할 위치를 알려주면 [확인] 버튼을 클릭합니다.

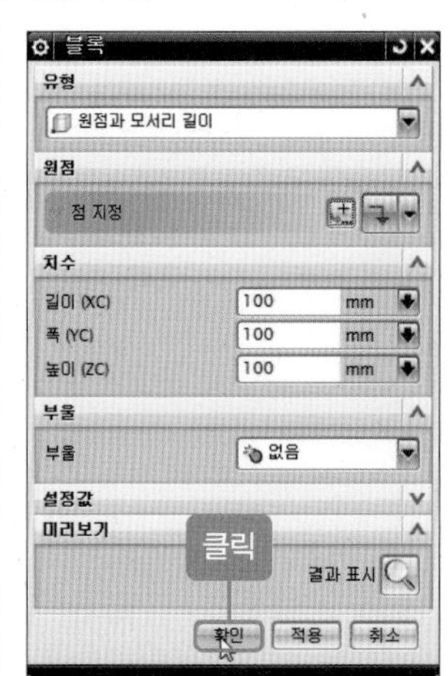

10 이동한 원점을 기준으로 가로 '100', 세로 '100', 높이 '100'인 직사각형이 나타납니다.

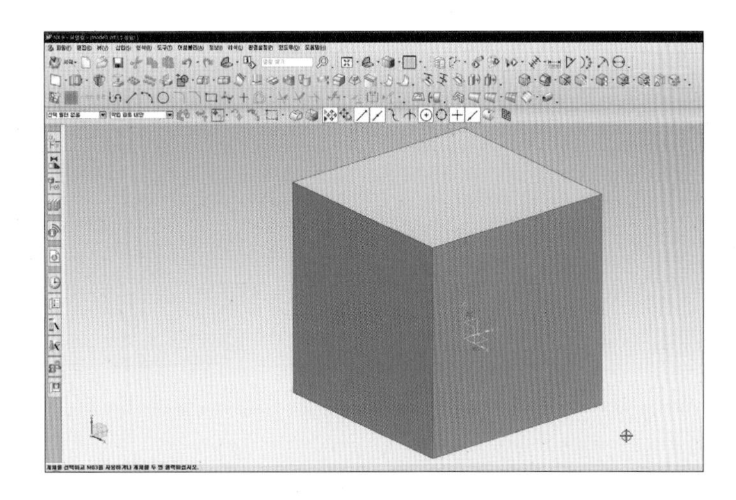

2 직사각형 모델링을 이용하여 원점 이동하기

01 생성된 직사각형을 이용하여 원점 좌표를 P점으로 이동해보겠습니다. [형식] 메뉴의 [WCS-원점]을 선택합니다.

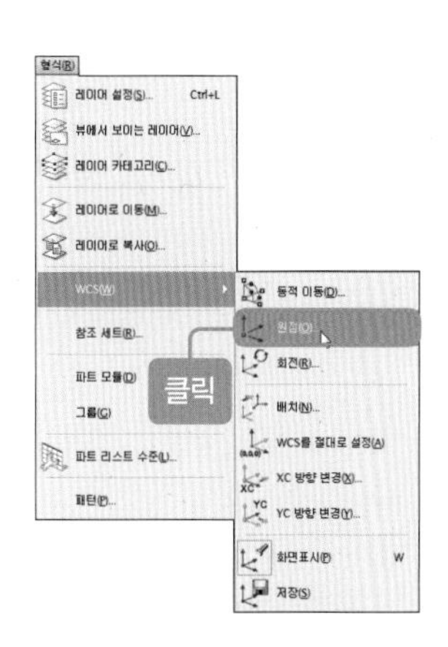

02 [점] 대화상자가 나타난 후에 [유형] 항목의 [추정 점]을 선택하면 점을 선택할 수 있는 창이 나타납니다.

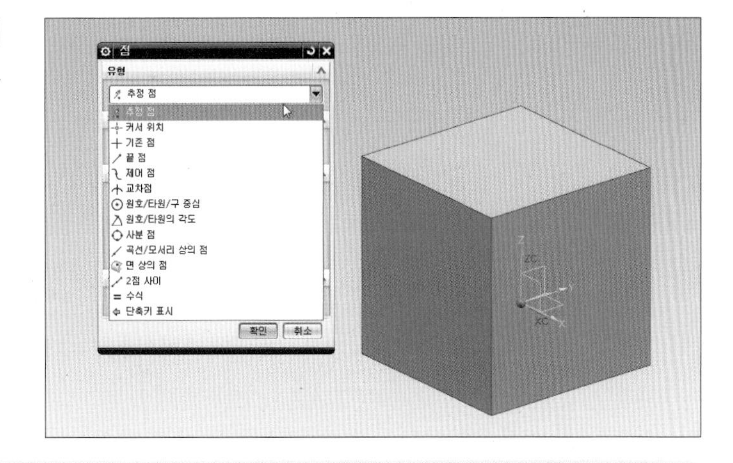

Tip
- 끝점(⟋): 곡선의 끝점을 선택할 수 있도록 합니다.
- 중간점(⟋): 선형, 곡선, 열린 원호 및 선형 모서리의 중간점을 선택할 수 있도록 합니다.
- 교점(┼): 두 곡선의 교차의 점을 선택할 수 있도록 합니다.
- 사분점(○): 원호의 사분점을 선택할 수 있도록 합니다.

03 [점] 대화상자에서 끝점을 선택한 후 모델링 끝점의 모서리 곡선을 선택합니다.

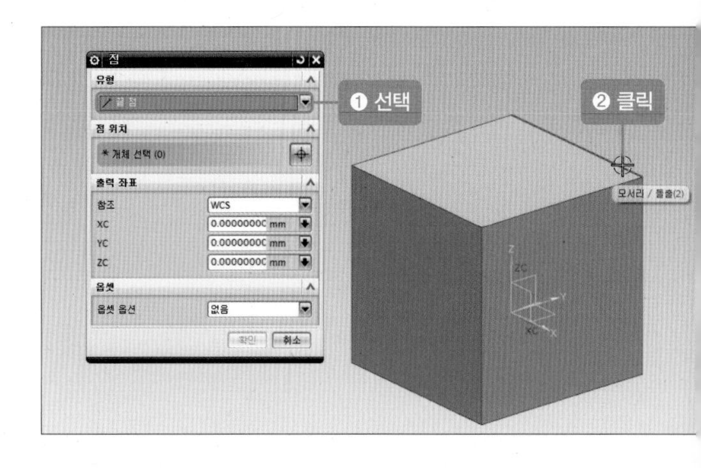

04 선택된 모서리의 끝점에 원점이 이동된 것을 확인할 수 있습니다.

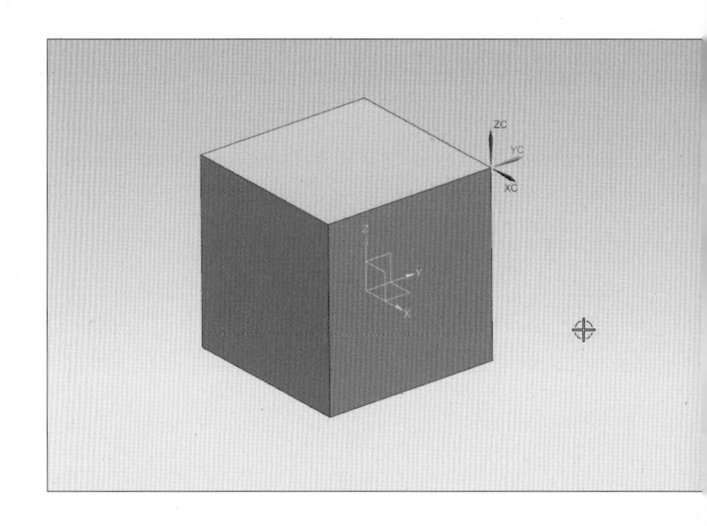

❸ 원점을 처음 위치로 이동하기

01 원점을 처음 위치로 이동해보겠습니다. [형식] 메뉴에서 [WCS-WCS를 절대로 설정]을 선택하면 처음 위치로 되돌아갑니다.

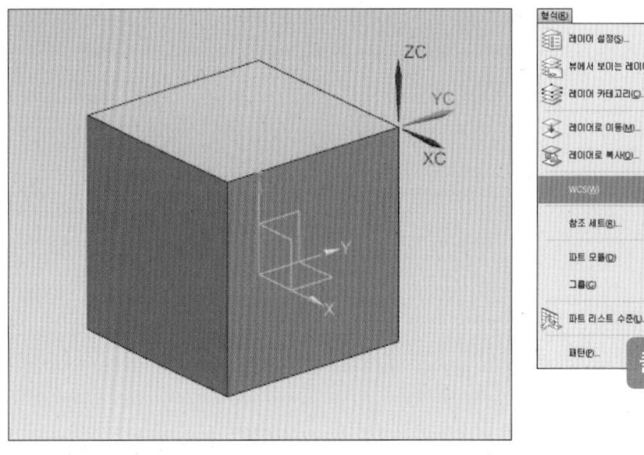

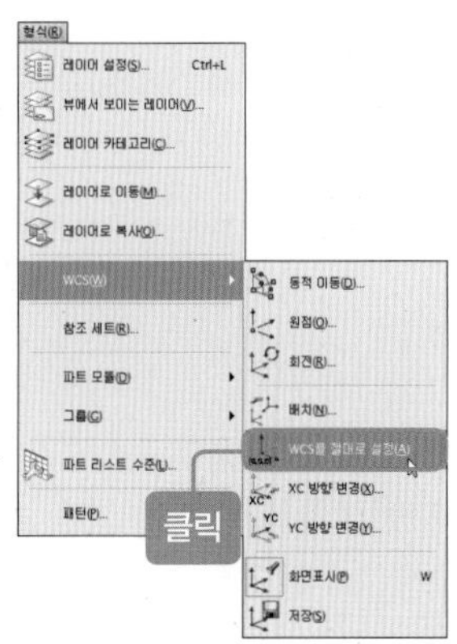

02 처음 위치(절대 좌표)로 이동된 모습입니다.

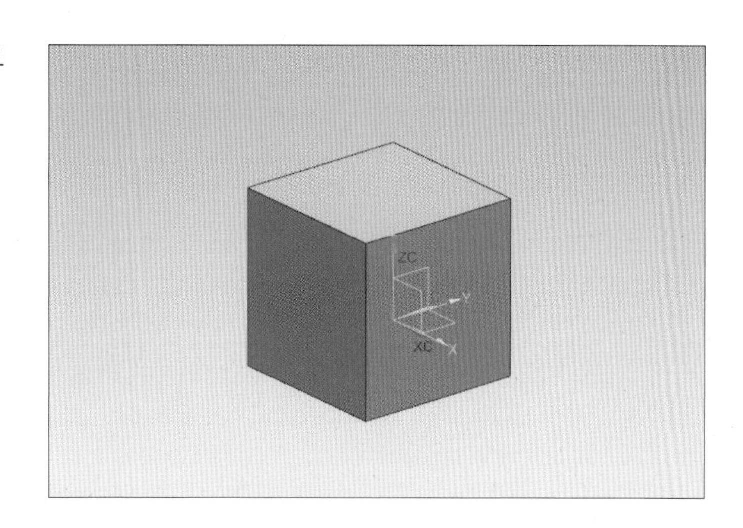

4 좌표값을 입력하여 원점 이동하기

01 절대 좌표를 기준으로 'X: 100', 'Y: −100', 'Z: 100'을 입력하여 원점을 이동해보겠습니다. [형식] 메뉴에서 [WCS-원점]을 선택합니다.

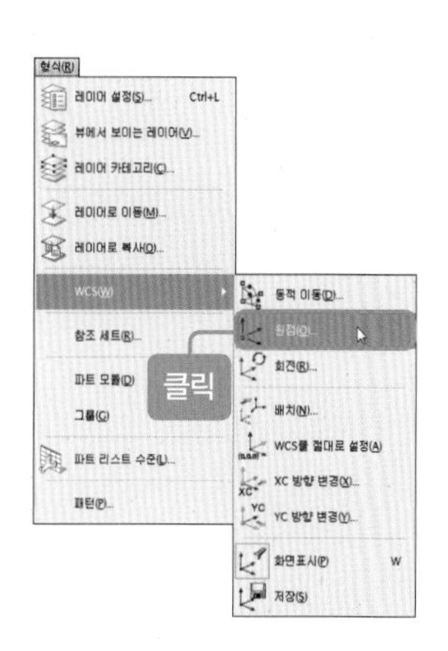

02 [점 생성] 대화상자가 나타나면 좌표 항목의 참조에 [절대-작업 파트]를 선택한 후 'X: 100', 'Y: −100', 'Z: 100'을 입력하면 이동하려는 원점이 표시됩니다. [확인] 버튼을 클릭합니다.

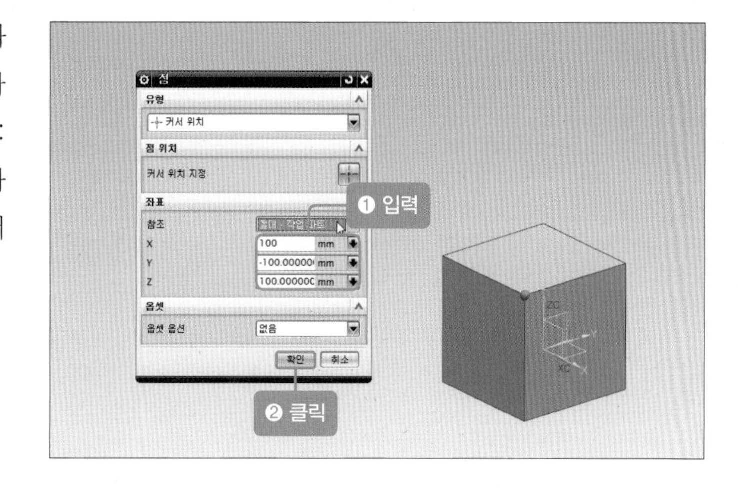

03 절대 좌표 기준으로 입력한 값으로 원점을 이동할 수 있습니다.

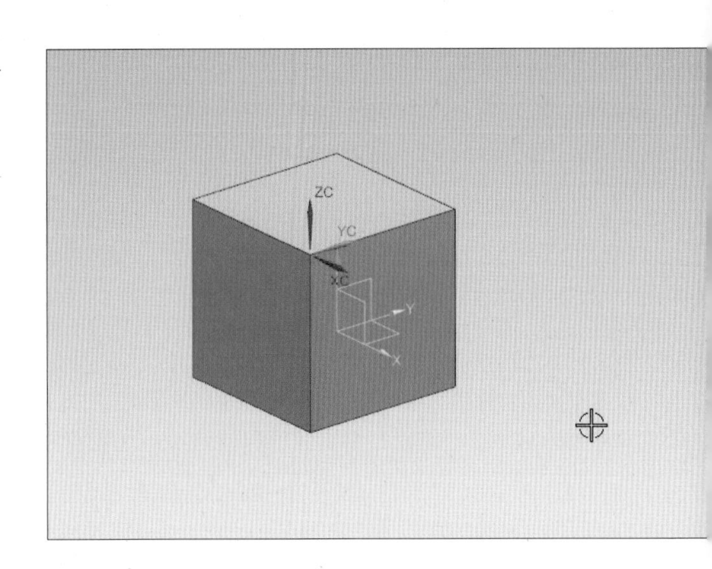

5 | [모델링] 아이콘 알아보기

1 모델링 작업을 위한 아이콘 알아보기

01 바탕화면의 UG NX 9.0( )을 더블클릭하거나 [윈도우] 버튼의 [모든 프로그램–Siemens NX 9.0–NX 9.0]을 클릭합니다.

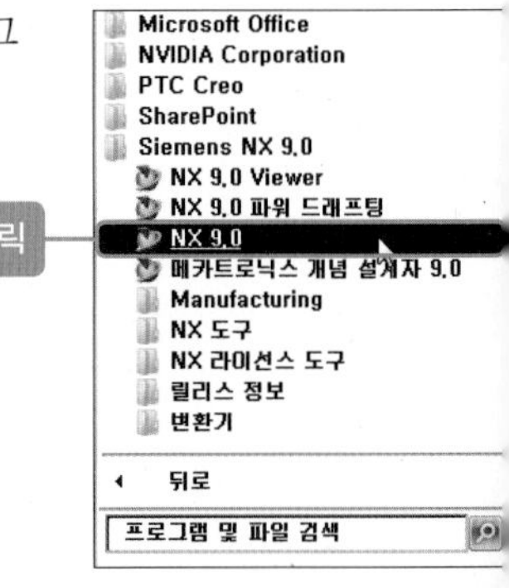

02 [새로 만들기] 버튼을 클릭합니다.

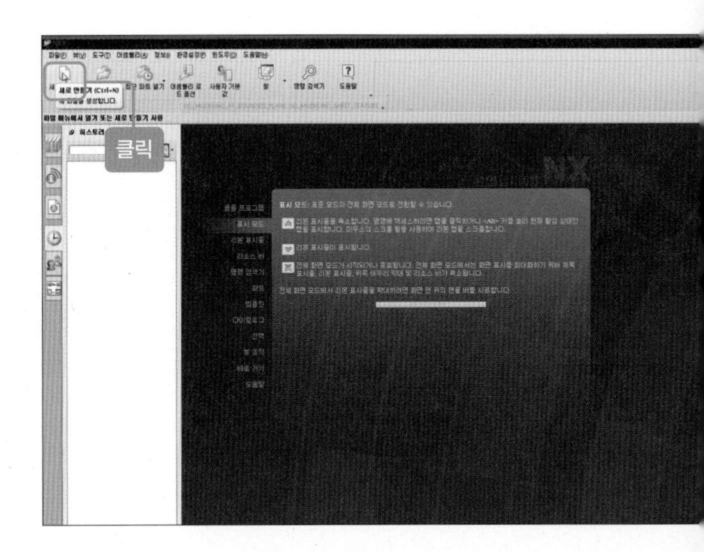

03 [새로 만들기] 대화상자의 [모델] 탭을 클릭한 후 [템플릿] 항목의 [모델]을 선택합니다. 그런 다음 모델링 이름 및 저장할 폴더의 위치를 설정하고 [확인] 버튼을 선택합니다.

04 모델링 작업을 하기 위한 공간이 나타납니다.

2 데이텀 평면( )

01 [데이텀 평면] 아이콘( )을 선택한 후 데이텀 좌표계의 'XY 평면'을 선택합니다. 그런 다음 거리값을 입력하고 [확인] 버튼을 클릭합니다.

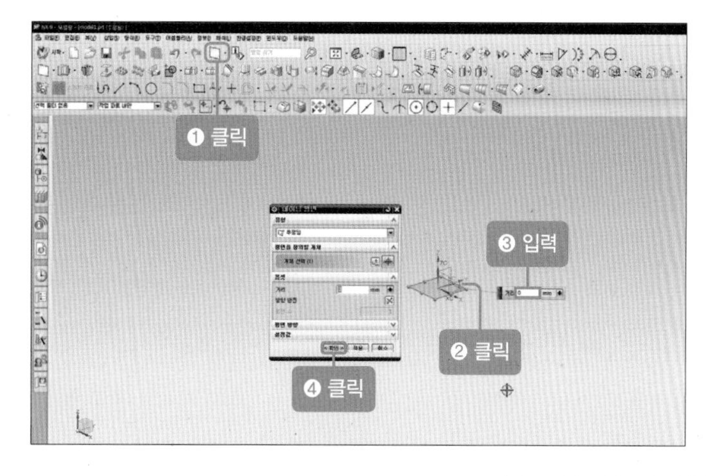

02 생성된 데이텀을 왼쪽 마우스 버튼으로 클릭한 후 타스크 환경의 스케치 아이콘( )을 선택하거나 풀다운 메뉴의 [삽입-타스크 환경의 스케치]를 선택합니다.

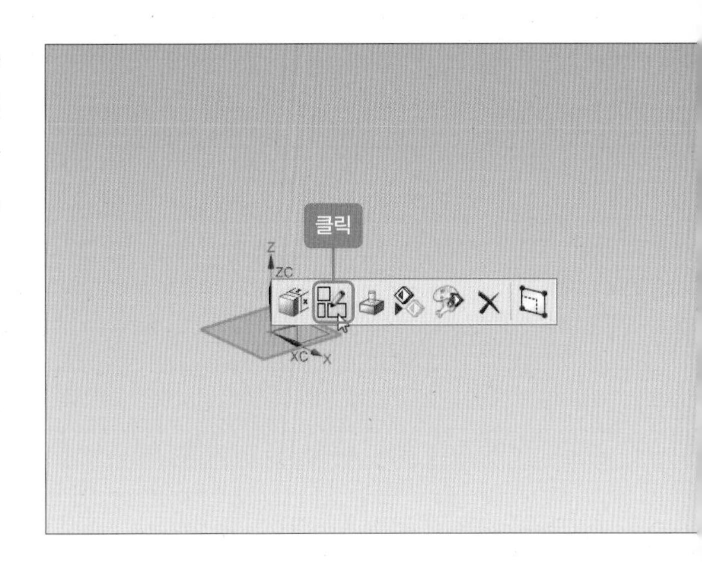

3 데이텀 좌표계( )

01 [데이텀 좌표계] 아이콘( )을 클릭합니다.

02 이동할 경우 X, Y, Z값을 입력하고 [확인] 버튼을 클릭합니다.

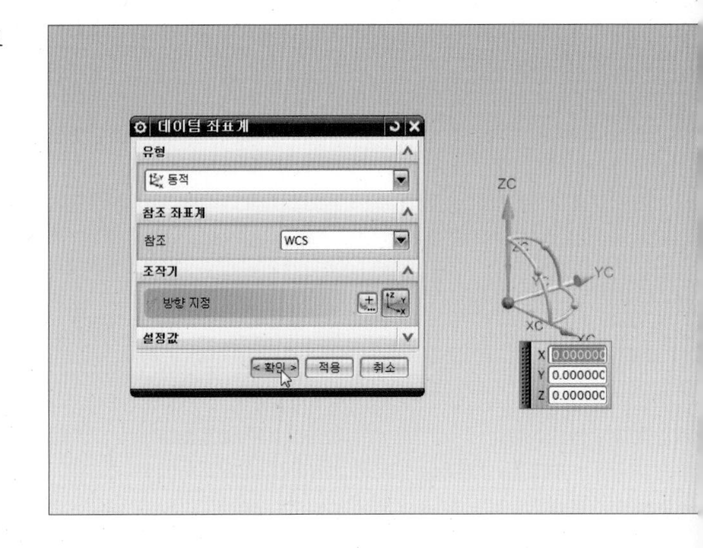

4 돌출(▣)

01 단일 곡선 'P1'을 선택한 후 [한계] 항목의 시작 끝 거리에 값, [곡선 규칙-단일 곡선]을 선택합니다.

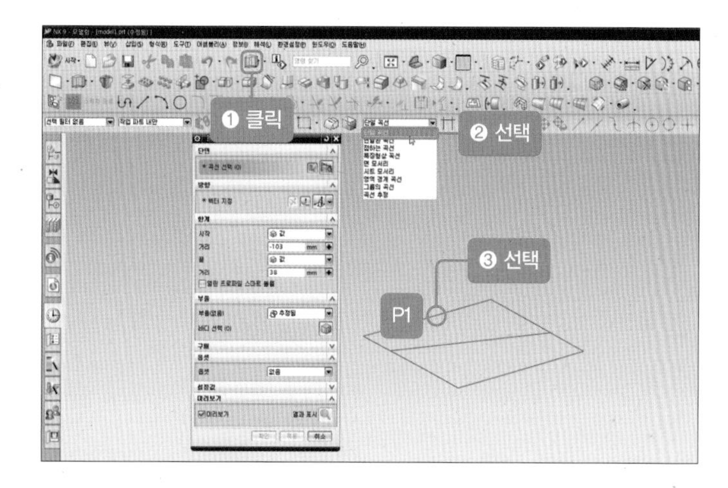

02 [단일 곡선]을 선택하면 시트가 생성됩니다.

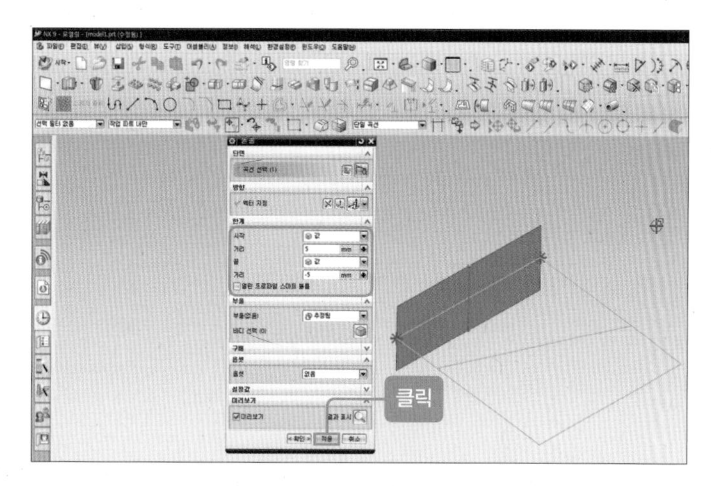

03 [옵셋] 항목의 [대칭]을 선택하면 'P1'을 기준으로 끝값을 입력한 만큼 대칭된 솔리드가 나타납니다.

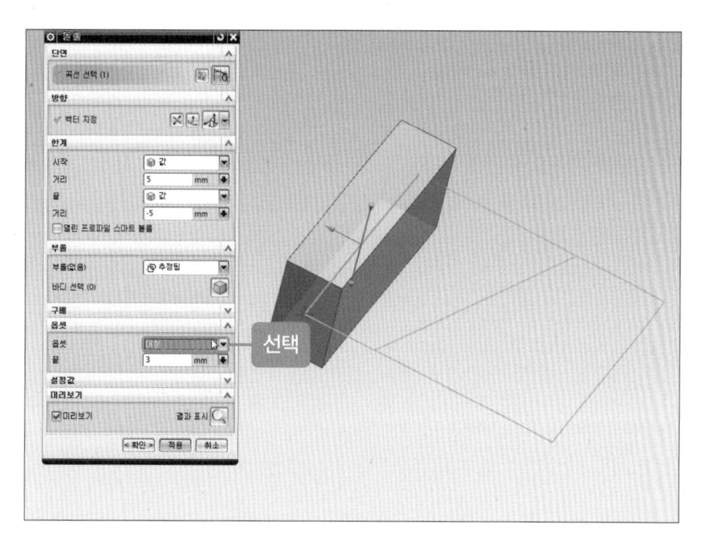

04 [곡선 규칙-연결된 곡선]을 선택하면 솔리드가 나타납니다.

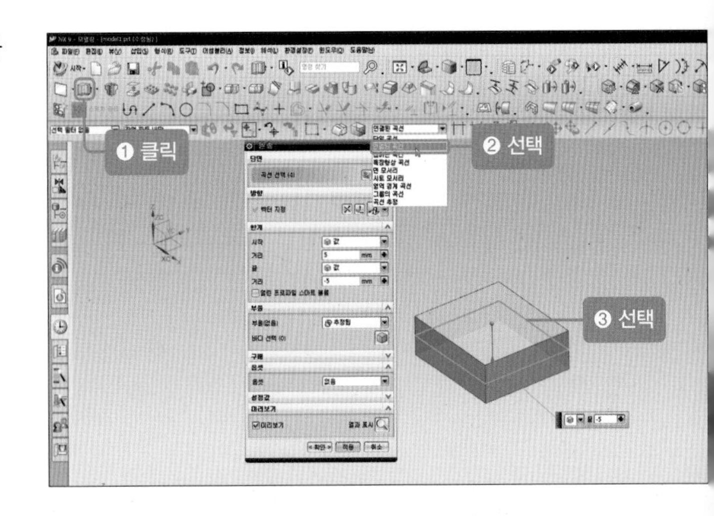

05 [곡선 규칙-영역 경계 곡선]을 선택하면 영역으로 솔리드를 생성할 수 있습니다.

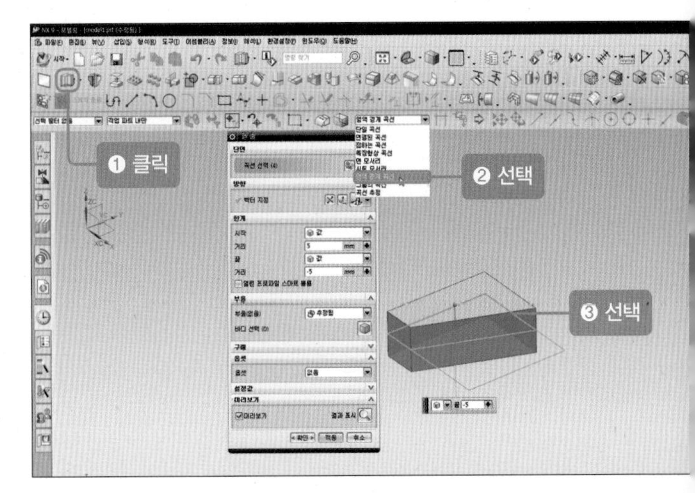

06 [한계-대칭값]을 선택하면 입력한 치수에 대칭 솔리드가 생성됩니다.

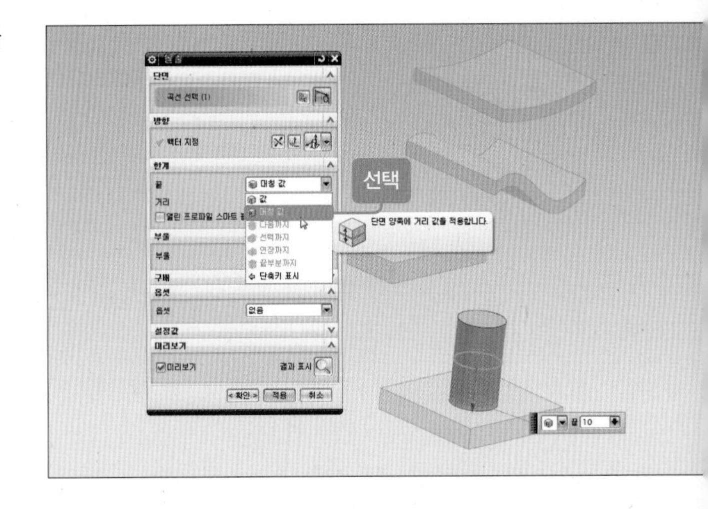

07 [한계-다음까지]를 선택하면 다음 면까지 솔리드가 생성됩니다.

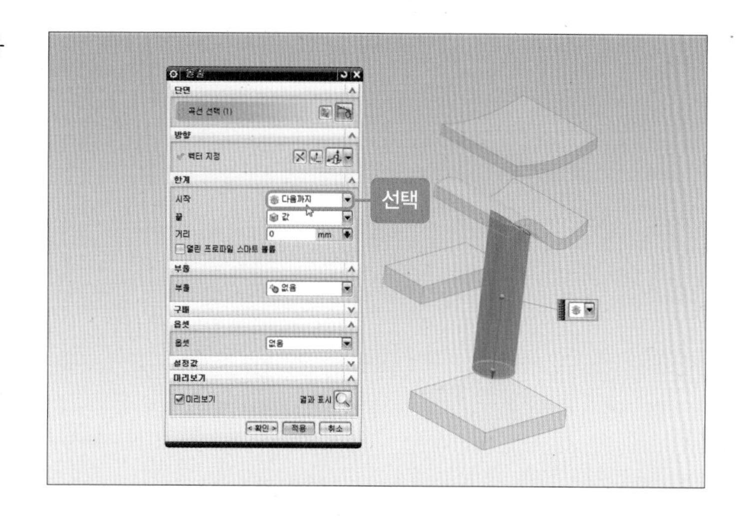

08 [한계-선택까지]를 선택하면 지정한 면 높이까지 면이 생성됩니다.

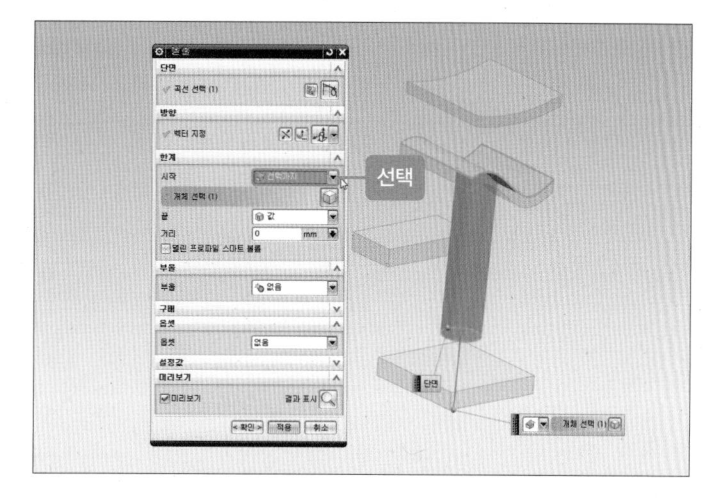

09 [한계-연장까지]를 선택하면 지정한 면까지 솔리드가 생성됩니다.

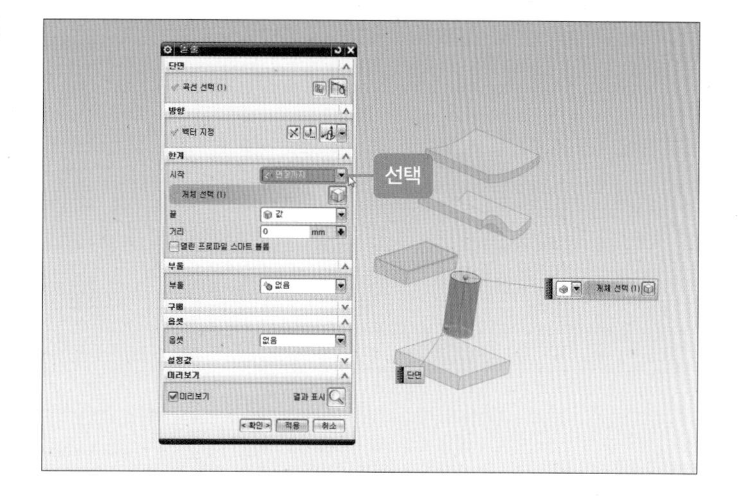

10 [한계-끝부분까지]를 선택하면 마지막 면까지 솔리드가 생성됩니다.

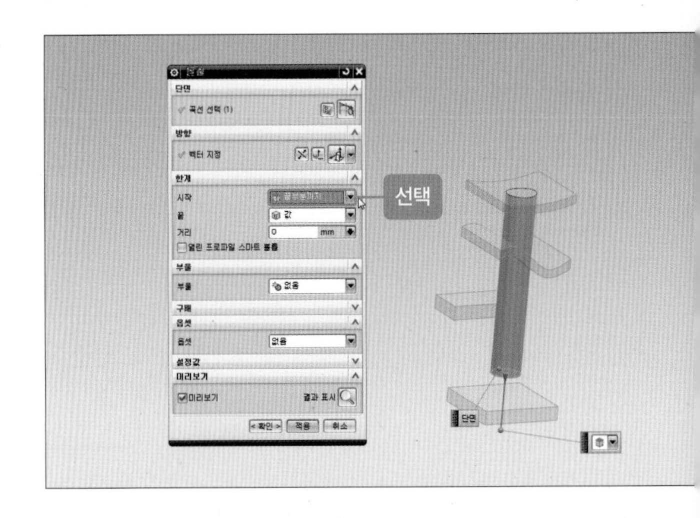

11 'P1'을 돌출한 후 [부울]에서 [결합]을 선택합니다.

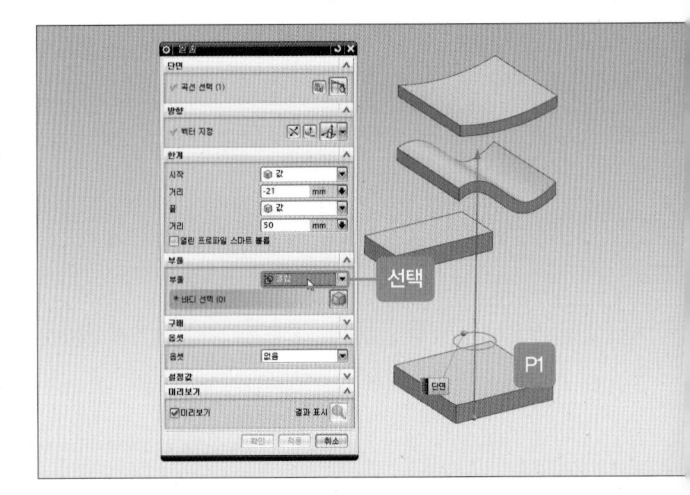

12 [바디 선택]에서 결합시킬 솔리드를 클릭하면 돌출된 솔리드와 결합됩니다.

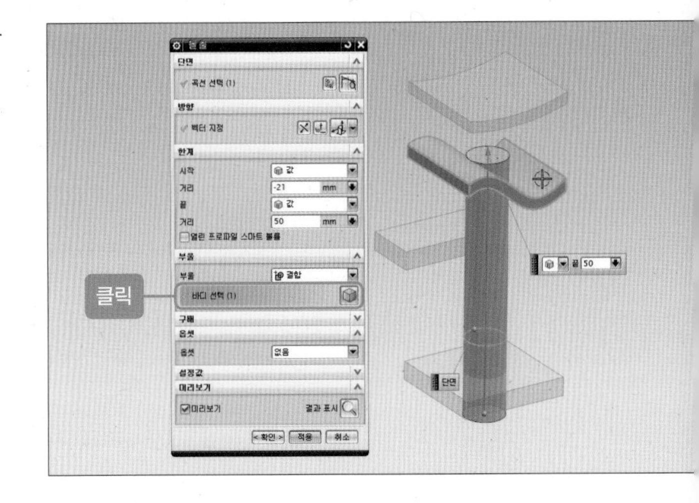

13 결합과 동일한 조건으로 [부울]에서 [빼기]를 선택합니다.

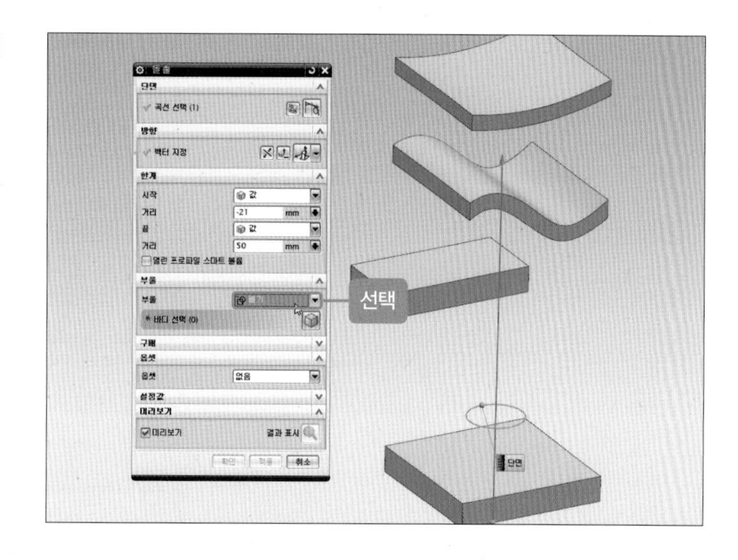

14 [바디 선택]에서 빼기시킬 솔리드를 클릭합니다.

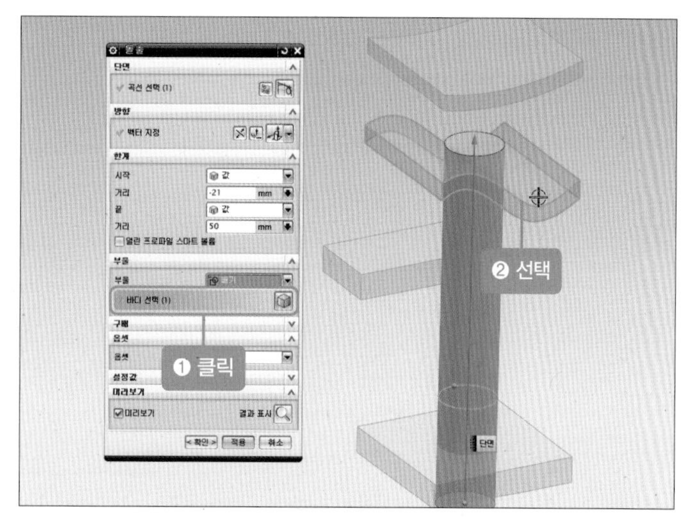

15 선택된 솔리드에서 원통이 제거됩니다.

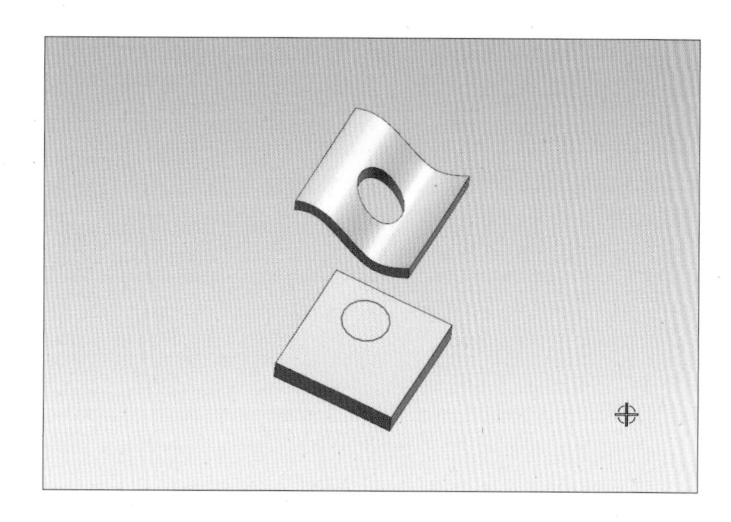

16 [구배]에서 [시작 한계로부터]를 선택합니다.

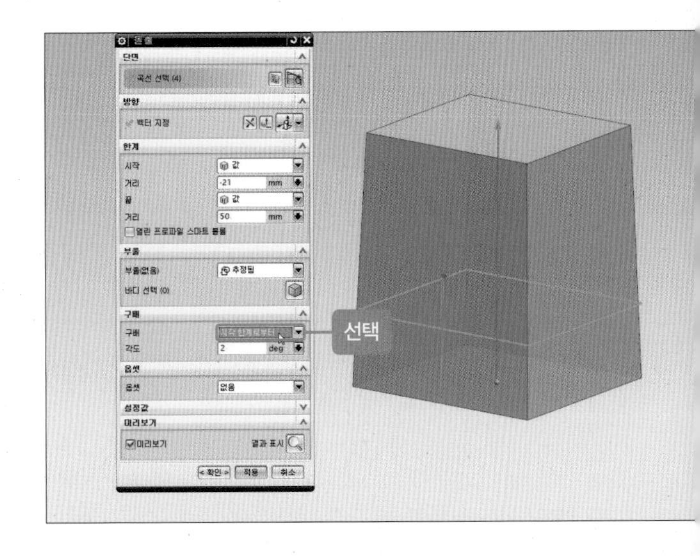

17 각도값을 입력하면 솔리드 바닥면부터 구배됩니다.

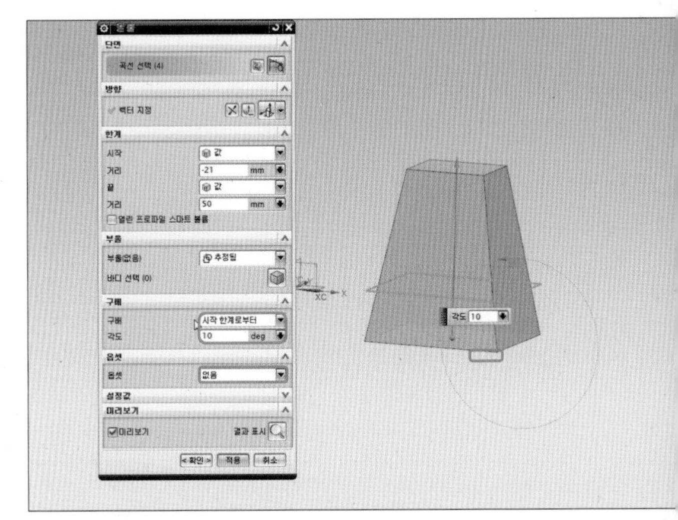

18 [구배]에서 [시작 단면]을 선택한 후 스케치 단면을 선택하면 스케치된 곡선에서부터 구배가 시작됩니다.

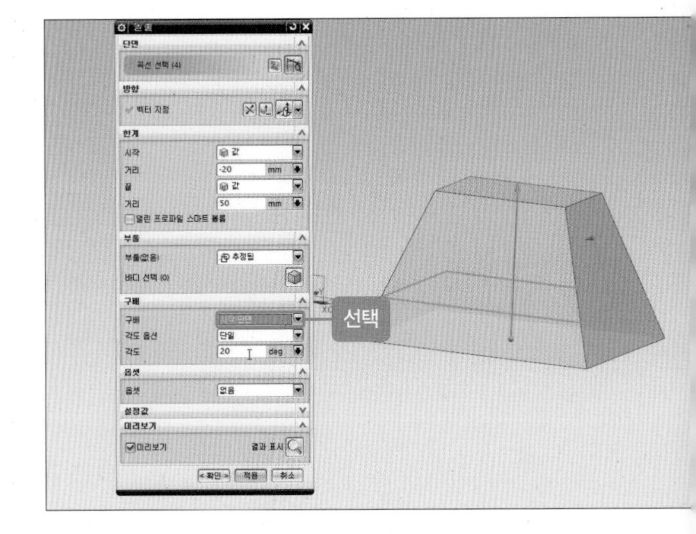

19 [각도 옵션]에서 [복수]를 선택하면 각 면의 치수를 입력할 수 있습니다.

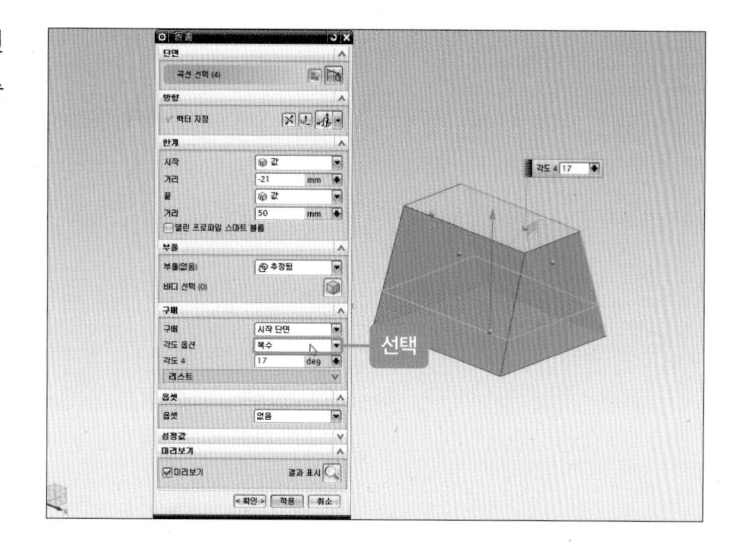

20 [시작 단면-비대칭 각도]를 선택하면 스케치 곡선의 중심으로 생성된 솔리드를 비대칭각으로 설정할 수 있습니다(각도 옵션에서 [복수]를 선택하면 각 면에 각도값을 입력할 수 있습니다).

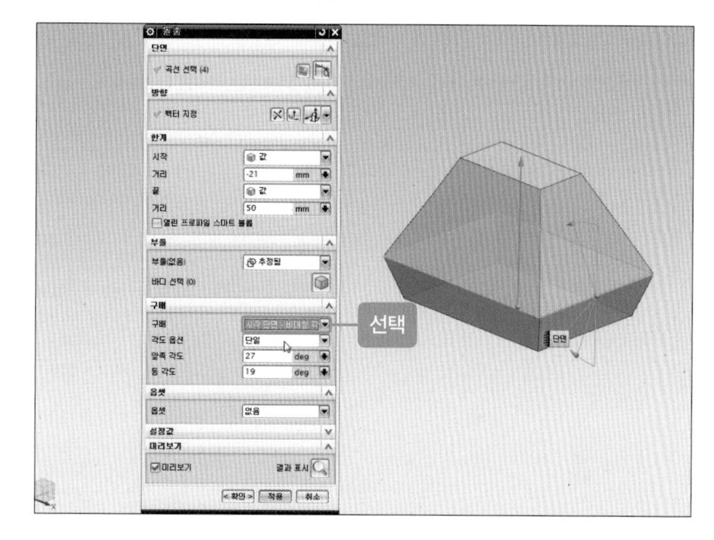

21 각도 입력 시 대칭으로 구배됩니다(대칭 각도에는 복수 적용이 되지 않습니다).

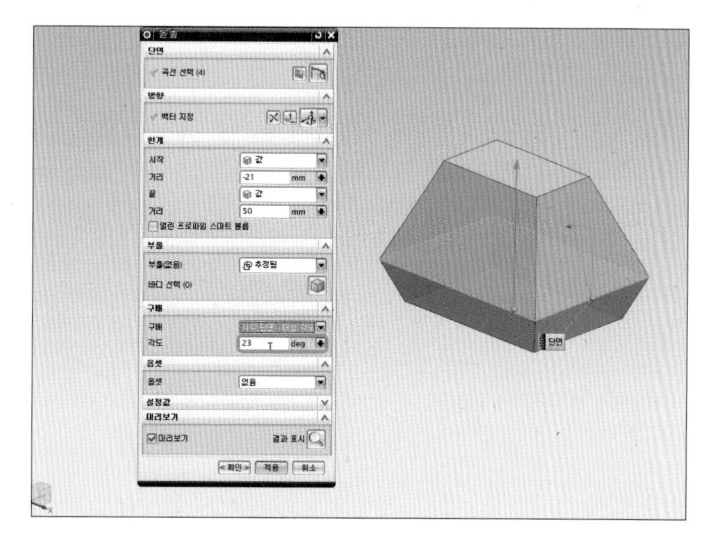

5 회전( )

01 [회전] 아이콘( )을 선택한 후 'P1'을 클릭합니다.

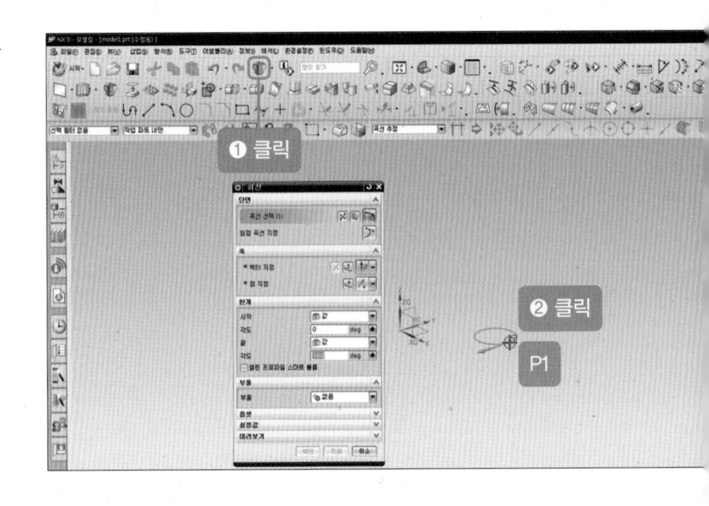

02 [축]에서 [벡터 지정]을 선택한 후 'X축'을 선택합니다(선택한 축이 회전 중심축이 됩니다).

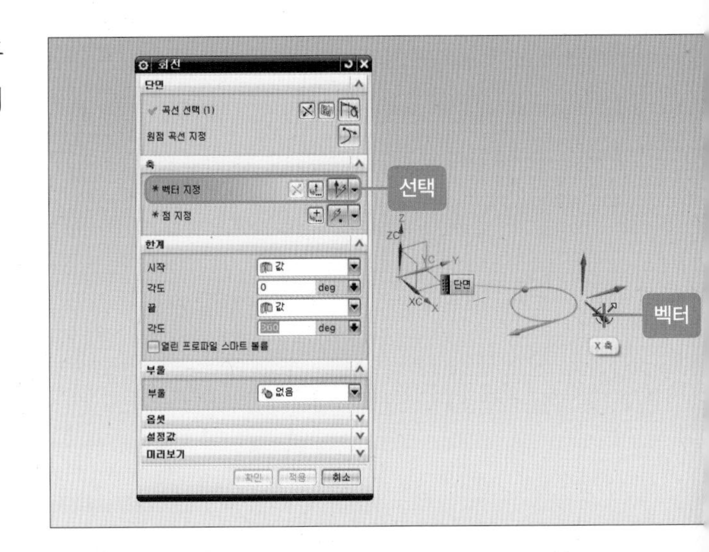

03 축에서 점을 선택합니다(선택한 점이 회전 중심점이 됩니다).

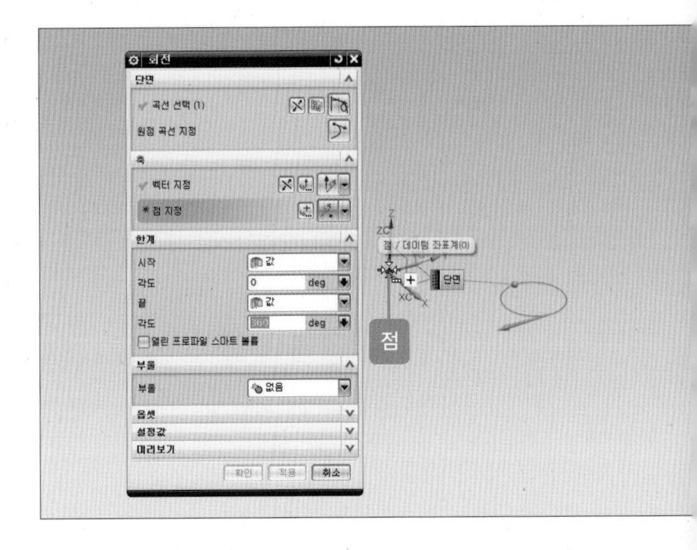

04 [한계]에서 [각도값]을 설정하면 입력한 각만큼 생성됩니다.

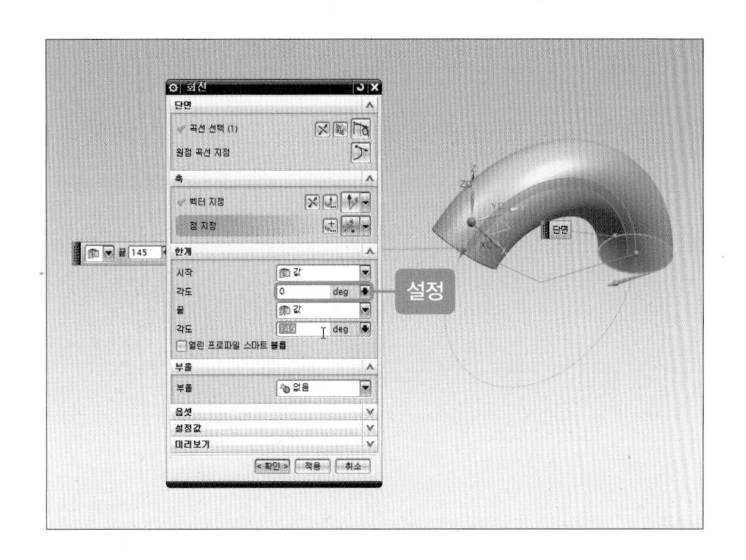

05 'P1'을 선택한 후 [벡터 지정]에서 'Y'를 선택하고 [점 지정] 항목의 [설정값]에서 [시트]를 선택하면 솔리드가 아니라 시트가 나타납니다.

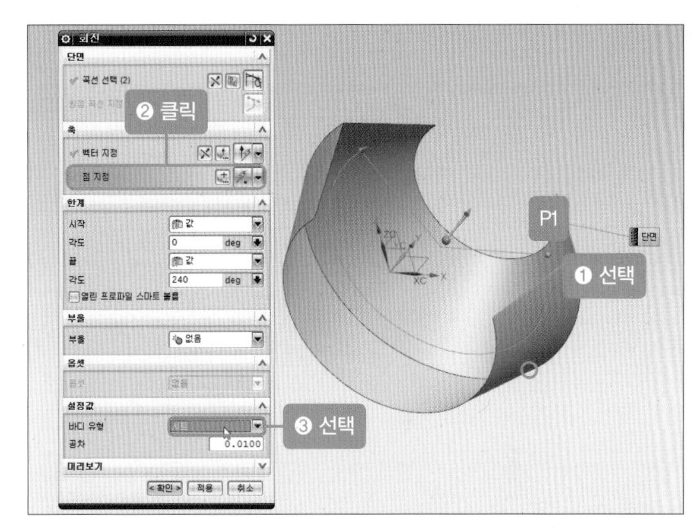

06 [설정값]에서 [솔리드]를 선택하면 [옵셋] 창이 활성화됩니다. [옵셋]에서 [양면]을 선택한 후 값을 입력하면 스케치한 곡선 기준으로 양방향으로 옵셋된 솔리드가 나타납니다.

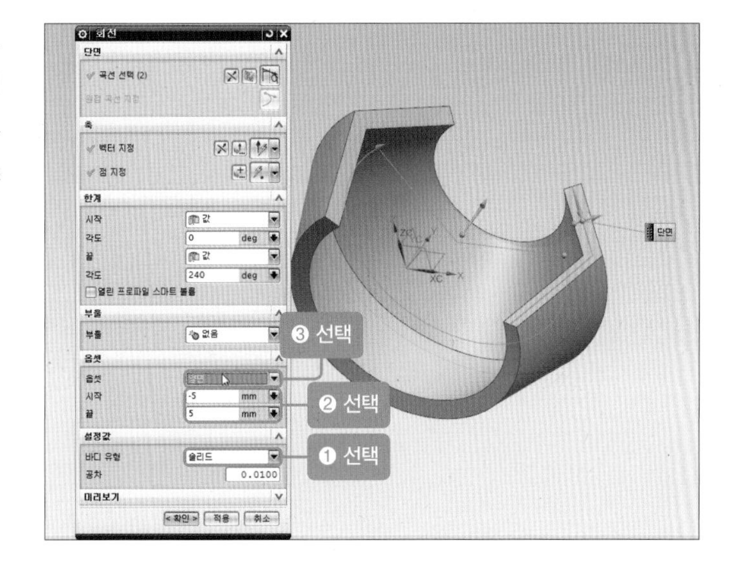

6 구( )

01 [유형]에서 [중심점과 직경]을 선택한 후 [중심점]에서 점을 지정하고 구를 생성하고자 하는 곳의 P1(점)을 선택합니다.

02 치수에서 직경의 크기를 입력한 후 [미리 보기]를 하고 [확인] 버튼을 클릭합니다.

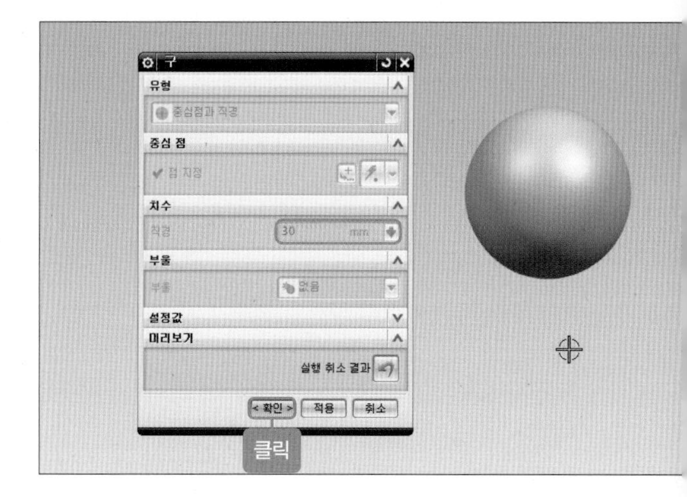

7 지오메트리 추출( )

01 [지오메트리 추출] 창이 생성되면 유형에서 면을 선택합니다(추출 가능한 유형에는 점, 선, 데이텀이 있습니다).

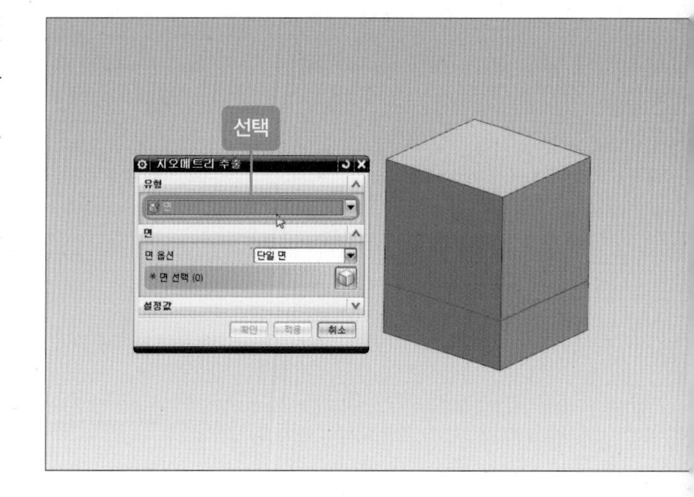

02 복사하고자 하는 면을 선택합니다.

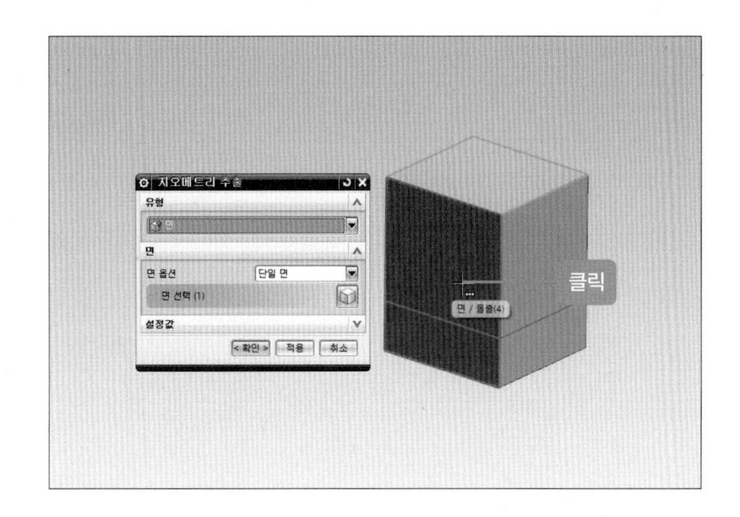

3 패턴 특징 형상( )

01 [특징 형상 선택]에서 복사할 형상을 클릭합니다.

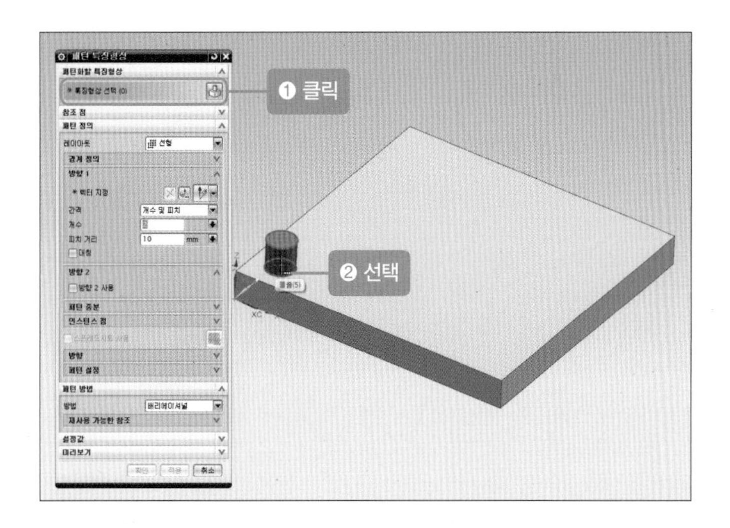

02 [레이아웃]은 [선형], [벡터 지정](복사할 방향)은 'Y축'(P1)을 선택합니다.

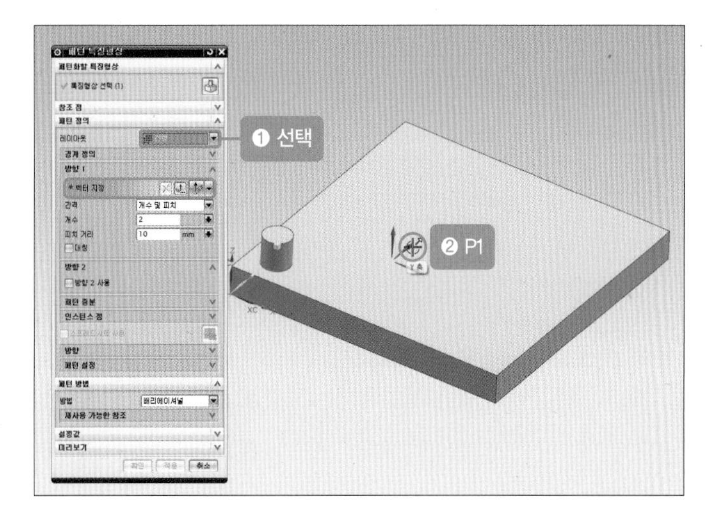

03 복사할 형상의 [간격]에 [개수 및 피치]를 선택한 후 간격과 개수를 입력합니다.

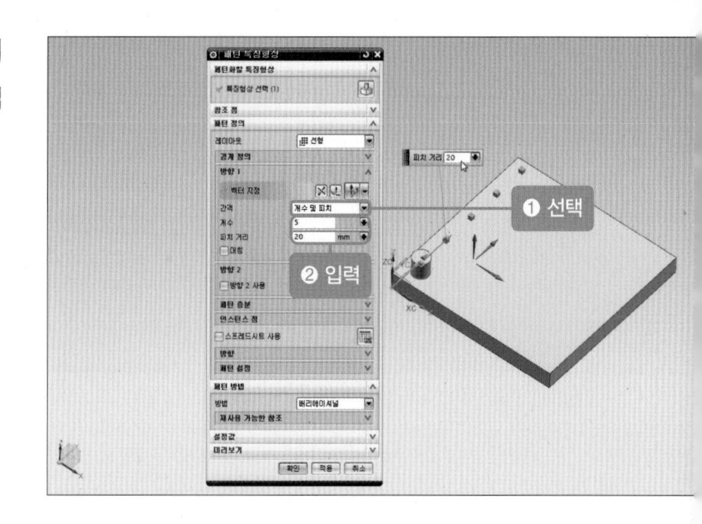

04 다른 방향에 추가하기 위해 [방향 2 사용]에 체크한 후 벡터 지정에 'X축'(P2)을 선택합니다. 복사할 형상의 [간격]에 [개수 및 피치]를 선택한 후 간격과 개수를 입력합니다.

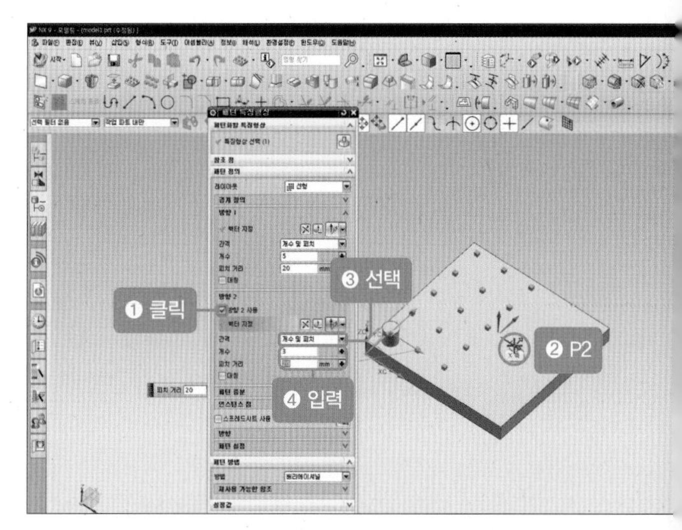

05 선형 패턴이 완성된 모습입니다.

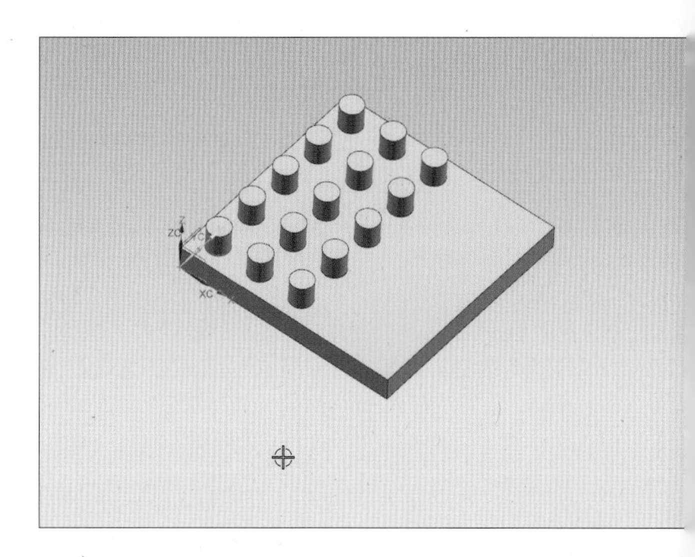

9 대칭 지오메트리

01 [개체 선택]에 대칭할 지오메트리의 개체를 클릭합니다.

02 [대칭 지정]에 'XZ 평면'을 선택합니다(대칭 기준면입니다).

03 선택한 개체가 대칭으로 생성됩니다.

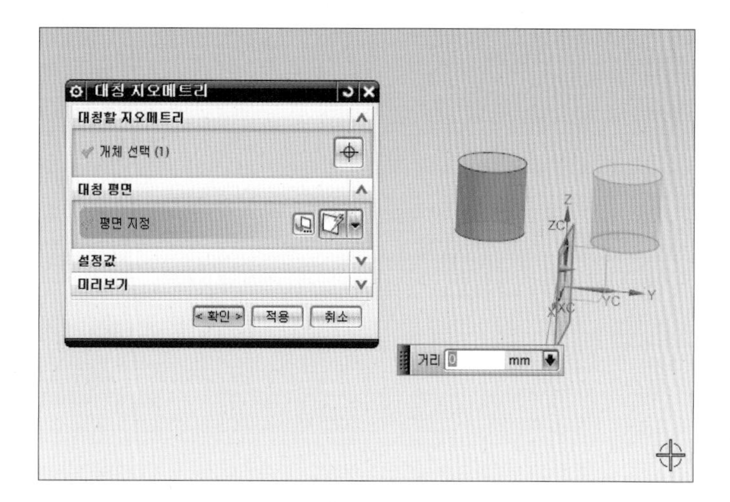

04 대칭 평면에 거리값을 입력하면 주어진 값만큼 이격되어 대칭됩니다.

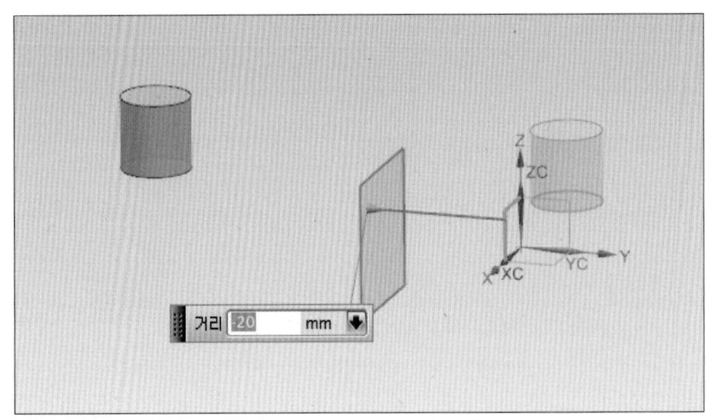

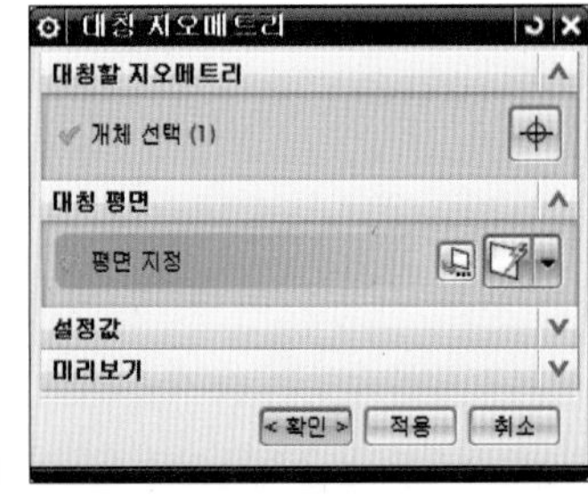

10 결합( )

01 다음과 같이 솔리드(바디)가 나눠져 있습니다.

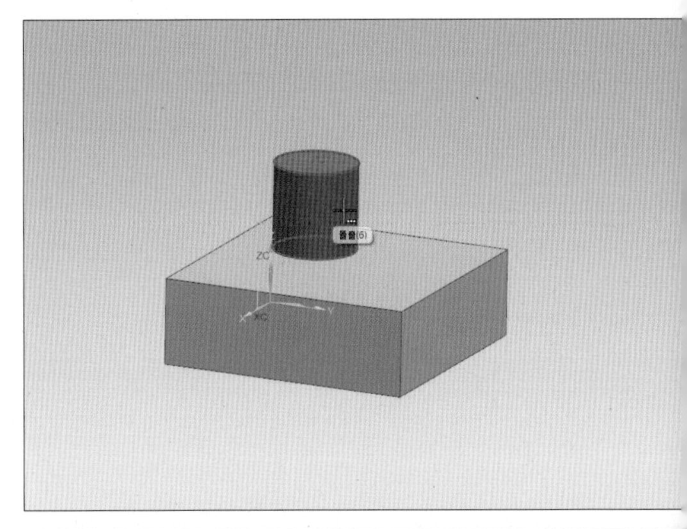

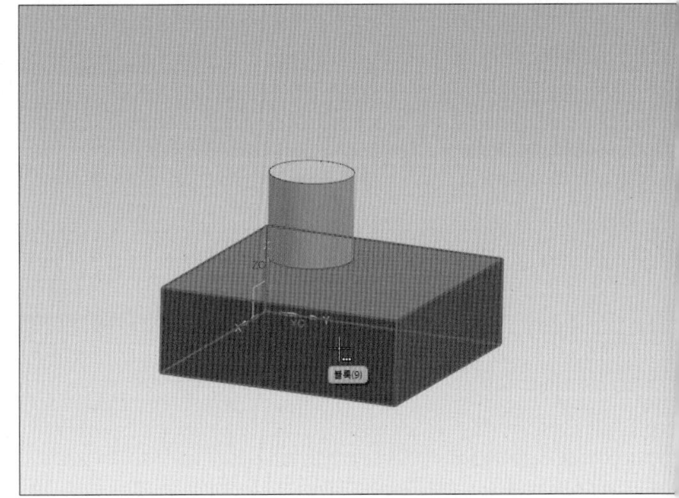

02 [타겟] 항목의 [사각형 바디]를 클릭합니다.

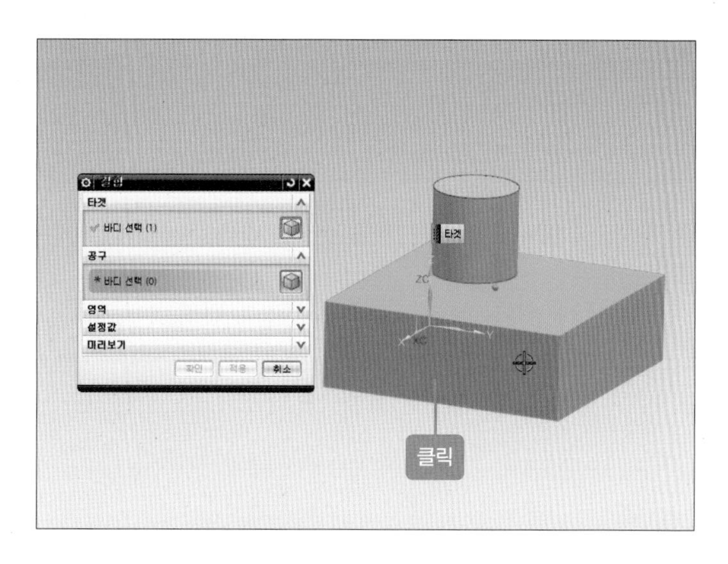

03 [공구] 항목의 [원통 바디]를 클릭합니다.

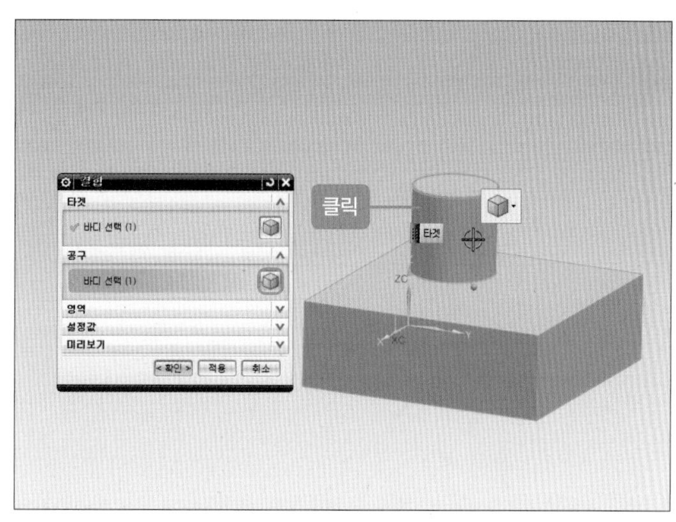

04 두 솔리드(바디)가 하나로 결합되었습니다. 이와 같이 여러 개의 솔리드를 결합할 수 있습니다. 단, 솔리드 바디만 결합됩니다.

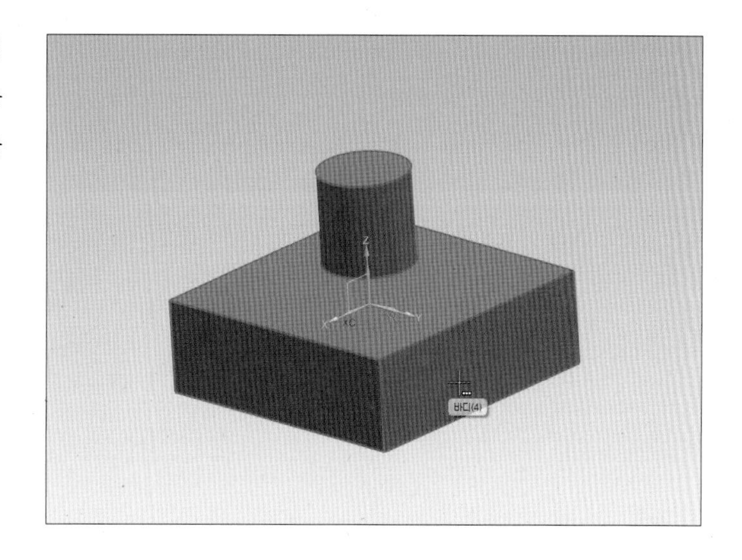

11 빼기(![icon])

01 [타겟] 항목의 [사각형 바디]를 선택합니다.

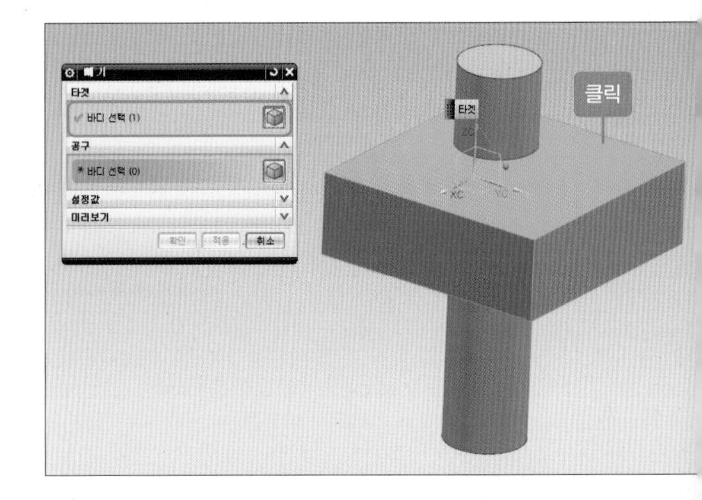

02 [공구] 항목의 [원통 바디]를 선택합니다.

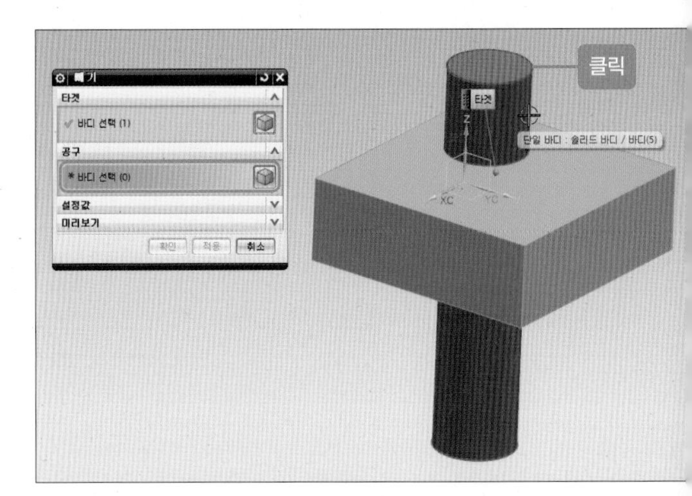

03 두 솔리드(바디)가 빼기되었습니다.

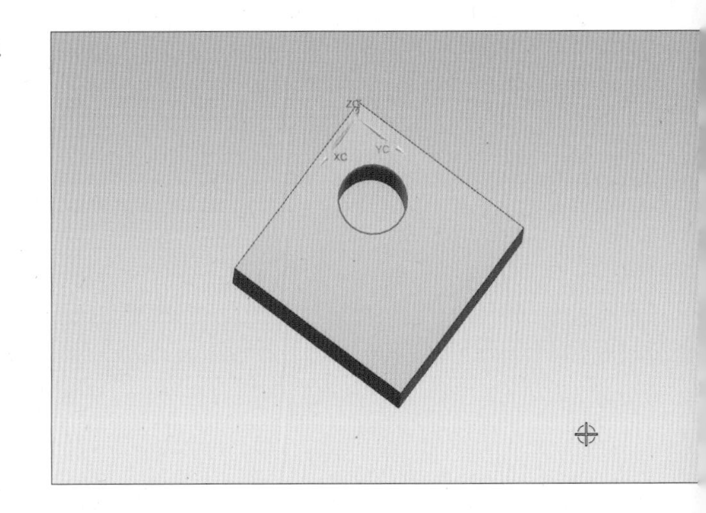

12 잇기( )

01 시트를 이어보겠습니다. [타깃] 항목의 [시트 바디 선택]에서 [시트]를 선택합니다.

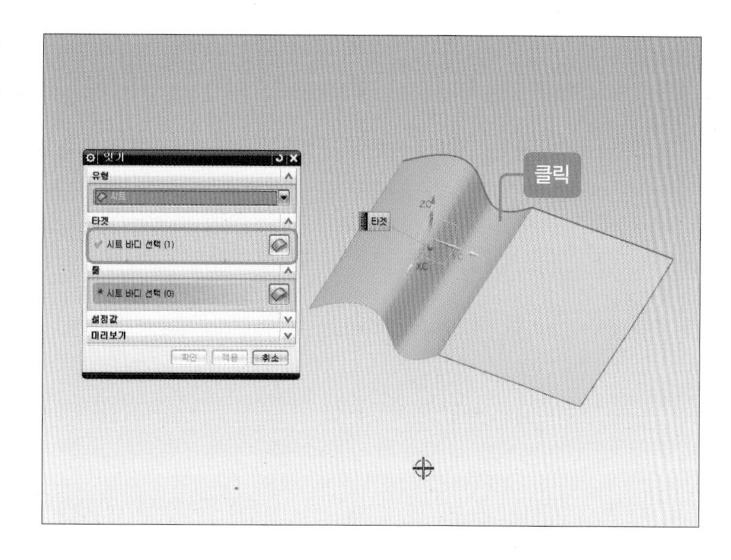

02 [툴] 항목의 [시트 바디 선택]에서 [시트]를 선택합니다.

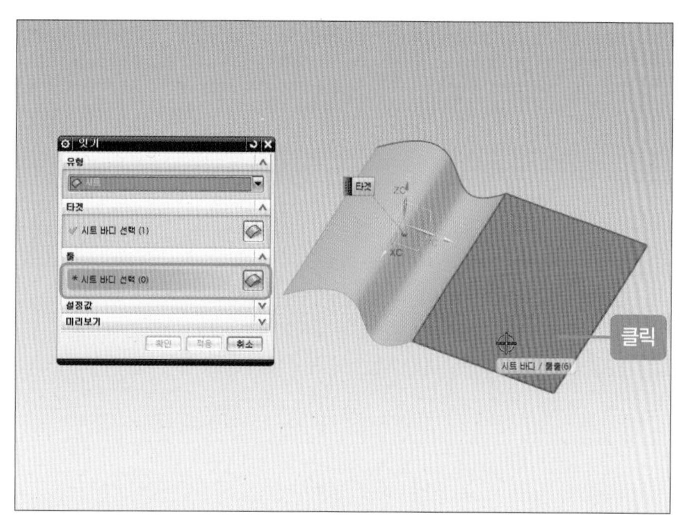

03 [확인] 버튼을 클릭하면 시트가 연결된 것을 알 수 있습니다.

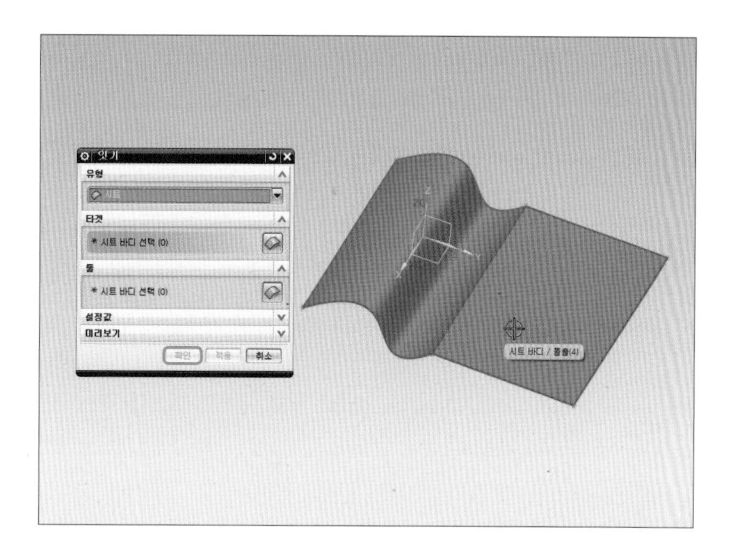

04 이번에는 닫힌 시트를 이은 후 솔리드를 만들어 보겠습니다. 다음은 시트로 되어 있는 원기둥입니다.

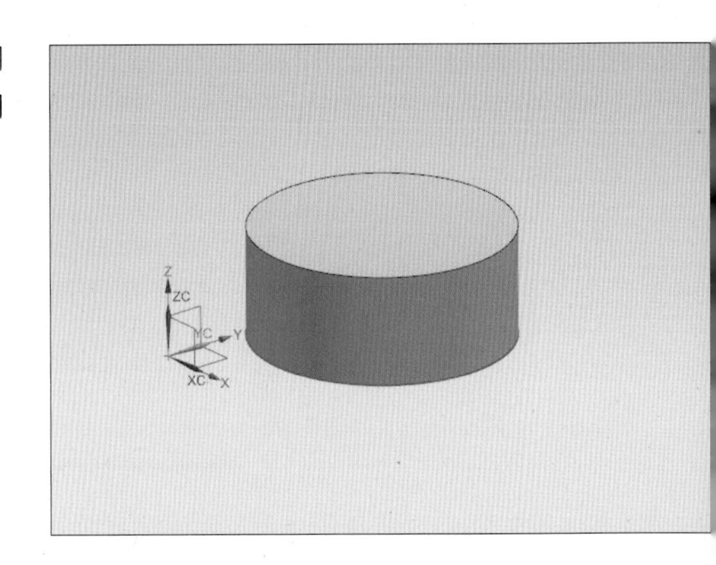

05 단축키 Ctrl+H를 눌러 내부가 비어 있는 것을 확인합니다.

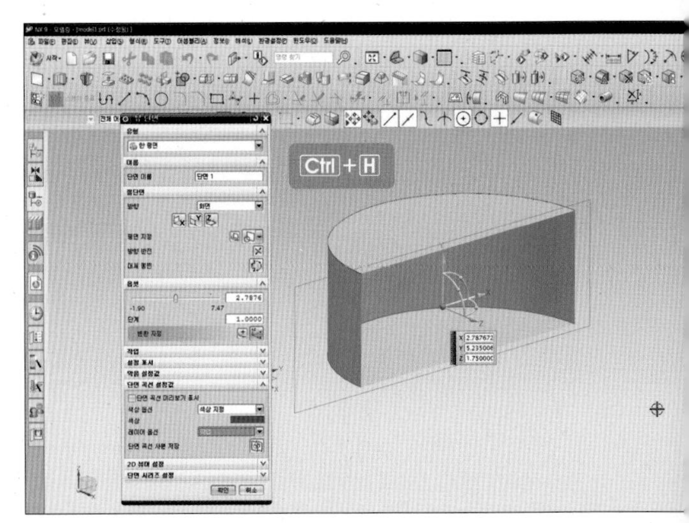

06 [잇기] 명령을 실행한 후 [타겟] 항목의 [시트 바디 선택]에서 면 한 개를 선택합니다. 그런 다음 [툴] 항목의 [시트 바디 선택]에서 나머지 모든 면을 선택하고 [확인] 버튼을 클릭합니다.

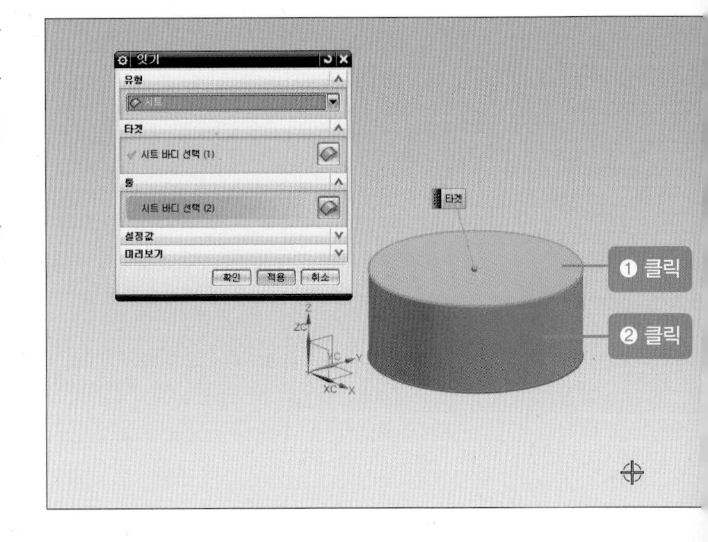

07 단축키 Ctrl+H를 누르면 내부가 꽉 차 있는 솔리드를 확인할 수 있습니다. 닫힌 시트는 [잇기]로 솔리드되었습니다.

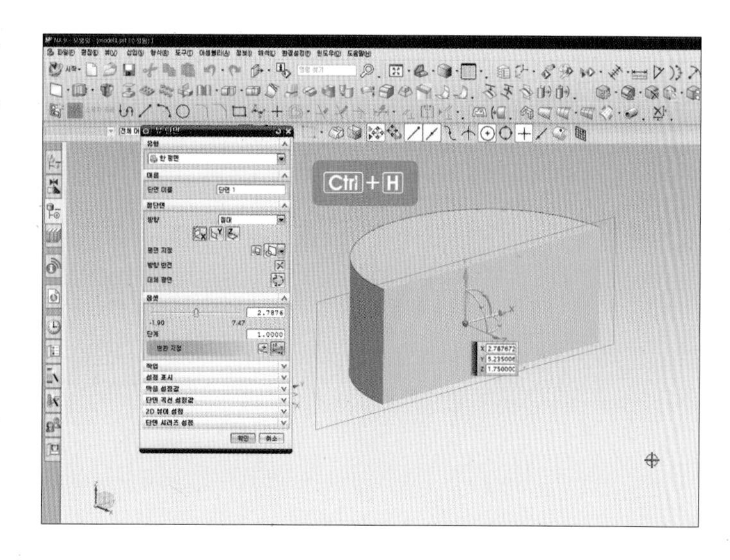

3 바디 트리밍( )

01 [타겟]에서 제거될 바디를 선택합니다.

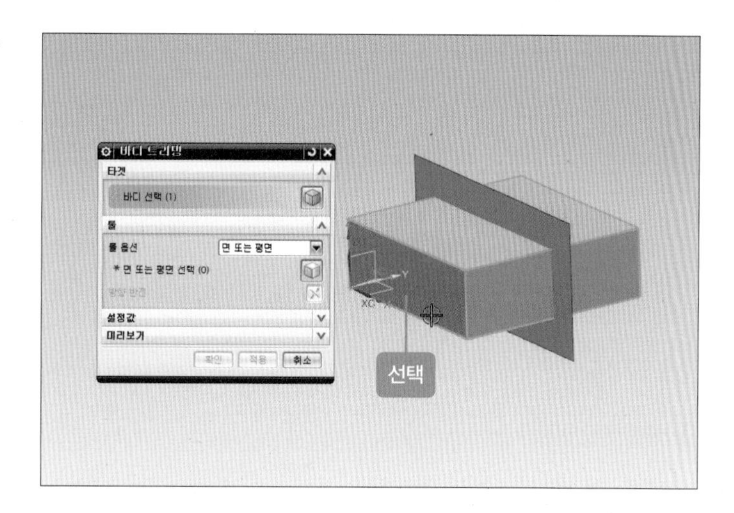

02 [툴]에서 [면 또는 평면]을 선택합니다.

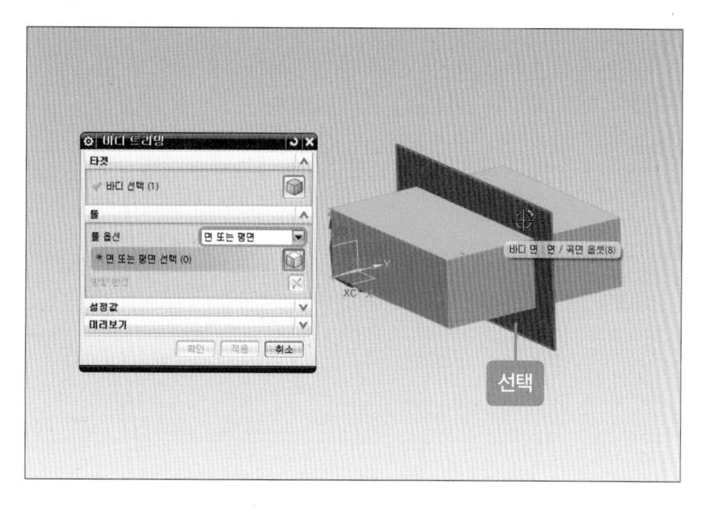

03 미리 보기로 나누어지는 것을 확인할 수 있습니다(방향 반전으로 원하는 바디를 선택합니다).

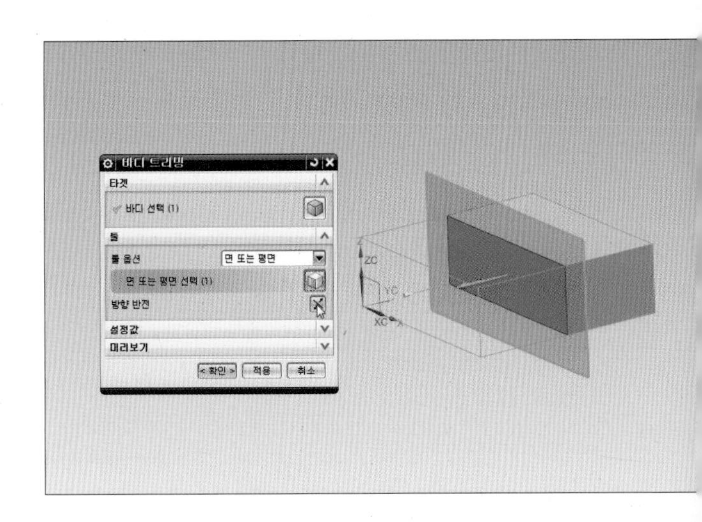

04 완료된 모습입니다.

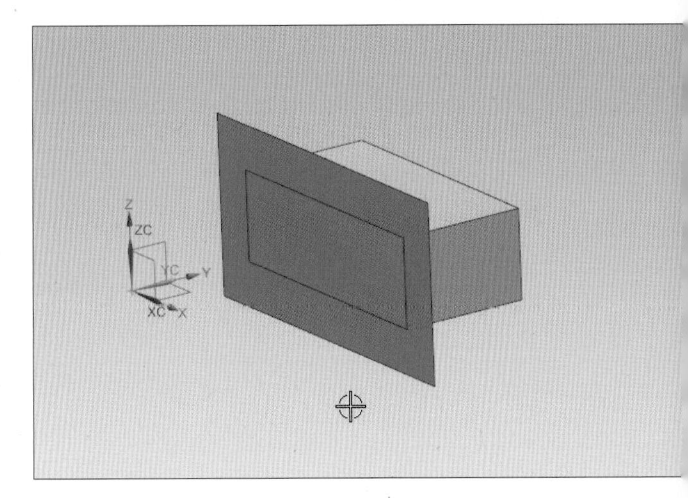

14 바디 분할( )

01 분할하려는 솔리드를 선택합니다.

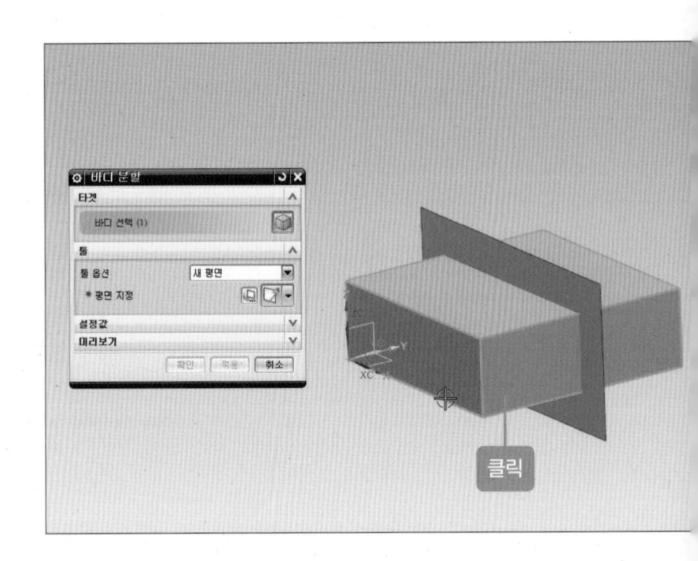

02 [툴] 옵션에서 [새 평면]을 선택합니다.

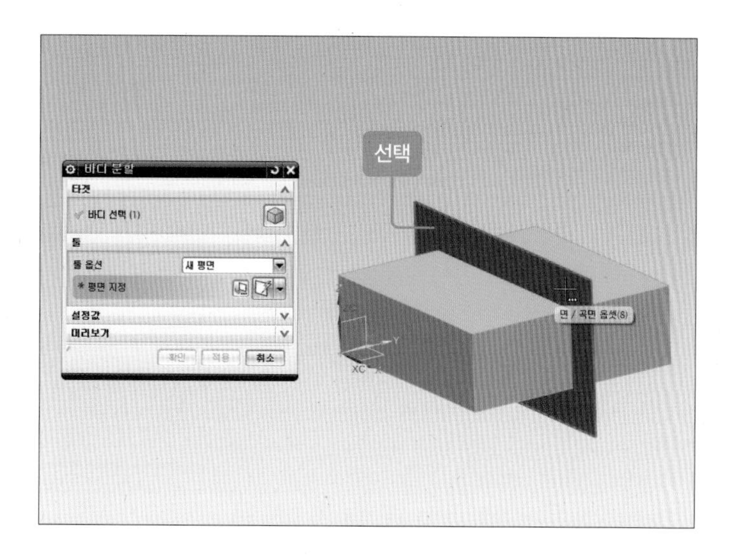

03 분할하려는 방향을 확인한 후 거리값을 입력합니다.

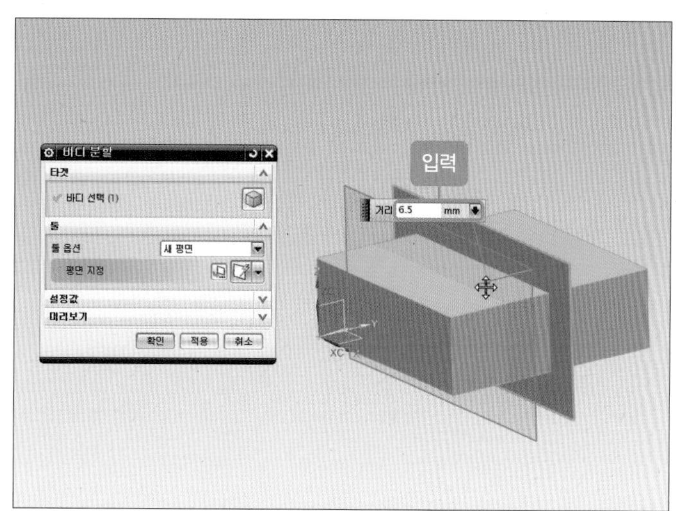

04 단축키 Ctrl+J를 눌러 분할된 영역을 확인한 후 [확인] 버튼을 클릭합니다.

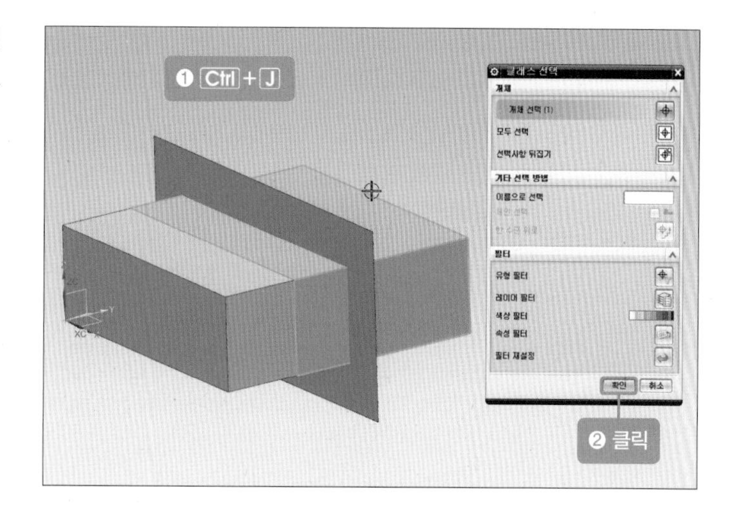

⑮ 트리밍 및 연장( )

01 연장할 모서리를 클릭합니다.

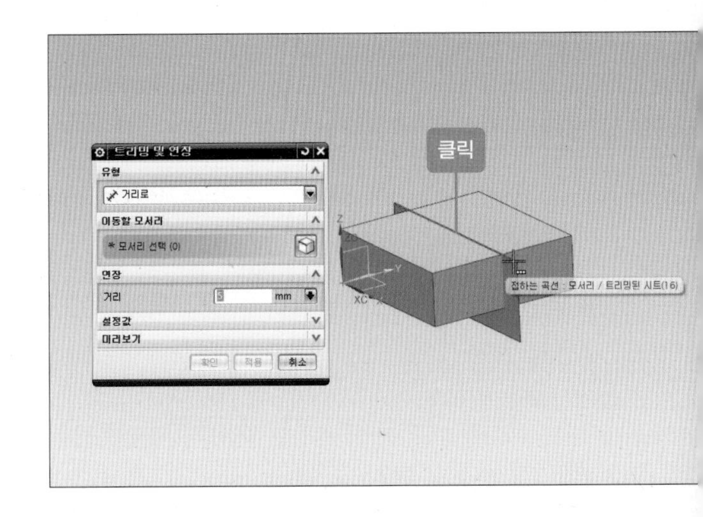

02 연장할 만큼의 거리값을 입력한 후 [확인] 버튼을 클릭합니다.

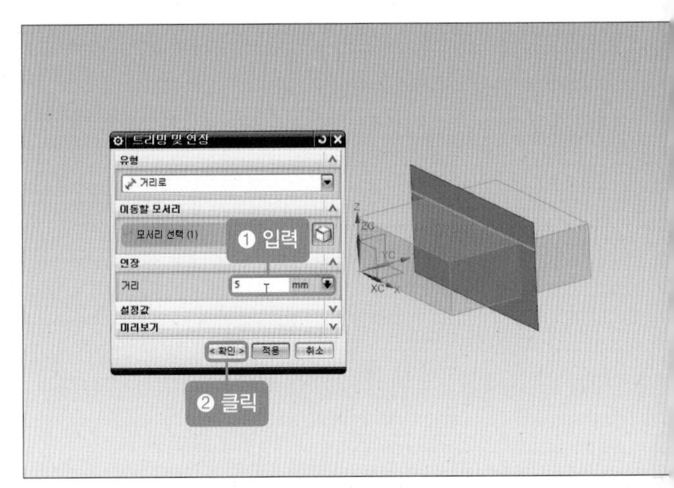

03 연장된 모습입니다.

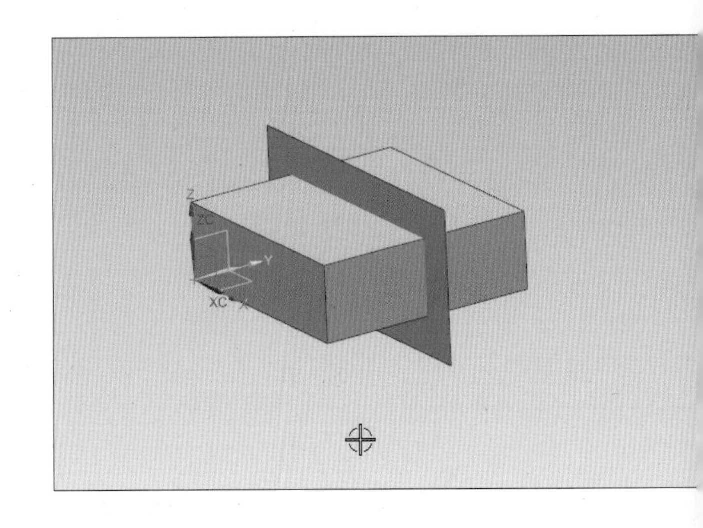

⑯ 곡면 옵셋( )

01 옵셋할 면을 선택합니다.

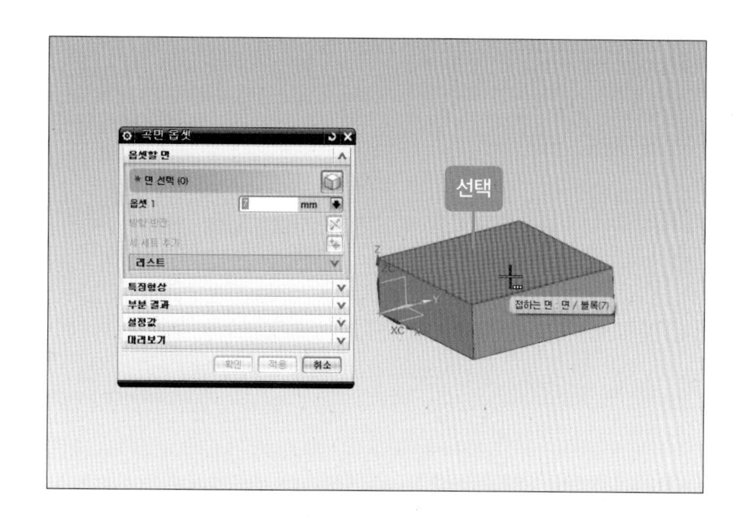

02 [옵셋 1] 항목에 거리값을 입력한 후 [확인] 버튼을 클릭합니다.

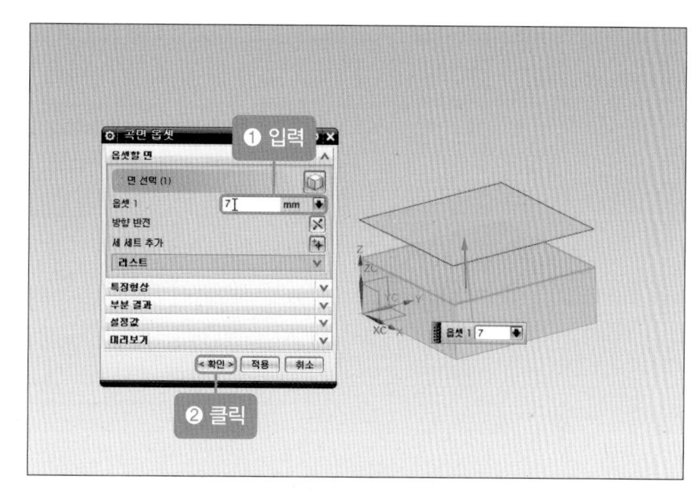

03 거리값 만큼 면이 옵셋되었습니다.

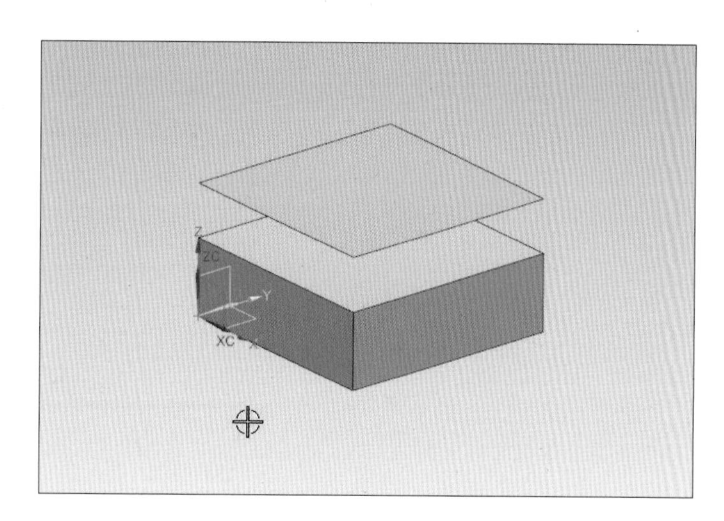

17 두께주기

01 두께를 줄 시트를 클릭합니다.

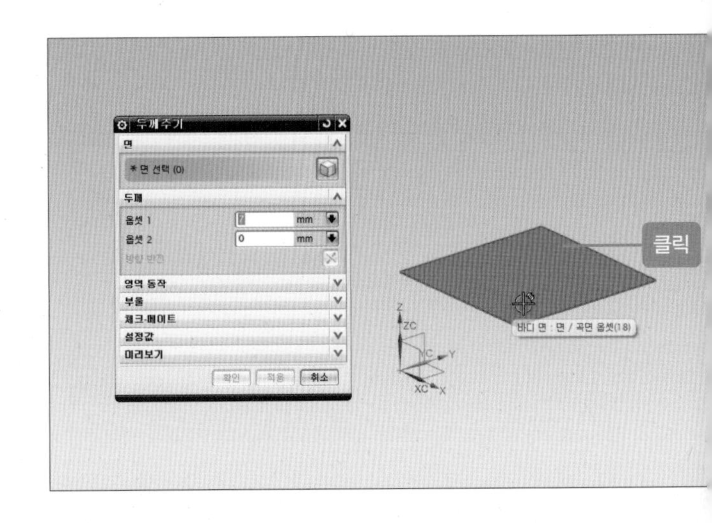

02 [옵셋 1] 항목에 두께값을 입력합니다.

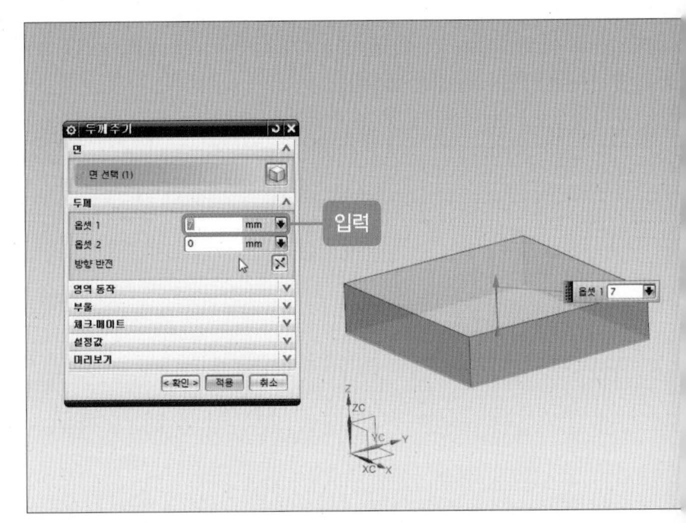

03 [옵셋 2] 항목에 두께값을 입력합니다([옵셋 2] 항목에는 음수를 입력합니다).

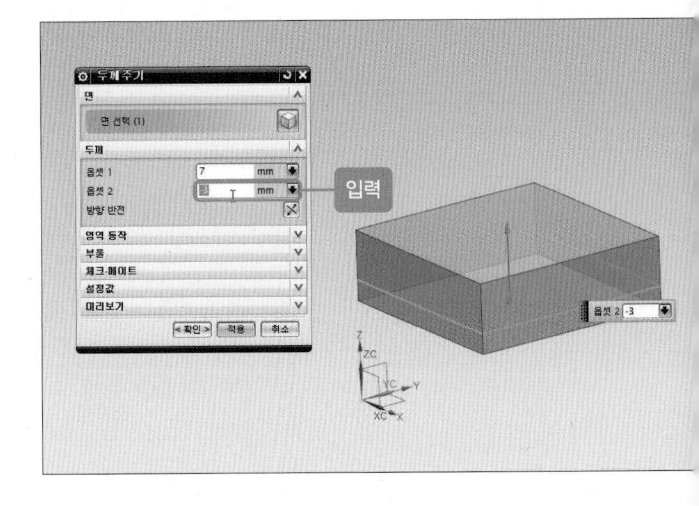

04 시트 바디를 기준으로 솔리드가 생성됩니다.

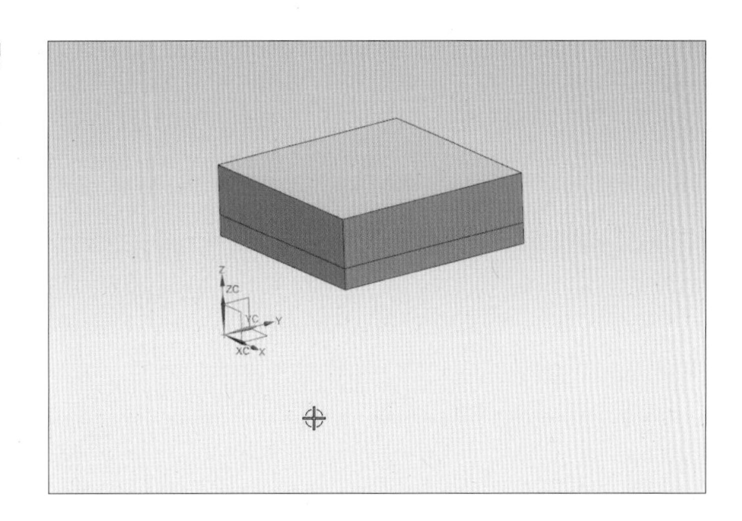

3 모서리 블렌드( )

01 라운딩할 모서리를 클릭합니다.

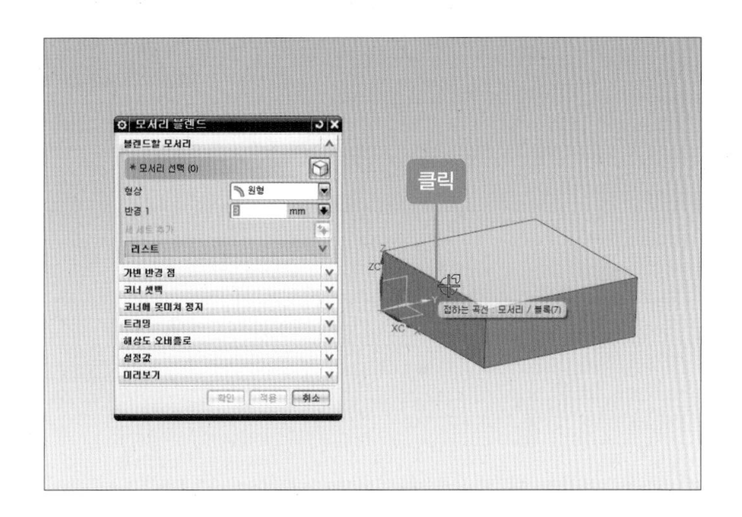

02 [반경 1] 항목에 라운드 반경값을 입력합니다.

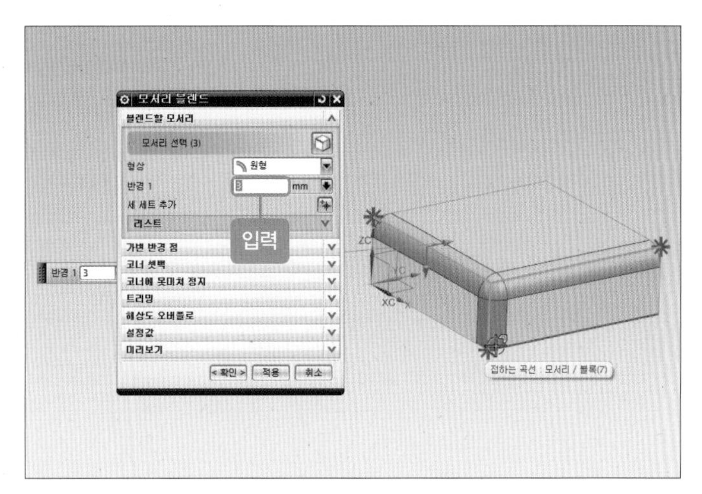

03 [확인] 버튼을 클릭한 후의 모습입니다.

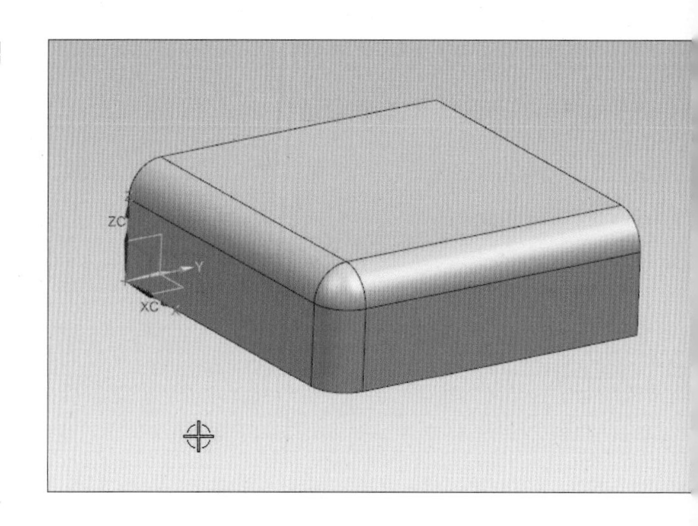

⑲ 모서리 블랜드( ): 가변 반경 점

01 [반경 1] 항목에 반경값을 입력한 후 [가변 변경 점]을 선택합니다. 그런 다음 [새 위치 지정]에서 점의 종류를 선택합니다.

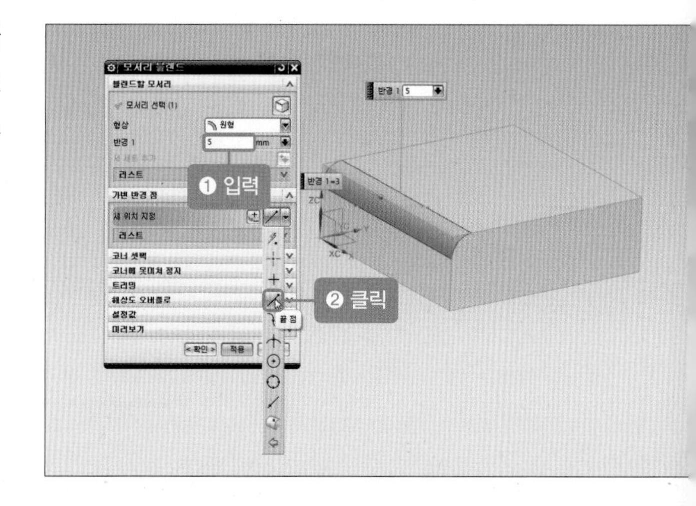

02 선택된 모서리의 양쪽 끝점을 선택합니다. 리스트를 선택하면 선택된 점이 표시됩니다.

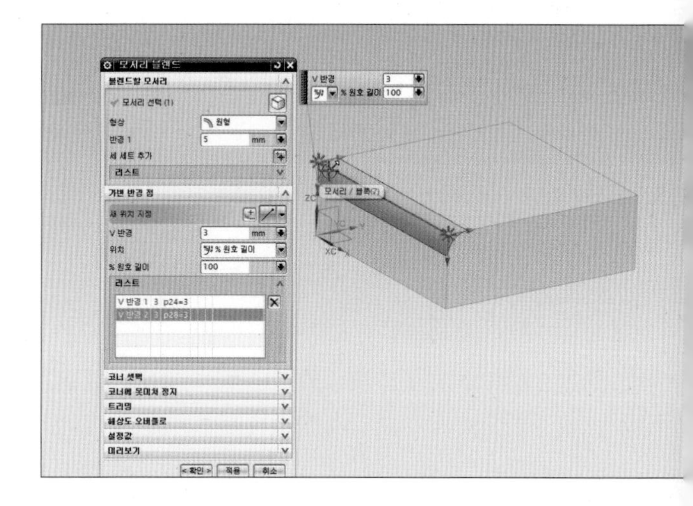

03 [모서리 선택] 항목에 반경값을 입력합니다.

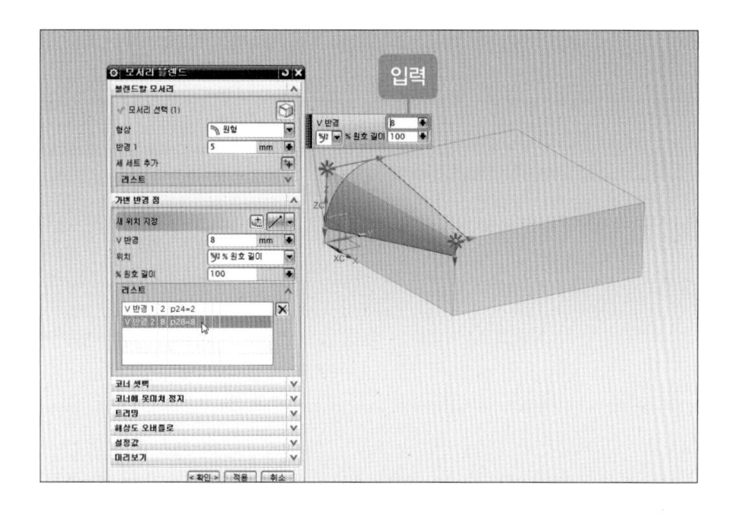

04 [확인] 버튼을 클릭합니다(모서리를 추가하여 반경값을 부여할 수 있습니다).

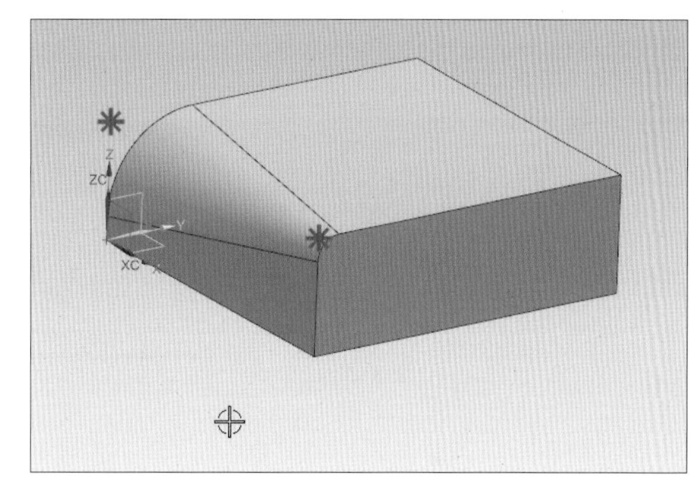

20 모따기( )

01 모따기할 모서리를 클릭합니다.

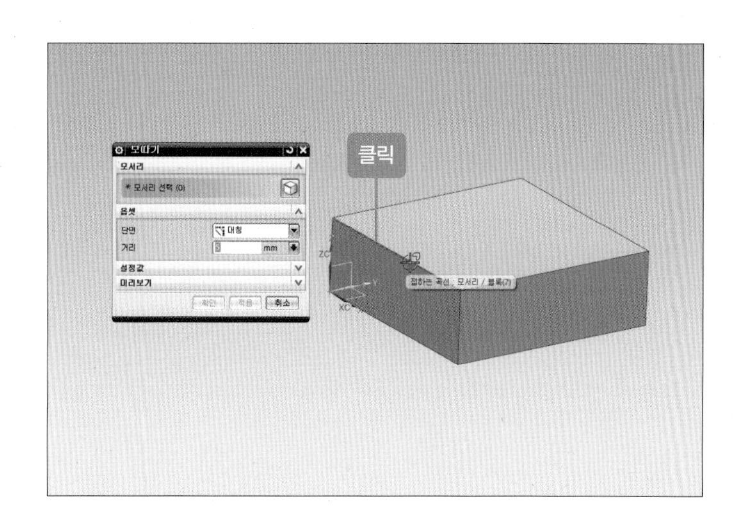

02 [옵셋]에서 [단면]을 선택한 후 '대칭, 비대칭, 옵셋 및 각도'를 선택합니다. 모따기 거리값을 입력합니다.

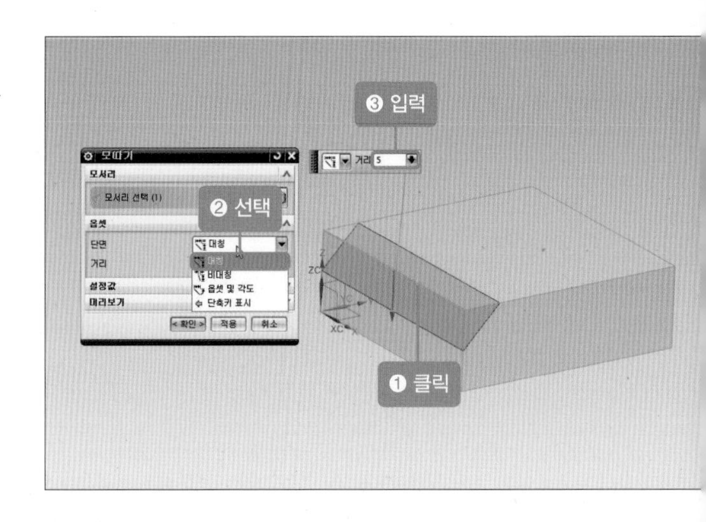

03 [단면]에서 [비대칭]을 선택한 후 '거리 1'과 '거리 2'를 입력합니다.

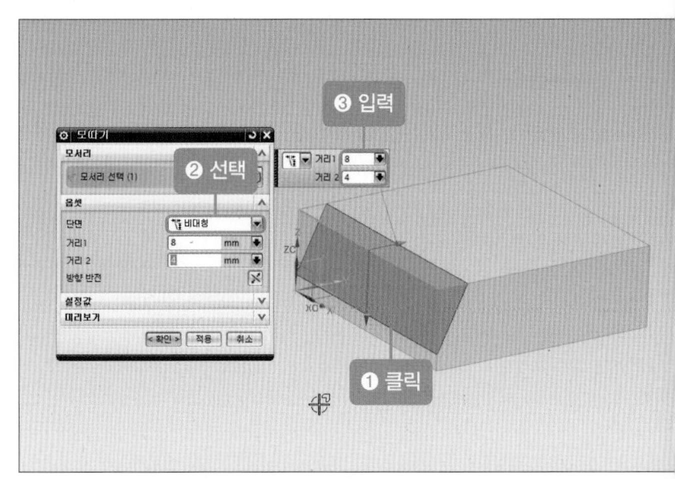

04 [단면]의 [옵셋 및 각도]를 선택한 후 거리값과 각도값을 입력합니다(모따기는 상황에 맞게 '대칭, 비대칭, 옵셋 및 각도'를 선택하여 사용합니다).

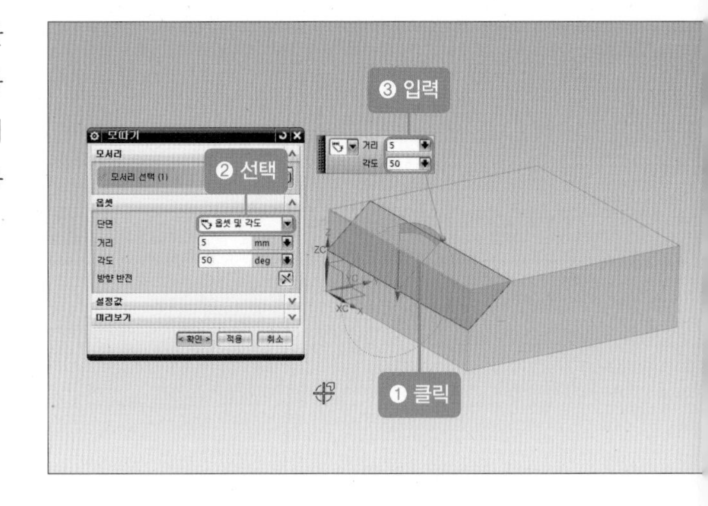

21 곡선 투영( )

01 곡선 또는 점을 선택한 후 솔리드에서의 모서리 곡선을 선택하고 마우스 가운데 버튼 (3)을 선택합니다.

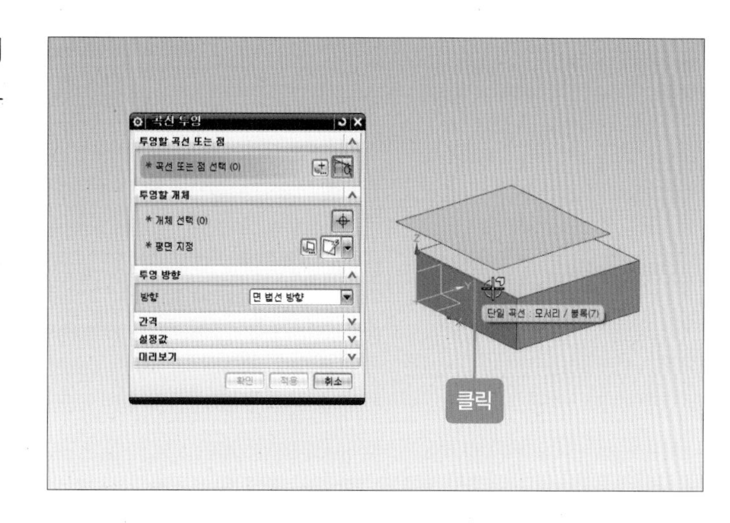

02 [투영할 개체](투영되는 곳)를 클릭합니다.

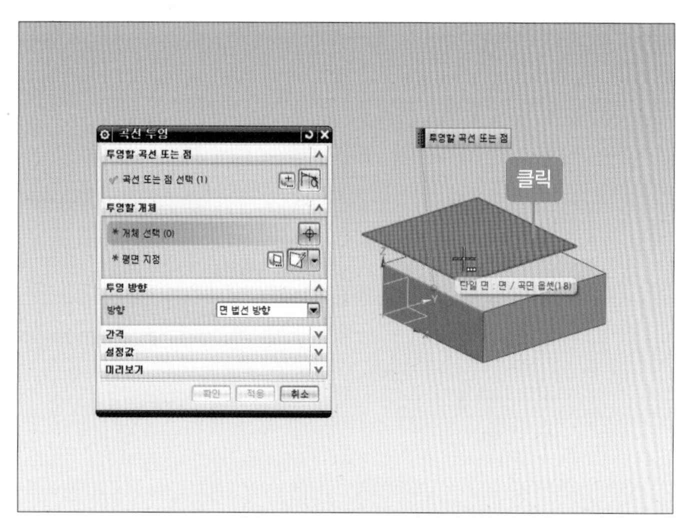

03 [확인] 버튼을 클릭합니다(솔리드 면에 있는 곡선이 시트로 투영됩니다. 반대로 시트 곡선이 솔리드 면에도 투영될 수 있습니다).

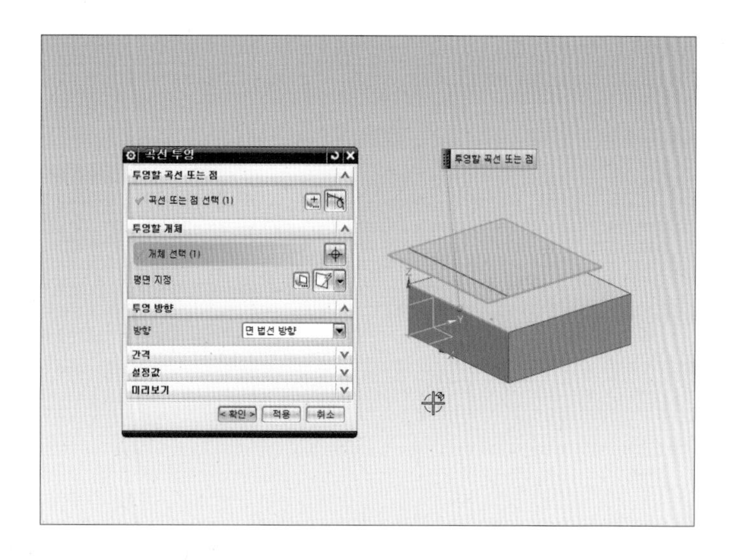

04 동일 조건에서 시트와 솔리드만 바뀐 상태입니다. [확인] 버튼을 클릭하면 곡선이 투영됩니다.

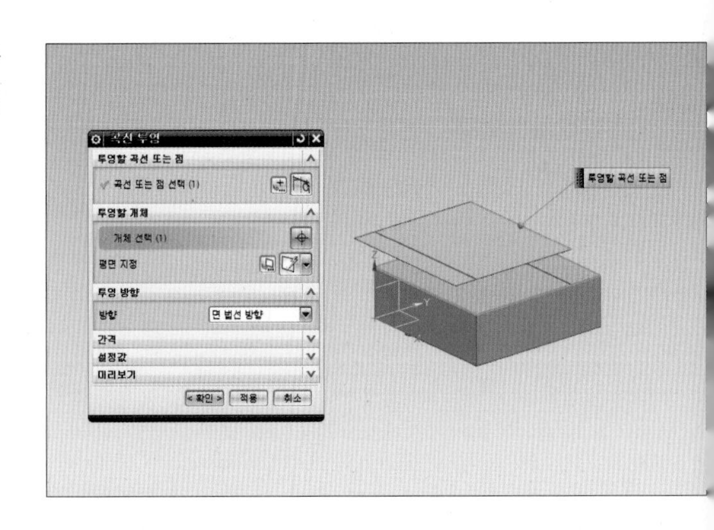

22 경계 평면( )

01 평면형 단면 곡선을 클릭합니다.

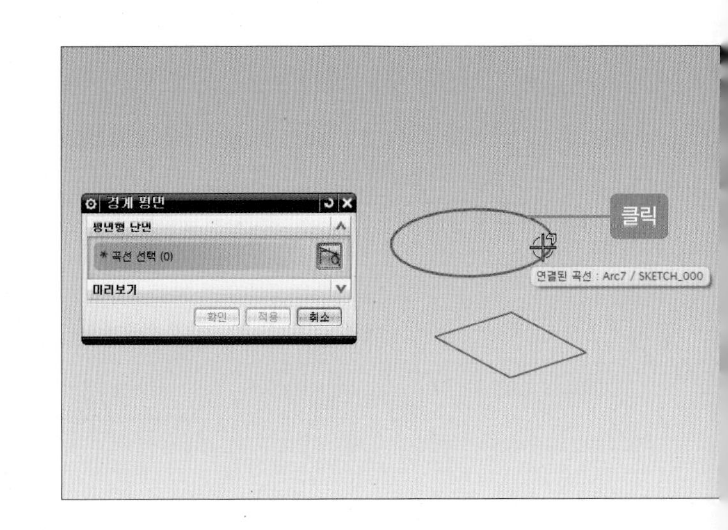

02 [확인] 버튼을 클릭하면 선택한 곡선에 시트가 나타납니다.

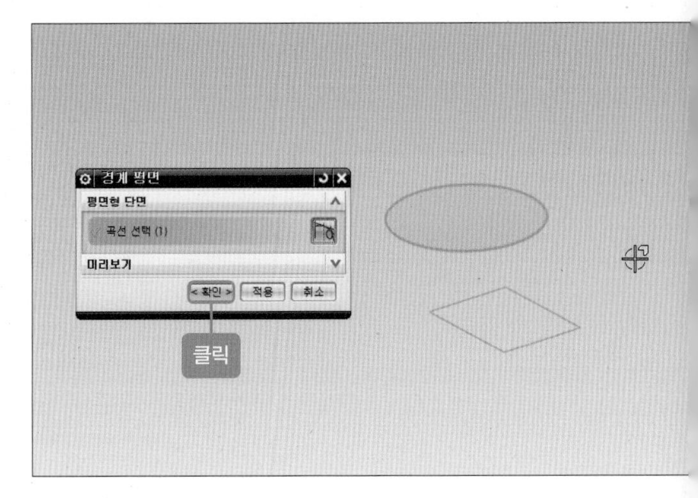

03 어떤 곡선이든 평면으로 되어 있으면 시트를 생성할 수 있습니다.

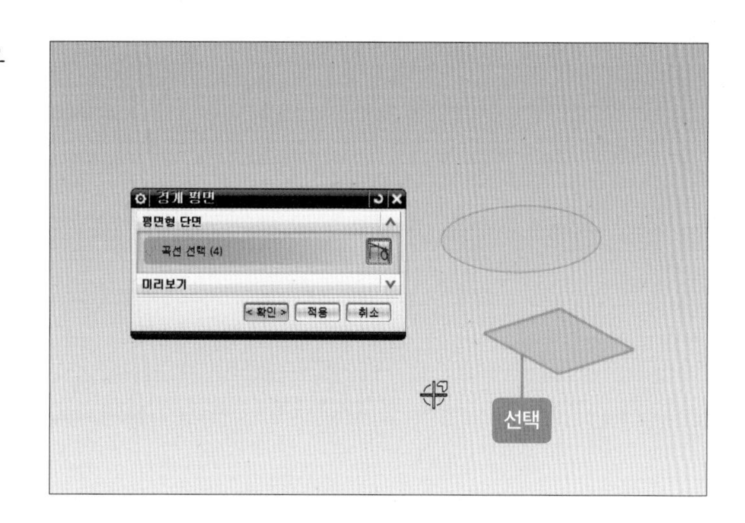

3 Ruled()

01 [곡선 또는 점 선택]의 곡선을 클릭합니다.

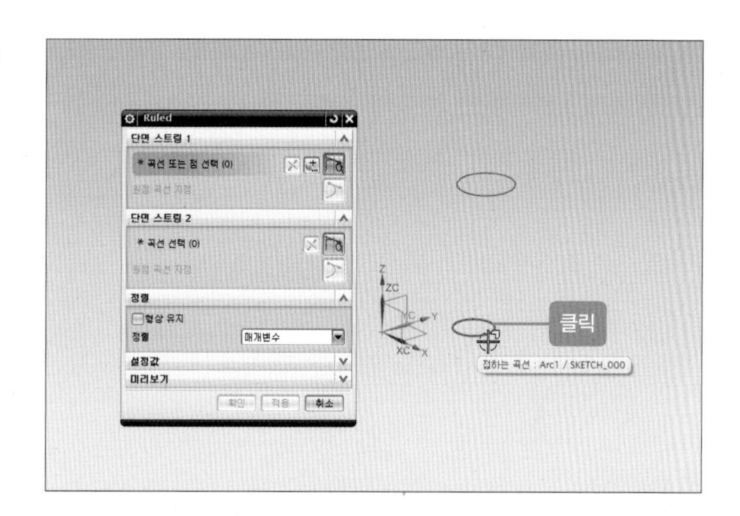

02 [단면 스트링 2]에서 곡선을 클릭합니다(솔리드가 찌그러지지 않으려면 처음 클릭한 곡선의 화살표 방향과 두 번째 클릭한 곡선의 화살표 방향이 일치해야 합니다).

03 [방향 전환]을 클릭하면 화살표 방향이 바뀌면서 솔리드 형상도 바뀌게 됩니다.

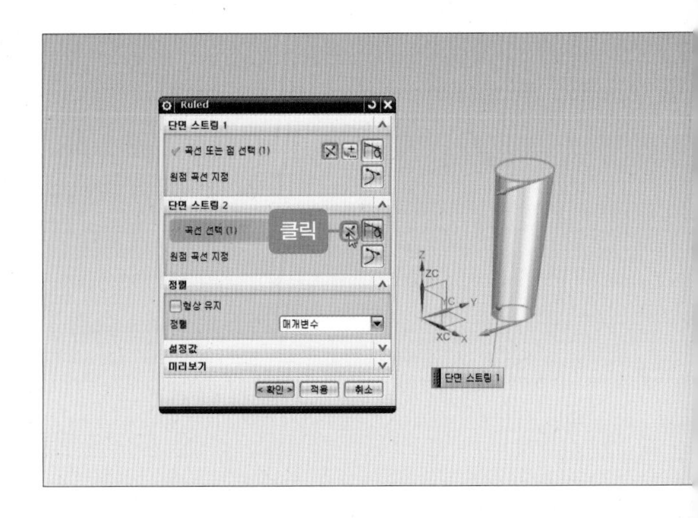

04 확인한 후의 모습입니다.

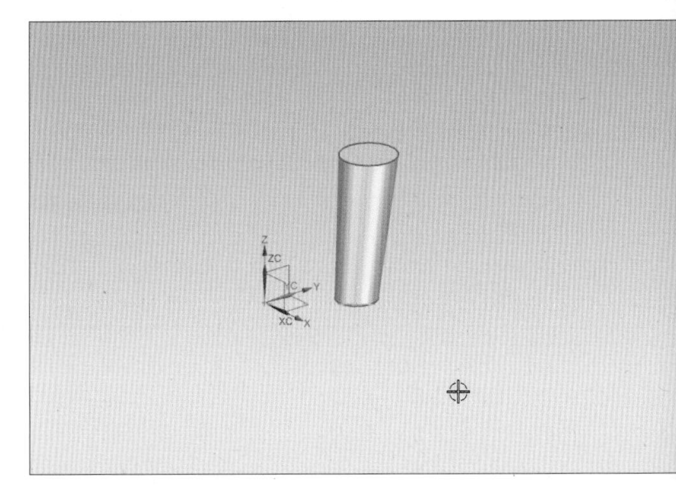

24 스웹( )

01 [단면]에서 곡선을 클릭합니다(시트가 생성되는 곡선을 클릭합니다).

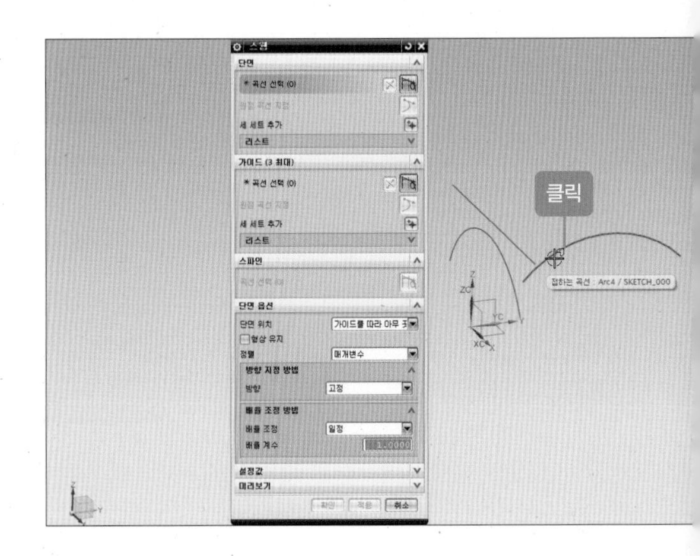

02 [가이드]에서 [곡선]을 선택합니다(선택한 곡선의 속성으로 면이 생성).

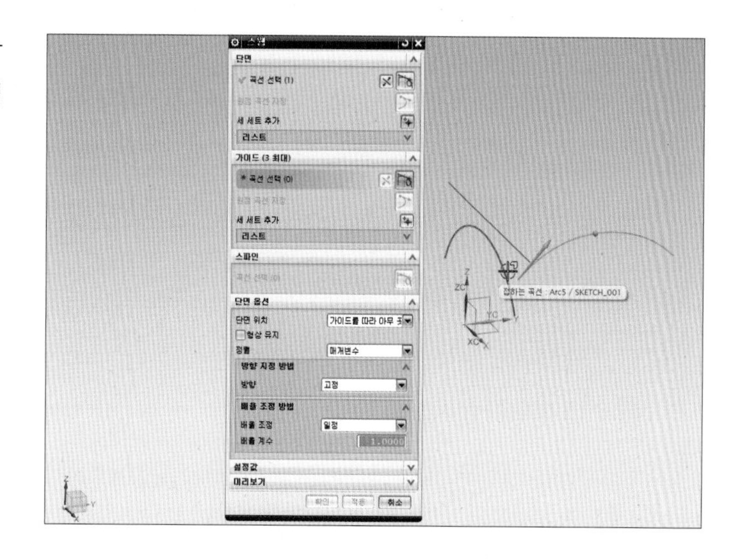

03 확인한 후의 모습입니다(스웹으로 생성된 시트 모습).

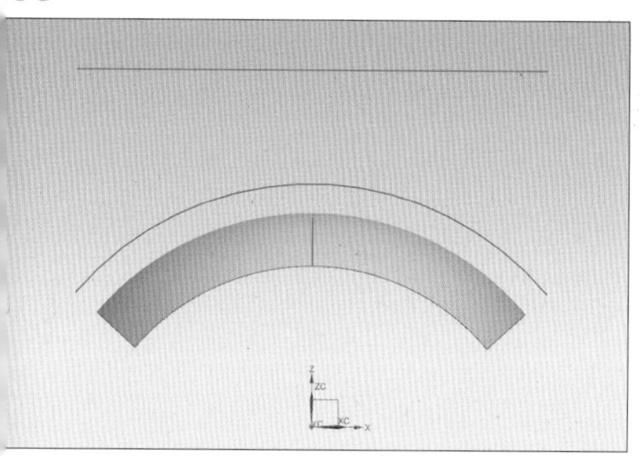

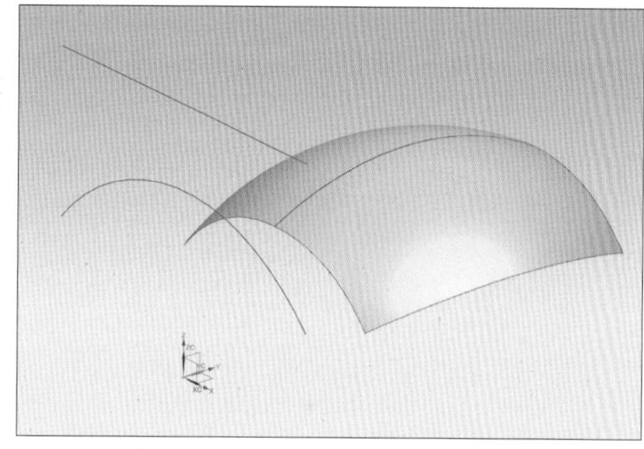

04 위와 동일한 방법으로 가이드 곡선을 직선으로 변경한 경우입니다.

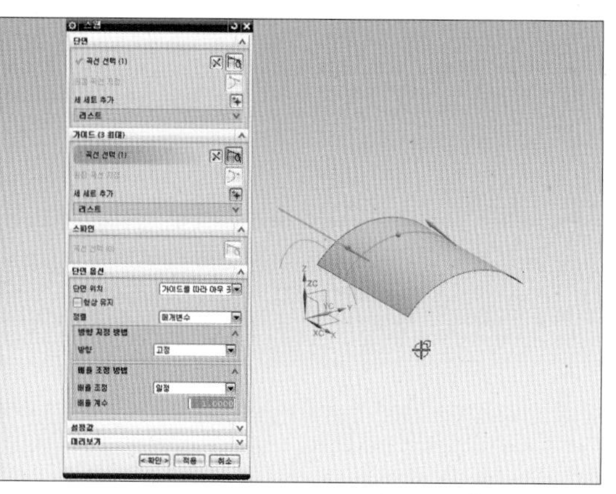

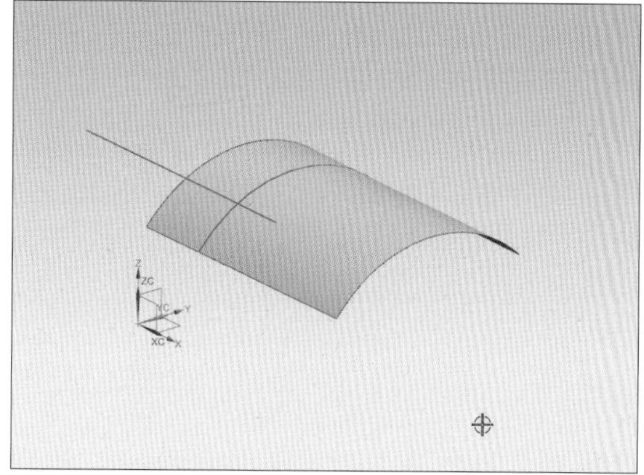

3

CHAPTER

UG NX 9.0을 이용한 모델링 따라하기

작업 과제에 적합한 3D 모델링을 수행하여 CNC 공작 기계의 운용을 위한 각 공정별 절삭 가공에 알맞은 공구 및 절삭 조건을 설정해보고, 치수 및 표면 거칠기를 고려한 NC 프로그램을 생성하고 수정해보겠습니다.

1 | 첫 번째 모델링 따라하기

앞 단원에서 배운 스케치 [모델링] 아이콘을 바탕으로 컴퓨터응용가공산업기사 실기 시험에 출제되었던 문제를 UG NX 9.0을 이용하여 모델링하고, 여기에서 사용되는 아이콘 및 명령과 모델링 작업을 하면서 주의해야 할 사항을 알아보겠습니다.

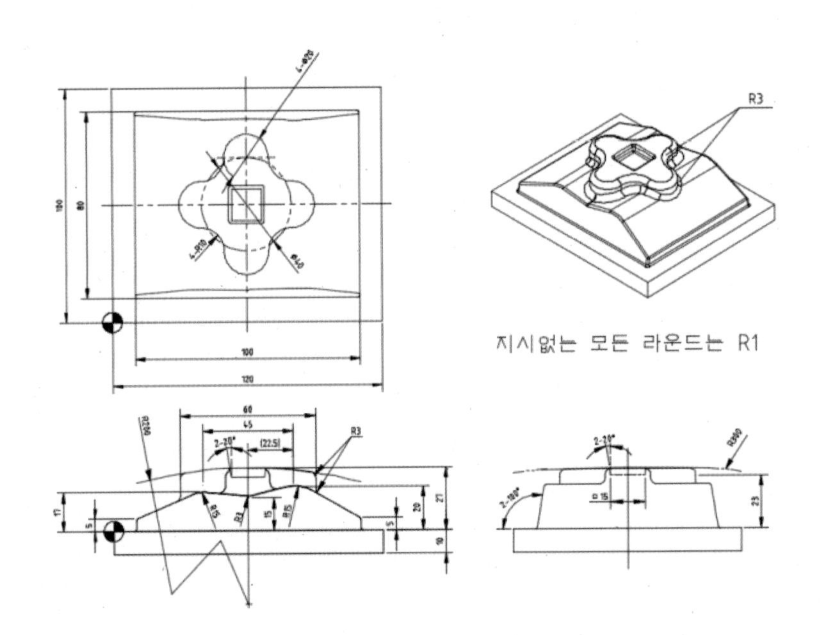

1 평면도 스케치 작업 및 형상 만들기

01 바탕화면 [UG NX 9.0(아이콘)] 아이콘을 더블클릭하거나 [윈도우]에서 프로그램을 선택하여 실행합니다.

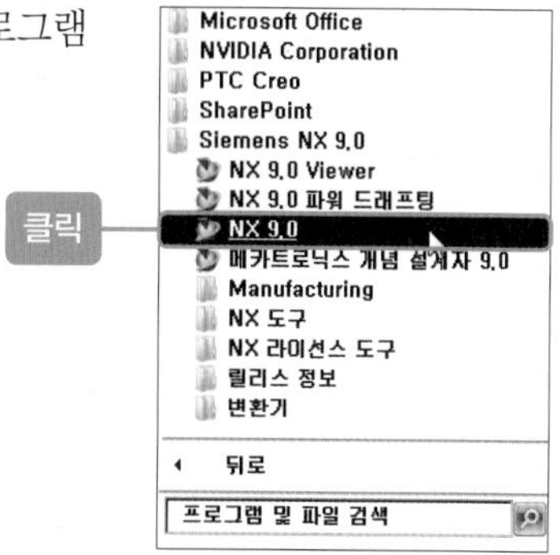

02 [새로 만들기]를 클릭하거나 단축키(Ctrl+N)를 누릅니다.

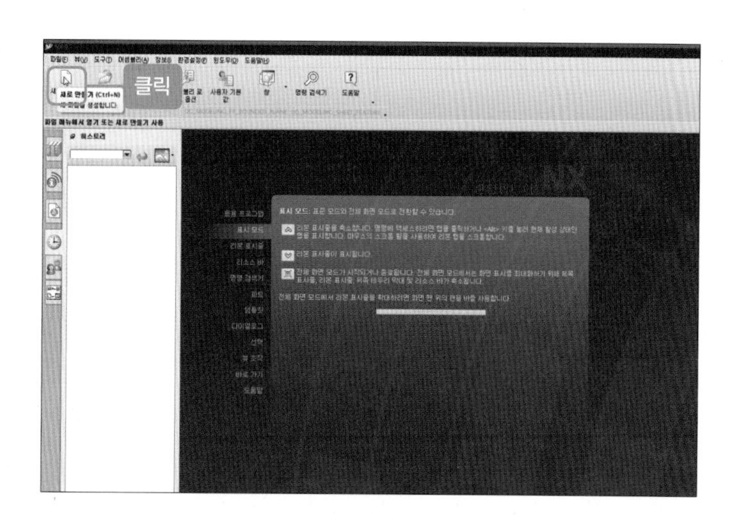

03 [모델] 탭을 클릭한 후 [필터] 창에서 모델을 선택합니다. 이름과 저장할 폴더를 지정하고 [확인] 버튼을 클릭합니다.

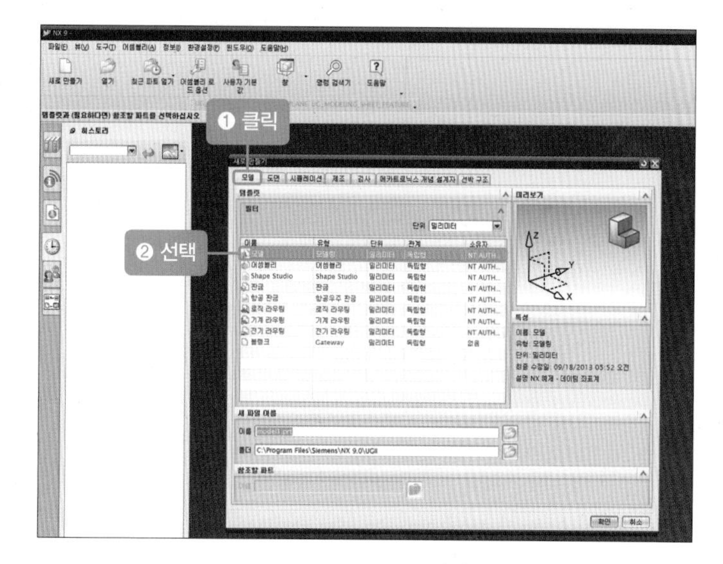

04 모델링을 할 수 있는 환경이 생성됩니다. 앞에서 작업했던 아이콘들이 정렬된 것을 확인한 후 [삽입-타스크 환경의 스케치]를 클릭합니다.

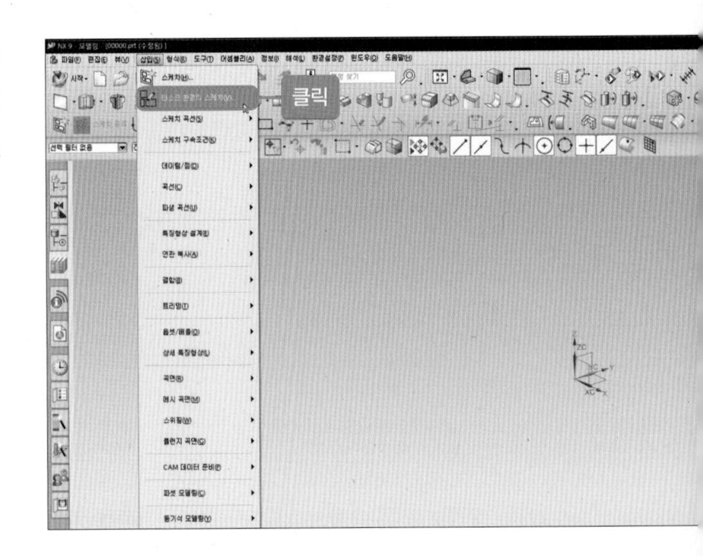

05 스케치 작업 평면은 'XZ 평면'을 선택합니다.

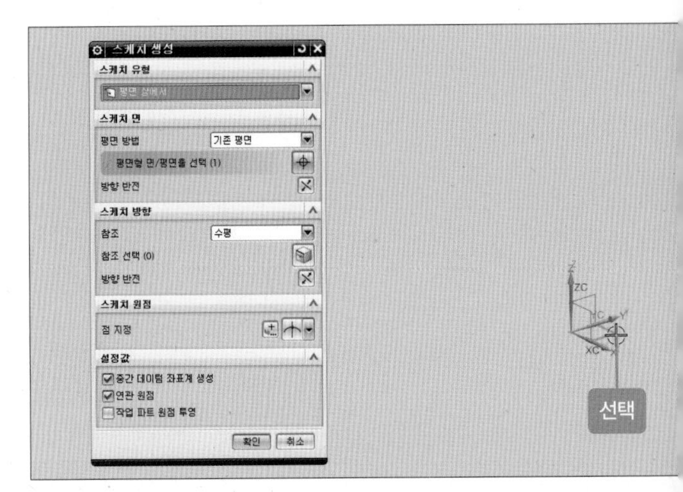

06 선택된 'XZ 평면'이 활성화된 모습입니다.

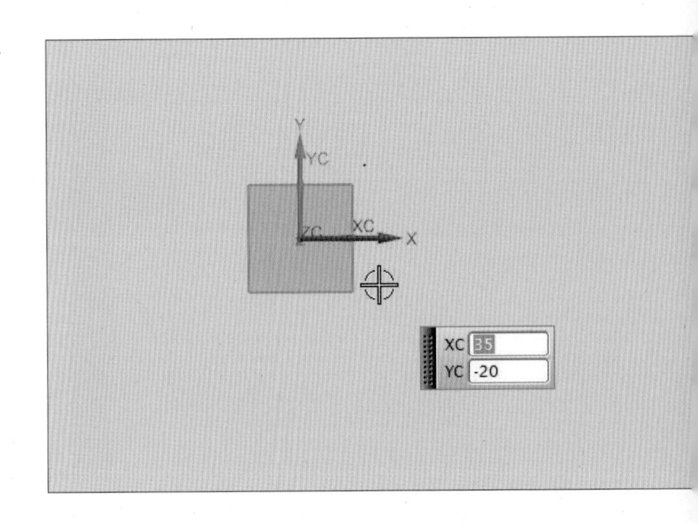

07 [직사각형] 아이콘(□)을 클릭하거나 단축키 R을 누른 후 원점을 클릭합니다.

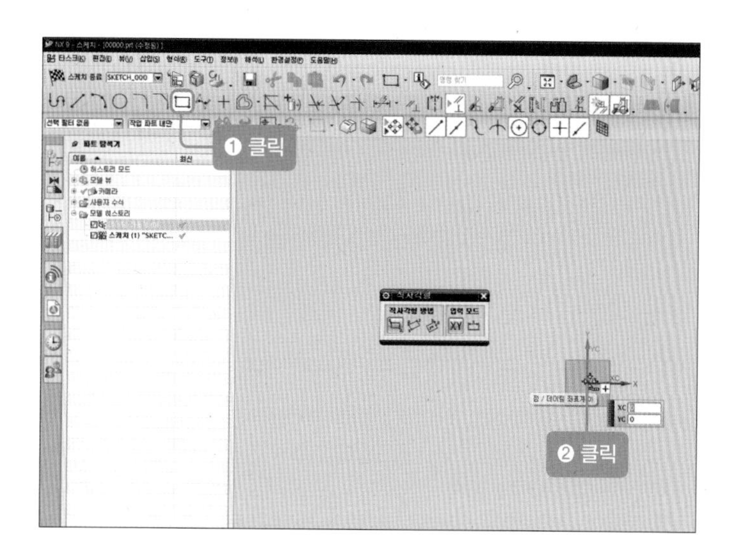

08 마우스를 드래그하여 직사각형을 만든 후 마우스 오른쪽 버튼 (1)을 클릭합니다.

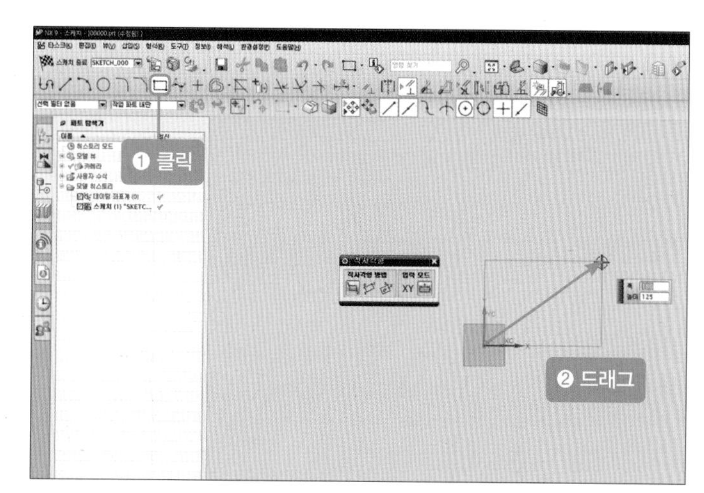

09 치수를 더블클릭한 후 가로 치수를 '120', 세로 치수를 '100'으로 변경합니다(치수를 더블클릭하여 변경하고자 하는 치수를 변경한 후 [닫기] 버튼을 클릭합니다).

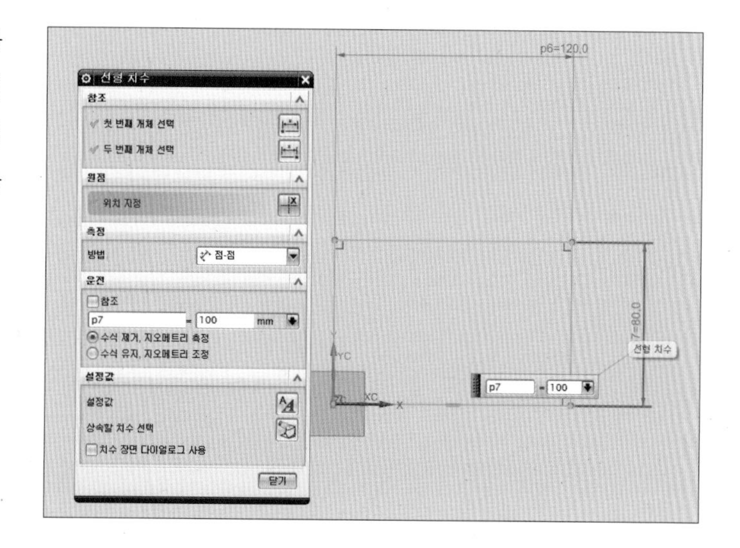

10 [선] 아이콘( )을 클릭하거나 단축키 L을 누른 후 선의 중간점을 확인하고 클릭합니다.

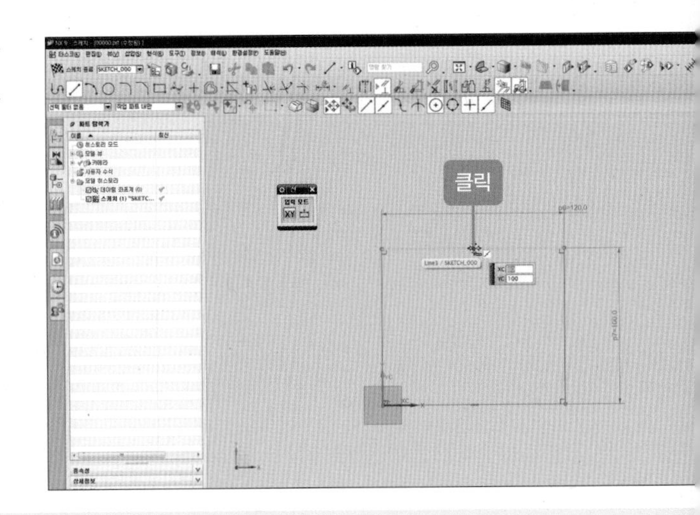

Tip 구속되는 두 가지 아이콘이 비슷하므로 주의해야 합니다.

- 중간점( ): 선형, 곡선, 열린 원호 및 선형 모서리의 중간점을 선택할 수 있습니다.
- 곡선상의 점( ): 커서의 중심에 가장 가까운 곡선상의 점을 선택할 수 있습니다.

11 하단선의 중간점을 클릭합니다.

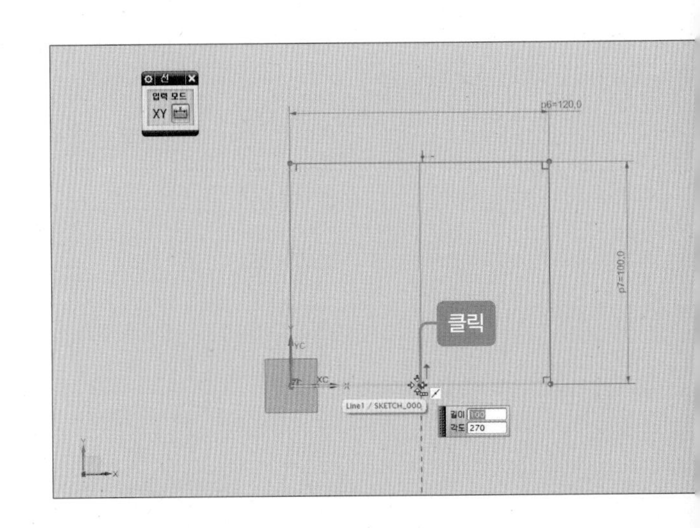

12 위와 동일한 방법으로 수평선을 생성합니다.

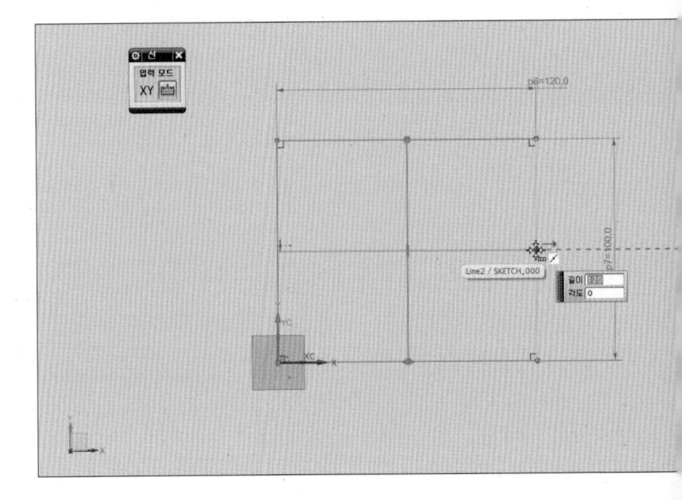

13 'L1'과 'L2'를 선택합니다.

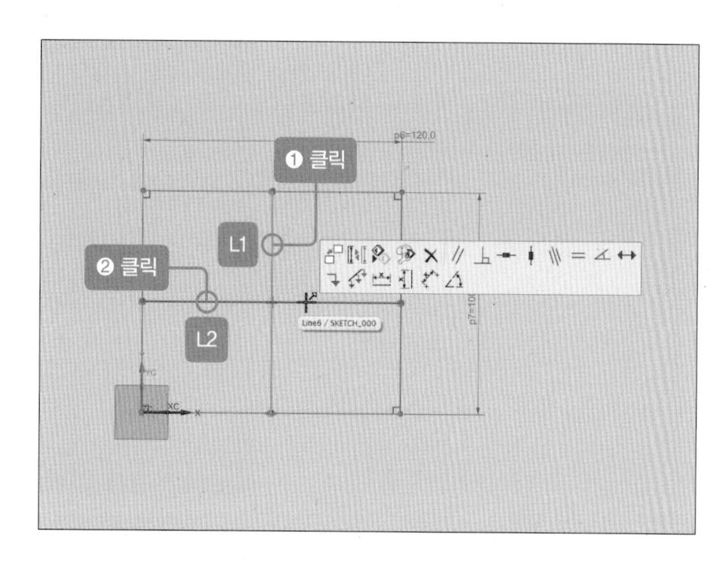

14 선을 선택하면 화면에 [아이콘] 창이 활성화됩니다. 활성화된 창에서 [참조에서/로 변환]()을 클릭합니다.

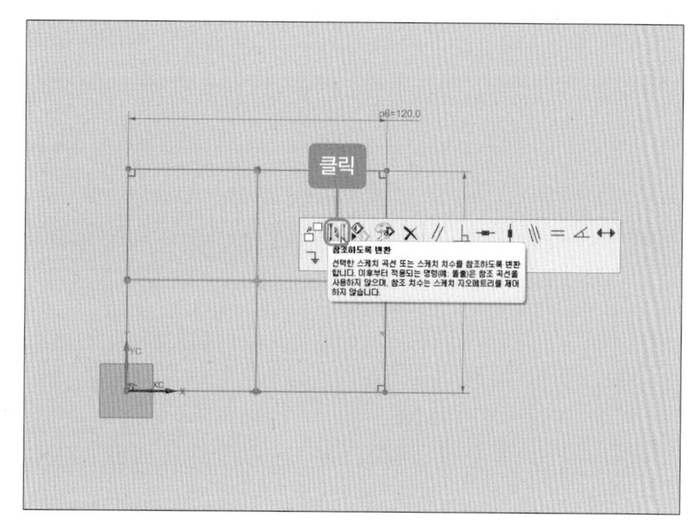

15 [참조에서/로 변환]으로 선택된 선이 2점 쇄선으로 변경됩니다. [참조에서/로 변환]으로 특성이 변환된 선은 솔리드 및 시트를 생성할 수 없고, 스케치를 할 때 구속을 선택할 수 있게 도와주며, 치수 측정에 사용할 수 있습니다.

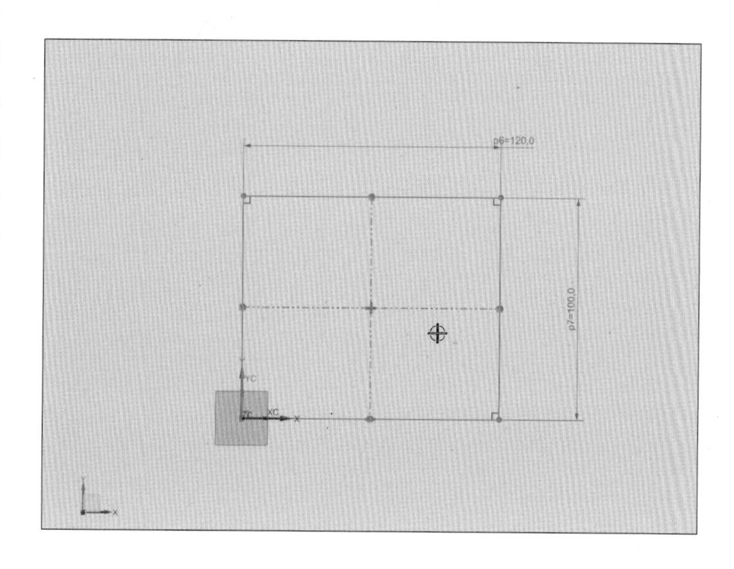

16 [원] 아이콘(◎)을 클릭하거나 단축키 O를 누른 후 참조된 선의 중간점을 확인하고 원을 생성합니다.

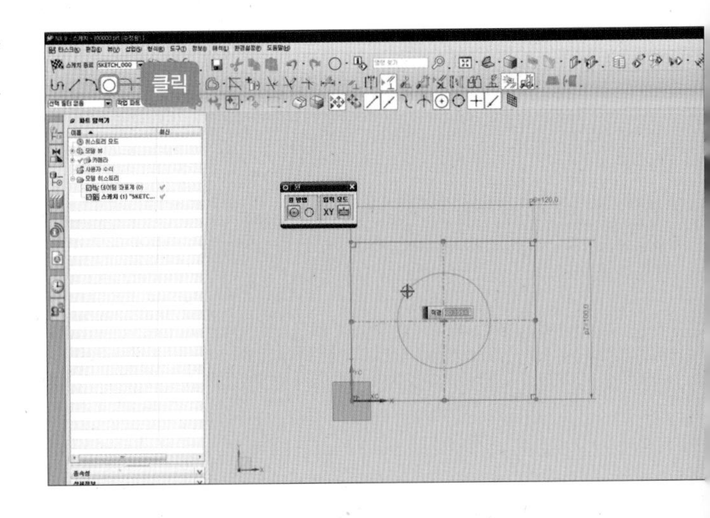

17 원 치수를 더블클릭하여 지름값 '40'을 입력합니다.

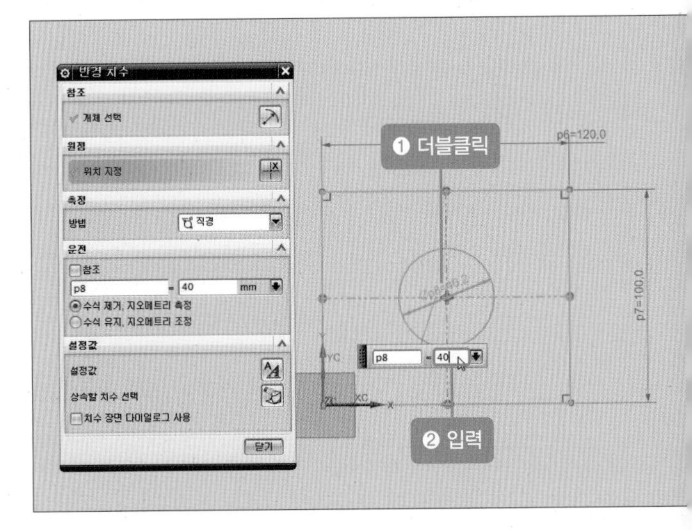

18 Ø40의 원을 클릭한 후 [참조에서/로 변환]()을 클릭합니다.

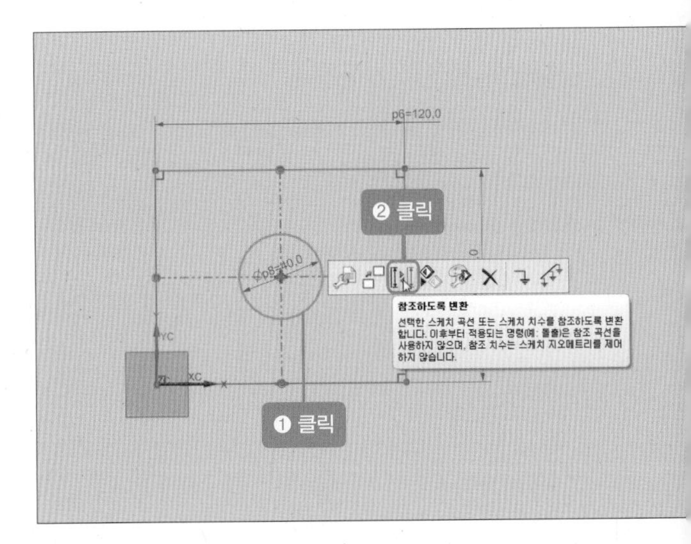

19 원의 사분점(⊙) 또는 교차점(⊹)을 이용하여 2개의 원을 생성합니다(사분점 또는 교차점을 이용할 때에는 선택 바에 2개의 아이콘이 활성화되어 있어야 합니다).

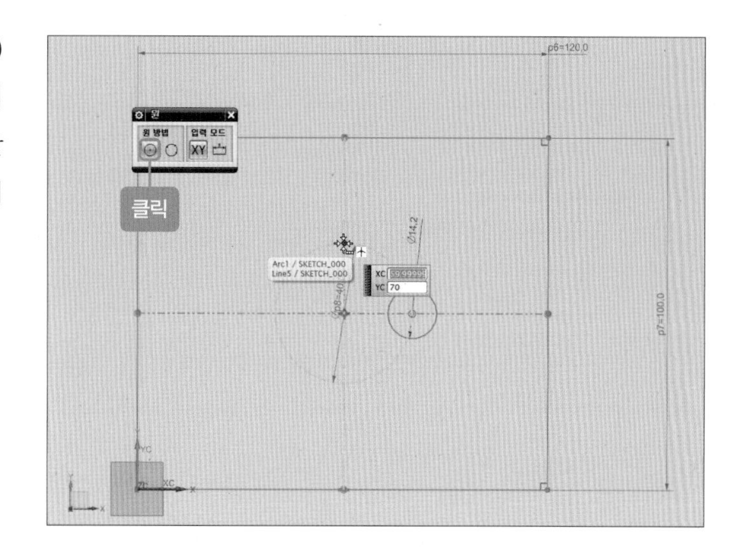

20 2개의 원 지름값 '20'을 입력하여 확정 치수로 변경합니다.

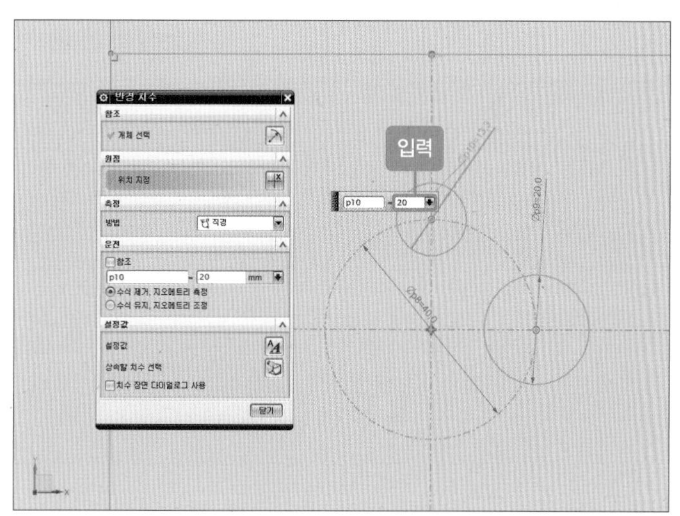

21 [필렛] 아이콘을 클릭하거나 단축키 F를 눌러 원 2개를 순차적으로 선택합니다. 첫 번째 원 Ø20(12시 방향)을 클릭한 후 두 번째 원 Ø20(3시 방향)을 클릭하고 필렛 반지름값에 '10'을 입력합니다(필렛은 반시계 방향으로 생성되므로 원을 클릭하는 순서에 주의해야 합니다).

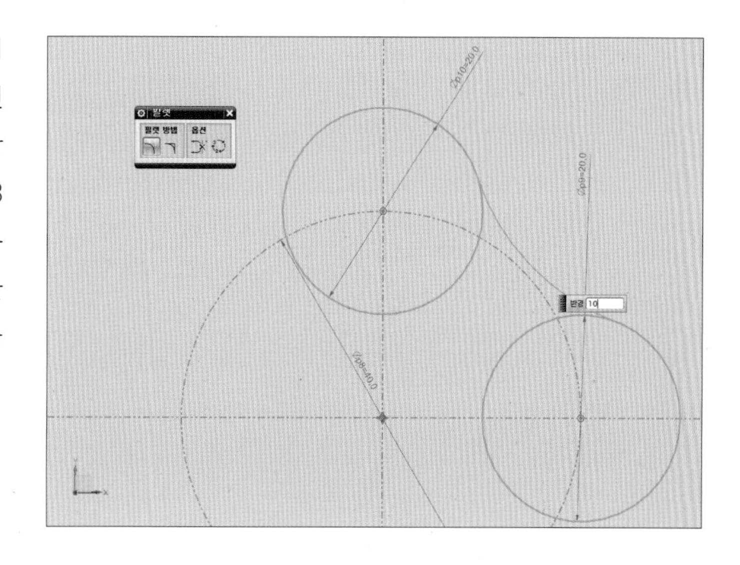

22 [빠른 트리밍] 아이콘( )을 클릭하거나 단축키 T를 누른 후 삭제할 스케치 곡선을 선택합니다(다음 그림은 트리밍하는 과정이며, 아래 그림과 같이 필요한 부분만 남겨 놓습니다).

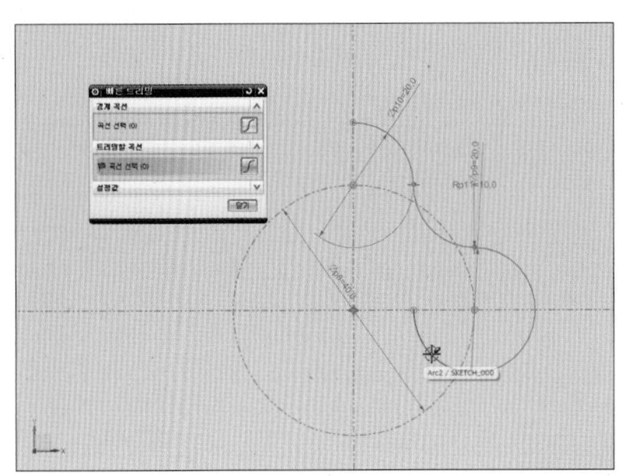

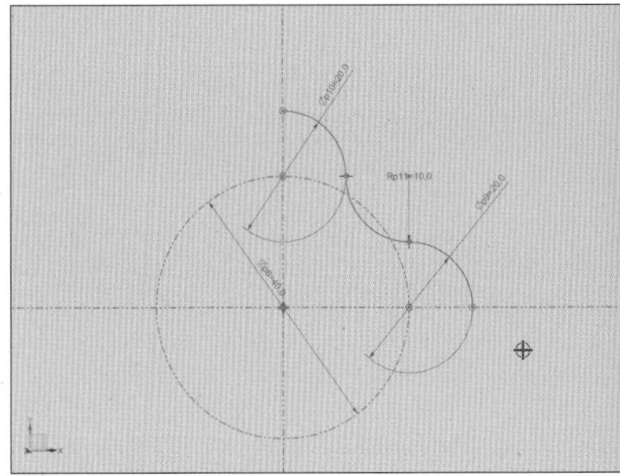

23 [대칭 곡선]을 선택하거나 풀다운 메뉴의 [삽입-곡선에서의 곡선-대칭 곡선]을 클릭합니다.

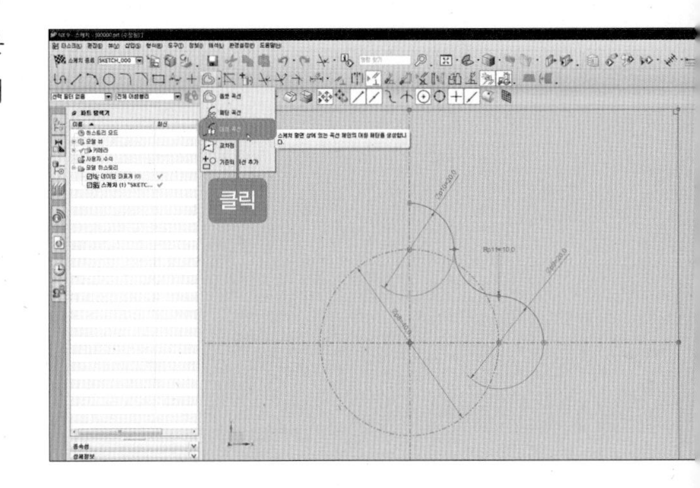

24 [대칭시킬 곡선-곡선 선택]에서 대칭시킬 곡선을 클릭합니다.

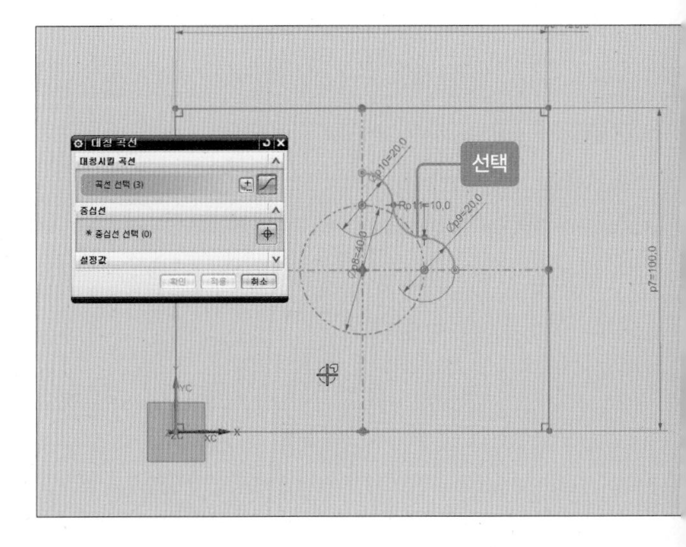

25 [중심선-중심선 선택]에서 대칭되는 수직 2점 쇄선을 클릭한 후 [확인] 버튼을 클릭합니다.

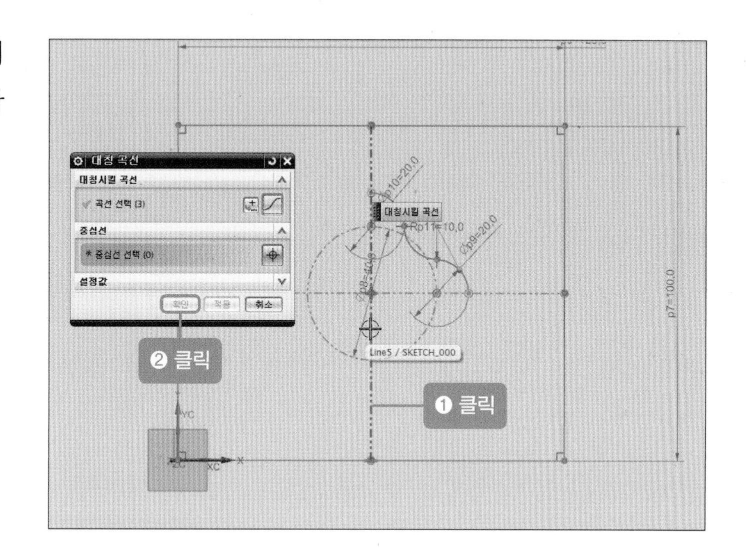

26 위와 동일한 방법을 사용하여 수평 중심선 기준으로 대칭 곡선을 생성합니다.

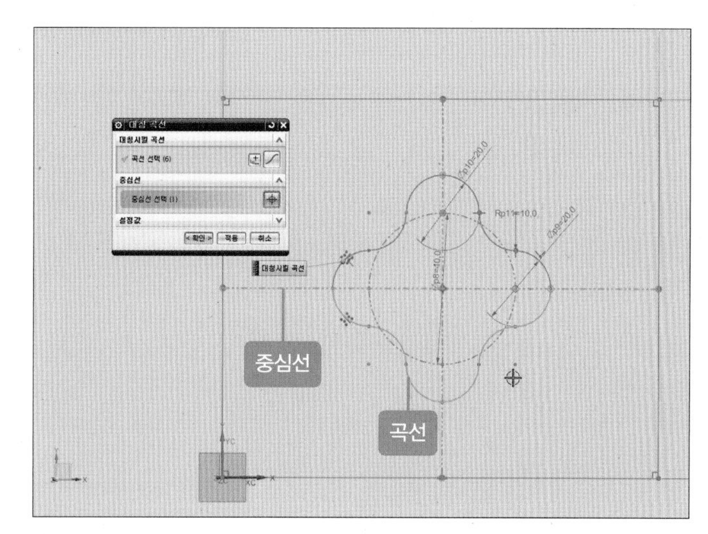

27 [직사각형]을 클릭하거나 단축키 **R**을 누른 후 세 번째 옵션의 [중심에서]를 클릭하고, 수평 중심선과 수직 중심선의 교차점을 클릭합니다.

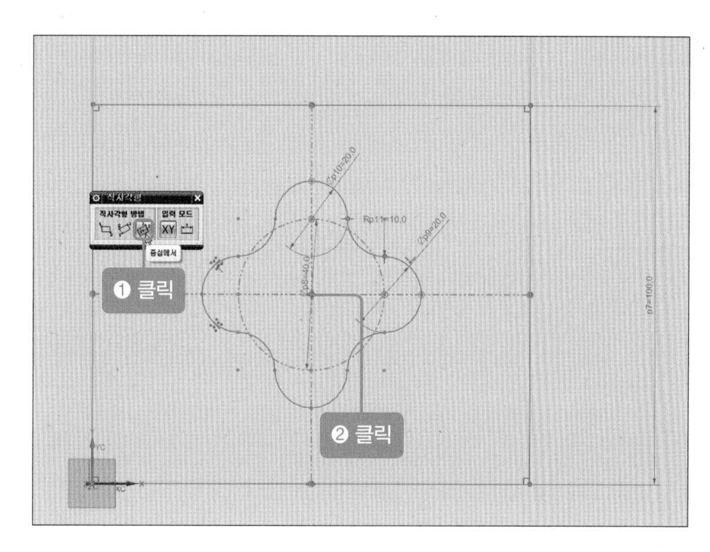

28 사각형 곡선을 생성한 후 가로 치수값에 '15', 세로 치수값에 '15'를 입력합니다.

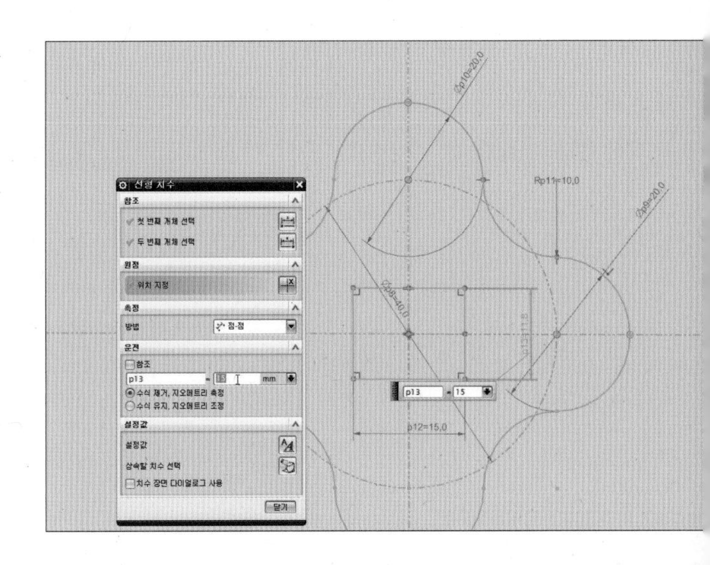

29 [스케치 종료] 버튼을 클릭합니다.

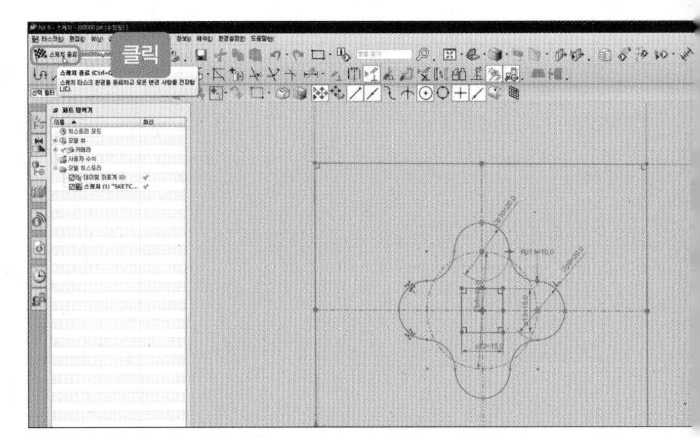

30 [돌출] 아이콘( )을 선택한 후 [곡선 규칙-연결된 곡선]을 클릭합니다.

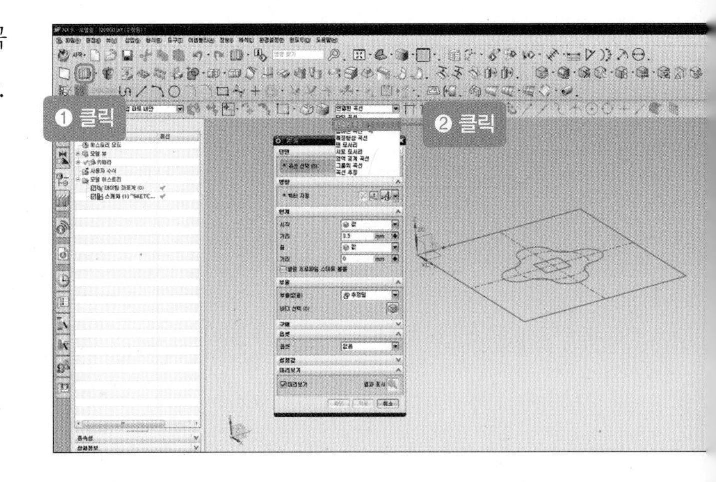

31 [곡선 선택]에서 '외형 사각형 선'을 선택한 후 시작 거리에 '-10', 끝 거리에 '0'을 입력한 후 [확인] 버튼을 클릭합니다(사각형의 하단에 두께를 주기 위해 '-'를 입력하거나 '10'을 입력한 후 생성 방향을 하향으로 변경하여 작업해도 됩니다).

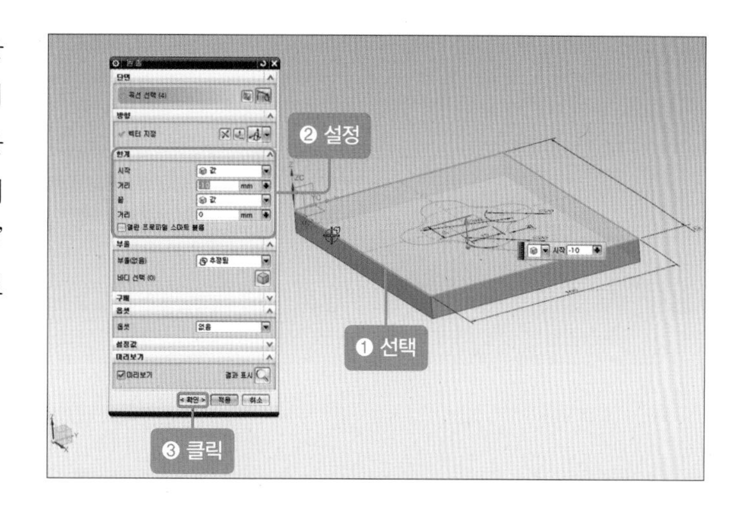

32 돌출된 모습입니다.

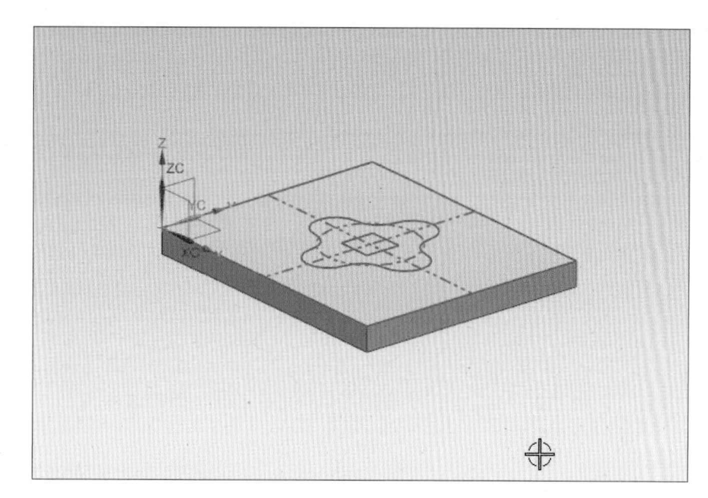

33 위와 같은 방법으로 꽃무늬를 높이 '40'만큼 돌출시킵니다. 돌출 시에는 [부울]에서 [결합]을 선택하여 사각 베이스와 결합합니다.

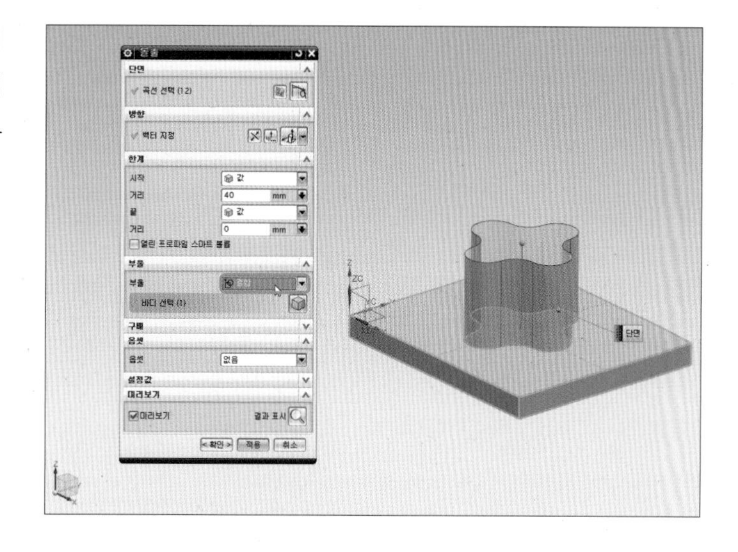

2 정면도 스케치 작업 및 형상 만들기

01 [데이텀 평면]을 선택한 후 [유형]에서 [XC-ZC 평면]을 클릭합니다.

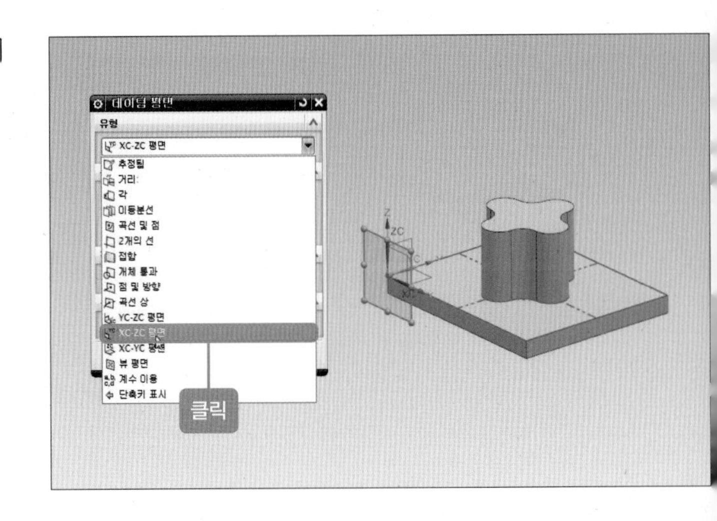

02 [옵셋 및 참조]의 [거리]에 '50'을 입력합니다.

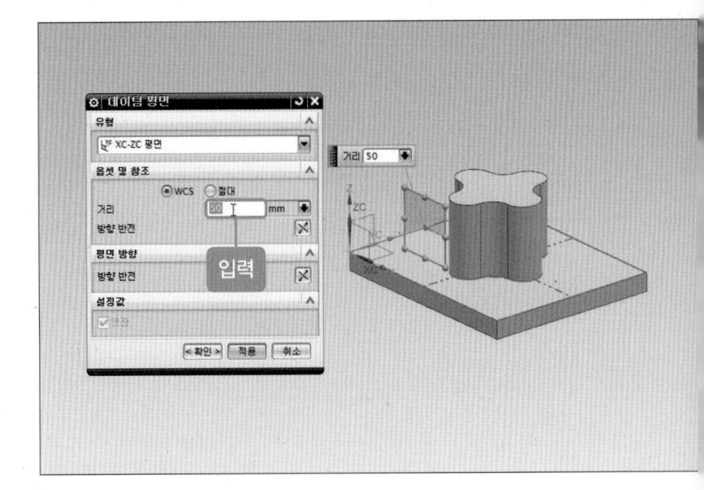

03 [타스크 환경의 스케치]를 선택한 후 [평면형 면/평면을 선택]하고 데이텀을 클릭합니다.

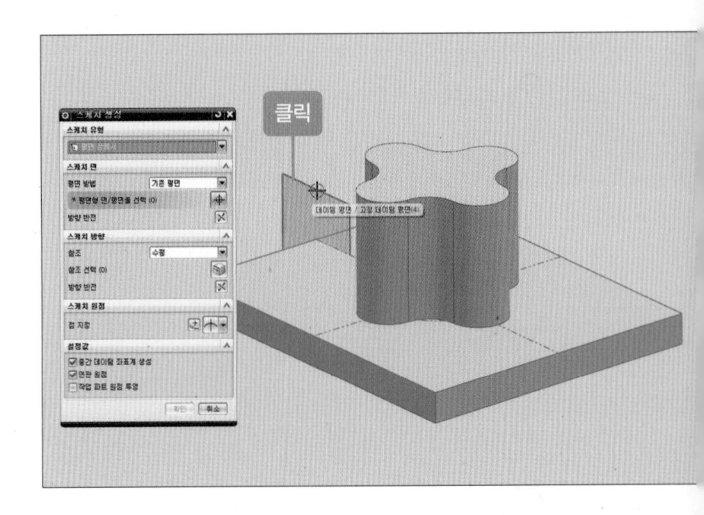

04 [타스크 환경의 스케치] 창이 활성화되면 [원호] 아이콘()을 선택합니다.

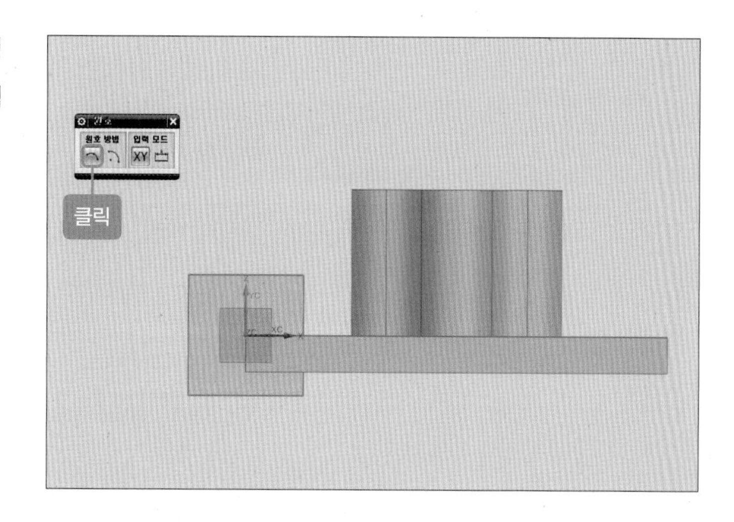

05 원호에서 [3점에 의한 원호]를 선택한 후 임의의 세 곳(P1~P3)을 클릭합니다.

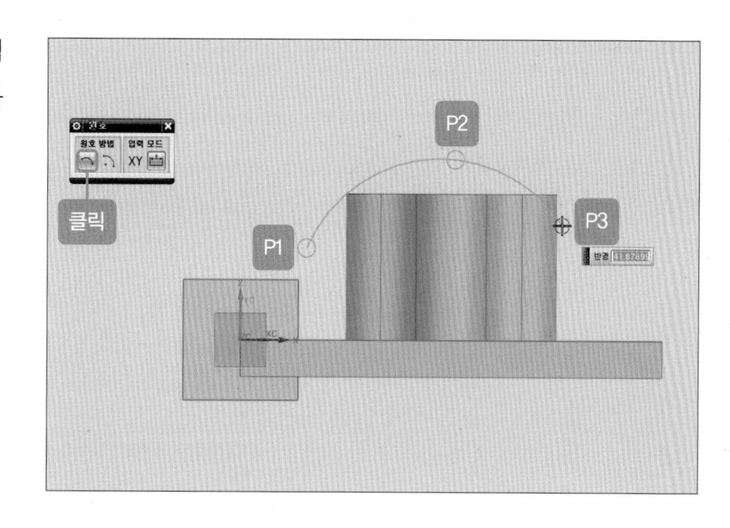

06 [선] 아이콘을 클릭한 후 임의의 곳에 수평 직선을 생성합니다.

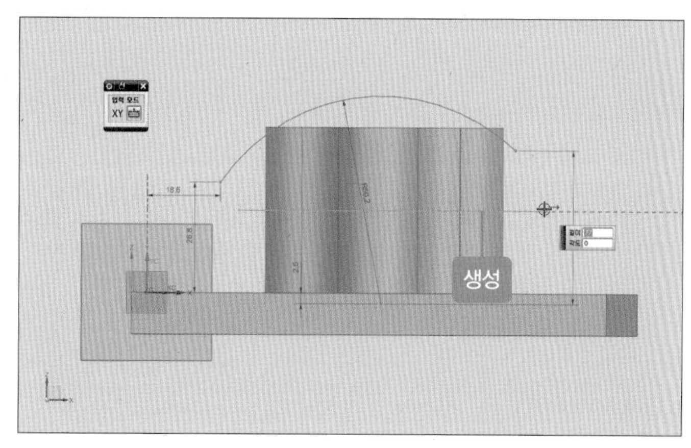

07 수평 직선 높이 치수를 더블클릭하여 '27'로 변경합니다.

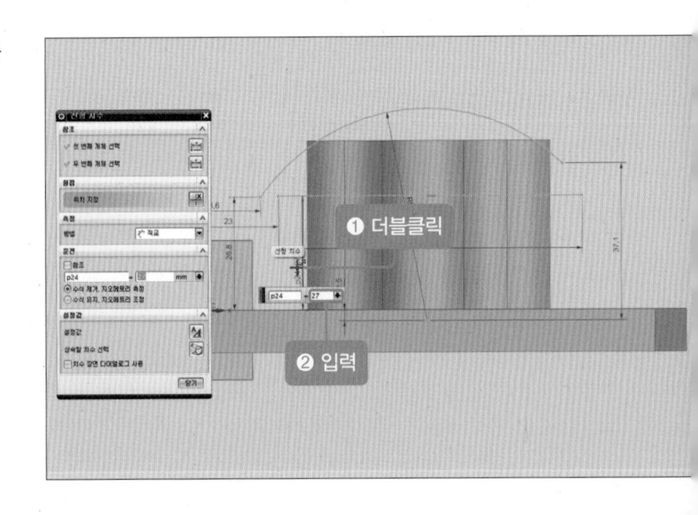

08 수평 직선을 클릭하면 활성화되는 창에서 [참조에서/로 변환]( )을 선택합니다.

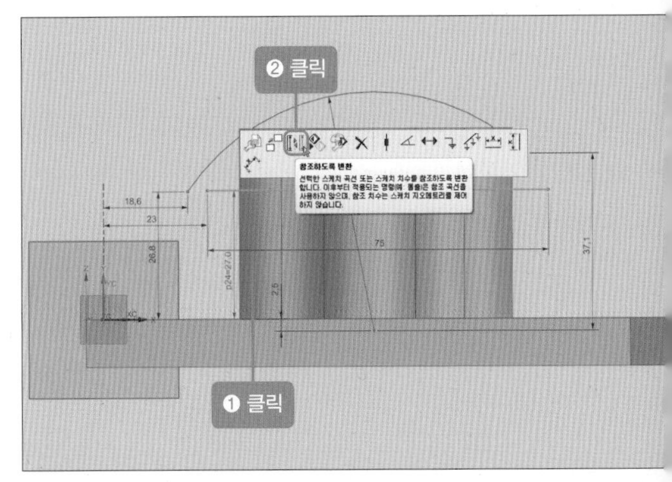

09 [선] 아이콘을 클릭하거나 단축키 L을 누른 후 임의의 수직선을 생성합니다.

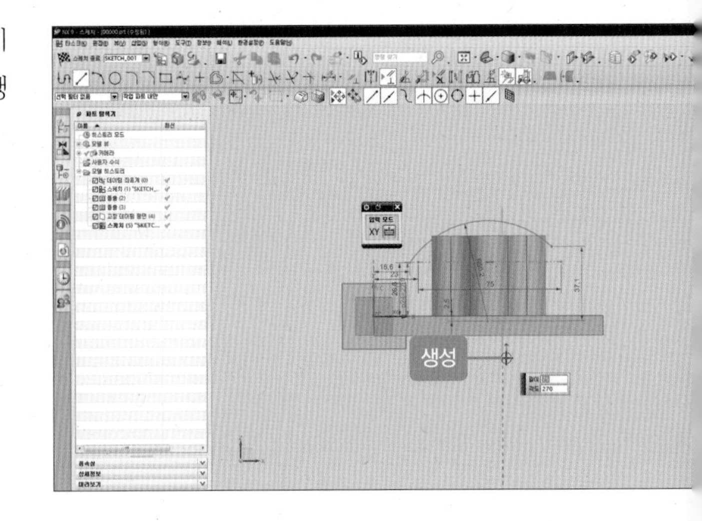

10 [급속 치수] 아이콘(아이콘)을 클릭하거나 단축키 **D**를 누릅니다.

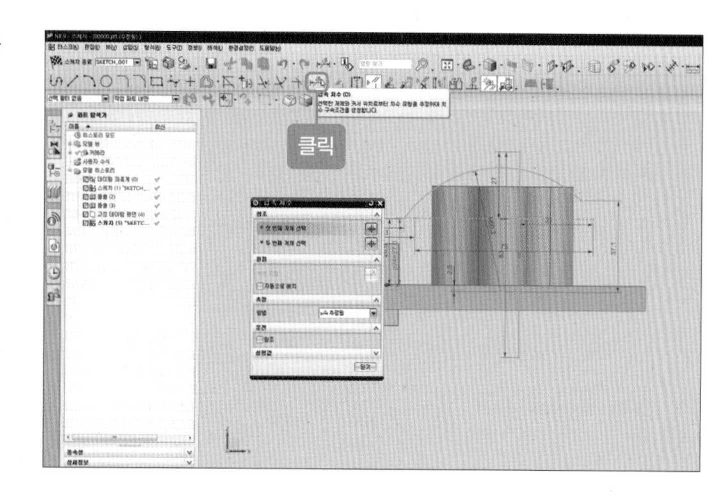

11 급속 치수에서 원점(P1)을 클릭한 후 세로 수직선(P2)을 클릭합니다.

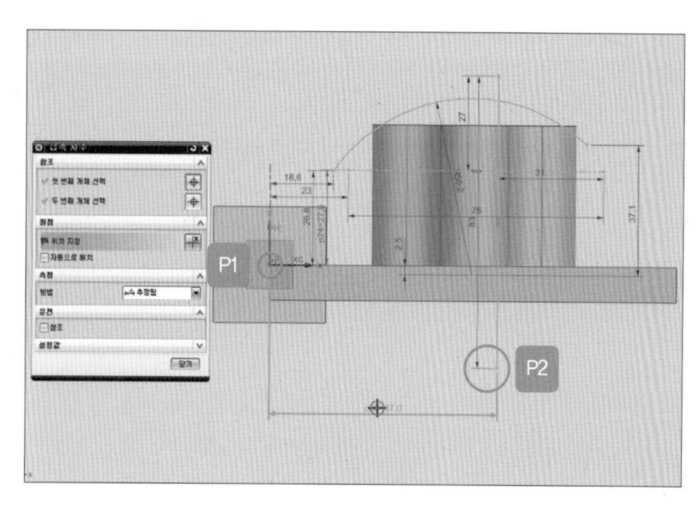

12 치수를 더블클릭하여 '60'을 입력한 후 [확인] 버튼을 클릭합니다.

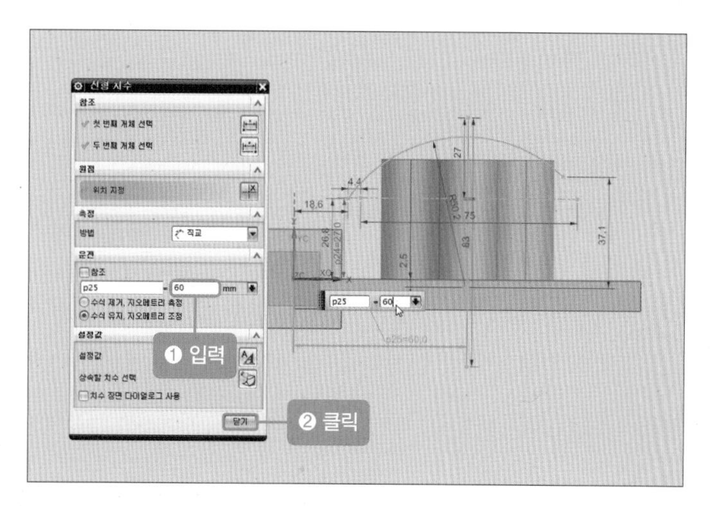

13 수직선을 클릭한 후 [참조에서/로 변환]을 클릭합니다.

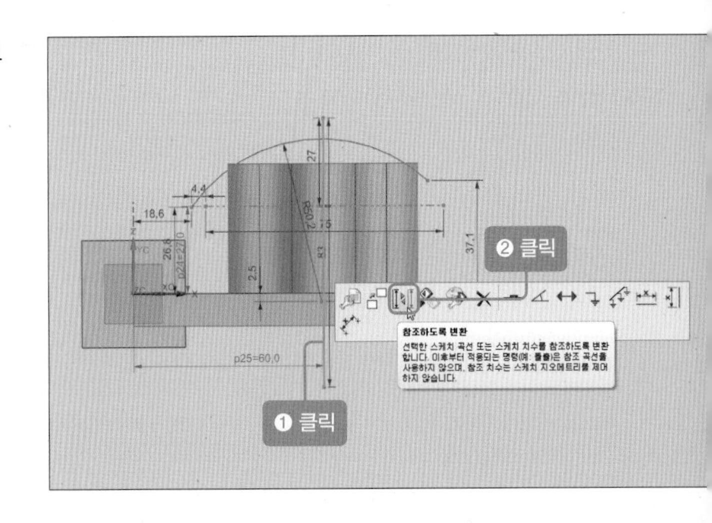

14 원호의 중심점을 클릭한 후 세로 수직선을 클릭하고 [곡선상의 점]( )을 선택합니다.

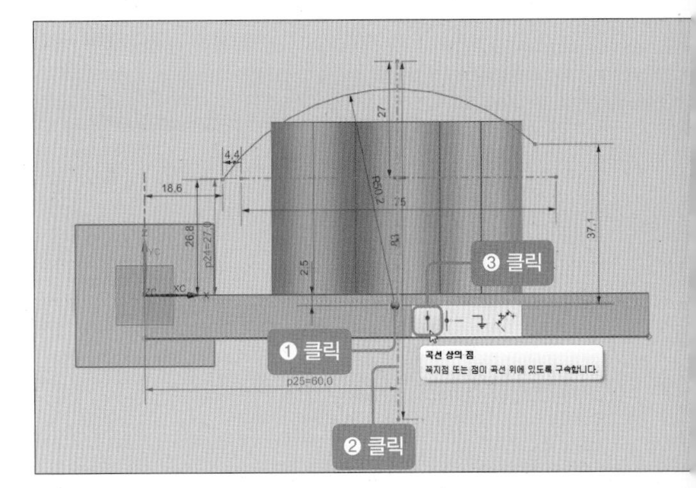

15 [지오메트리 구속 조건] 아이콘( )을 클릭한 후 단축키 C를 누르고 [접합]을 클릭합니다. 그런 다음 원호와 수평선을 클릭하고 [닫기] 버튼을 클릭합니다.

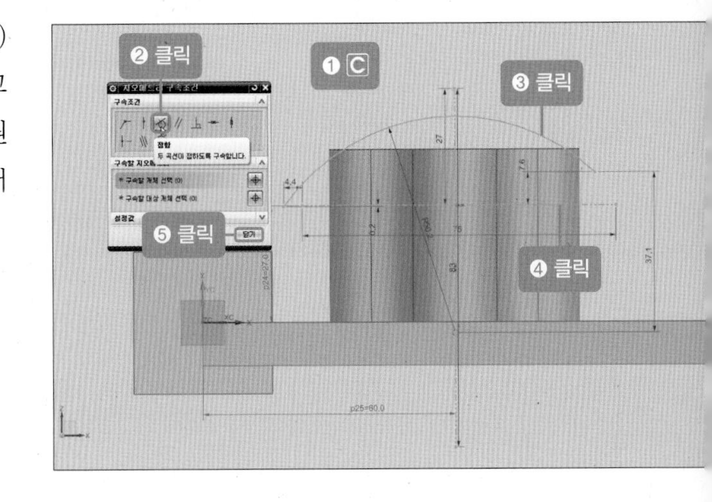

16 원호 반경 치수를 더블클릭하여 치수값 '200'을 입력한 후 [닫기] 버튼을 클릭합니다.

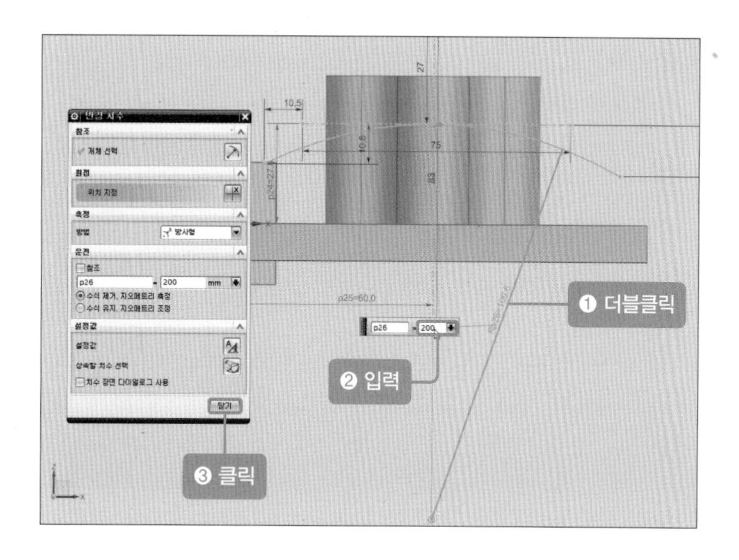

17 [스케치 종료] 버튼을 클릭합니다.

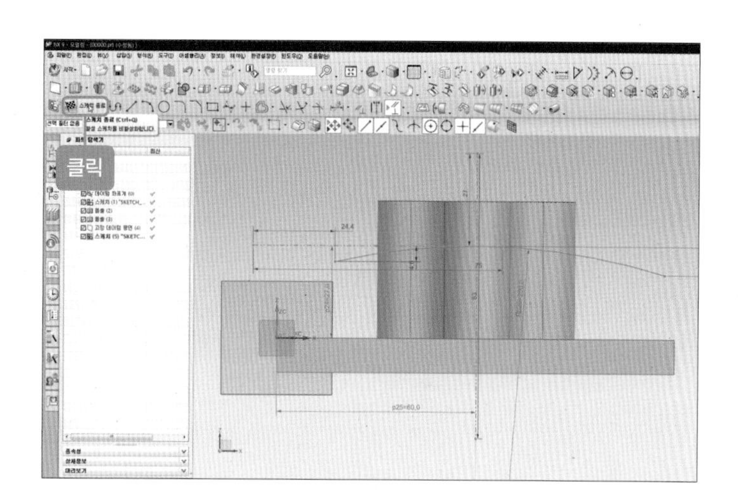

3 우측면도 스케치 작업 및 형상 만들기

01 [타스크 환경의 스케치]를 선택한 후 'YZ 평면'을 클릭하고 [확인] 버튼을 클릭합니다.

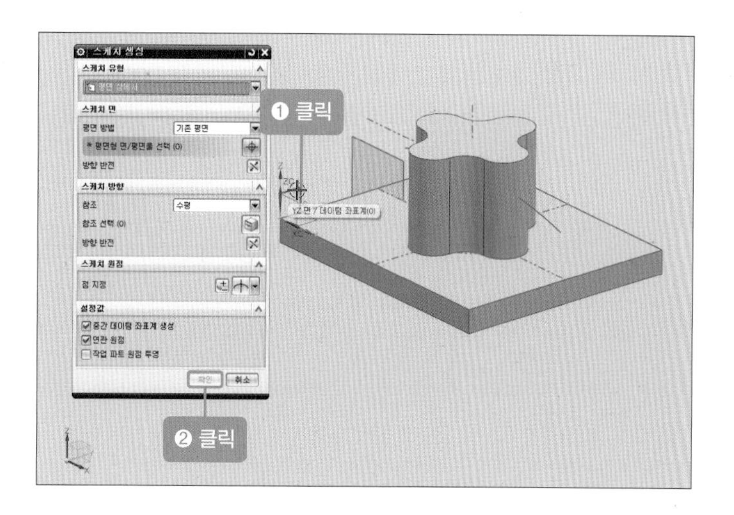

02 [선] 아이콘을 클릭하거나 단축키 L을 누른 후 임의의 수평선을 생성합니다.

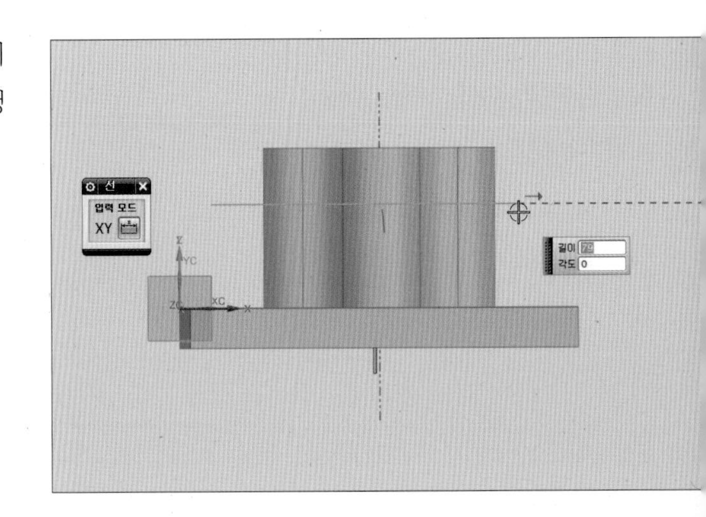

03 높이 치수를 더블클릭하여 치수값에 '27'을 입력합니다.

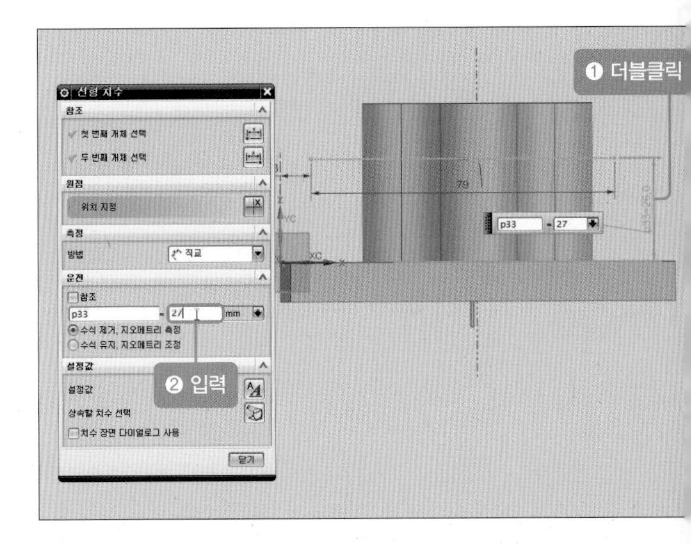

04 수평선을 클릭하면 활성화되는 창에서 [참조에서/로 변환]( )을 클릭합니다.

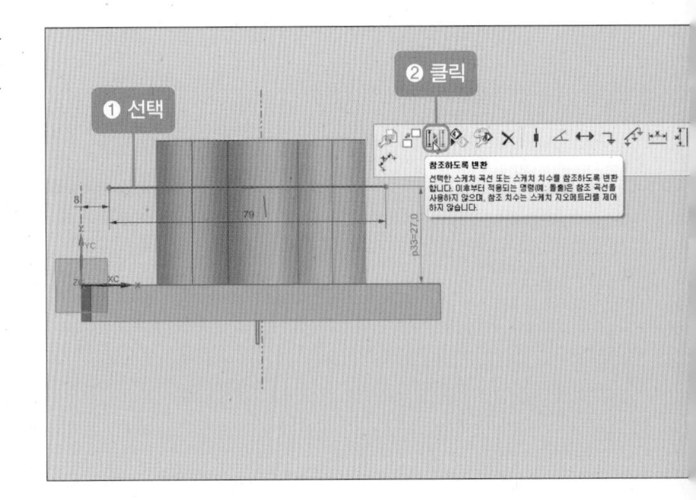

05 [원호] 아이콘을 클릭하거나 단축키 Ⓐ를 누른 후 [3점에 의한 원호]를 선택하고 임의의 세 점을 선택합니다.

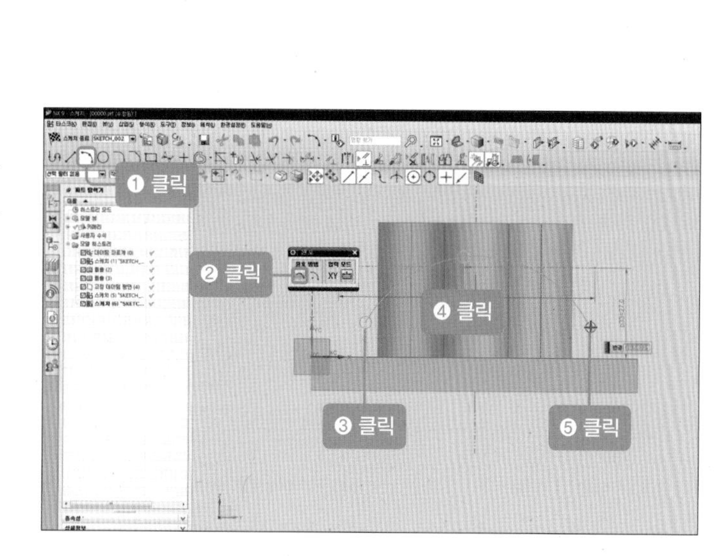

06 [지오메트리 구속 조건] 아이콘( )을 클릭하거나 단축키 Ⓒ를 누릅니다.

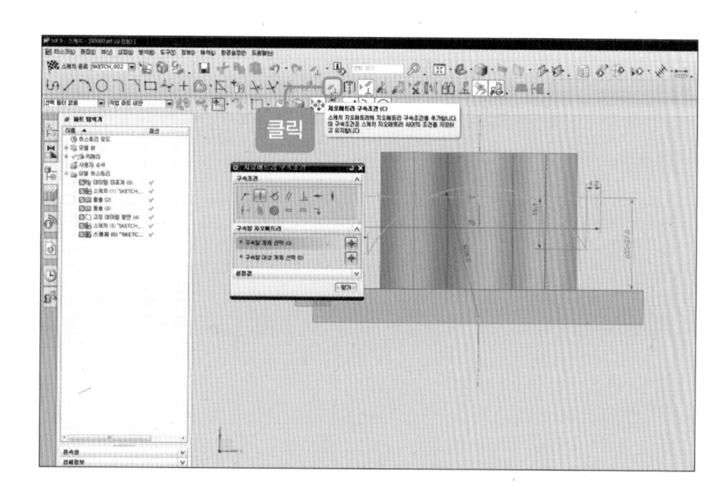

07 구속 조건에서 [곡선상의 점]( )을 선택한 후 [구속할 개체 선택–원호 중심]을 선택합니다.

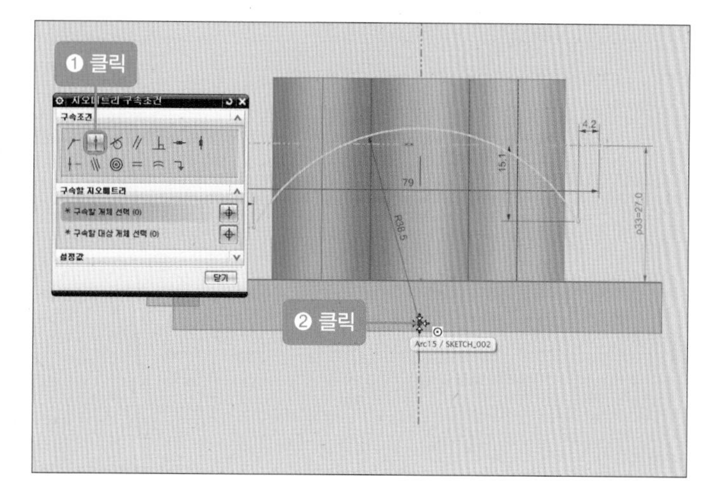

08 [구속할 대상 개체 선택-수직선]을 클릭합니다.

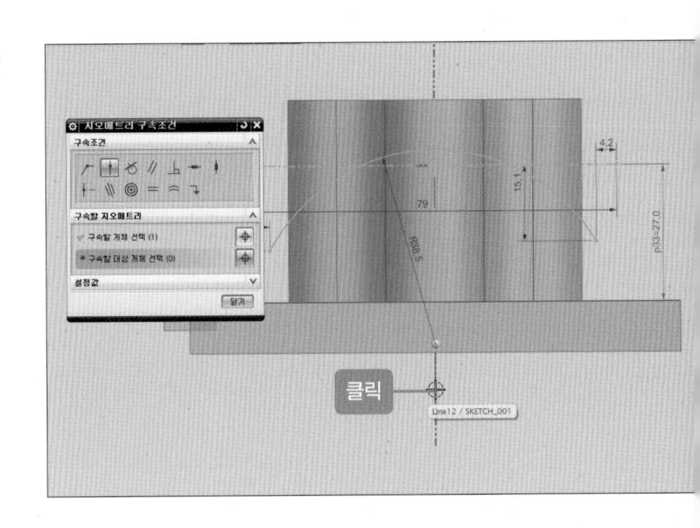

09 [지오메트리 구속 조건]의 [접합]을 선택한 후 [구속할 개체 선택-원호]를, [구속할 대상 개체 선택-수평선]을 클릭합니다.

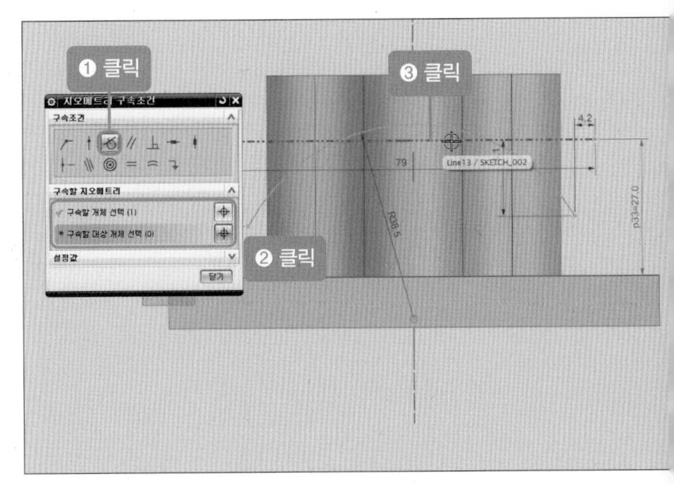

10 원호 반지름값을 더블클릭하여 치수값 '300'을 입력한 후 [닫기] 버튼을 클릭합니다.

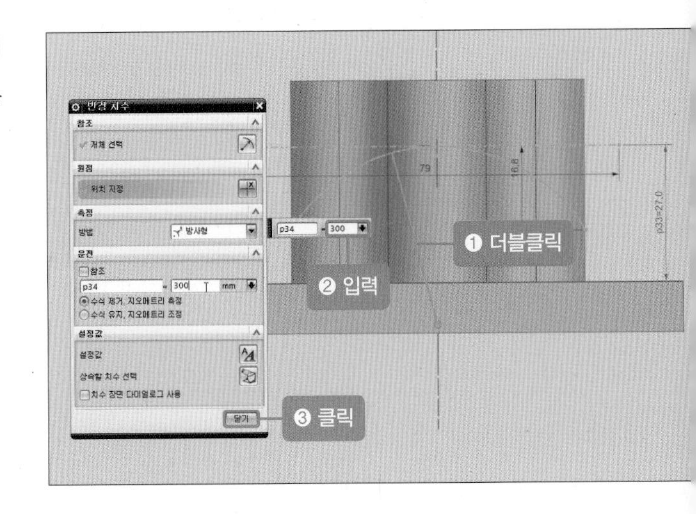

11 [스케치 종료] 버튼을 클릭합니다.

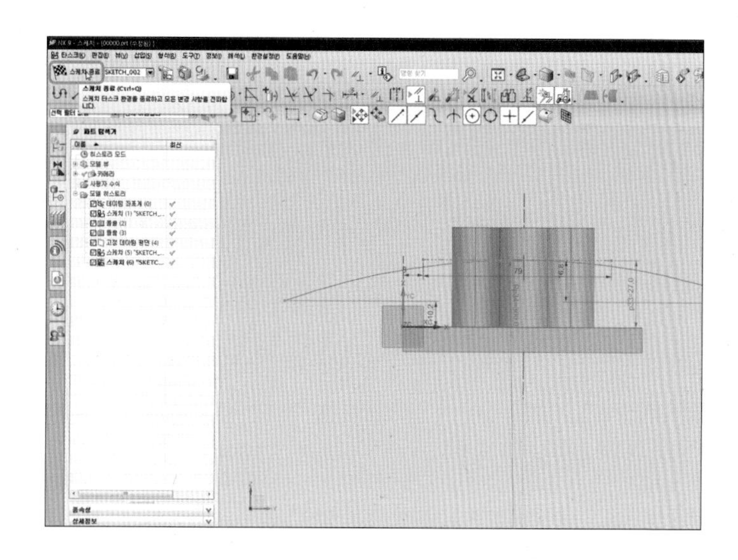

4 정면도 및 우측면도 스케치를 이용한 형상 만들기

01 [스웹] 아이콘( )을 클릭합니다.

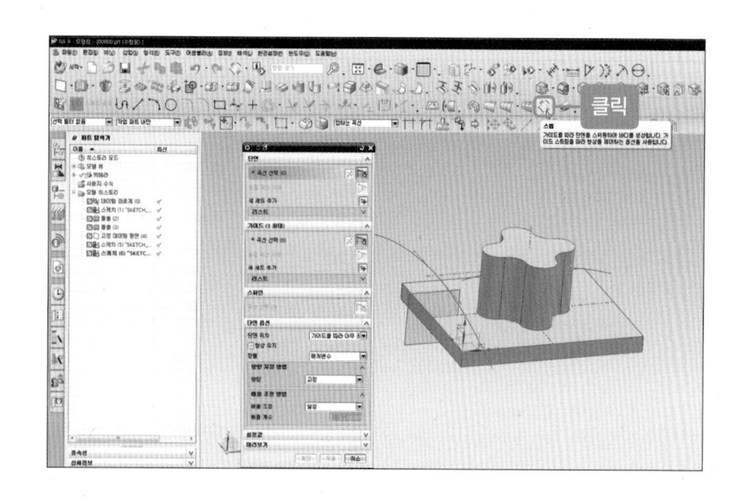

02 [단면-곡선 선택]에서 '단면이 되는 곡선'을 클릭합니다.

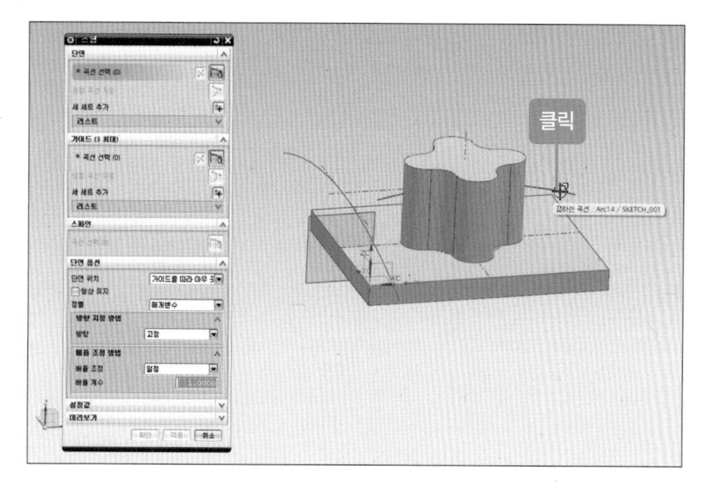

03 [가이드-곡선 선택]에서 '가이드가 되는 곡선'을 클릭합니다.

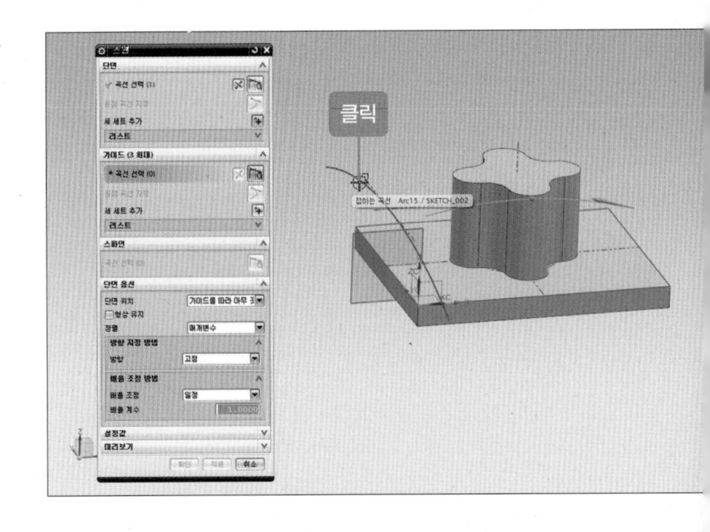

04 생성된 시트를 확인한 후 [확인] 버튼을 클릭합니다.

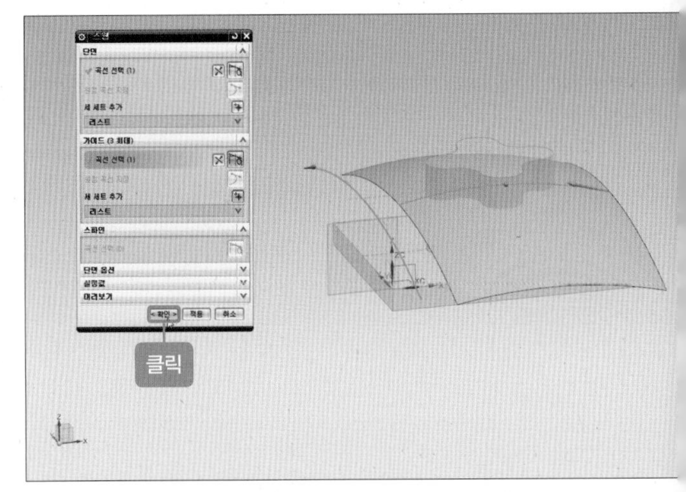

05 [바디 트리밍] 아이콘( )을 클릭합니다.

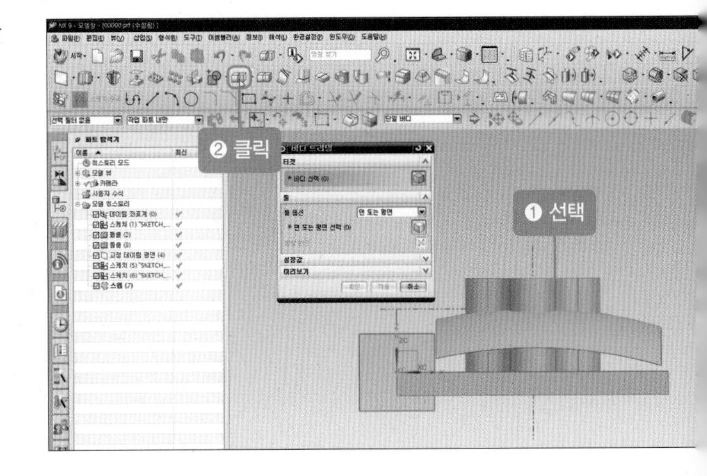

06 [타겟-바디 선택]에서 '솔리드 모델링', [툴-면 또는 평면 선택]에서 '시트'를 클릭한 후 [확인] 버튼을 클릭합니다. 만약, 삭제되는 부분이 반대이면 방향 반전 아이콘(✕)을 클릭합니다.

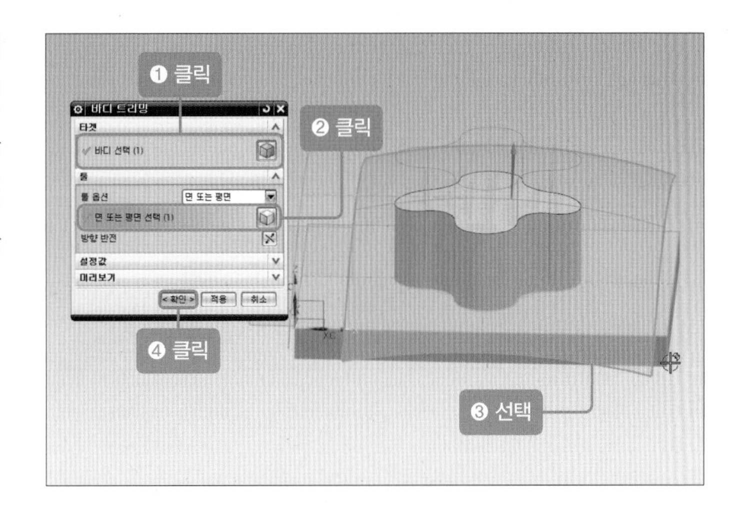

07 작업이 끝난 시트는 다음 작업을 위해 숨기기합니다. 단축키(Ctrl+B)를 누른 후 시트를 선택하고 [확인] 버튼을 클릭합니다.

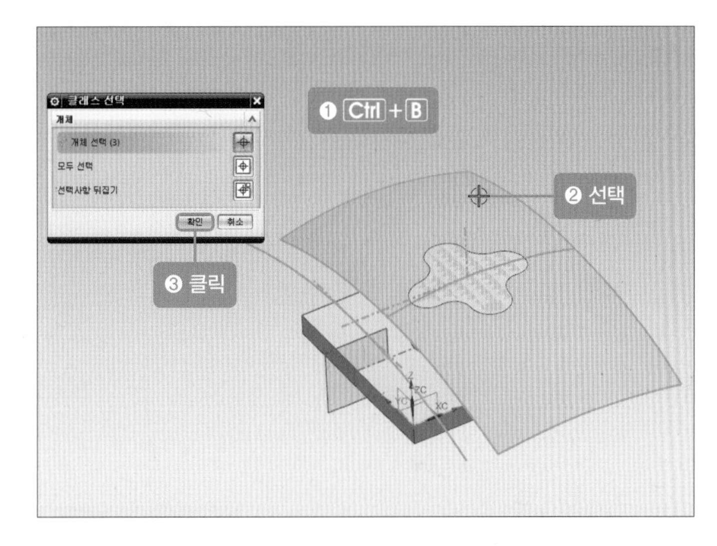

08 단축키(Ctrl+Shift+B)를 누르면 숨긴 객체를 볼 수 있습니다.

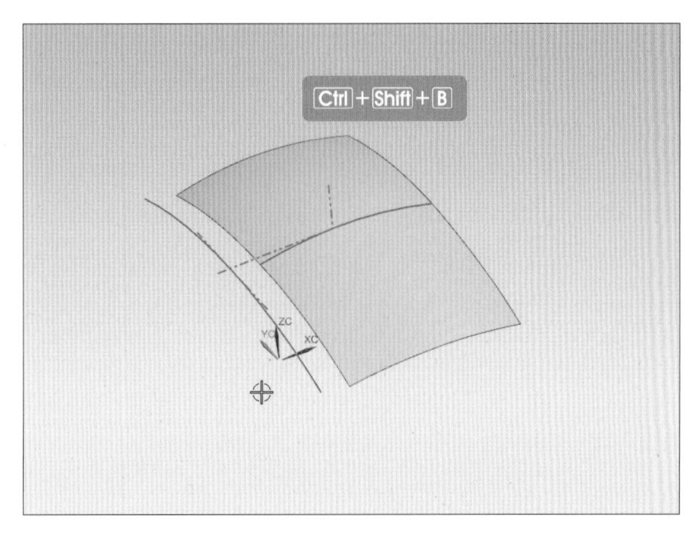

09 빈 공간에서 마우스 오른쪽 버튼(2)를 길게 누르면 [팝업 메뉴] 창이 생성됩니다. 마우스를 누른 상태에서 [정적 와이어 프레임] 방향으로 마우스 포인터를 이동시킨 후 마우스에서 손을 떼거나 선택된 곳의 [정적 와이어 프레임]을 선택합니다.

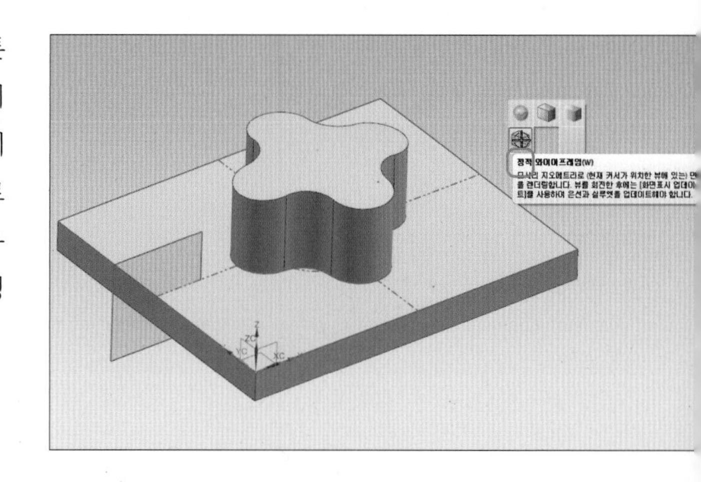

10 모델링이 와이어 프레임으로 변경되며, [돌출] 아이콘을 선택합니다.

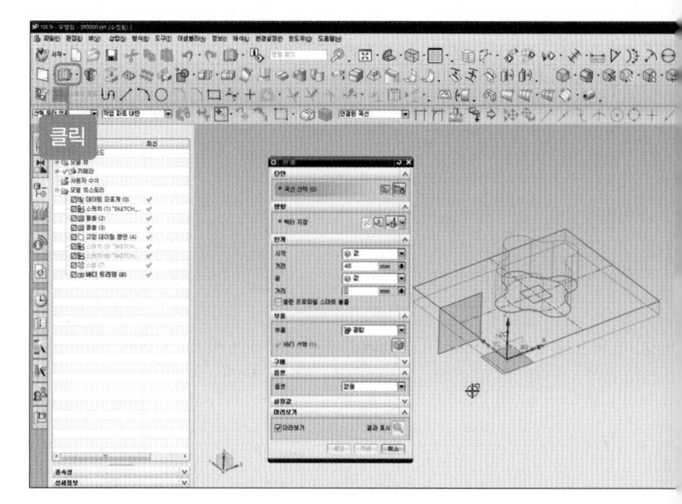

11 [곡선 선택]에서 정사각형(15×15) 곡선을 클릭합니다.

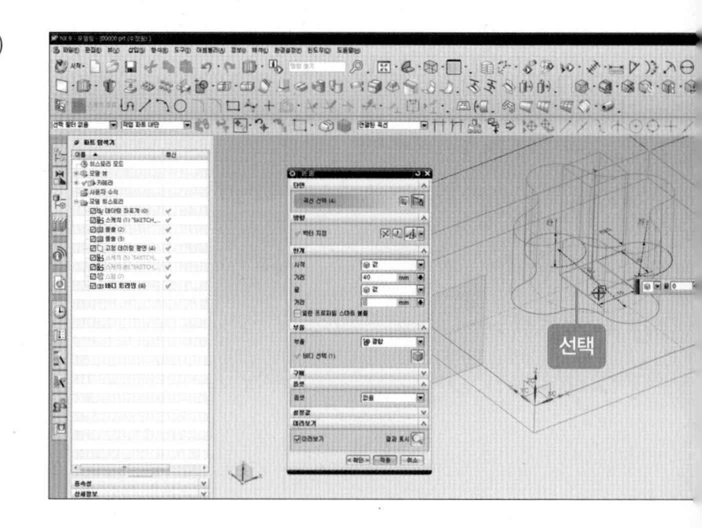

12 [한계-시작 거리]에 '23', [끝 거리]에 '30'을 입력합니다. [부울-빼기]를 선택한 후 [바디 선택-솔리드 모델링]을 선택합니다. [구배] 항목에서 [시작 한계로부터]를 선택한 후 [각도]에 '-20'을 입력하고 [확인] 버튼을 클릭합니다.

13 빈 공간에서 마우스 오른쪽 버튼(2)를 길게 누르면 [아이콘] 창이 활성화됩니다. 마우스를 누른 상태에서 [음영 처리, 모서리 표시] 방향으로 마우스 포인터를 이동시킨 후 마우스에서 손을 떼거나 선택된 곳의 [음영 처리, 모서리 표시]를 선택합니다.

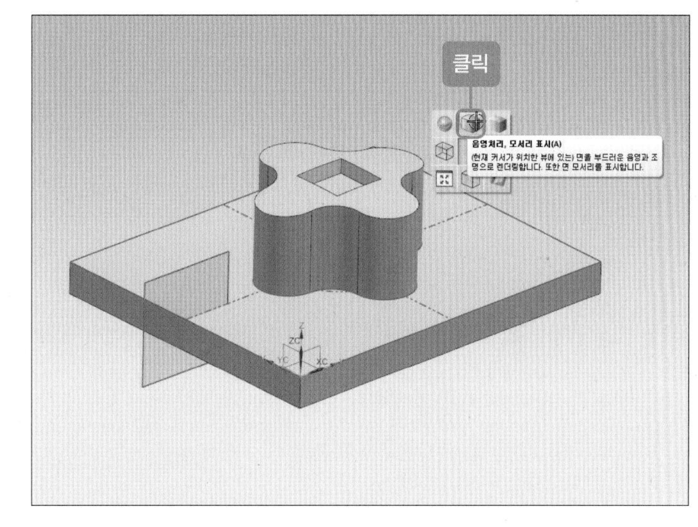

5 정면도 스케치 작업 및 형상 만들기

01 [데이텀 평면] 아이콘( )을 클릭한 후 기존에 작업한 데이터 평면을 선택하고 [확인] 버튼을 클릭합니다.

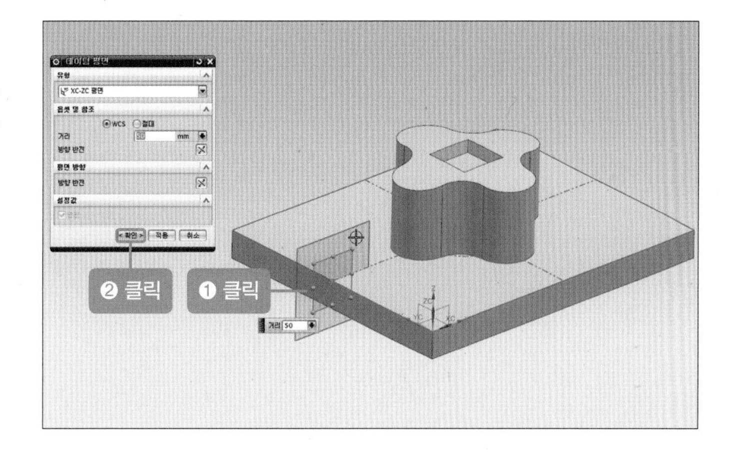

02 [타스크 환경의 스케치]를 선택한 후 위에서 생성한 데이텀을 클릭합니다.

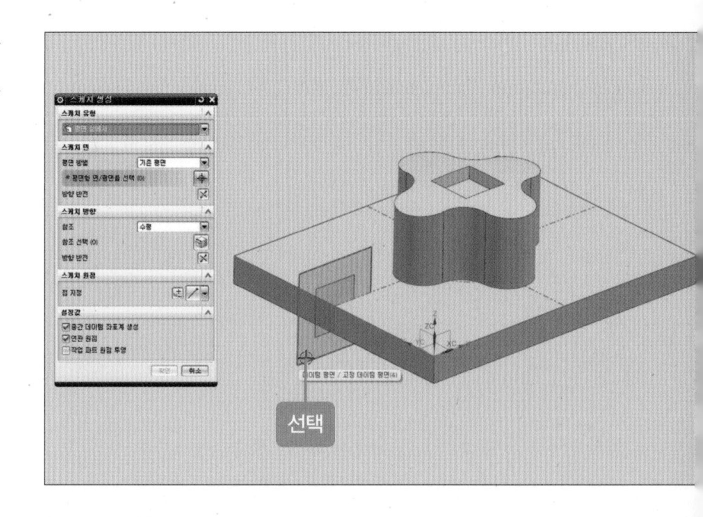

03 [선] 아이콘( )을 선택한 후 세로 임의의 수직선을 생성합니다.

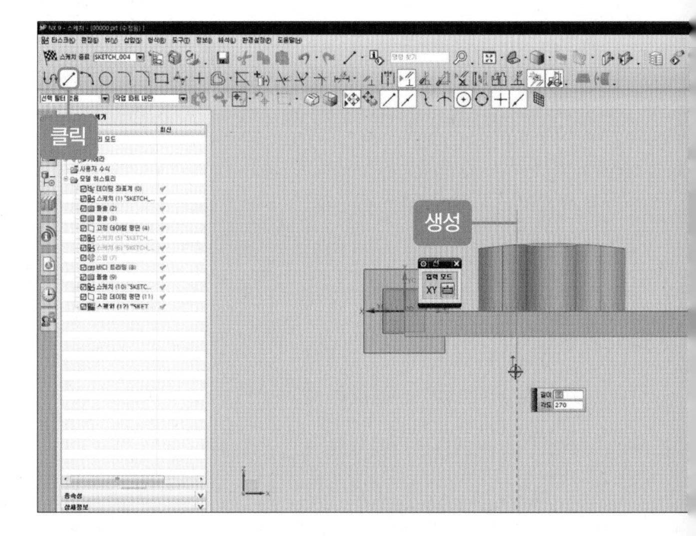

04 선택된 치수를 더블클릭하여 치수 값 '60'을 입력한 후 [닫기] 버튼을 클릭합니다.

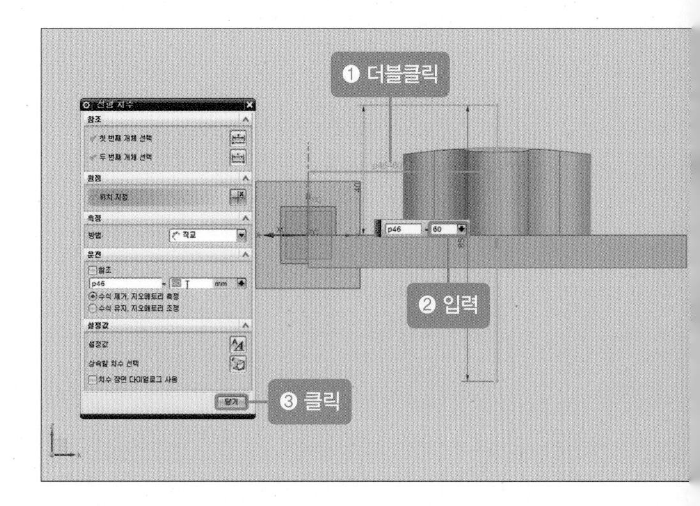

05 선택된 선을 클릭한 후 [참조에서/로 변환] 아이콘(![icon])을 선택합니다.

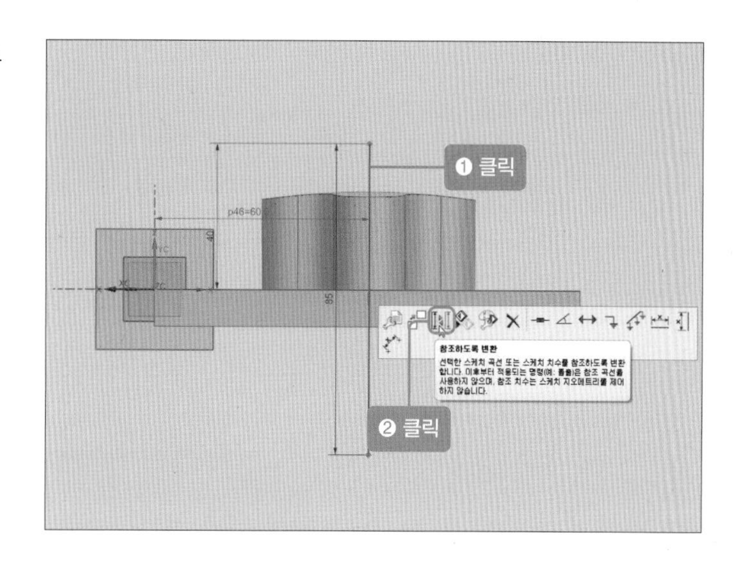

06 단축키 Z를 누른 후 수직 참조선을 기준으로 도면과 유사하게 스케치합니다.

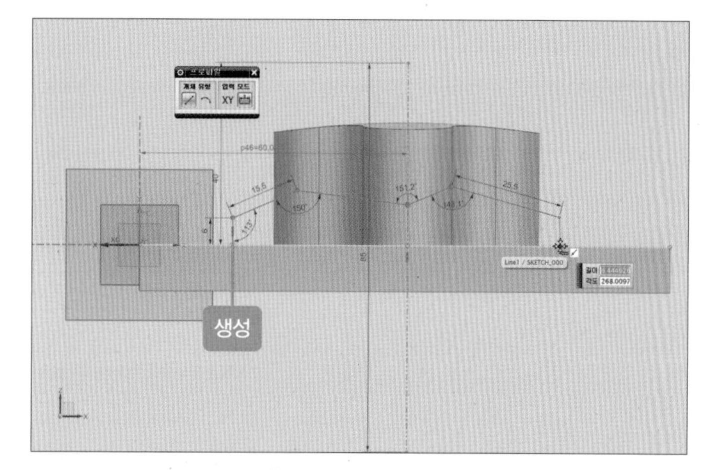

07 [급속 치수] 아이콘(![icon])을 클릭한 후 치수를 도면에 맞게 입력합니다.

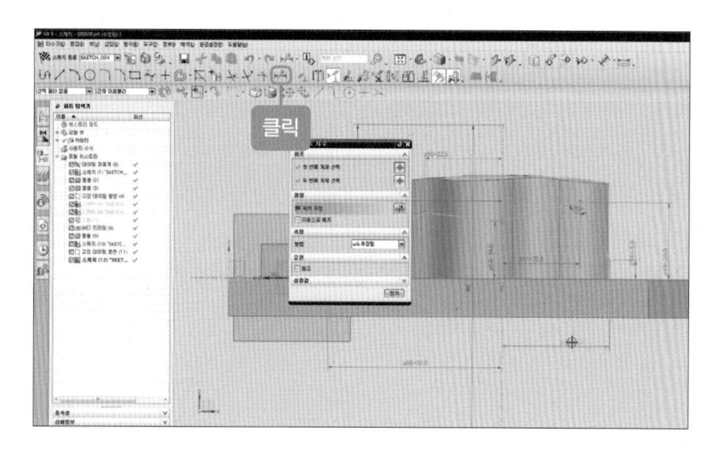

08 도면에 필요한 치수를 모두 입력한 후 도면 치수를 보고 스케치 치수를 수정합니다. 솔리드를 생성하기 위해 닫힌 곡선으로 만듭니다.

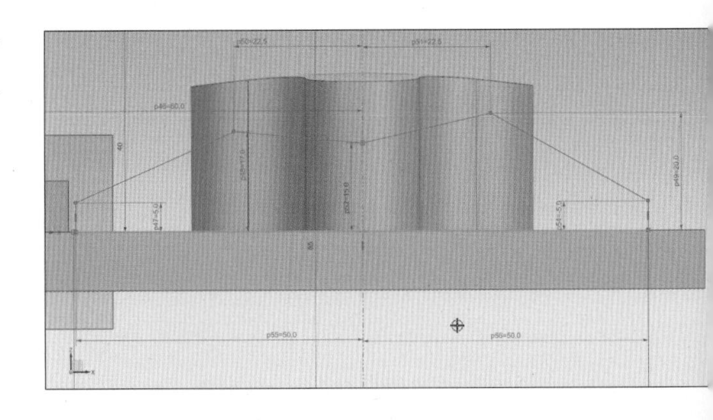

09 [스케치 종료] 버튼을 클릭합니다.

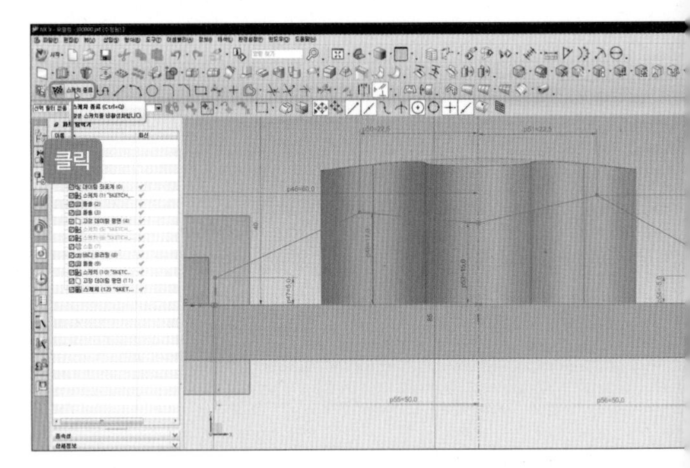

10 [돌출] 아이콘( )을 클릭한 후 [곡선 규칙-연결된 곡선]을 선택하고 곡선을 선택합니다.

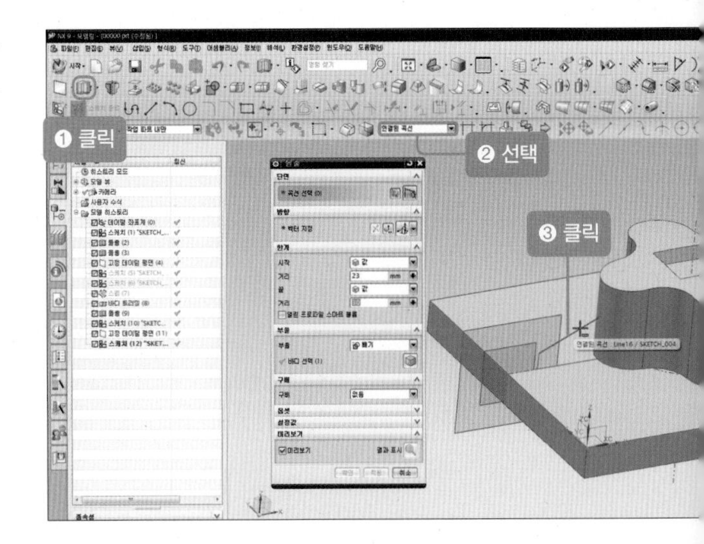

11 [한계-끝-대칭값]으로 변경한 후 [거리값]에 '40'을 입력하고 [확인] 버튼을 클릭합니다.

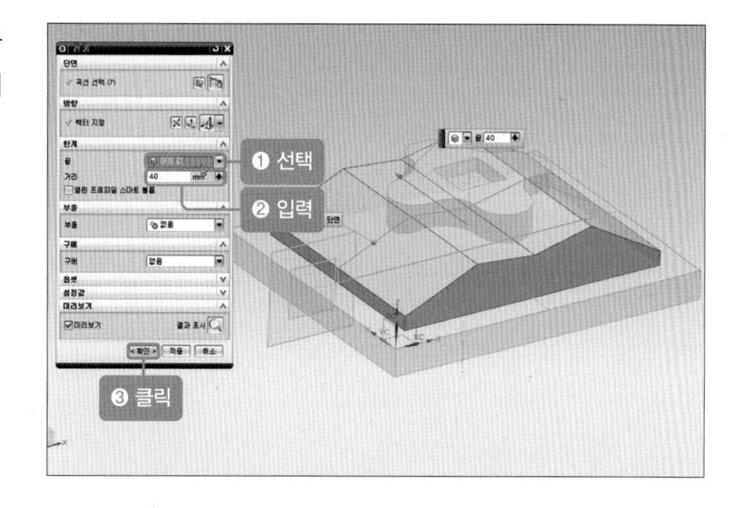

12 [구배] 아이콘( )을 클릭한 후 [벡터 지정-ZC]로 변경하고 고정 면을 클릭합니다.

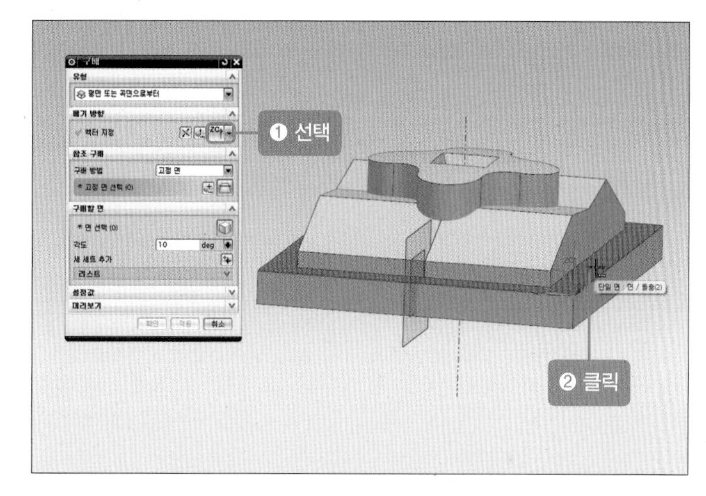

13 [구배할 면-면 선택]에 양쪽 면을 선택한 후 각도에 '10'을 입력하고 [확인] 버튼을 클릭합니다.

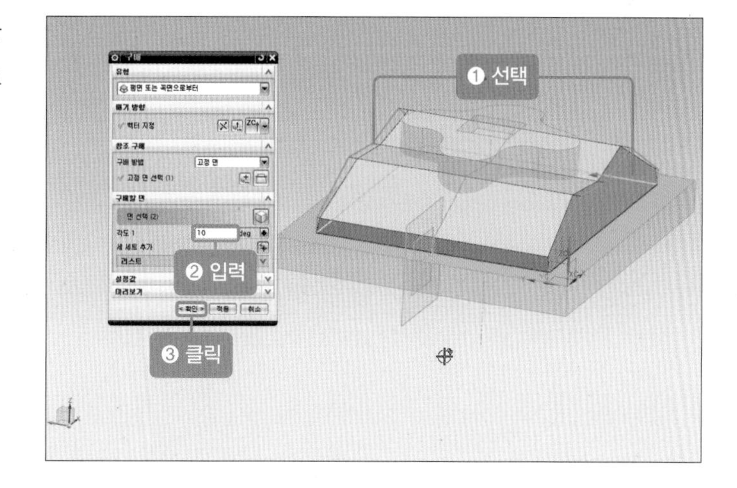

6 블렌드 작업 및 솔리드 결합

01 모서리 블렌드 작업만 남았습니다. 블렌드 작업을 하기 전에 데이텀, 곡선 등을 숨깁니다.

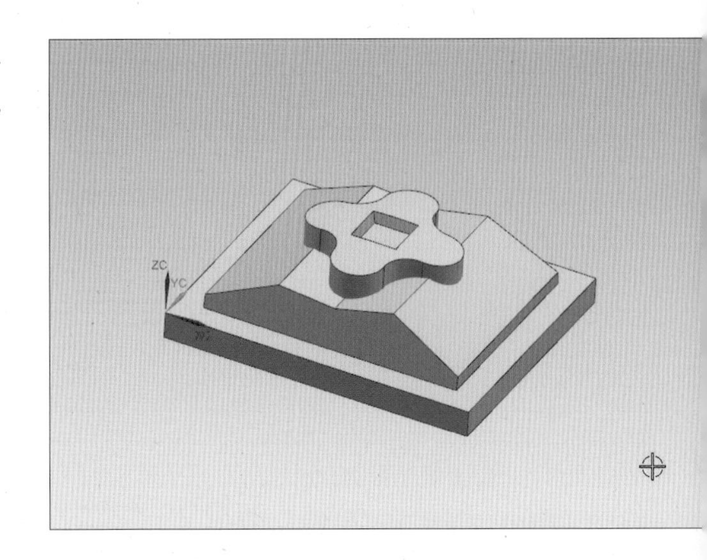

02 [모서리 블렌드] 아이콘(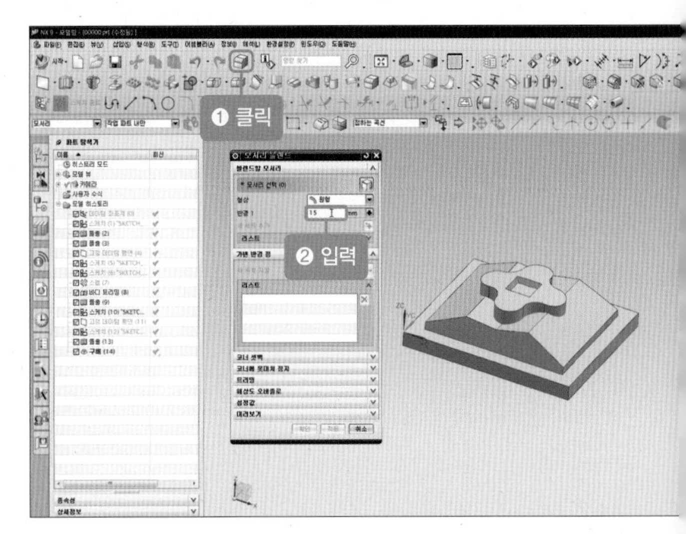)을 클릭한 후 [반경]에 '15'를 입력합니다.

03 모서리 블렌드 R15 두 곳을 선택합니다.

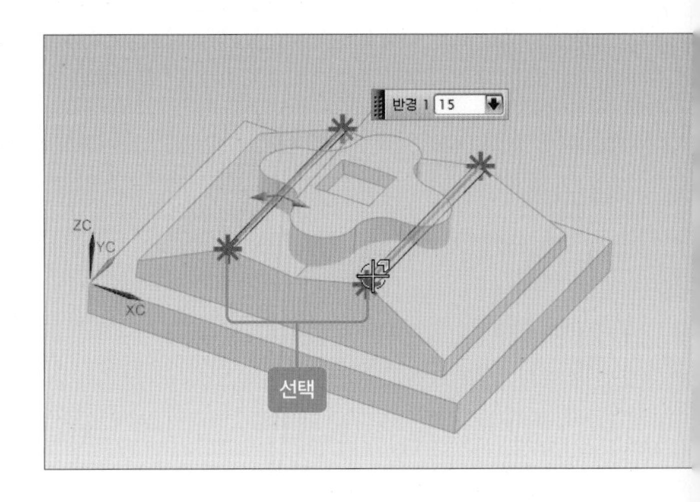

04 [모서리 블렌드] 아이콘(아이콘)을 클릭한 후 [반경]에 '3'을 입력하고 모서리를 클릭합니다.

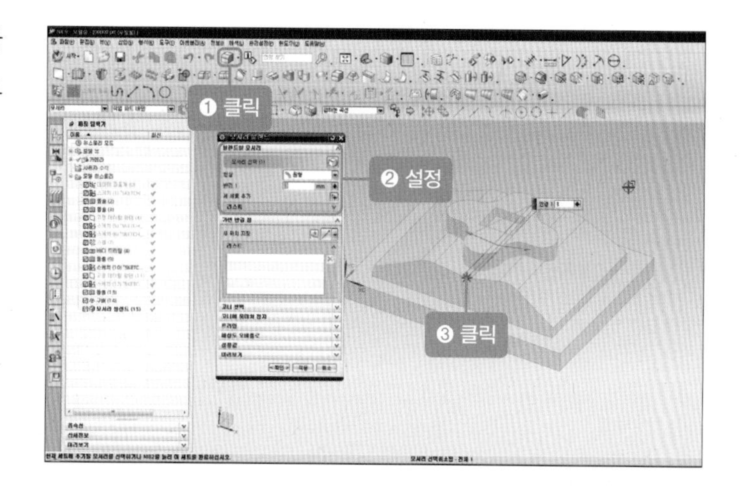

05 솔리드를 결합하기 위해 [결합] 아이콘(아이콘)을 클릭합니다.

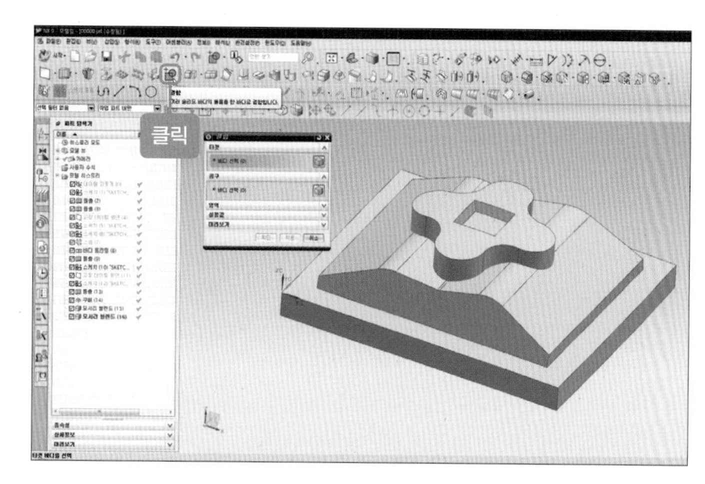

06 [타겟–바디 선택]에서 솔리드를 선택한 후 [공구–바디 선택]에 다른 나머지 솔리드를 선택하고 [확인] 버튼을 클릭합니다.

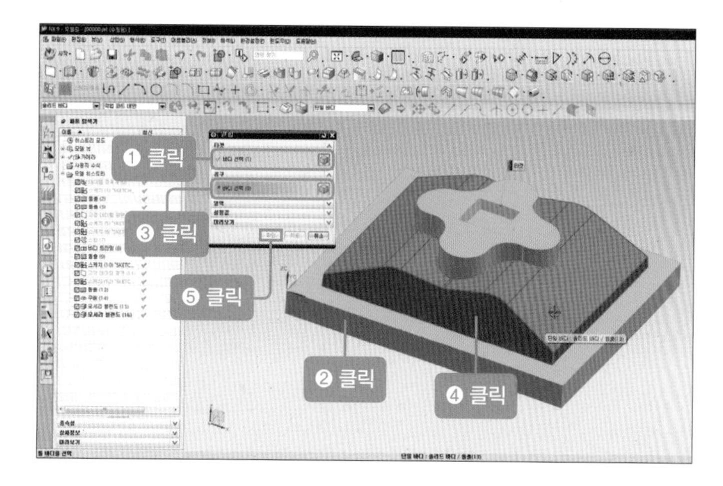

07 [모서리 블렌드] 아이콘( )을 클릭한 후 [반경]에 '3'을 입력하고 두 모서리를 선택합니다.

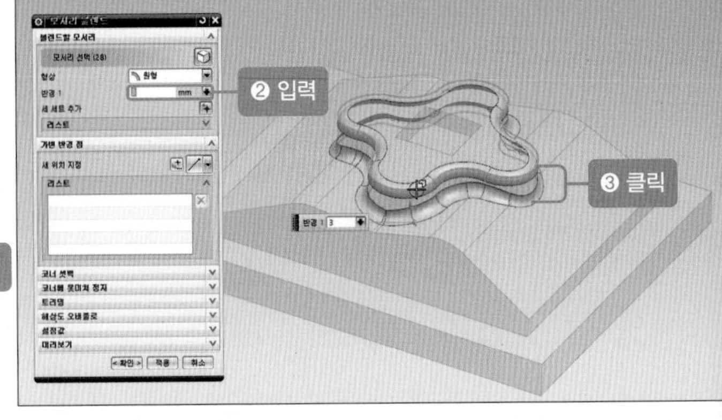

08 [모서리 블렌드] 아이콘( )을 클릭한 후 [반경]에 '1'을 입력하고 해당하는 모서리를 선택합니다.

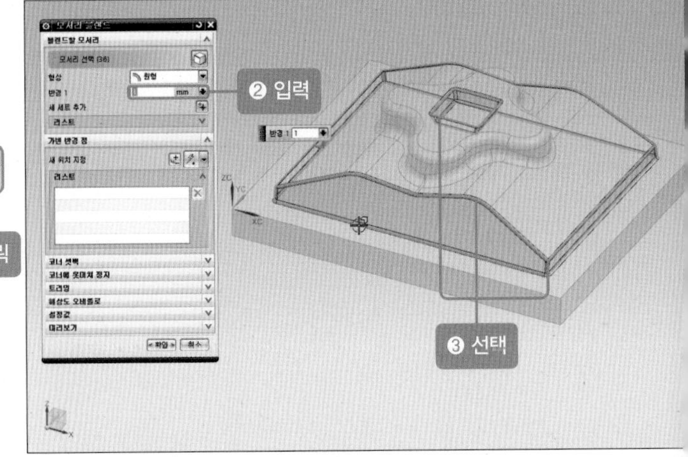

09 모델링이 완성되었습니다.

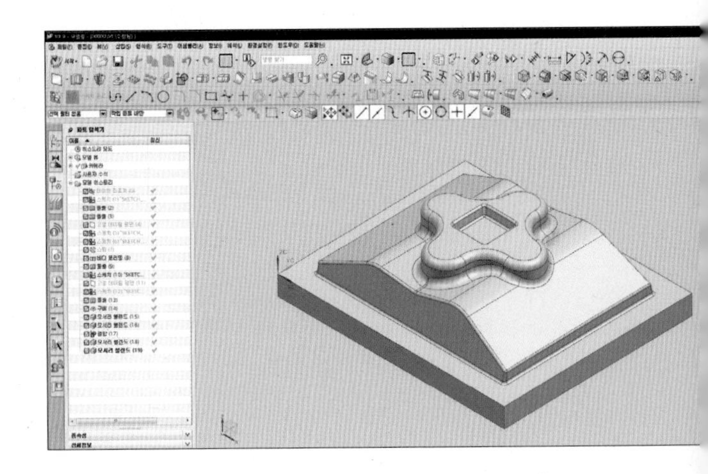

2 | 두 번째 모델링 따라하기

기출문제로 따라하기를 해보겠습니다. 이번 두 번째 따라하기에서는 첫 번째 모델링을 복습하면서 추가되는 몇몇 기능들과 모델링을 수정하는 작업, 숨기는 기능, 숨겨진 모델링을 불러오는 기능, 숨겨진 창을 보는 기능 등을 같이 사용하고 필요한 기능들을 익혀보겠습니다.

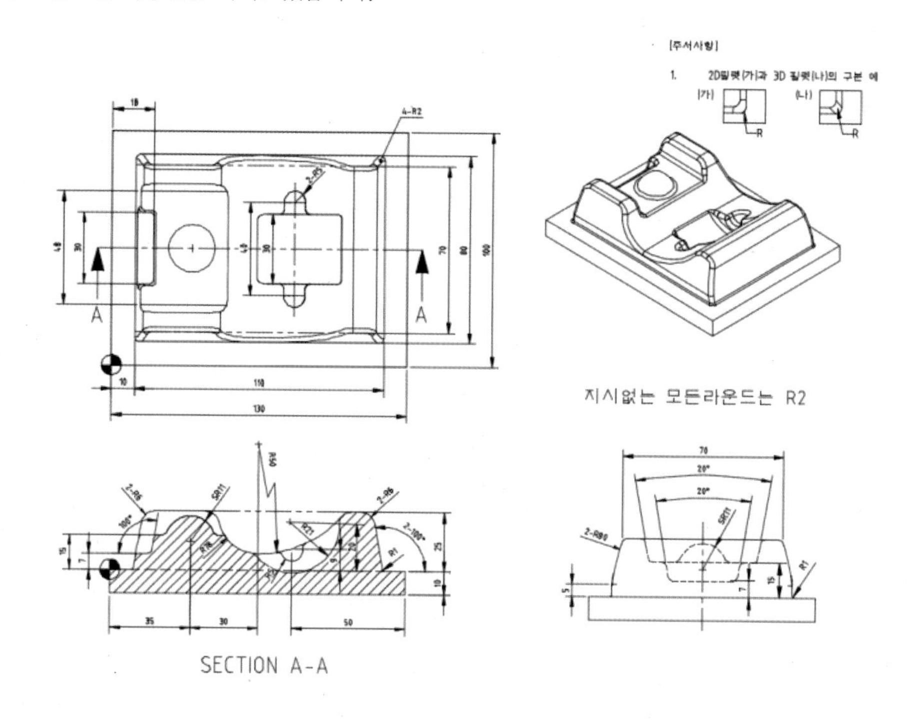

평면도 스케치 작업 및 형상 만들기

01 풀다운 메뉴의 [삽입-타스크 환경의 스케치]를 클릭합니다.

02 스케치 작업 면을 데이텀 좌표계(XY 평면)로 선택한 후 [확인] 버튼을 클릭합니다.

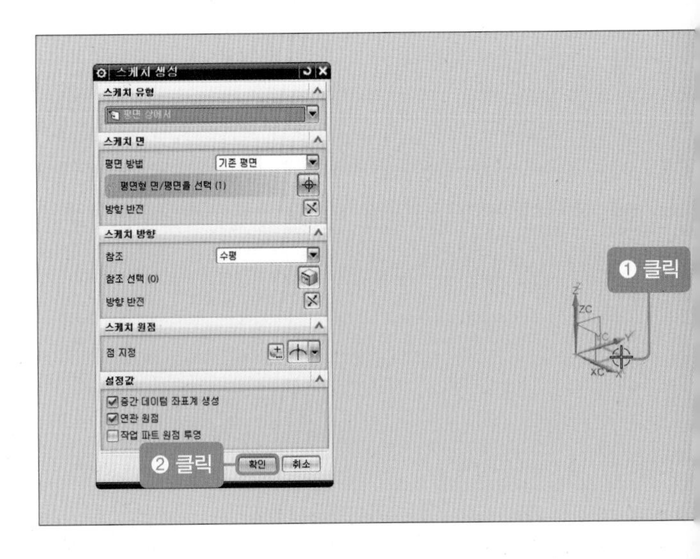

03 [직사각형] 아이콘을 클릭한 후 원점과 대각선을 클릭합니다.

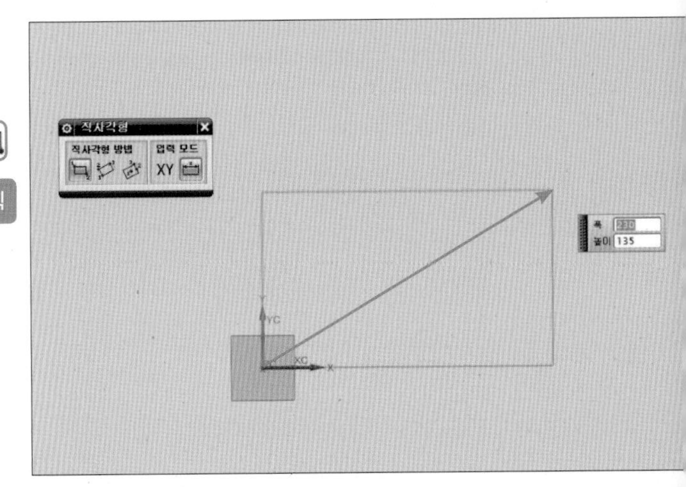

04 [선] 아이콘을 선택한 후 수평 중심선을 생성합니다.

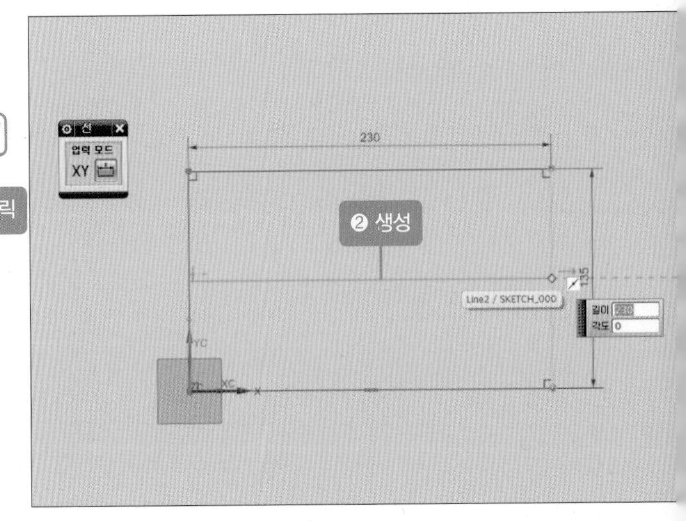

05 [선] 아이콘을 선택한 후 수직 중심선을 생성합니다.

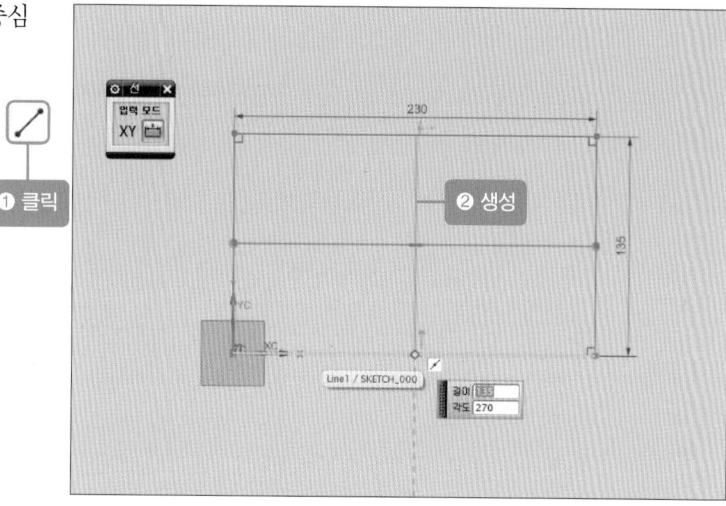

06 두 직선을 선택한 후 [참조에서/로 변환]을 클릭합니다.

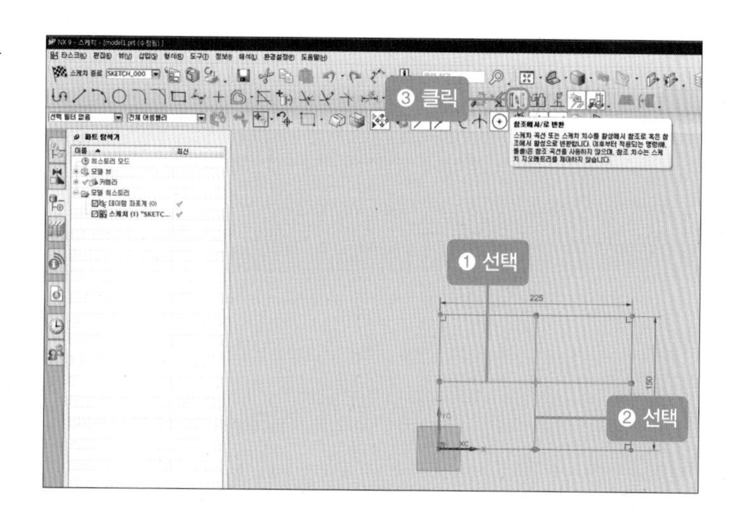

07 직사각형 치수를 더블클릭한 후 [가로]에 '130', [세로]에 '100'을 입력하여 확정 치수로 변경하고 [스케치 종료] 버튼을 클릭합니다.

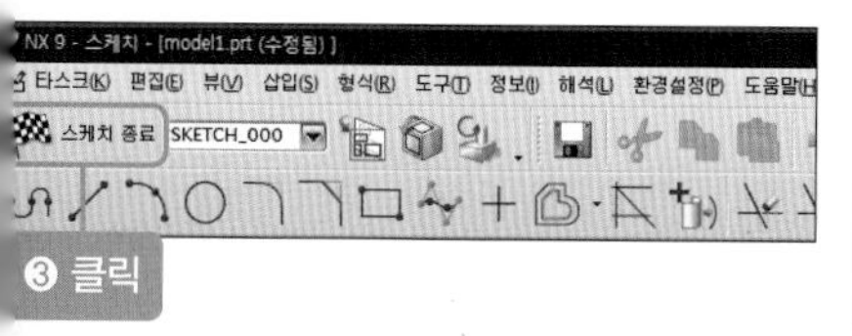

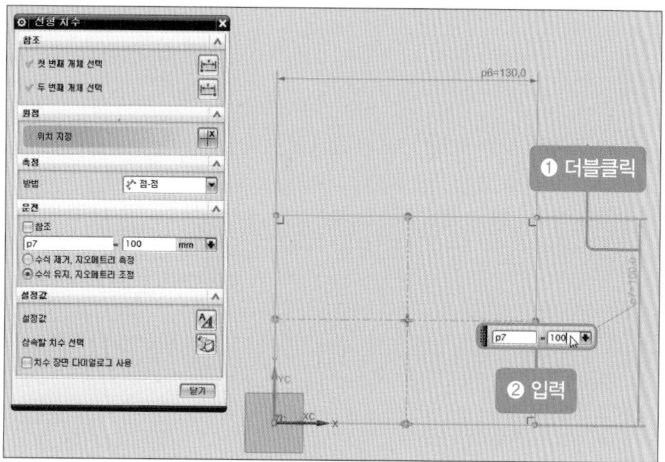

❷ 우측면도 스케치 작업 및 형상 만들기

01 풀다운 메뉴의 [삽입-타스크 환경의 스케치]를 클릭합니다.

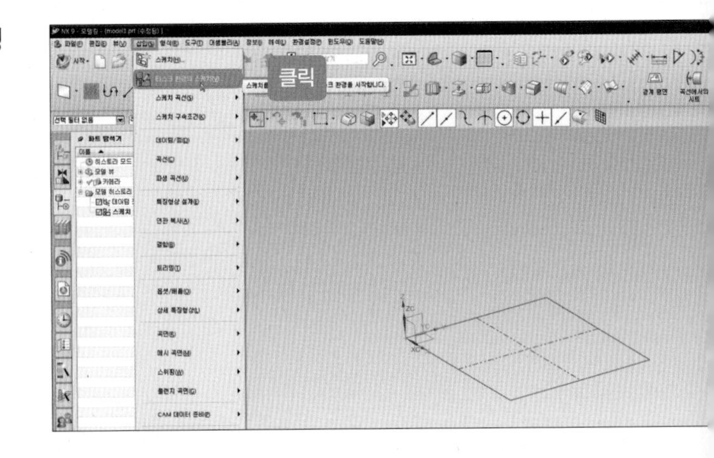

02 스케치 작업 면을 데이텀 좌표계(YZ 평면)로 클릭합니다.

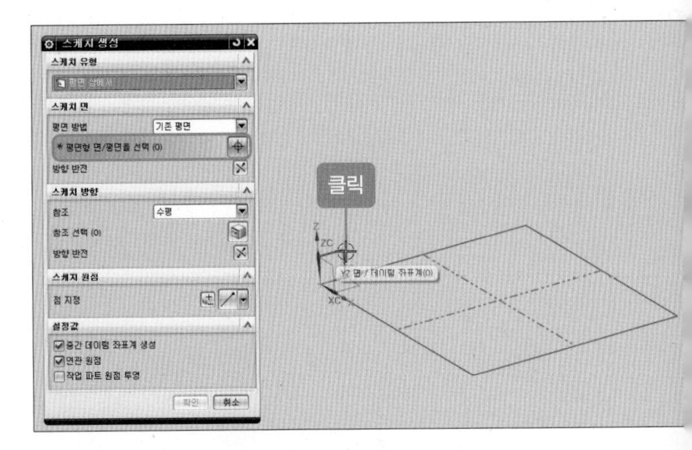

03 [선] 아이콘(![선])을 선택한 후 끝점을 선택합니다.

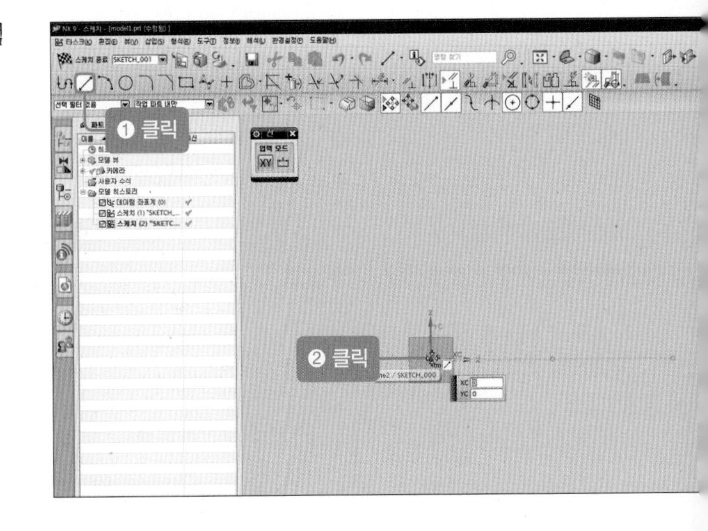

04 [선] 아이콘()을 이용하여 첫 번째 선은 원점을 기준으로, 두 번째 선은 임의로 수직선을 작성합니다.

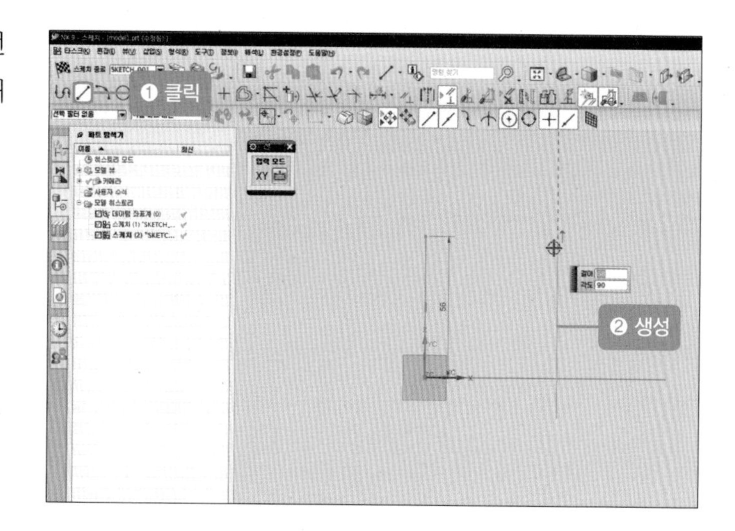

05 두 수직선의 [거리값]에 '50'을 입력합니다.

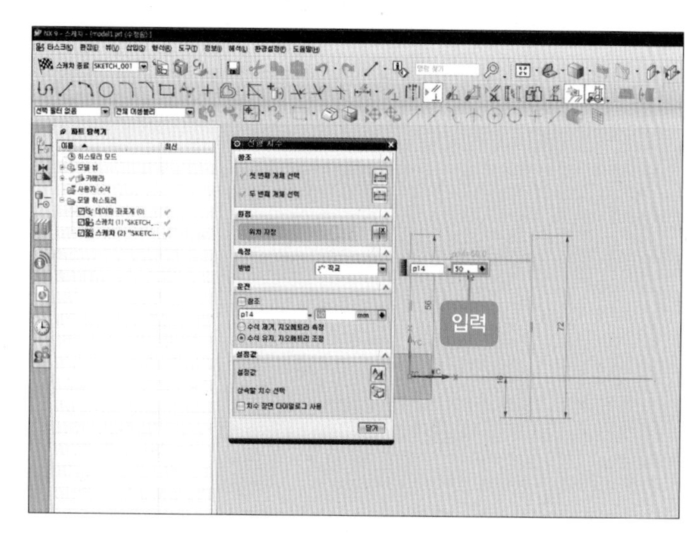

06 두 수직선을 클릭한 후 [참조에서/로 변환]()을 클릭합니다.

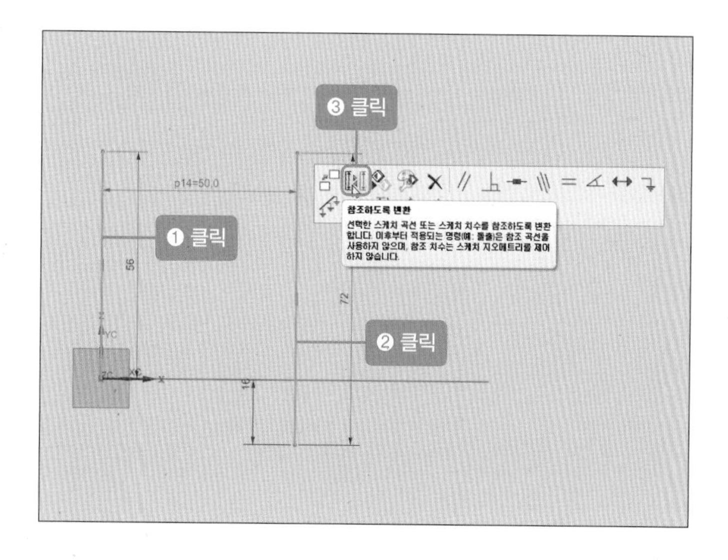

07 [선] 아이콘( )을 선택한 후 임의의 수평선을 생성합니다.

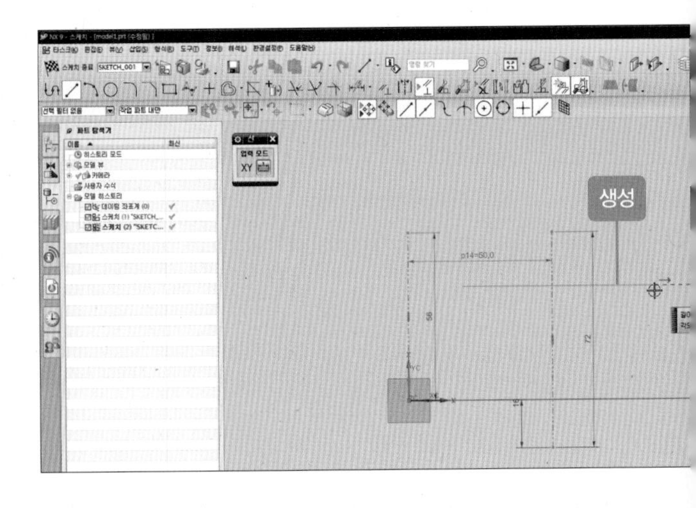

08 두 선을 클릭한 후 [구속] 창을 활성화하거나 단축키 C를 누른 후 직교를 클릭합니다.

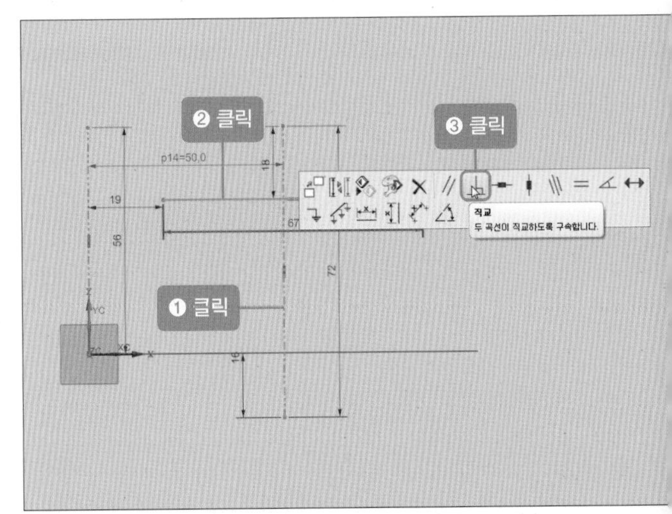

09 [선] 아이콘( )을 클릭한 후 양쪽 두 수직선을 생성합니다.

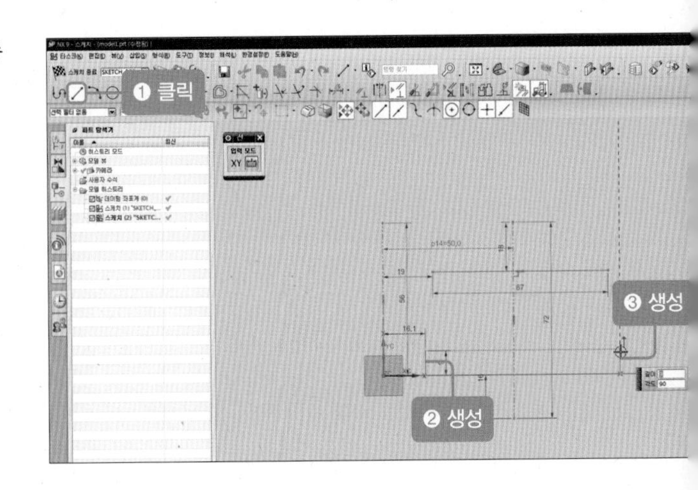

10 [급속 치수]를 선택한 후 치수선을 정리합니다.

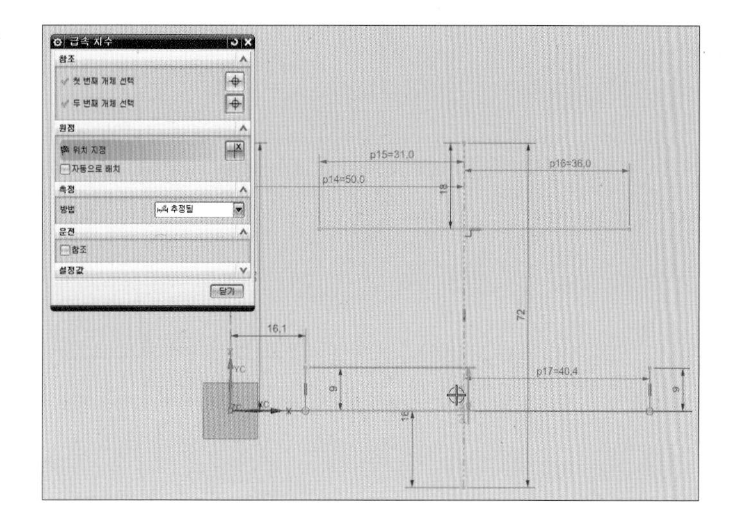

11 각 곡선에 치수값을 부여합니다.

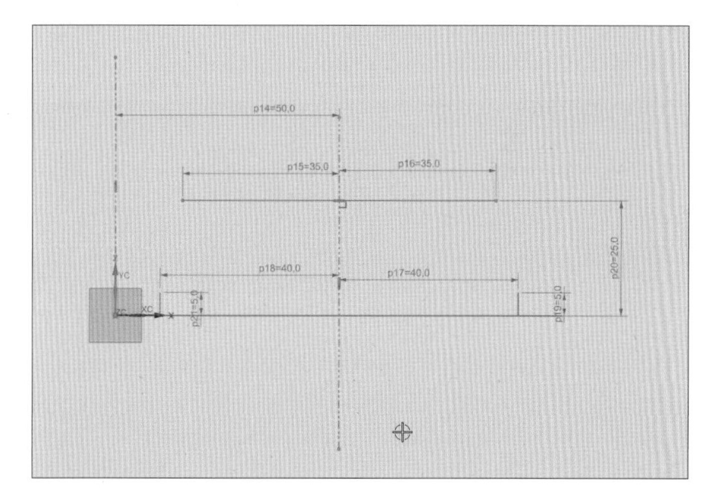

12 [원호]를 선택한 후 [3점에 의한 원호]를 선택하고 원호를 작성합니다.

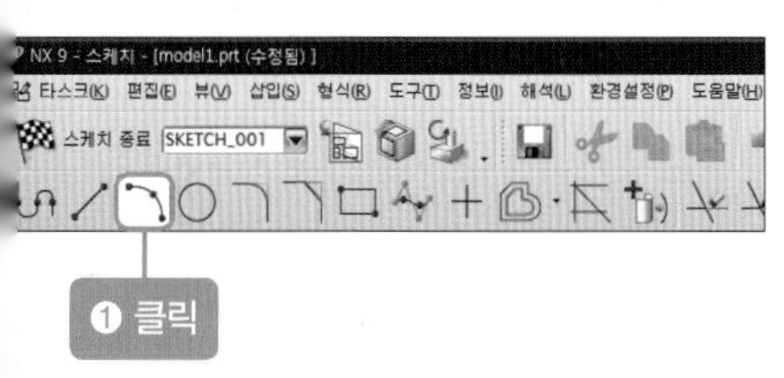

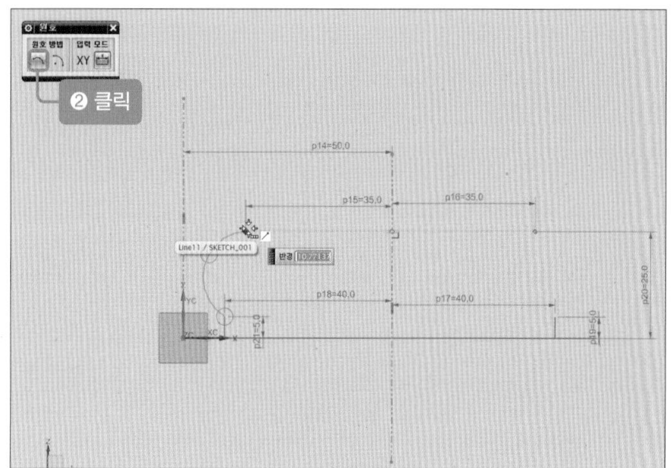

13 생성된 원호 치수를 더블클릭한 후 원호 값에 '80'을 입력합니다.

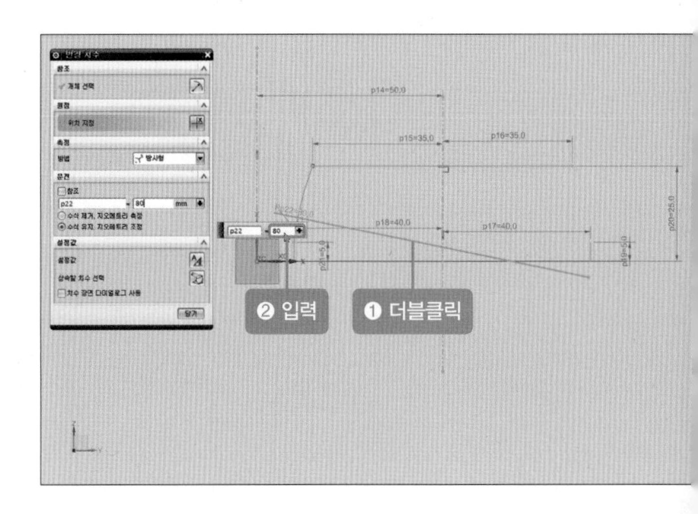

14 오른쪽 원호도 동일한 방법으로 작성한 후 원호의 반경값을 '80'으로 변경합니다.

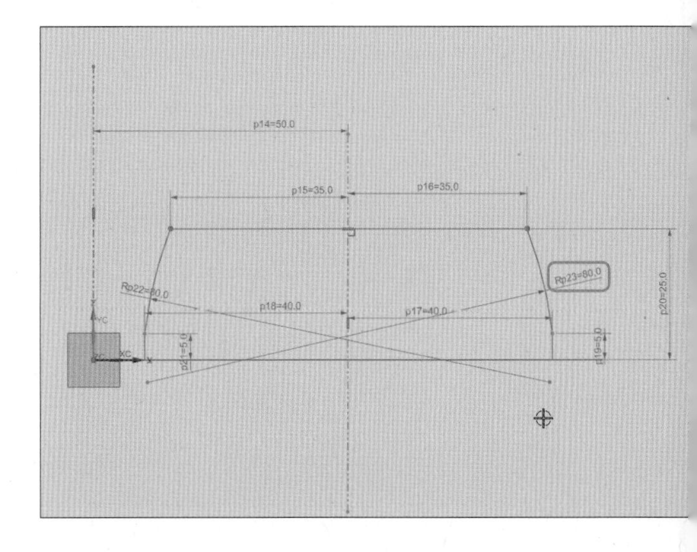

15 [선] 아이콘( )을 클릭한 후 끝점을 이용하여 가로선을 작성합니다.

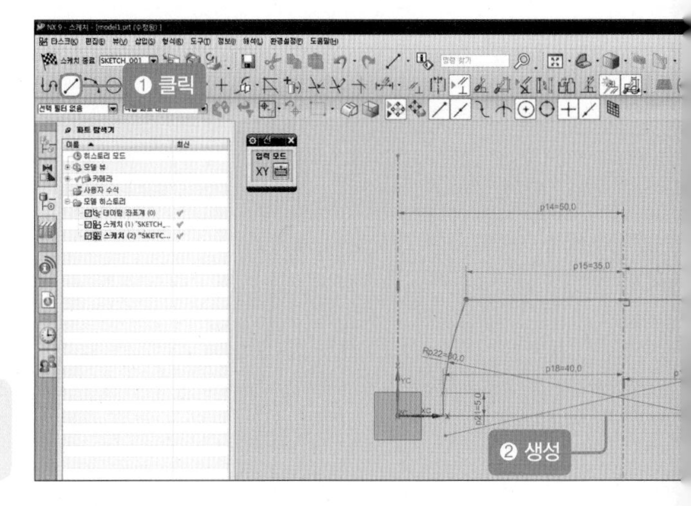

Tip 솔리드를 생성하기 위해서는 닫힌 루프가 형성되어야 합니다.

16 [스케치 종료] 버튼을 클릭합니다.

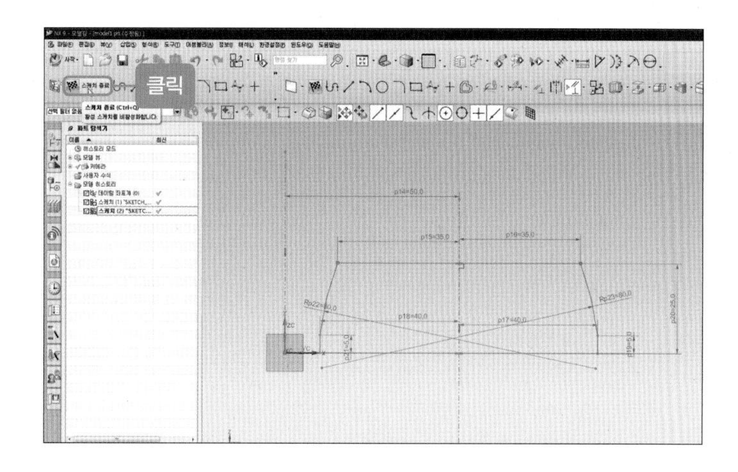

17 [돌출] 아이콘()을 클릭한 후 선택된 곡선을 클릭하고 [한계-시작]에 '0', [끝]에 '-10'을 입력합니다.

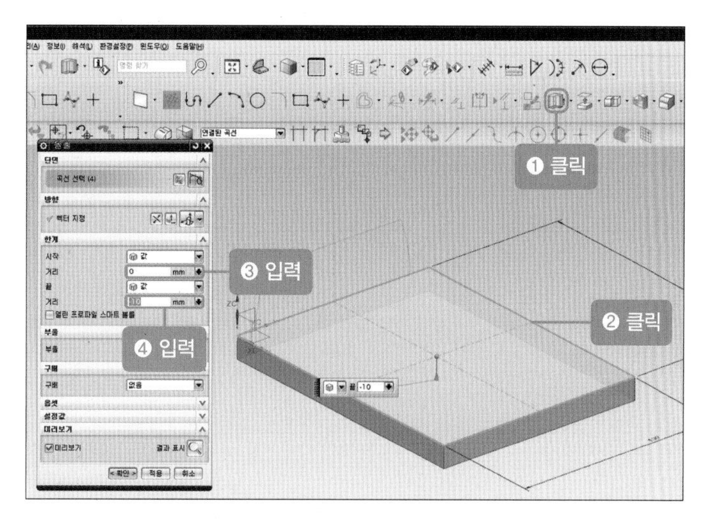

18 [돌출] 아이콘()을 선택한 후 [한계-시작]에 '10', [끝]에 '120'을 입력합니다.

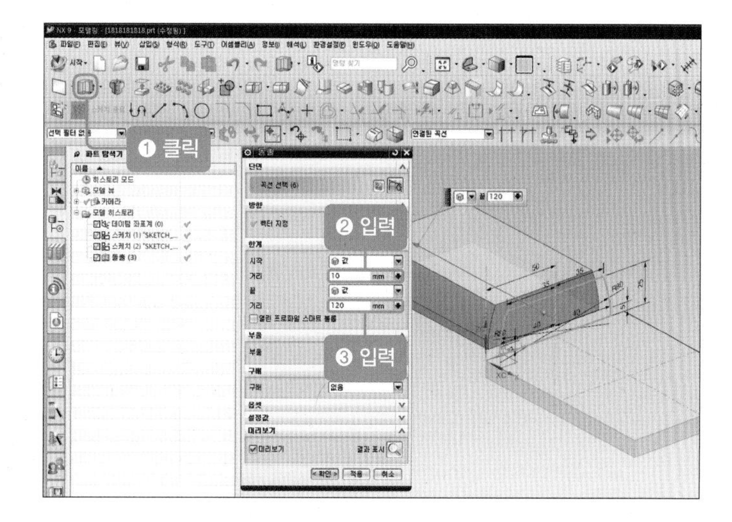

19 방향이 맞지 않을 경우 [방향 반전]을 클릭합니다(방향 반전을 클릭하면 생성된 솔리드 방향이 바뀝니다).

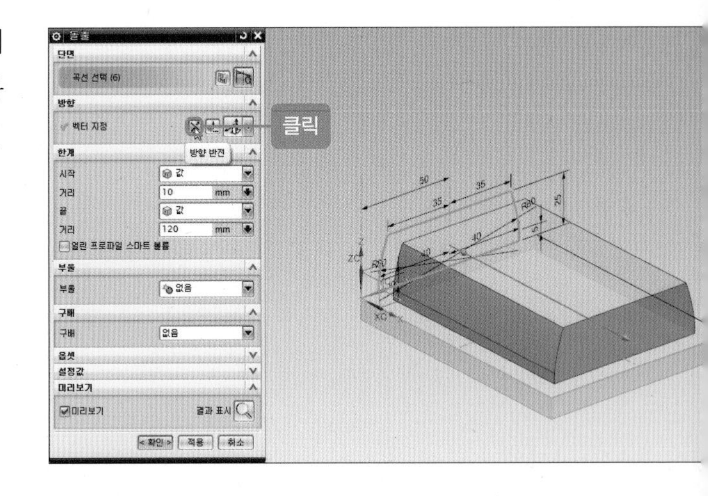

20 [구배] 아이콘을 클릭합니다.

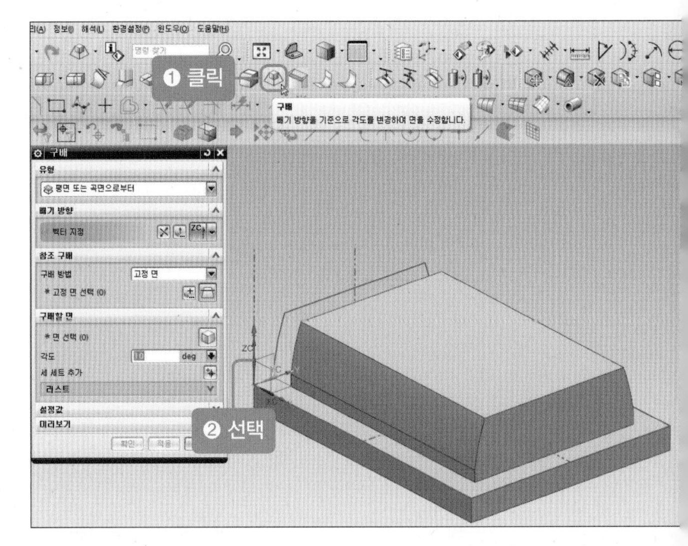

21 [참조 구배-고정면 선택]의 고정면을 선택합니다.

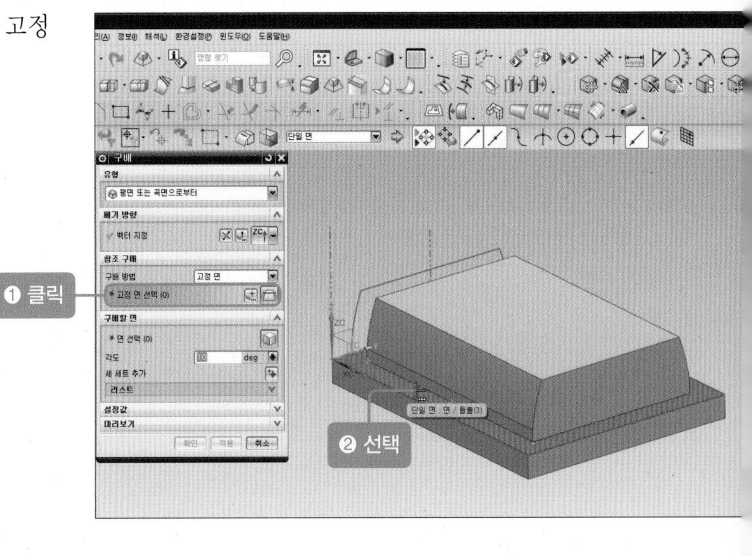

22 [구배할 면-면 선택]에 양쪽 면을 선택한 후 [각도]에 '10'을 입력하고 [확인] 버튼을 클릭합니다.

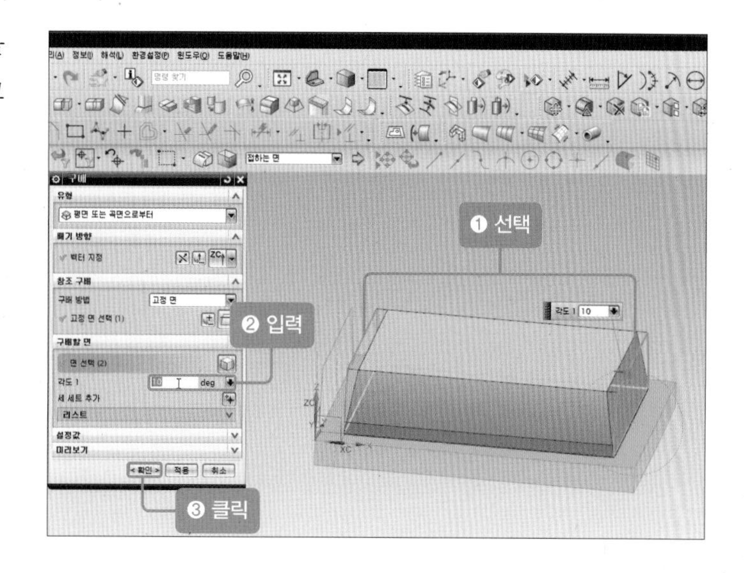

23 풀다운 메뉴의 [편집-표시 및 숨기기-숨기기]를 클릭하거나 단축키 (Ctrl+B)를 누릅니다.

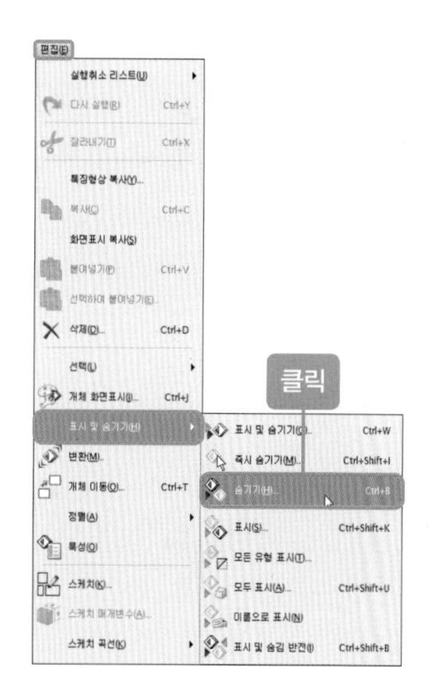

24 솔리드 객체를 클릭한 후 [확인] 버튼을 클릭합니다.

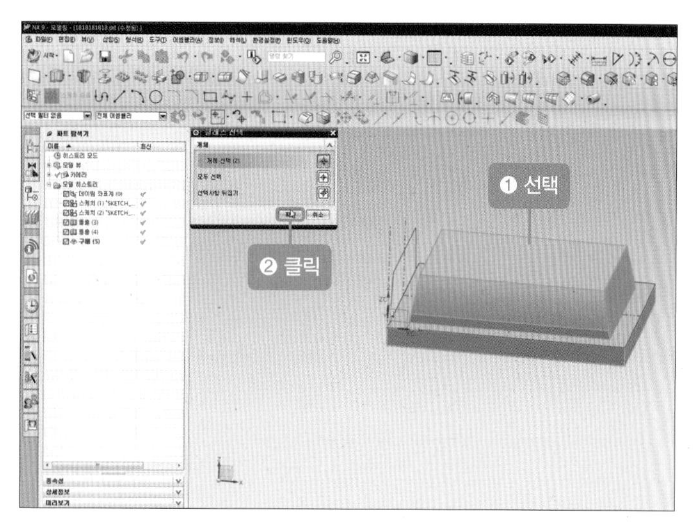

❸ 정면도 스케치 작업하기

01 [데이텀 평면] 아이콘을 클릭합니다.

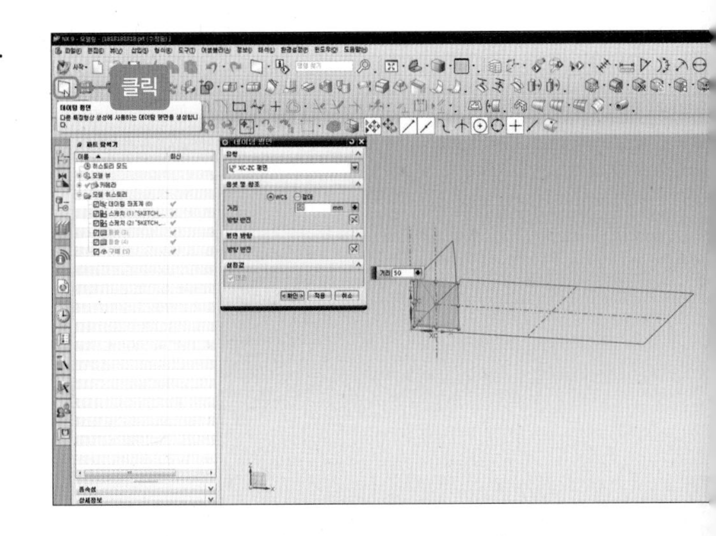

02 [유형]에 'XC-ZC 평면'을 선택한 후 [거리]에 '50'을 입력하고 [확인] 버튼을 클릭합니다.

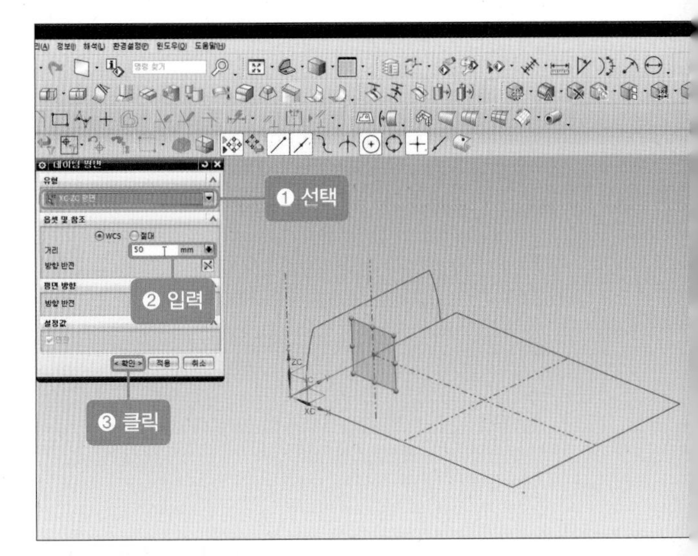

03 풀다운 메뉴 [삽입-타스크 환경의 스케치]를 선택한 후 생성된 데이텀을 선택합니다.

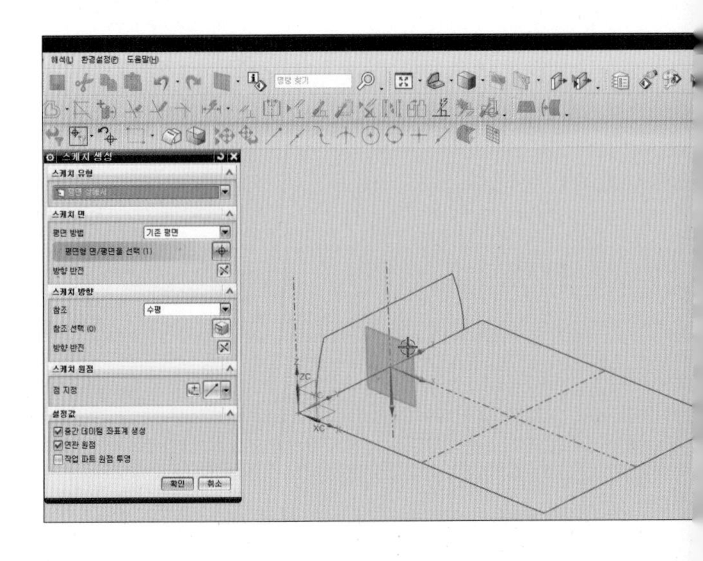

04 [선] 아이콘을 클릭합니다.

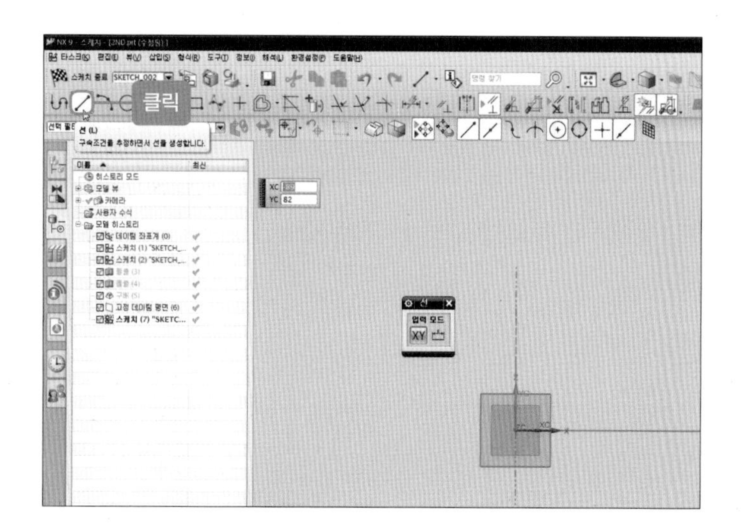

05 임의의 수평선과 수직선을 생성합니다.

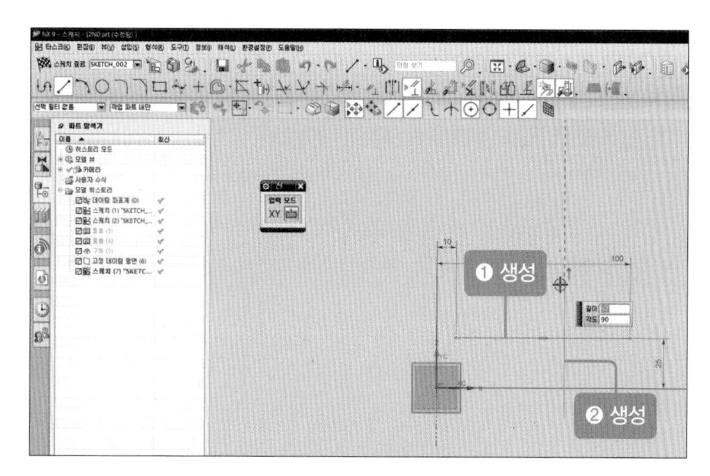

06 [급속 치수] 아이콘( )을 선택한 후 원점과 수직선 간의 거리값을 '65'로 변경합니다.

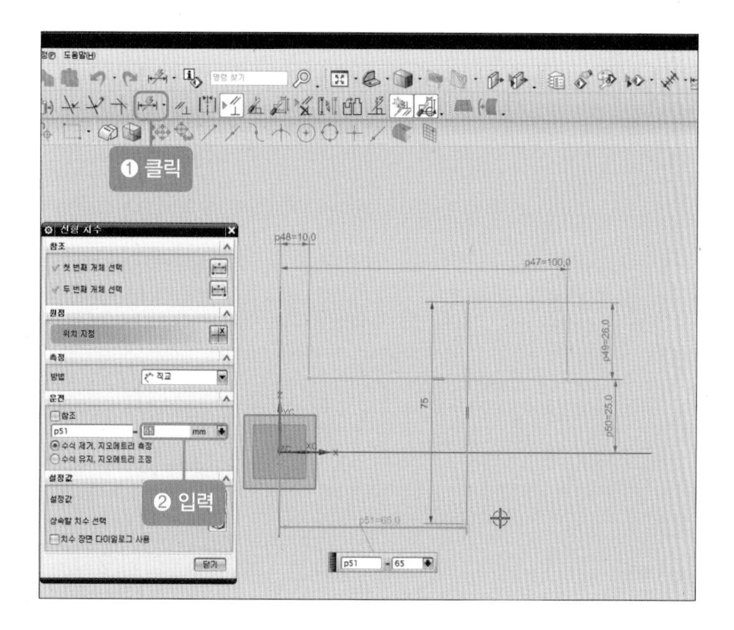

07 두 선을 클릭한 후 [참조에서/로 변환]( )을 클릭합니다.

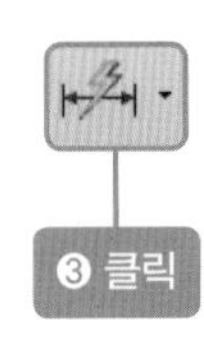

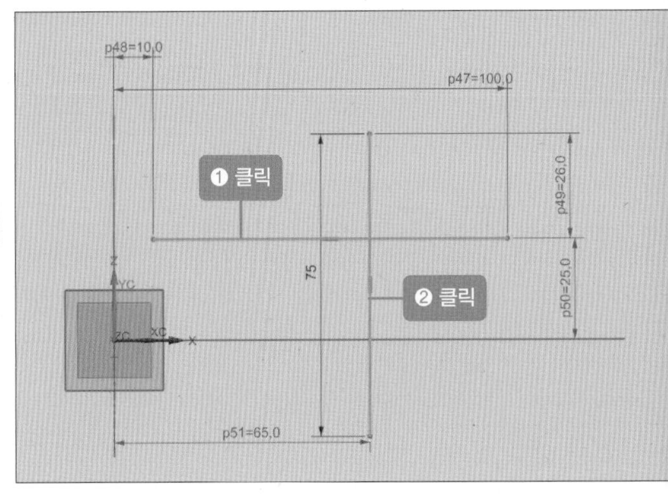

08 [원호] 아이콘을 클릭한 후 [중심 및 끝점에 의한 원호]를 선택합니다.

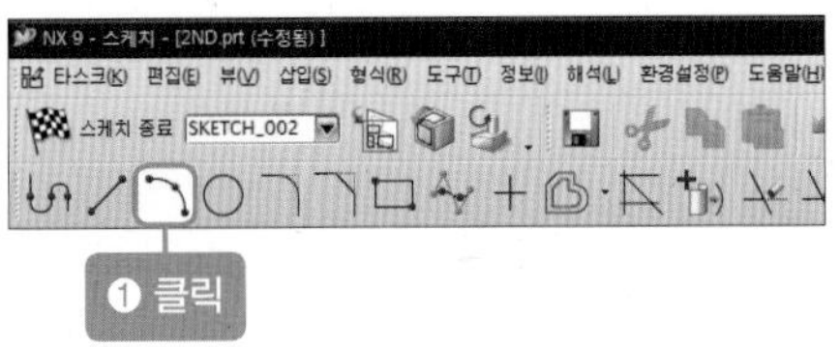

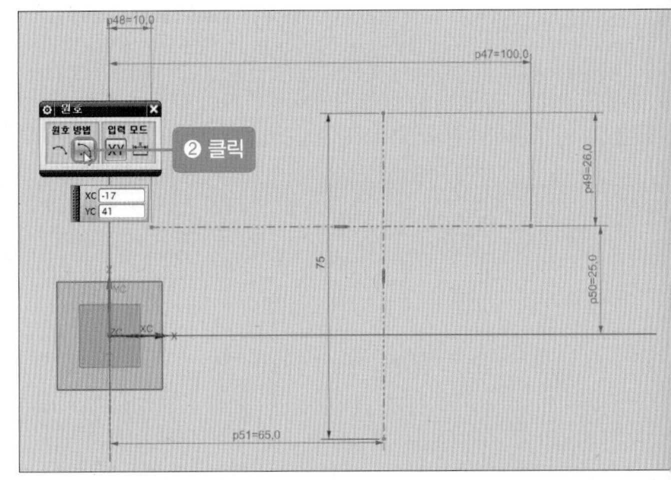

09 원호 중심점은 두 참조선의 교차점을 클릭합니다.

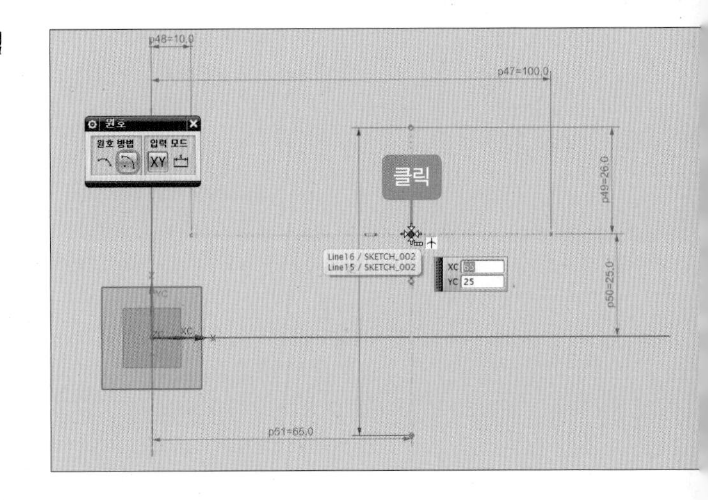

10 원호 반경의 시작점은 수평선을 클릭합니다.

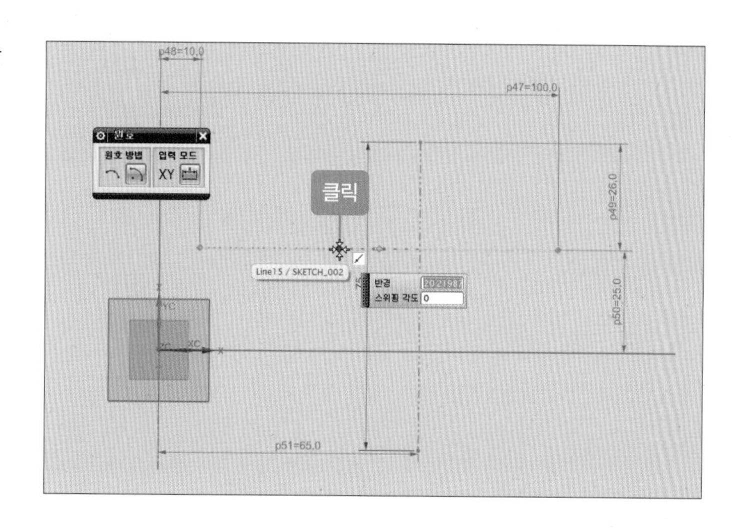

11 원호의 끝점은 둘레 길이를 클릭합니다.

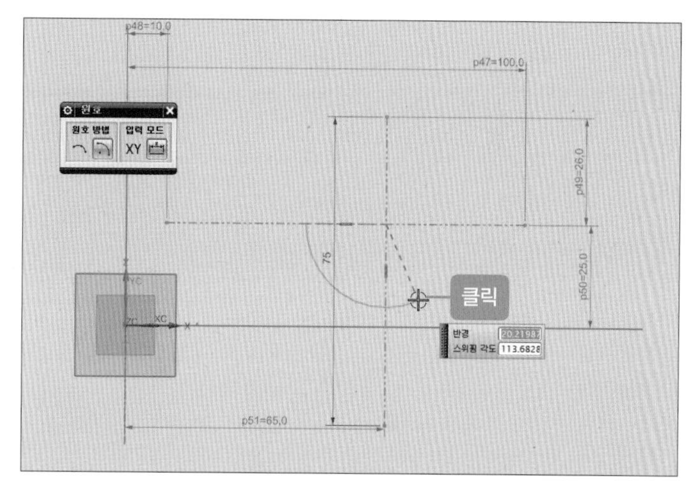

12 [원호]를 선택한 후 [3점의 의한 원호]를 선택합니다.

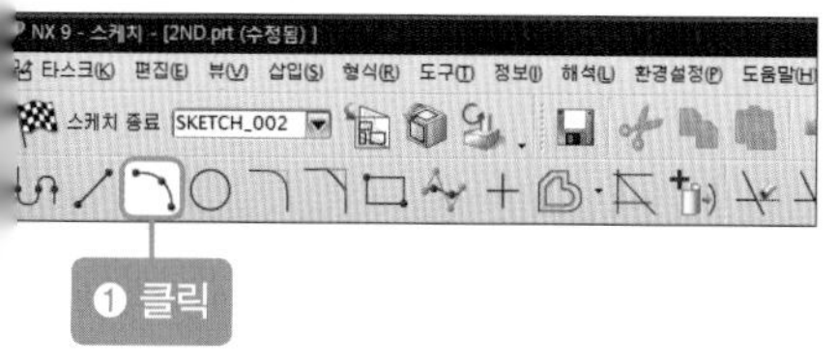

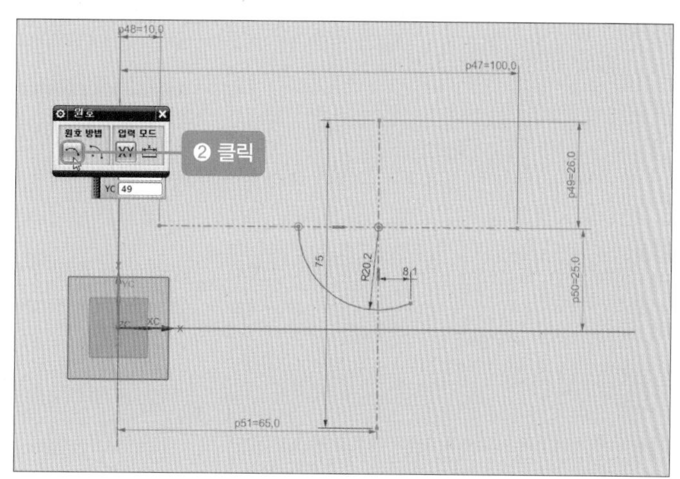

13 세 점을 클릭하여 원호를 작성합니다.

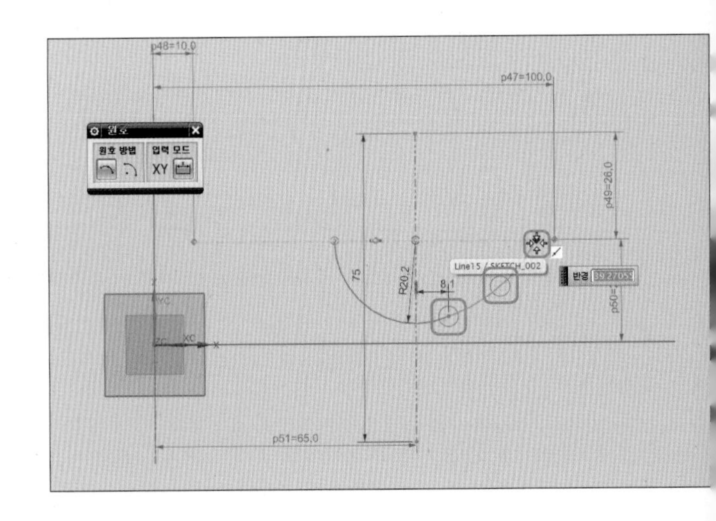

14 [지오메트로 구속 조건] 아이콘( ) 을 클릭하거나 단축키 C를 누릅니다.

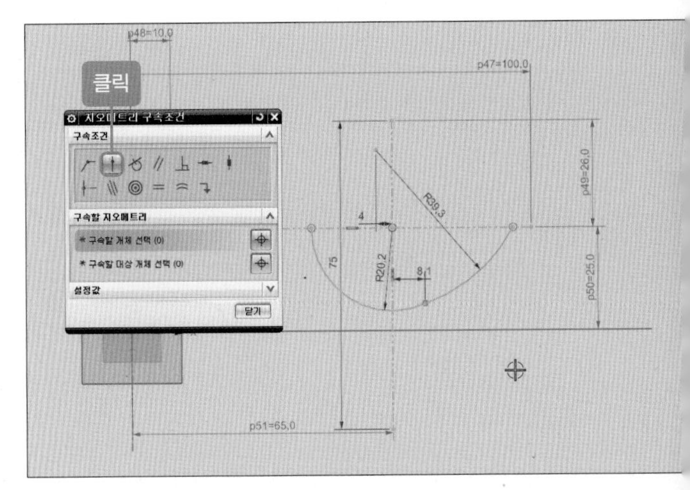

15 [곡선상의 점]( )을 선택한 후 두 번째 원호의 중심점과 수직 참조선을 클릭합니다.

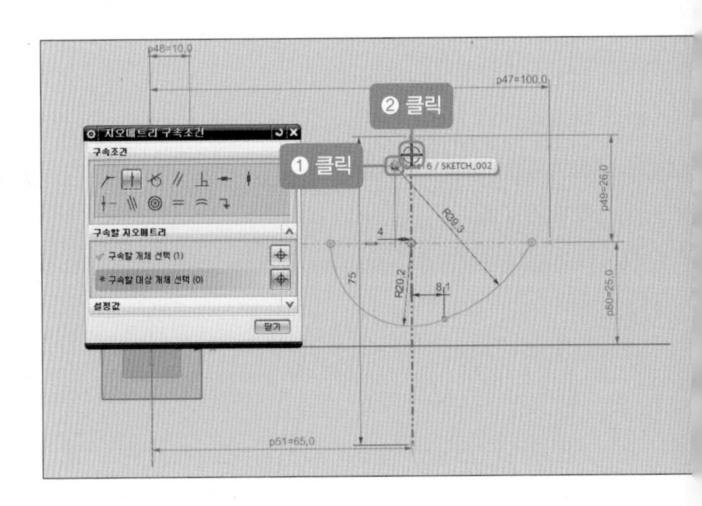

16 첫 번째 원호 치수를 더블클릭하여 첫 번째 원호의 [반경값]에 '18', 두 번째 원호의 [반경값]에 '50'을 입력합니다.

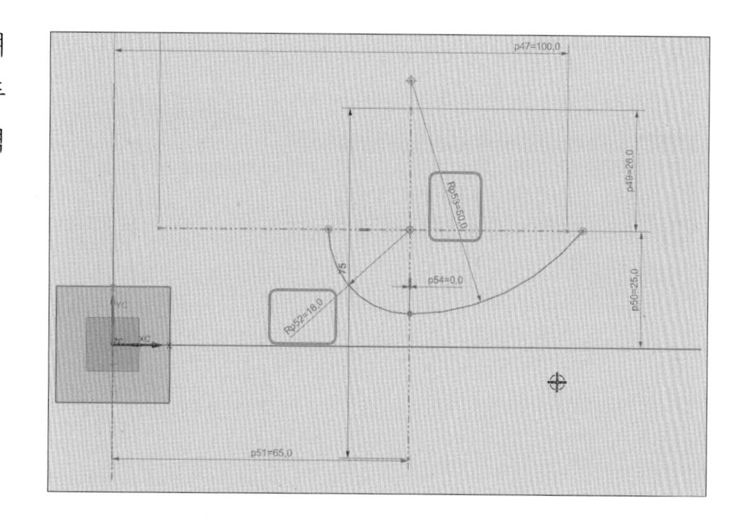

17 [선] 아이콘을 클릭한 후 양쪽 끝점을 연결하고 [스케치 종료] 버튼을 클릭합니다.

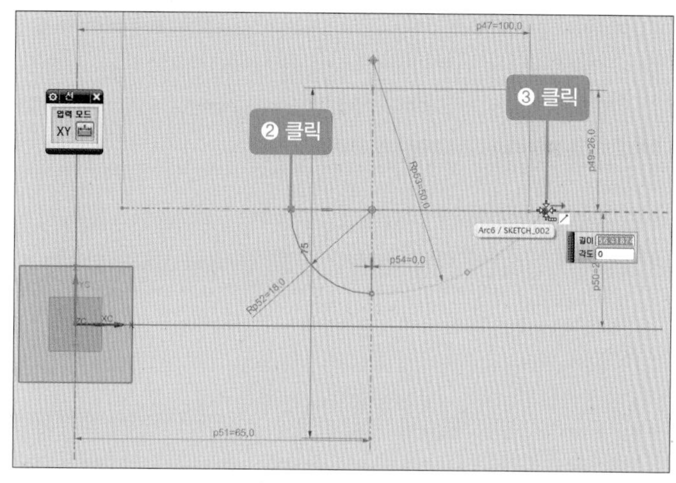

18 풀다운 메뉴의 [삽입-타스크 환경의 스케치]를 클릭합니다(좌표가 바뀔 경우 좌표를 더블클릭하여 방향을 맞춰줍니다).

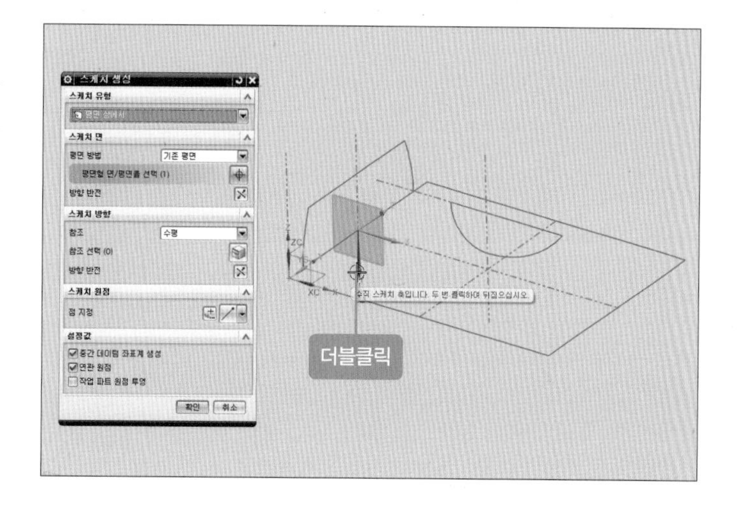

19 [원] 아이콘을 클릭한 후 그림과 같이 임의의 위치에 원을 생성합니다.

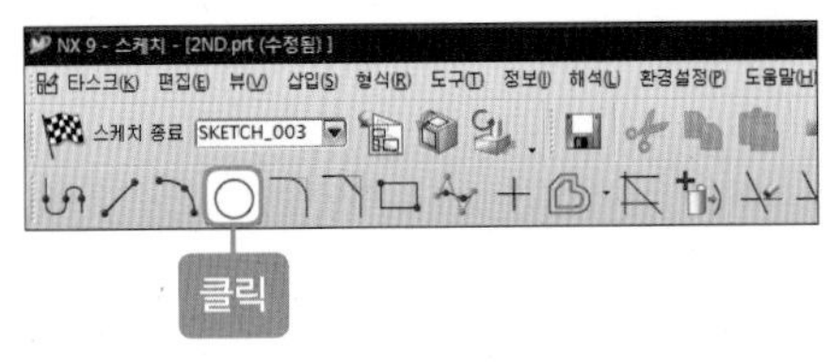

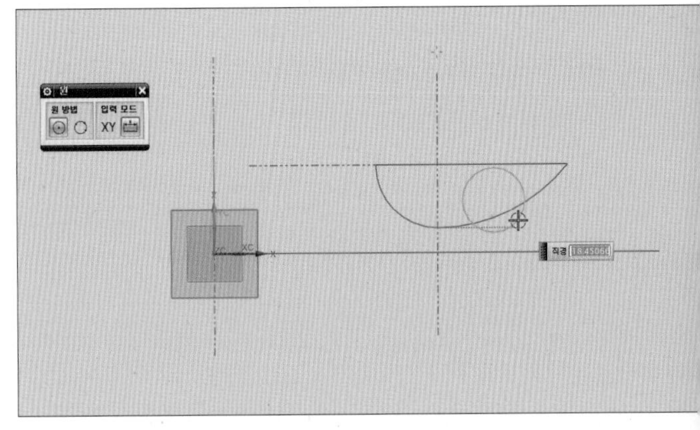

20 [급속 치수] 아이콘( )을 클릭하거나 단축키 D를 누른 후 원의 [높이값]에 '19', [거리값]에 '50'을 생성합니다.

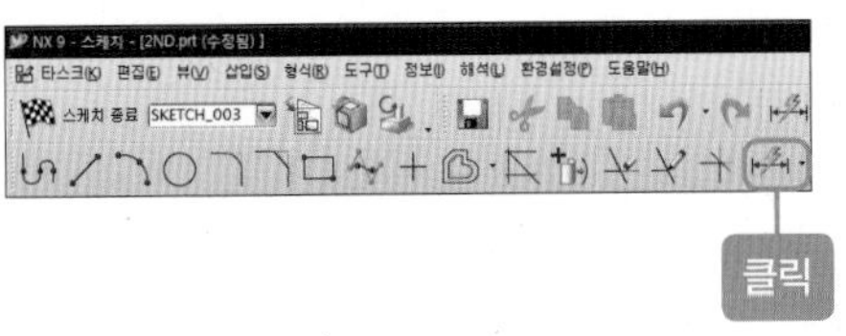

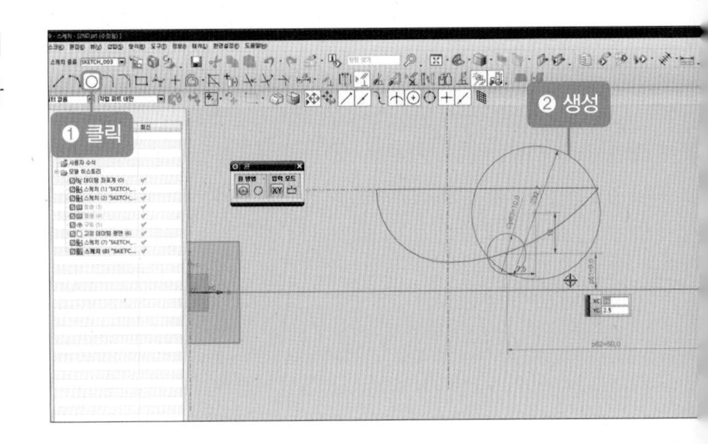

21 [원] 아이콘을 클릭하거나 단축키 O를 누른 후 임의의 원을 생성합니다.

22 [급속 치수] 아이콘(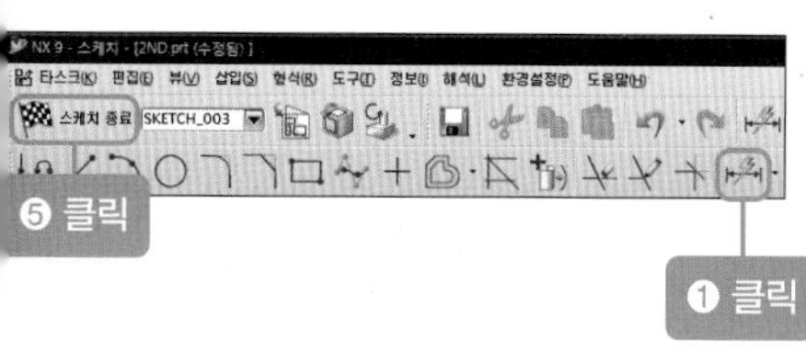)을 클릭하거나 단축키 D를 누른 후 [높이값]에 '20', [거리값]에 '50', [원의 지름]에 '42'를 생성한 후 [스케치 종료] 버튼을 클릭합니다.

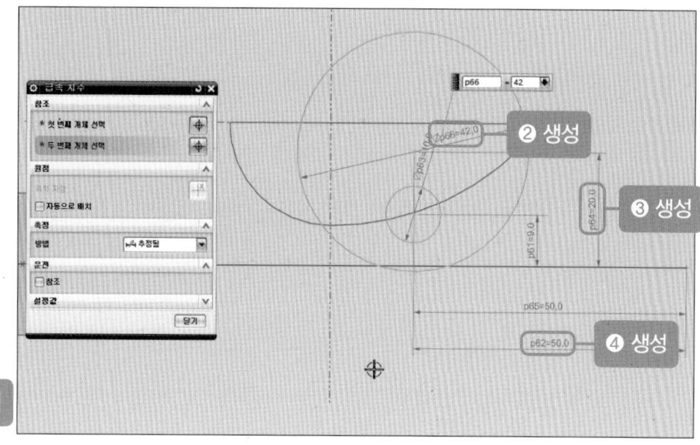

4 정면도 형상 만들기

01 단축키 Ctrl+Shift+U를 눌러 숨겨진 모델링을 모두 보이게 합니다.

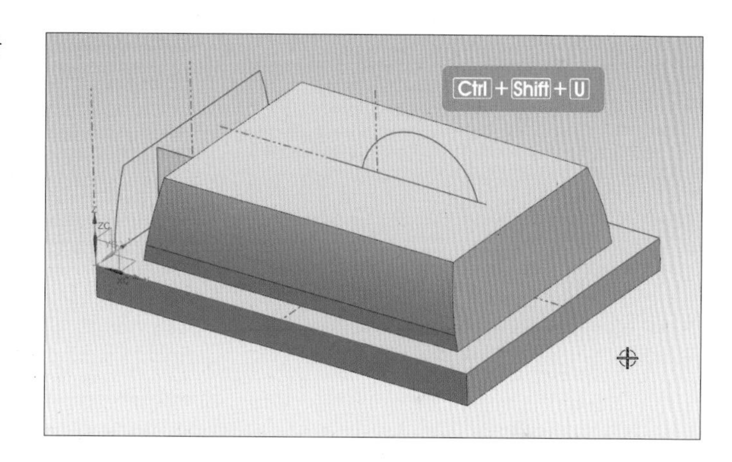

02 정적 와이어 프레임으로 보기 위해 마우스 오른쪽 버튼 (2)를 길게 누릅니다.

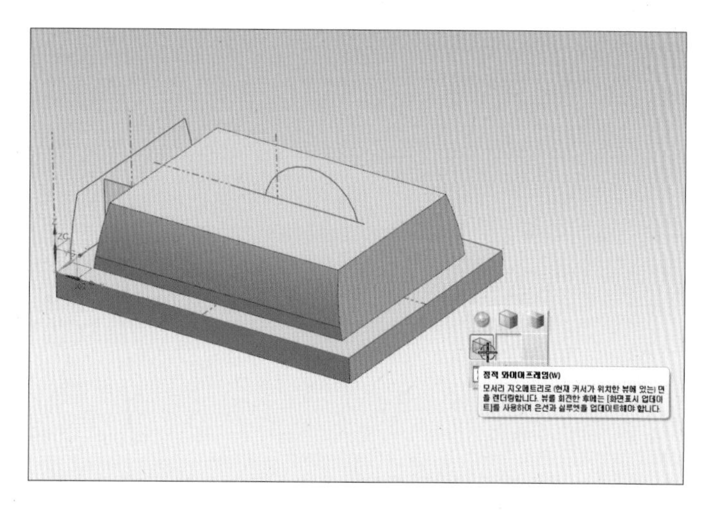

03 [돌출] 아이콘( )을 클릭한 후 [곡선 선택]에서 '원호'를 클릭합니다.

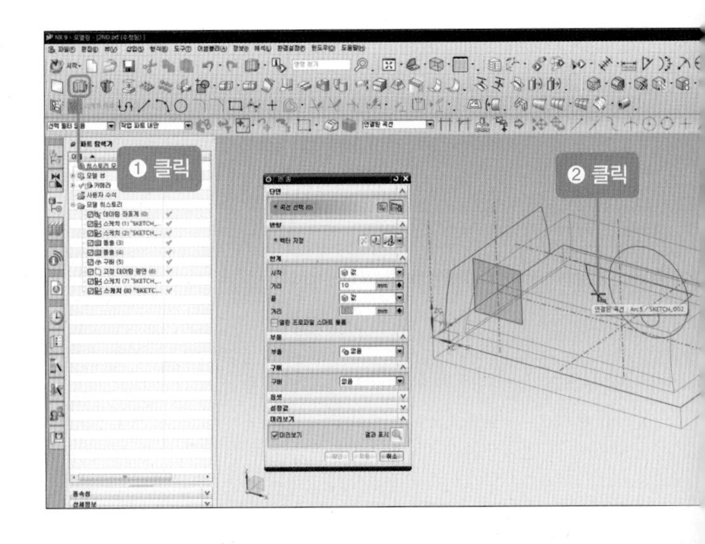

04 [한계-끝-대칭값]으로 변경한 후 [거리]에 '120'을 입력합니다(거리값은 기존 솔리드보다 크게 생성합니다).

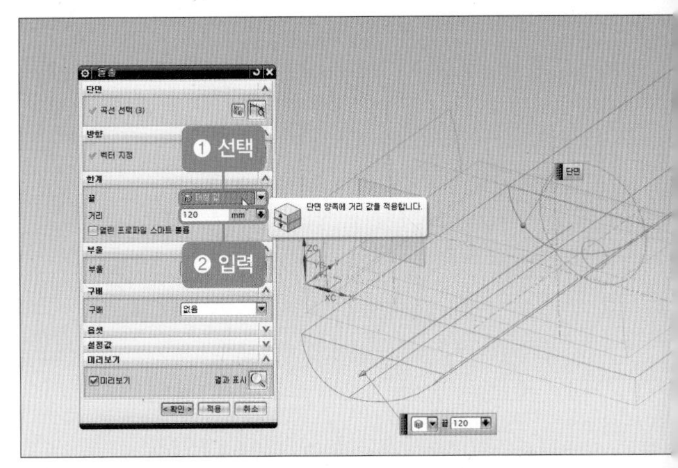

05 [음영 처리, 모서리 표시]를 보기 위해 마우스 오른쪽 버튼 (2)를 길게 누릅니다.

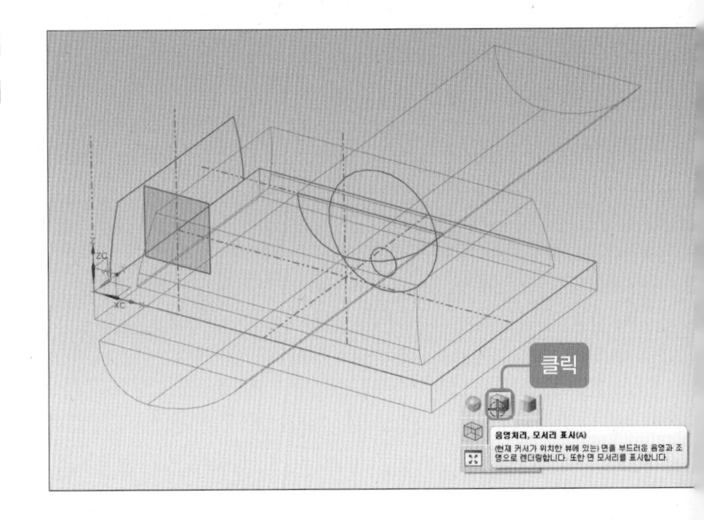

06 [빼기] 아이콘을 선택합니다.

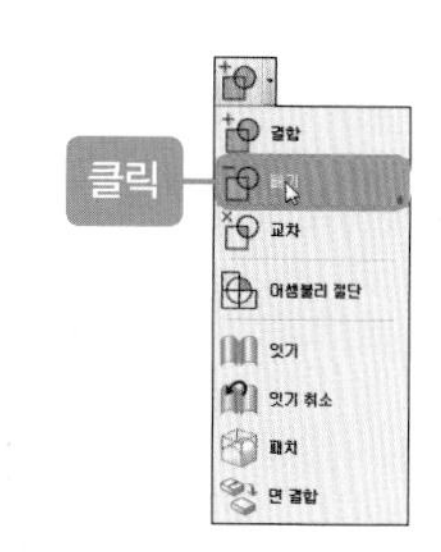

07 [타겟-바디 선택]에서 솔리드를 선택하고 [공구-바디 선택]에서 제거될 솔리드를 선택합니다.

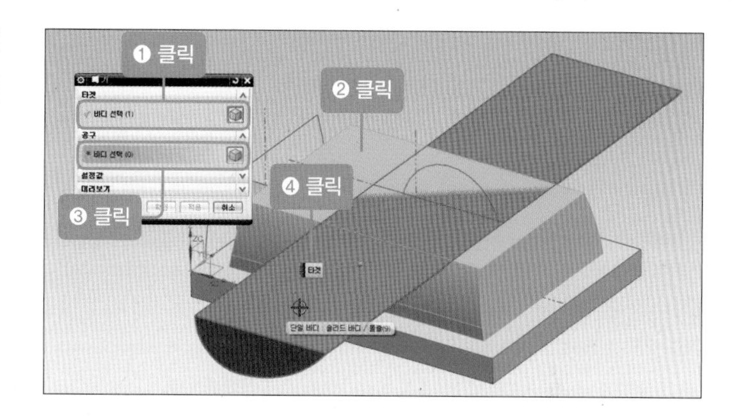

08 [돌출] 아이콘( )을 클릭한 후 [단면-곡선 선택]에서 원을 선택합니다. 그런 다음 [한계-대칭값]을 변경하고 [거리]에 '15'를 입력한 후 [부울- 빼기]를 클릭합니다.

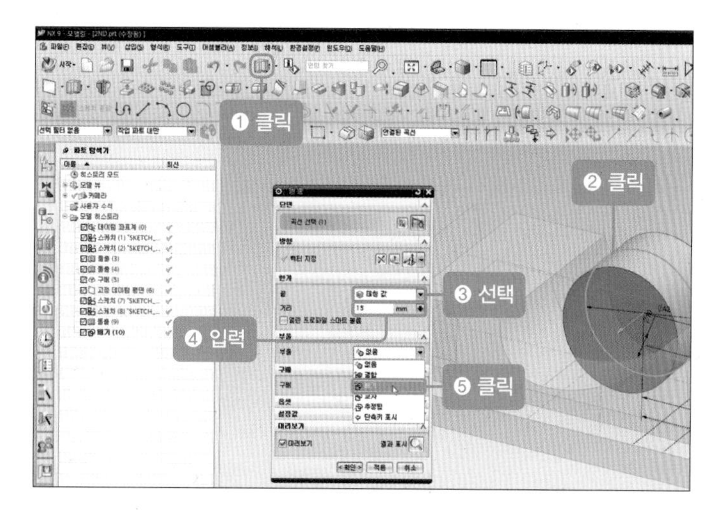

09 [바디 선택]에서 솔리드 바디를 클릭합니다.

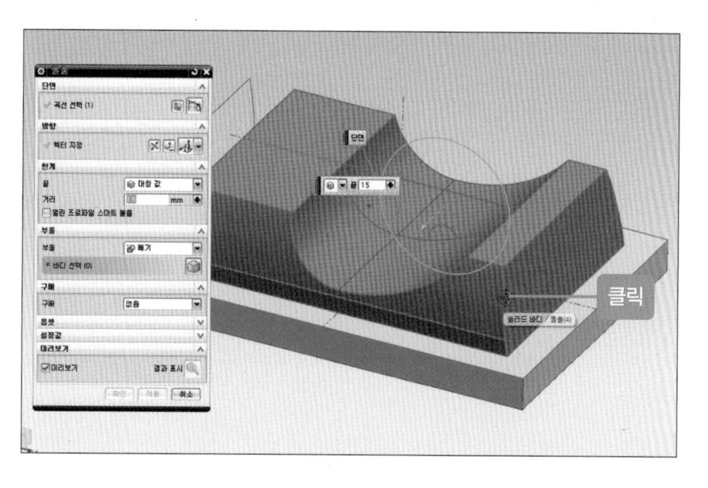

10 [돌출] 아이콘( )을 선택한 후 [단면-곡선 선택]에서 원을 선택합니다. 그런 다음 [한계-시작-대칭 값]을 변경하고 [거리]에 '25'를 입력한 후 [부울-빼기]를 선택합니다. [바디 선택]에서 솔리드를 클릭합니다.

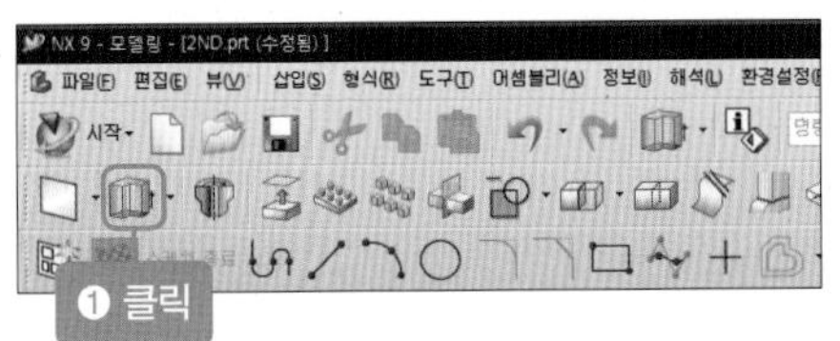

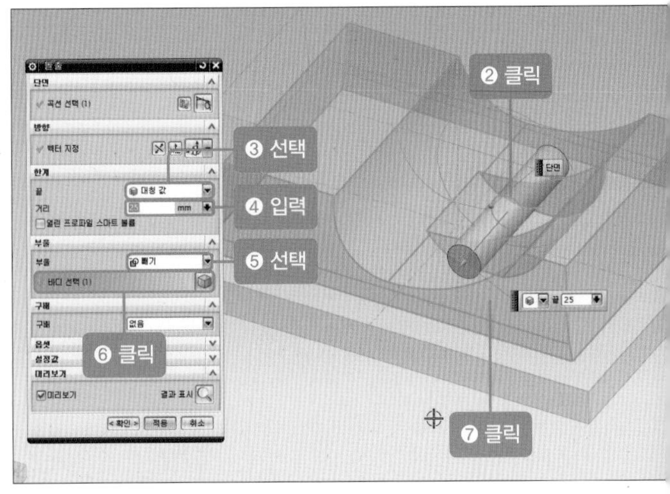

5 수정 작업하기

01 [파트 탐색기]에서 스케치 1을 선택한 후 마우스 오른쪽 버튼 (2)를 선택하고 [롤백과 함께 편집]을 클릭합니다(스케치 1 환경에서 수정 작업을 합니다).

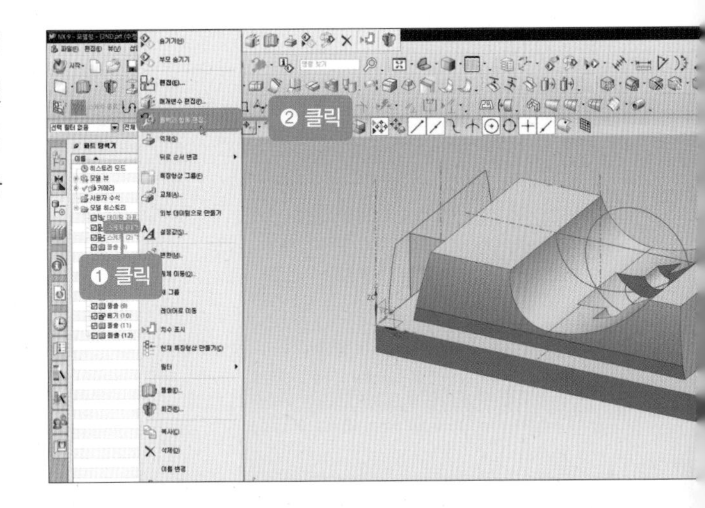

02 [직사각형] 아이콘( )을 클릭한 후 [2점으로 선택]을 클릭하여 직사각형 2개를 생성합니다.

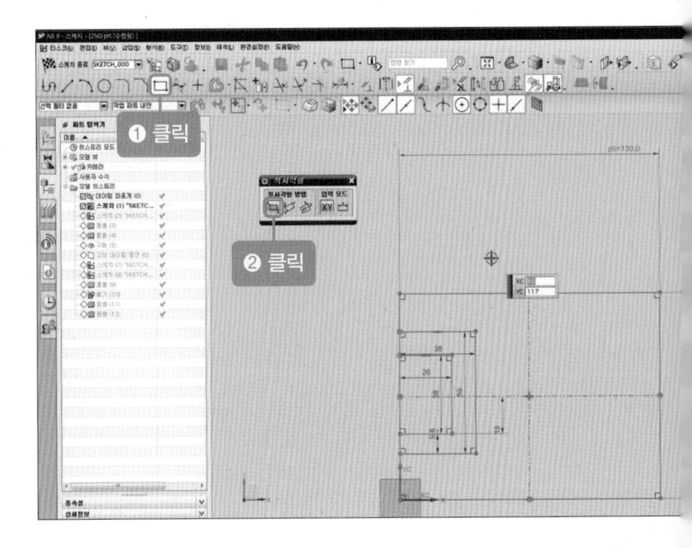

03 [급속 치수] 아이콘(icon)을 선택한 후 [직사각형 18×30], [직사각형 60×48]에 각각 수평선 기준으로 치수를 부여하고 [스케치 종료] 버튼을 클릭합니다.

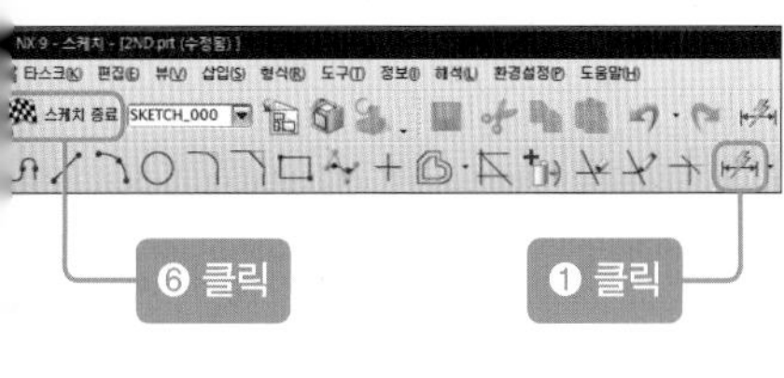

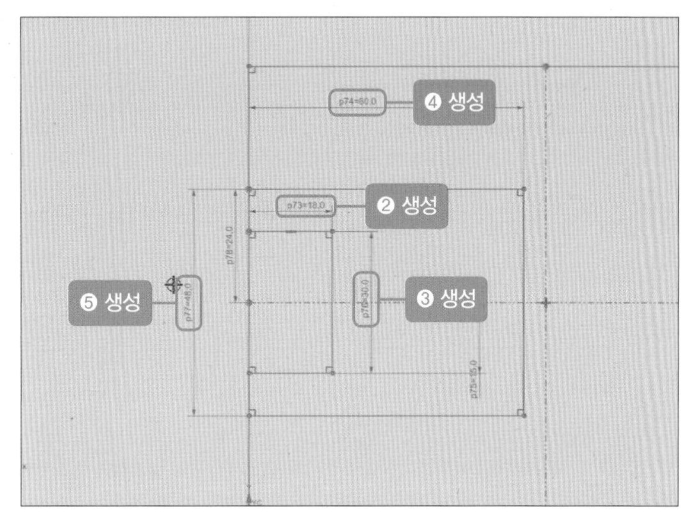

04 풀다운 메뉴의 [편집-숨기기]를 클릭하거나 단축키 Ctrl+B를 누른 후 솔리드를 클릭하고 [확인] 버튼을 클릭합니다.

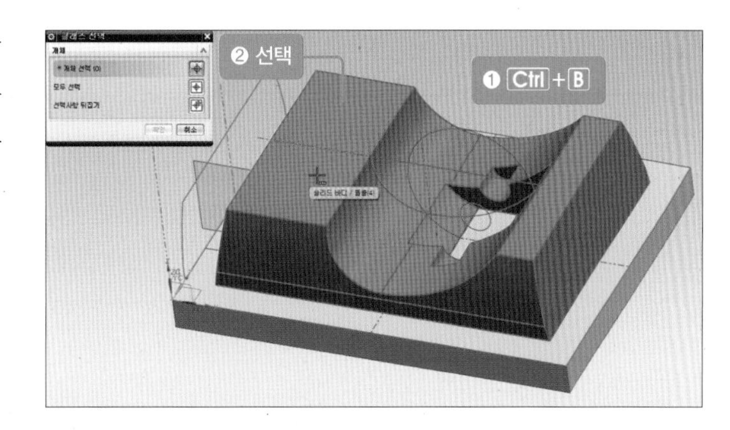

3 상부 형상 만들기 및 솔리드 결합하기

01 [돌출] 아이콘(icon)을 클릭한 후 [단면-곡선 선택]에서 '곡선'을 클릭합니다.

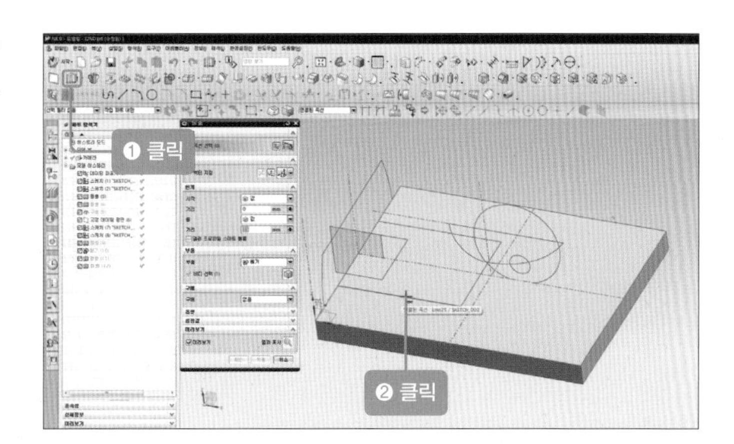

02 [방향-벡터 지정]에 ZC, [한계-시작]에 '15', [끝]에 '50', [부울-빼기], [구배-시작 단면], [각도]에 '-10'을 입력합니다.

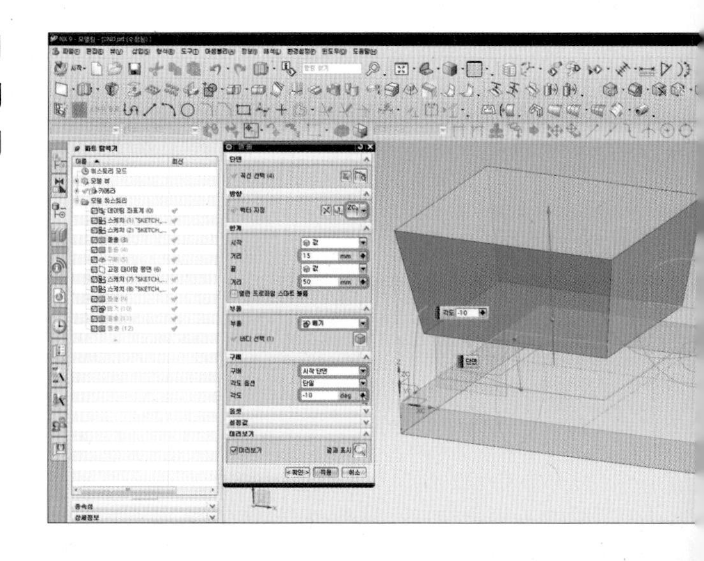

03 [바디 선택]에서 솔리드를 클릭합니다(솔리드가 선택되면 Ctrl+Shift+U를 눌러 숨긴 전체 보기를 합니다).

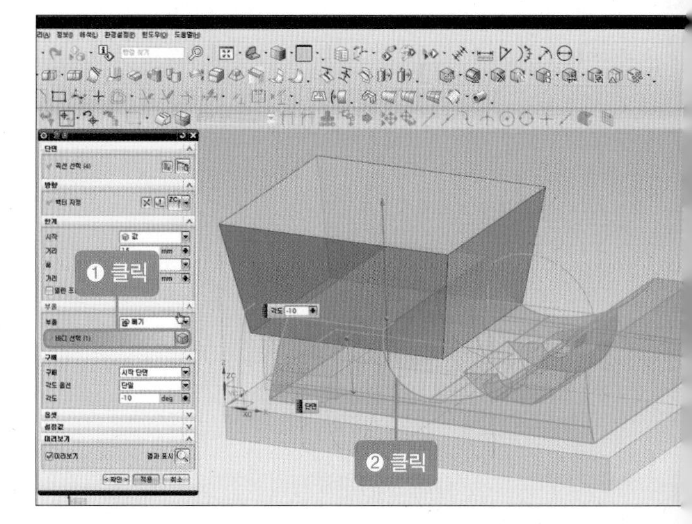

04 단축키 Ctrl+B를 눌러 선택된 솔리드를 숨깁니다.

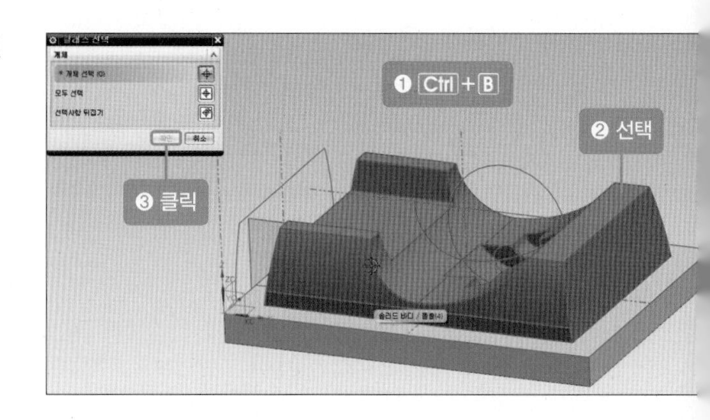

05 [돌출] 아이콘( )을 클릭한 후 [단면-곡선 선택]에서 '곡선'을 클릭합니다.

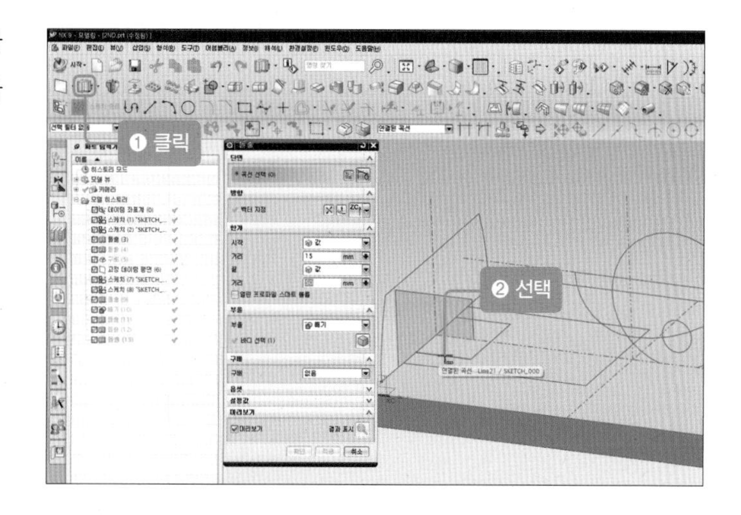

06 [방향-벡터 지정]에서 'Z-AXIS', [한계-시작 거리]에 '7', [끝 거리]에 '50', [부울-빼기], [구배-시작 한계로부터], [각도]에 '-10'을 입력합니다.

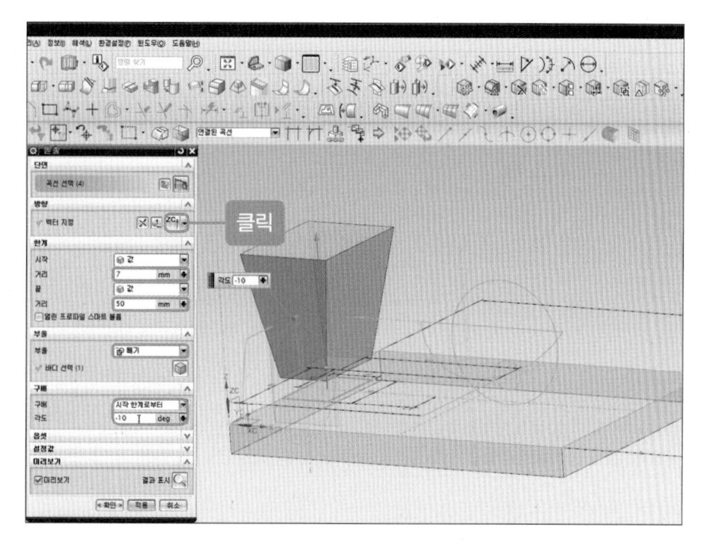

07 [바디 선택]에서 솔리드를 클릭합니다(Ctrl + Shift + U를 눌러 숨어 있는 솔리드 모델링 전체를 보기합니다).

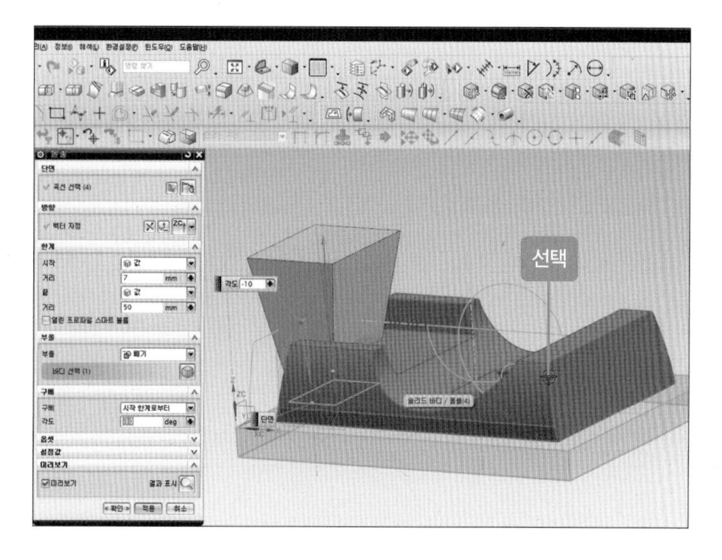

08 풀다운 메뉴의 [삽입-특정 형상 설계-구]를 클릭합니다.

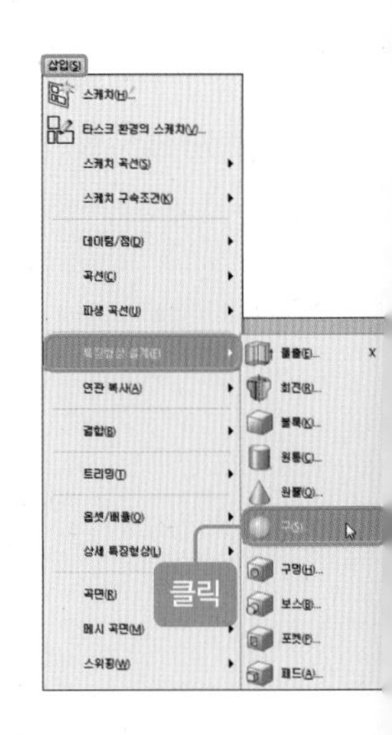

09 [중심 점-점 지정]에서 [점 다이얼로그]를 클릭합니다.

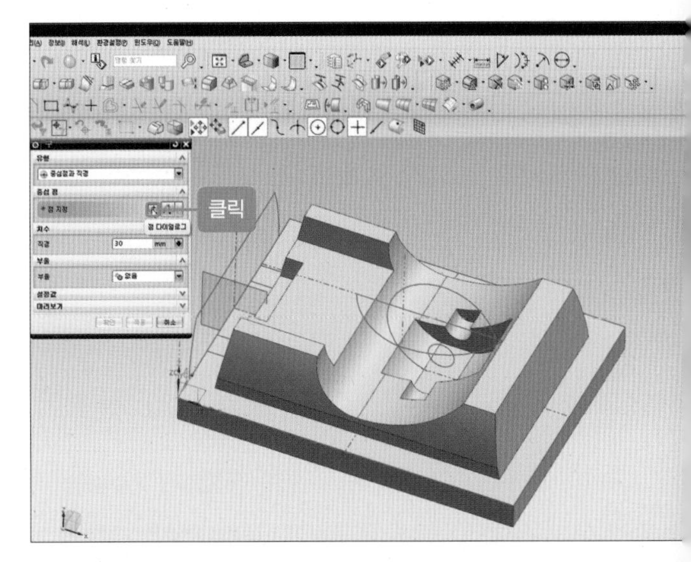

10 [좌표-참조]에 'WCS', [XC]에 '35', [YC]에 '50', [ZC]에 '12'를 입력합니다.

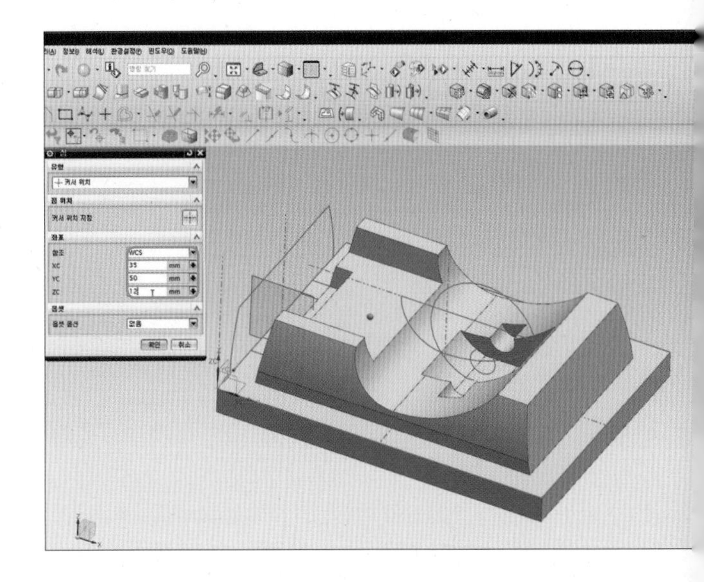

11 [치수-직경]에 '22'를 입력한 후 [미리 보기]하고 [확인] 버튼을 클릭합니다.

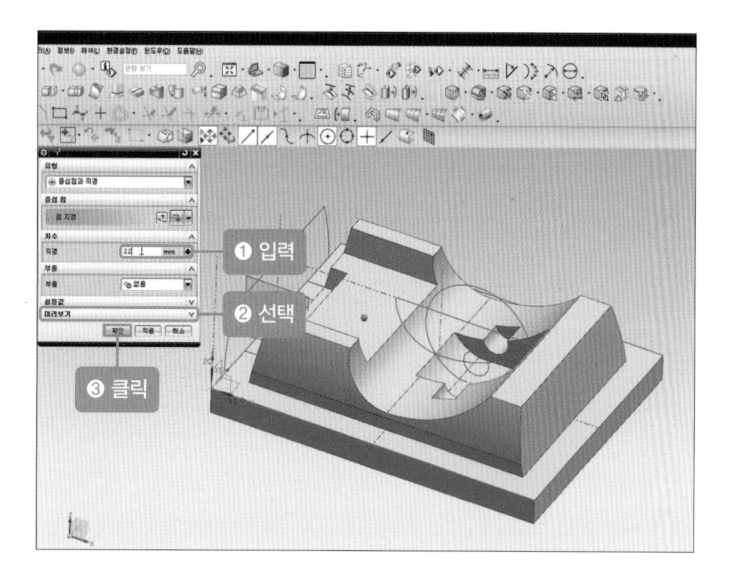

12 [결합] 아이콘( )을 클릭한 후 [타켓-바디 선택]에 솔리드 바디, [공구-바디 선택]에 구를 선택한 후 [확인] 버튼을 클릭합니다.

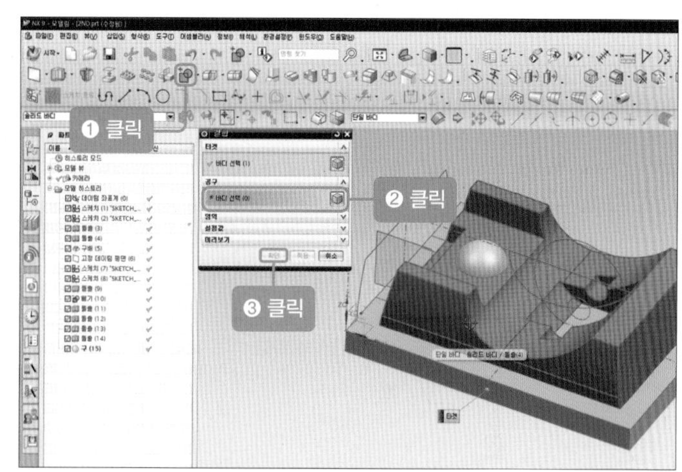

13 단축키 Ctrl+B를 누른 후 솔리드를 선택합니다(결합이 되면 하나의 솔리드로 선택됩니다).

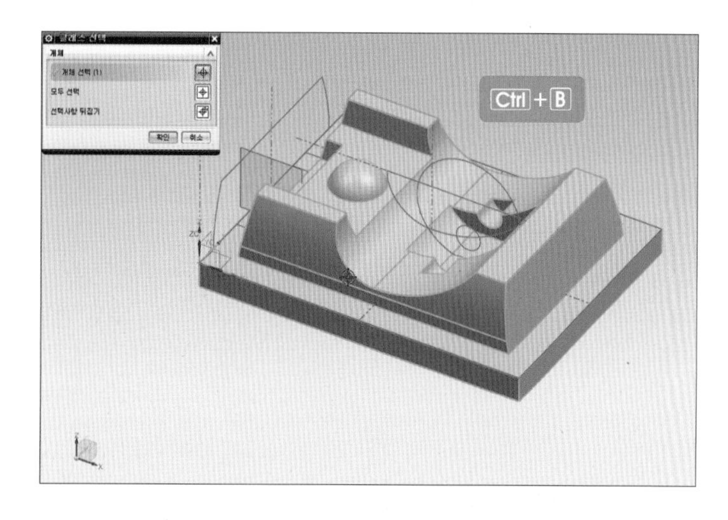

14 단축키 Ctrl + Shift + B 를 눌러 숨어 있는 창으로 이동합니다.

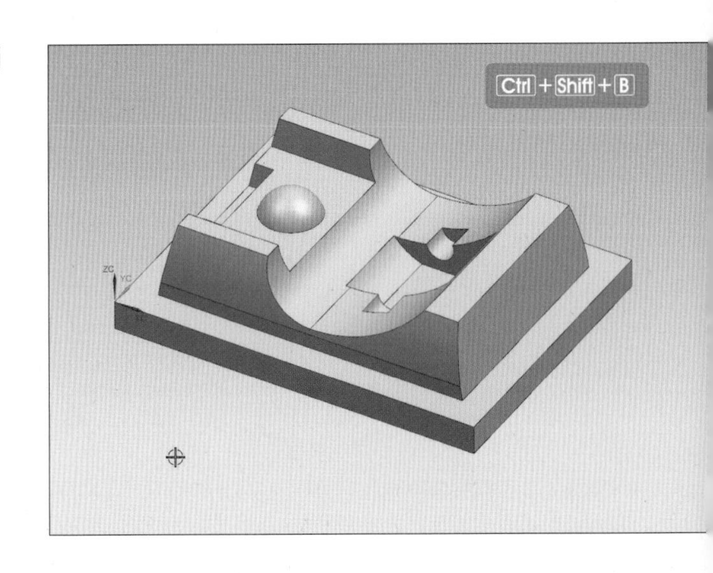

7 블렌드 작업하기

01 [모서리 블렌드] 아이콘( )을 클릭한 후 [모서리 선택]에서 양쪽 두 모서리를 선택하고 [반경]에 '5'를 입력한 다음 [적용] 버튼을 클릭합니다.

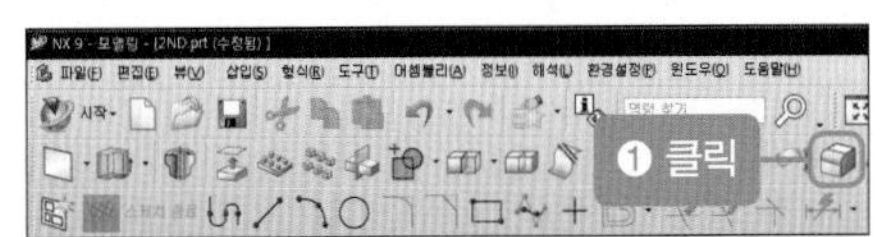

02 양쪽 두 모서리를 선택한 후 [반경 1]에 '2'를 입력하고 [적용] 버튼을 클릭합니다.

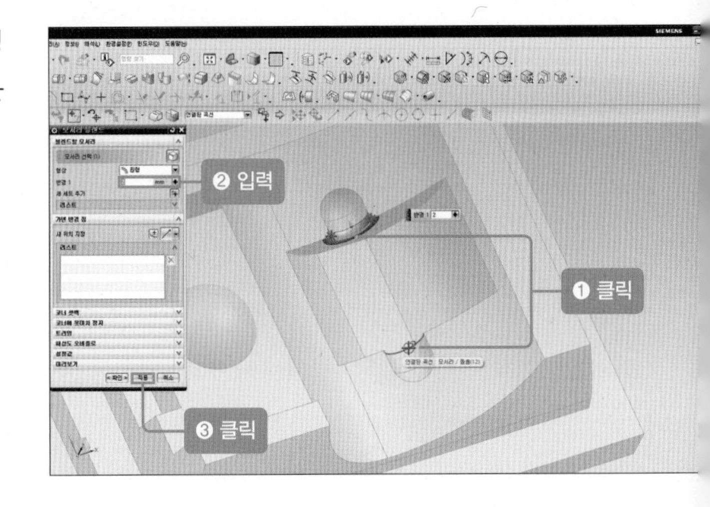

Tip 스케치 및 모델링을 수정, 추가 및 삭제할 경우에 대해 알아보겠습니다.
표시된 곳은 돌출로 인하여 솔리드 빼기가 되어 있지 않은 상태입니다.

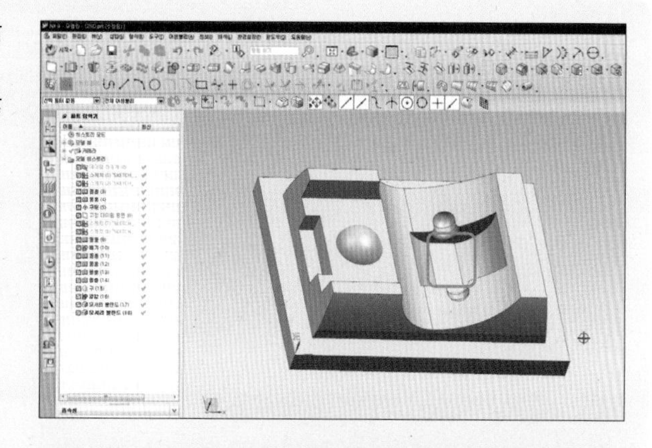

01 수정을 하기 위해서는 [파트 탐색기]에서 관련된 스케치를 찾아야 합니다. [스케치 (8)]을 선택합니다. Ctrl + Shift + U 를 눌러 숨긴 객체를 모두 보이게 합니다.

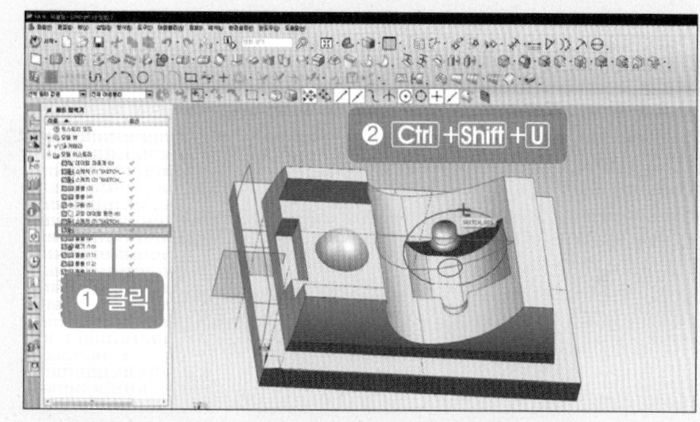

02 [돌출] 아이콘( )을 선택한 후 [확인] 버튼을 클릭합니다.

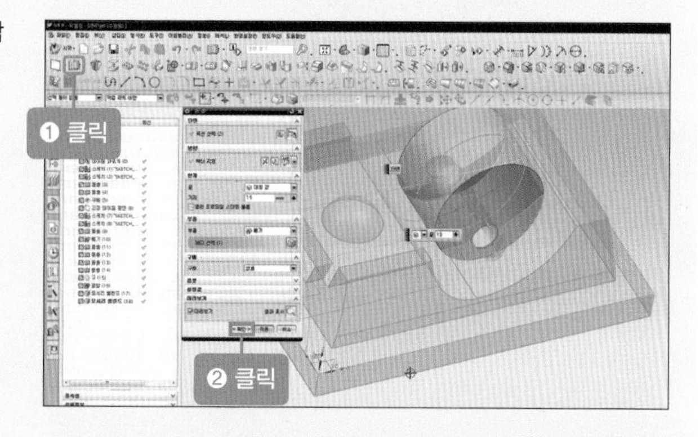

03 선택한 위치의 빼기가 된 상태입니다. 스케치를 수정할 경우 솔리드가 결합되어 있을 때에는 스케치 수정 작업부터 다시 해야 합니다. 그러므로 스케치는 도면을 참조하여 치수에 문제가 되지 않도록 주의하고 솔리드 결합은 모델링 마무리 단계에서 작업하는 것이 더 편리합니다.

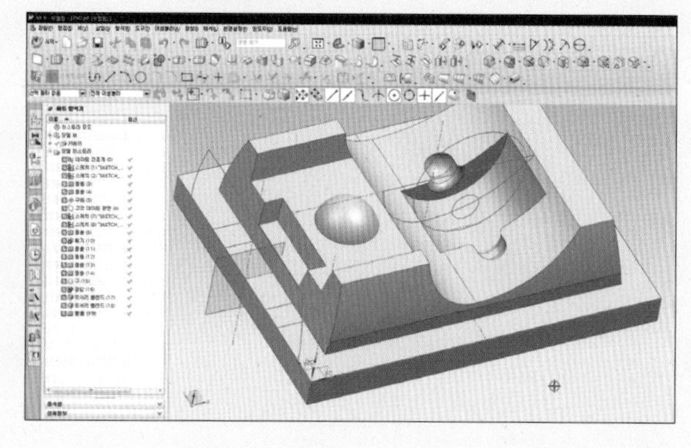

03 모델링을 클릭한 후 단축키 Ctrl + B를 눌러 모델링을 숨깁니다. 그런 다음 Ctrl + Shift + B(숨어 있는 창으로 이동)를 누르고 [모서리 블렌드] 아이콘( ) 클릭한 후 모서리 선택에서 두 모서리를 선택합니다. 그리고 [반경]에 '2'를 입력한 후 [적용] 버튼을 클릭합니다.

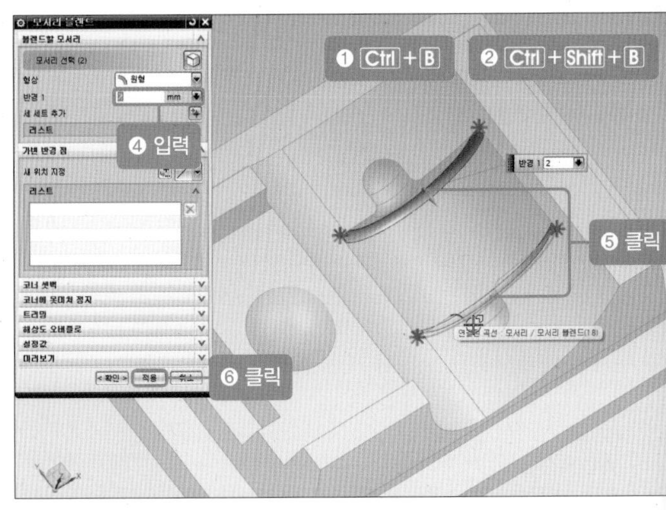

04 [곡선 규칙-접하는 곡선]을 선택합니다.

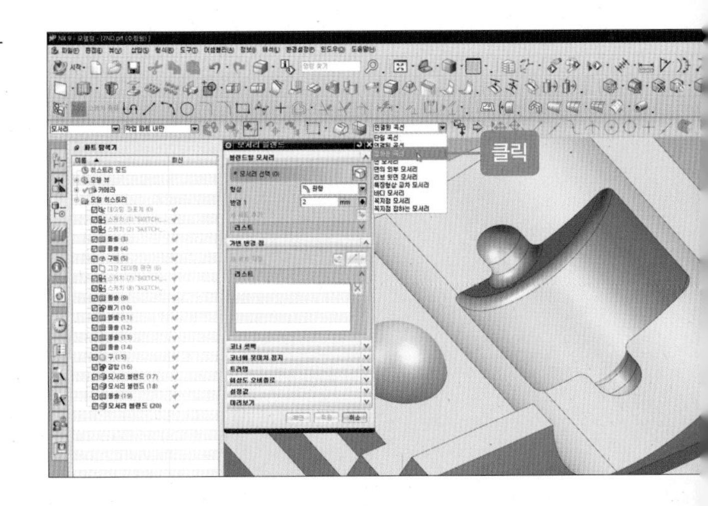

05 [모서리 선택]에서 모서리를 클릭한 후 [반경]에 '2'를 입력하고 [적용] 버튼을 클릭합니다.

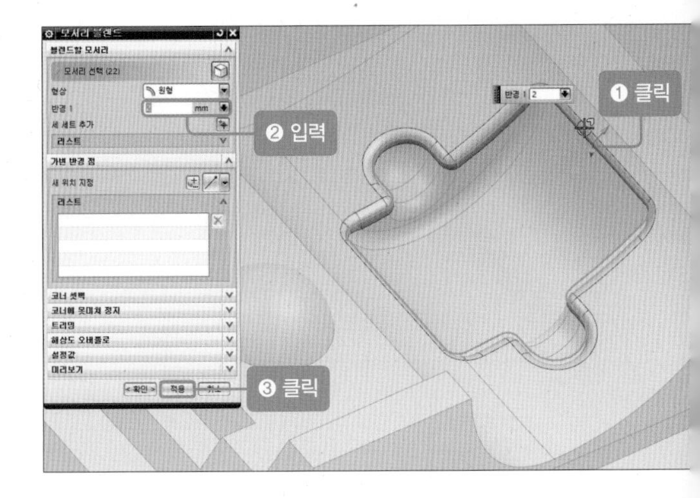

06 [모서리 선택]에서 6개의 모서리를 선택한 후 [반경 1]에 '6'을 입력하고 [적용] 버튼을 클릭합니다.

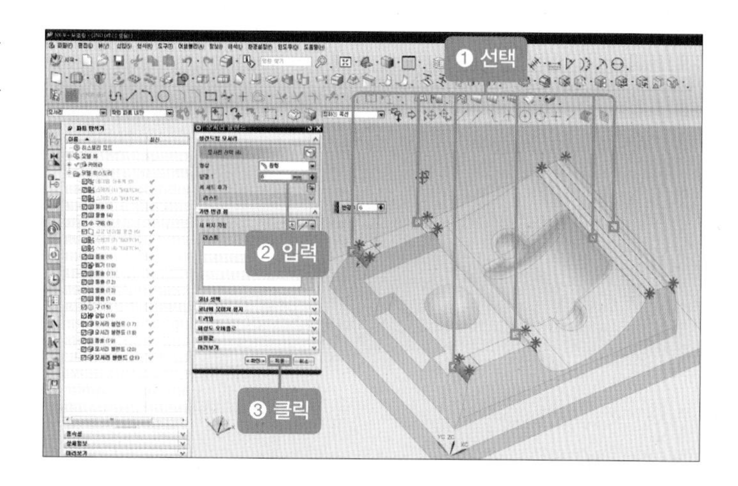

07 [모서리 선택]에 두 모서리를 클릭한 후 [반경 1]에 '2'를 입력하고 [적용] 버튼을 클릭합니다.

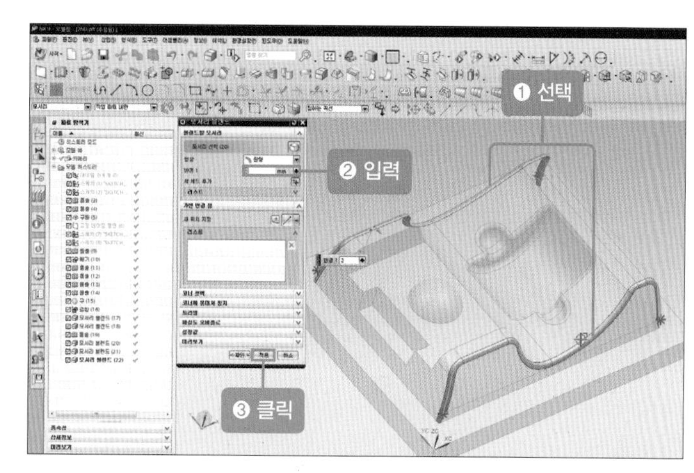

08 [모서리 선택]에서 모서리를 클릭한 후 [반경 1]에 '2'를 입력하고 [적용] 버튼을 클릭합니다.

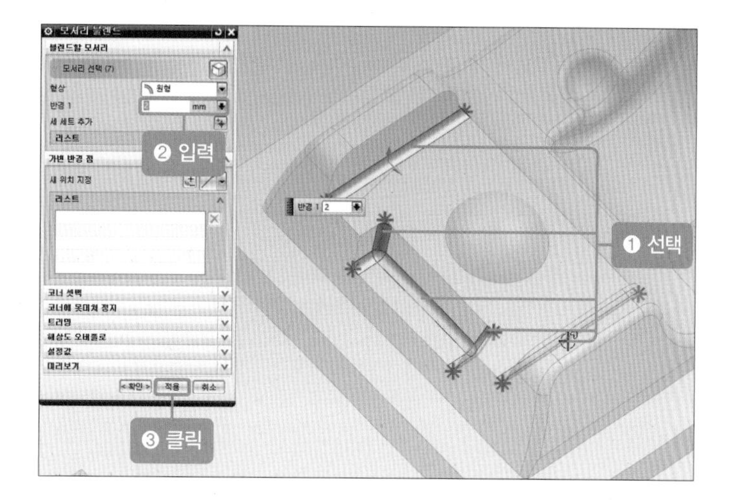

09 [모서리 선택]에서 모서리를 클릭한 후 [반경 1]에 '2'를 입력하고 [적용] 버튼을 클릭합니다.

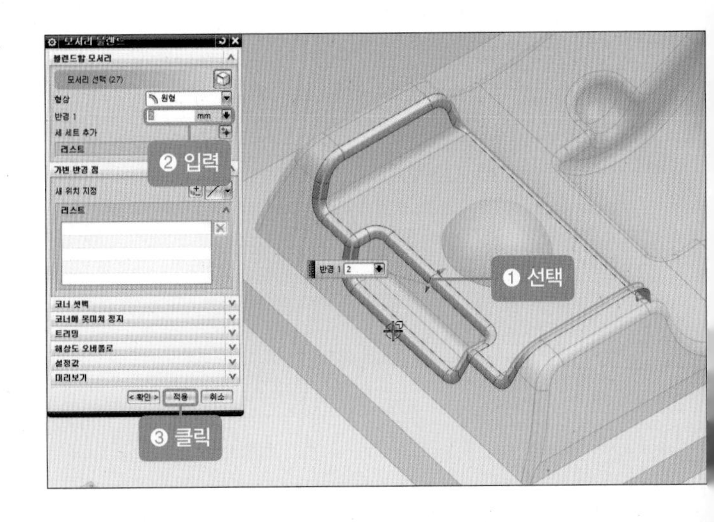

10 [모서리 선택]에서 모서리를 클릭한 후 [반경 1]에 '2'를 입력하고 [적용] 버튼을 클릭합니다.

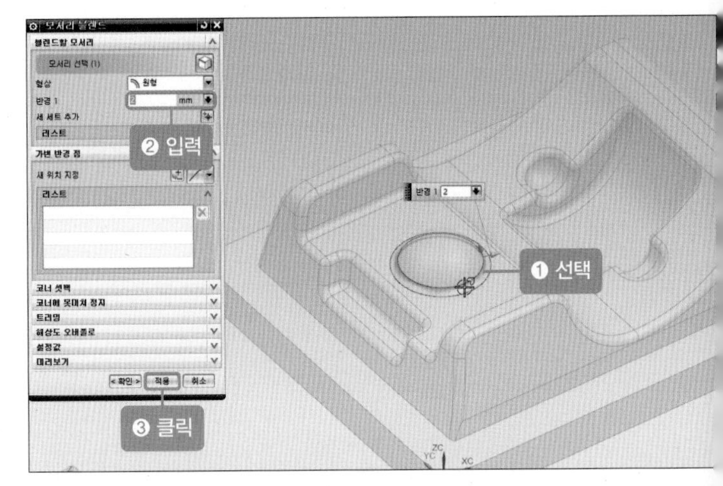

11 [모서리 선택]에서 모서리를 클릭한 후 [반경 1]에 '1'을 입력하고 [확인] 버튼을 클릭합니다.

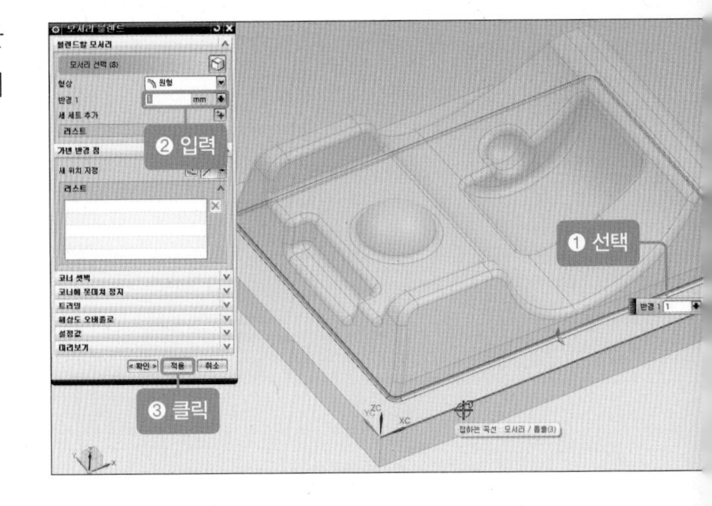

12 모델링이 완성되었습니다.

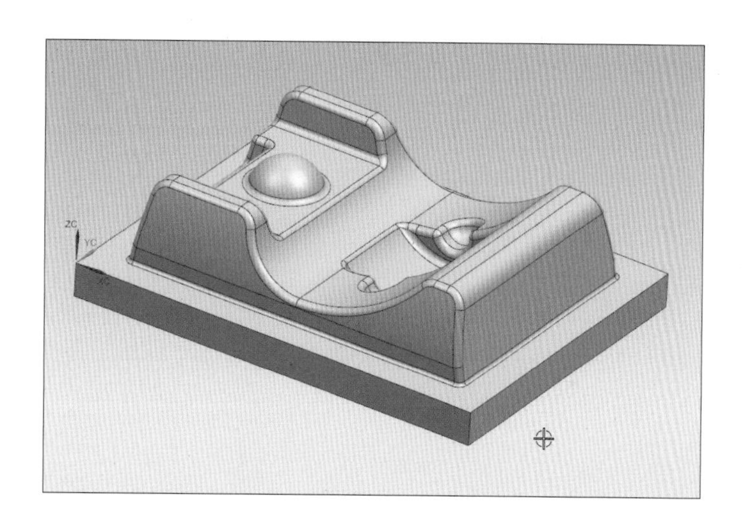

3 | 세 번째 모델링 따라하기

두 번째 모델링보다 좀 더 난이도를 높여 세 번째 모델링 따라하기를 해보겠습니다. 기본적인 시작 및 반복 구간되는 부분에서는 간단하게 진행하겠습니다. 단, 추가적인 기능과 새로운 방법에서는 구체화하여 따라하기를 하겠습니다.

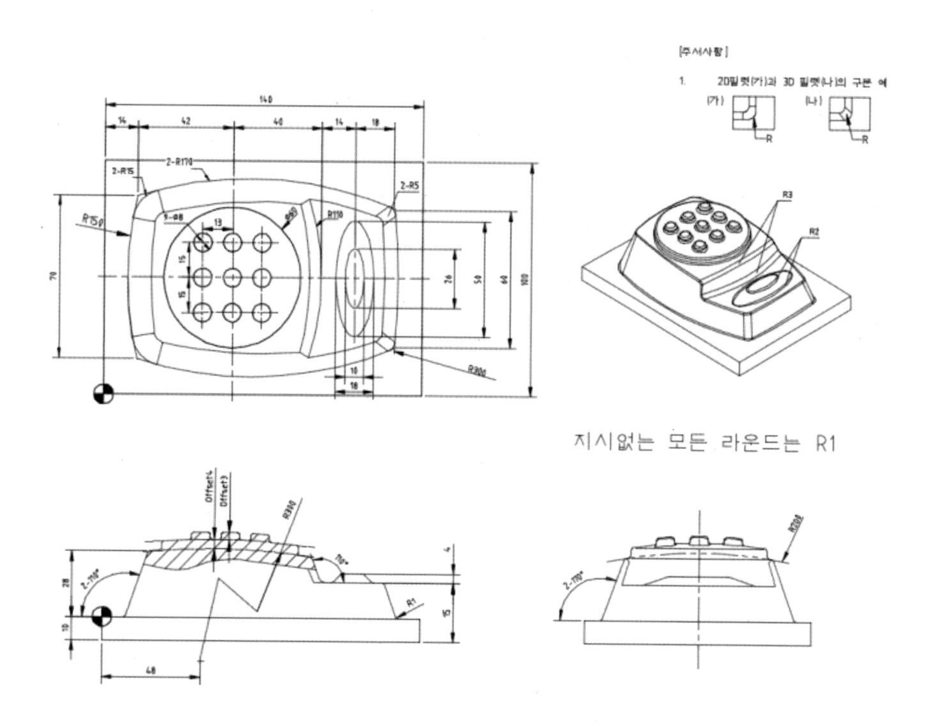

1 평면도 스케치 작업 및 형상 만들기

01 풀다운 메뉴의 [삽입-타스크 환경의 스케치]를 선택한 후 작업 면(XY 평면)을 선택합니다.

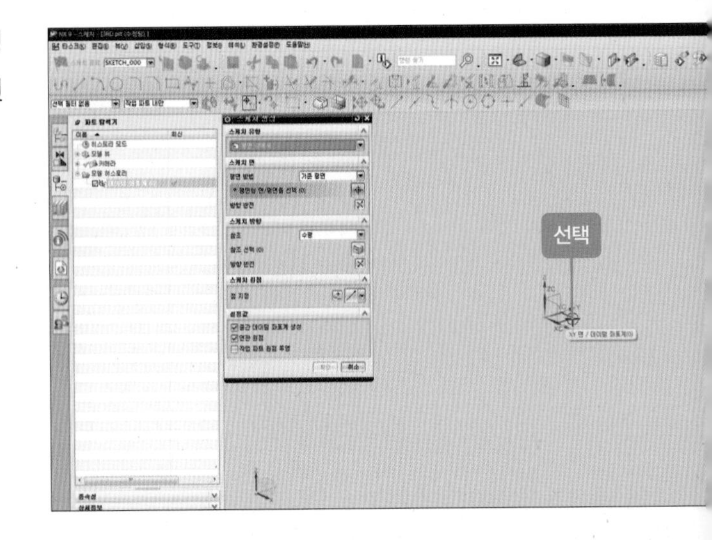

02 [직사각형] 아이콘을 클릭한 후 원점을 기준으로 직사각형을 작성하고 치수를 더블클릭하여 [가로]에 '140', 세로]에 '100'을 입력합니다.

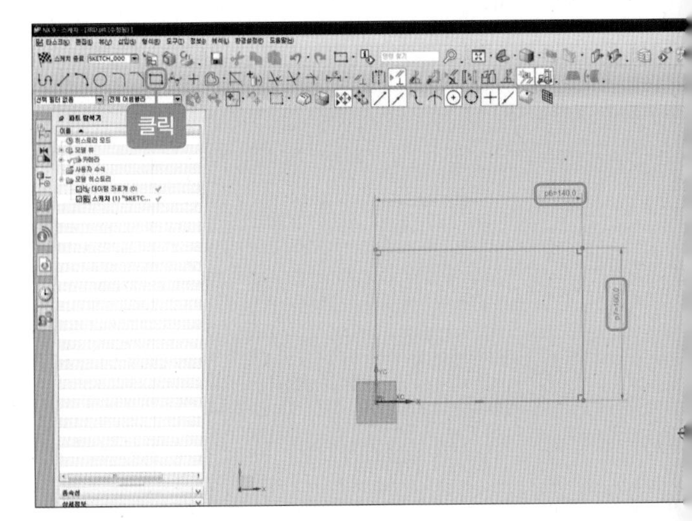

03 [선] 아이콘을 클릭한 후 임의의 수평선과 수직선을 작성합니다.

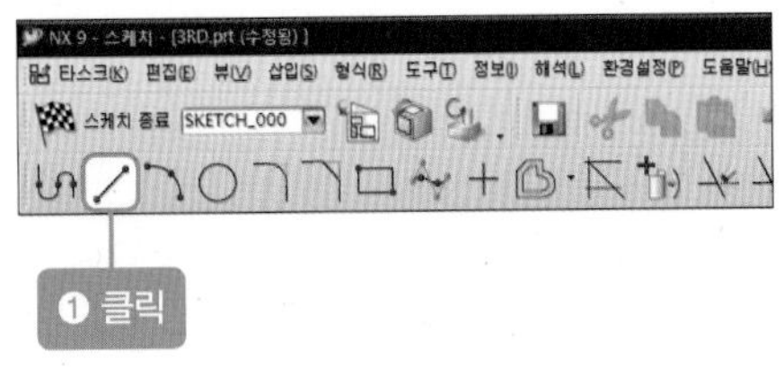

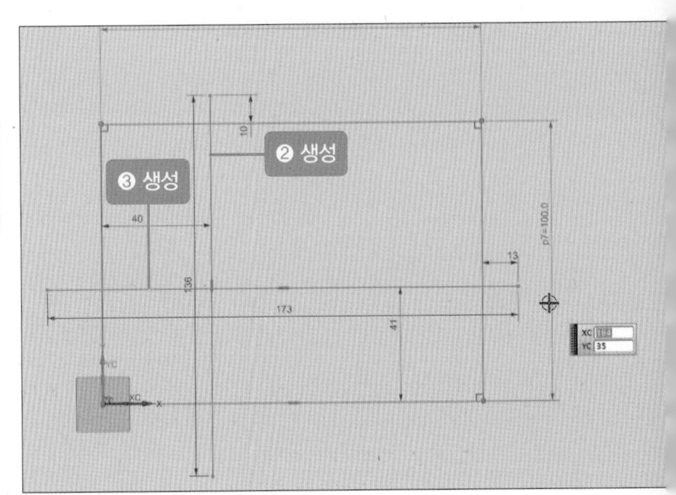

04 수평선의 [높이]에 '50', 수직선의 [거리]에 '60'을 입력합니다.

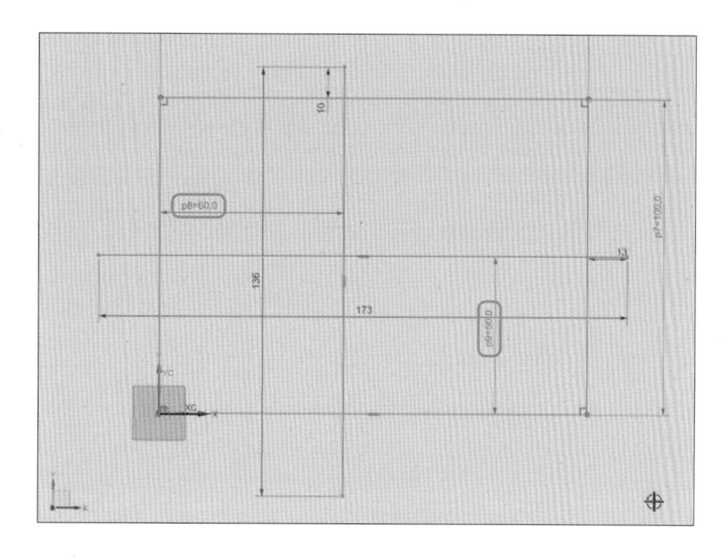

05 임의의 수평선과 수직선을 클릭한 후 [참조에서/로 변환]을 선택합니다.

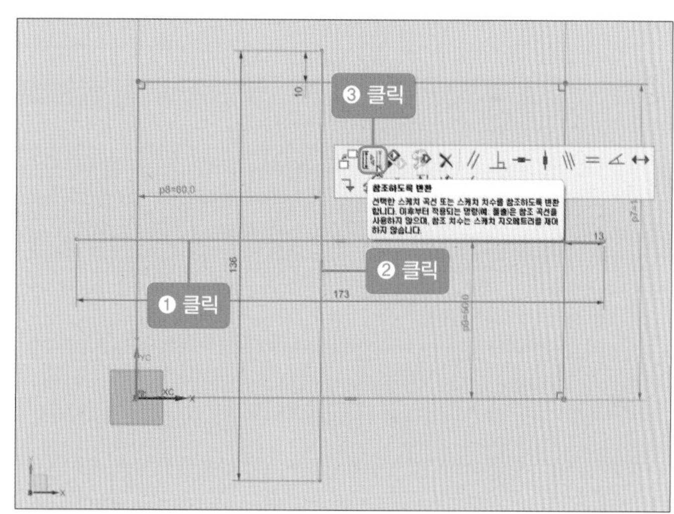

06 [점] 아이콘을 클릭합니다.

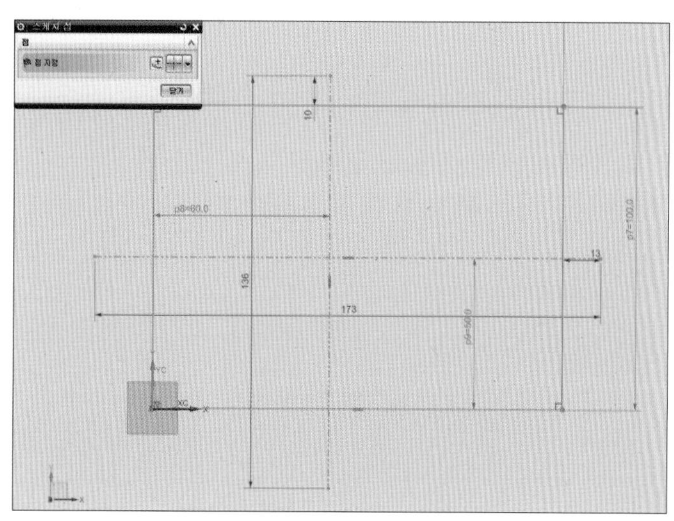

07 임의의 2곳을 클릭하여 점을 생성합니다.

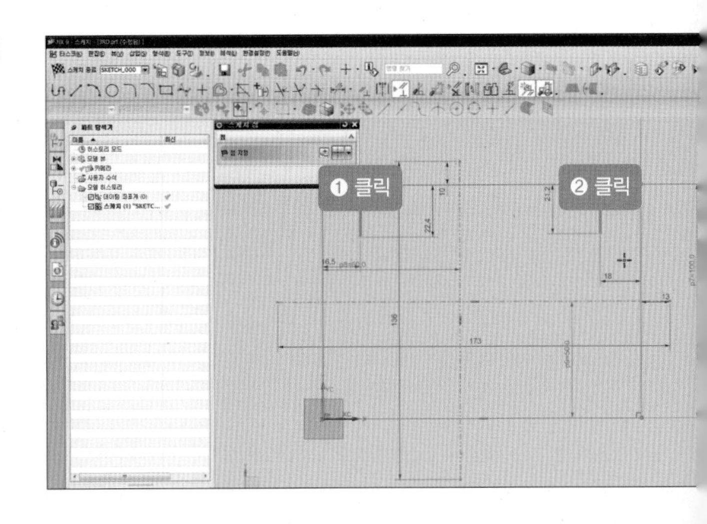

08 [급속 치수] 아이콘( )을 클릭합니다.

09 수평 참조선을 기준으로 두 점의 [높이]에 '35', '30' 수직 참조선을 기준으로 두 점의 [거리]에 '42', '72'를 각각 입력합니다.

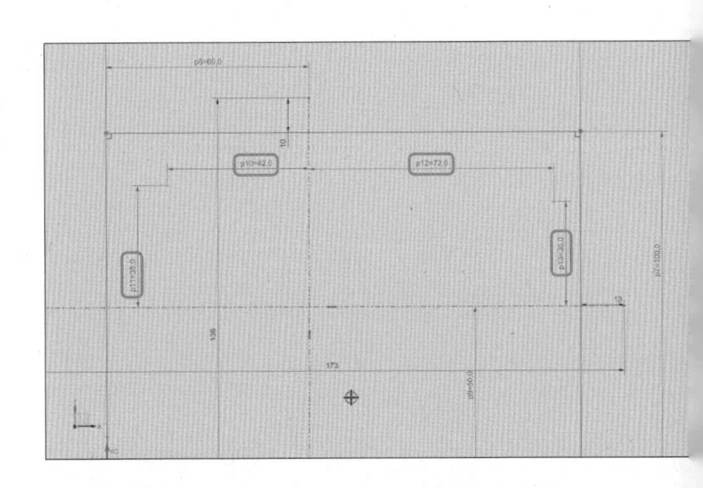

10 [대칭 곡선] 아이콘( )을 클릭합니다.

11 [대칭시킬 곡선-곡선 선택]에서 2개의 점을 선택하고 [중심선-중심선 선택]에 수평 참조선을 선택합니다.

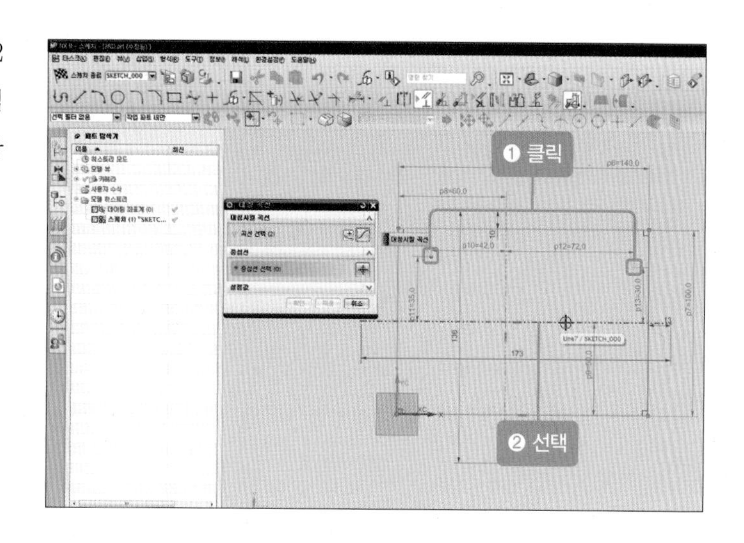

12 [원호] 아이콘을 클릭한 후 4개의 점을 이용하여 임의의 원호를 작성합니다.

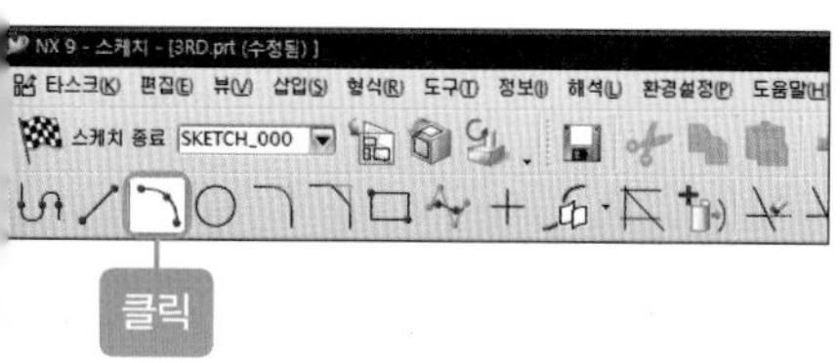

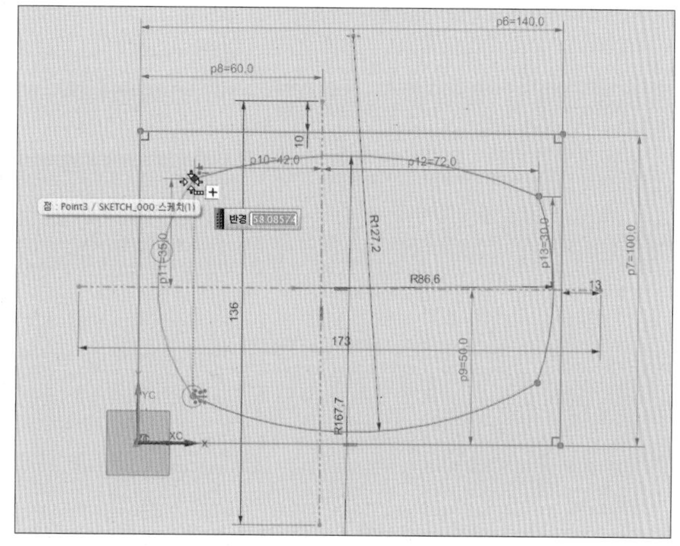

13 좌측 원호의 [반경]에 '150', 우측 원호의 [반경]에 '300', 상하 원호의 [반경]에 '150'을 입력합니다(도면에 다른 치수들이 복잡하게 보이는 경우 Ctrl + B를 이용하여 치수를 숨깁니다).

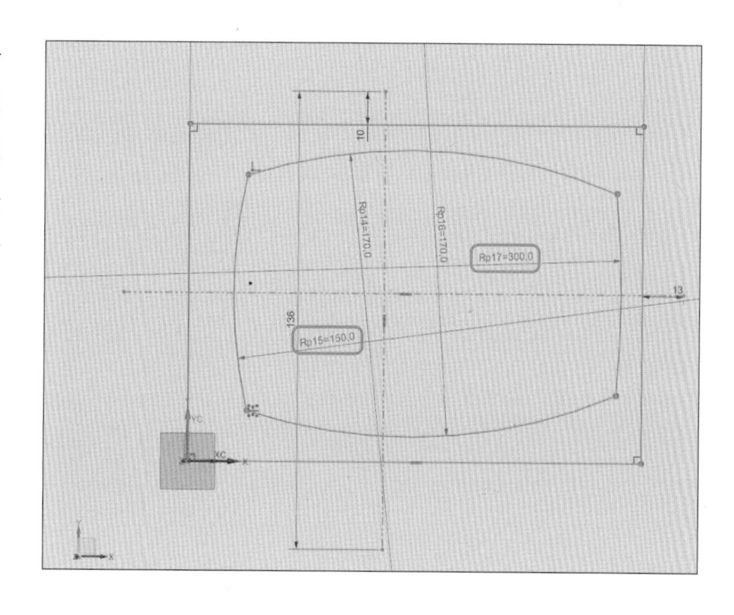

14 [필렛] 아이콘(◜)을 클릭합니다.

15 필렛할 두 곡선을 클릭한 후 [반경]에 '15'를 입력합니다.

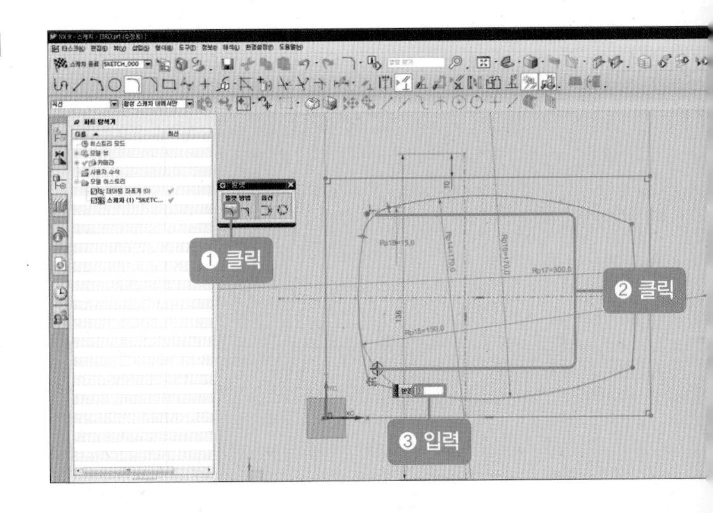

16 [원] 아이콘을 클릭한 후 선택 바에서 [교차]를 클릭합니다.

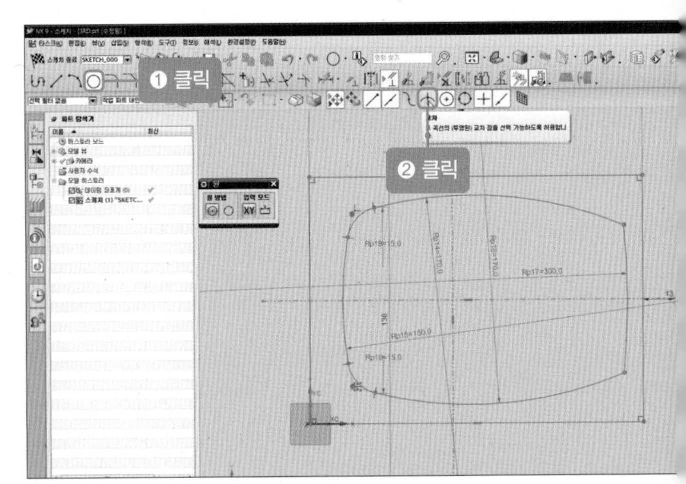

17 수평 참조선과 수직 참조선의 교차점을 클릭합니다(커서가 교차점 위치에 있으면 교차점 표시가 나타난 후에 클릭합니다).

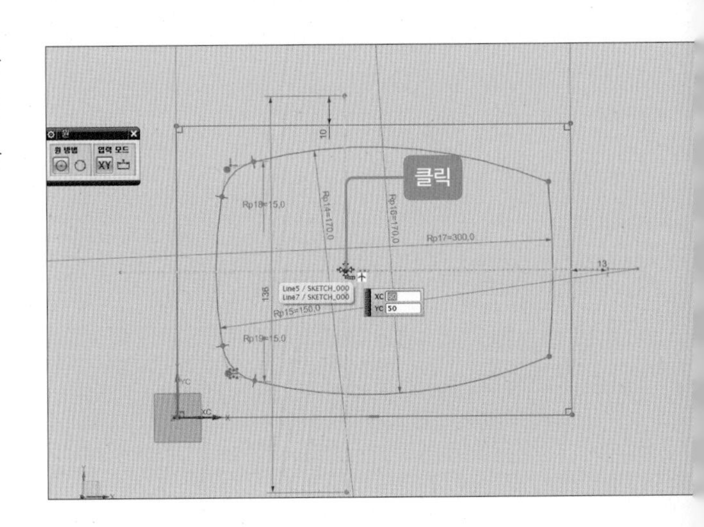

18 [원] 아이콘을 클릭한 후 [직경]에 '60'을 입력하고 Enter 또는 마우스 가운데 버튼을 클릭합니다.

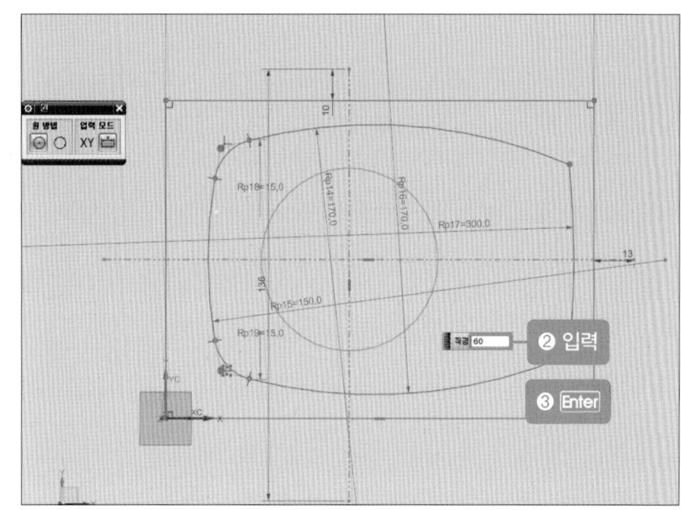

19 [원] 아이콘을 클릭한 후 임의의 원을 작성하고 수평 참조선을 기준으로 [높이]에 '15', 수직 참조선을 기준으로 [거리]에 '13', 원의 [직경]에 '8'을 입력합니다.

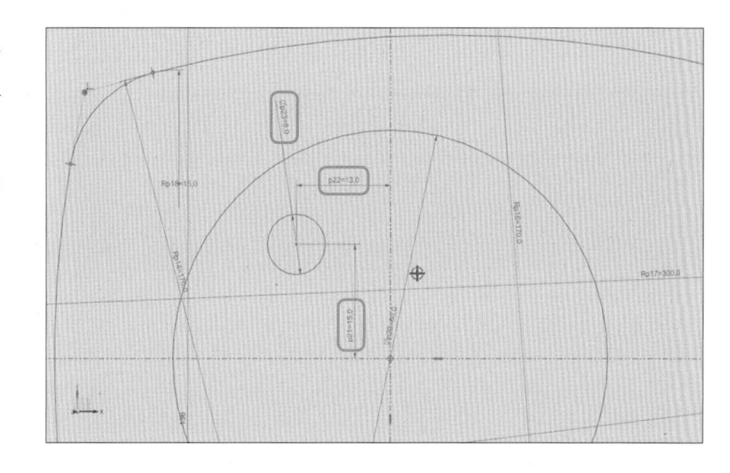

20 [패턴 곡선] 아이콘을 클릭하거나 [삽입-곡선에서의 곡선-패턴 곡선]을 클릭합니다.

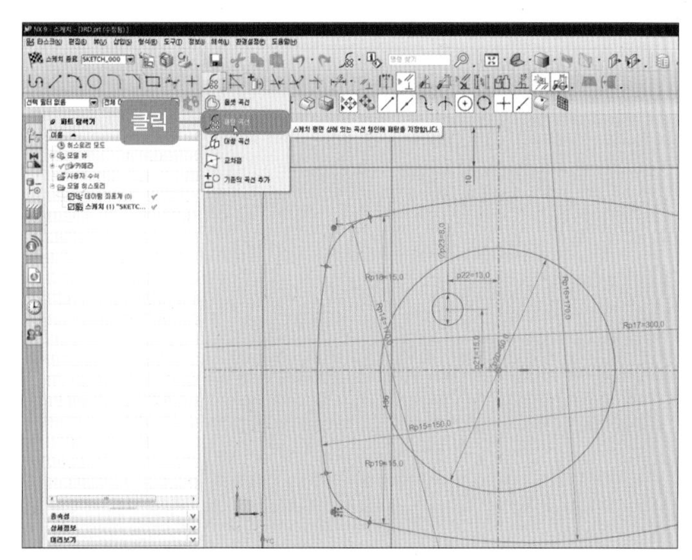

21 [패턴화할 곡선-곡선 선택]에서 원을 클릭한 후 [패턴 정의-레이아웃-선형]으로 변경합니다. [방향 1] 항목에서 [개수]에 '3', [피치 거리]에 '13'을 입력합니다.

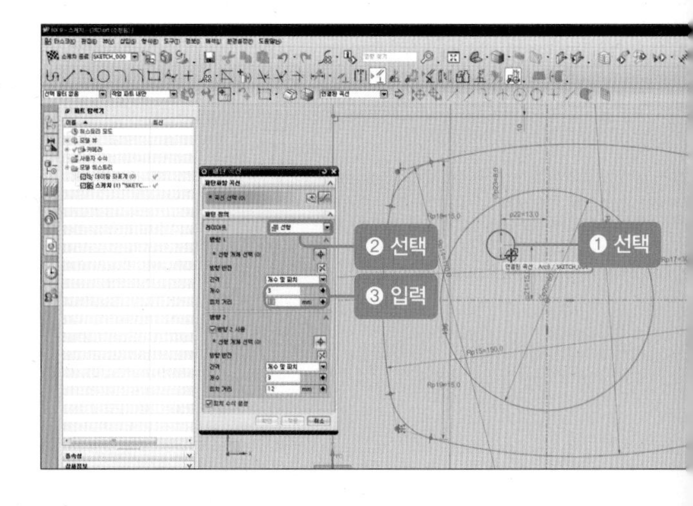

22 [선형 개체 선택]에서 복사할 방향을 결정하기 위해 [수직 참조선]을 클릭합니다.

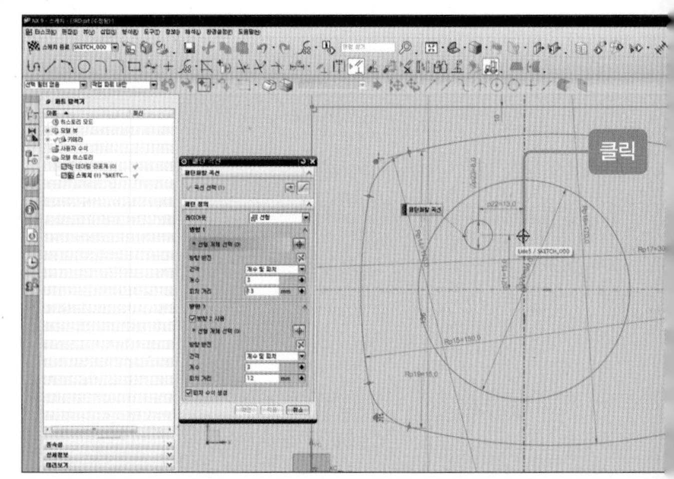

23 [방향 2 사용]에 체크한 후 [선형 개체 선택]에서 수평 참조선을 클릭합니다. [개수]에 '3', [피치 거리]에 '15'를 입력한 후 [확인] 버튼을 클릭합니다.

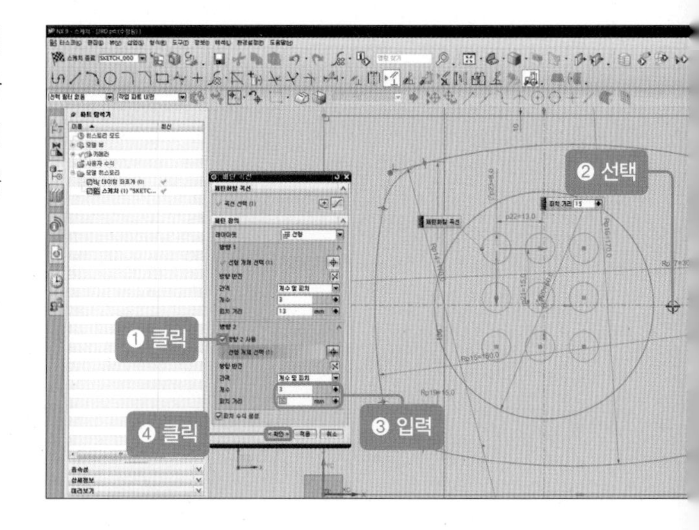

24 [원호] 아이콘을 클릭한 후 임의의 원호를 작성합니다.

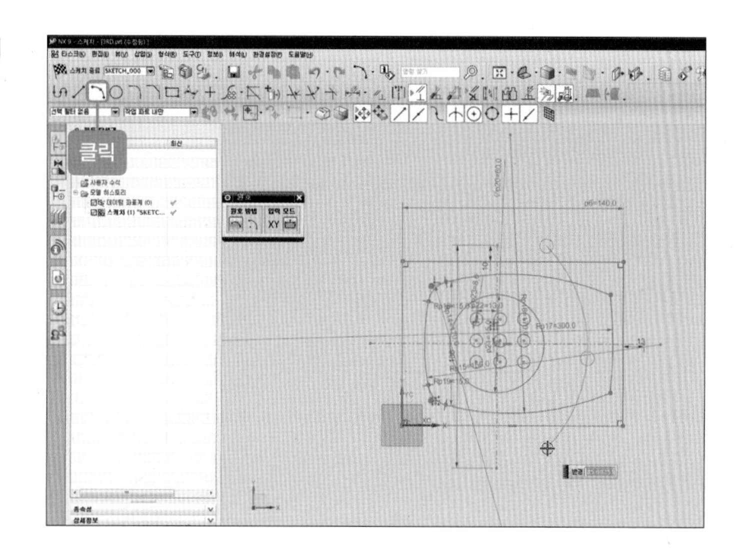

25 수평 참조선과 원호를 클릭한 후 구속 조건에서 [직교]를 선택합니다(단축키 C를 누른 후 [직교] 구속을 부여해도 무방합니다).

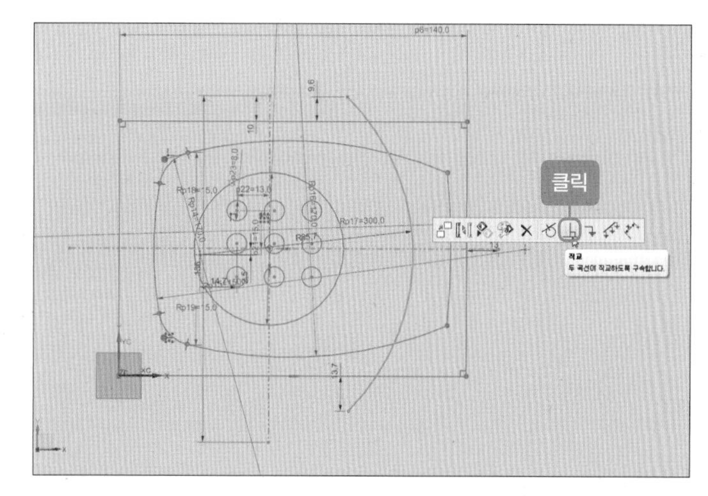

26 원호에서 [반경]에 '110'을 입력하고 [급속 치수]를 이용하여 [거리]에 '96'을 입력합니다.

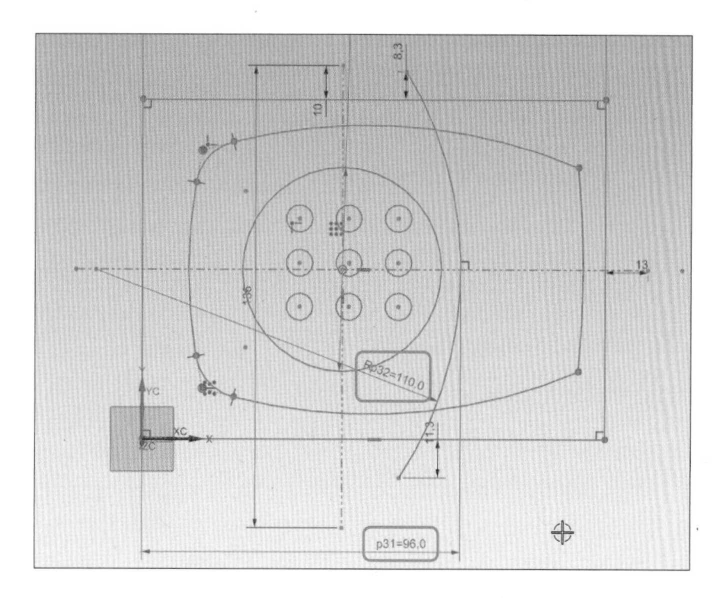

27 [선] 아이콘을 클릭한 후 직선으로 닫힌 원호를 생성합니다(돌출 시 솔리드로 만들기 위해서는 닫힌 커브이어야 하므로 임의의 선을 스케치합니다).

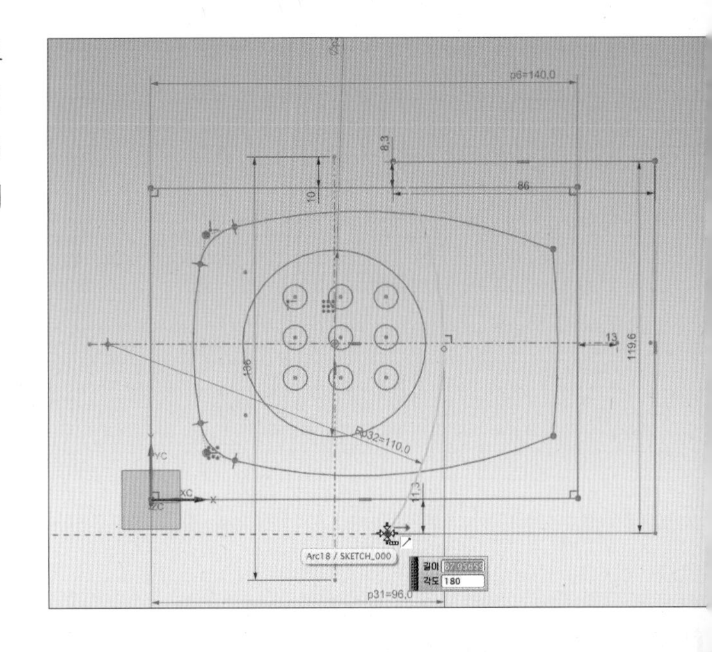

28 [돌출] 아이콘(   )을 클릭한 후 직사각형 곡선을 선택합니다. 그런 다음 [방향-벡터 지정]에 'ZC', [시작거리]에 '0', [끝 거리]에 '-10'을 입력하고 [확인] 버튼을 클릭합니다.

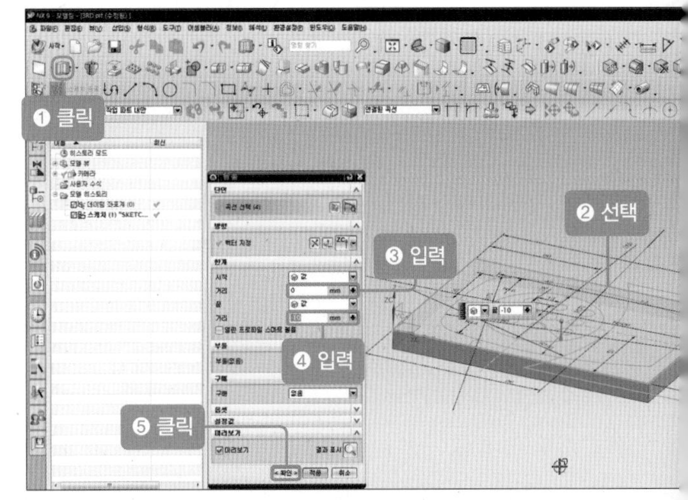

29 [돌출] 아이콘(   )을 클릭한 후 [단면-곡선 선택]에서 4개의 원호 및 필렛을 선택합니다. 그런 다음 [방향-벡터 지정]에 'ZC', [한계-시작 거]에 '0', [끝거리에 '35', [부울]에 '결합', [구배]에 '시작 한계로부터', [각도]에 '20'을 입력한 후 [확인] 버튼을 클릭합니다.

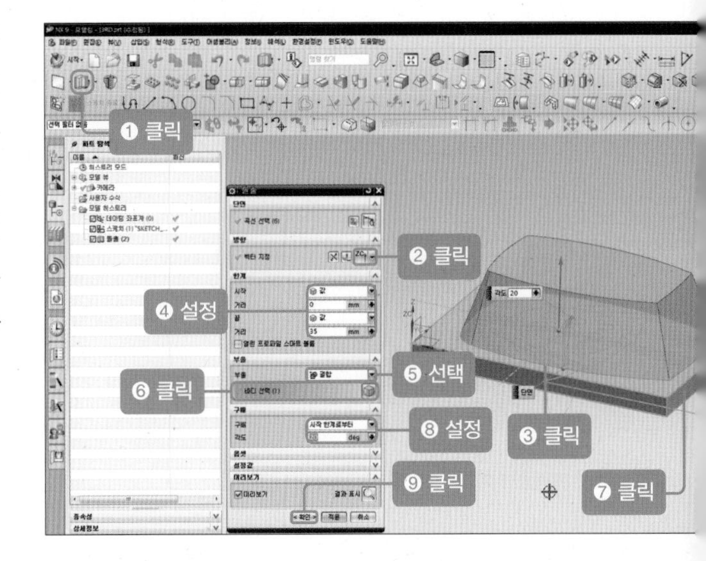

2 정면도 및 우측면도 스케치 작업하기

01 [데이텀 평면] 아이콘(□)을 클릭한 후 [유형]의 'XC-ZC 평면' 선택, [옵션 및 참조]의 'WCS'에 체크합니다. 그런 다음 [거리]에 '50'을 입력하고 [삽입-타스크 환경의 스케치]를 클릭한 후 데이텀을 작업 평면으로 선택합니다.

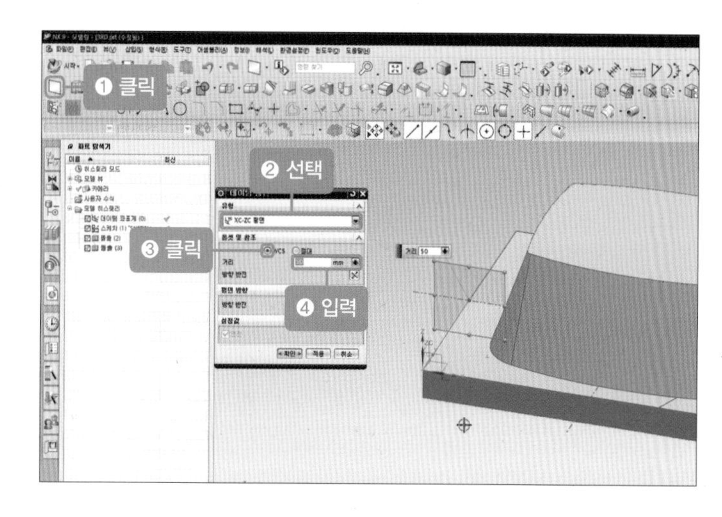

02 풀다운 메뉴의 [삽입-방법 곡선-교차 곡선]을 클릭합니다.

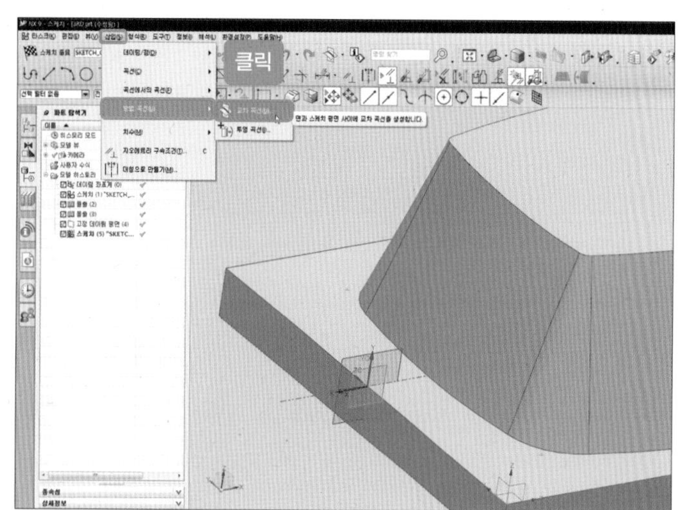

03 [교차시킬 면-면 선택]에서 좌측 경사면을 클릭합니다(스케치 작업 평면이 선택한 경사면에 교차 커브가 추출되는 것을 알 수 있습니다).

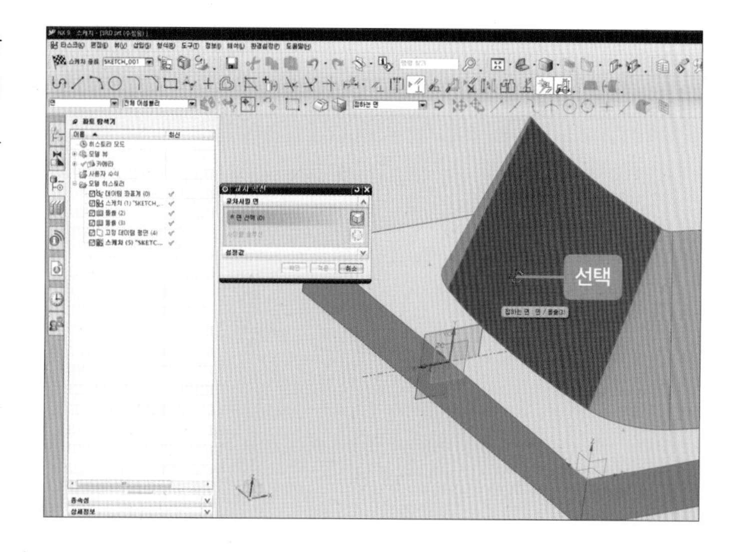

04 [점] 아이콘을 클릭한 후 [점 지정–곡선/모서리 상의 점]을 선택합니다.

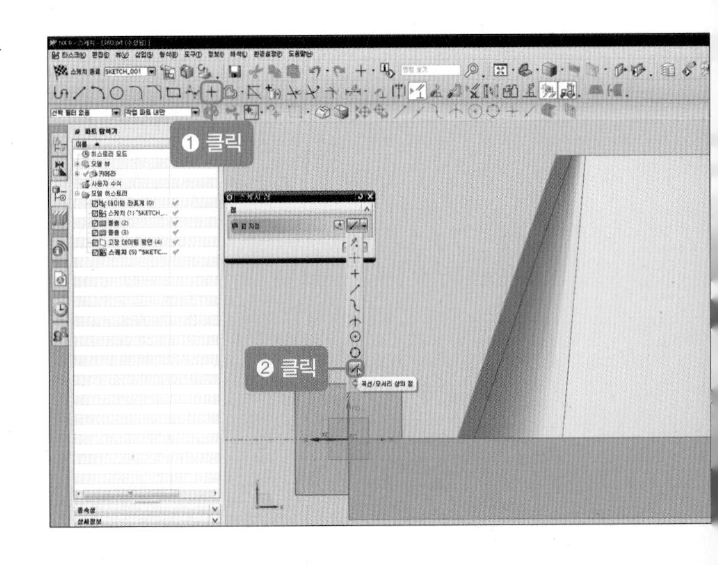

05 추출된 경사면 커브 위에 임의의 위치를 클릭하여 점을 생성한 후 [급속 치수] 아이콘( )을 클릭합니다.

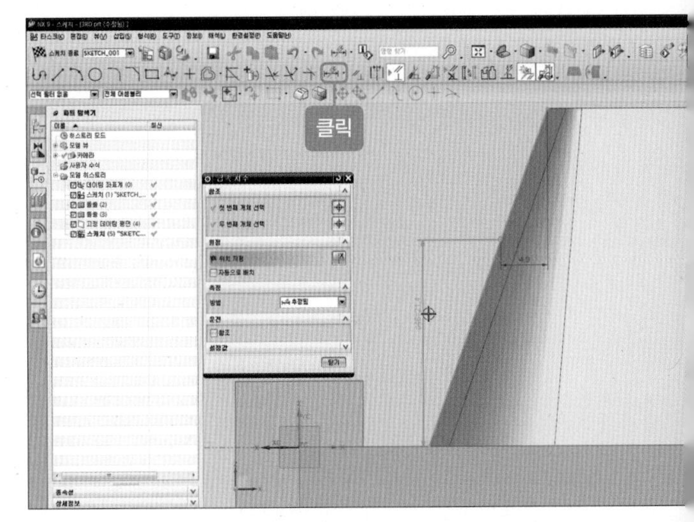

06 점의 [높이]에 '28'을 부여합니다.

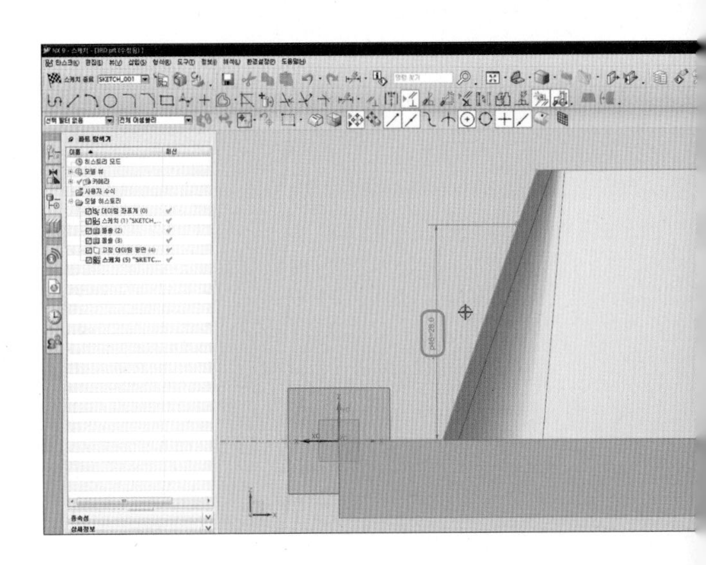

07 [원호] 아이콘을 클릭한 후 [3점에 의한 원호]를 클릭하고 첫 번째 포인트는 좌측 임의의 점, 두 번째 포인트를 선택하고 세 번째 포인트는 우측 임의의 위치를 클릭합니다.

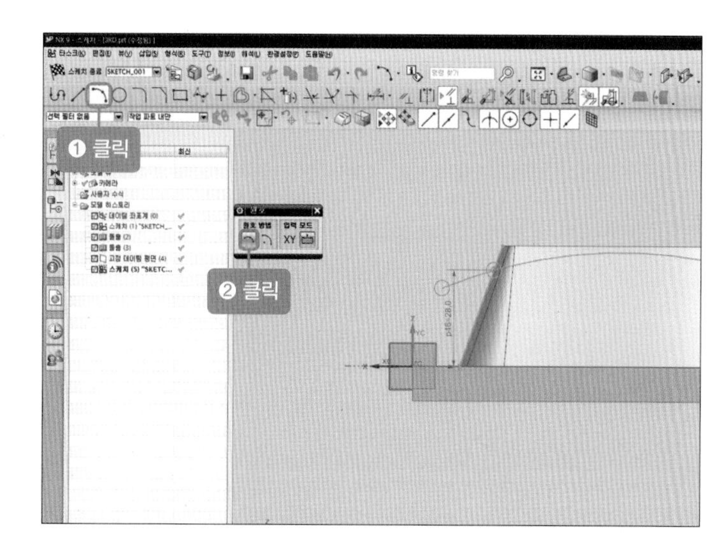

08 [데이텀 좌표계-YZ 평면]을 기준으로 원호 중심까지 [거리]에 '48', [반경]에 '300'을 입력합니다.

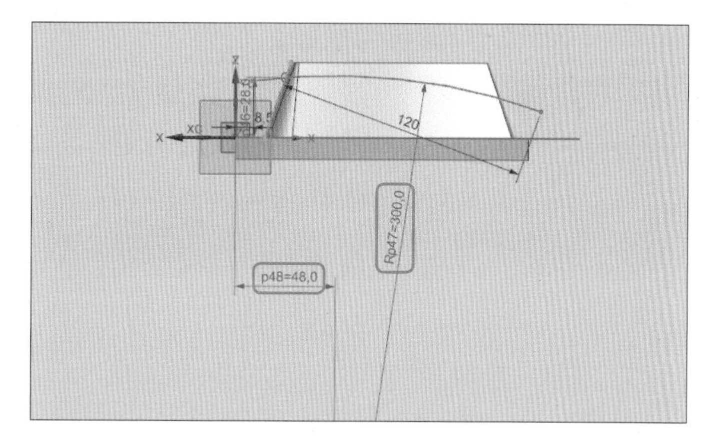

09 [데이텀 평면] 아이콘(□)을 클릭한 후 [유형-곡선 및 점]을 선택하고 [참조 지오메트리-개체 선택]에서 원호 끝점을 선택합니다.

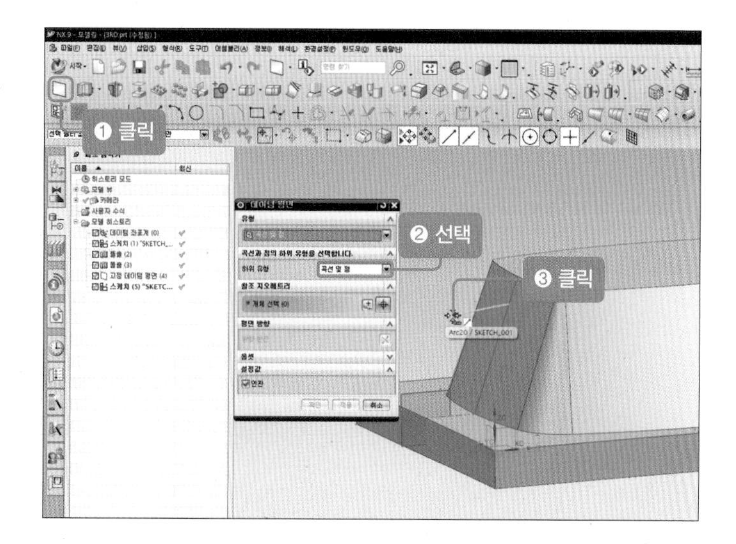

10 [타스크 환경의 스케치]를 클릭하여 생성한 데이텀을 선택합니다.

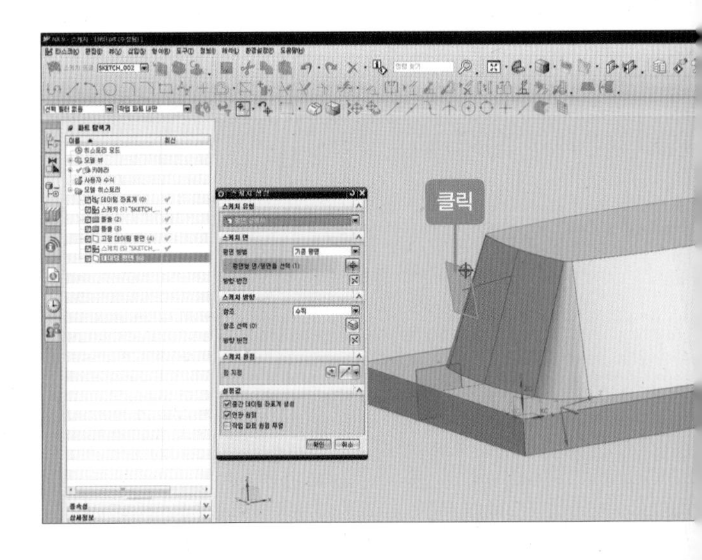

11 [스케치 원점–점 지정–끝점]을 선택한 후 원호의 끝부분을 클릭합니다.

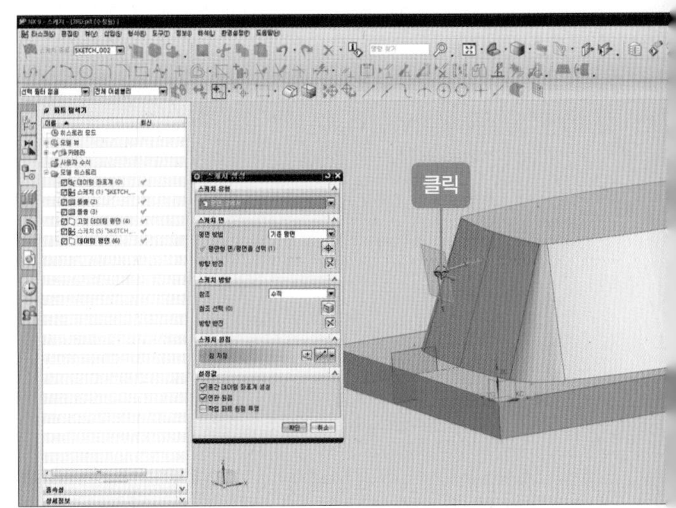

12 [Y축]을 더블클릭하여 작업 뷰의 방향을 변경한 후 [확인] 버튼을 클릭합니다.

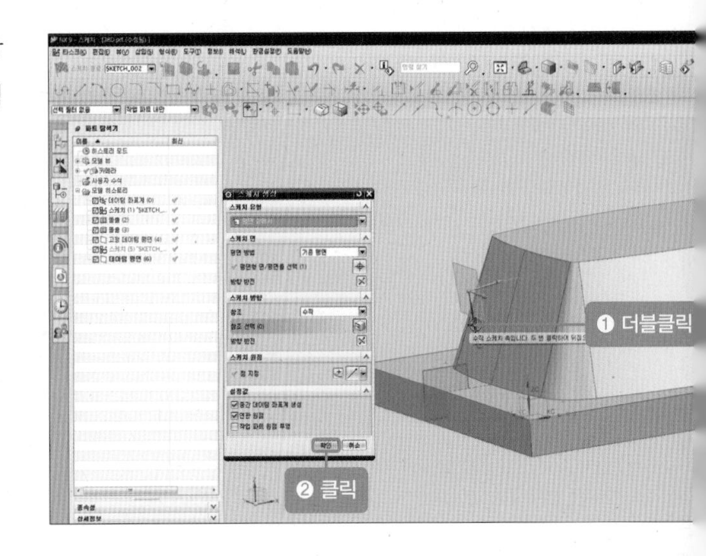

13 [원호] 아이콘( )을 클릭한 후 임의의 원호를 생성하고 [스케치 종료] 버튼을 클릭합니다.

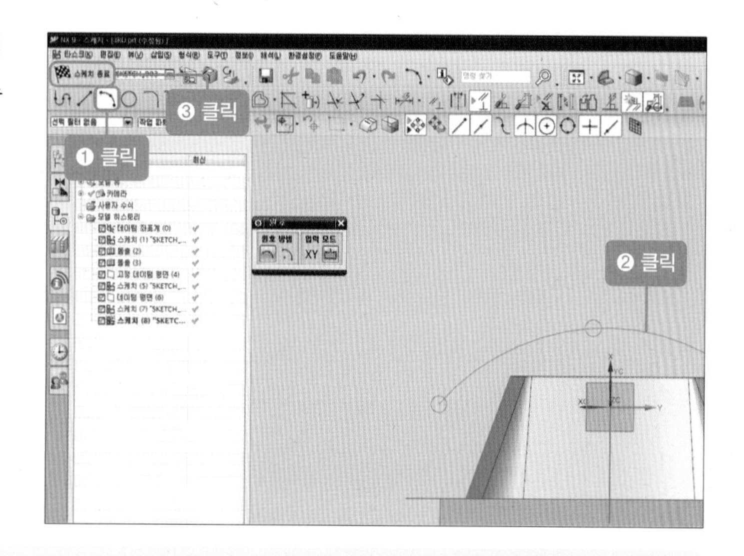

Tip 스케치 수정

이 스케치 작업은 05부터 08 사이에 적용해도 무방합니다. 선택된 곡선을 참조선으로 변환시킬 것입니다.

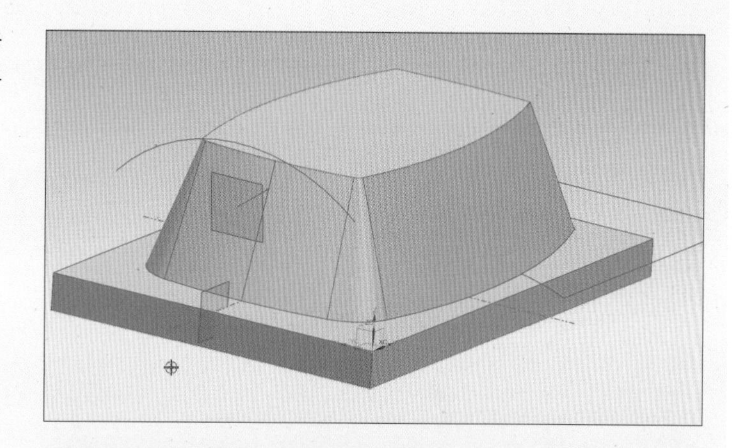

01 수정할 스케치를 더블클릭합니다. 여기서는 [파트 탐색기-스케치 (5)]입니다.

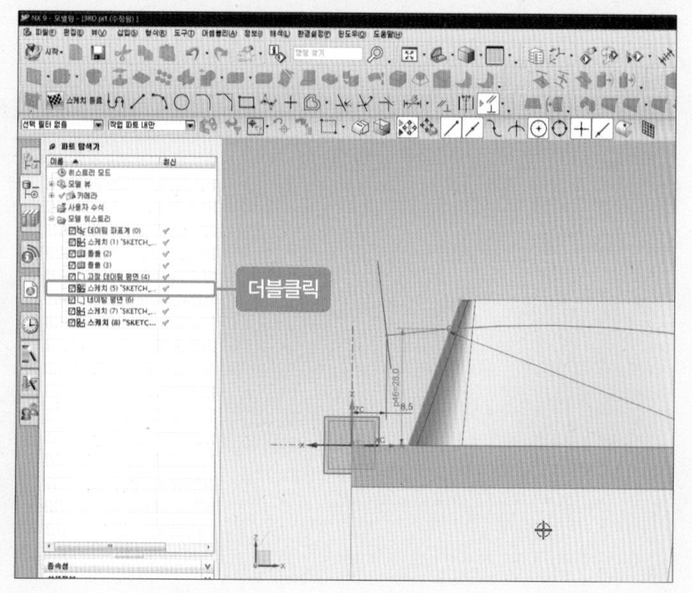

02 경사면에서 추출된 곡선을 선택한 후 [참조에서/로 변환]을 클릭하고 [스케치 종료] 버튼을 클릭합니다.

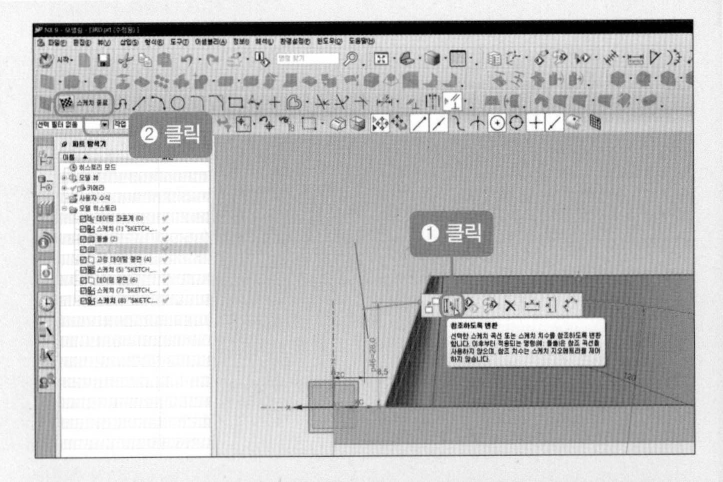

03 참조 곡선으로 변환되었습니다.

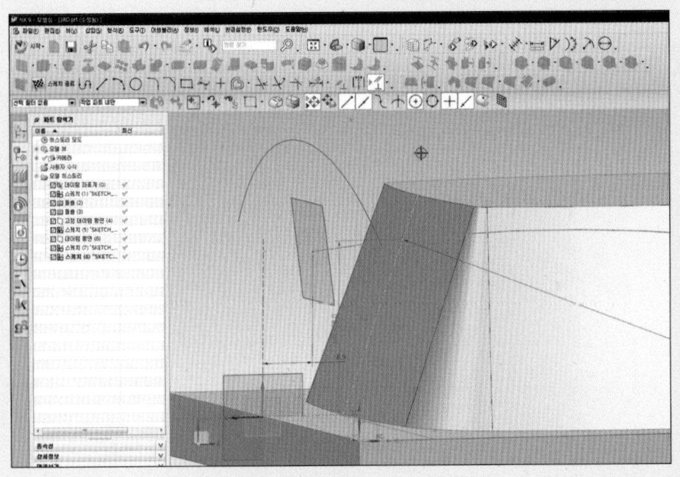

이렇게 모델링 작업을 하다가 수정할 사항이 발생하면 해당하는 스케치 및 모델링을 더블클릭하여 수정 작업을 할 수 있습니다.

14 [파트 탐색기-스케치(8)]을 더블클릭한 후 [지오메트리 구속 조건] 아이콘( )을 클릭하거나 단축키 C 를 누른 후 [곡선상의 점]( )을 선택합니다.

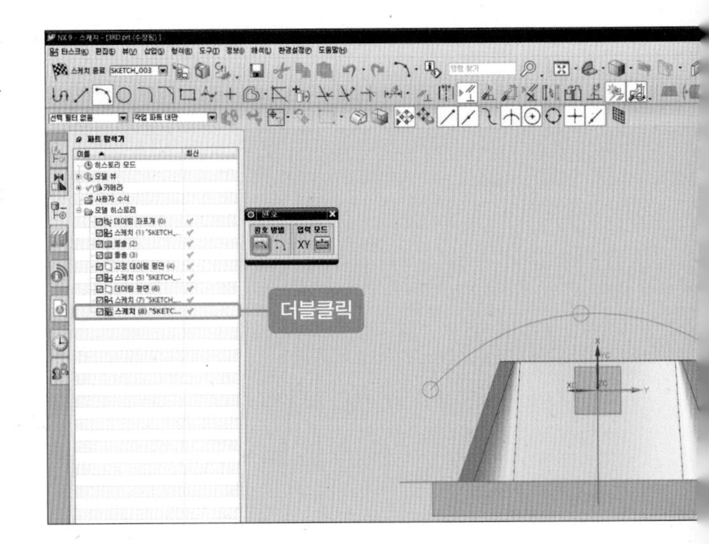

15 [구속할 개체 선택-원호 끝점]을 클릭합니다.

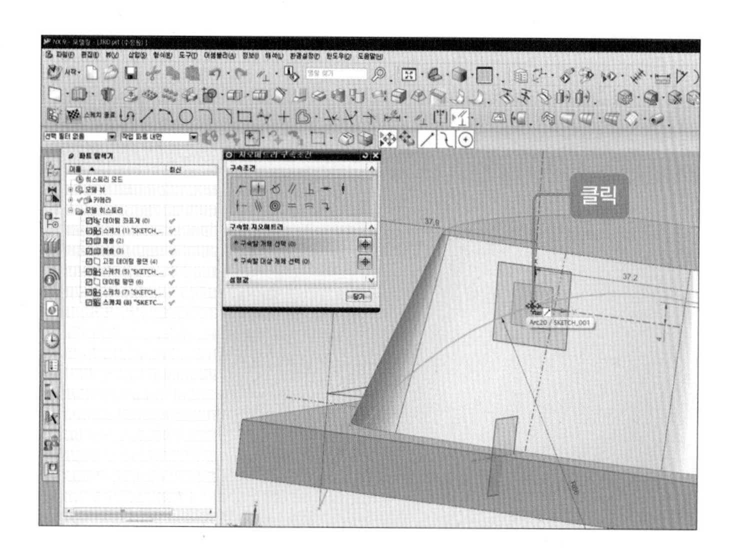

16 [구속할 대상 개체 선택-경사면 참조선]을 선택합니다.

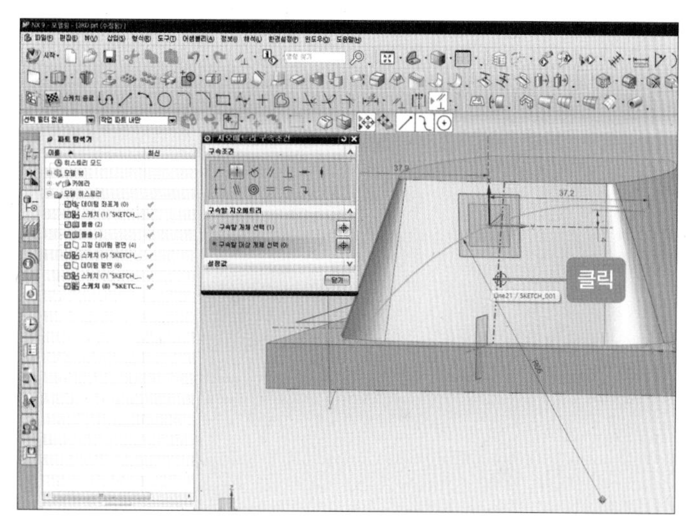

17 원호의 [반경]에 '200'을 입력합니다.

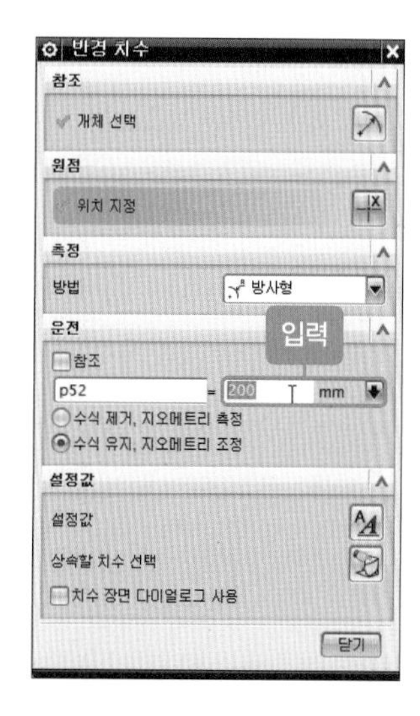

3 정면도 및 우측면도 형상 만들기

01 [스웹] 아이콘을 클릭합니다.

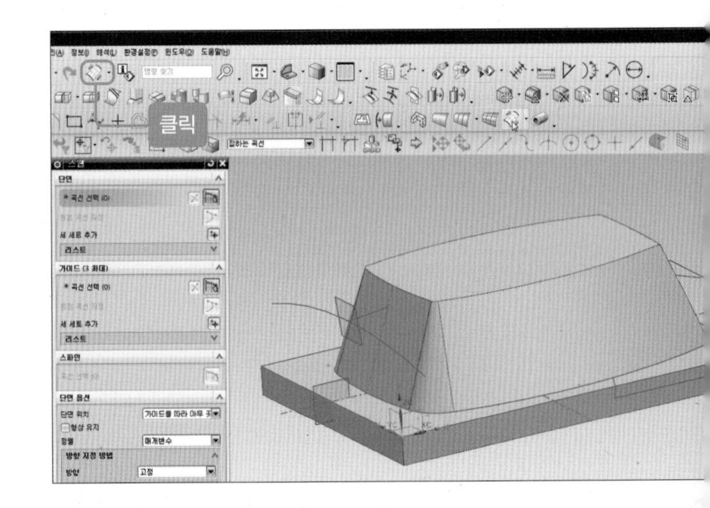

02 [단면-곡선 선택]에서 원호를 클릭합니다.

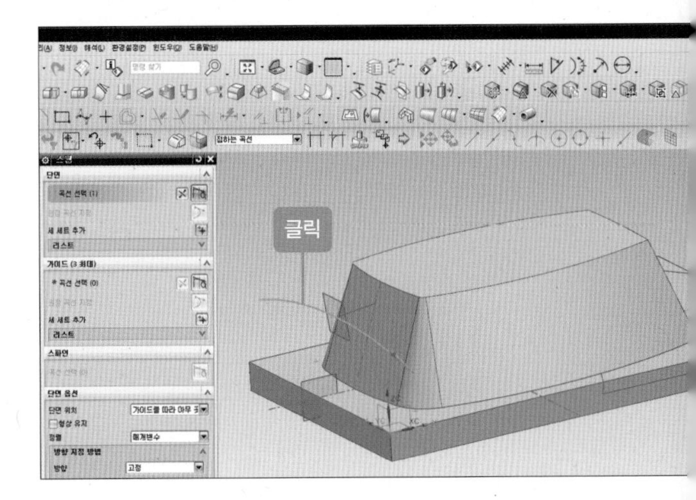

03 [가이드-곡선 선택]에 원호를 선택한 후 [확인] 버튼을 클릭합니다.

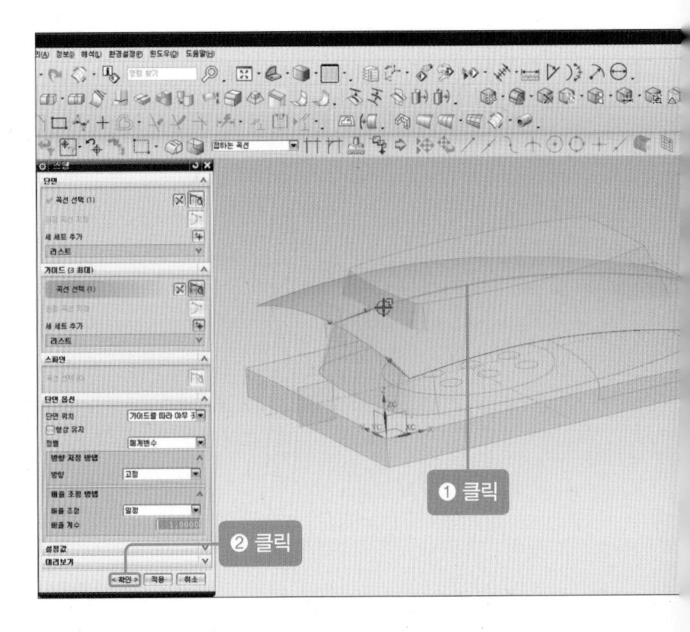

04 [바디 트리밍] 아이콘을 클릭합니다.

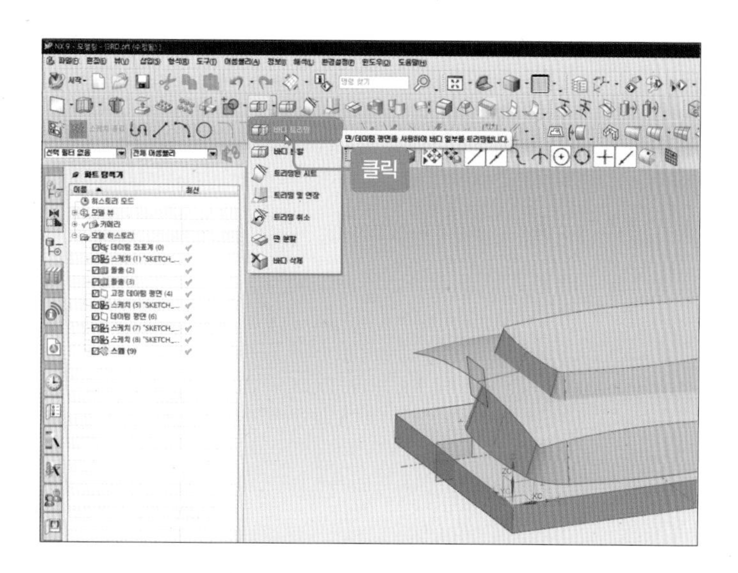

05 [타겟]의 바디 선택에서 솔리드를 클릭합니다.

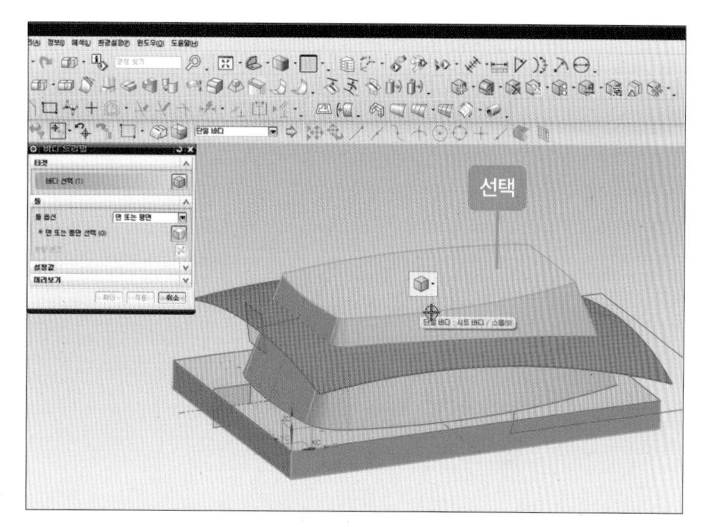

06 [툴-면 또는 평면 선택]에서 시트를 클릭합니다.

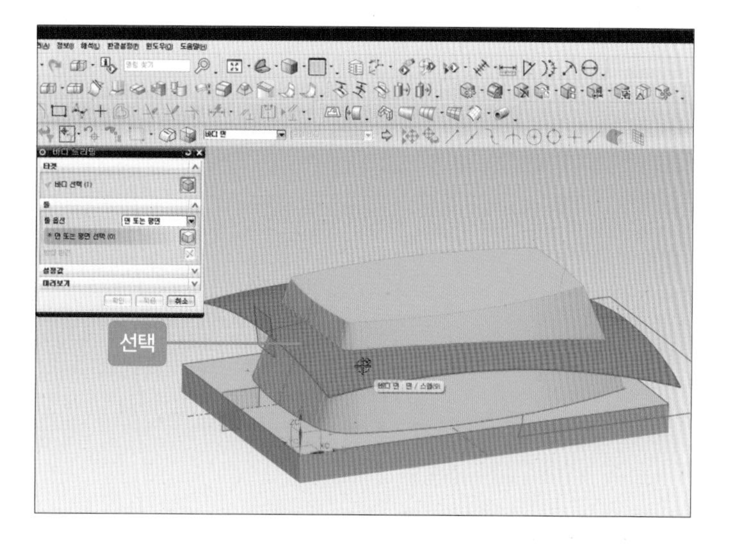

07 [방향 반전]을 클릭하여 필요한 솔리드를 선택합니다.

08 [확인] 버튼을 클릭합니다.

4 상부 형상 만들기 1

01 [돌출] 아이콘(□)을 클릭한 후 [곡선 선택–솔리드할 곡선]을 선택하고 [방향–벡터 지정]에 'ZC', [한계–시작 거리]에 '15', [끝 거리]에 '40', [부울]에 '빼기', [바디 선택]에 '솔리드 바디', [구배]에 '시작 한계로부터', [각도]에 '-20'을 입력하고 [확인] 버튼을 클릭합니다.

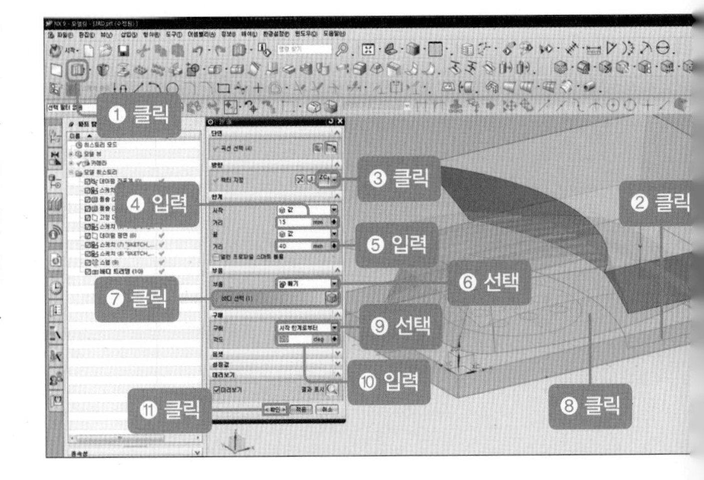

02 단축키 Ctrl+B를 누른 후 시트를 선택하고 [확인] 버튼을 클릭합니다(다음 작업을 할 때 불편한 서피스를 숨깁니다).

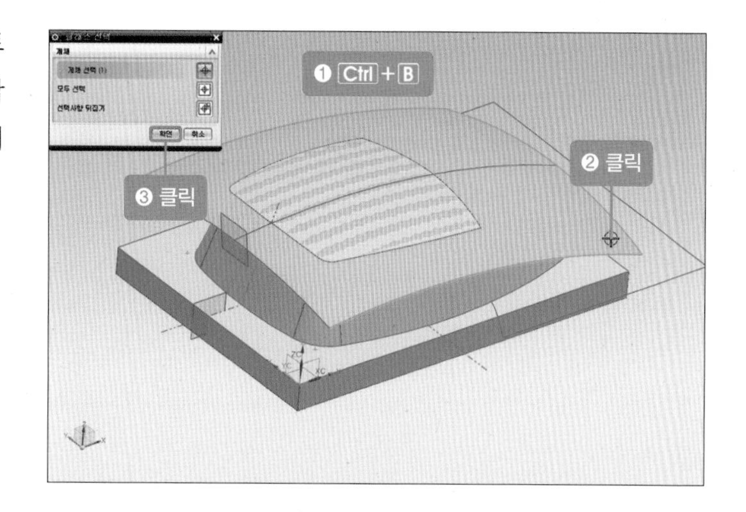

03 [곡면 옵셋] 아이콘( )을 클릭합니다.

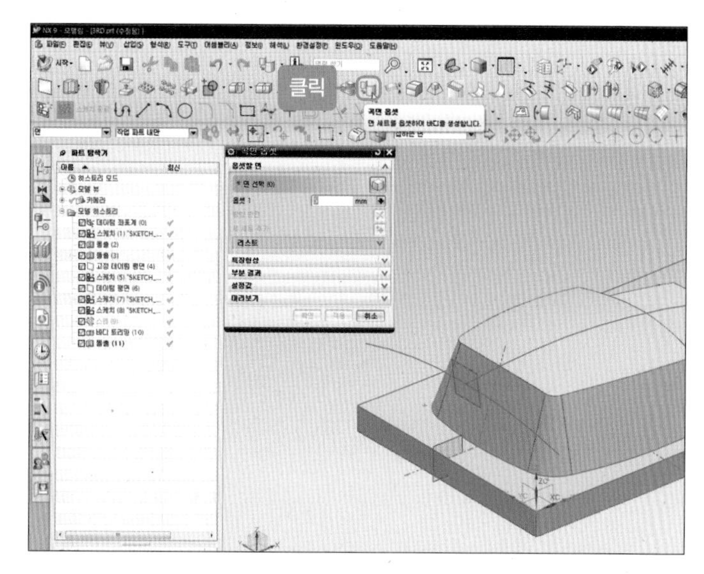

04 [옵셋할 면-면 선택]에서 상부 면을 클릭한 후 [옵셋]에 '4'를 입력하고 [확인] 버튼을 클릭합니다.

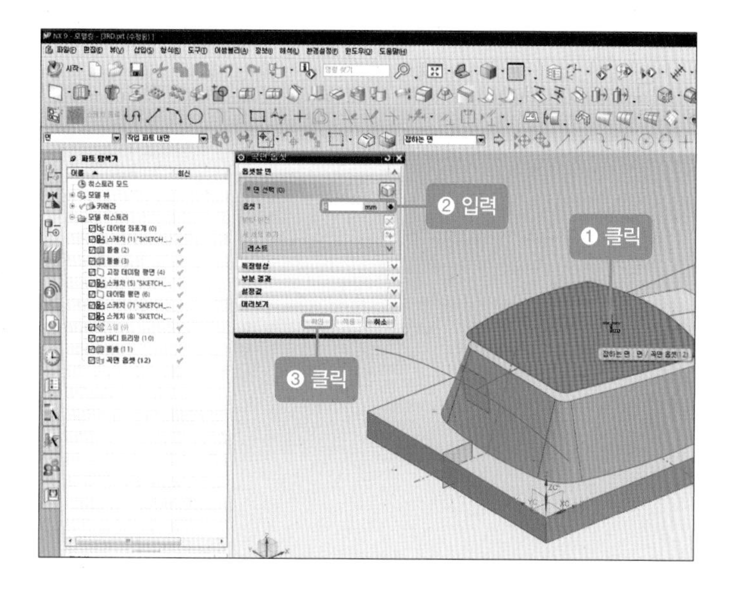

05 [곡면 옵셋] 아이콘( )을 클릭한 후 [면 선택-방금 전에 생성한 서피스 선택], [옵셋]에 '3'을 입력하고 [확인] 버튼을 클릭합니다.

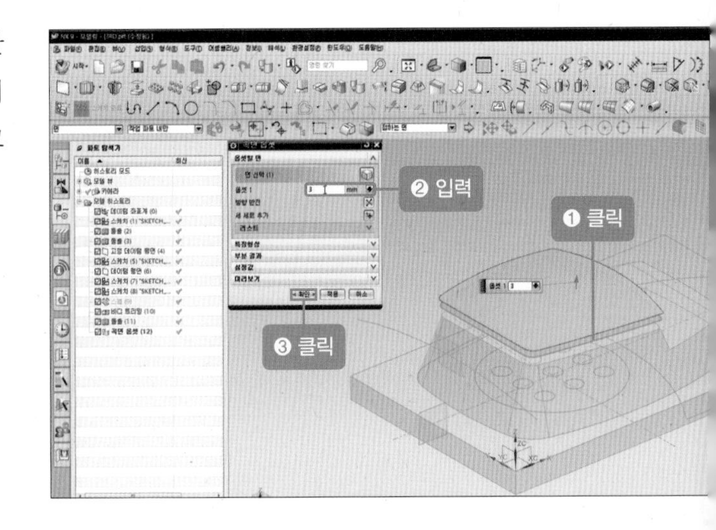

06 빈 공간에 마우스 오른쪽 버튼 (2)를 길게 클릭하여 [정적 와이어 프레임] 방향으로 마우스 포인트 이동한 후 버튼을 놓습니다.

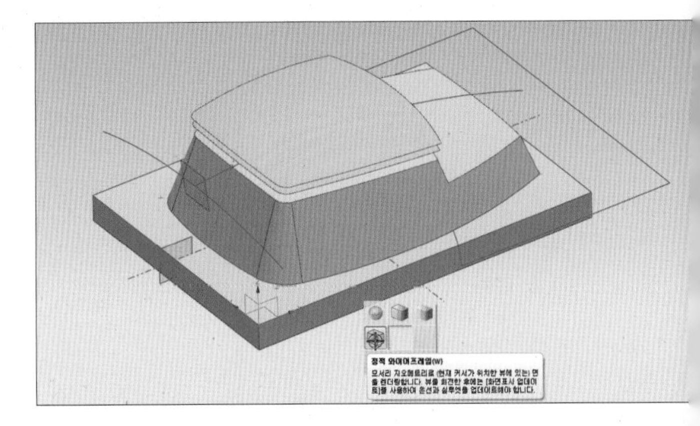

07 [돌출] 아이콘 클릭한 후 [곡선 선택]에 원 9개, [벡터 지정]에 'ZC', [한계-시작]에 [선택까지], [개체 선택]에 [시트(3mm 곡면 옵셋)]를 선택한 후 [확인] 버튼을 클릭합니다.

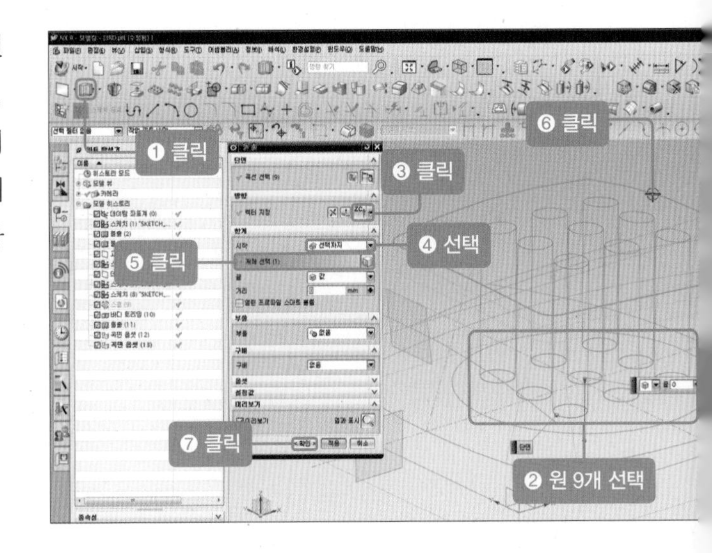

08 [돌출] 아이콘( )을 클릭한 후 [곡선 선택]에 '원', [벡터 지정]에 'ZC', [한계–시작]에 '선택까지'(선택한 면까지 솔리드가 생성), [개체 선택]에 '시트(4mm 곡면 옵셋)'를 선택한 후 [확인] 버튼을 클릭합니다.

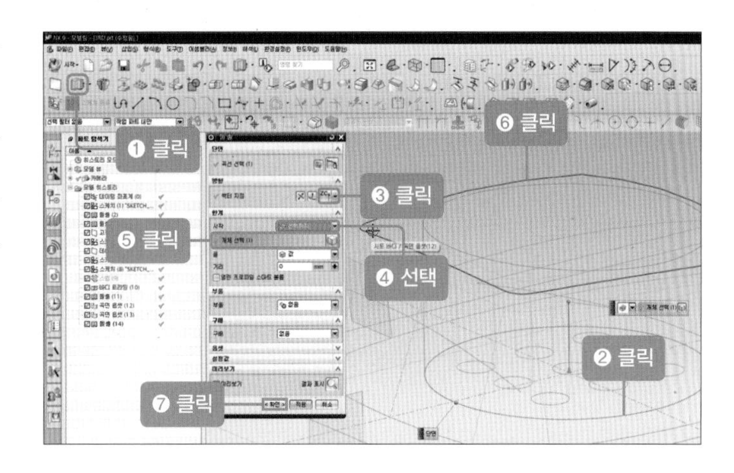

09 빈 공간에 마우스 오른쪽 버튼 (2)를 길게 클릭하여 [음영 처리, 모서리 표시] 방향으로 마우스 포인트를 이동한 후 버튼에서 손을 뗍니다.

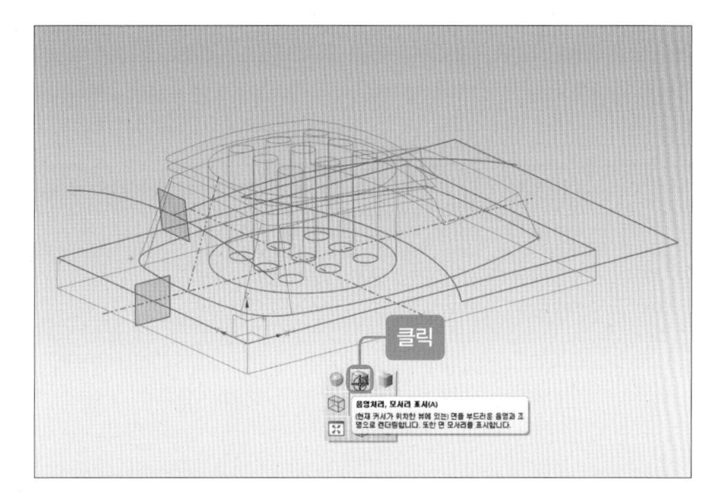

10 단축키 Shift+B를 누른 후 시트 2개를 선택하고 [확인] 버튼을 클릭합니다(불필요한 시트를 숨깁니다).

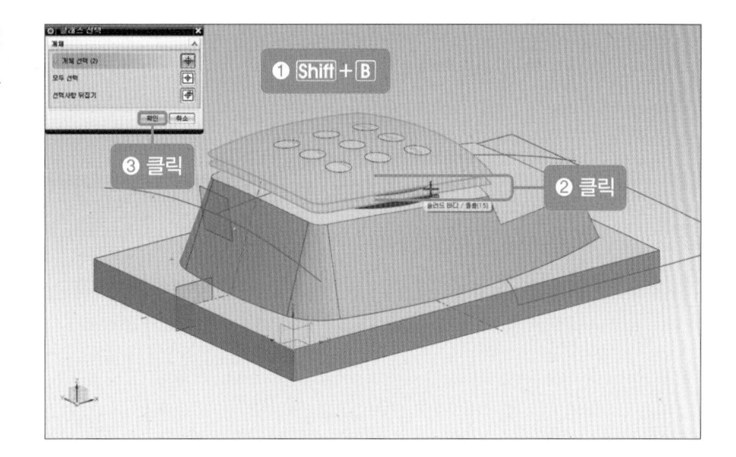

5 상부 형상 만들기 2

01 [삽입-타스크 환경의 스케치]를 클릭한 후 선택된 면의 스케치 평면을 선택하고 [확인] 버튼을 클릭합니다.

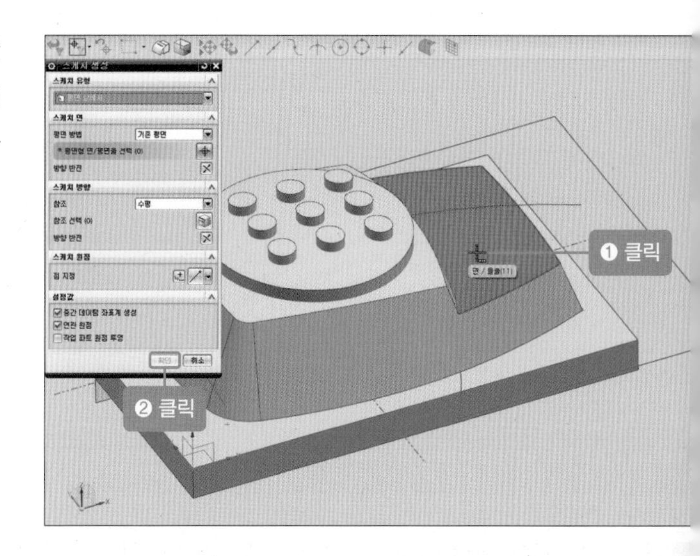

02 풀다운 메뉴의 [삽입-곡선-타원]을 클릭합니다.

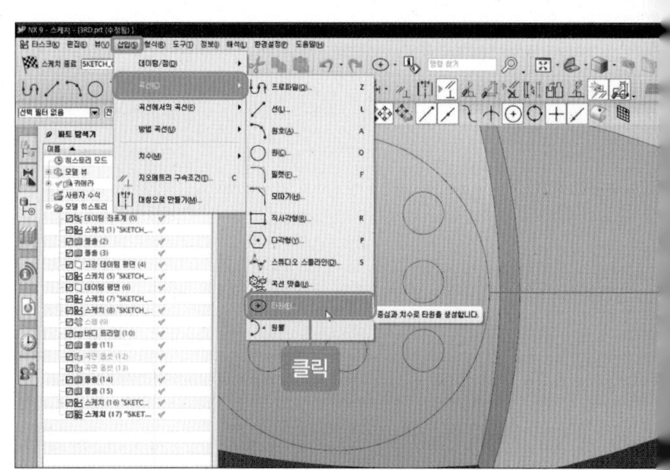

03 선택 바에서 [곡선상의 점]( )을 활성한 후 [중심-점 지정], [외반경]에 '9', [내반경]에 '23'을 입력한 후 [확인] 버튼을 클릭합니다.

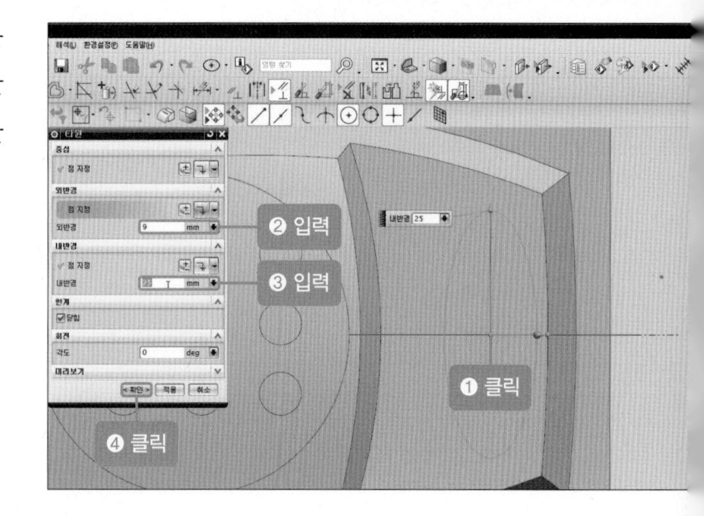

04 [선형 치수]를 클릭한 후 [타원]에 '중심까지', [거리]에 '110'을 입력하고 [닫기] 버튼을 클릭합니다.

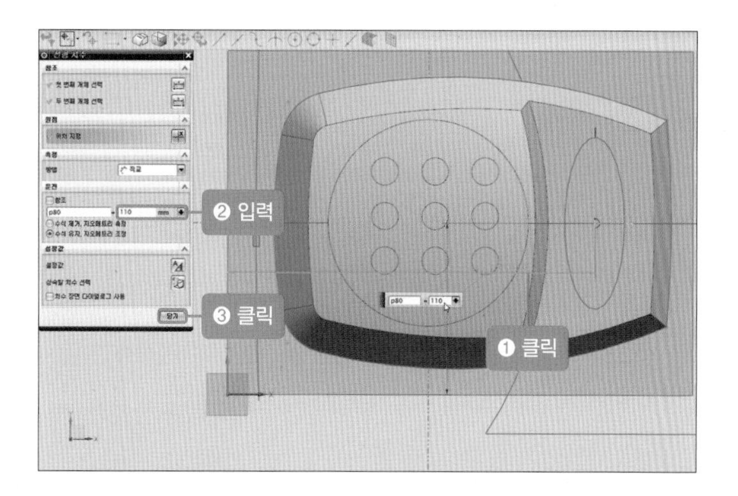

05 [데이텀 평면] 아이콘( )을 선택한 후 [유형-거리]로 변경합니다.

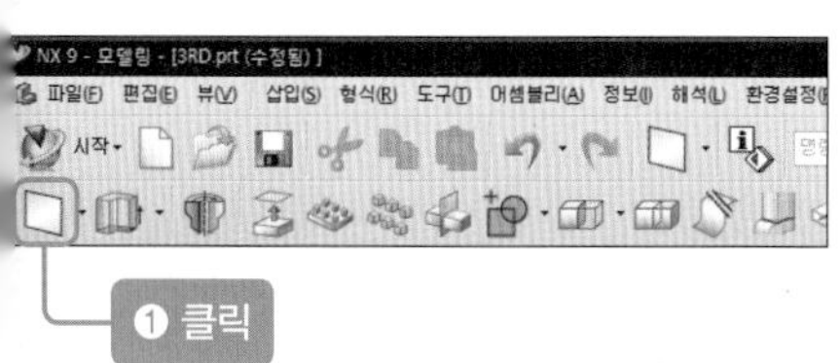

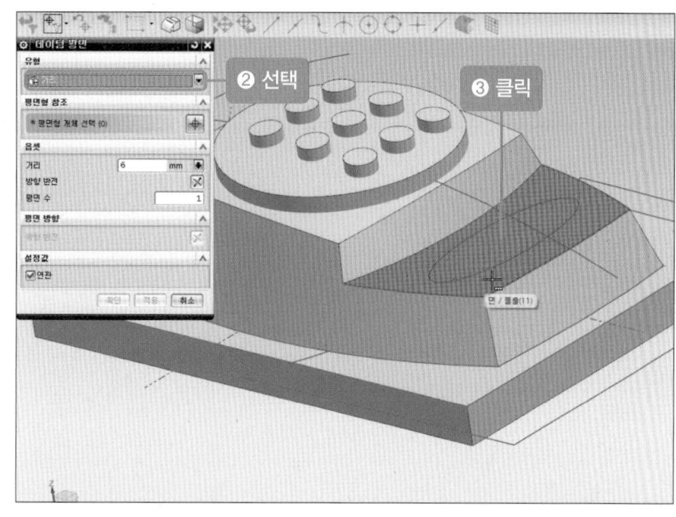

06 [평면형 개체 선택-옵셋시킬 면]을 선택한 후 [옵셋-거리]에 '4'를 입력하고 [확인] 버튼을 클릭합니다.

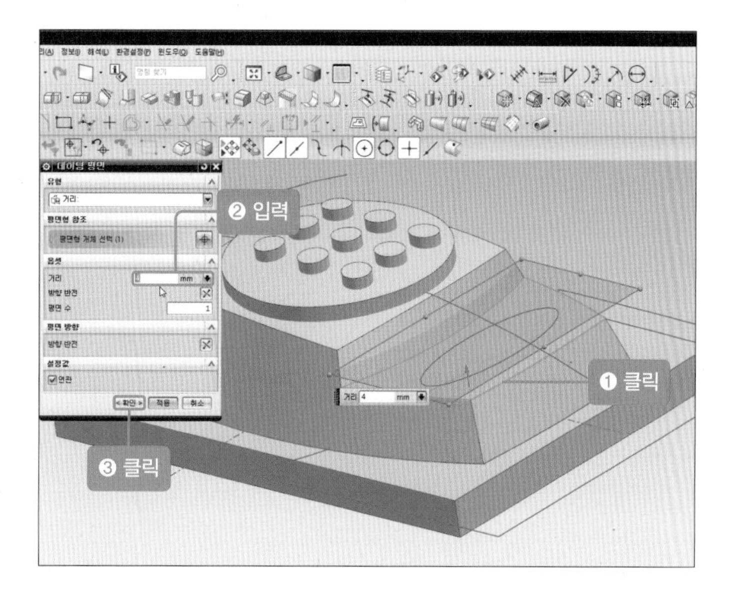

07 [삽입-타스크 환경의 스케치-데이텀 평면]을 선택한 후 [확인] 버튼을 클릭합니다.

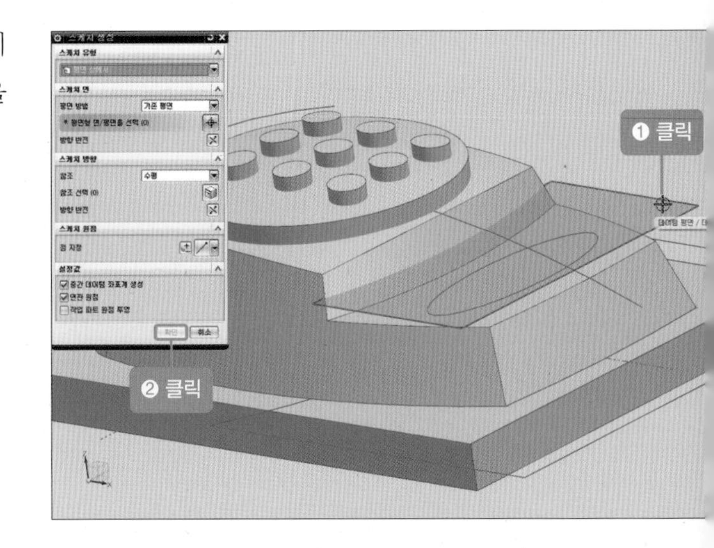

08 풀다운 메뉴의 [삽입-곡선-타원]을 선택한 후 [중심-점 지정]에 '타원의 중심'을 클릭합니다.

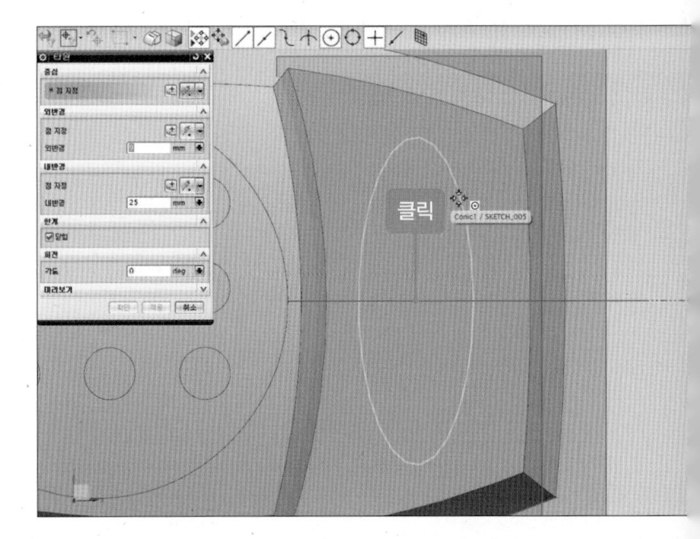

09 [외반경]에 '5', [내반경]에 '13'을 입력한 후 [확인] 버튼을 클릭 [스케치 종료] 버튼을 클릭합니다.

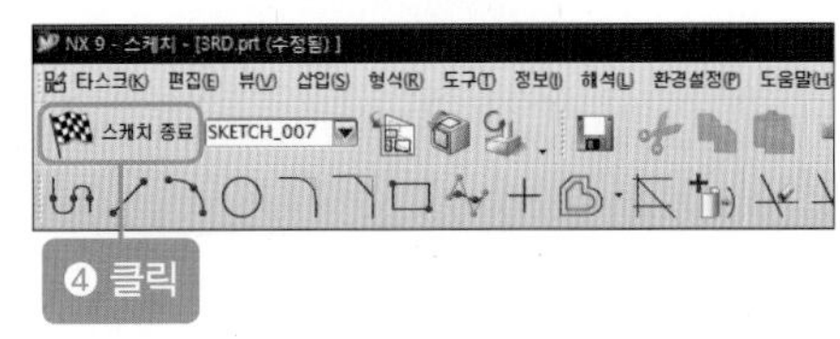

10 [단면 스트링 1-곡선 또는 점 선택]에 '상단 작은 타원'을 선택합니다.

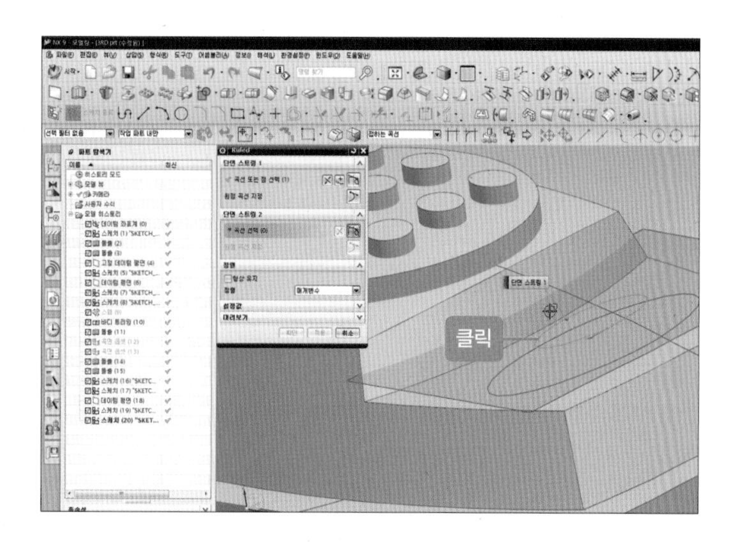

11 [단면 스트링 2-곡선 선택]에 '하단 큰 타원'을 선택합니다.

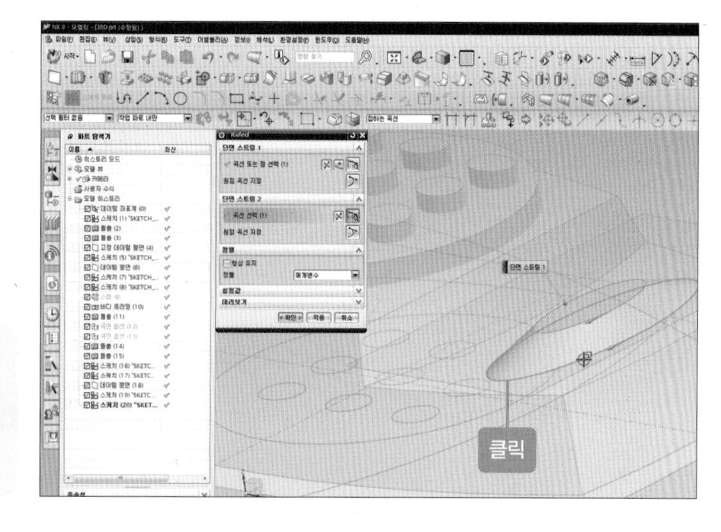

Tip 시작점의 화살표 방향의 경우 위의 곡선과 아래 곡선이 동일한 방향이어야 합니다. 다른 방향으로 되어 있을 경우 방향 전환을 클릭하여 방향을 맞춰줍니다.

12 [결합] 아이콘( )을 클릭한 후 [타겟-바디 선택]에 '바디 선택', [공구-바디 선택]에서 마우스를 드래그하여 나머지 솔리드 객체를 모두 선택한 후 [확인] 버튼을 클릭합니다.

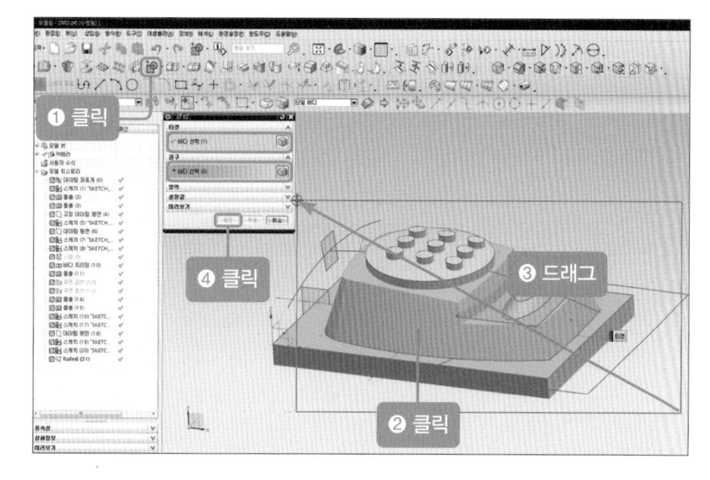

13 단축키 Ctrl + Shift + U를 눌러 숨어 있는 객체를 모두 불러옵니다.

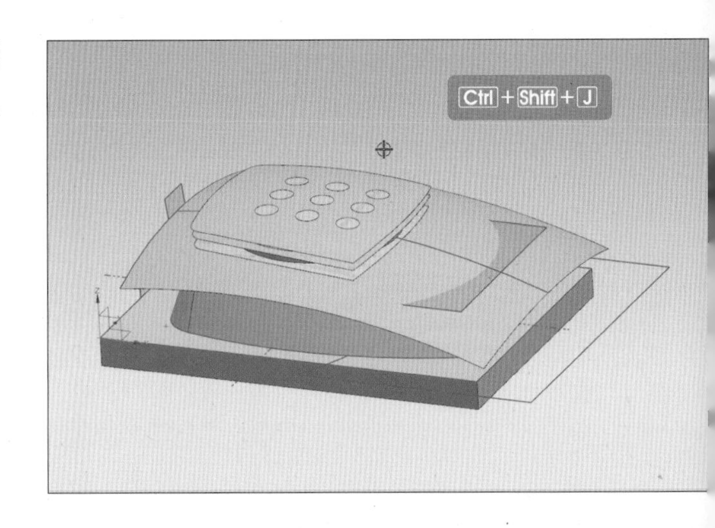

14 단축키 Ctrl + B를 눌러 솔리드 바디만 선택합니다. 그런 다음 단축키 Ctrl + Shift + B를 눌러 숨어 있는 객체 방향으로 이동합니다.

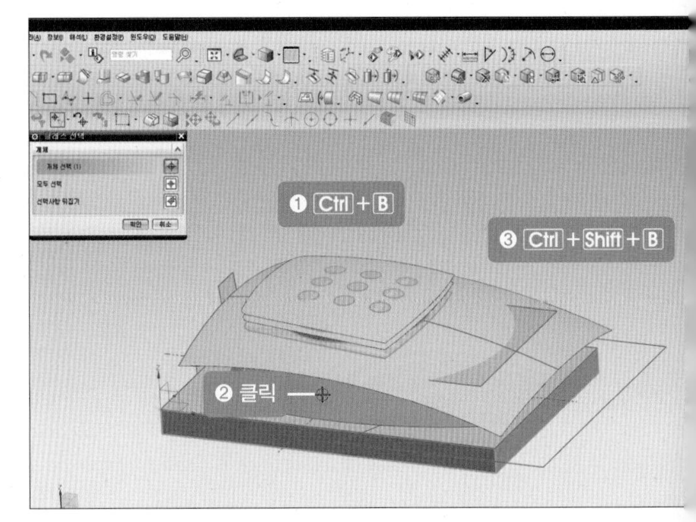

⑥ 블렌드 작업하기

01 [모서리 블렌드] 아이콘( )을 클릭한 후 두 모서리를 선택합니다. 그런 다음 [반경 1]에 '3'을 입력하고 [적용] 버튼을 클릭합니다.

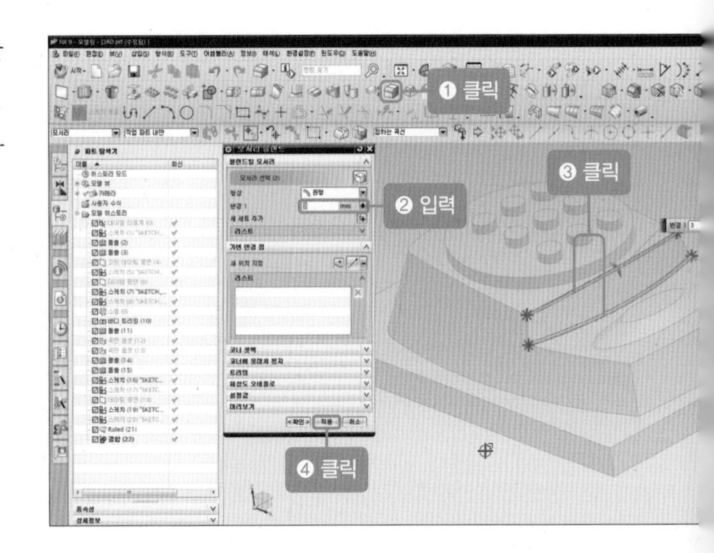

02 [모서리 블렌드] 아이콘( )을 클릭한 후 두 모서리를 선택합니다. 그런 다음 [반경 1]에 '5'를 입력하고 [적용] 버튼을 클릭합니다.

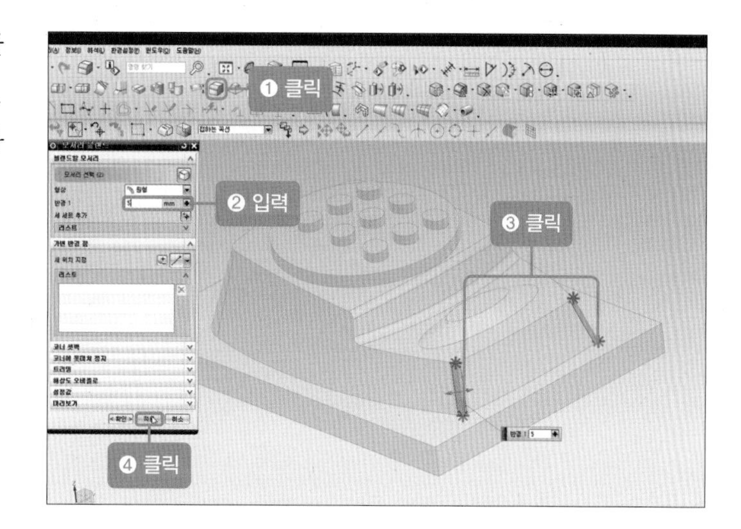

03 [모서리 블렌드] 아이콘( )을 선택한 후 두 모서리를 선택합니다. 그런 다음 [반경 1]에 '2'를 입력하고 [적용] 버튼을 클릭합니다.

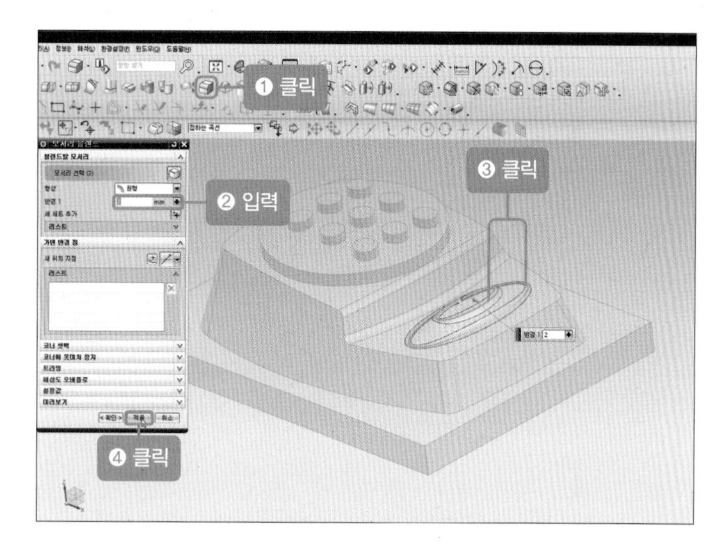

04 [모서리 블렌드]를 선택한 후 나머지 모서리를 선택합니다. 그런 다음 [반경 1]에 '1'을 입력하고 [닫기] 버튼을 클릭합니다.

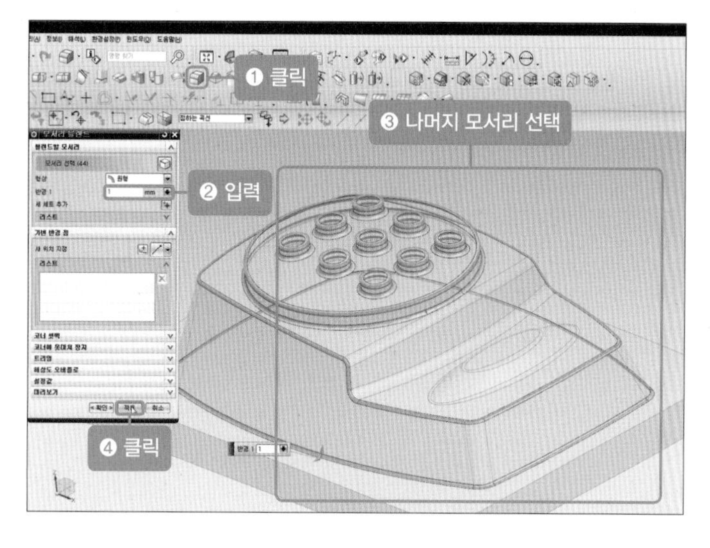

05 모델링이 완성되었습니다.

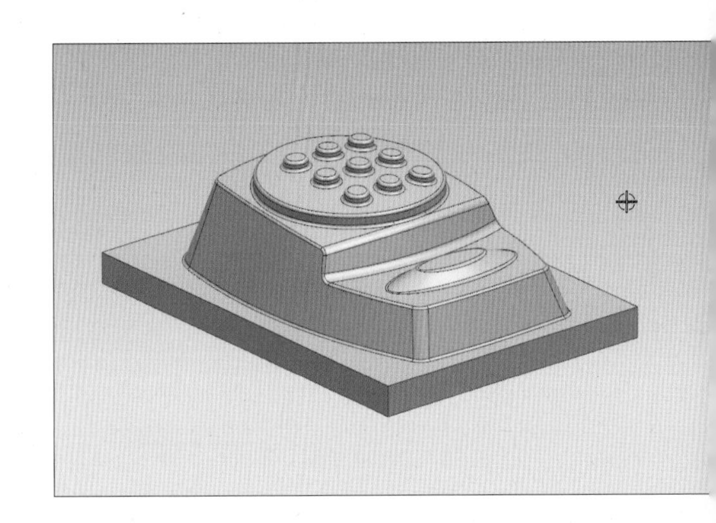

4 | 네 번째 모델링 따라하기

처음 시작은 바닥 스케치를 기본으로 하여 스케치 작업을 하며, 지금까지 자주 사용한 아이콘 위주로 진행하겠습니다. 네 번째 모델링 또한 자주 사용했던 기능과 아이콘은 간략하게 진행하겠습니다.

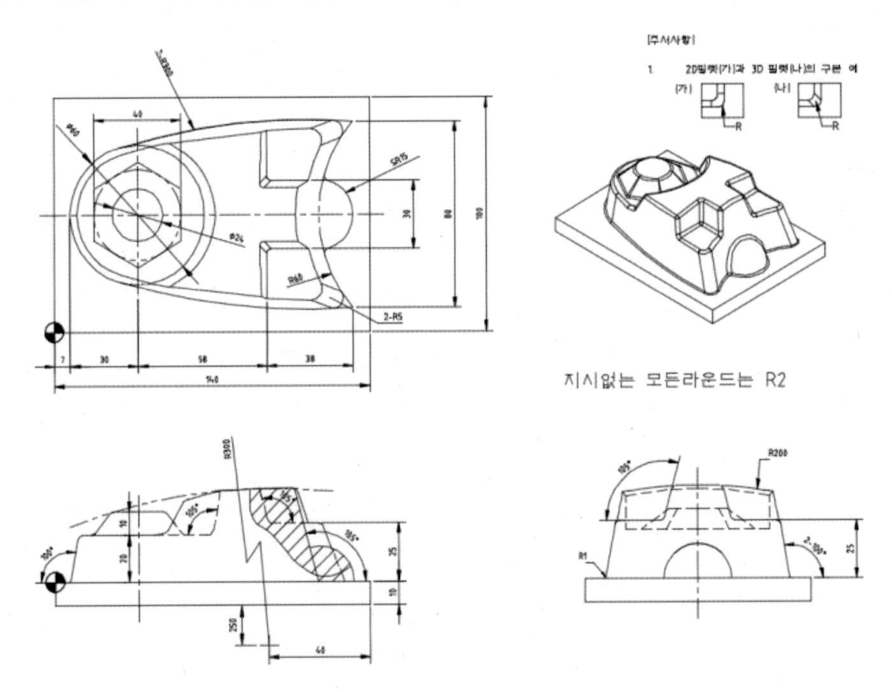

1 평면도 스케치 작업하기 1

01 풀다운 메뉴의 [삽입-타스크 환경의 스케치]를 선택한 후 작업 평면(XY 평면)을 클릭합니다.

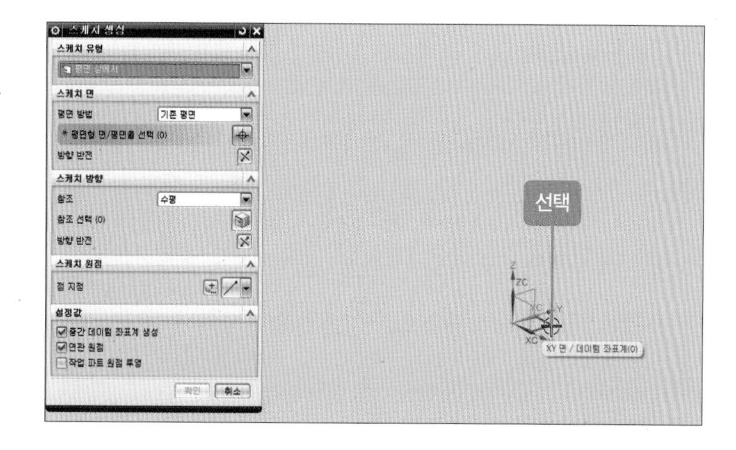

02 [직사각형] 아이콘(□)을 클릭한 후 원점을 기준으로 직사각형을 생성하고 [가로]에 '140', [세로]에 '100'을 입력합니다.

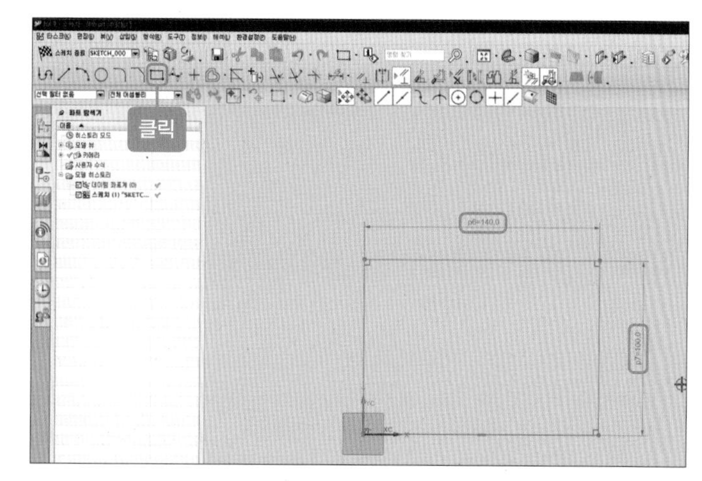

03 [선] 아이콘(／)을 클릭한 후 중심점을 이용하여 수평선을 작성하고 임의의 수직선을 작성한 다음 [거리]에 '37'을 입력합니다.

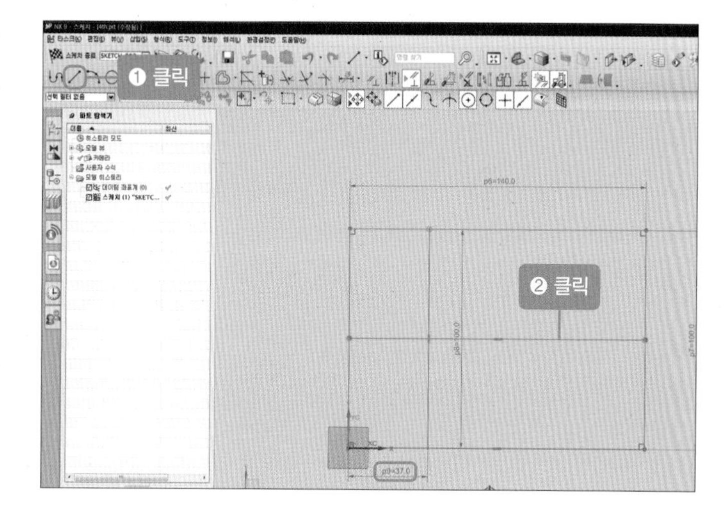

04 수평선과 수직선을 클릭한 후 [참조에서/로 변환]을 선택하여 참조선으로 변경합니다.

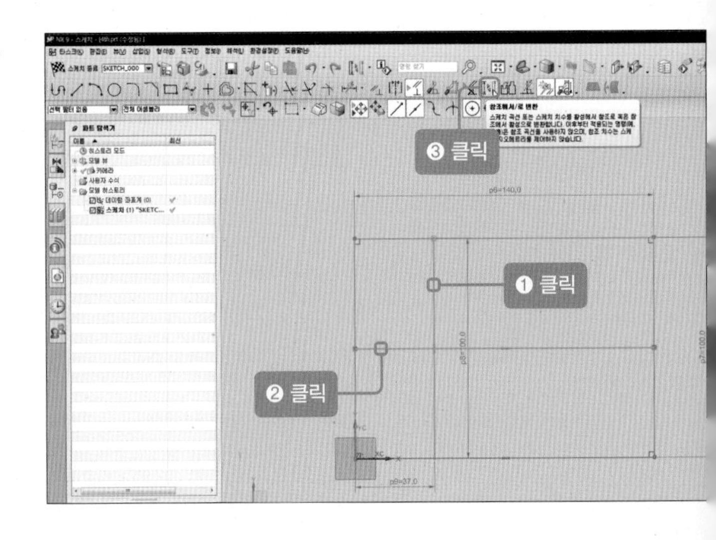

05 [원] 아이콘(◎)을 클릭한 후 원의 중심을 두 참조선의 교차점으로 선택합니다.

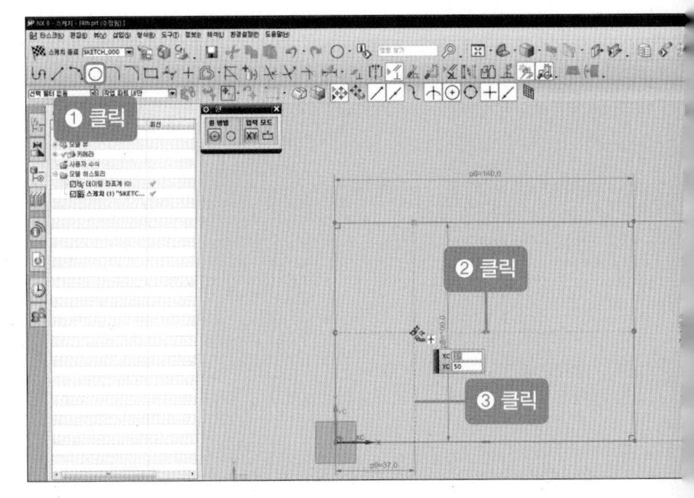

06 원을 작성한 후 치수를 더블클릭하여 [지름]에 '60'을 입력합니다.

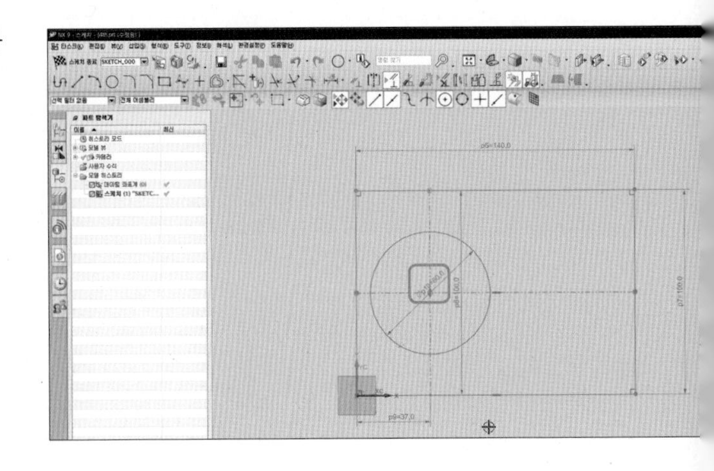

07 [원호]를 클릭하여 임의의 원호를 작성합니다.

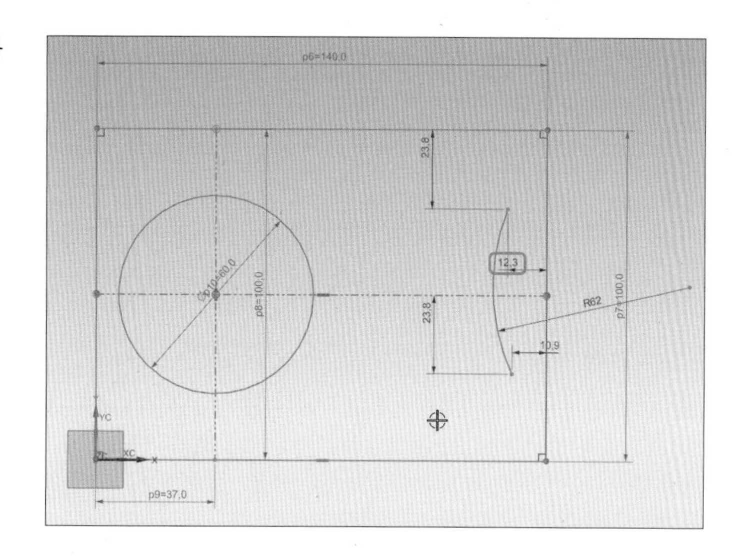

08 단축키 C를 누른 후 [곡선상의 점]( )을 선택하고 [구속할 개체 선택]에 '원호의 중심점', [구속할 대상 개체 선택]에 '수평 참조선'을 선택하여 일치시킵니다.

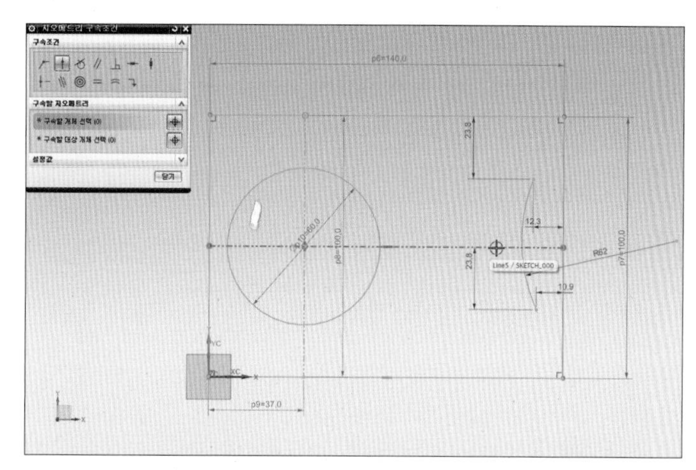

09 [급속 치수] 아이콘( )을 클릭한 후 원호에 양 끝 높이 치수를 입력합니다.

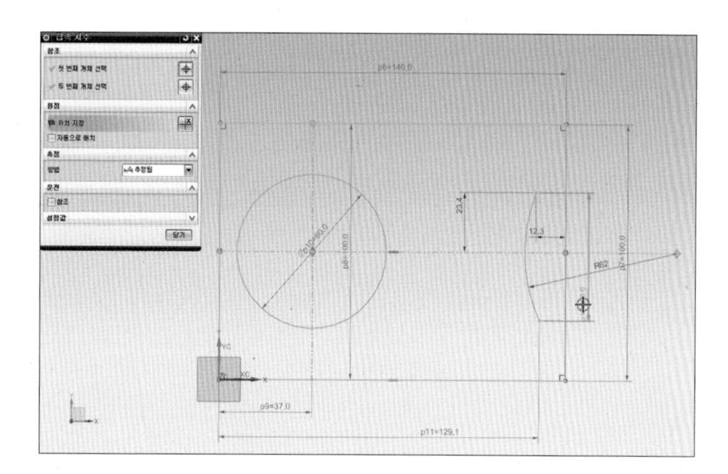

10 원호 양 끝의 [높이]에 '80', [반경]에 '60'을 입력합니다.

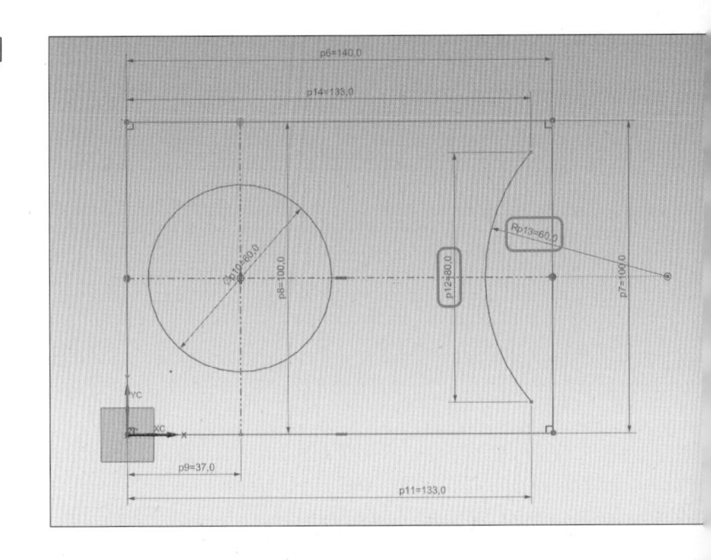

11 [원호] 아이콘을 클릭한 후 시작 점, 중간 점, 끝점을 클릭하여 원호를 작성합니다.

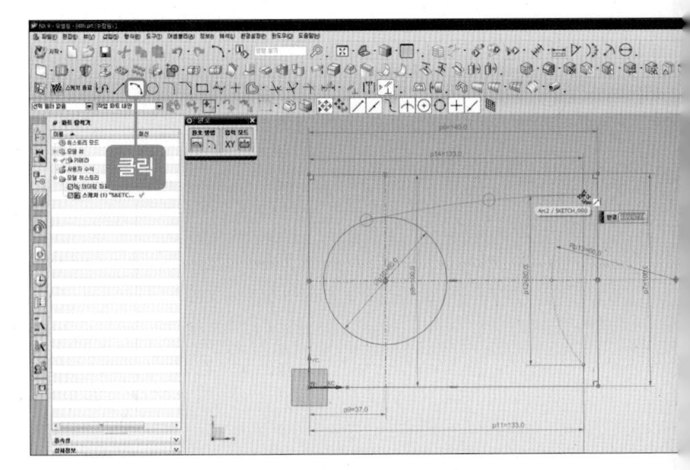

12 단축키 C를 누른 후 [접합]을 선택합니다.

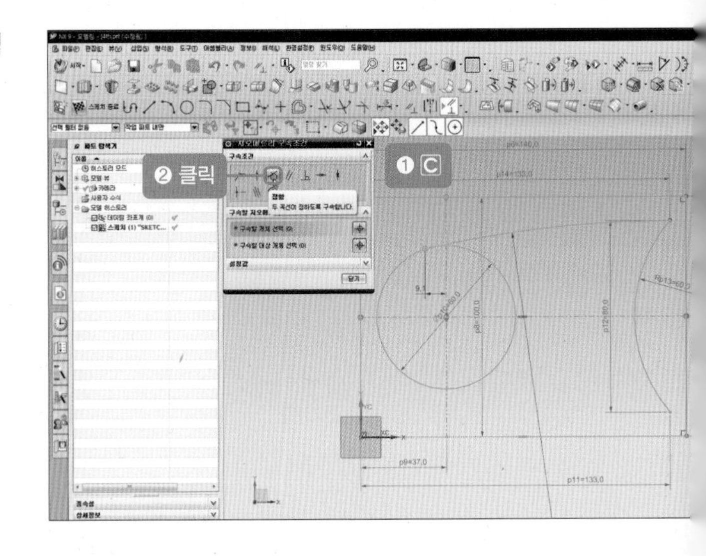

13 [구속할 개체 선택]에 '원', [구속할 대상 개체 선택]에 '원호'를 선택합니다.

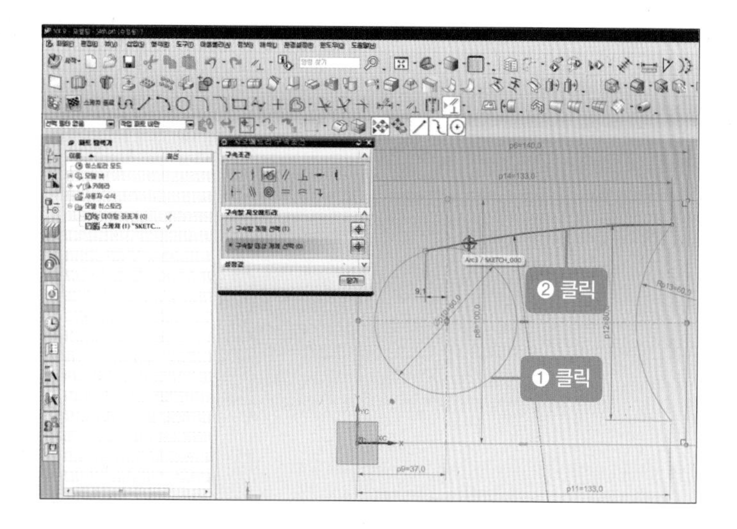

14 원호의 [반경]을 '300'으로 변경합니다.

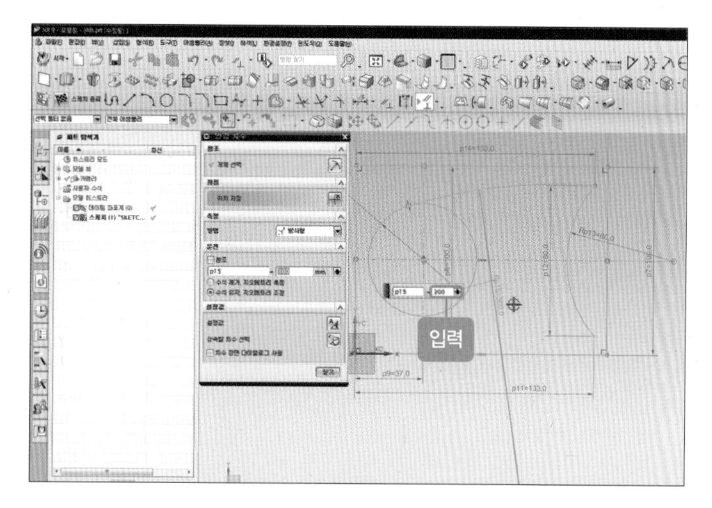

15 [대칭 곡선] 아이콘을 클릭합니다.

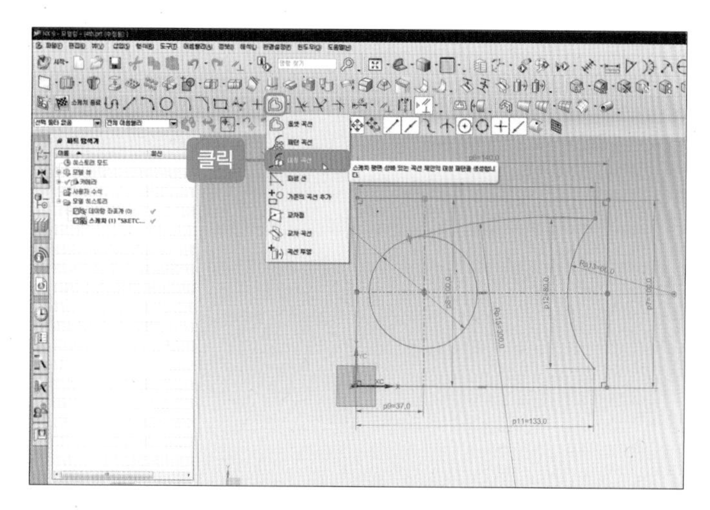

16 [곡선 규칙] 바에서 [단일 곡선]을 클릭합니다.

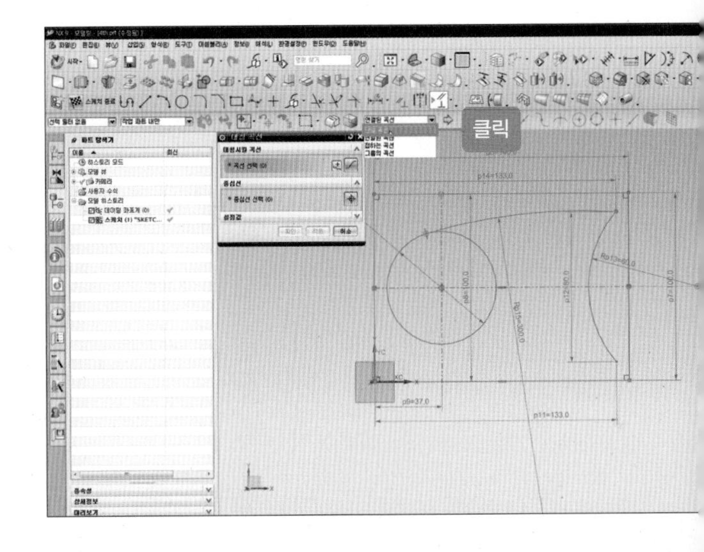

17 [곡선 선택-원호]를 클릭합니다.

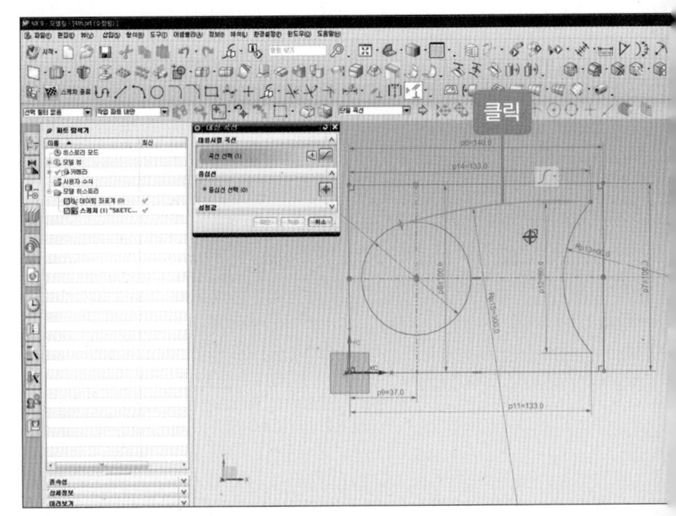

18 [중심선 선택-수평 참조선]을 선택합니다.

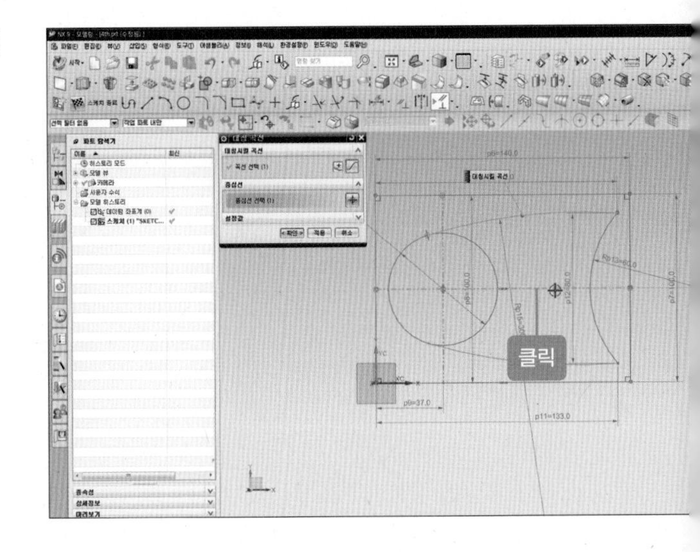

19 단축키 Ctrl+B를 눌러 작업하기 불편한 치수선을 숨깁니다.

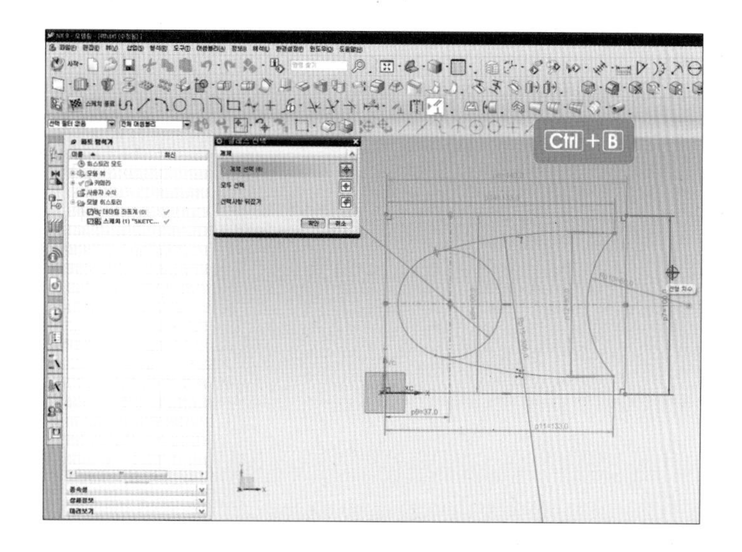

20 [직사각형] 아이콘(□)을 클릭한 후 임의의 직사각형을 작성하고 [급속 치수]를 이용하여 크기는 [가로] [세로]에 '50', 위치는 수평 참조선을 기준으로 [높이]에 '15', [거리]에 '95'를 입력합니다.

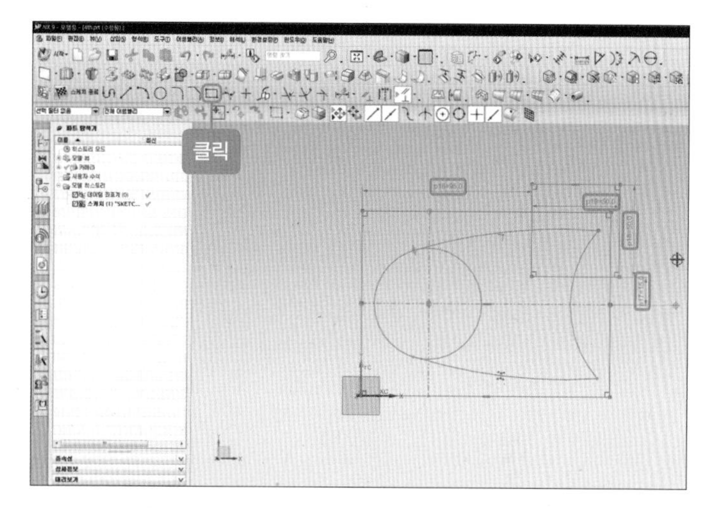

21 [대칭 곡선] 아이콘( )을 클릭한 후 [곡선 규칙] 바에서 [연결된 곡선]을 클릭합니다.

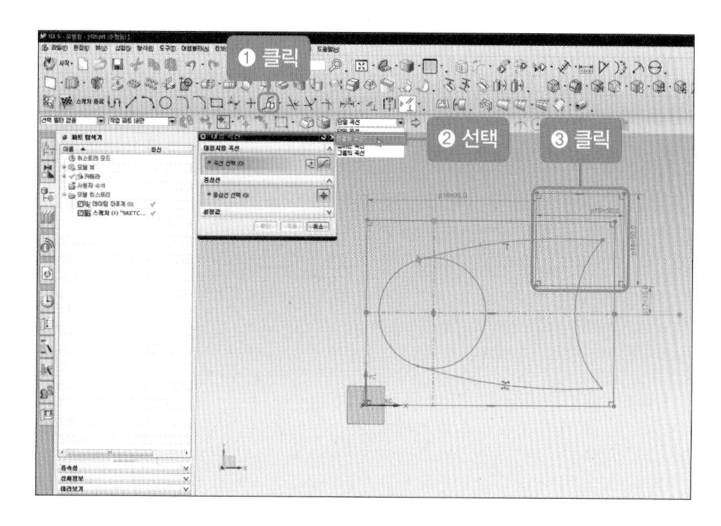

22 직사각형 곡선을 선택한 후 [대칭시킬 곡선-곡선 선택]에 '50×50의 직사각형 곡선', [중심선 -중심선 선택]에 '수평 참조선'을 선택한 후 [확인] 버튼을 클릭합니다.

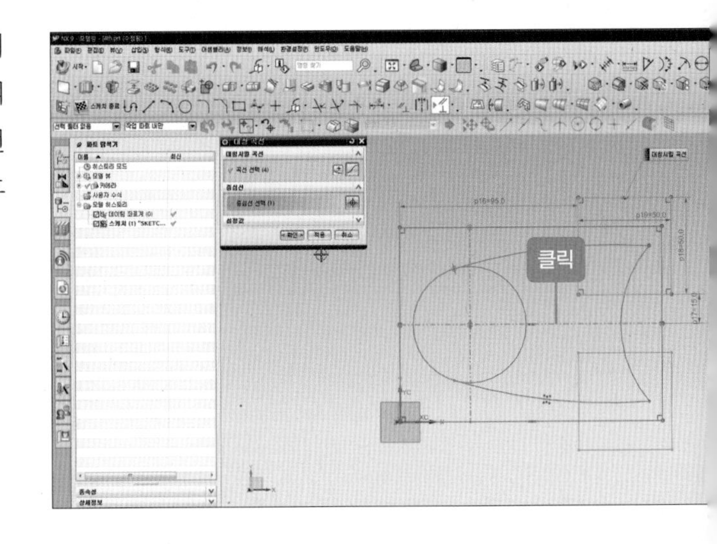

❷ 평면도 스케치 작업 2 및 형상 만들기

01 풀다운 메뉴의 [삽입-스케치 곡선-다각형]을 클릭합니다.

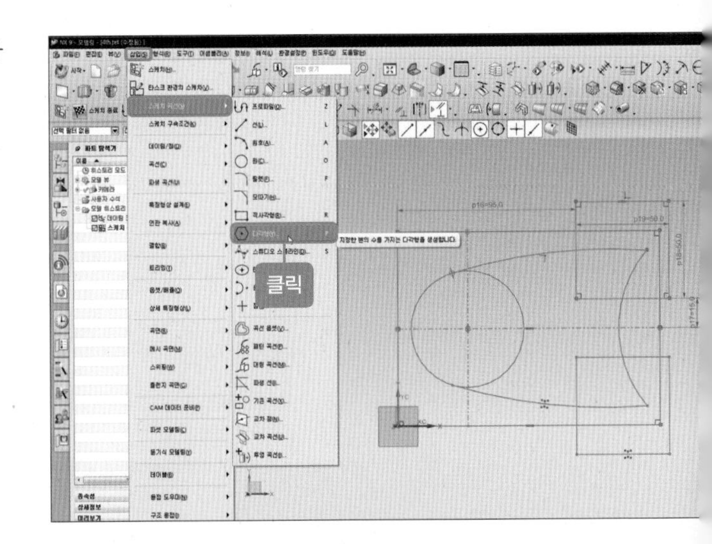

02 [변-변 수]에 '6', [크기]에 '내접 반경', [반경]에 '-20', [회전]에 '0'을 입력한 후 [중심점-점 지정]은 두 참조선의 교차점을 선택합니다.

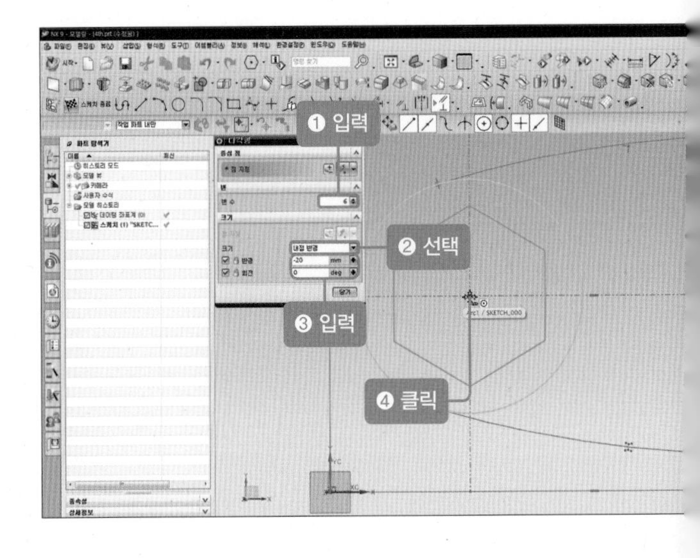

03 [선] 아이콘(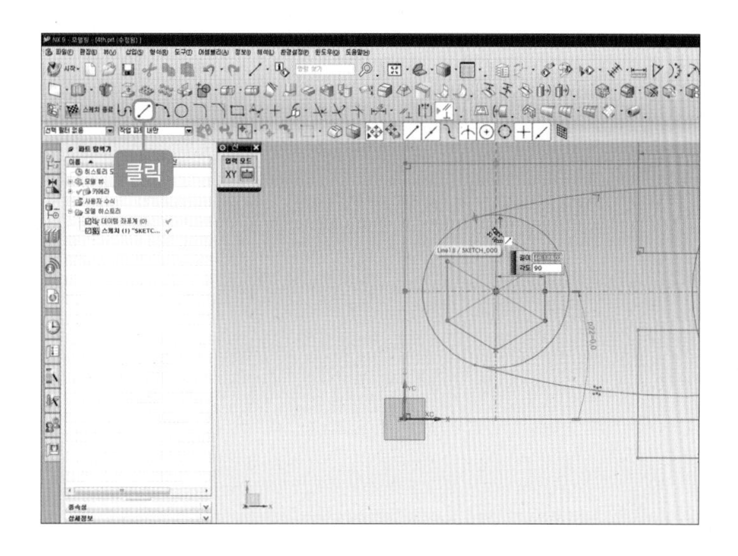)을 클릭한 후 마주 보는 꼭짓점끼리 연결합니다.

04 [원] 아이콘(◎)을 클릭한 후 원의 중심점을 선택합니다. 그런 다음 [직경]에 '24'를 입력하고 [확인] 버튼을 클릭합니다.

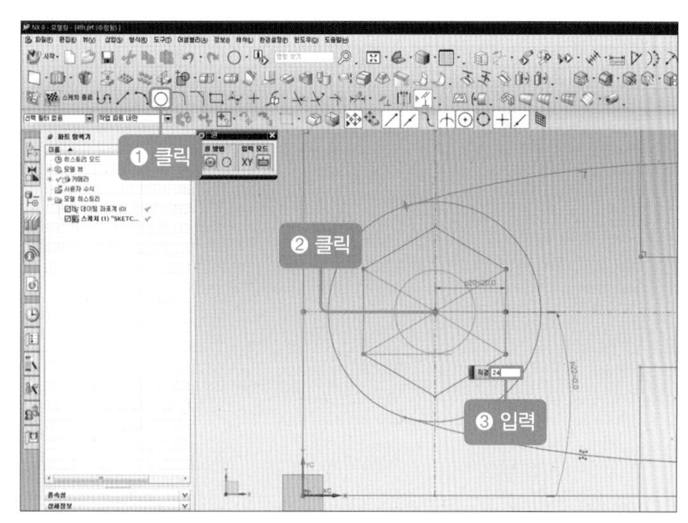

05 [빠른 트리밍] 아이콘(⊻)을 클릭하거나 단축키 T를 누릅니다.

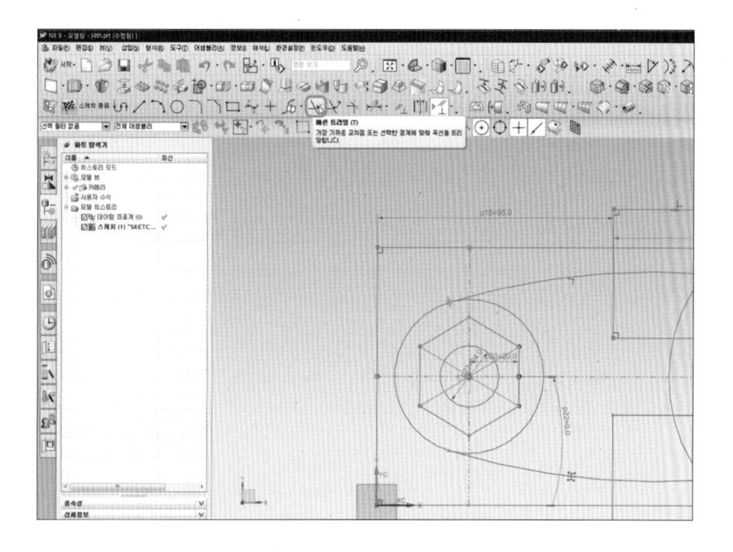

06 제거할 커브를 클릭합니다.

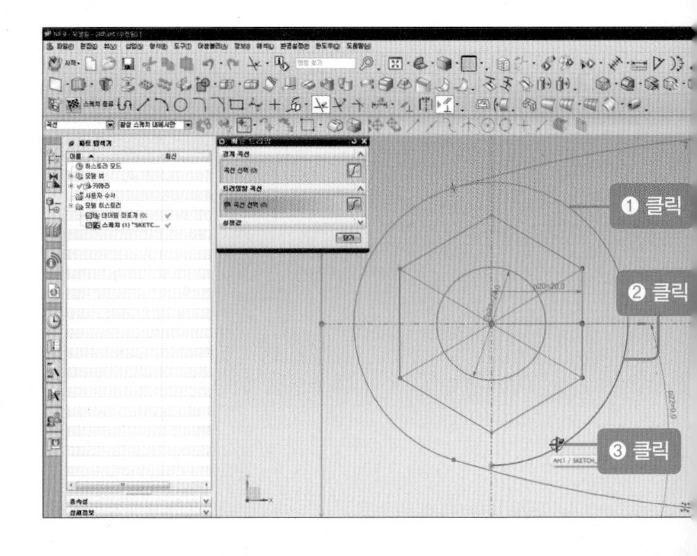

07 곡선 트리밍한 모습입니다.

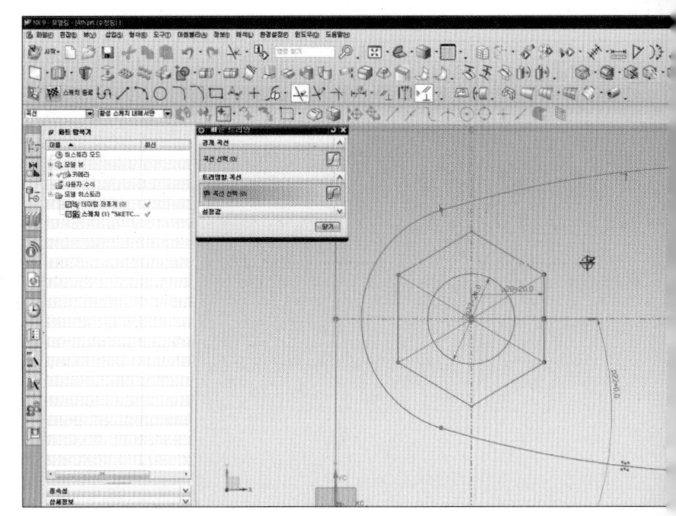

08 [원] 아이콘(◎)을 클릭한 후 두 참조 선에 사분점을 중심으로 하는 원을 생성합니다.

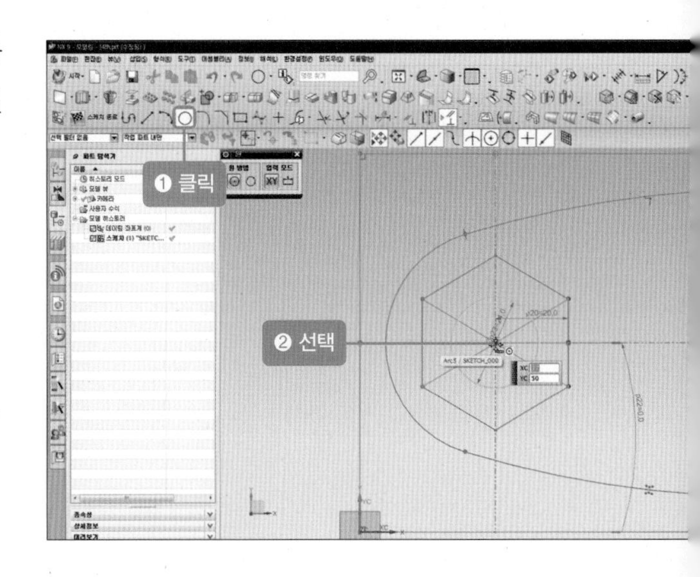

09 [스케치 종료] 버튼을 클릭합니다.

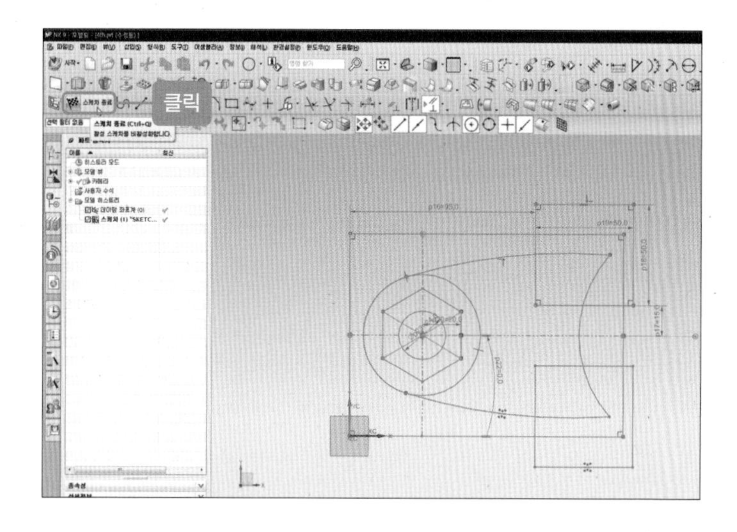

10 [돌출] 아이콘( )을 클릭한 후 [단면-곡선 선택-사각 곡선 선택], [방향-벡터 지정]에 'ZC', [시작 거리]에 '10', [끝 거리]에 '0'을 입력하고 [방향 반전]을 이용하여 하향 방향으로 생성되는 것을 확인한 다음 [확인] 버튼을 클릭합니다.

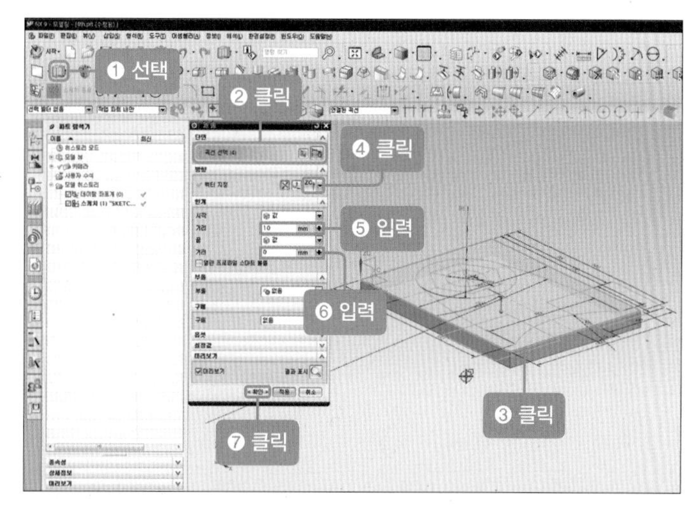

11 [돌출] 아이콘( )을 클릭한 후 [단면-곡선 선택]에 '외형 곡선', [방향-벡터 지정]에 'ZC', [한계-시작 거리]에 '50', [끝 거리]에 '0'을 입력하고 [구배]에 '시작 단면', [각도 옵션]에 '복수', [각도 2]에 '15'를 입력합니다(각도 2를 복수로 할 경우, 각이 주어지는 화살 표시가 생깁니다).

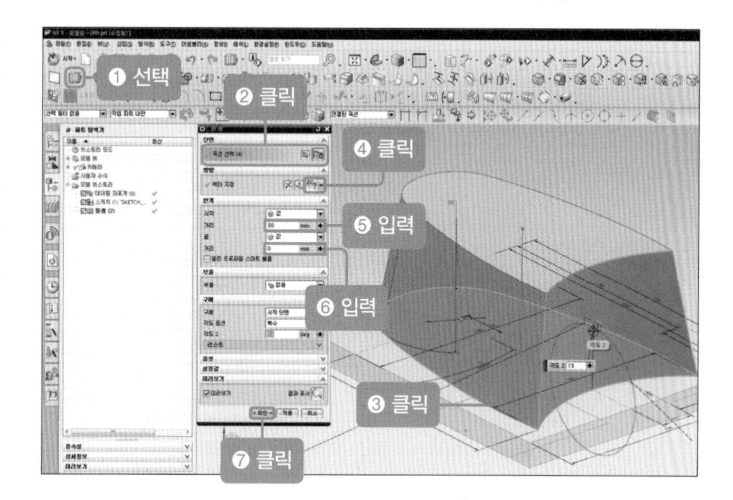

❸ 정면도 및 우측면도 스케치 작업하기

01 [데이텀 평면] 아이콘( )을 클릭한 후 데이텀 좌표계(XZ 평면)를 선택합니다. 그런 다음 [거리]에 '50'을 입력하고 [확인] 버튼을 클릭합니다.

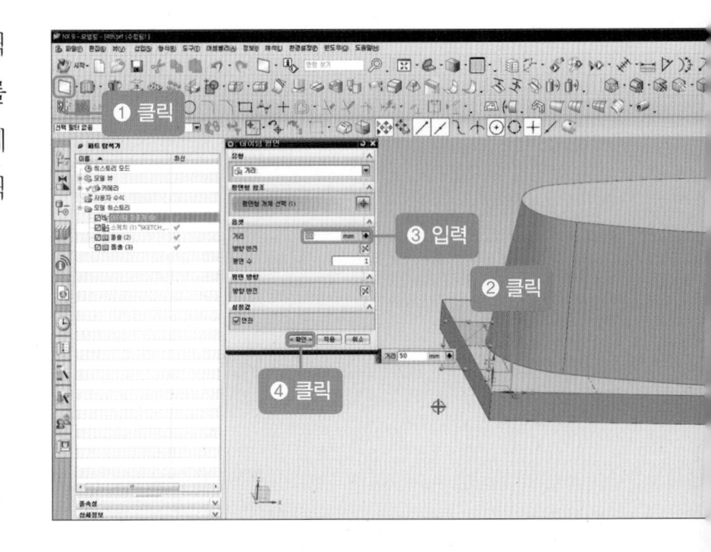

02 [타스크 환경의 스케치]를 클릭한 후 생성된 데이텀을 선택하고 [확인] 버튼을 클릭합니다.

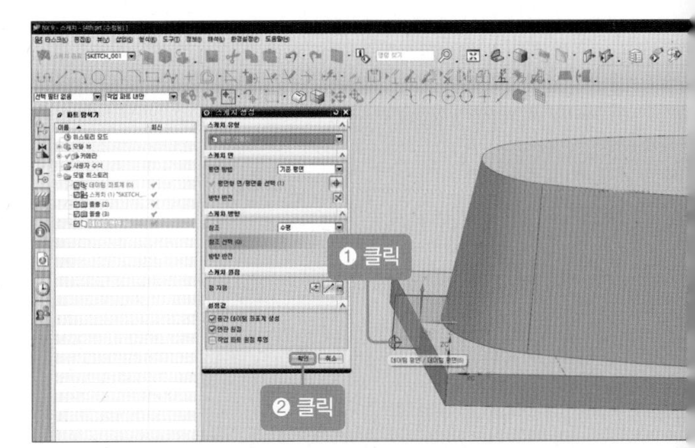

03 [원호] 아이콘( )을 클릭한 후 임의의 원호를 생성합니다.

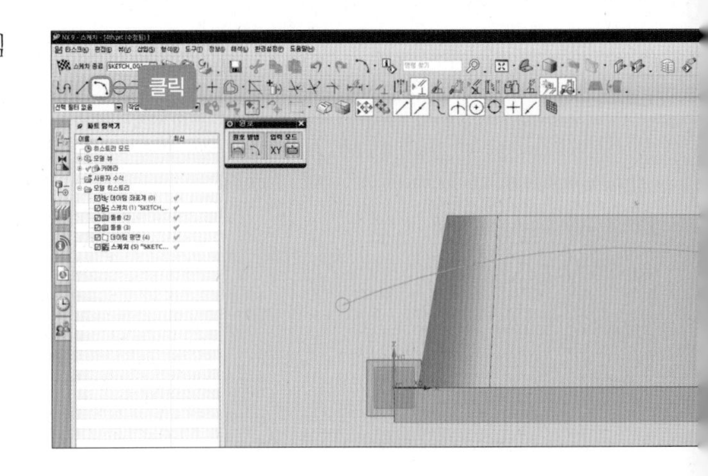

04 [급속 치수] 아이콘( )을 클릭한 후 원호에 위치 치수를 생성합니다.

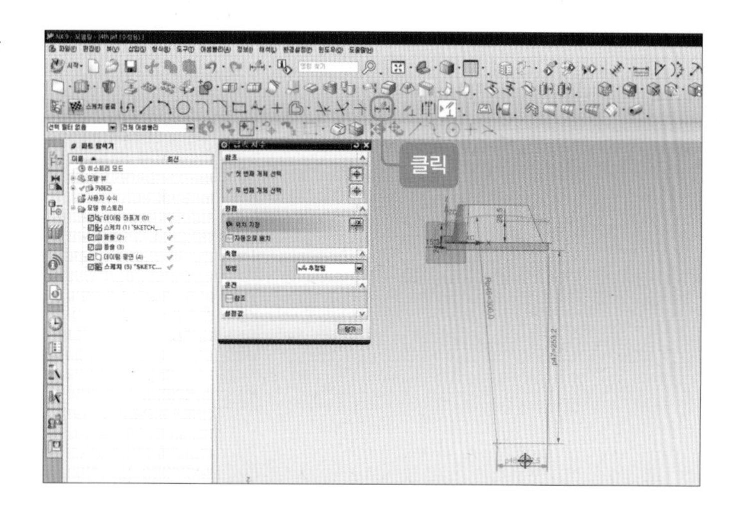

05 치수를 더블클릭하여 원호 중심의 위치에서 [거리]에 '40', [높이]에 '250', [반경]에 '300'을 입력한 후 [스케치 종료] 버튼을 클릭합니다.

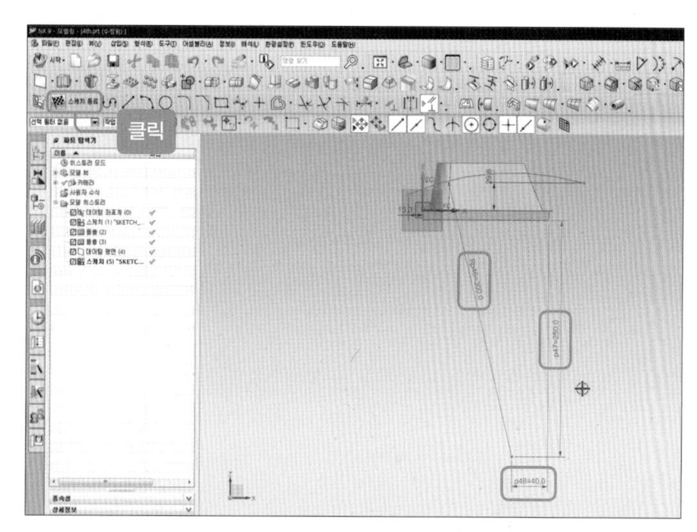

06 [데이텀 평면] 아이콘( )을 클릭한 후 [유형-점 및 방향 선택]을 선택합니다. 그런 다음 원호의 끝점을 클릭하고 [확인] 버튼을 클릭합니다.

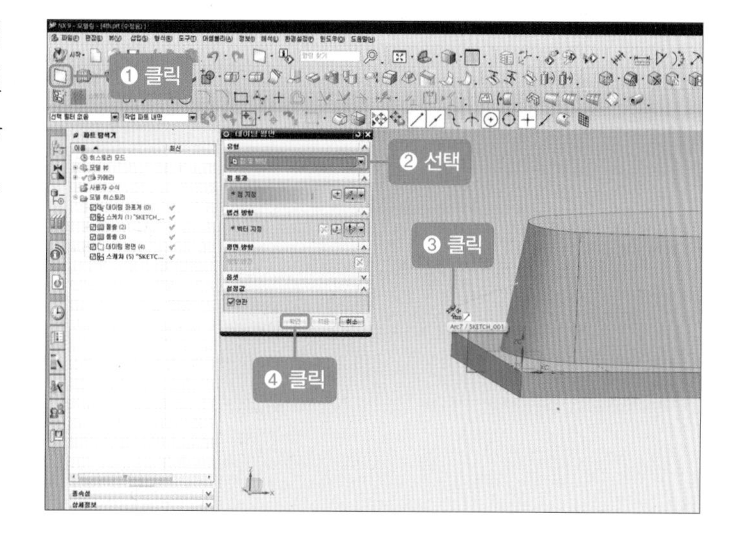

07 [타스크 환경의 스케치]를 클릭한 후 생성된 데이텀을 작업 평면으로 선택하고 [확인] 버튼을 클릭합니다.

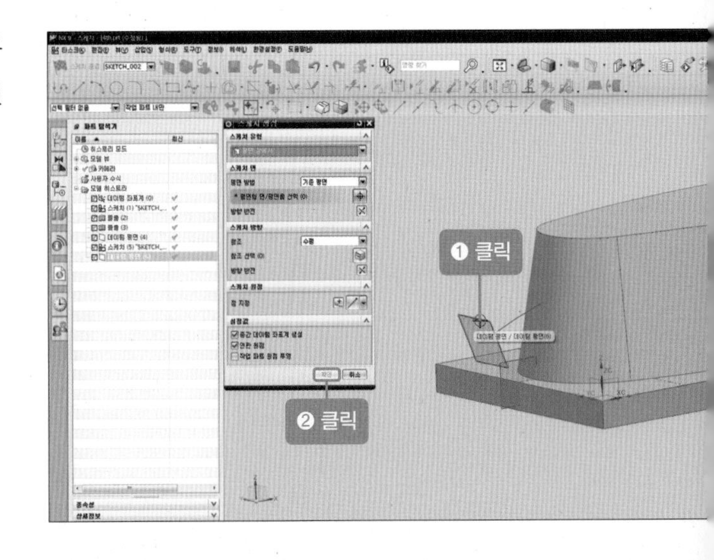

08 [원호] 아이콘( )을 클릭한 후 임의의 원호를 생성합니다.

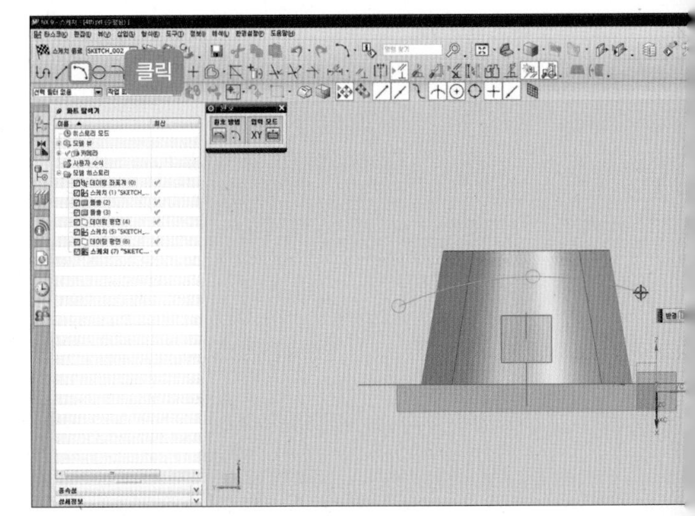

09 [지오메트리 구속 조건] 아이콘( ) 또는 단축키 C를 클릭한 후 [곡선 상의 점]( )을 선택하고 [구속할 개체 선택]에 '원호 중심', [구속할 대상 개체 선택]에 '데이텀 평면'을 선택합니다.

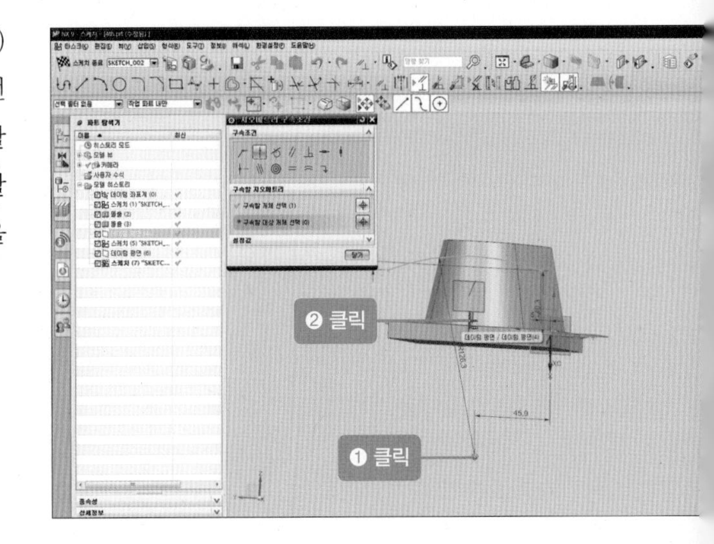

10 원호 치수를 더블클릭하여 원호의 [반경]에 '200'을 입력합니다.

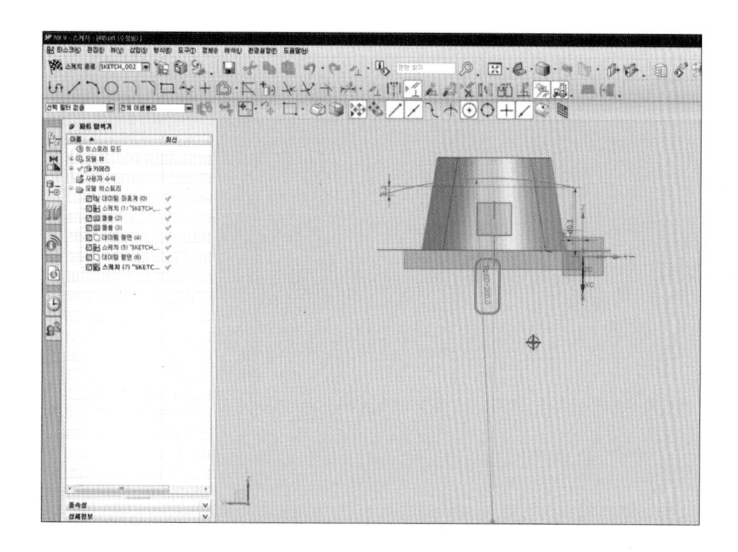

11 [지오메트리 구속 조건] 아이콘을 클릭하거나 단축키 C를 누른 후 [곡선상의 점]( )을 선택하고 [구속할 개체 선택-원호 끝점]을 클릭합니다.

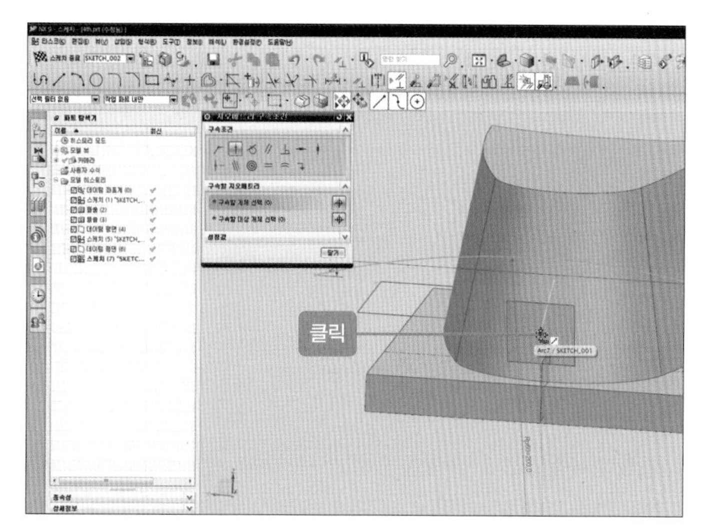

12 [구속할 대상 개체 선택]에 '원호'를 선택한 후 [스케치 종료] 버튼을 클릭합니다.

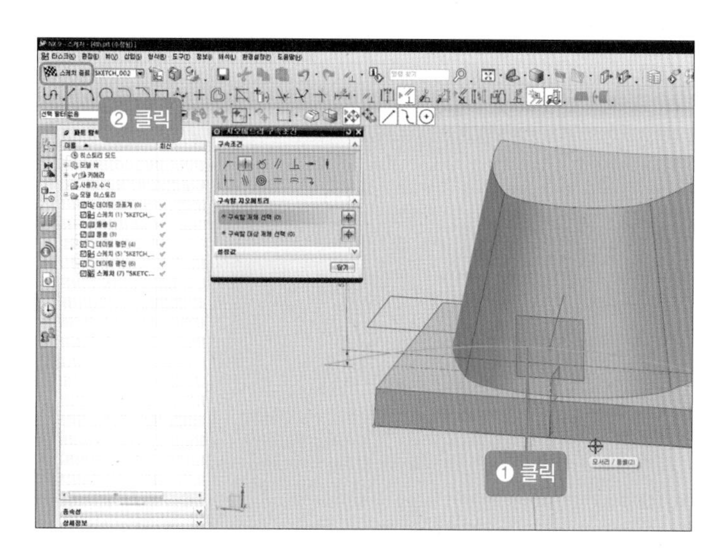

13 [스웹] 아이콘( )을 클릭한 후 [단면-단면 선택]에 '짧은 원호'를 선택하고 [가이드-곡선 선택]에 '긴 원호 곡선'을 선택한 다음 [확인] 버튼을 클릭합니다.

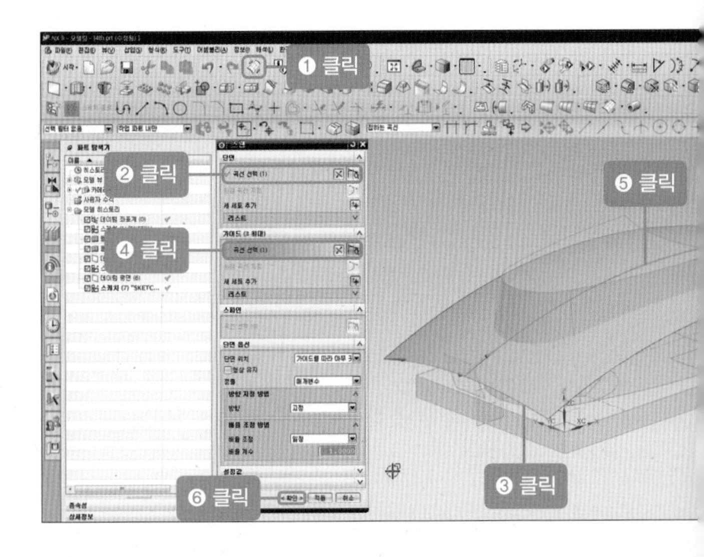

14 [바디 트리밍] 아이콘을 클릭합니다.

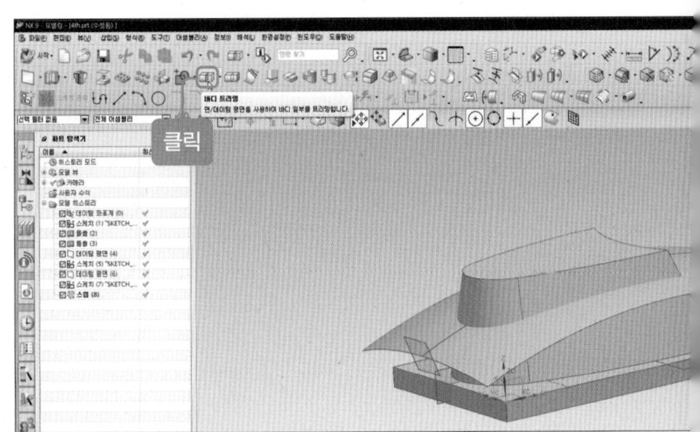

15 [타겟-바디 선택]에 '솔리드 바디', [툴-면 또는 평면 선택]에 '시트'를 선택한 후 [확인] 버튼을 클릭합니다.

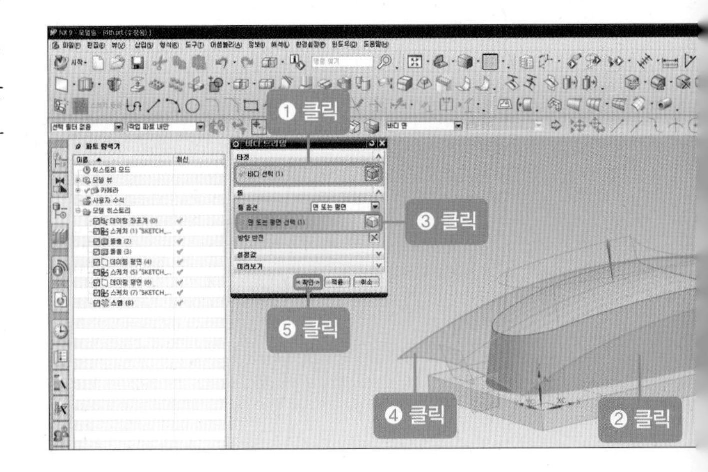

4 상부 형상 만들기 1

01 [돌출] 아이콘( )을 클릭한 후 [단면-곡선 선택]에 '양쪽 직사각', [벡터 지정]에 'ZC', [한계-시작 거리]에 '25', [끝 거리]에 '50', [부울]에 '빼기', [바디 선택]에 '솔리드 바디', [구배]에 '시작 한계로부터', [각도]에 '-15'를 입력하고 [확인] 버튼을 클릭합니다.

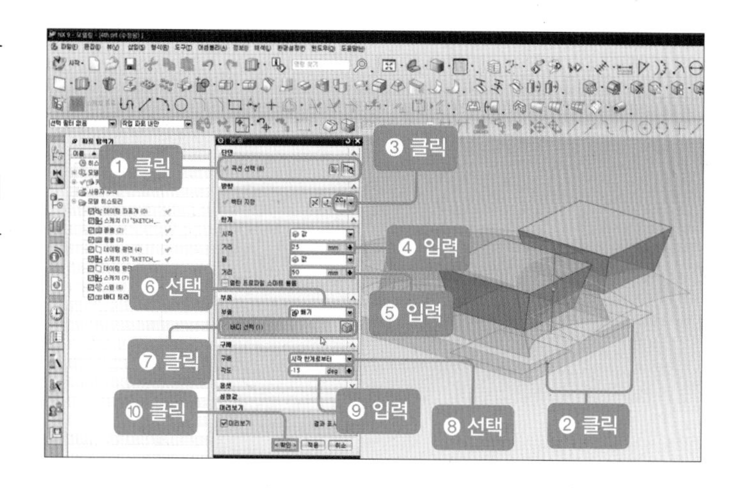

02 빈 공간에 마우스 오른쪽 버튼 (2)를 클릭한 후 [정적 와이어프레임] 커서를 이동하고 버튼에서 손을 뗍니다.

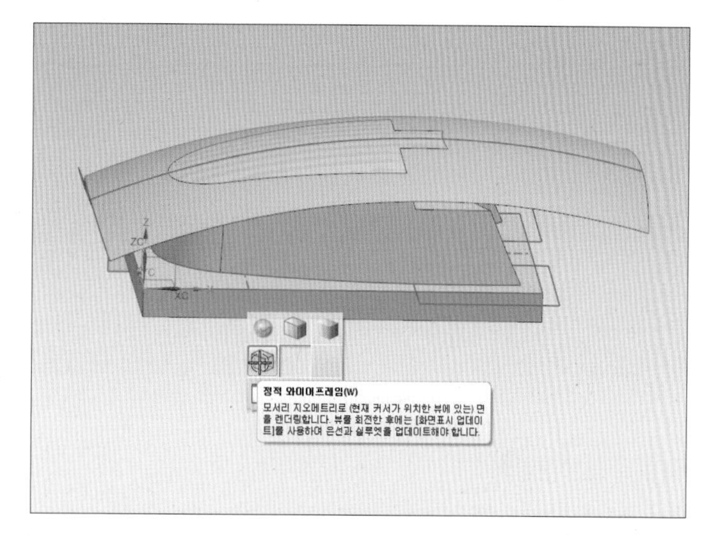

03 [돌출] 아이콘( )을 클릭한 후 [단면-곡선 선택]에 '원', [벡터 지정]에 'ZC', [한계-시작 거리]에 '20', [끝 거리]에 '50', [부울]에 '빼기', [바디 선택]에 '솔리드 바디', [구배]에 '시작 한계로부터', [각도]에 '-15'를 입력하고 [확인] 버튼을 클릭합니다.

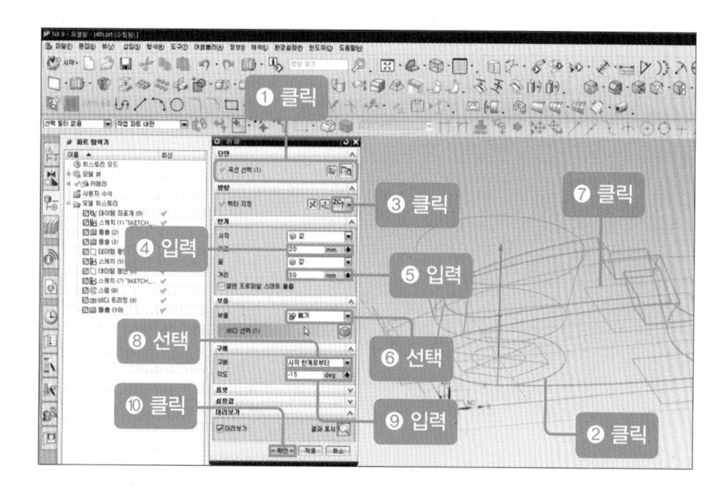

04 빈 공간에 마우스 오른쪽 버튼 (2)를 클릭한 후 [음영 처리, 모서리 표시]로 커서를 이동한 후 버튼에서 손을 뗍니다.

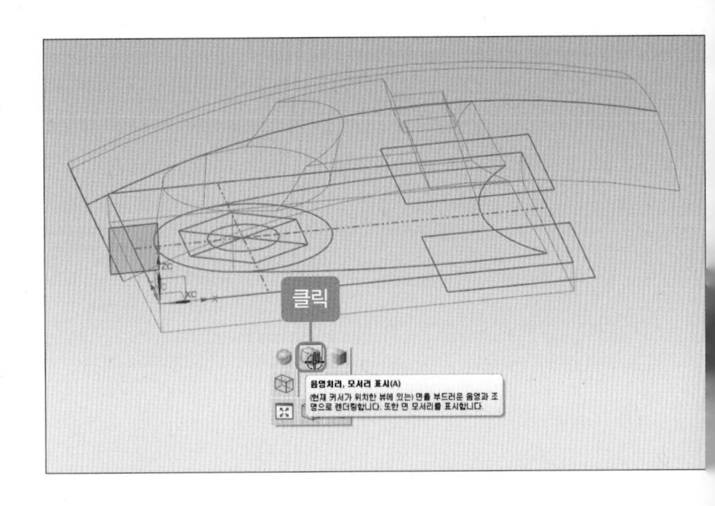

05 단축키 Ctrl+B를 누른 후 시트 선택하고 [확인] 버튼을 클릭합니다.

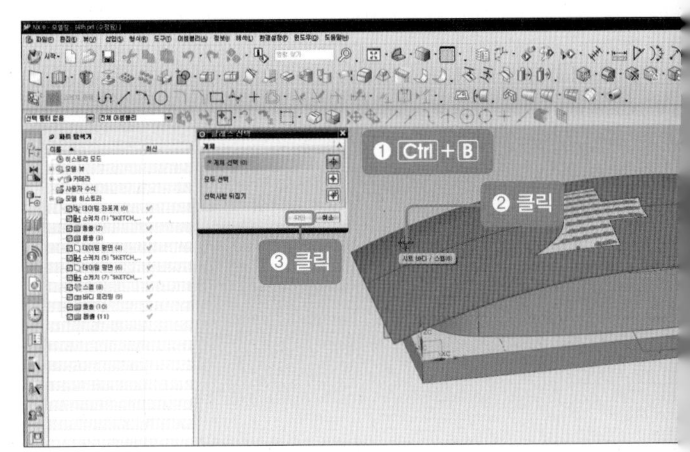

5 상부 형상 만들기 2

01 [데이텀 평면] 아이콘( )을 클릭한 후 [유형]에 '거리', [평면형 참조-평면형 개체 선택]에 '면', [거리]에 '10'을 입력하고 [확인] 버튼을 클릭합니다.

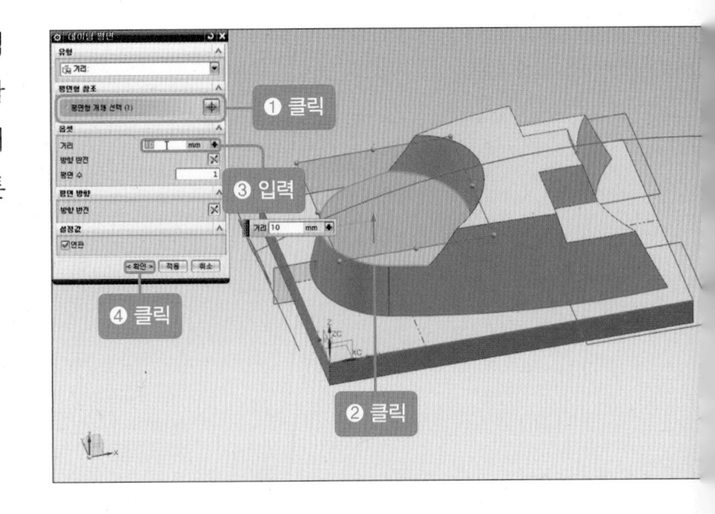

02 [정적 와이어 프레임]을 선택한 후 풀다운 메뉴의 [삽입-파생 곡선-투영]을 클릭합니다.

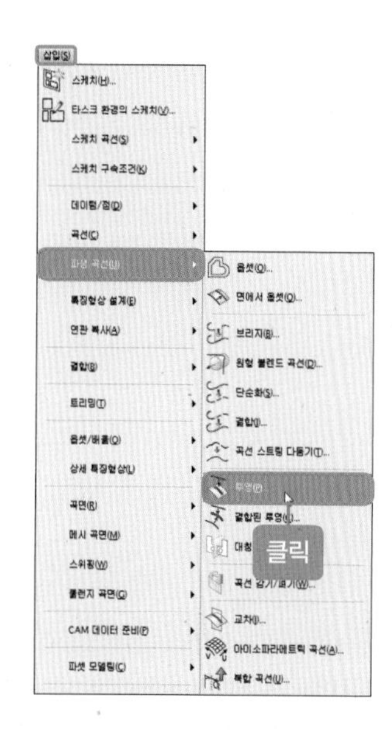

03 [투영할 곡선 또는 점-곡선 또는 점 선택]에 작은 원 및 3개의 직선을 클릭합니다.

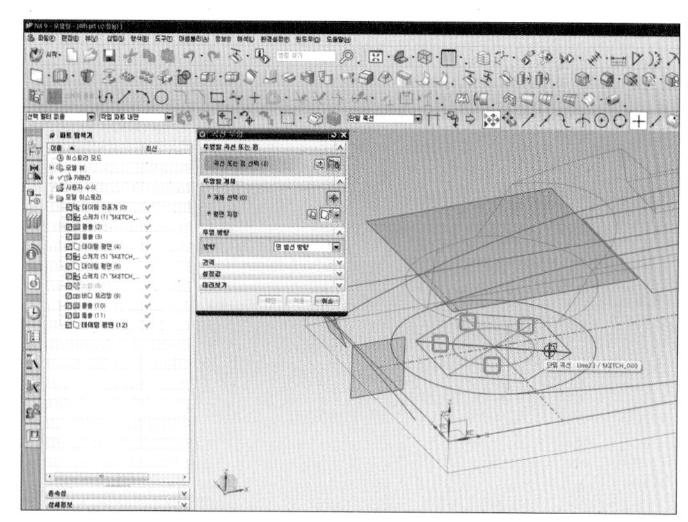

04 [투영할 개체-개체 선택]에 데이텀 평면을 클릭한 후 [확인] 버튼을 클릭합니다.

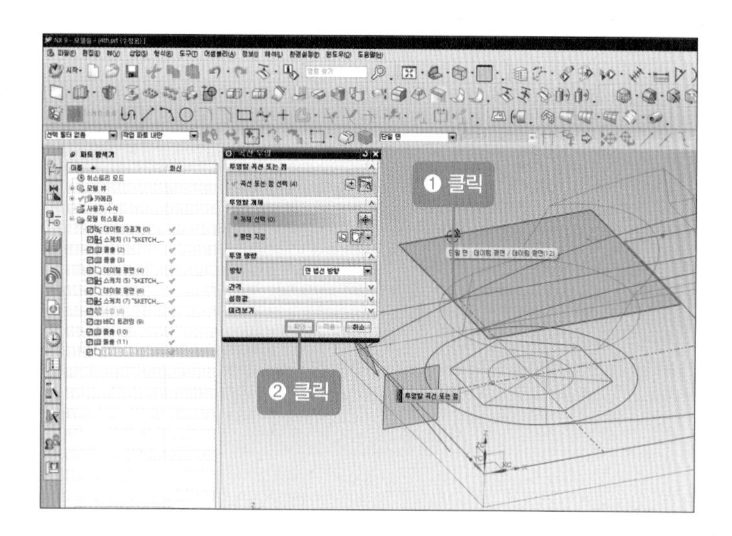

05 풀다운 메뉴의 [삽입-파생 곡선-투영]을 클릭합니다.

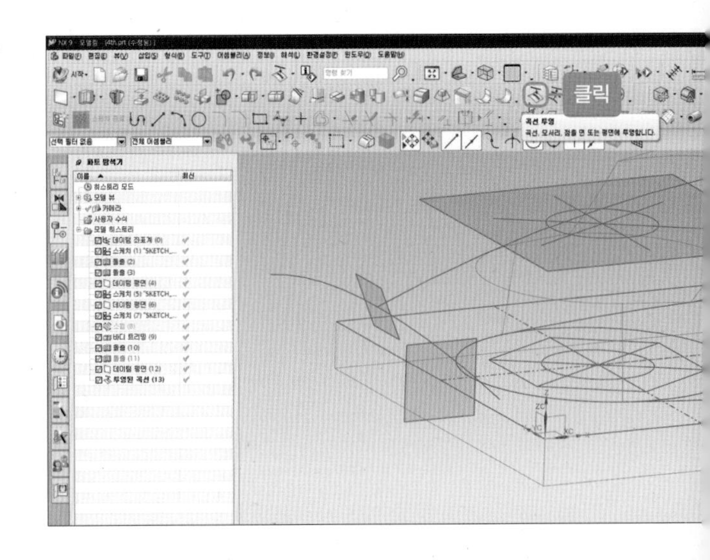

06 [투영할 곡선 또는 점-곡선 또는 점 선택]에 '6각형 커브' 선택, [투영할 개체-개체 선택]에 '면'을 클릭한 후 [확인] 버튼을 클릭합니다.

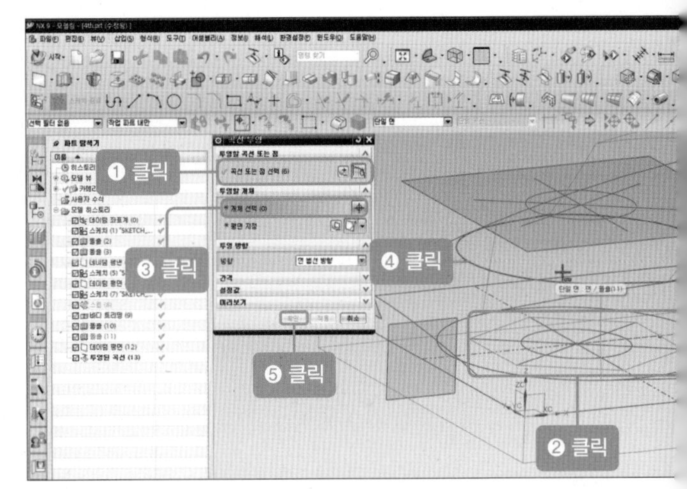

07 [Ruled] 아이콘(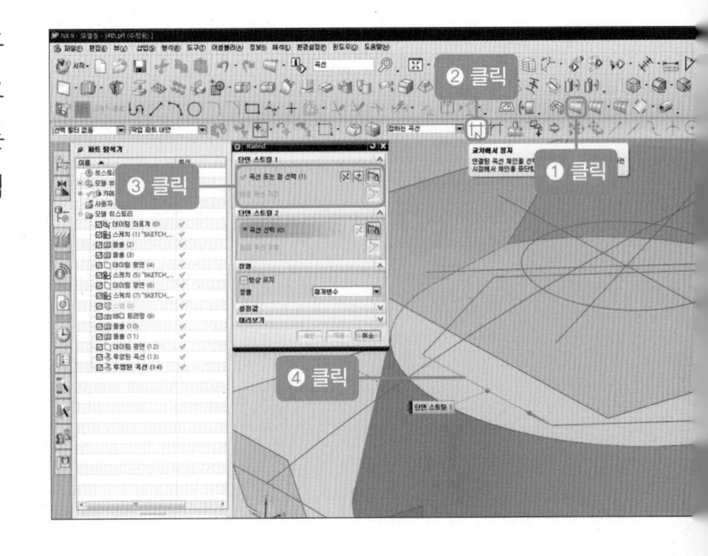)을 클릭한 후 [교차에서 정지]를 클릭합니다. 그런 다음 [단면 스트링 1-곡선 또는 점 선택]에서 육각형 한 변을 클릭합니다.

08 [단면 스트링 2-곡선 선택]에서 육각형 한 변과 대응되는 원 한 변을 클릭합니다.

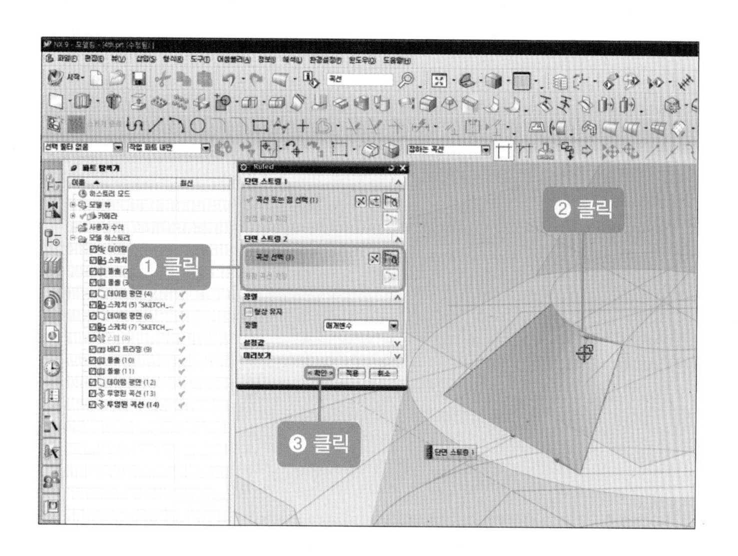

09 위와 동일한 방법으로 6개의 면을 생성합니다.

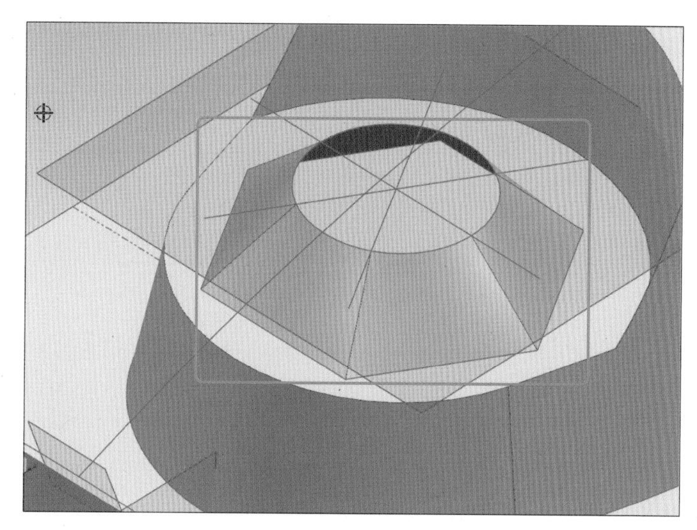

10 [경계 평면] 아이콘( )을 클릭합니다.

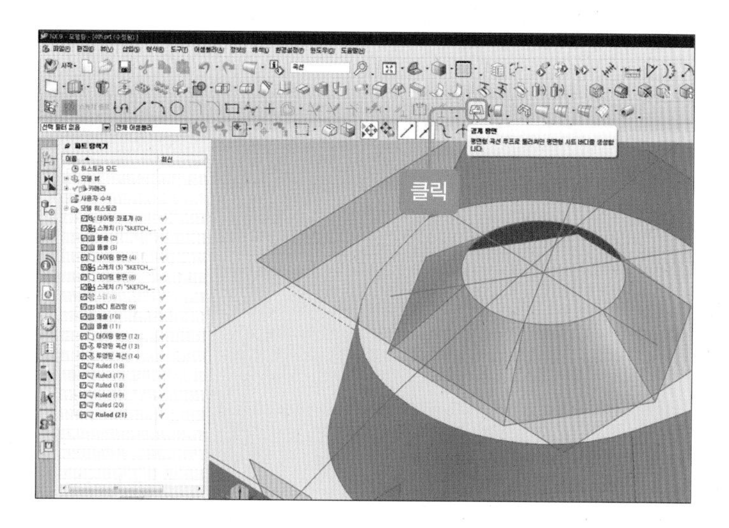

11 [곡선 선택-원 선택]을 클릭합니다.

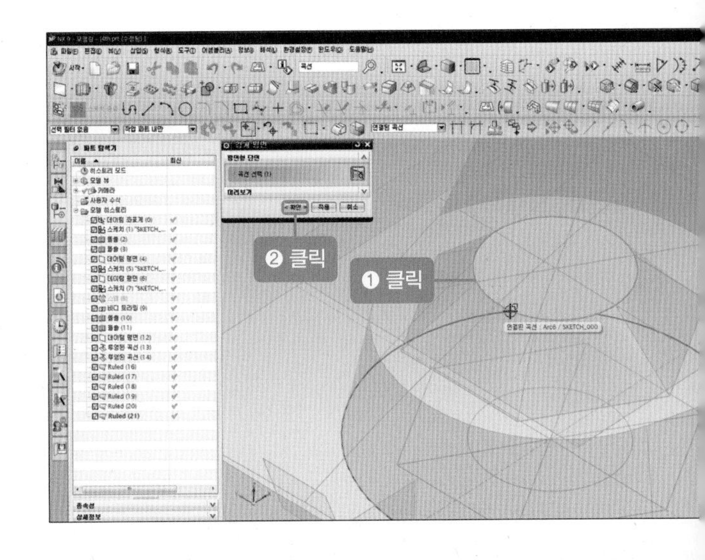

12 [경계 평면] 아이콘( )을 클릭한 후 육각형 곡선을 선택합니다.

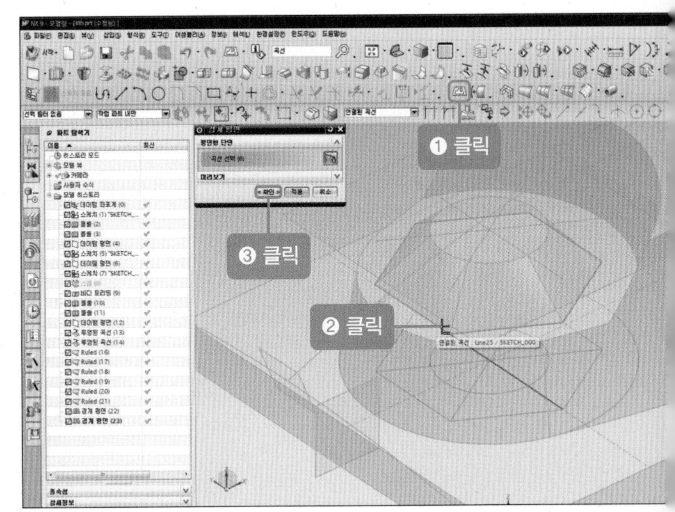

13 [잇기] 아이콘( )을 클릭합니다(닫혀 있는 시트를 이용하여 솔리드를 만듭니다).

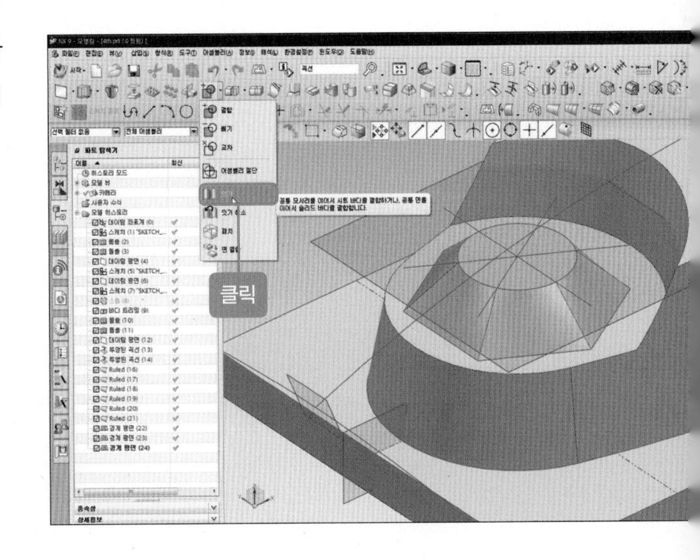

14 [타겟-시트 바디 선택]에 시트 한 면을 선택합니다.

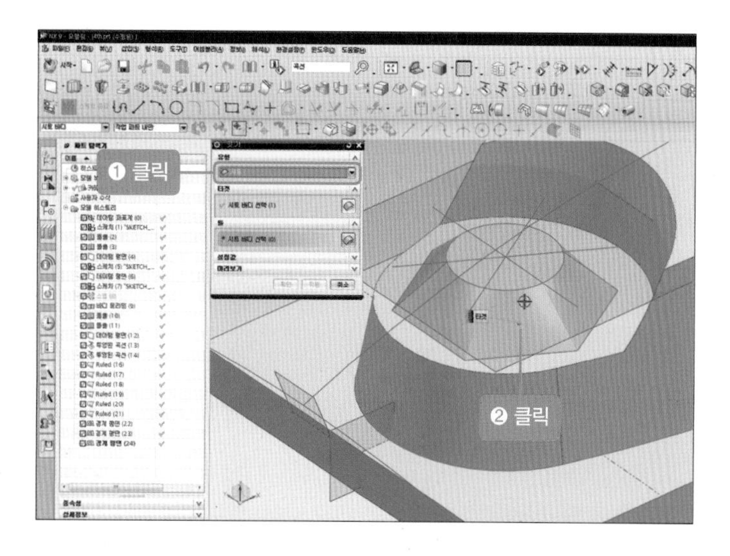

15 [툴-시트 바디 선택]에 마우스를 드래그하여 전체를 선택합니다.

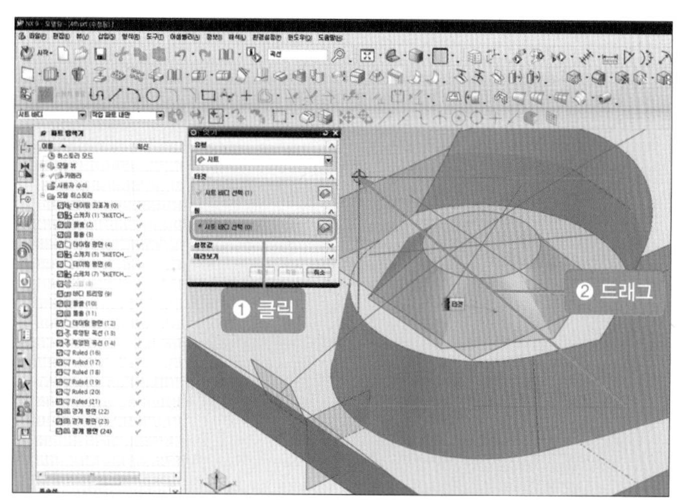

16 [확인] 버튼을 클릭합니다.

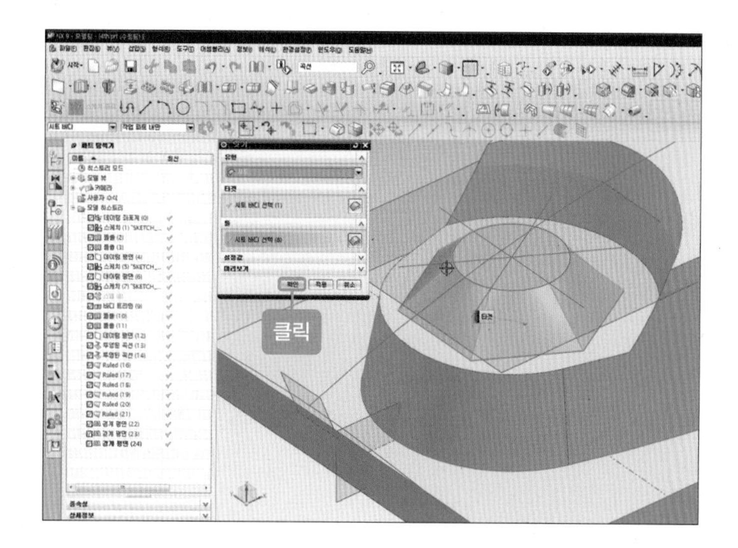

6 구 생성하기

01 [구] 아이콘( )을 클릭합니다.

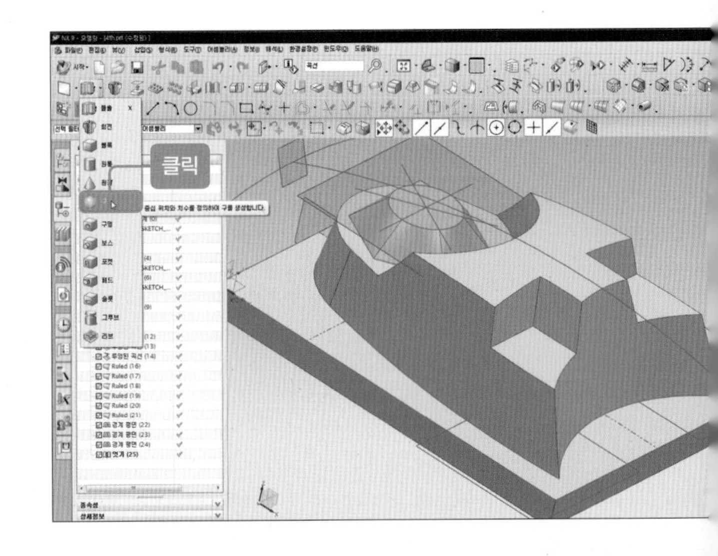

02 [교차]를 클릭합니다.

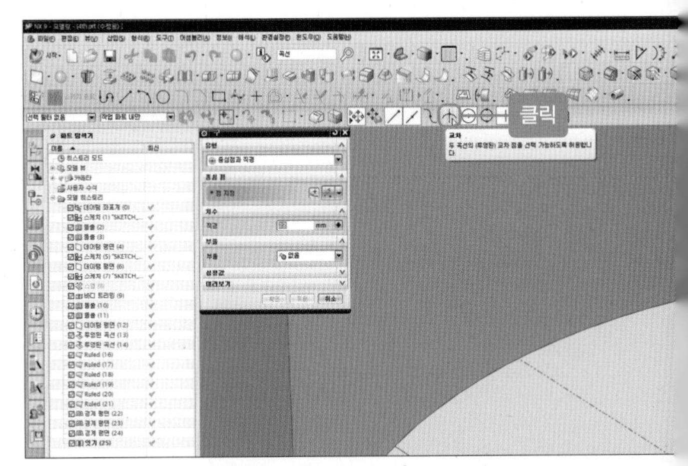

03 구의 [중심 점-점 지정]에서 두 곡선의 교차점에 클릭합니다(교차 표시 후 선택합니다).

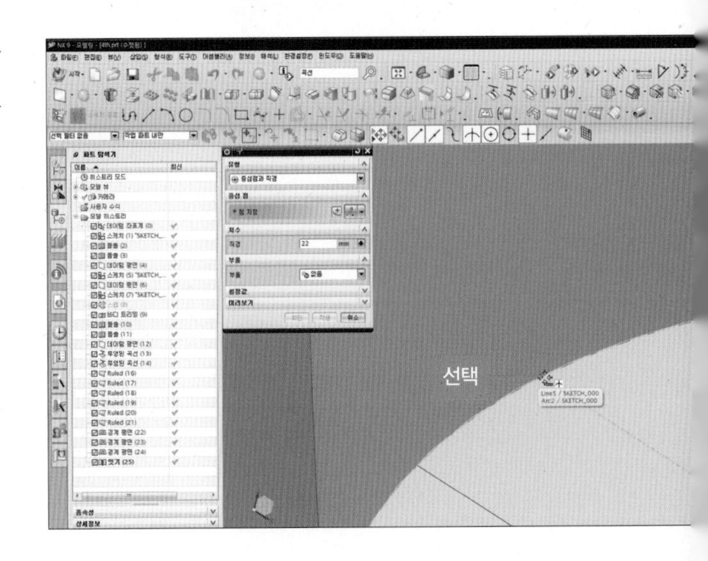

04 구의 [치수-직경]에 '30', [부울]에 '결합', [바디 선택]에 '솔리드 바디'를 선택한 후 [확인] 버튼을 클릭합니다.

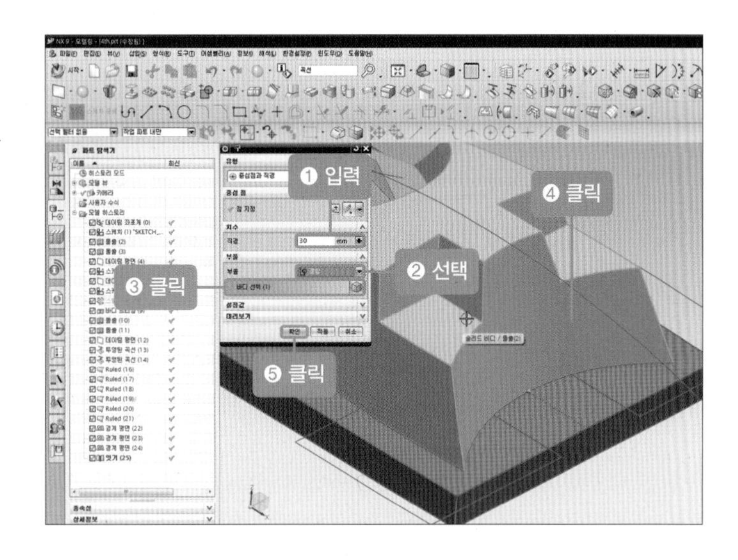

05 바닥 면에 있는 불필요한 구를 삭제합니다.

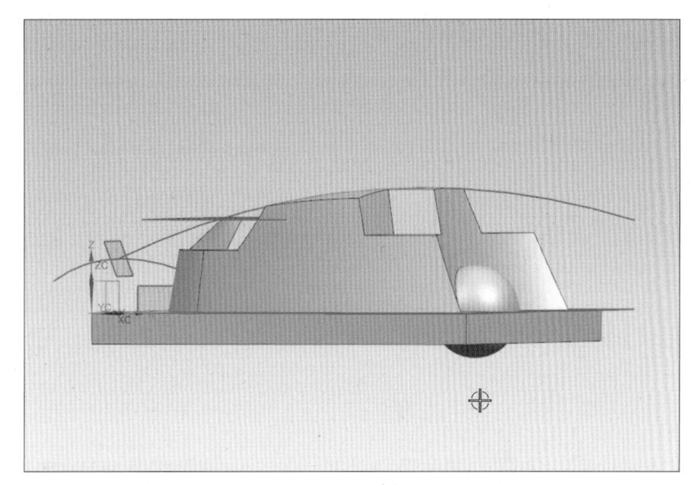

06 [돌출] 아이콘( )을 클릭한 후 [단면-곡선 선택]에 '직사각형', [벡터 지정]에 'ZC', [시작 거리]에 '0', [끝 거리]에 '-30', [부울]에 '빼기', [바디 선택]에 '솔리드'를 선택한 후 [확인] 버튼을 클릭합니다.

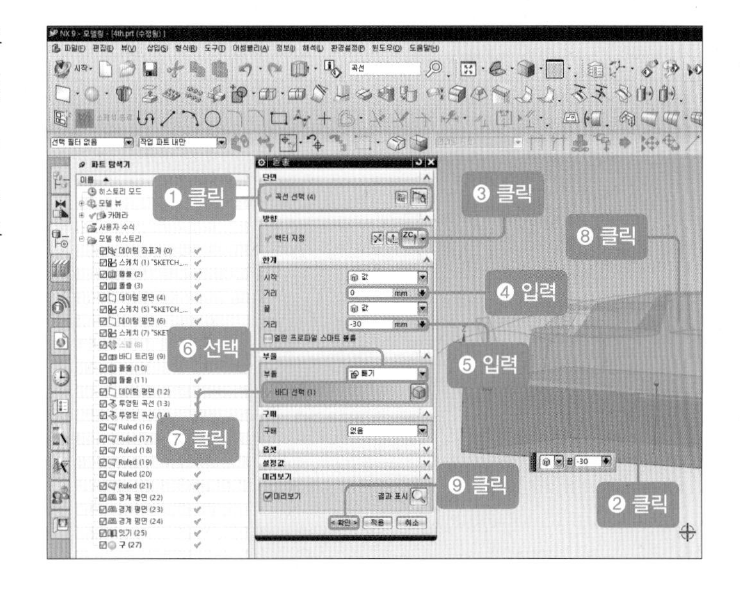

07 [결합] 아이콘( )을 클릭한 후 [타겟-바디 선택]에 '베이스 솔리드', [공구-바디 선택]에 마우스를 드래그하여 전체 솔리드를 선택하고 [확인] 버튼을 클릭합니다.

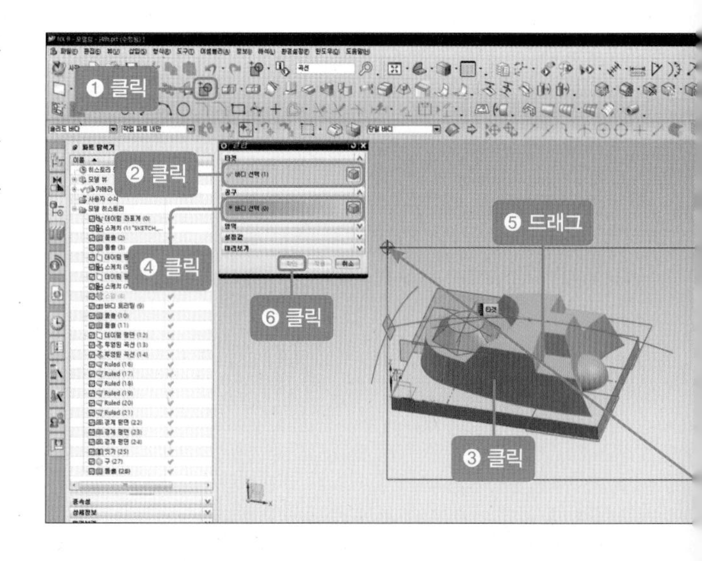

08 단축키 Ctrl + Shift + U를 눌러 전체 보기를 합니다.

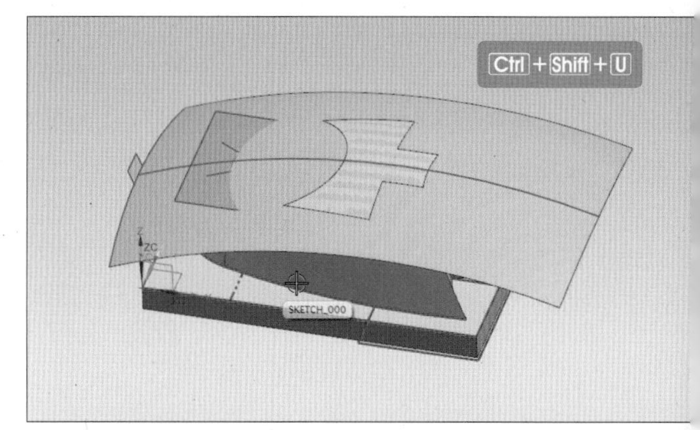

09 단축키 Ctrl + B를 눌러 솔리드 바디만 선택합니다. 그런 다음 단축키 Ctrl + Shift + B를 누릅니다.

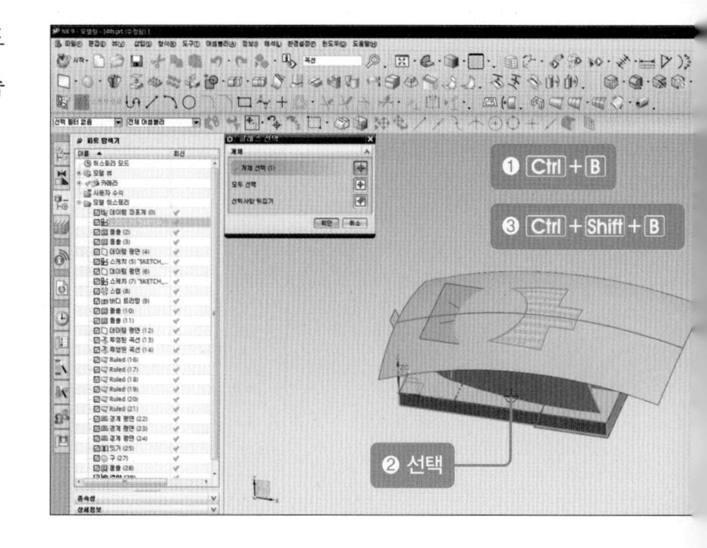

7 블렌드 작업하기

01 [모서리 블렌드] 아이콘( )을 클릭한 후 두 모서리를 선택합니다. 그런 다음 [반경]에 '5'를 입력하고 [적용] 버튼을 클릭합니다.

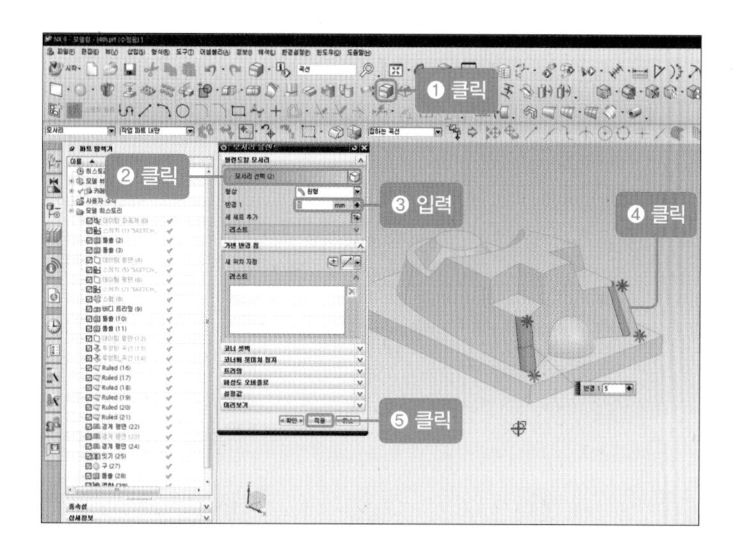

02 [모서리 블렌드] 아이콘( )을 클릭한 후 모서리를 선택합니다. 그런 다음 [반경]에 '2'를 입력하고 [적용] 버튼을 클릭합니다.

03 [모서리 블렌드] 아이콘( )을 클릭한 후 모서리를 선택합니다. 그런 다음 [반경]에 '2'를 입력하고 [확인] 버튼을 클릭합니다.

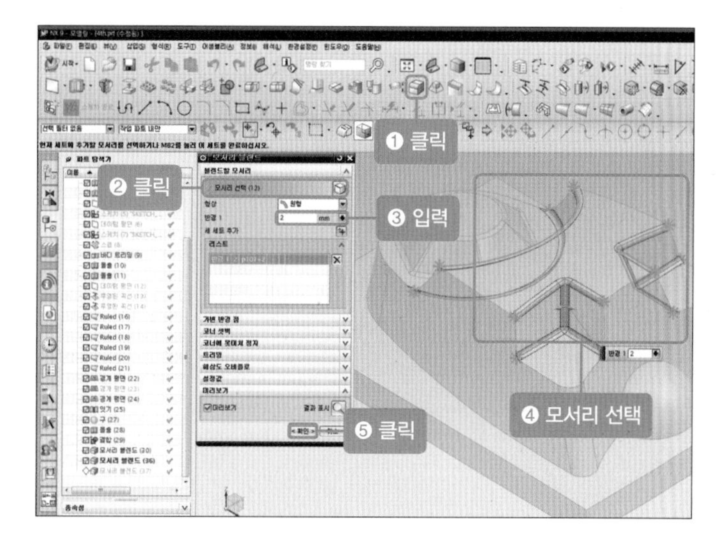

04 [모서리 블렌드] 아이콘( )을 클릭한 후 모서리를 선택합니다. 그런 다음 [반경]에 '2'를 입력하고 [적용] 버튼을 클릭합니다.

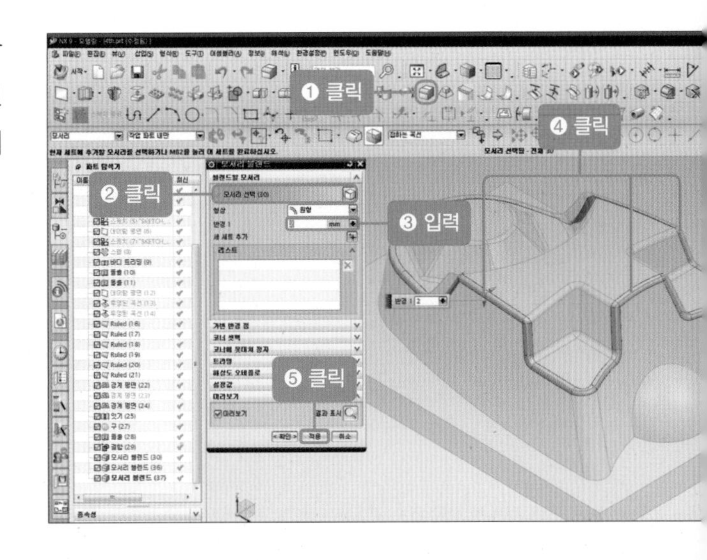

05 [모서리 블렌드] 아이콘( )을 클릭한 후 한쪽 모서리를 선택하고 [반경]에 '2'를 입력한 다음 [적용] 버튼을 클릭합니다.

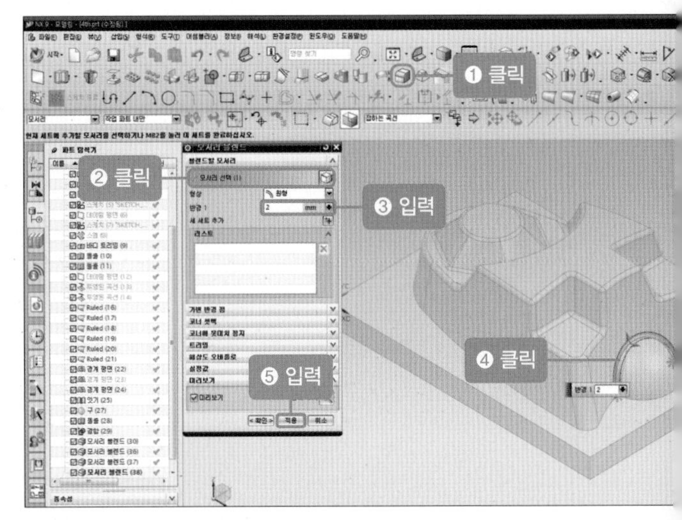

06 [모서리 블렌드] 아이콘( )을 클릭한 후 한쪽 모서리를 선택합니다. 그런 다음 [반경]에 '1'을 입력하고 [확인] 버튼을 클릭합니다.

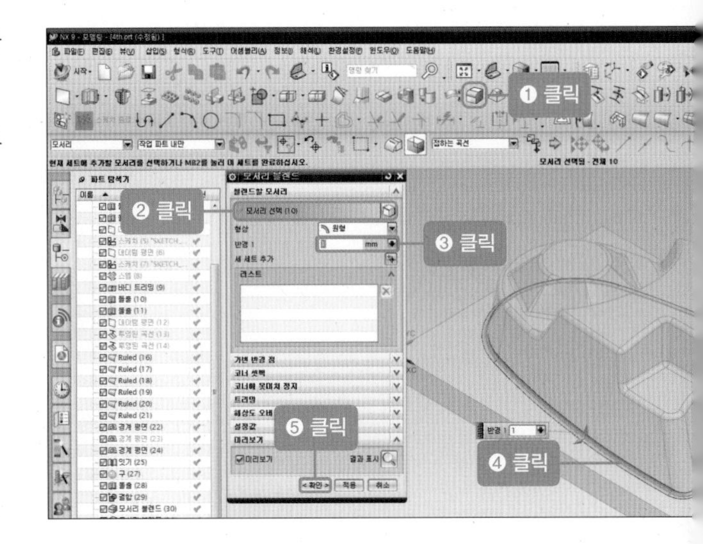

07 모델링이 완성되었습니다.

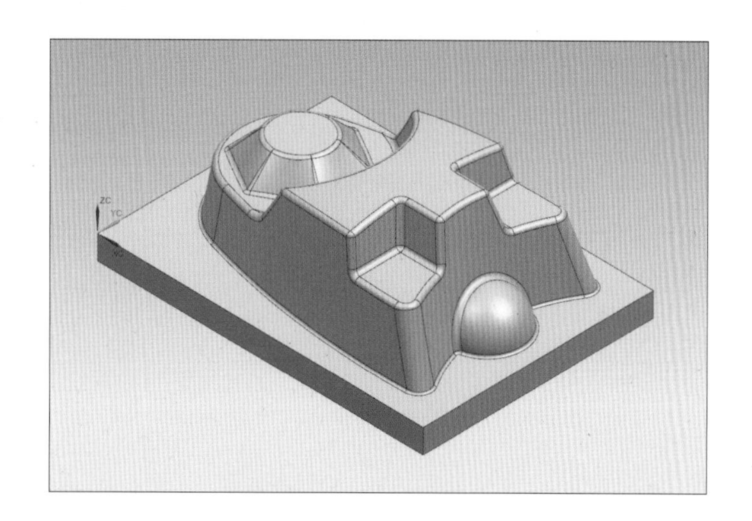

5 | 다섯 번째 모델링 따라하기

다섯 번째 모델링은 세 번째 모델링과 비슷하지만 좀 더 보충되어 있는 모델링입니다. Surface를 생성한 후 솔리드화시키고 부울을 이용하여 빼거나 결합하는 모델링을 해보겠습니다. Surface는 자유유로운 면을 생성할 수 있기 때문에 모델링에서 중요한 부분 중 하나입니다.

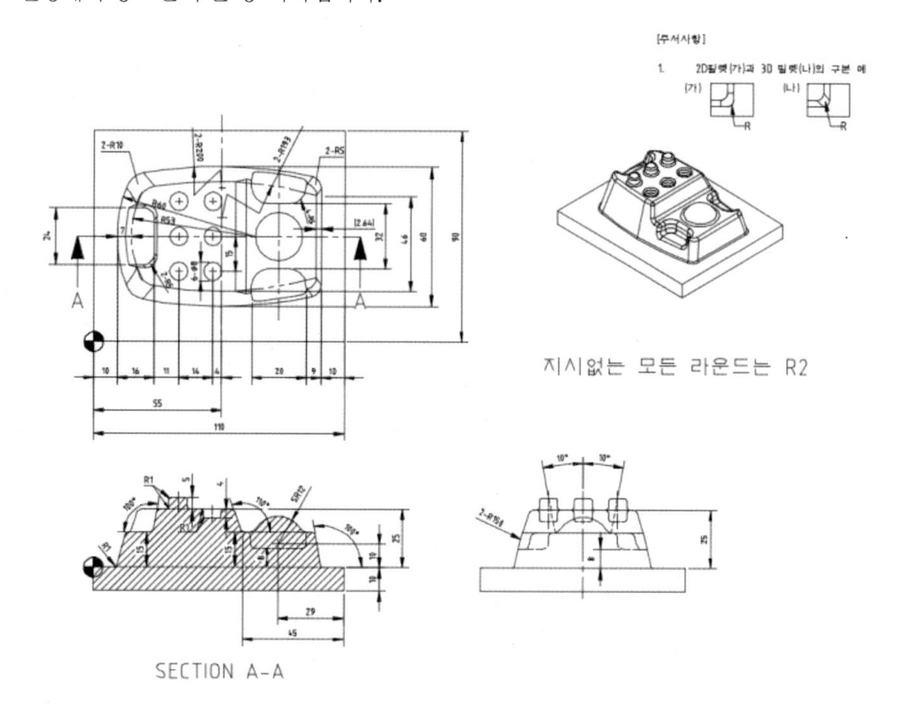

1 평면도 스케치 작업하기 1

01 풀다운 메뉴의 [삽입-타스크 환경의 스케치]를 선택한 후 작업 평면(XY 평면)을 선택합니다.

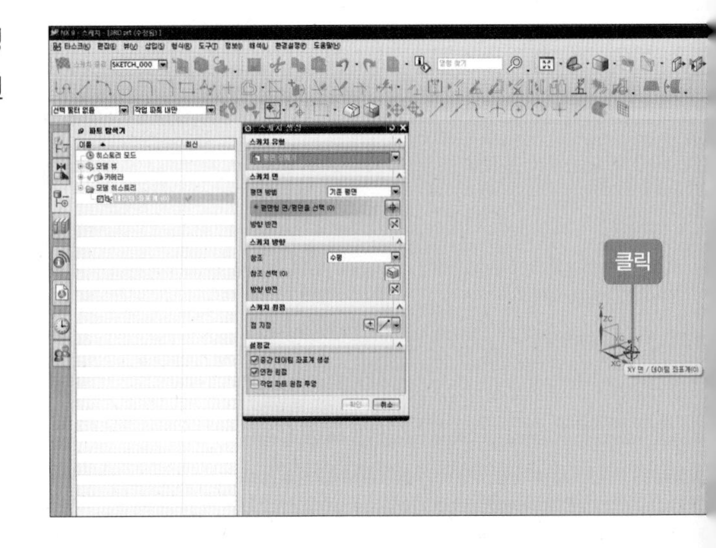

02 [직사각형] 아이콘(□)을 클릭한 후 원점을 기준으로 직사각형을 생성하고 [가로]에 '110', [세로]에 '90'을 입력합니다.

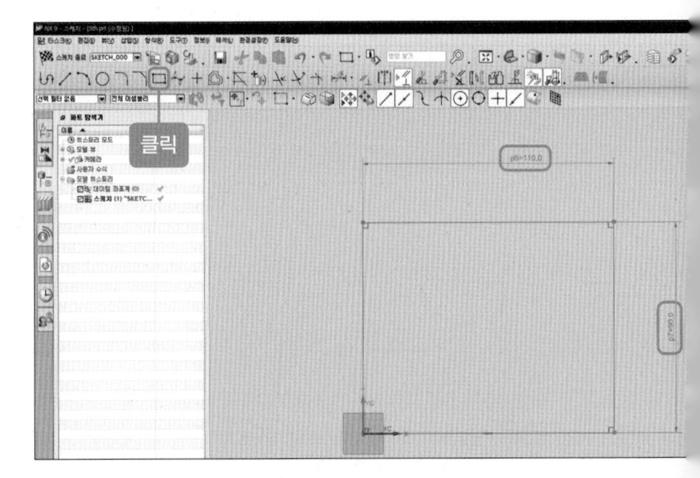

03 [선] 아이콘을 클릭한 후 중심점을 이용하여 각 변에 수평선 및 수직선을 생성합니다.

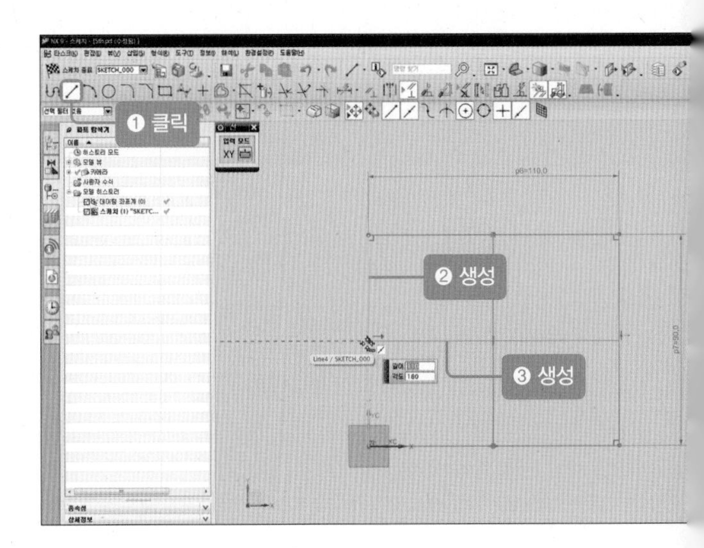

04 수평선 및 수직선을 클릭한 후 중심선을 선택하고 [참조에서/로 변환]을 클릭합니다.

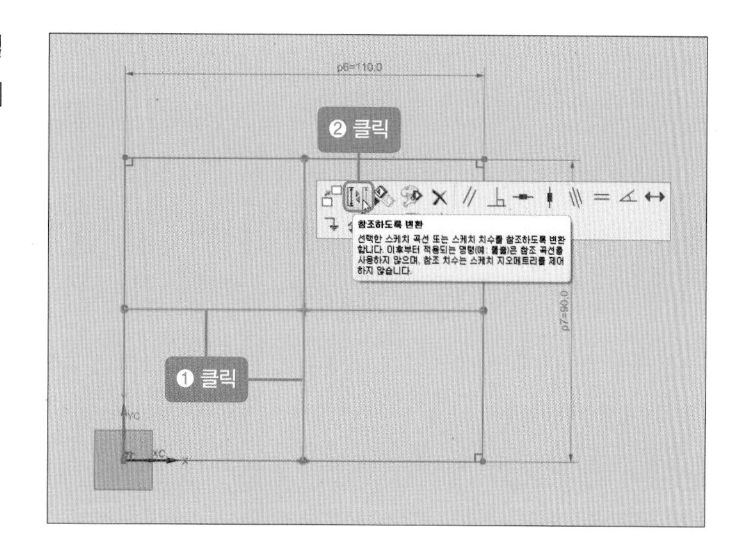

05 [원호] 아이콘( )을 클릭한 후 임의의 원호를 생성합니다.

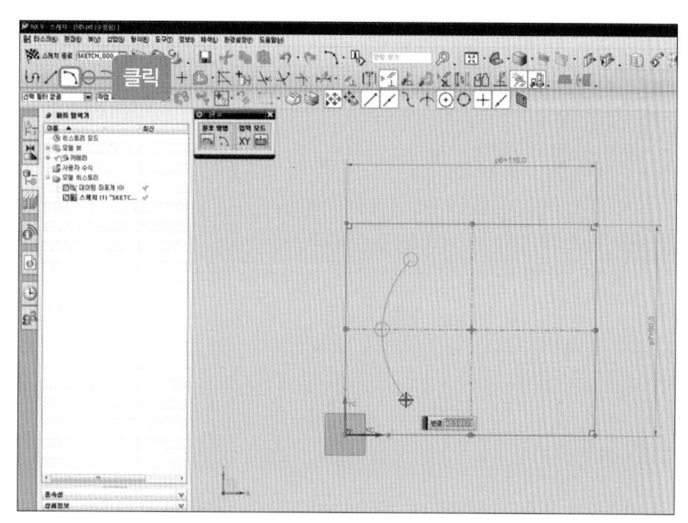

06 단축키 C를 누른 후 [곡선상의 점]( )을 선택하고 원호 중심점과 수평 참조선을 클릭하여 원호 중심점을 수평 참조선 상 위에 일치시킵니다.

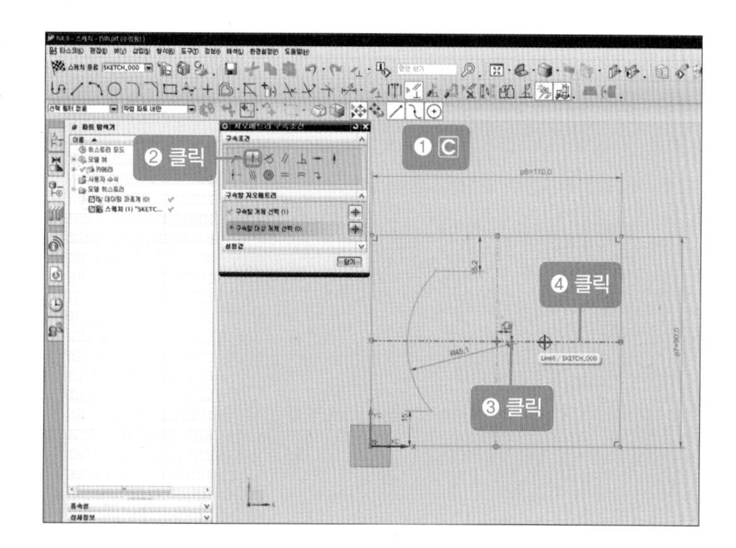

07 [급속 치수] 아이콘(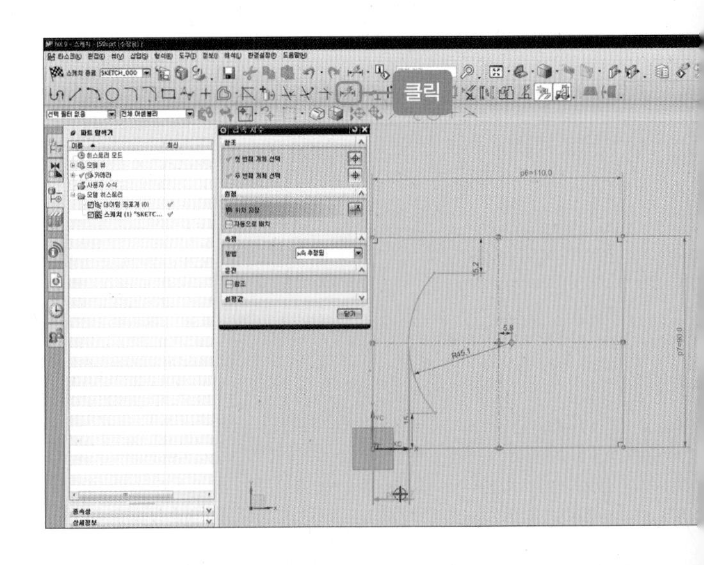)을 클릭한 후 [원호 거리]에 '10'을 부여합니다.

08 [선] 아이콘을 클릭한 후 임의의 수직선을 생성합니다.

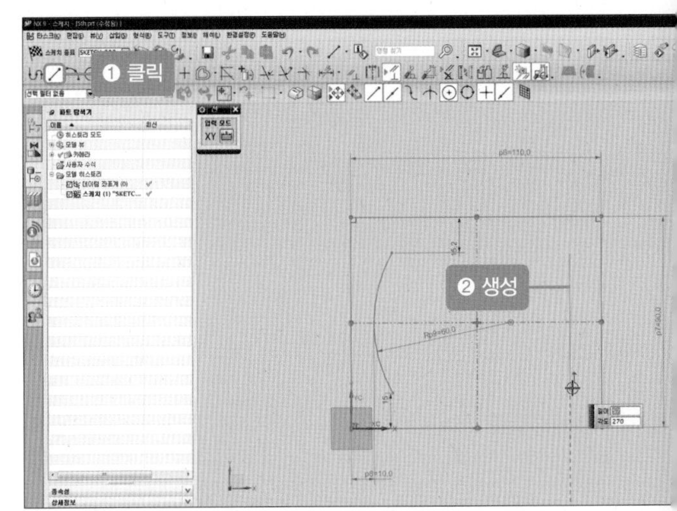

09 치수를 더블클릭하여 수직선의 [거리]에 '10'을 입력합니다.

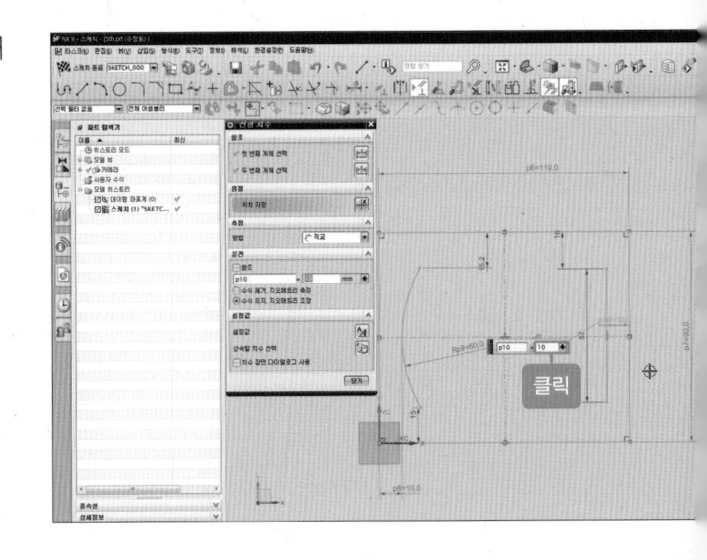

10 [지오메트리 구속 조건] 아이콘(⊡)을 클릭하거나 단축키 C를 누른 후 중간점을 선택하고 수직선을 선택합니다.

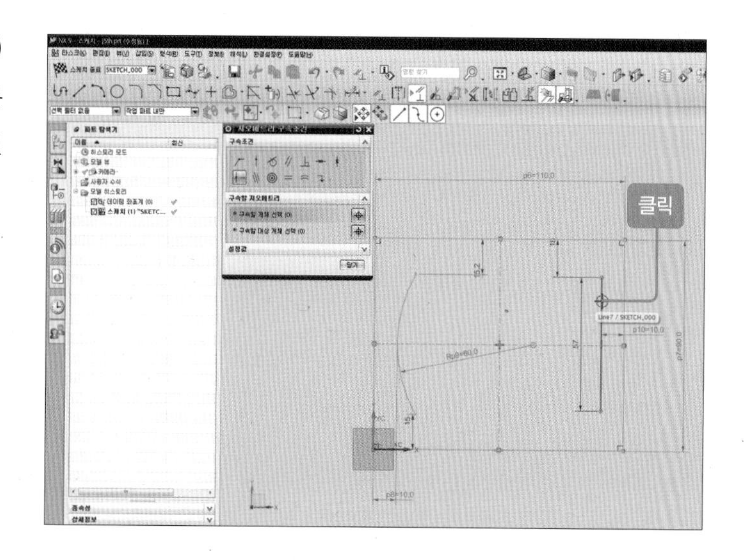

11 수평 참조선의 끝점을 클릭합니다.

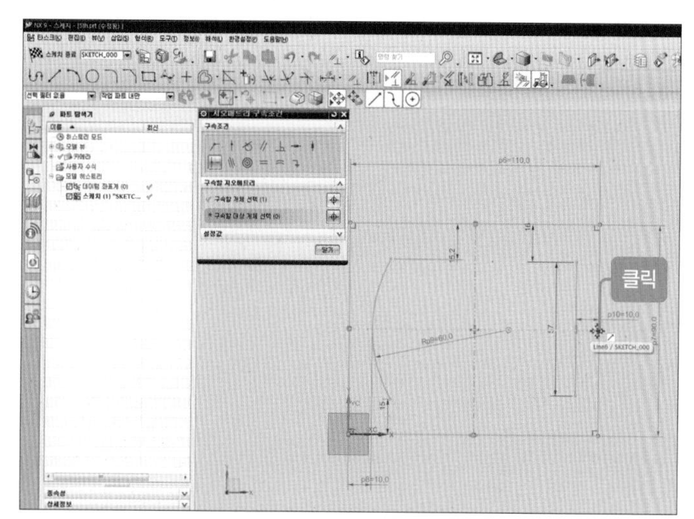

12 [원호] 아이콘을 클릭한 후 원호의 끝점 및 수직선의 끝점을 이용하여 임의의 원호를 생성합니다.

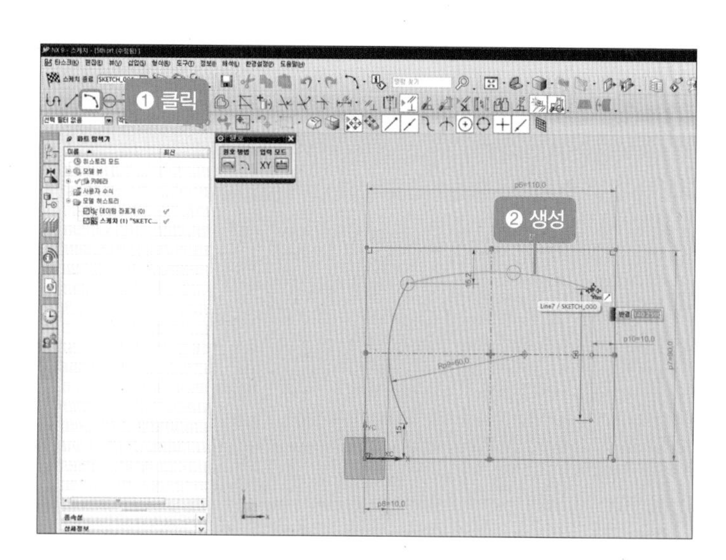

13 단축키 Ⓒ를 누른 후 [곡선상의 점]( )을 선택하고 원호의 중심점과 수직 참조선을 선택하여 원호의 중심점을 수직 참조선 상 위에 일치시킵니다.

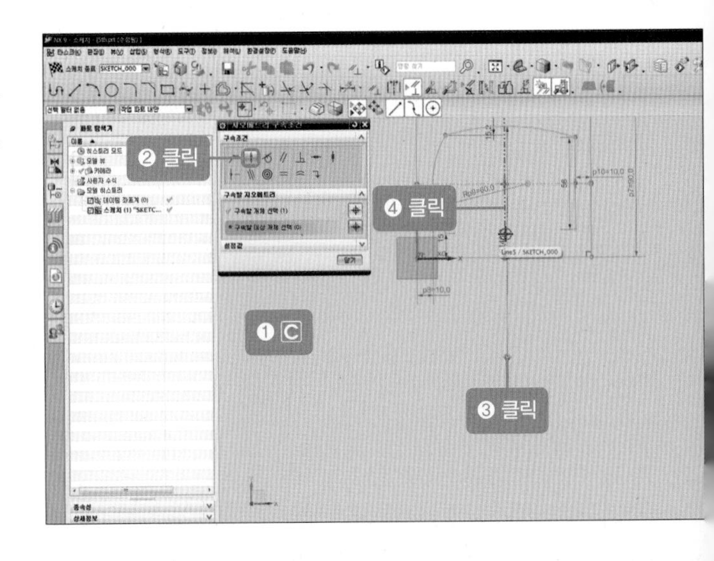

14 [급속 치수] 아이콘( )을 클릭한 후 수평 참조선을 기준으로 원호의 [높이]에 '30'을 입력합니다.

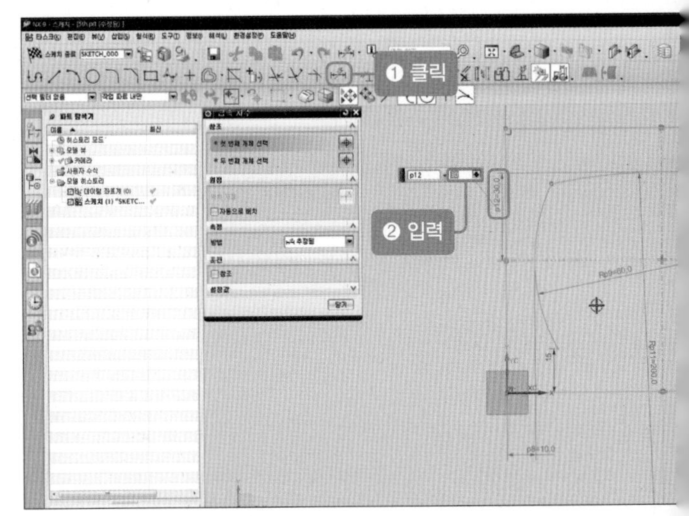

15 풀다운 메뉴의 [삽입-곡선에서의 곡선-대칭 곡선]을 클릭한 후 곡선 규칙에서 [단일 곡선]을 클릭합니다.

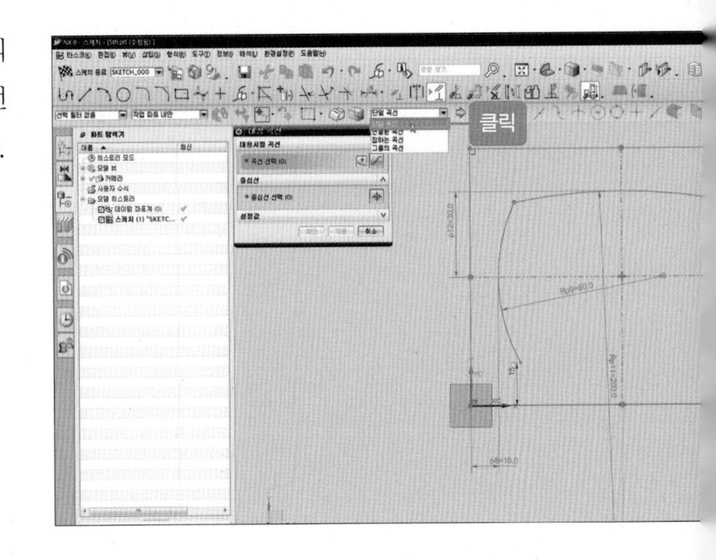

16 [대칭시킬 곡선-원호]를 클릭한 후 [중심선 선택-수평 참조선]을 선택합니다.

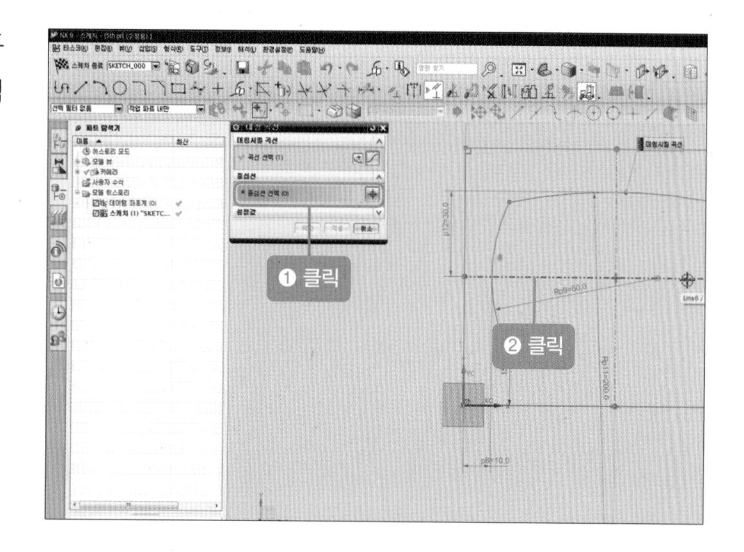

17 [빠른 트리밍] 아이콘을 클릭하거나 단축키 T를 누른 후 불필요한 선을 제거합니다.

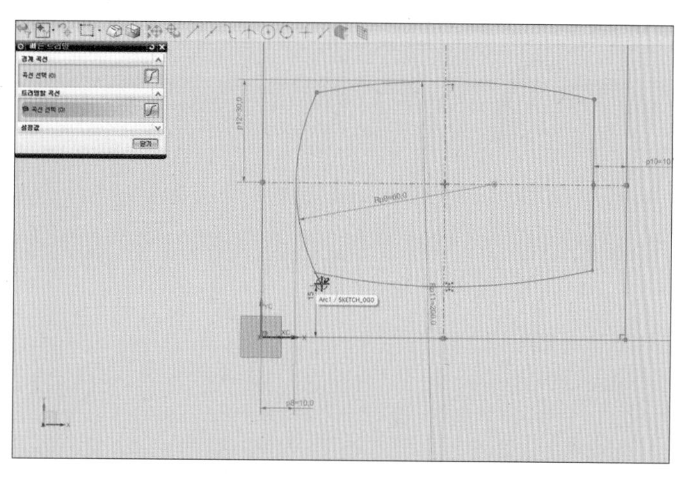

18 [옵셋 곡선] 아이콘을 클릭하거나 풀다운 메뉴의 [삽입-곡선에서의 곡선-옵셋 곡선]을 선택합니다.

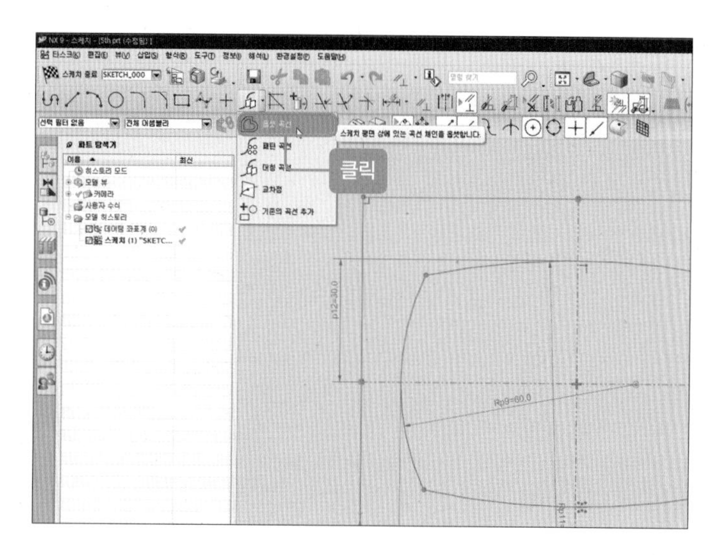

19 [옵셋할 곡선-곡선 선택]에서 원호 3개를 클릭한 후 [거리]에 '7'을 입력하고 안쪽으로 옵셋합니다.

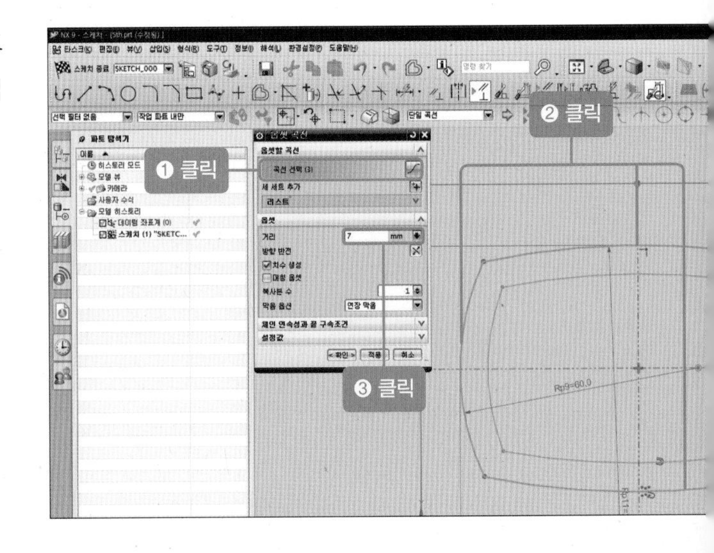

20 [빠른 연장] 아이콘(아이콘)을 클릭합니다.

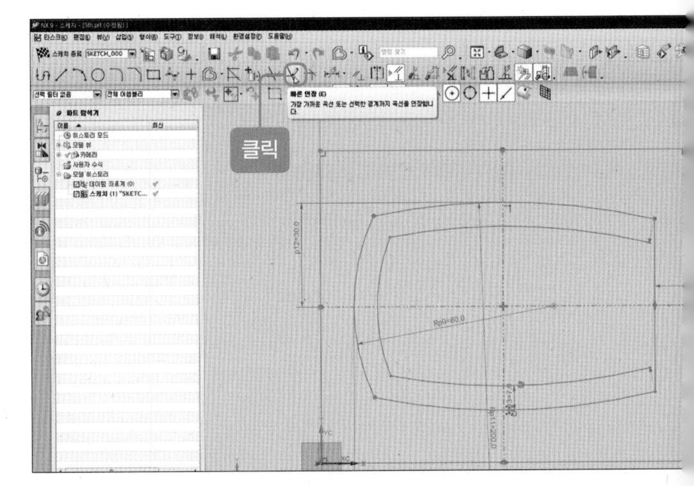

21 [경계 곡선-곡선 선택]에서 '수직선'을 선택한 후 [연장할 곡선-곡선]을 선택합니다. 원호의 끝부분을 클릭하고 [스케치 종료] 버튼을 클릭합니다.

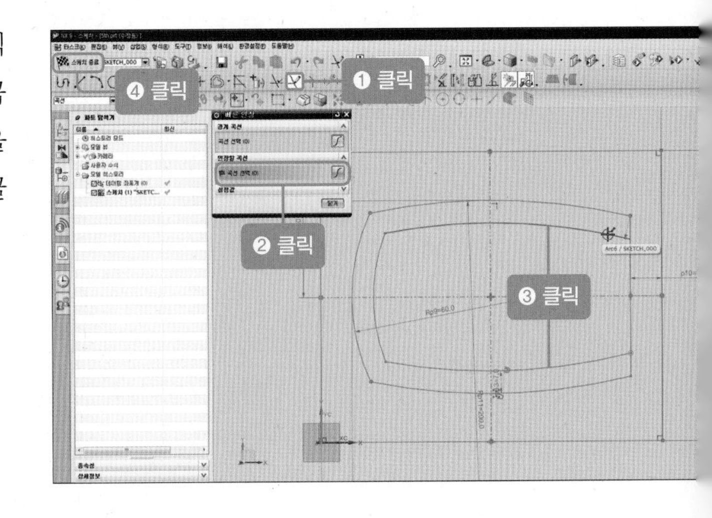

평면도 스케치 작업하기 2

01 [데이텀 평면] 아이콘(□)을 클릭한 후 데이텀 좌표계(XY 평면)를 선택합니다.

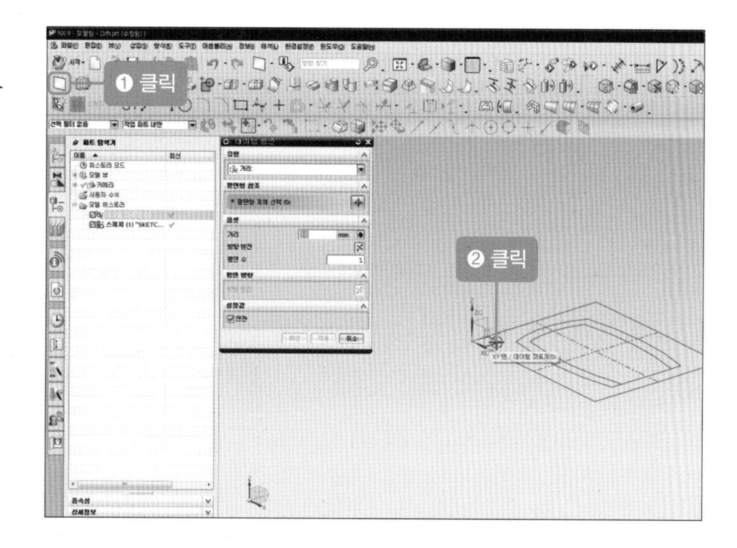

02 [옵셋-거리]에 '25'를 입력한 후 [적용] 버튼을 클릭합니다.

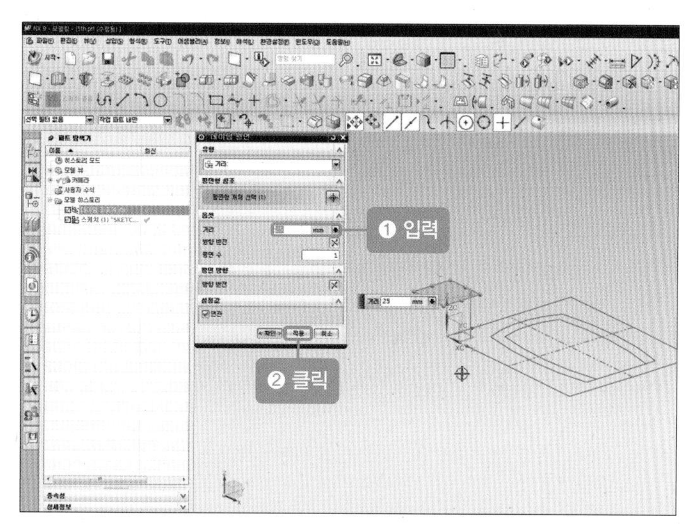

03 [데이텀 평면] 아이콘(□)을 클릭한 후 데이텀 좌표계(YZ 평면)를 선택합니다. 그런 다음 [거리]에 '55'를 입력하고 [확인] 버튼을 클릭합니다.

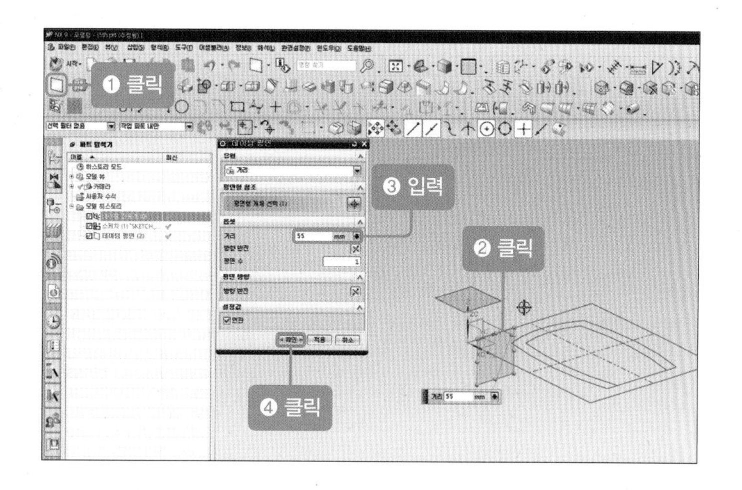

04 [곡선 투영] 아이콘(![icon])을 클릭합니다.

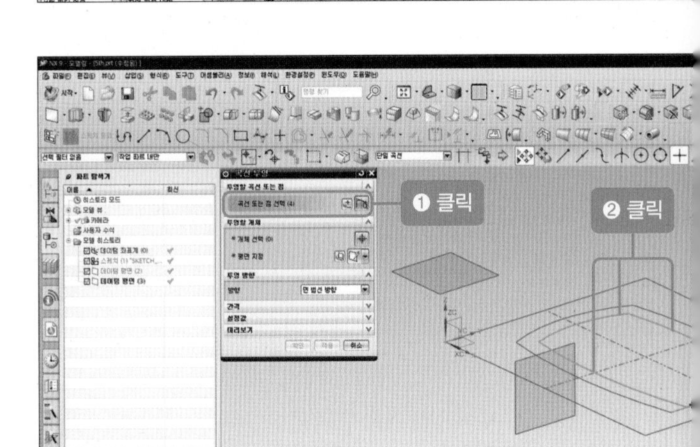

05 [투영할 곡선 또는 점-곡선 또는 점 선택]에서 안쪽 옵셋된 원호 및 직선을 클릭합니다.

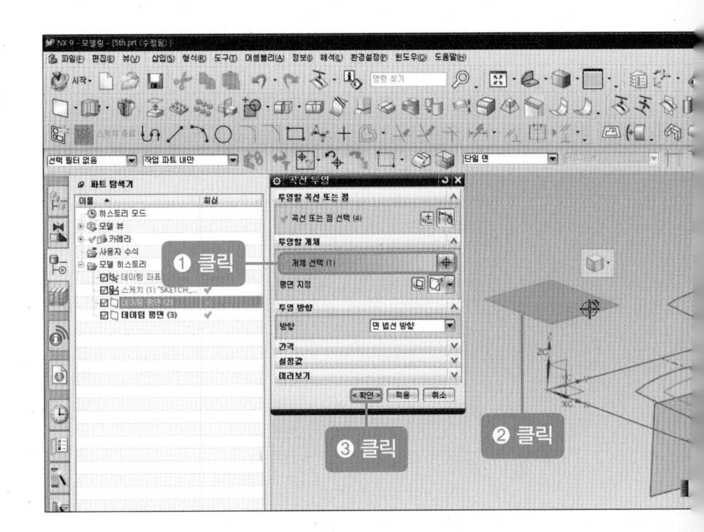

06 [투영할 개체-개체 선택]에서 '데이텀 평면'을 선택한 후 [확인] 버튼을 클릭합니다.

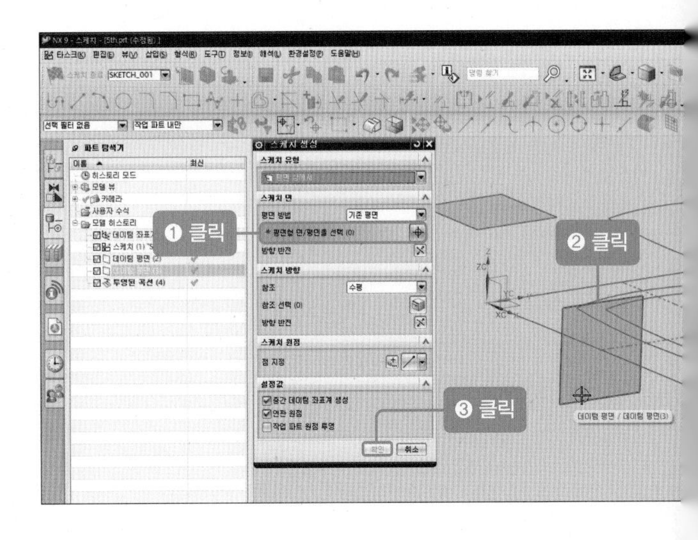

07 풀다운 메뉴의 [삽입-타스크 환경의 스케치]를 클릭한 후 데이텀을 선택하고 [확인] 버튼을 클릭합니다.

08 풀다운 메뉴의 [삽입-곡선에서의 곡선-교차점] 또는 [교차점]을 선택합니다.

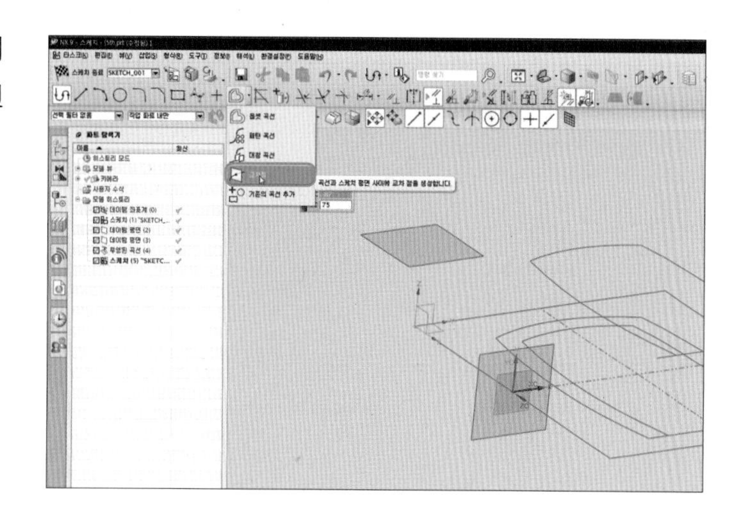

09 스케치 작업 평면과 선택한 곡선에 교차점을 생성한 후 필요한 곡선 4개를 선택합니다. 원호 ①를 선택한 후 적용, 원호 ②를 선택한 후 적용, 원호 ③을 선택한 후 적용, 직선 ④를 선택한 후 [확인] 버튼을 클릭합니다(교차점이 생성된 부분을 확대하여 생성 유무를 확인합니다).

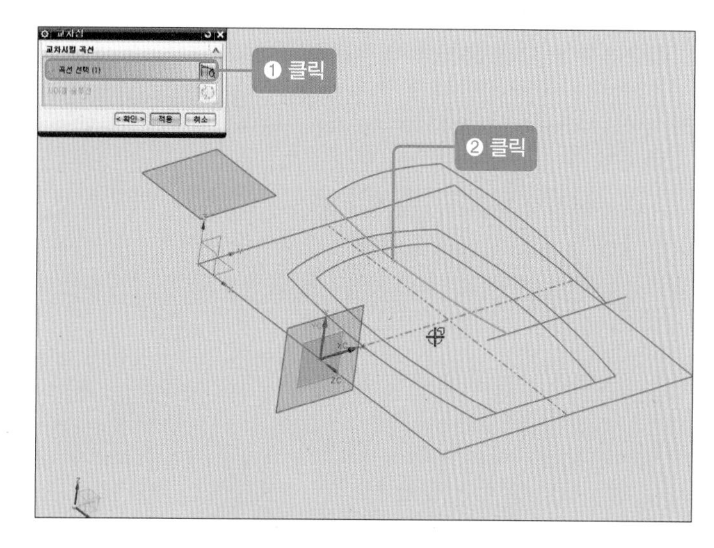

10 [원호] 아이콘( )을 클릭한 후 곡선에서의 교차점을 시작점과 끝점으로 이용하여 양쪽 원호 2개를 작성합니다.

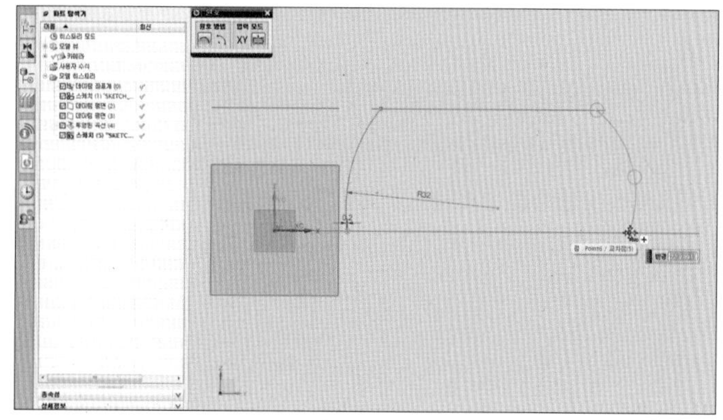

11 원호 치수선을 더블클릭한 후 [반경]에 '150'을 입력합니다(양쪽 원호 2개가 동일합니다).

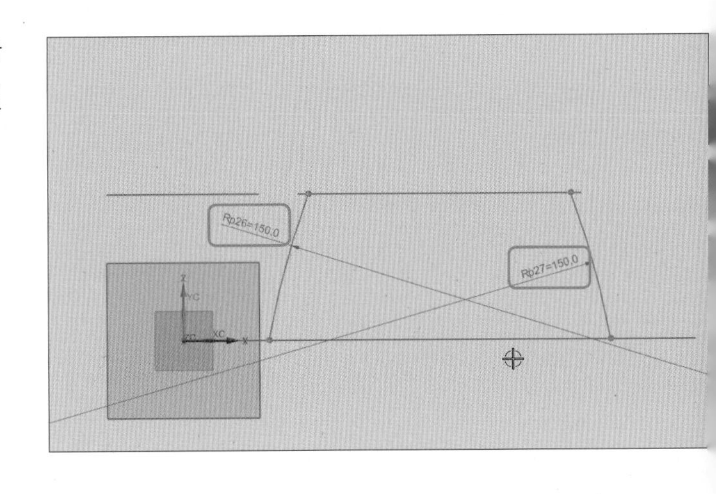

❸ 외곽 형상 작업하기

01 [Ruled] 아이콘( )을 클릭한 후 선택 바에서 [교차점에서 정지] 아이콘을 활성화합니다. [단면 스트링 1–곡선 또는 점 선택]에서 하단 원호를 선택합니다.

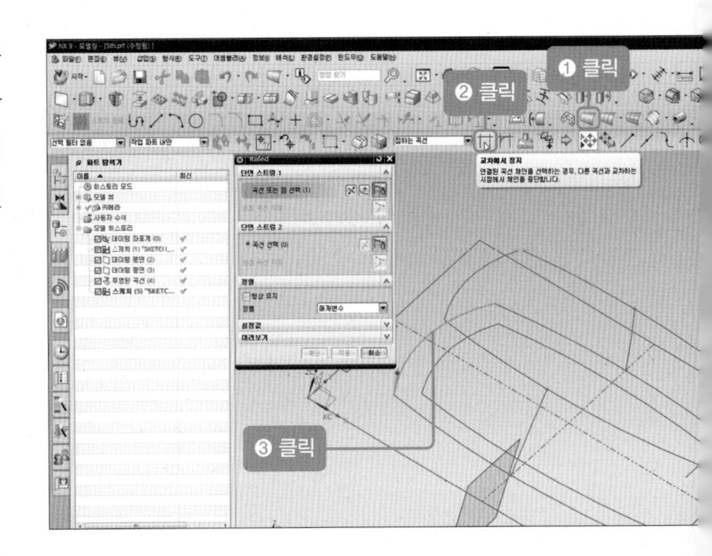

02 [단면 스트링 2–곡선 선택]에서 상단 원호를 선택하면 두 곡선 사이에 시트가 생성됩니다.

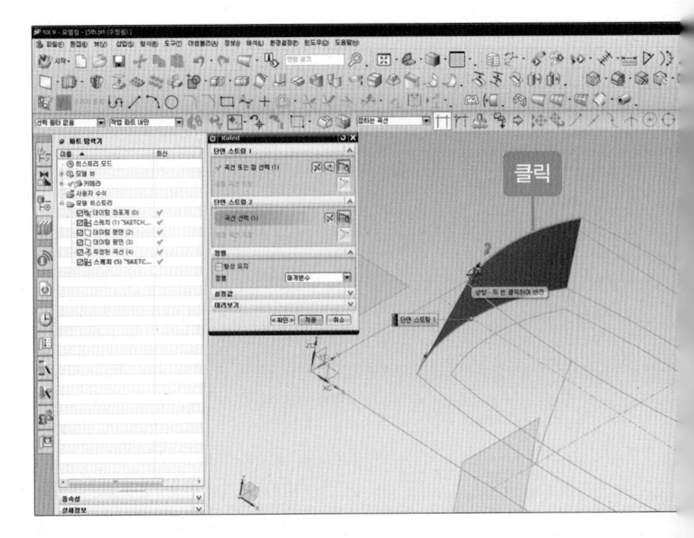

03 [Ruled] 아이콘( )을 클릭한 후 선택바에서 [교차점에서 정지] 아이콘을 활성화합니다. [단면 스트링 1-곡선 또는 점 선택]에서 하단 직선을 선택합니다.

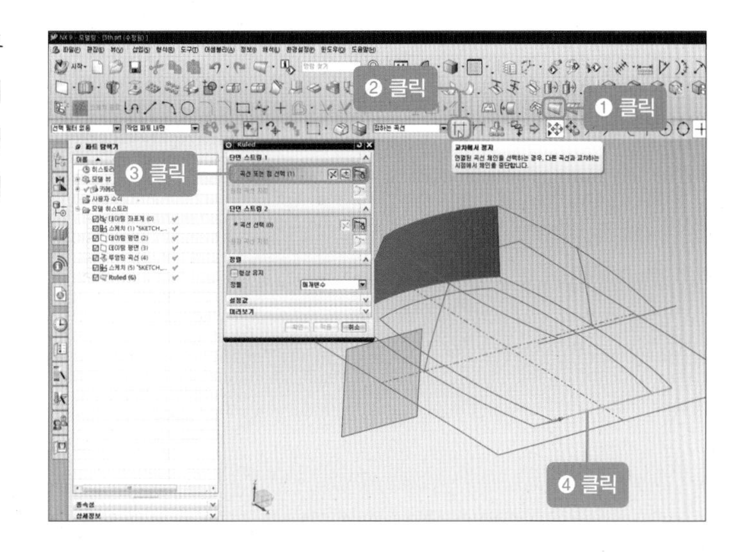

04 [단면 스트링 2-곡선 선택]에서 상단 직선을 선택하면 두 곡선 사이에 시트가 생성됩니다.

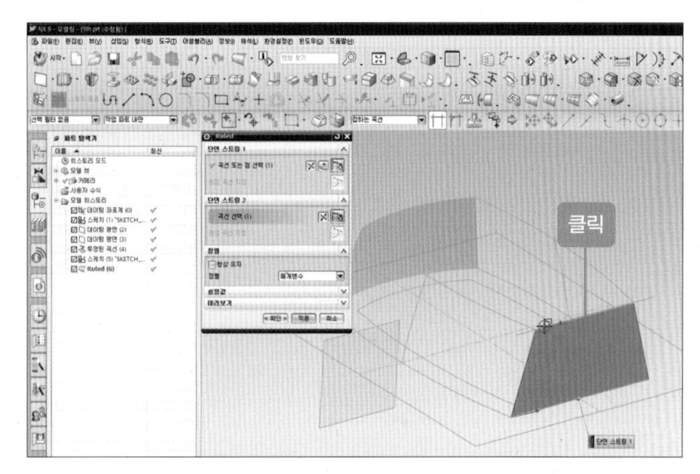

05 [스웹] 아이콘( )을 클릭합니다.

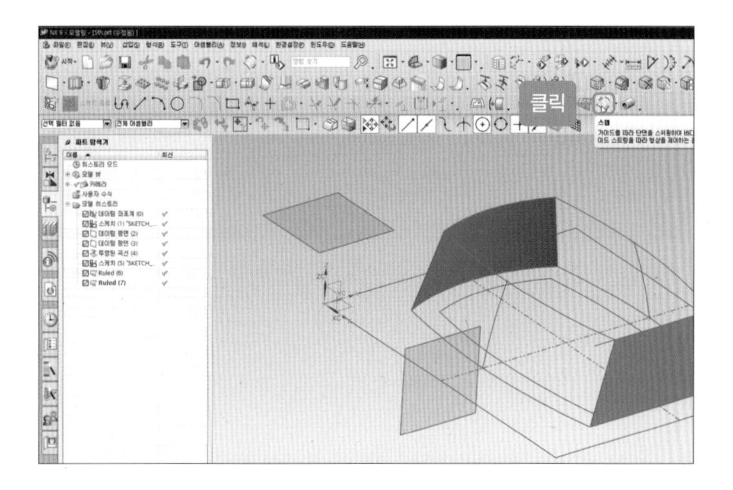

06 [단면-곡선 선택]에서 하단 원호를 선택한 후 마우스 가운데 버튼 (3)을 클릭합니다. 그런 다음 상단 원호를 선택하고 마우스 가운데 버튼 (3)을 선택합니다.

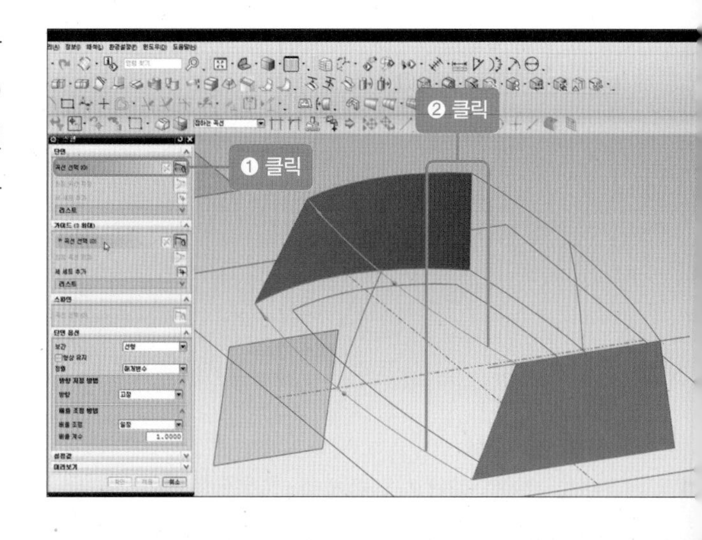

07 [가이드-곡선 선택]에서 왼쪽 곡선을 선택한 후 마우스 가운데 버튼 (3) 클릭합니다. 그런 다음 중간 곡선을 선택하고 마우스 가운데 버튼 (3) 클릭하고 오른쪽 곡선을 선택한 후 마우스 가운데 버튼 (3)을 클릭했을 때 시트가 생성되면 [확인] 버튼을 클릭합니다. 반대 부분도 같은 방법으로 생성합니다.

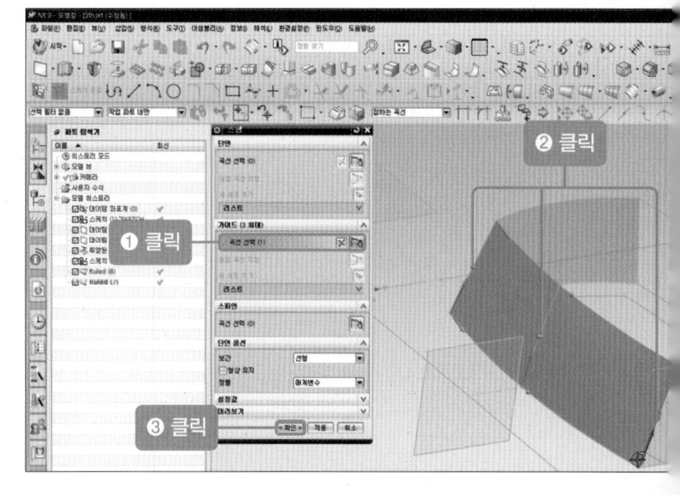

08 [경계 평면] 아이콘(▣)을 클릭합니다.

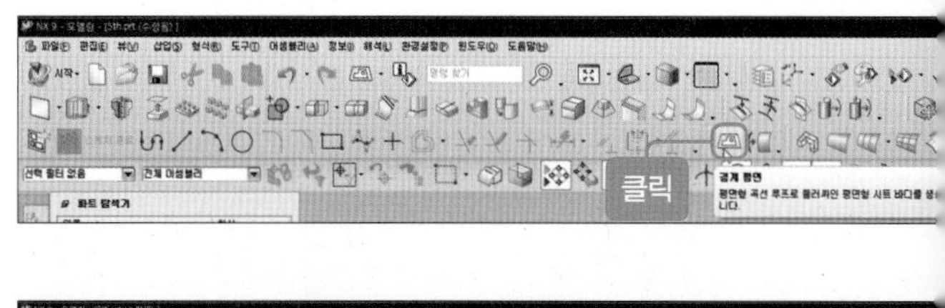

09 선택 바의 [교차에서 정지]를 클릭합니다. 곡선을 이용하여 시트로 채울 곡선 4개를 선택합니다.

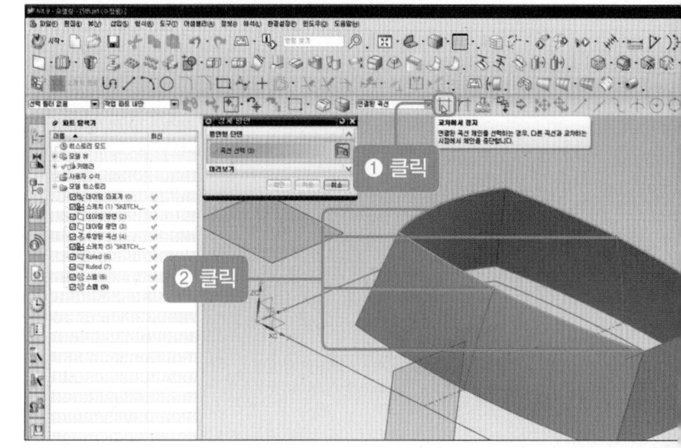

10 경계 평면을 이용하여 상부 작업을 하였습니다.

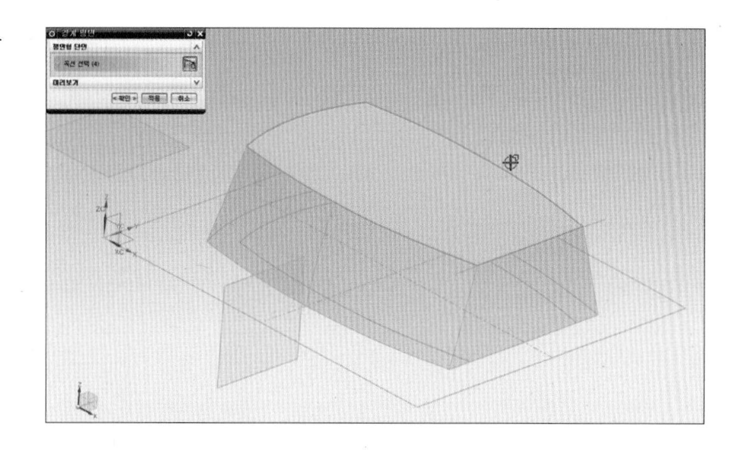

11 하부면도 동일한 방법으로 경계 평면을 이용하여 시트를 생성합니다.

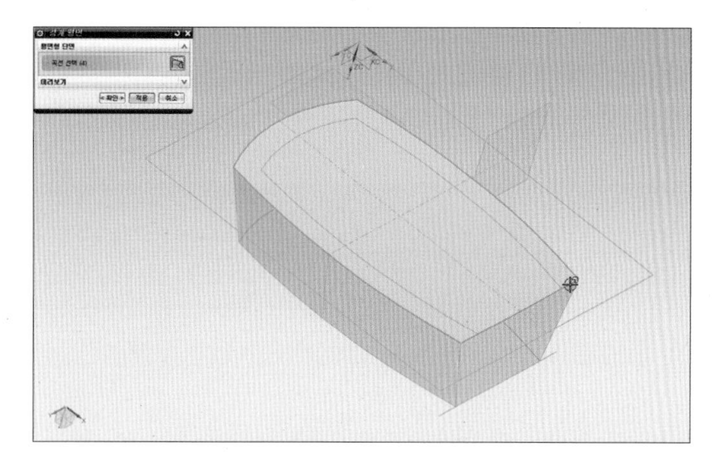

12 풀다운 메뉴의 [삽입-결합-잇기] 또는 [잇기] 아이콘(▥)을 클릭합니다.

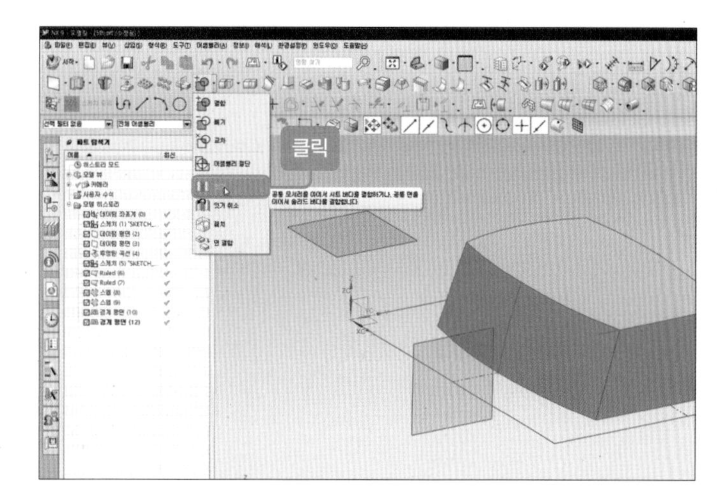

13 [타겟–시트 바디 선택]에서 상부 시트를 클릭합니다.

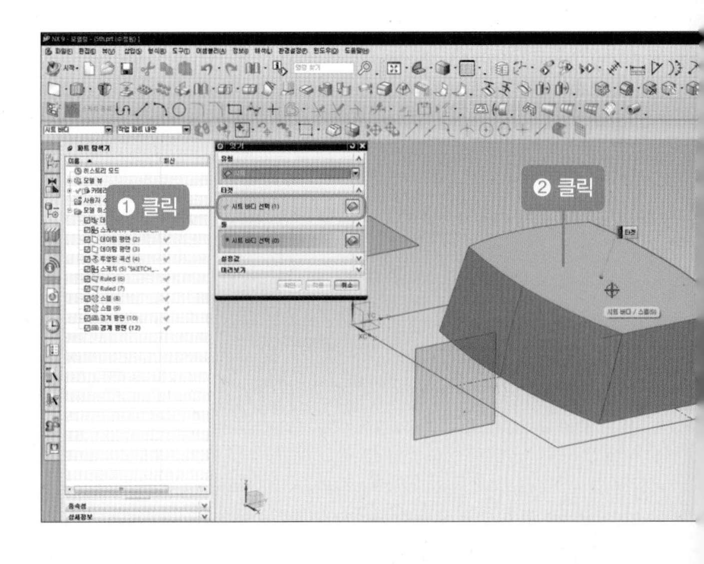

14 [툴–시트 바디 선택]에서 마우스를 드래그하여 전체를 선택한 후 [확인] 버튼을 클릭합니다.

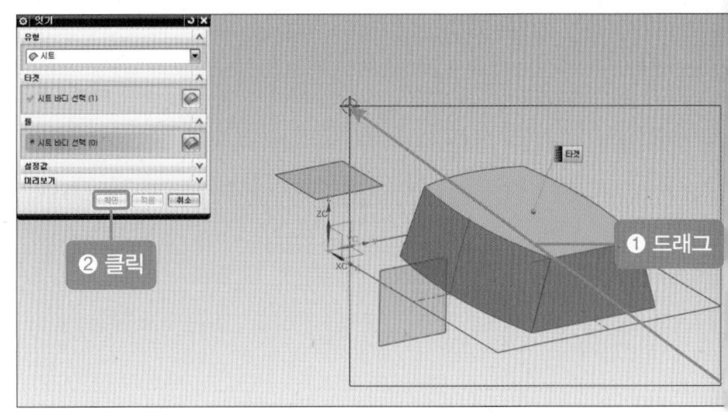

15 [돌출] 아이콘( )을 클릭한 후 [곡선 선택]에 '베이스 직사각형 곡선', [벡터 지정]에 'ZC', [한계–시작 거리]에 '0', [끝 거리]에 '-10'을 입력한 후 [확인] 버튼을 클릭합니다.

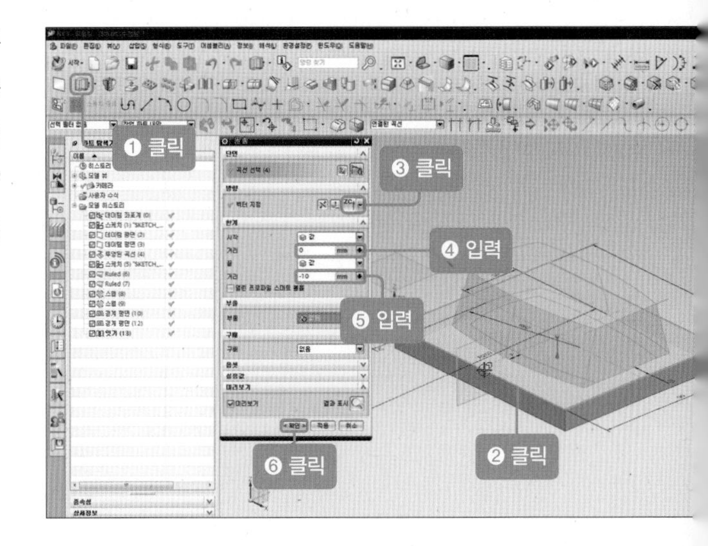

16 [구배] 아이콘( )을 클릭한 후 [벡터 지정]의 'ZC'를 클릭합니다.

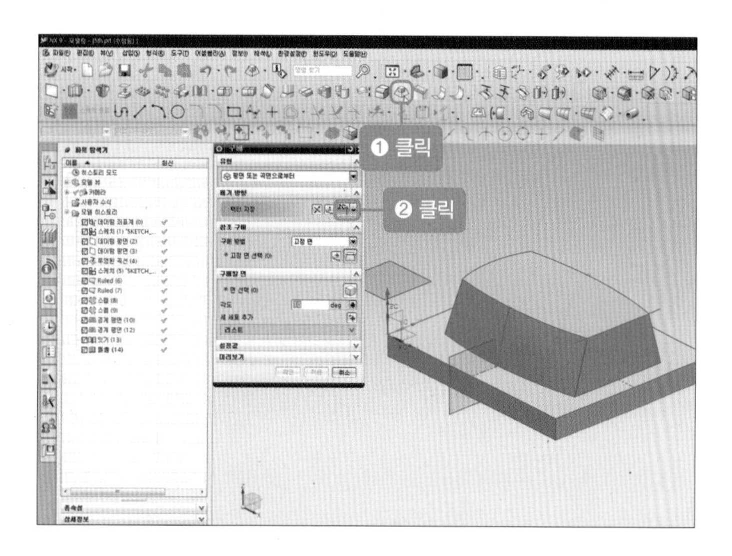

17 [고정 면 선택–바닥면]을 클릭합니다.

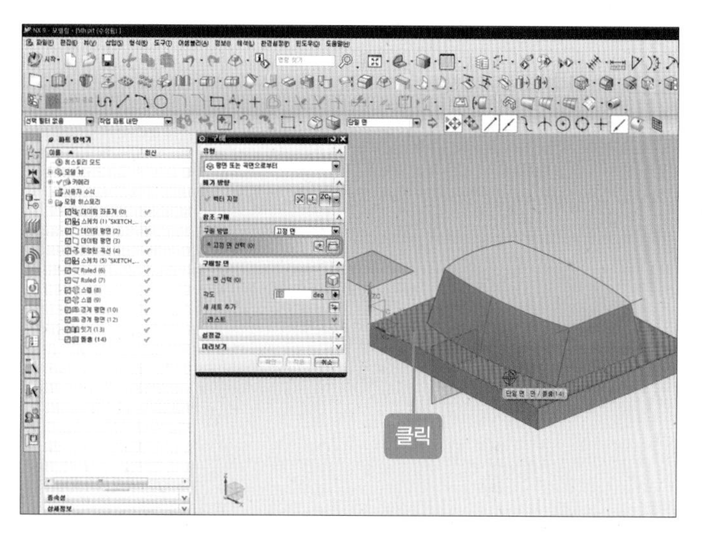

18 [구배할 면–면 선택]에서 측면 경사면을 선택합니다.

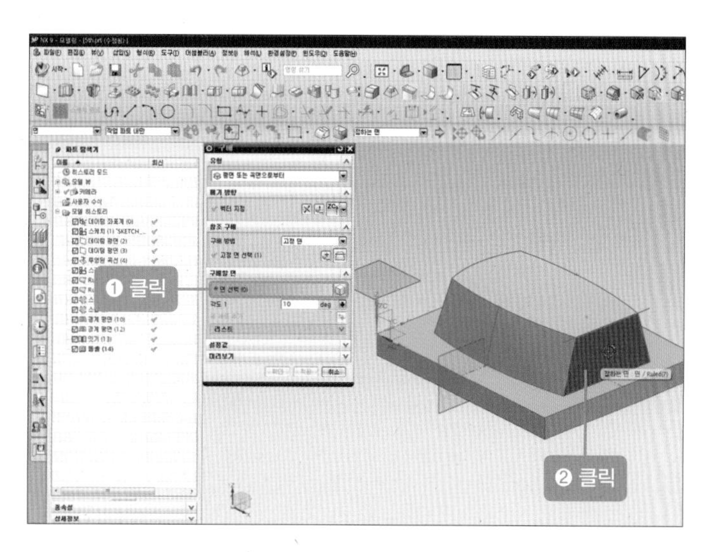

19 [각도]에 '10'을 입력한 후 [확인] 버튼을 클릭합니다.

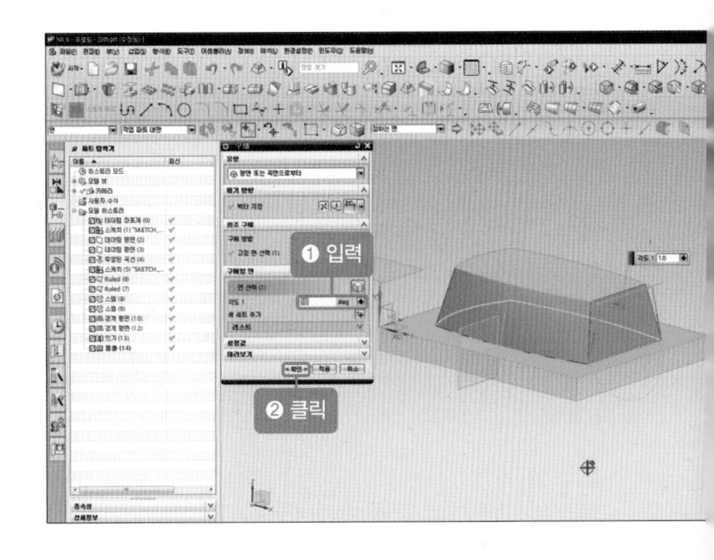

20 단축키 Ctrl+B를 누른 후 바닥 스케치를 제외하고 나머지는 숨깁니다.

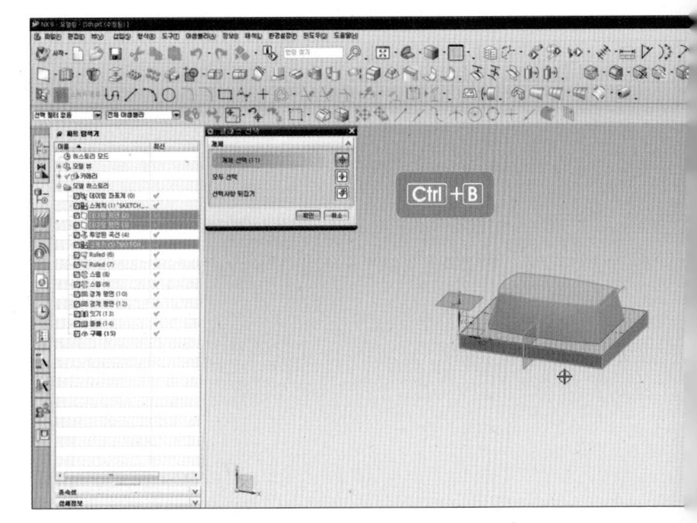

4 상부 형상 만들기

01 풀다운 메뉴의 [삽입-타스크 환경의 스케치]를 클릭한 후 데이텀 좌표계(XY 평면)를 선택하고 [확인] 버튼을 클릭합니다.

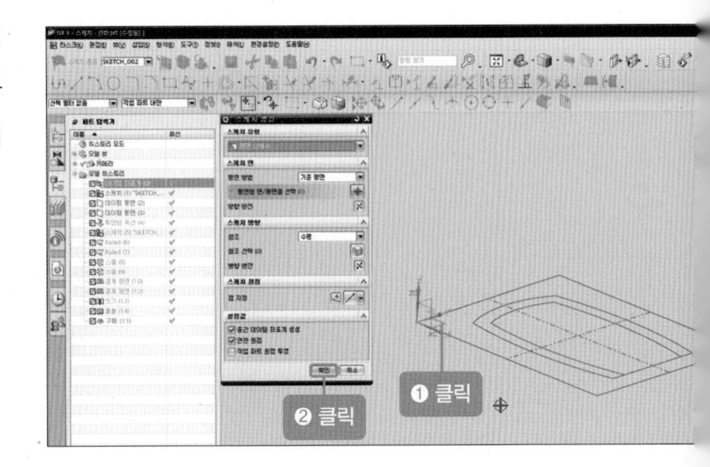

02 [직사각형] 아이콘(□)을 클릭한 후 임의의 직사각형을 작성합니다.

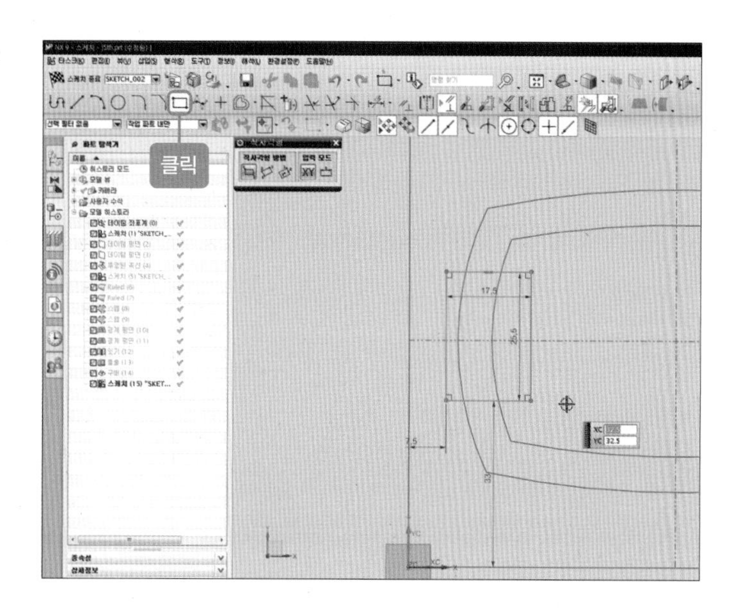

03 [급속 치수] 아이콘(⊢)을 이용하여 직사각형에 대한 위치 및 길이값을 입력합니다.

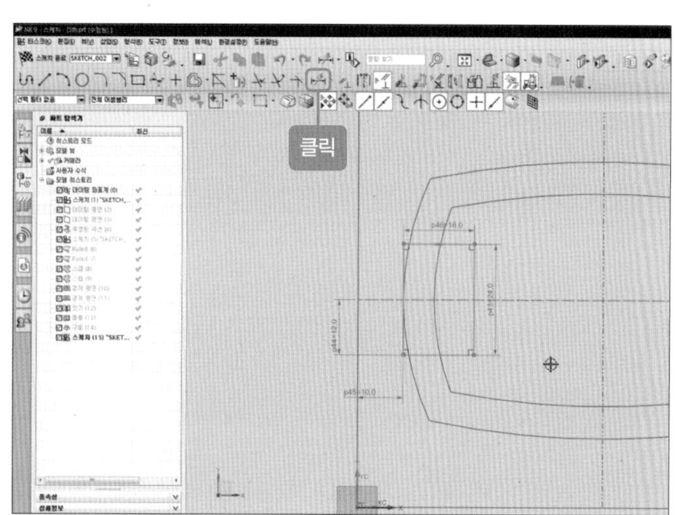

04 [원] 아이콘을 클릭한 후 임의의 위치에 원을 생성합니다.

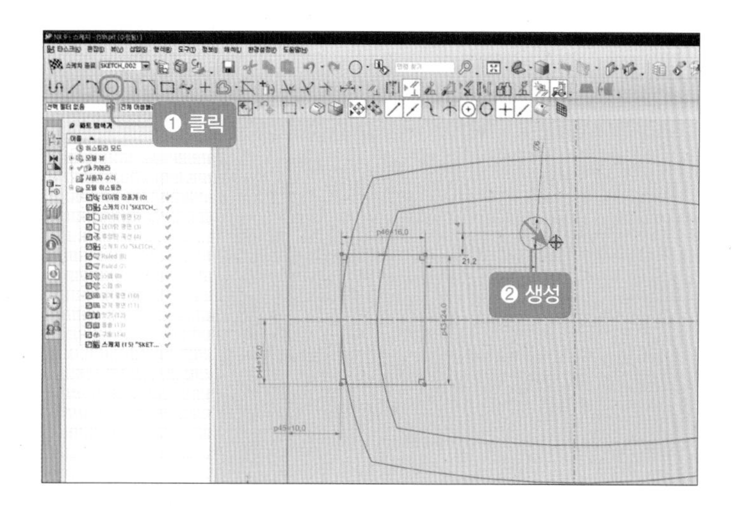

05 [급속 치수] 아이콘( )을 이용하여 원 위치 및 크기에 대한 치수값을 입력합니다. 풀다운 메뉴의 [삽입-곡선에서의 곡선-패턴 곡선] 또는 [패턴 곡선] 아이콘( )을 클릭합니다.

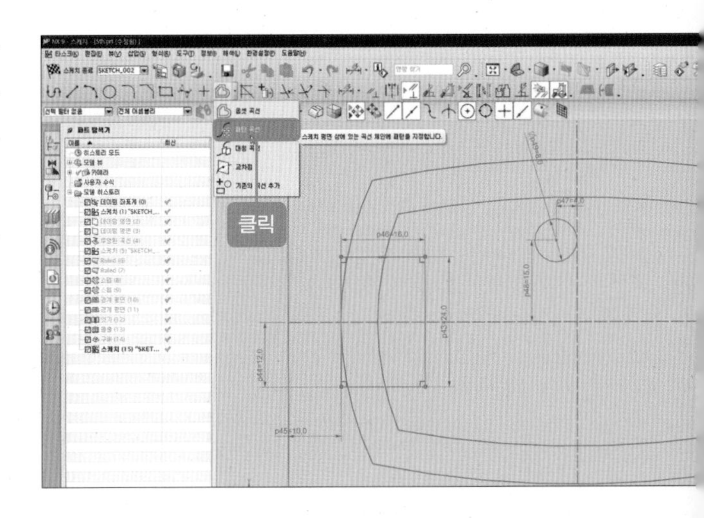

06 [패턴화할 곡선 선택]에 '원' 선택, [레이아웃]에 '선형', [방향 1-선형 객체 선택]에 '수평 참조선' 선택, [개수]에 '2', [피치 거리]에 '14'를 입력합니다. [방향 2 사용]에 체크한 후 [선형 개체 선택]에 '수직 참조선' 선택, [개수]에 '3', [피치 거리]에 '15'를 입력한 후 [확인] 버튼을 클릭합니다.

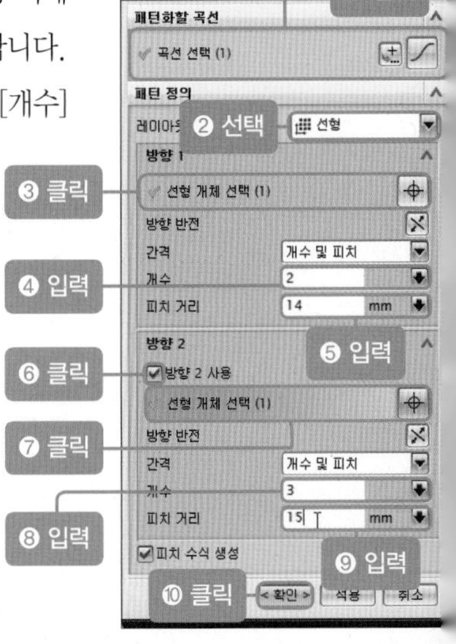

07 [직사각형] 아이콘( )을 클릭한 후 임의의 직사각형을 생성하고 [거리]에 '45'를 입력합니다.

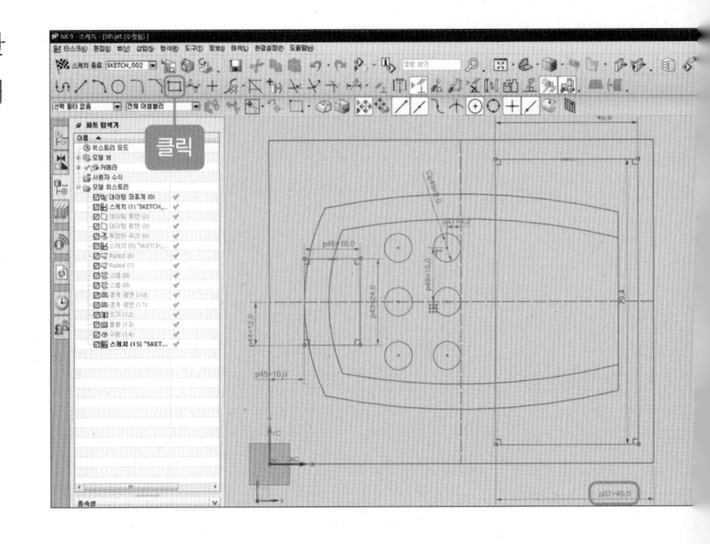

08 [직사각형] 아이콘을 클릭한 후 임의의 직사각형을 생성하고 거리 및 길이값을 입력합니다([급속 치수]를 이용하여 치수를 입력합니다).

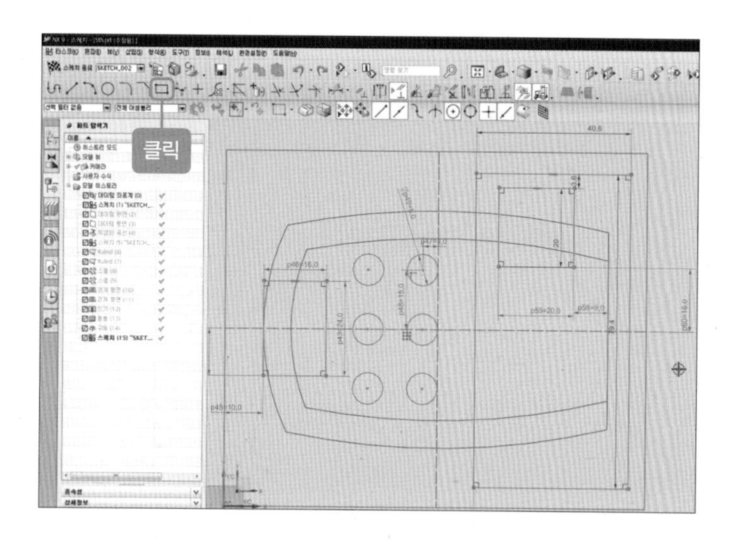

09 풀다운 메뉴의 [삽입-곡선에서의 곡선-대칭 곡선] 또는 [대칭 곡선] 아이콘(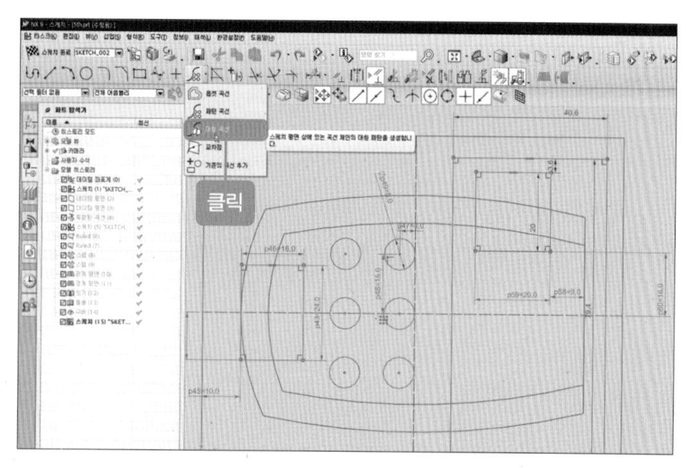)을 선택합니다.

10 [대칭시킬 곡선-곡선 선택]에서 20×20 직사각형을 선택한 후 [중심선-중심선 선택]에서 수평 참조선을 선택하고 [스케치 종료] 버튼을 클릭합니다.

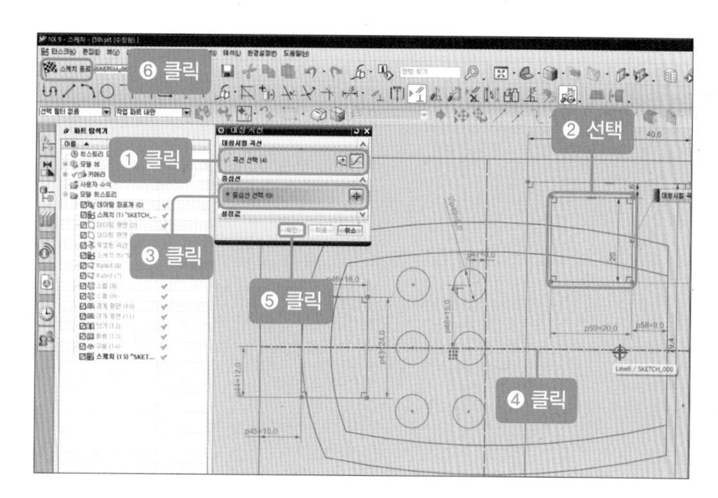

11 단축키 Ctrl+Shift+B(숨어 있는 창으로 이동)를 누른 후 Ctrl+B(숨기기)를 누릅니다. 상부 솔리드만 선택한 후 [확인] 버튼을 클릭하고 Ctrl+Shift+B(숨어 있는 창으로 이동)를 누릅니다.

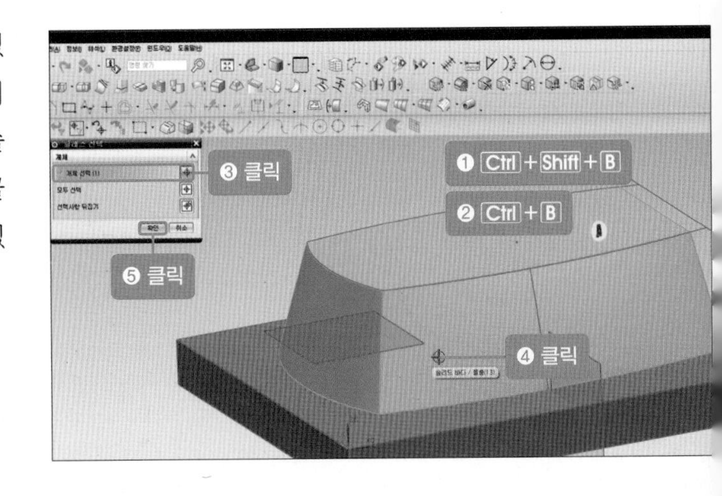

12 마우스 오른쪽 버튼 (2)를 길게 클릭한 후 [정적 와이어프레임] 방향으로 커서를 이동하고 손에서 마우스 버튼을 뗍니다.

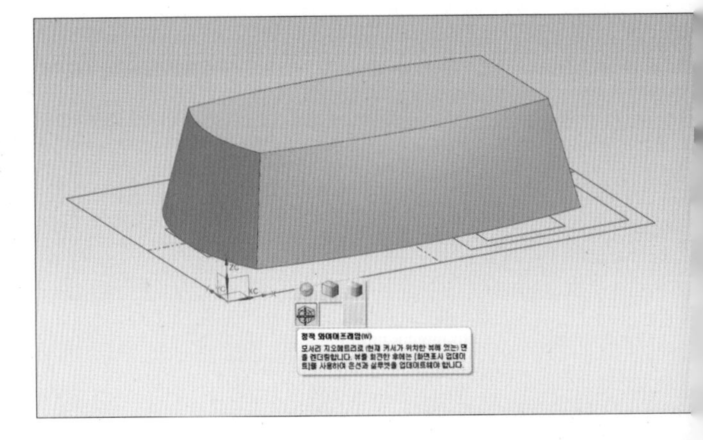

13 [돌출] 아이콘( )을 선택한 후 [단면-곡선 선택]에 '직사각형' 선택, [시작 거리]에 '15', [끝 거리]에 '30', [부울]에 '빼기', [바디 선택]에 '솔리드 바디' 선택, [구배]에 '시작 한계로부터' 선택, [값]에 '-10'을 입력한 후 [적용] 버튼을 클릭합니다.

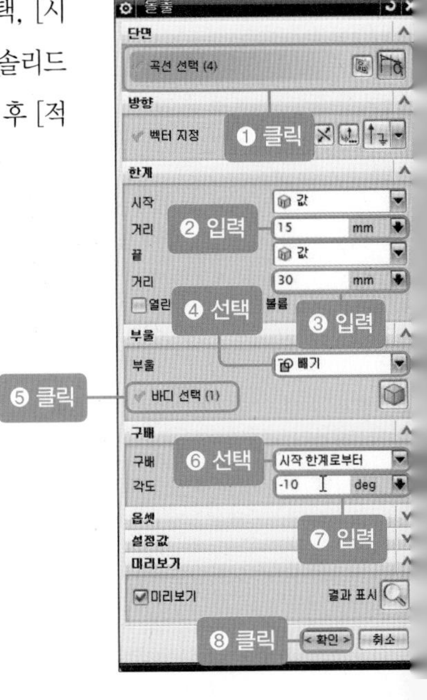

14 [돌출] 아이콘(아이콘)을 선택한 후 [단면-곡선 선택]에 '앞 열 원 3개' 선택, [벡터 지정]에 'ZC', [시작 거리]에 '0', [끝 거리]에 '30', [부울]에 '결합', [바디 선택]에 '솔리드 바디'를 선택한 후 [적용] 버튼을 클릭합니다.

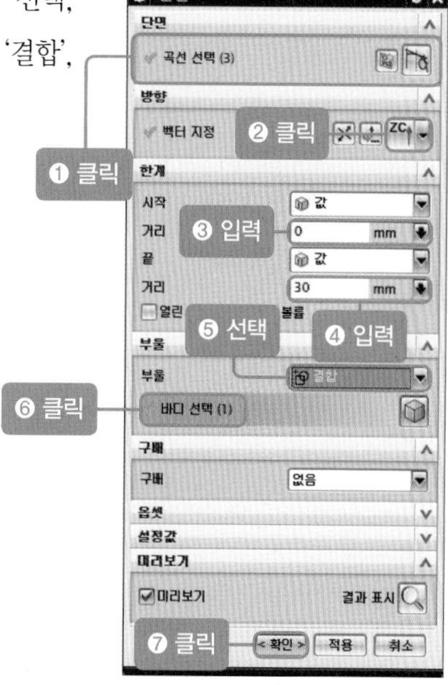

15 [돌출] 아이콘(아이콘)을 클릭한 후 [단면-곡선 선택]에 '뒷 열 원 3개' 선택, [벡터 지정]에 'ZC', [시작 거리]에 '21', [끝 거리]에 '30', [부울]에 '빼기', [바디 선택]에 '솔리드 바디'를 선택한 후 [적용] 버튼을 클릭합니다.

16 [돌출] 아이콘(　)을 클릭한 후 [단면-곡선 선택]에 '직사각형' 선택, [벡터 지정]에 'ZC', [시작 거리]에 '15', [끝 거리]에 '30', [부울]에 '빼기', [바디 선택] '솔리드 바디'를 선택, [구배]에 '시작 한계로부터' 선택, [값]에 '-20'을 입력한 후 [적용] 버튼을 클릭합니다.

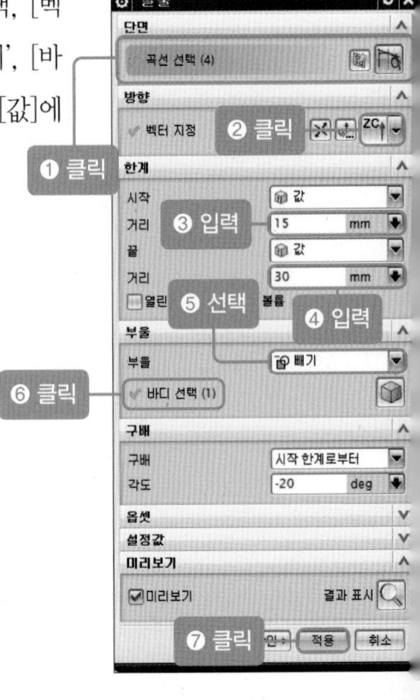

17 [돌출] 아이콘(　)을 클릭한 후 [단면-곡선 선택]에 '20×20 직사각형 2개' 선택, [벡터 지정]에 'ZC', [시작 거리] '8', [끝 거리]에 '30', [부울]에 '빼기', [바디 선택]에 '솔리드 바디'를 선택하고 [적용] 버튼을 클릭합니다.

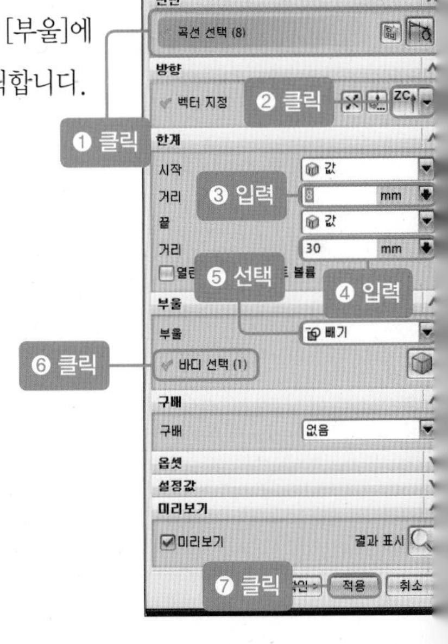

18 마우스 오른쪽 버튼 (2)를 길게 클릭한 후 [음영 처리, 모서리 표시]로 커서를 이동하고 손에서 마우스 버튼을 뗍니다.

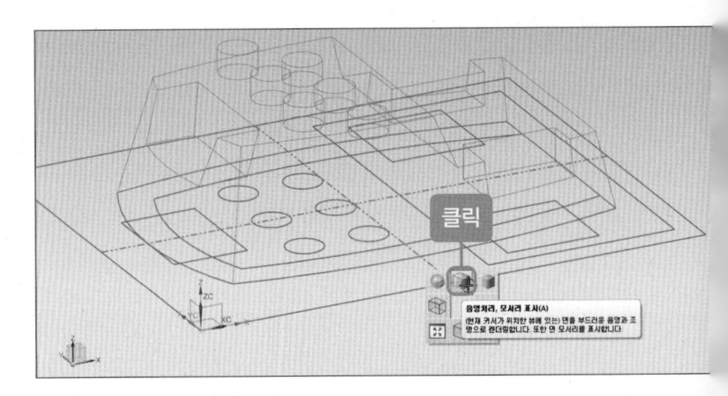

5 구 생성하기

01 [구] 아이콘( )을 클릭합니다.

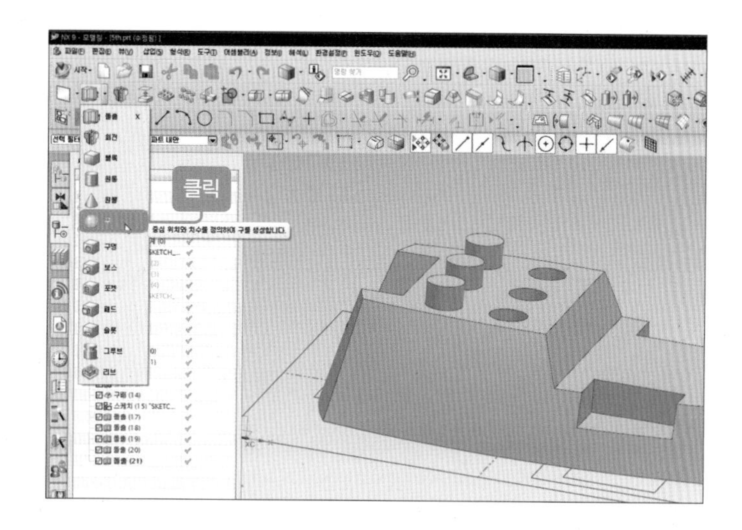

02 구의 [직경]에 '24', [부울]에 '결합', [바디 선택]에 '솔리드 바디'를 선택합니다.

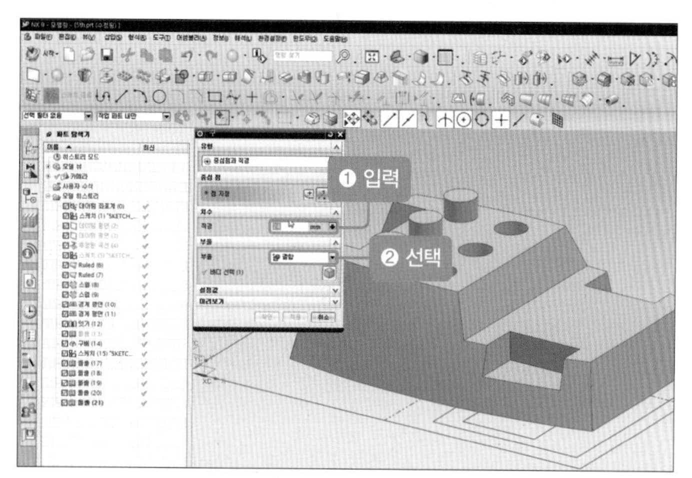

03 [중심점-점 지정]에 [점 다이얼로그]를 클릭합니다.

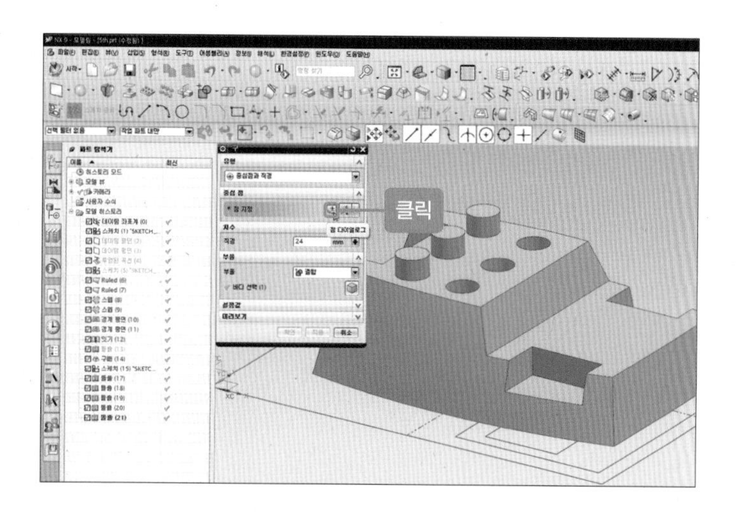

04 [좌표-참조]에 'WCS' 변경, [XC]에 '81', [YC]에 '45', [ZC]에 '10'을 입력한 후 [확인] 버튼을 클릭합니다.

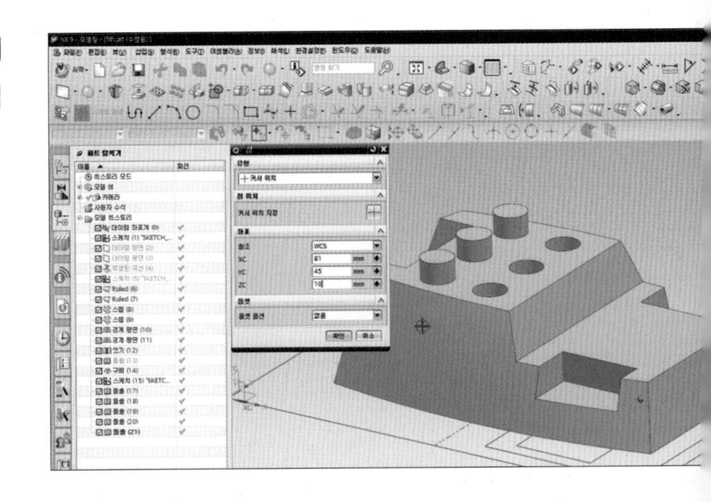

05 단축키 Ctrl + Shift + B (숨어 있는 창으로 이동)를 누른 후 Ctrl + B (숨기기)를 누릅니다. 그런 다음 바닥 사각 솔리드만 선택하고 [확인] 버튼을 클릭하고 Ctrl + Shift + B (숨어 있는 창으로 이동)를 누릅니다.

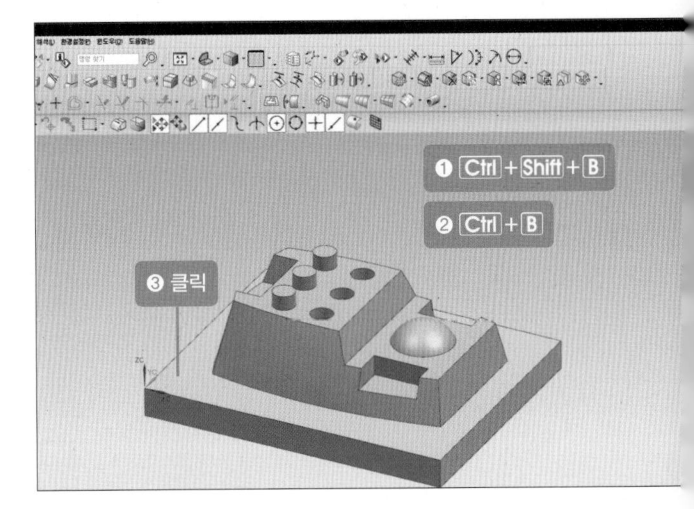

6 블렌드 작업하기

01 [모서리 블렌드] 아이콘( )을 클릭한 후 [모서리 선택]에 '두 모서리' 선택, [반경]에 '10'을 입력한 후 [적용] 버튼을 클릭합니다.

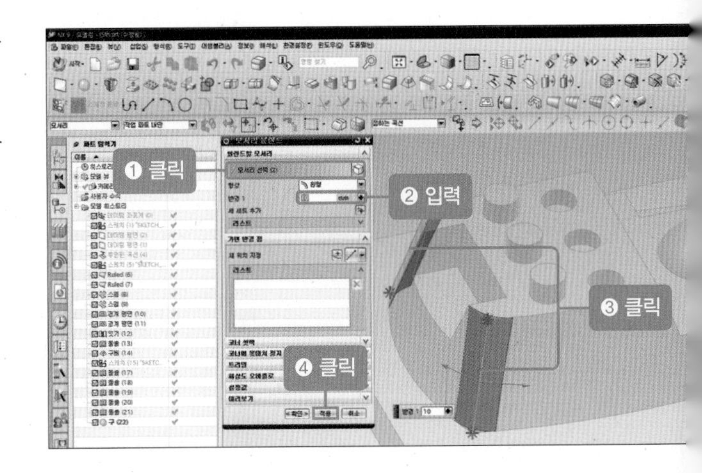

02 [모서리 블렌드] 아이콘()을 클릭한 후 [모서리 선택]에 '두 모서리' 선택, [반경]에 '5'를 입력한 후 [적용] 버튼을 클릭합니다.

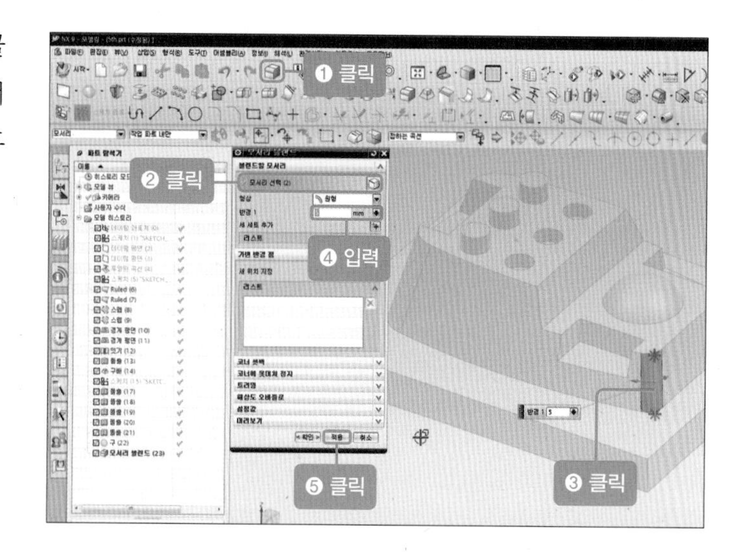

03 [모서리 블렌드] 아이콘()을 클릭한 후 [모서리 선택]에 '선택된 모서리' 선택, [반경]에 '2'를 입력하고 [확인] 버튼을 클릭합니다.

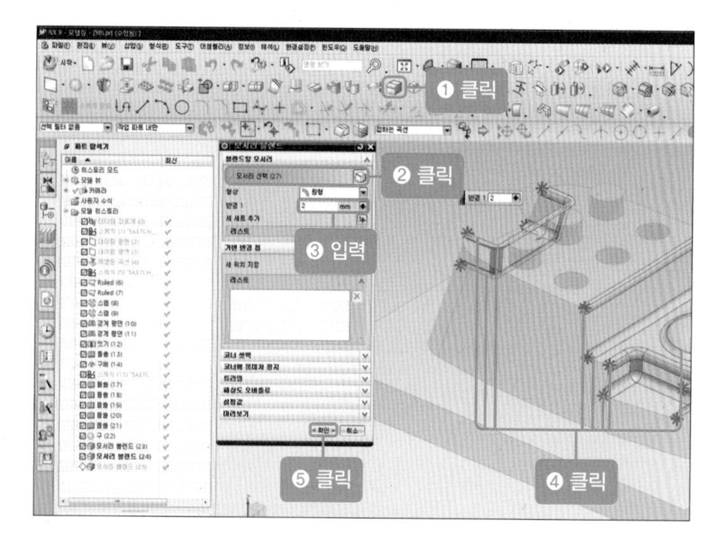

04 [모서리 블렌드] 아이콘()을 클릭한 후 [모서리 선택]에 '한 모서리 선택', [반경]에 '2'를 입력하고 [적용] 버튼을 클릭합니다.

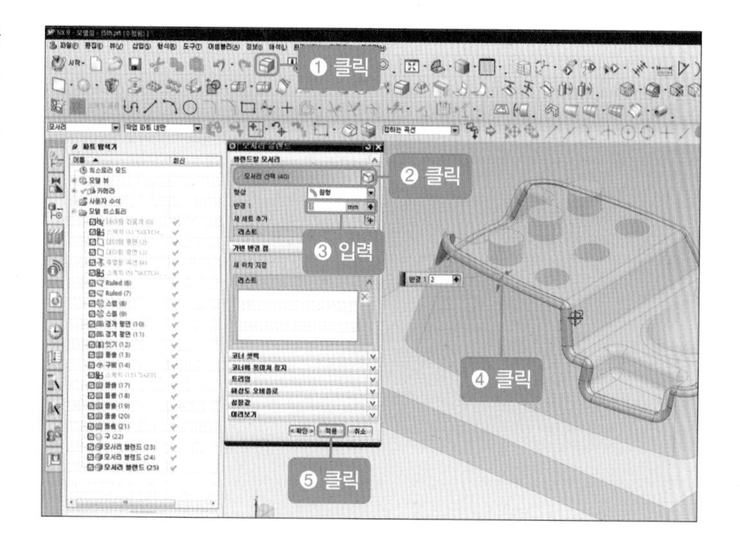

05 [결합] 아이콘( )을 클릭한 후 [타겟–바디 선택]에 '상부 솔리드' 선택, [공구–바디 선택]에 '바닥 솔리드'를 선택한 후 [확인] 버튼을 클릭합니다.

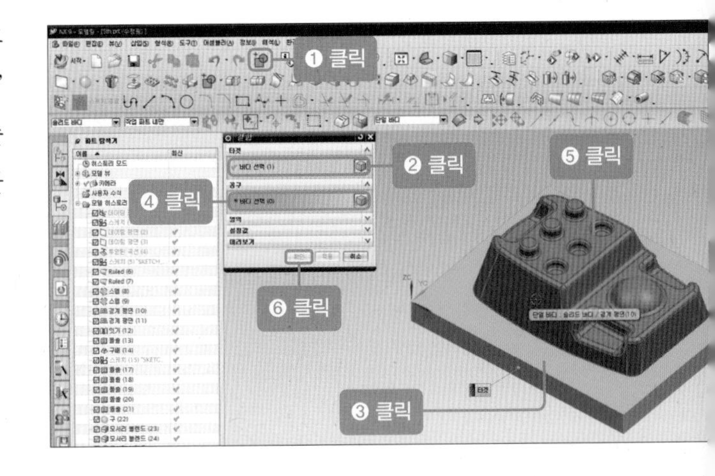

06 [모서리 블렌드] 아이콘( )을 클릭한 후 [모서리 선택]에 '한 모서리' 선택, [반경]에 '1'을 입력한 후 [적용] 버튼을 클릭합니다.

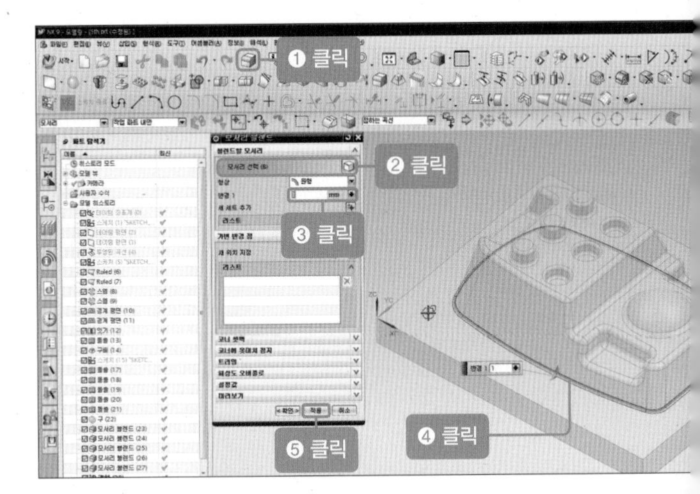

07 모델링이 완성되었습니다.

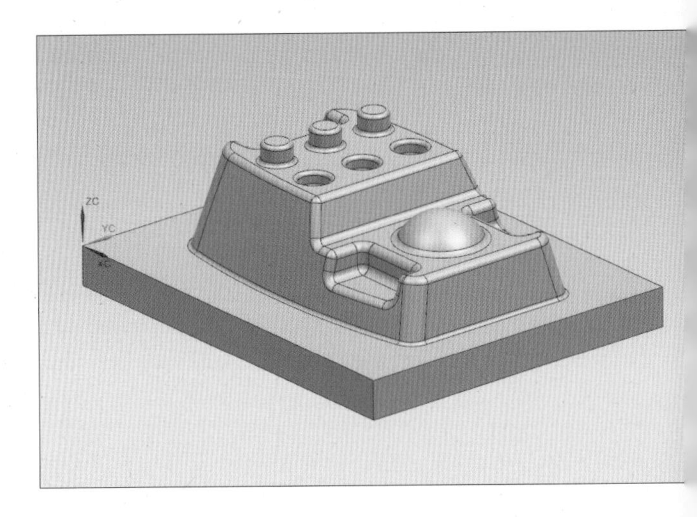

MEMO

컴퓨터응용가공산업기사
2
PART

NC data 생성하기

지금까지 UG NX 9.0 프로그램을 이용하여 5개의 모델링을 작성하였습니다.
컴퓨터응용가공산업기사는 주어진 모델링 도면을 보고 모델링을 작성한 후 절삭 지시서에 따라 NC data를 생성하고
주어진 형식에 맞춰 데이터를 수정/보완하여 제출하면 채점이 이루어지는 방식입니다. NC data 생성 과정은 모델링
형상만 바뀔 뿐 진행되는 순서 및 방법은 동일하므로, 모델링 5개에 대한 NC data 생성 과정은 거치지 않으며,
첫 번째 모델링에 대해서만 NC data 생성 과정을 진행하겠습니다. 나머지 4개에 대한 모델링 CNC data 생성은
수험생 여러분이 직접 실습해보기 바랍니다. 모델링을 NC data로 생성하는 프로그램으로는 UN NX 9.0
Manufacturing과 MASTER CAM X5가 있습니다. 이 파트의 1장에서는
UG NX 9.0 Manufacturing을, 2장에서는 MASTER CAM X5를 사용할 것입니다.
Part 01의 UG NX 9.0 Manufacturing을 이용하여 NC data를 생성하는 과정을 시작하겠습니다.

1 | UG NX 9.0 MANUFACTURING을 이용한 NC data 생성하기

Part 01. 모델링 단원에서 모델링 중 '1-modeling'을 UG NX 9.0 MANUFACTURING으로 NC data를 황삭, 정삭, 잔삭을 생성하며 각 공정마다 필요한 공구 종류 및 공구 회전 수, 공구 지름, 공구 이송, 절입량 등에 절삭 지시서에 맞게 프로그램에 적용하겠습니다.

1 황삭, 정삭, 잔삭 환경 설정하기

01 'Chapter 01'의 첫 번째 모델링 최종 모습입니다. 모델링에서 형상, 라운드, 모떼기 등이 빠짐없이 이루어졌는지 확인하고 도면 치수와 모델링의 각 부분 치수가 맞는지 확인합니다.

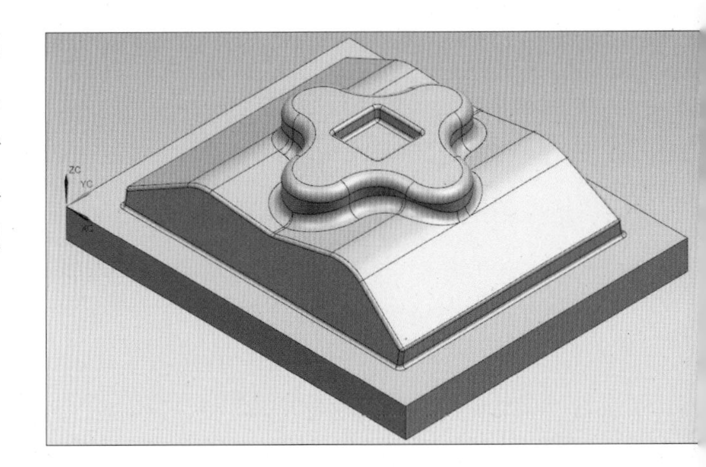

02 NC data를 생성하기 위해 [시작–제조]를 클릭합니다.

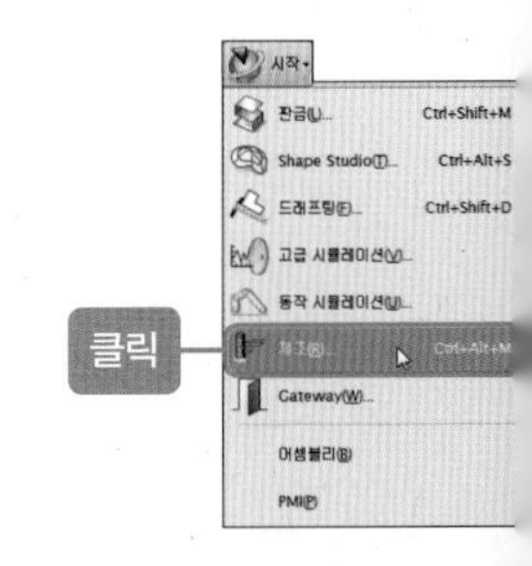

03 [가공 환경] 설정 창이 나타나면 [CAM 세션 구성]에 'cam_general', [생성할 CAM 설정]에 'mill_contour'를 선택한 후 [확인] 버튼을 클릭합니다.

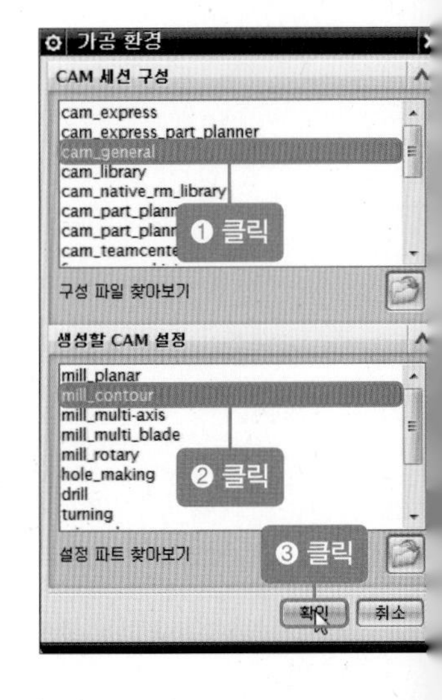

04 [프로그램 순서 뷰] 아이콘( )을 클릭한 후 작업에 필요한 파트 지정 및 좌표계, 안전 높이, 소재 크기 등을 설정합니다.

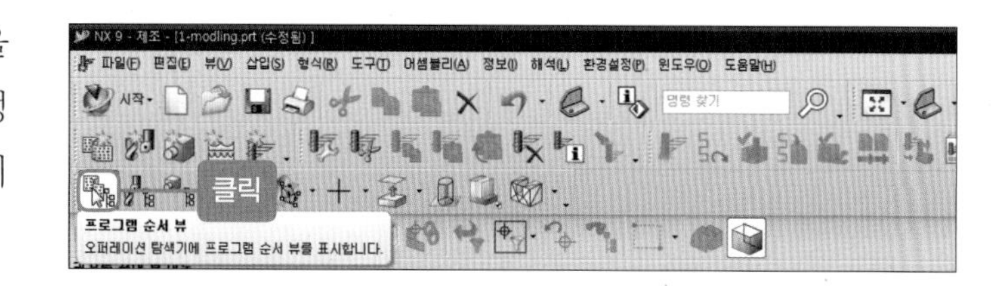

05 [오퍼레이션 탐색기]의 빈 공간을 마우스 오른쪽 버튼 (2)로 클릭한 후 [지오메트리 뷰] 를 클릭하거나 좌측 상단의 [지오메트리 뷰]를 선택합니다.

06 MCS_MILL의 ⊞를 클릭하여 하위 메뉴에 [WORKPIECE]를 생성한 후 'MCS_MIL'을 더블클릭하여 [MCS 밀링] 창을 생성합니다.

07 [좌표계 다이얼로그]( )를 선택합니다.

08 [좌표계] 창이 나타나면 [유형-동적]을 선택한 후 [확인] 버튼을 누릅니다.

09 [MCS 밀링] 창이 생성되면 [간격-평면]을 선택합니다.

10 모델링의 바닥면을 선택한 후 [높이]에 '50'을 입력하고 [확인] 버튼을 클릭합니다. 높이값 '50'은 안전 높이값이므로 시험지의 요구 사항에 맞게 입력하기 바랍니다.

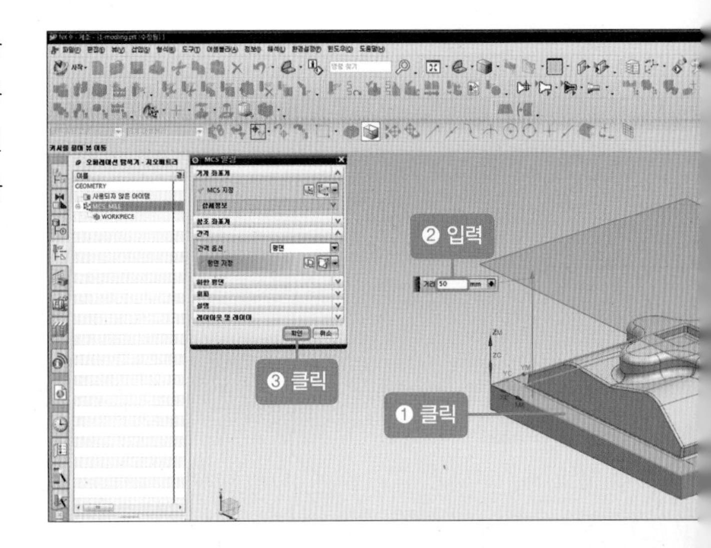

11 오퍼레이션 탐색기에서 [MCS_MILL]의 하위 메뉴인 [WORKPIECE]를 더블클릭하여 [가공물] 창을 생성합니다.

12 [가공물] 창에서 [지오메트리-파트 지정] 아이콘( )을 클릭합니다.

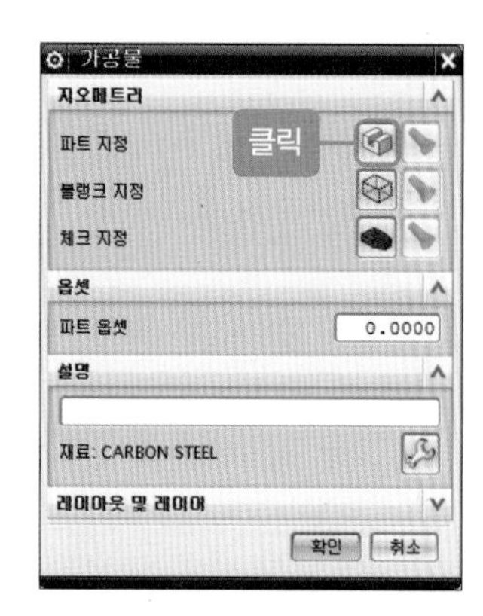

13 [지오메트리-개체 선택]에서 모델링( )을 선택한 후 [확인] 버튼을 클릭합니다.

14 [가공물] 창에서 두 번째 [블랭크 지정] 아이콘( )을 클릭합니다.

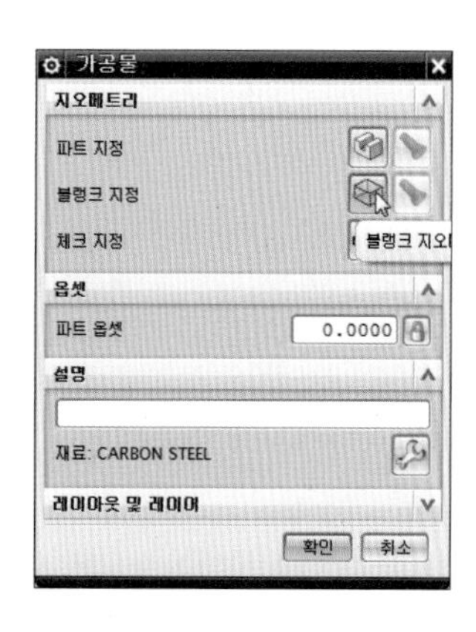

15 [블랭크 지오메트리] 창에서 [유형]에 '경계 블록'을 선택한 후 [ZM+]에 '10'을 입력하고 [확인] 버튼을 클릭합니다([ZM+]의 10은 +Z 방향으로 10mm 큰 소재를 사용하겠다는 의미입니다.)

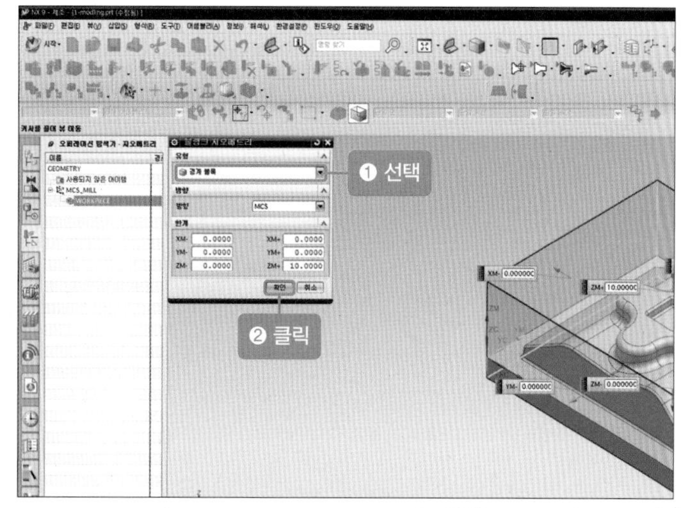

16 [확인] 버튼을 클릭합니다.

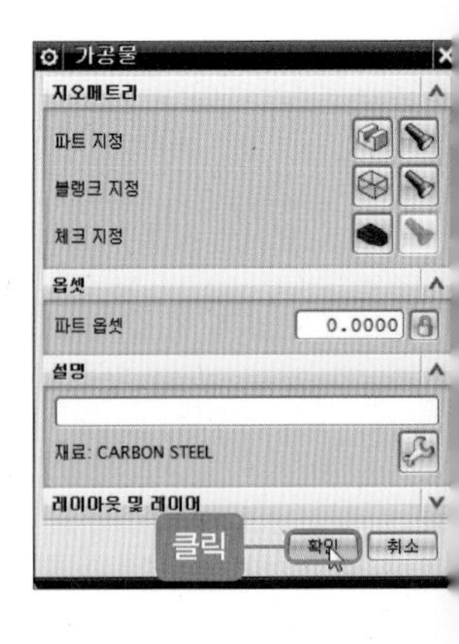

2 황삭, 정삭, 잔삭-공구 설정하기

01 [오퍼레이션 탐색기]의 빈 공간을 마우스 오른쪽 버튼 (2)로 클릭한 후 [기계 공구 뷰]를 선택하거나 좌측 상단의 [기계 공구 뷰]( )를 선택합니다.

02 황삭 가공에 필요한 공구 설정을 합니다. [공구 생성] 아이콘( )을 클릭한 후 [공구 하위 유형]에 'MILL'을 선택하고 [이름]에 'FEM_12'를 입력한 다음 [확인] 버튼을 클릭합니다.

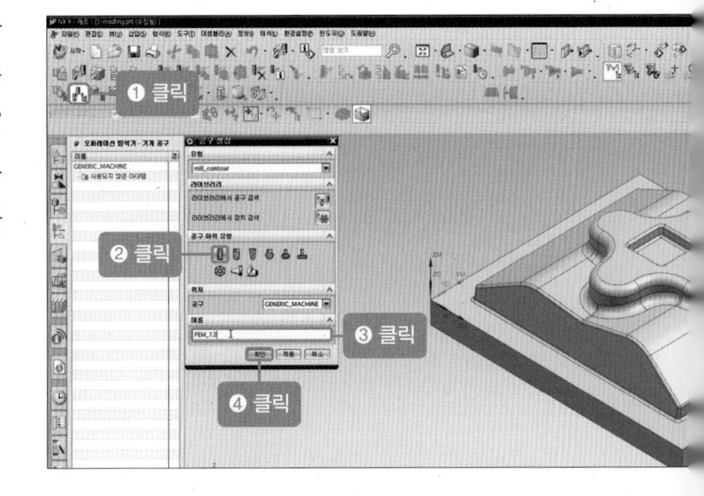

03 [밀링 공구-5 매개변수 창]이 생성됩니다. [공구-치수-(D)직경]에 '12', [번호-공구 번호]에 '1', [조정 레지스터]에 '1'을 입력한 후 [확인] 버튼을 클릭합니다.

04 정삭 가공에 필요한 공구 설정을 합니다. [공구 생성] 아이콘을 클릭한 후 [공구 하위 유형]에 'BALL_MILL' 선택하고 [이름]에 'BALL_4'를 입력한 다음 [확인] 버튼을 클릭합니다.

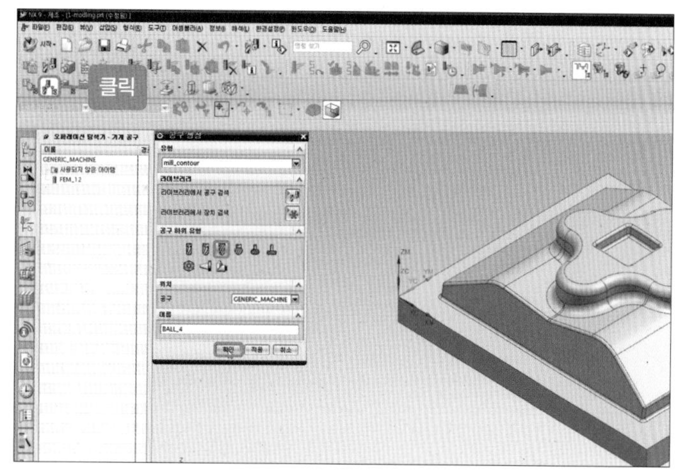

05 [밀링 공구-볼 밀] 창이 생성됩니다. [치수-(D)지름]에 '4' [번호-공구 번호]에 '2', [조정 레지스터]에 '2'를 입력한 후 [확인] 버튼을 클릭합니다.

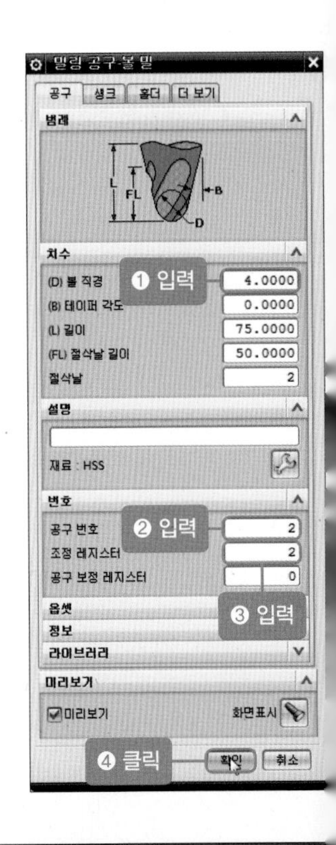

06 잔삭 가공에 필요한 공구 설정을 합니다. [공구 생성] 아이콘( )을 클릭한 후 [공구 하위 유형]에 'BALL_MILL'을 선택하고 [이름]에 'BALL_2'를 입력한 다음 [확인] 버튼을 클릭합니다.

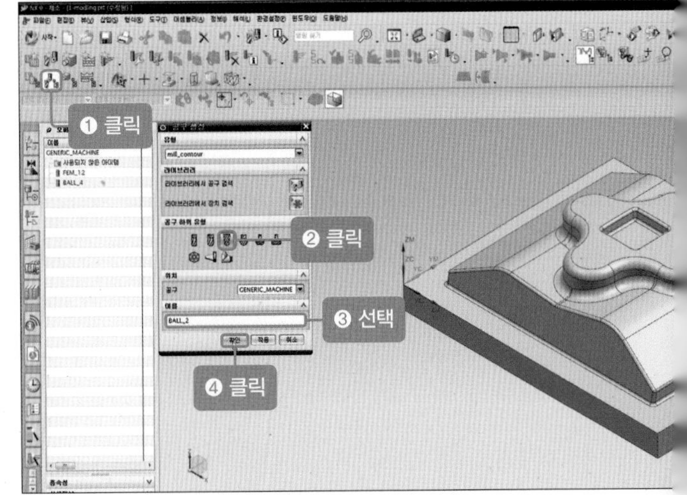

07 [밀링 공구–볼 밀] 창이 생성됩니다. [치수–(D) 직경]에 '2', [번호–공구 번호]에 '3', [조정 레지스터] '3'을 입력한 후 [확인] 버튼을 클릭합니다.

08 [오퍼레이션 탐색기]에 사용할 공구 세 가지(FEM_12, BALL_4, BALL_2)가 모두 생성되어 있는지 확인합니다.

3 황삭-절삭 조건 설정하기

01 [오퍼레이션 탐색기] 빈 공간을 마우스 오른쪽 버튼 (2)로 클릭한 후 [프로그램 순서 뷰] 아이콘( )를 클릭하거나 [프로그램 순서 뷰] 아이콘( )을 클릭합니다.

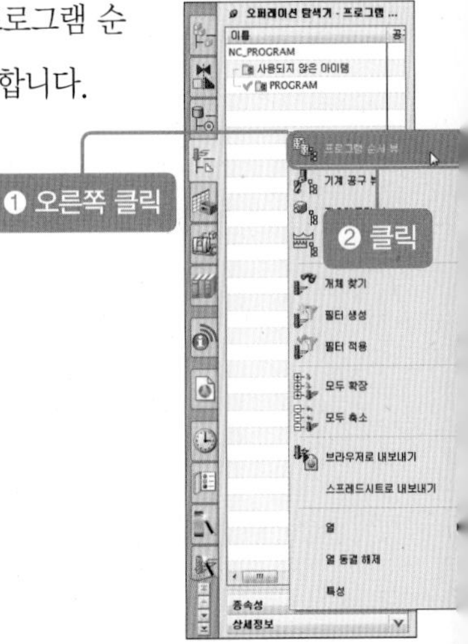

02 [오퍼레이션 생성] 아이콘( )을 선택합니다.

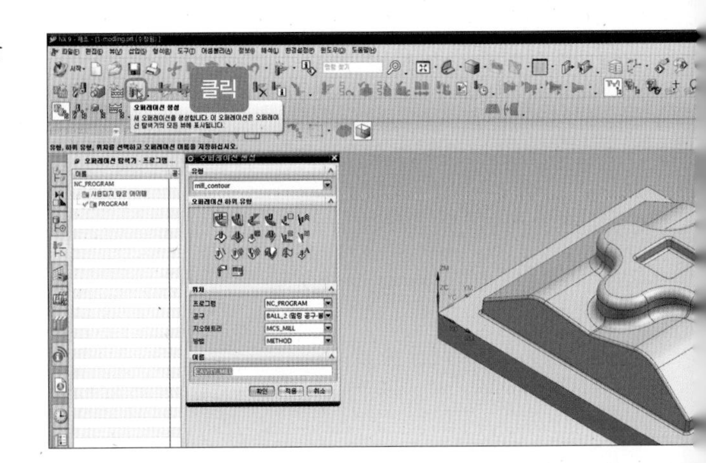

03 [오퍼레이션 생성] 창에서 [오퍼레이션 하위 유형]에 '캐비티 밀링'을 클릭한 후 [위치-프로그램]에 'PROGRAM', [공구]에 'FEM_12(밀링 공구-5 매개변수)', [지오메트리]에 'WORKPIECE'를 선택하고 [확인] 버튼을 클릭합니다.

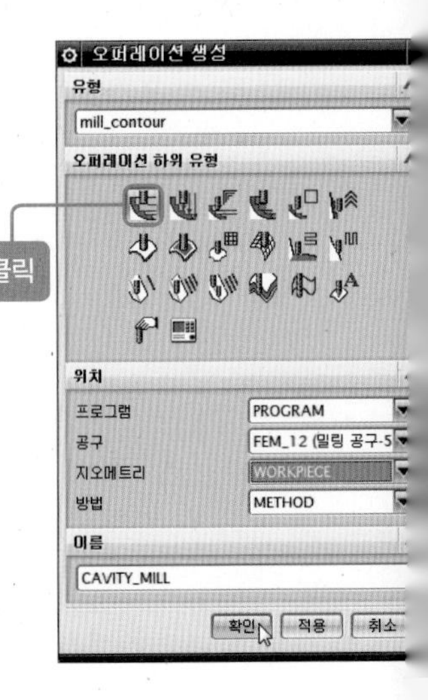

04 [캐비티 밀링] 창이 생성되면 [공구 설정값-절삭 패턴]에 '외곽 따르기', [스텝 오버]에 '일정', [최대거리]에 '5', [절삭당 공통 길이]에 '일정', [최대거리]에 '6'을 입력합니다. 그럼 다음 [절삭 매개변수] 아이콘( )을 클릭합니다.

05 [절삭 매개변수] 창이 생성되면 [전략-절삭 방향]에 '하향 절삭', [절삭 순서]에 '깊이를 우선', [패턴 방향]에 '안쪽'을 설정합니다. 그런 다음 [벽면-아일랜드 클린업]에 체크 표시를 합니다.

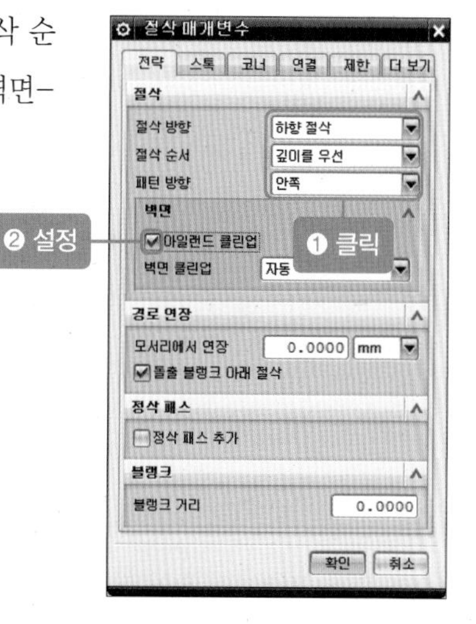

06 [스톡] 탭을 클릭한 후 [파트 측면 스톡]에 '0.5'를 입력하고 [확인] 버튼을 클릭합니다([파트 측면 스톡]의 '0.5'는 절삭 지시서의 황삭 잔량의 '0.5'라는 것을 의미합니다.)

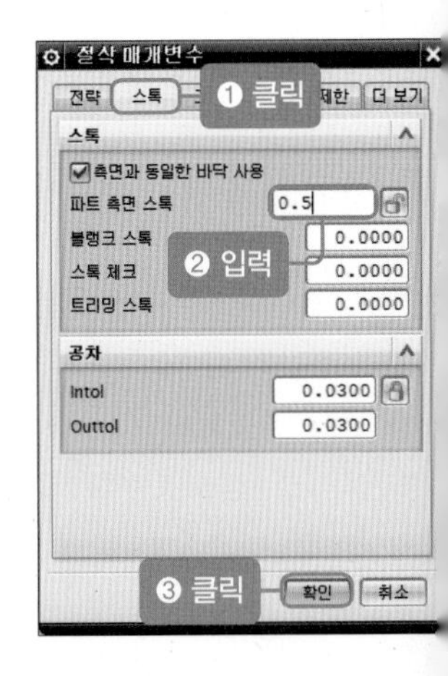

07 [캐비티 밀링] 창에서 [이송 및 속도] 아이콘(![icon])을 선택합니다.

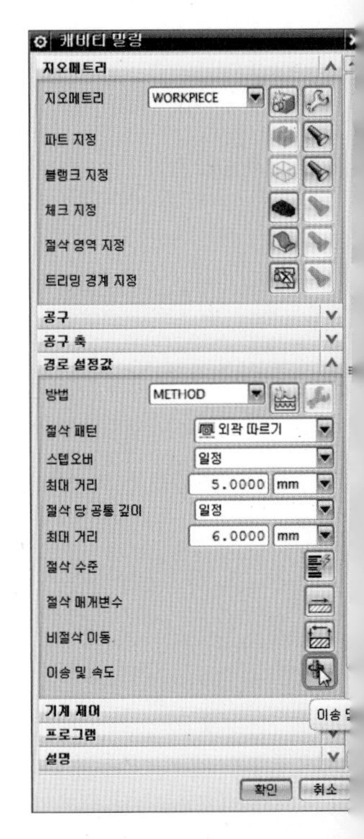

08 [이송 및 속도] 창이 나타나면 [스핀들 속도-스핀들 속도]에 '1400', [이송률-절삭]에 '100'을 입력한 후 [확인] 버튼을 클릭합니다.

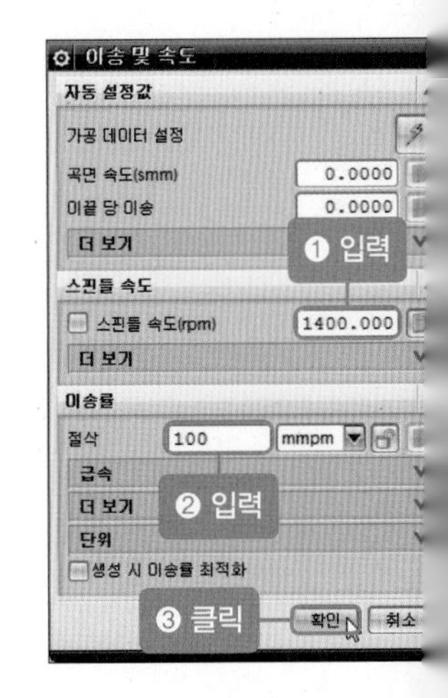

09 [생성] 아이콘(![icon])을 클릭합니다.

10 황삭 공구 FEM_12가 진입 및 절삭 경로를 보여줍니다.

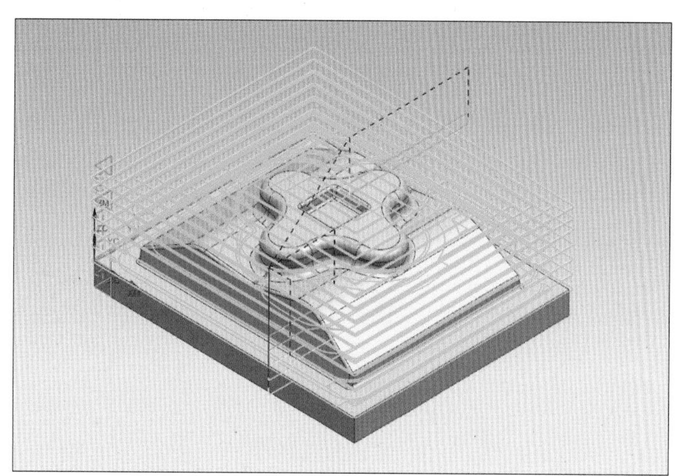

11 [검증] 아이콘( )을 클릭합니다.

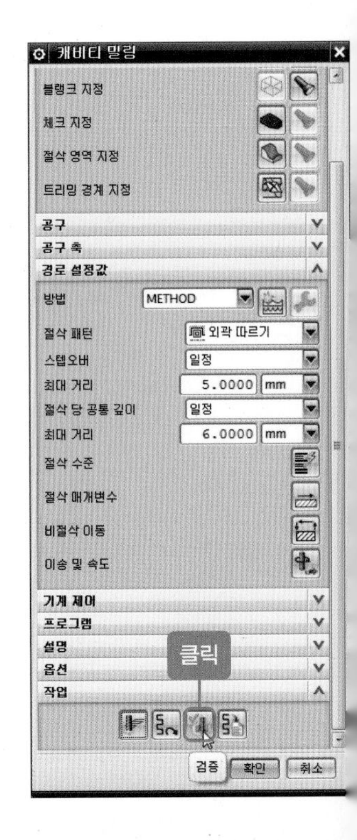

12 [공구 경로 시각화] 창이 생성되면 [2D 동적] 탭을 클릭하고 애니메이션 속도를 '10에서 1로' 변경합니다. [PLAY] 버튼( )을 클릭하면 모의 가공이 시작됩니다.

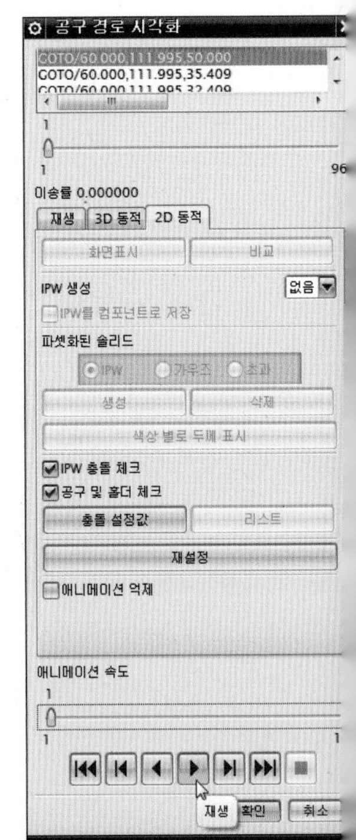

13 '황삭 공구 FEM_12'로 모의 가공을 하고 있는 장면입니다. 모의 가공이 끝나면 [확인] 버튼을 클릭합니다.

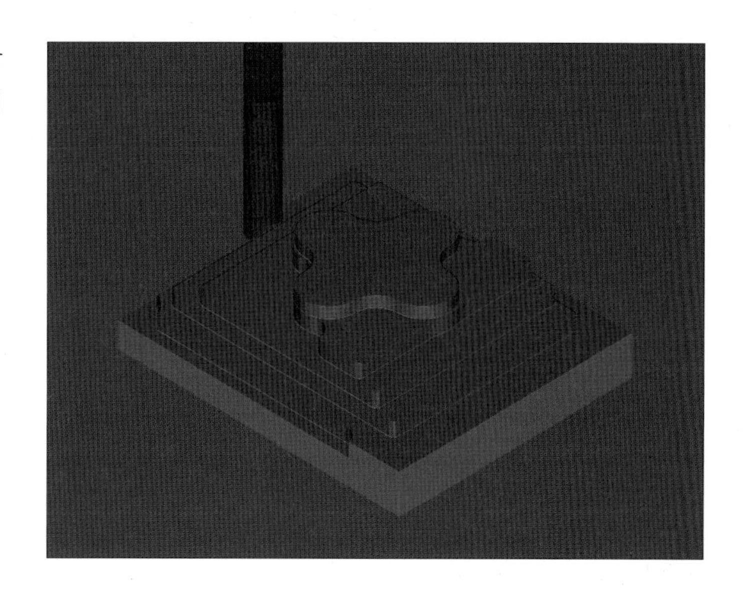

14 [확인] 버튼을 클릭합니다.

정삭-절삭 조건 설정하기

1 [오퍼레이션 생성]을 클릭합니다.

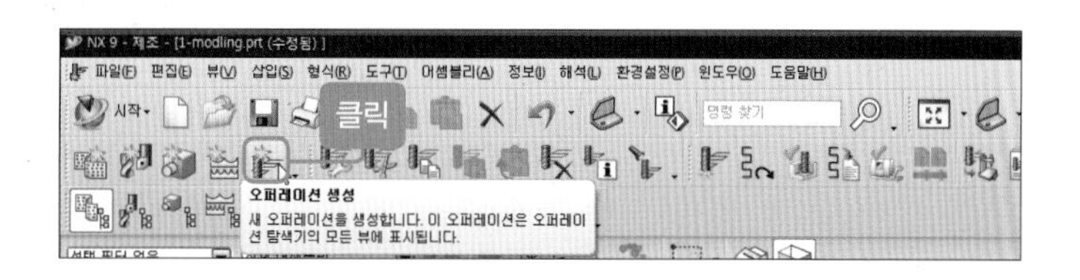

02 [오퍼레이션 생성] 창이 생성되면 [오퍼레이션 하위 영역]에 '윤곽 영역' 선택, [위치-프로그램]에 'PROGRAM', [공구]에 'BALL_4B', [지오메트리]에 'WORKPIECE'를 선택한 후 [확인] 버튼을 클릭합니다.

03 [윤곽 영역] 창이 나타나면 [절삭 영역 지정] 아이콘( )을 클릭합니다.

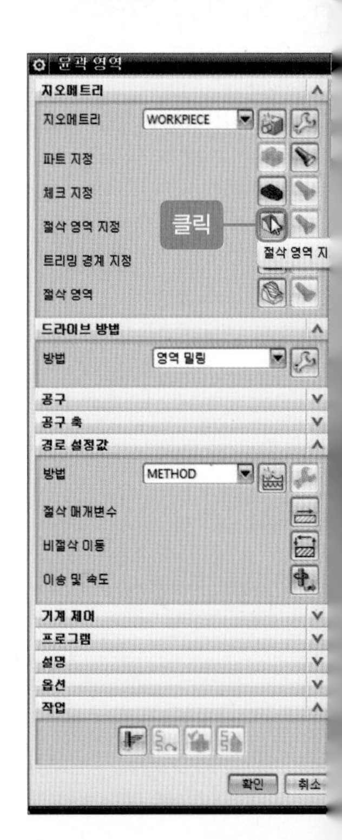

04 [절삭 영역] 창이 생성되면 선택 바에서 [면 규칙-접하는 면]으로 변경합니다.

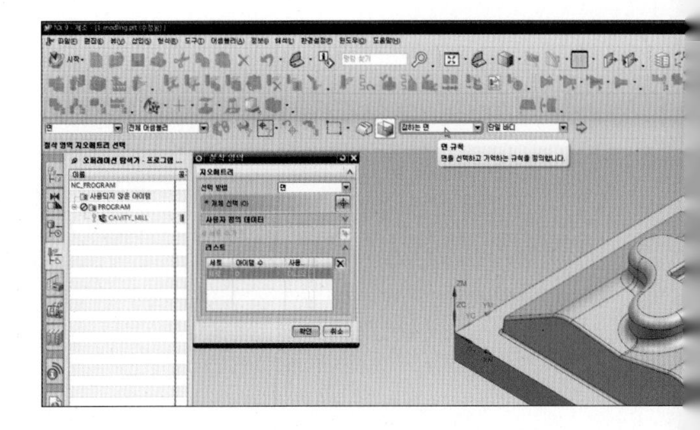

05 모델링 상부 면을 클릭합니다.

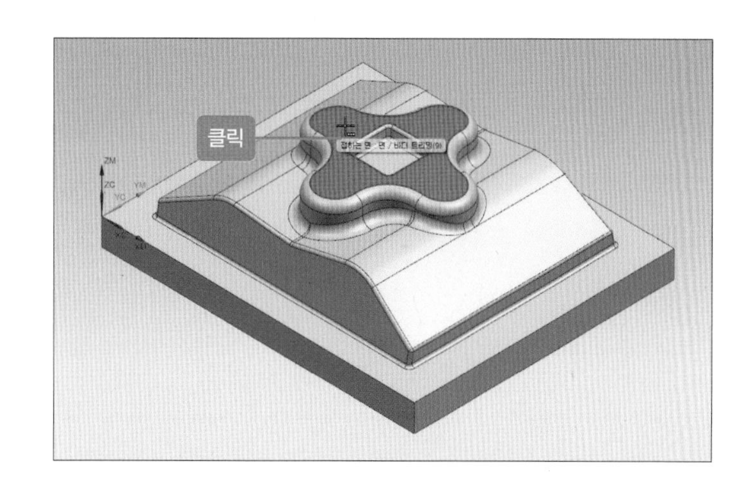

06 상부 면과 인접한 면이 모두 선택됩니다. 면이 선택되었는지 확인 후에 [확인] 버튼을 클릭합니다.

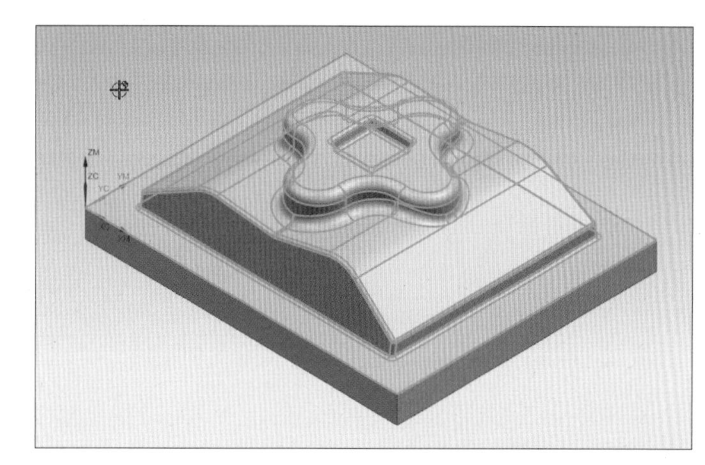

07 [윤곽 영역] 창이 생성되면 [드라이브 방법]의 편집 아이콘(🔧)을 클릭합니다.

08 [영역 밀링 드라이브 방법] 창이 생성되면 [드라이브 설정값]의 [비급경사 절삭 패턴]에 '지그재그', [절삭 방향]에 '하향 절삭', [스탭 오버]에 '일정', [최대 거리]에 '1', [적용된 스텝 오버]에 '평면 상에서', [절삭 각도] '지정', [XC로부터 각도]에 '45'로 변경한 후 [확인] 버튼을 클릭합니다.

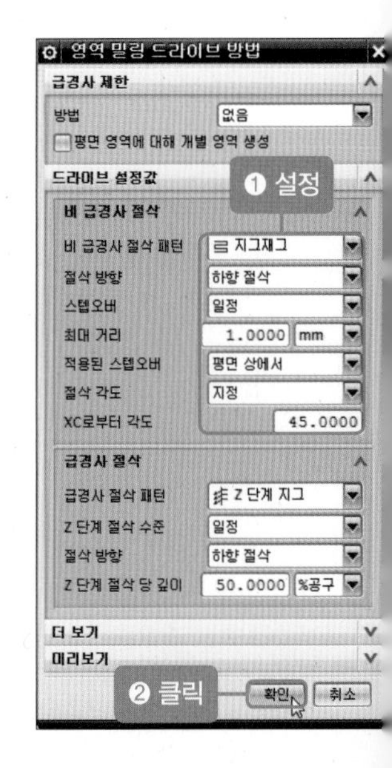

09 [윤곽 영역] 창에서 [경로 설정값-절삭 매개변수] 아이콘을 선택합니다.

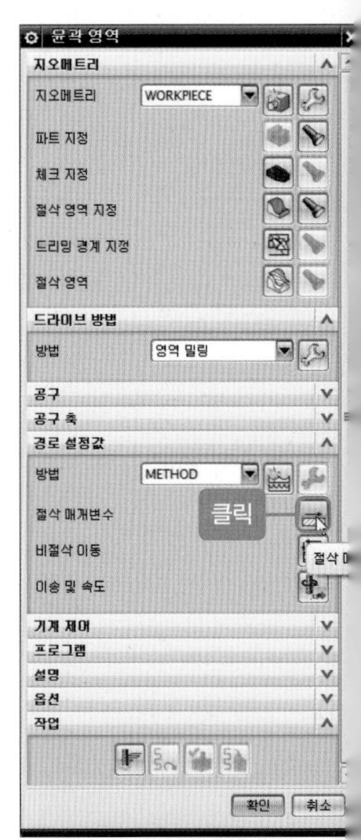

10 [절삭 매개변수] 창에서 [스톡] 탭을 선택한 후 [파트 스톡]에 '0'을 확인하고 [확인] 버튼을 클릭합니다.

11 [윤곽 영역] 창의 [경로 설정값-이송 및 속도]를 클릭합니다.

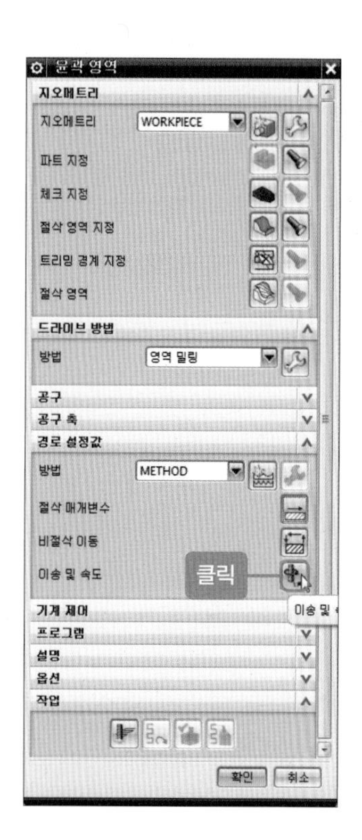

12 [이송 및 속도] 창에서 [스핀들 속도]에 '1800', [이송률-절삭]에 '90'을 입력한 후 [확인] 버튼을 클릭합니다.

13 [윤곽 영역] 창의 [생성] 아이콘(아이콘)을 클릭합니다.

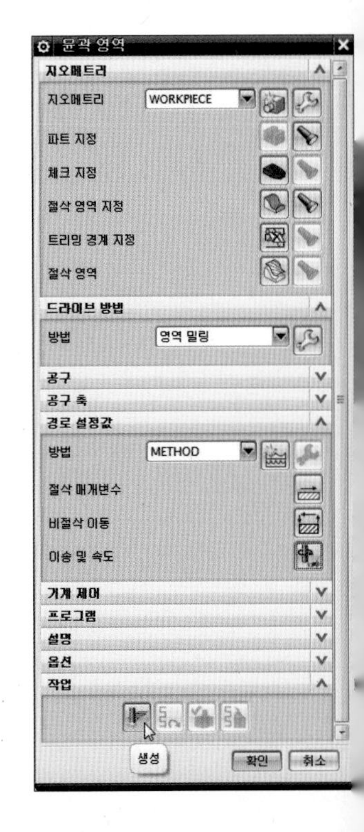

14 공구 경로 생성 모습이 나타납니다.

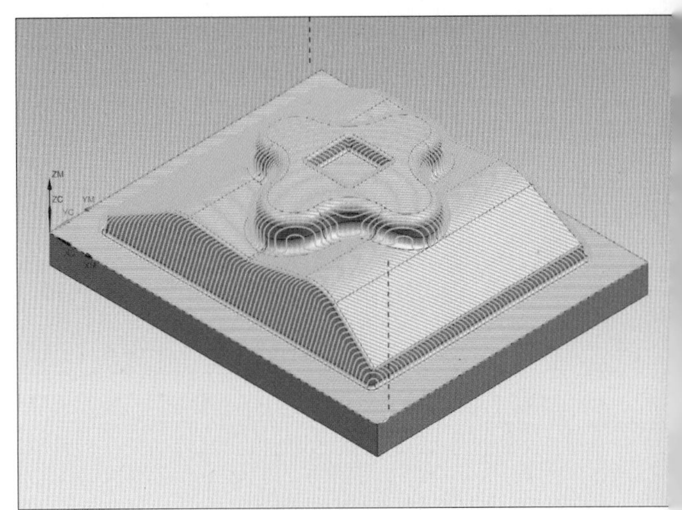

15 [윤곽 영역] 창 하단의 [검증] 아이콘(아이콘)을 클릭합니다.

16 [공구 경로 시각화] 창이 생성되면 [2D 동적] 탭을 클릭하고 [애니메이션 속도]를 '10'에서 1로 변경합니다. [PLAY] 버튼(▶)을 클릭하면 모의 가공이 시작됩니다.

17 정삭 공구 BALL_4로 모의 가공을 하고 있는 장면입니다. 모의 가공이 끝나면 하단에 [확인] 버튼을 클릭합니다.

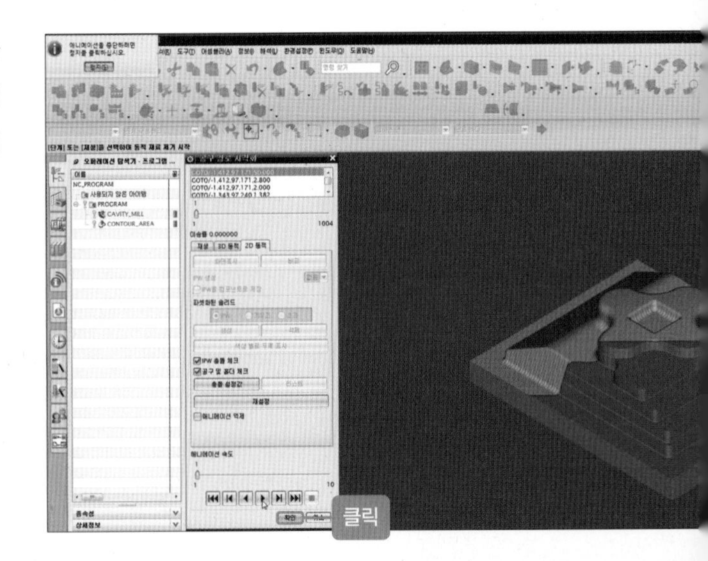

18 [윤곽 영역] 창에서 [확인] 버튼을 클릭합니다.

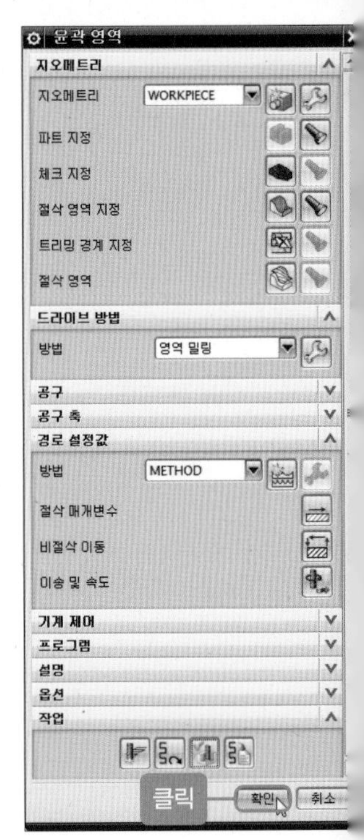

5 잔삭-절삭 조건 설정하기

01 [오퍼레이션 생성] 아이콘( )을 선택합니다.

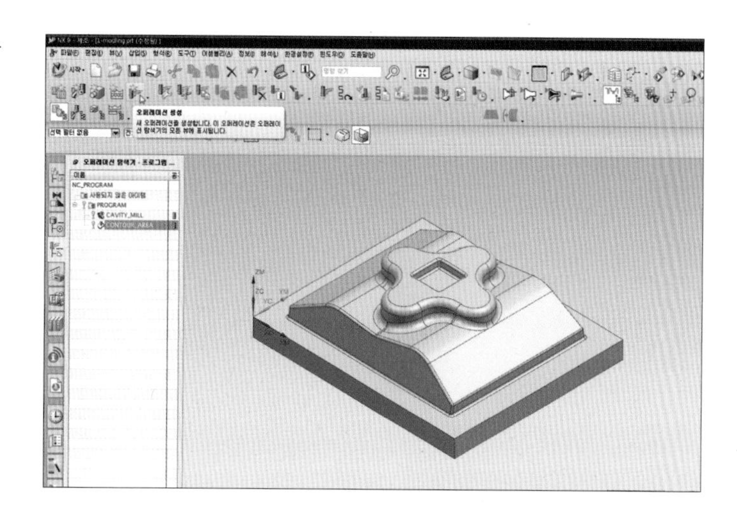

02 [오퍼레이션] 창에서 [오퍼레이션 하위 유형]의 [플로우 컷 단일] 아이콘( )을 클릭합니다. [위치-프로그램]에 'PROGRAM', [공구]에 '2B', [지오메트리]에 'WORKPIECE'를 확인한 후 [확인] 버튼을 클릭합니다.

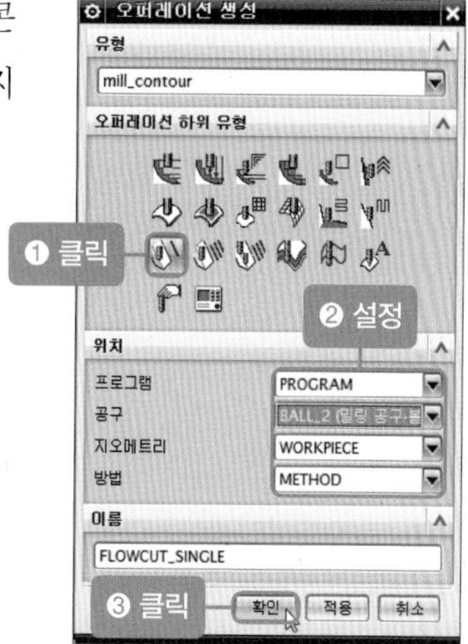

03 [플로우 컷 단일] 창에서 [이송 및 속도] 아이콘( )을 클릭합니다.

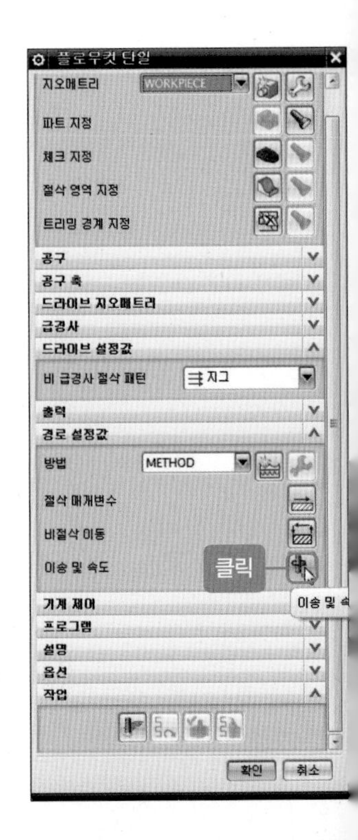

04 [이송 및 속도] 창에서 [스핀들 속도]에 '3700', [이송률-절삭]에 '80'을 입력한 후 [확인] 버튼을 클릭합니다.

05 [플로우 컷 단일] 창 하단의 [생성] 아이콘( )을 클릭합니다.

06 공구 경로 생성 모습이 나타납니다.

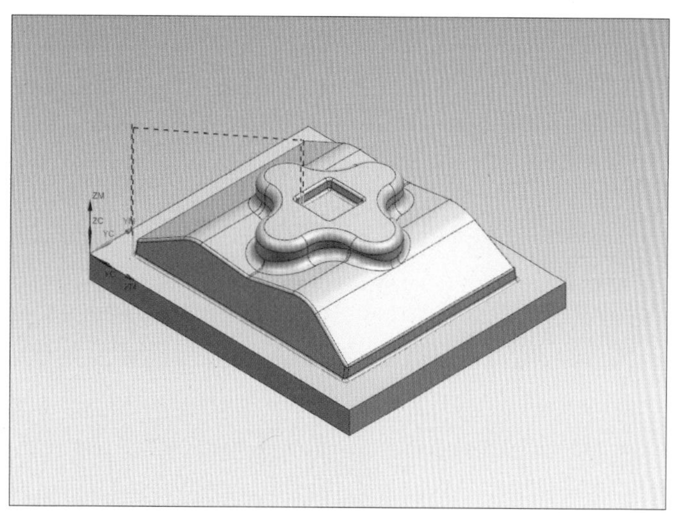

07 [플로우 컷 단일] 창 하단의 [검증] 아이콘( )을 클릭합니다.

08 [공구 경로 시각화] 창이 생성되면 [2D 동적] 탭을 클릭하고 [애니메이션 속도]에 '10'에서 '1'로 변경합니다. [PLAY] 버튼( )을 클릭하면 모의 가공이 시작됩니다.

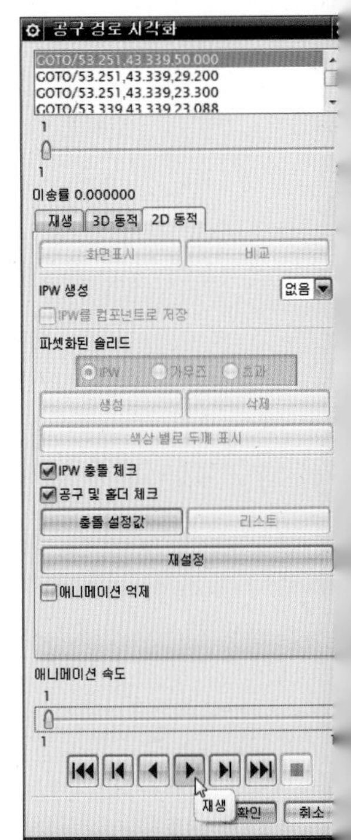

09 잔삭 공구 BALL_2로 모의 가공을 하고 있는 장면입니다. 모의 가공이 끝나면 [확인] 버튼을 클릭합니다.

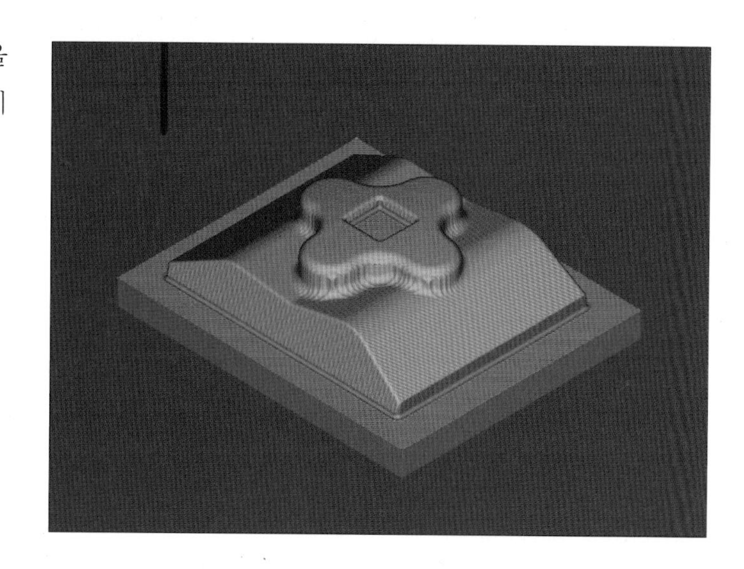

10 [확인] 버튼을 클릭합니다.

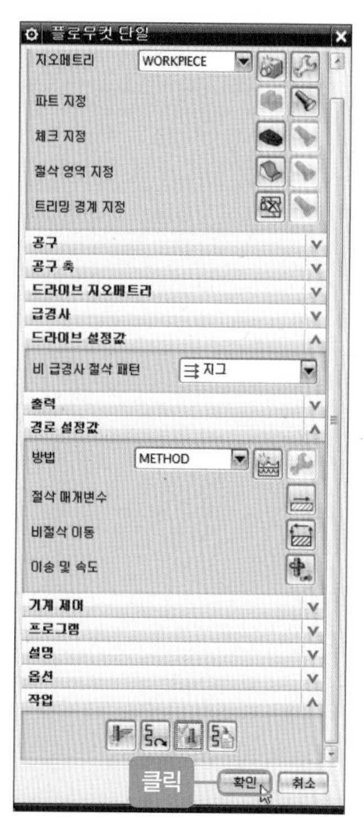

6 황삭, 정삭, 잔삭 NC data 출력하기

01 황삭 NC data를 생성해보겠습니다. [오퍼레이션 탐색기-CAVITY_MILL]를 마우스 오른쪽 버튼으로 클릭하여 [포스트프로세스]를 클릭합니다.

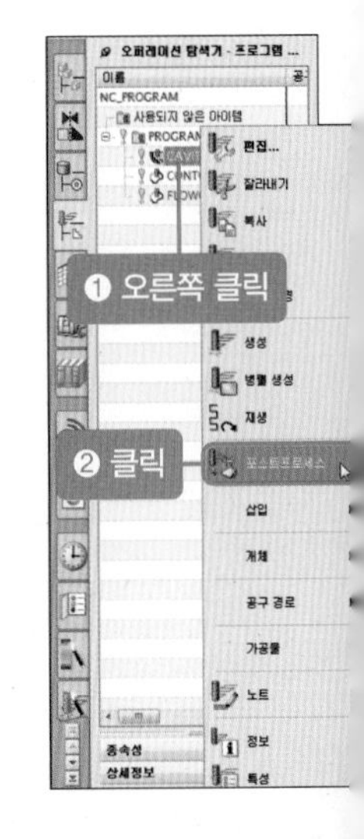

02 [포스트프로세스] 창에서 [포스트프로세스]에 'MILL_3_AXIS', [출력 파일]에 '파일 이름 설정', [파일 확장자]에 'NC', [설정값-단위]에 '미터법/파트'를 설정한 후 [확인] 버튼을 클릭합니다(D:\01_UG NX\04-UG_CAM_NC\11).

03 메시지가 나타나면 [확인] 버튼을 클릭합니다.

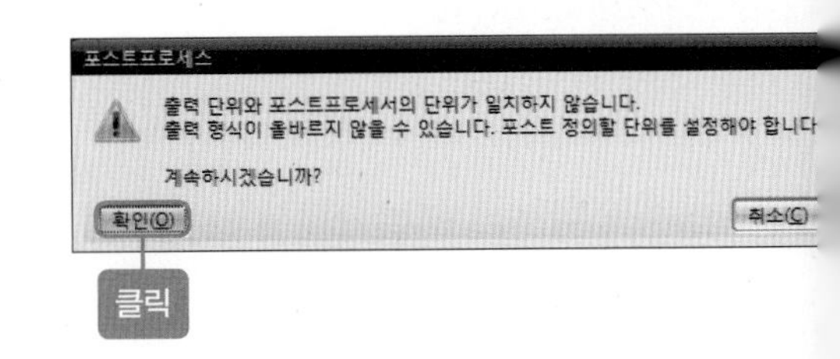

04 정삭 NC data를 생성해보겠습니다. [오퍼레이션 탐색기-CONTOUR_AREA]를 마우스 오른쪽 버튼으로 클릭하여 [포스트프로세스]를 클릭합니다.

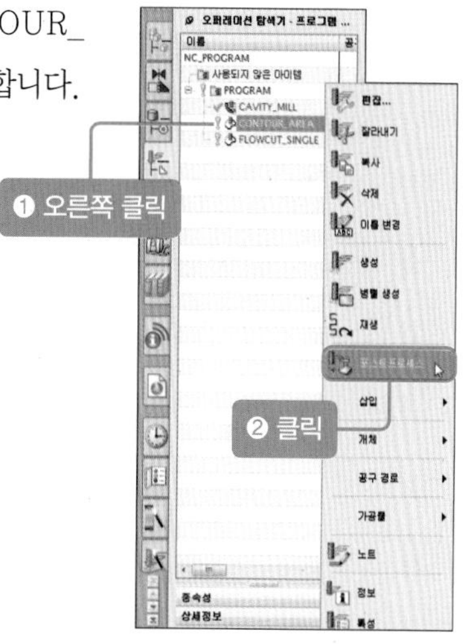

05 [포스트프로세스] 창에서 [포스트프로세스]에 'MILL_3_AXIS', [출력 파일]에 '파일 이름(D:\01_UG NX\04-UG_CAM_NC\22) 설정', [파일 확장자]에 'NC', [설정값]에 '미터법/파트'를 설정한 후 [확인] 버튼을 클릭합니다.

06 메시지가 나타나면 [확인] 버튼을 클릭합니다.

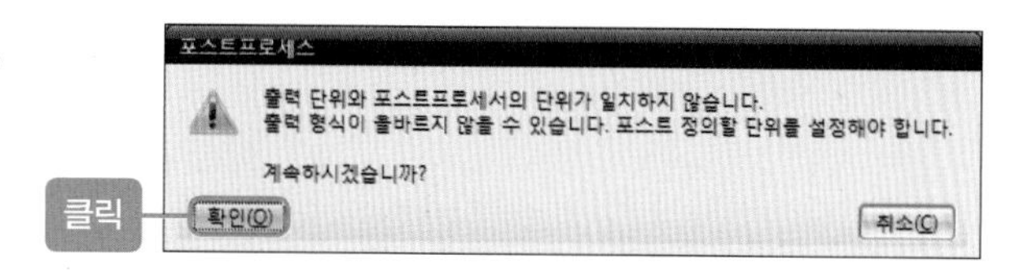

07 잔삭 NC data를 생성해보겠습니다. [오퍼레이션 탐색기-FLOWCUT_SINGLE]를 마우스 오른쪽 버튼으로 클릭하여 [포스트프로세스]를 클릭합니다.

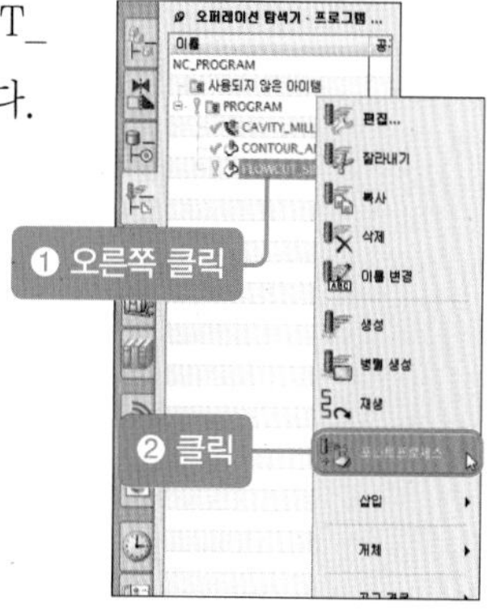

08 [포스트프로세스] 창에서 [포스트프로세스]에 'MILL_3_AXIS', [출력 파일]에 파일 이름(D:\01_UG NX\04-UG_CAM_NC\33) 설정, [파일 확장자]에 'NC', [설정값-단위]에 '미터법/파트'를 설정한 후 [확인] 버튼을 클릭합니다.

09 메시지가 나타나면 [확인] 버튼을 클릭합니다.

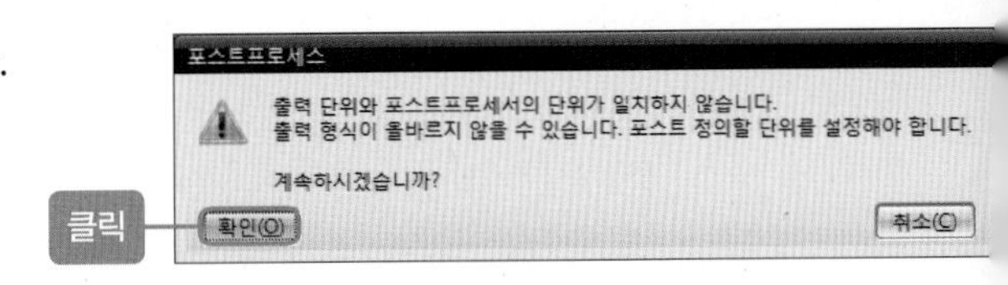

10 여기까지 모두 따라하셨다면 11(황삭), 22(정삭), 33(잔삭)과 관련된 NC data가 지정한 폴더에 파일 3개가 있을 것입니다.

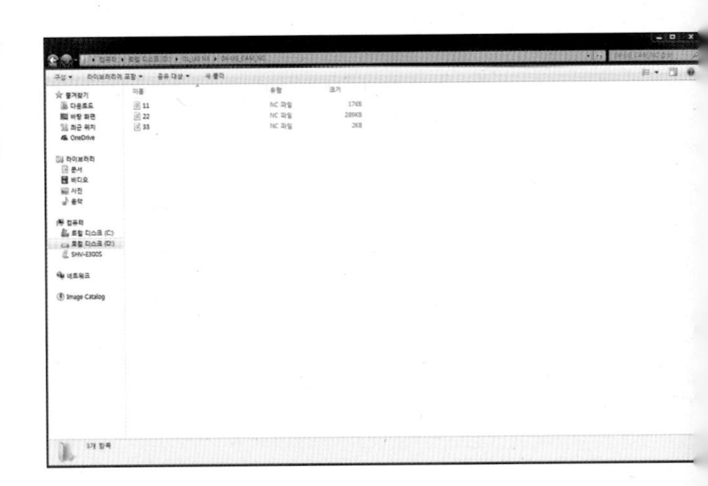

11 황삭(11), 정삭(22), 잔삭(33) 세 가지 데이터를 메모장으로 열어봅니다.

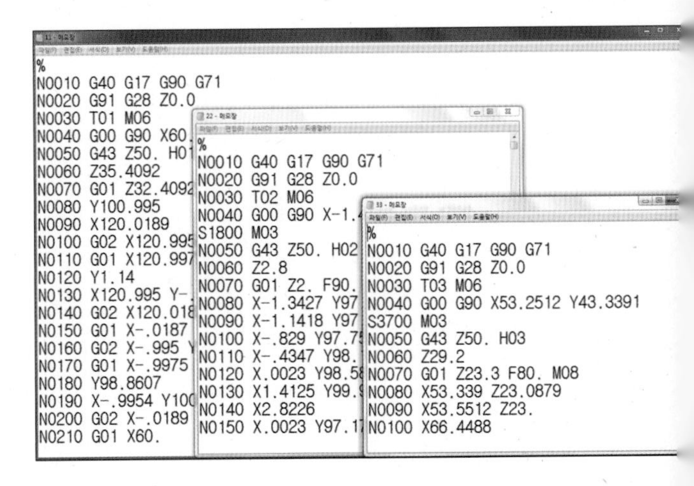

2 | UG NX 9.0을 이용한 NC data 수정하기

단원에서 황삭, 정삭, 잔삭 파일을 UG NX 9.0 MANUFACTURING을 이용하여 NC data를 생성하였으며 각 이터를 컴퓨터응용가공산업기사 실기 시험 요구 사항에 맞게 수정/보완하여 제출해야 합니다. 이 단원에서는 삭, 정삭, 잔삭 NC data를 실기 시험 요구 사항에 맞게 프로그램 선두부 및 후미부를 수정 및 보완하는 방법에 해 알아보기로 합니다. 프로그램 파일 번호는 수험장마다 주어지는 방법이 다르기 때문에 각 수험장에서 지시 는 방법에 따라 수정하여 제출해야 합니다.

수험자 요구 사항

퓨터응용가공산업기사 수험자 요구 사항의 (다)항을 다시 한 번 살펴보겠습니다.

NC data의 시작 부분은 아래와 같이 순서대로 2 블록을 삽입하여 시작되도록 편집합니다.
G90 G80 G40 G49 G17;
T01 M06; (황삭인 경우), T02 M06; (정삭인 경우), T03 M06; (잔삭인 경우)

주의 숫자 "0"과 영문자 "O"를 확실히 구분하시오.

삭, 정삭, 잔삭 데이터 선두부를 "G90 G80 G40 G49 G17"로 시작하라는 지시 내용과 공구 교환은 황삭 가공 로그램 "T01 M06", 정삭 가공 프로그램 "T02 M06", 잔삭 가공 프로그램 "T03 M06"을 사용하라는 지시입니 . 이 점을 숙지하기 바랍니다.

1 황삭 NC data를 메모장으로 실행한 후 선두부 및 후미부를 우측 설명에 맞게 수정하고 저장합니다.

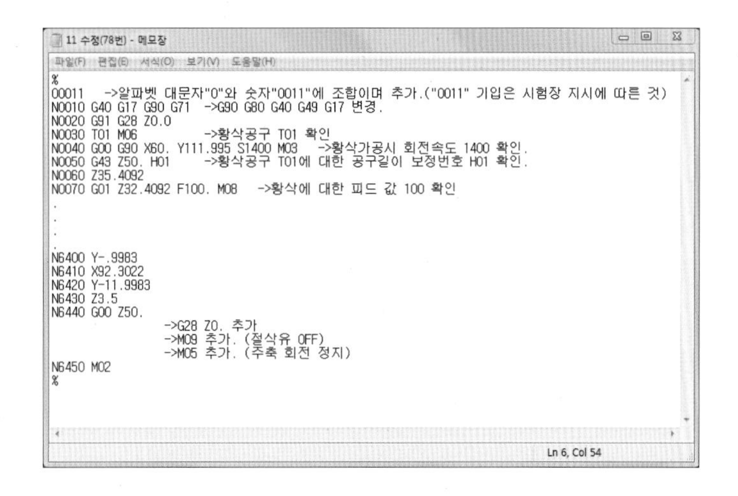
11 수정(78번) - 메모장
파일(F) 편집(E) 서식(O) 보기(V) 도움말(H)

```
%
O0011   ->알파벳 대문자"O"와 숫자"0011"에 조합이며 추가.("0011" 기입은 시험장 지시에 따른 것)
N0010 G40 G17 G90 G71  ->G90 G80 G40 G49 G17 변경.
N0020 G91 G28 Z0.0
N0030 T01 M06          ->황삭공구 T01 확인
N0040 G00 G90 X60. Y111.995 S1400 M03   ->황삭가공시 회전속도 1400 확인.
N0050 G43 Z50. H01     ->황삭공구 T01에 대한 공구길이 보정번호 H01 확인.
N0060 Z35.4092
N0070 G01 Z32.4092 F100. M08   ->황삭에 대한 피드 값 100 확인
.
.
.
.
N6400 Y-.9983
N6410 X92.3022
N6420 Y-11.9983
N6430 Z3.5
N6440 G00 Z50.
                 ->G28 Z0. 추가
                 ->M09 추가. (절삭유 OFF)
                 ->M05 추가. (주축 회전 정지)
N6450 M02
%
```

Ln 6, Col 54

02 황삭 NC data의 선두부 및 후미부가 완성된 프로그램입니다.

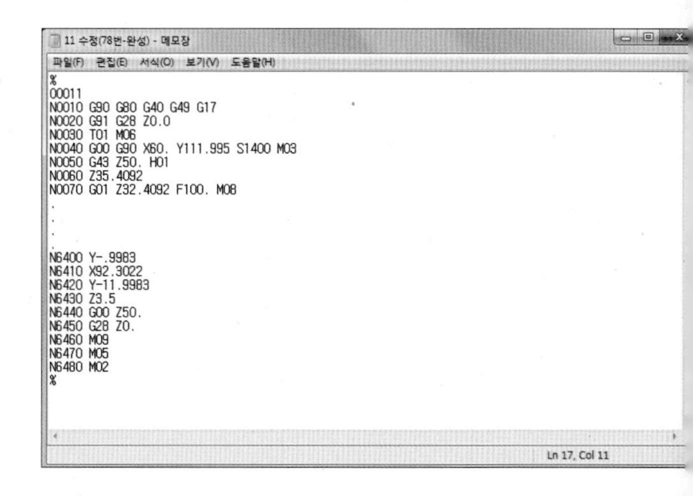

```
11 수정(78번-완성) - 메모장
파일(F) 편집(E) 서식(O) 보기(V) 도움말(H)
%
O0011
N0010 G90 G80 G40 G49 G17
N0020 G91 G28 Z0.0
N0030 T01 M06
N0040 G00 G90 X60. Y111.995 S1400 M03
N0050 G43 Z50. H01
N0060 Z35.4092
N0070 G01 Z32.4092 F100. M08
.
.
.
N6400 Y-.9983
N6410 X92.3022
N6420 Y-11.9983
N6430 Z3.5
N6440 G00 Z50.
N6450 G28 Z0.
N6460 M09
N6470 M05
N6480 M02
%
Ln 17, Col 11
```

03 정삭 NC data 메모장으로 실행한 후 선두부 및 후미부를 우측 설명에 맞게 수정하고 저장합니다.

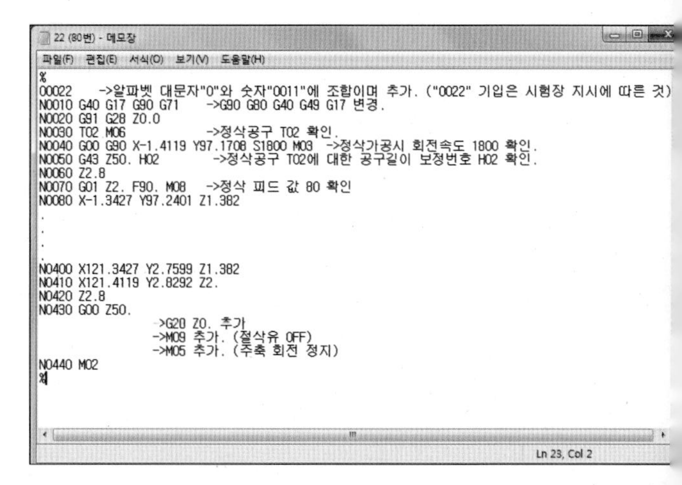

```
22 (80번) - 메모장
파일(F) 편집(E) 서식(O) 보기(V) 도움말(H)
%
O0022     ->알파벳 대문자"O"와 숫자"0011"에 조합이며 추가. ("0022" 기입은 시험장 지시에 따른 것)
N0010 G40 G17 G90 G71     ->G90 G80 G40 G49 G17 변경.
N0020 G91 G28 Z0.0
N0030 T02 M06              ->정삭공구 T02 확인.
N0040 G00 G90 X-1.4119 Y97.1708 S1800 M03  ->정삭가공시 회전속도 1800 확인.
N0050 G43 Z50. H02         ->정삭공구 T02에 대한 공구길이 보정번호 H02 확인.
N0060 Z2.8
N0070 G01 Z2. F90. M08   ->정삭 피드 값 80 확인
N0080 X-1.3427 Y97.2401 Z1.382
.
.
.
N0400 X121.3427 Y2.7599 Z1.382
N0410 X121.4119 Y2.8292 Z2.
N0420 Z2.8
N0430 G00 Z50.
                ->G28 Z0. 추가
                ->M09 추가. (절삭유 OFF)
                ->M05 추가. (주축 회전 정지)
N0440 M02
%
Ln 23, Col 2
```

04 정삭 NC data의 선두부 및 후미부가 완성된 프로그램입니다.

```
22 (80번-완성) - 메모장
파일(F) 편집(E) 서식(O) 보기(V) 도움말(H)
%
O0011
N0010 G90 G80 G40 G49 G17
N0020 G91 G28 Z0.0
N0030 T02 M06
N0040 G00 G90 X-1.4119 Y97.1708 S1800 M03
N0050 G43 Z50. H02
N0060 Z2.8
N0070 G01 Z2. F90. M08
N0080 X-1.3427 Y97.2401 Z1.382
.
.
.
N0400 X121.3427 Y2.7599 Z1.382
N0410 X121.4119 Y2.8292 Z2.
N0420 Z2.8
N0430 G00 Z50.
N0440 G28 Z0.
N0450 M09
N0460 M05
N0470 M02
%
Ln 23, Col 2
```

05 잔삭 NC data 메모장으로 실행한 후 선두부 및 후미부를 우측 설명에 맞게 수정하고 [저장]합니다.

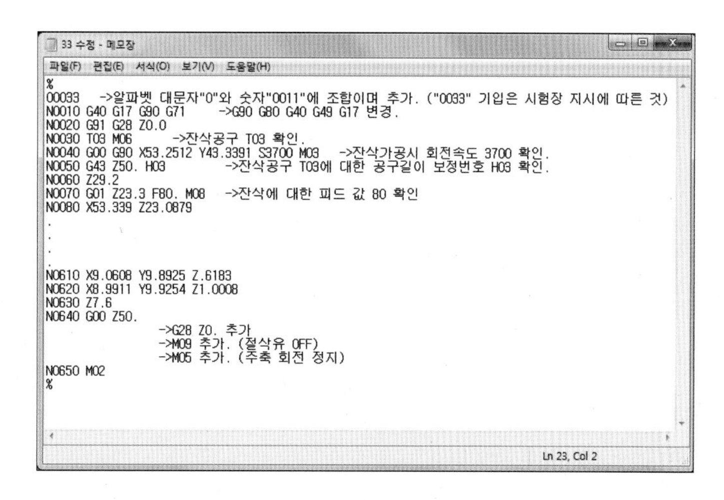

06 잔삭 NC data의 선두부 및 후미부가 완성된 프로그램입니다.

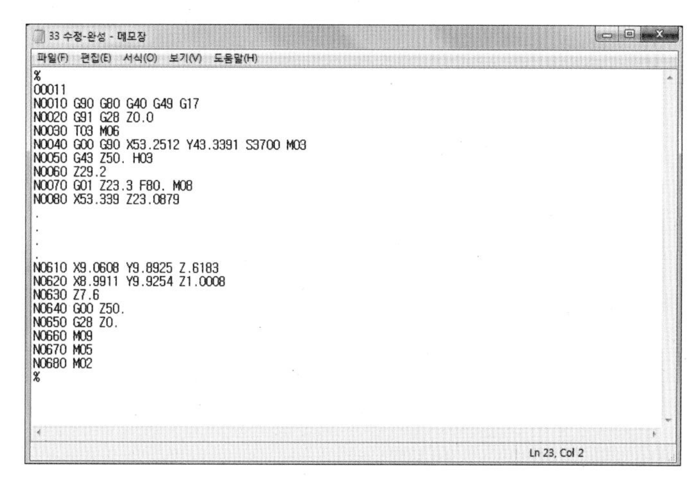

07 파일 이름 11은 "황삭.NC", 22는"정삭.NC", 33은 "잔삭.NC"로 변경합니다(프로그램 파일 번호는 수험장마다 주어지는 방법이 다르기 때문에 각 수험장에서 지시하는 방법에 따라 수정하여 제출해야 합니다).

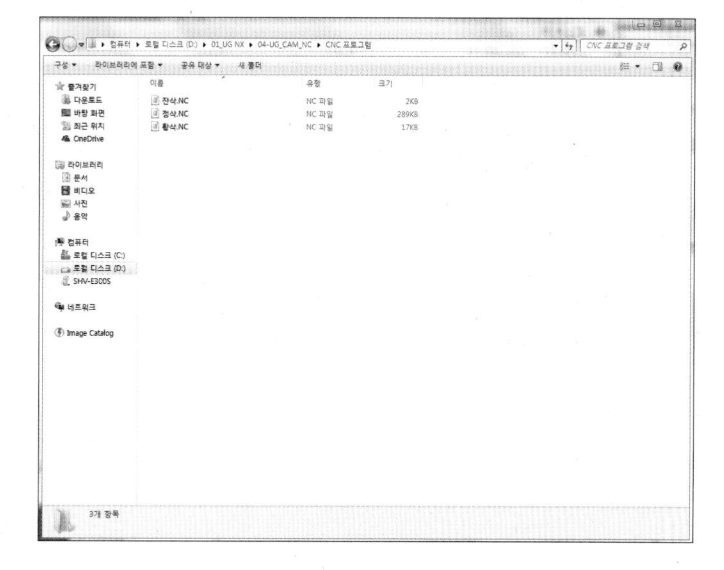

3 | MASTERCAM X5를 이용한 환경 설정하기

컴퓨터응용가공산업기사 NC data를 생성하기 위해 1장에서는 UG NX 9.0 MANUFACTURING을 사용하여 NC data를 생성했으며, 2장에서는 MASTER CAM X5를 이용하여 NC data를 생성할 것입니다. 1장에서와 마찬가지로 모델링 형상만 바뀔 뿐, 작업 순서 및 각 공정에 대한 설정값은 변경이 없으므로 다섯 번째 모델링을 가지고 NC data를 생성할 것입니다. 작업이 완료되면 절삭 지시서 및 요구 사항에 맞게 NC data의 선두부 및 후미부를 수정할 것이며, MASTER CAM X5의 환경을 컴퓨터응용가공산업기사에 맞게 설정한 후 다섯 번째 모델링을 가지고 NC data를 생성하겠습니다.

1 MASTER CAM X5의 환경 설정하기

MASTER CAM X5를 설치한 후 기본 환경에서 NC data를 생성하면 수정/보완 사항이 많아집니다. 주어진 시간 안에 NC data를 생성해야 하므로 MASTER CAM X5 기본 환경을 변경해줌으로써 시간 효율을 높이는 데 목적이 있습니다. 컴퓨터응용가공산업기사 실기 시험 중 NC data를 MASTER CAM X5으로 진행할 수험생은 다음과 같이 환경을 설정한 후에 시험에 임하도록 합니다.

01 바탕화면의 [Master Cam X5]( )를 더블클릭하거나 [윈도우-모든 프로그램-Master Cam X5]를 클릭하여 프로그램을 실행합니다.

02 MASTER CAM X5의 상단 메뉴 바에서 [설정-환경 설정]을 선택합니다.

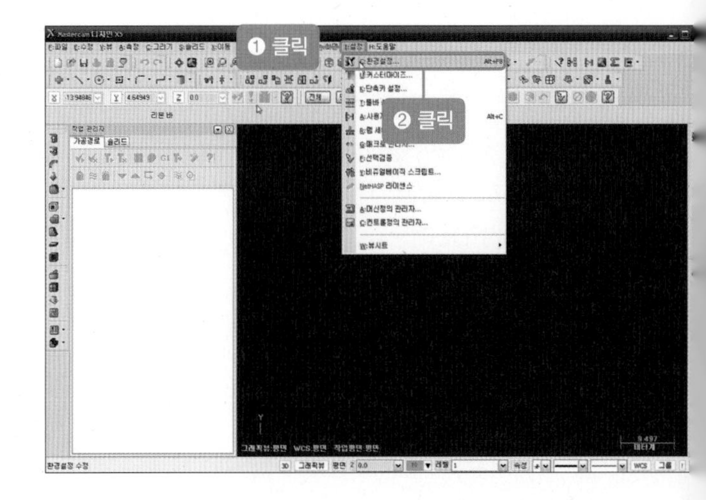

03 [CAD 설정] 항목의 [원호의 중심점 표시]의 체크를 해제합니다.

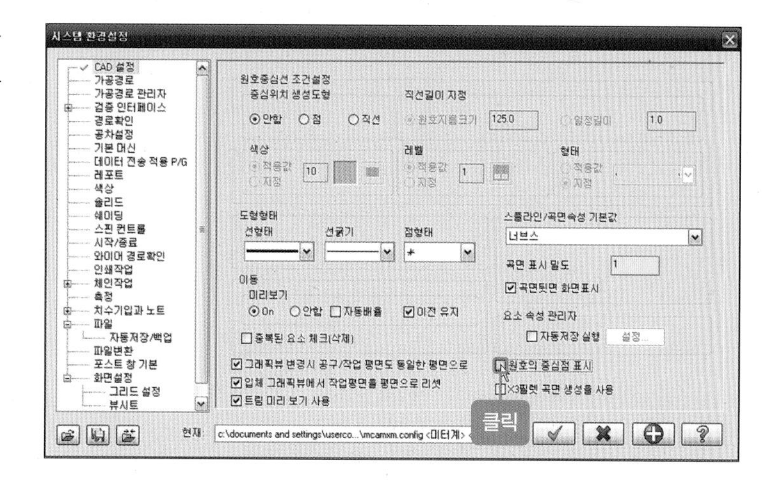

04 [가공 경로–일반 조건–이송 속도 고정]을 체크 해제하고 [메모리 버퍼링]을 '30%'로 수정합니다.

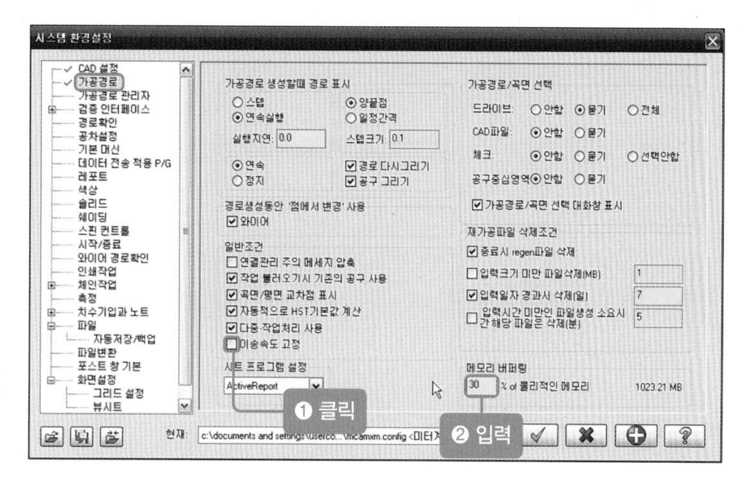

05 [가공 경로 관리자] 항목의 [머신 그룹–이름–사용자 지정 이름]을 수험자의 필요에 따라 변경합니다. [가공 경로 그룹–이름–사용자 지정 이름]에 'PART' 입력, [NC 파일–이름–묻기]에 '체크 해제', [MCX 파일 이름]에 체크합니다.

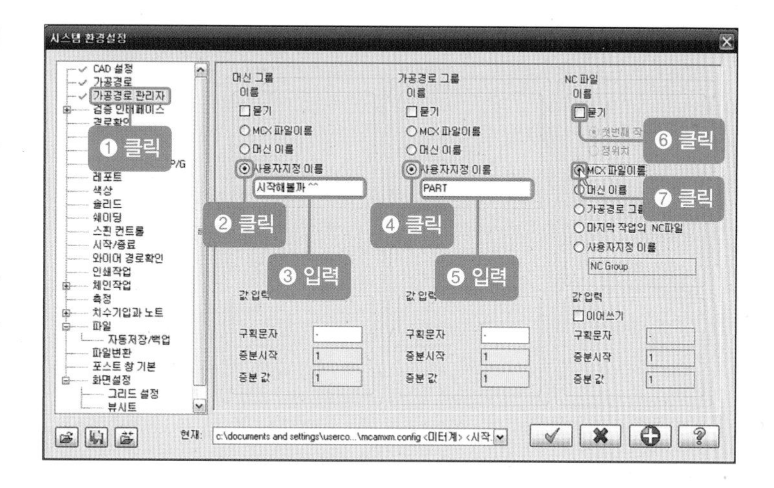

06 [검증 인터페이스] 항목의 [표시 컨트롤-이동/스텝]에 '1000', [속도-조도]의 스크롤 바를 조도 방향으로 최대로 합니다.

07 [경로 확인] 항목의 [4-5축 공구 벡터 표시]를 체크 해제합니다.

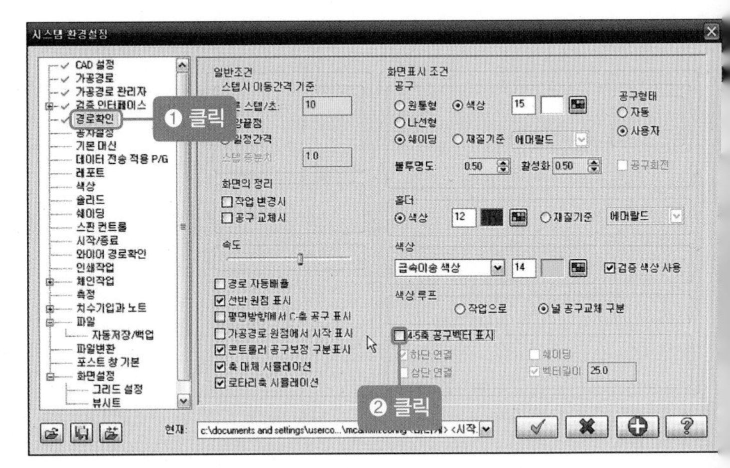

08 [기본 머신] 항목의 [기본 머신 정의-밀링 머신 정의]를 [mpmaster_vertical.MMD-5]로 변경합니다.

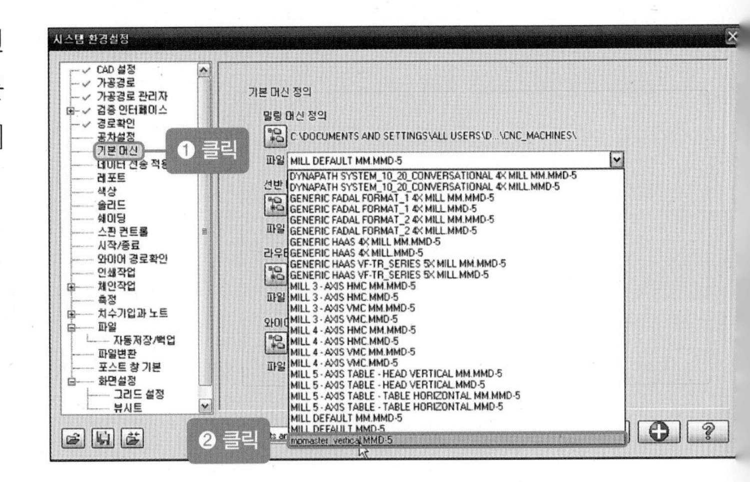

09 [색상] 항목의 [S: 256 색상 표시]의 체크 해제 후 [그래픽 배경화면 색상]에서 검은색을 선택합니다.

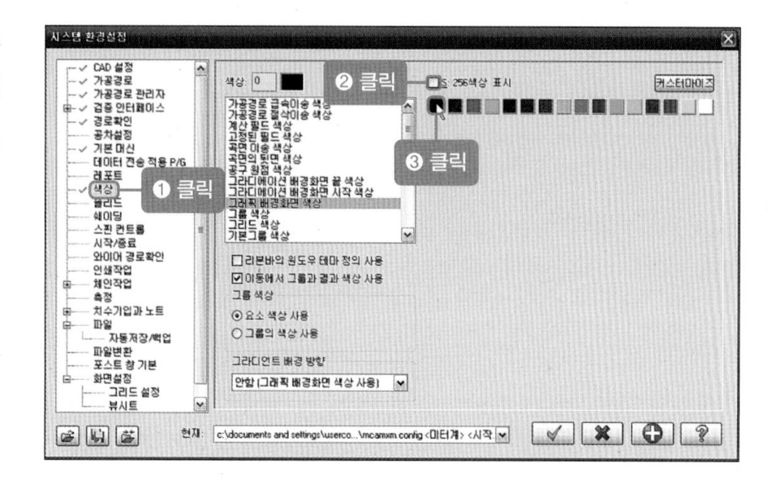

10 [쉐이딩] 항목의 [쉐이딩 실행]에 체크를 합니다.

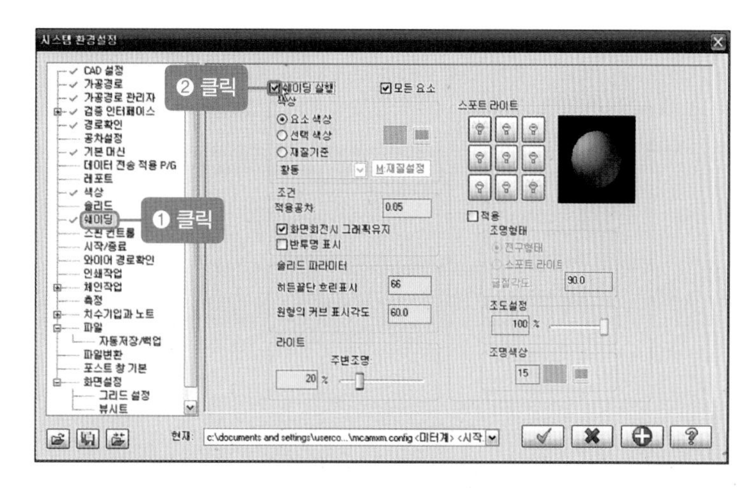

11 [시작/종료] 항목의 [시작시 제품]을 '밀링'으로 변경합니다.

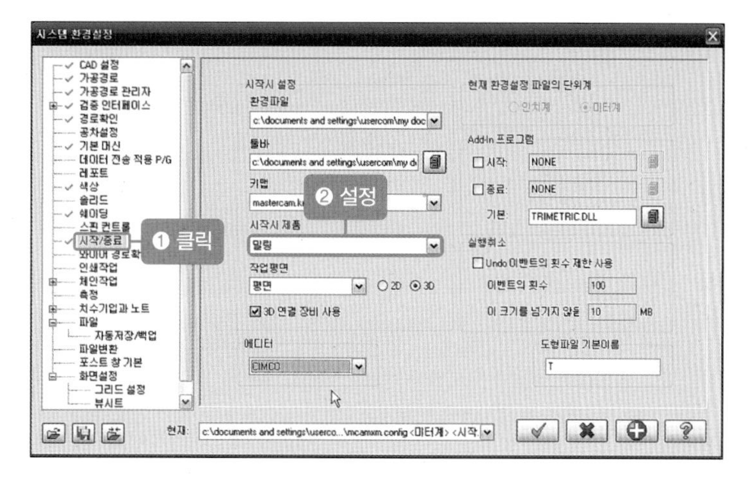

12 [체인 작업] 항목의 [기본 체인 방법-작업 평면]을 클릭합니다.

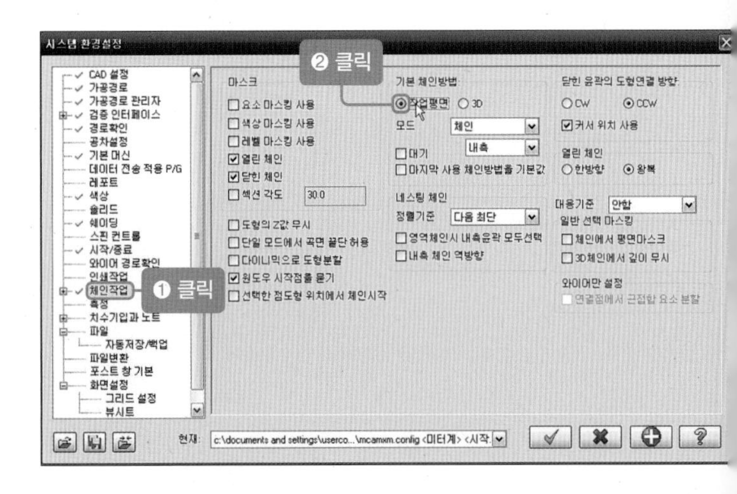

13 [파일] 항목의 [데이터 저장 경로]에서 'Mastercam Current Version Parts[MCX-5, EMCX-5'를 선택하고 [파일 열기 시 중복된 요소 삭제]를 체크합니다.

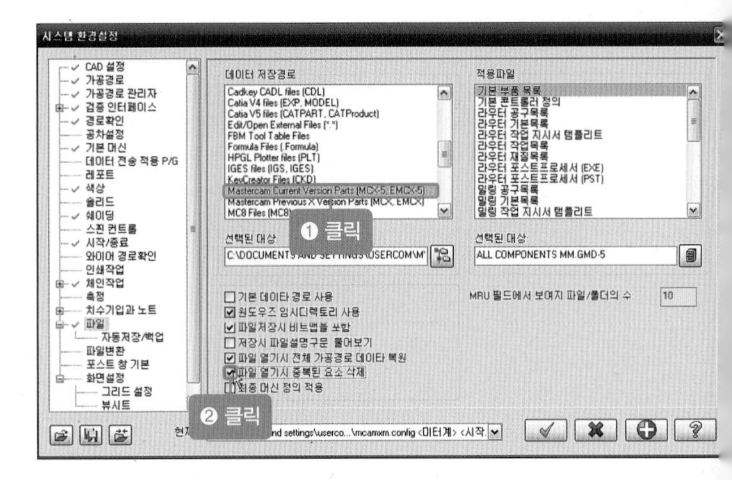

14 [파일-자동 저장/백업] 항목의 [자동 저장]에 '체크', [설정 파일 이름으로 저장]에 '체크 해제', [사용 중인 파일에 엎어쓰기]에 '체크', [자동 저장 실행 전 메시지 출력]에 '체크 해제', [저장 간격(분단위)]에 '10' 입력, [파일 이름]에 '~MENTS\MY MCAM5\MCX\T("T" 대신 "백업"으로 변경).MCX-5'를 입력합니다.

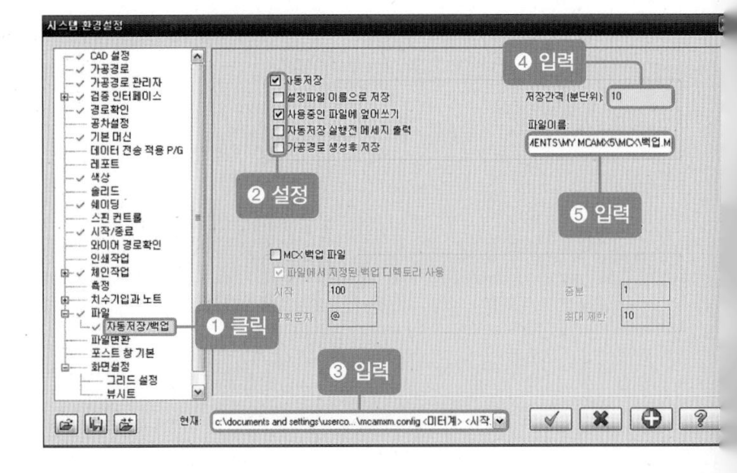

15 [화면 설정] 항목의 [도형 정보 화면표시]에 '체크', [리본 바 툴팁 지연]에 '지연 없음'으로 설정합니다. ✔를 클릭하여 MASTER CAM X5를 종료한 후 재실행합니다.

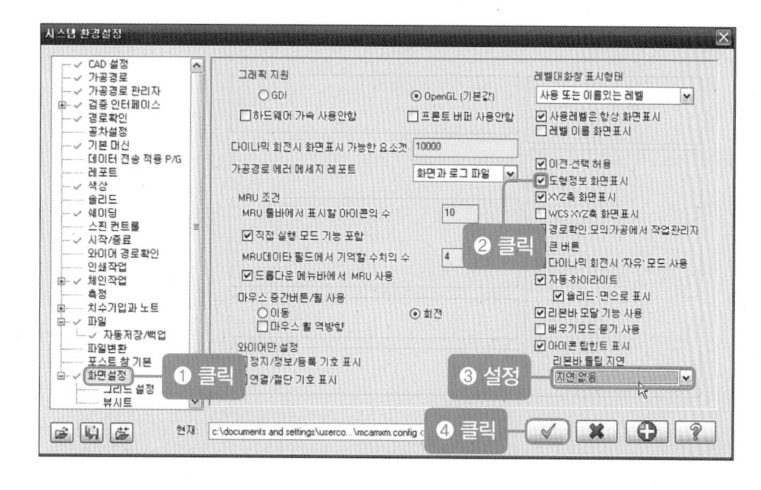

16 MASTER CAM X5의 배경 색깔이 검은색으로 변경된 것을 확인할 수 있습니다.

17 메뉴 바에서 [설정-환경 설정]을 클릭합니다.

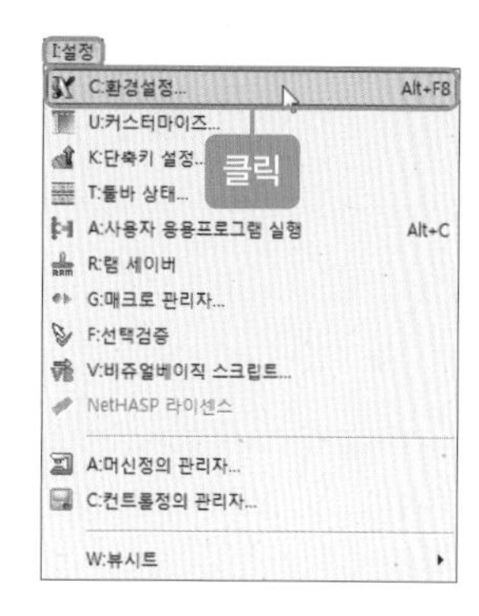

18 [검증 인터페이스-모의 가공 설정] 항목의 [공구 교체 시 색상 변경]에 체크합니다.

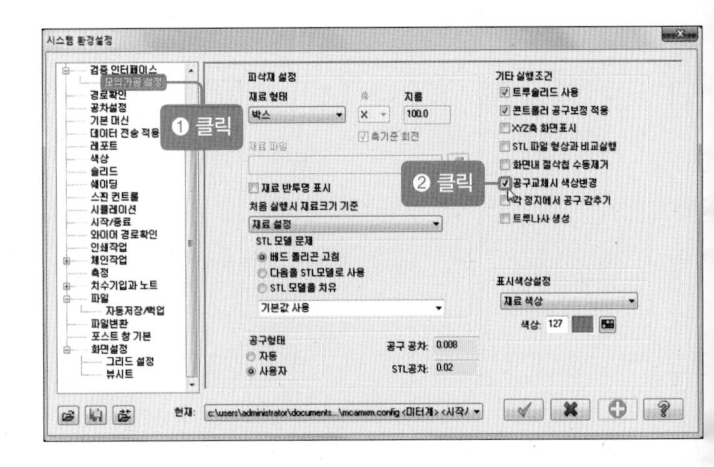

19 [화면 설정] 항목의 [마우스 중간 버튼/휠 사용-이동]에 '체크', [큰 버튼]에 '체크'합니다.

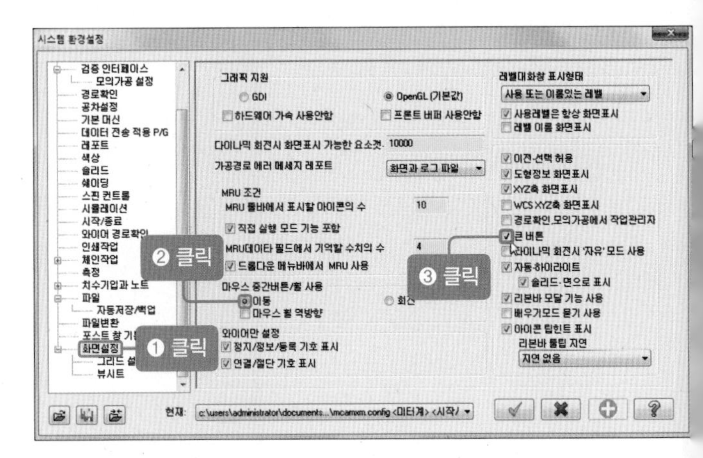

20 빈 공간에 마우스 오른쪽 버튼 (2)를 클릭한 후 [Router 2D Toolpaths]를 클릭합니다. MASTER CAM X5를 종료한 후 재실행합니다. 환경 설정이 제대로 설정되었는지 다시 한 번 확인합니다.

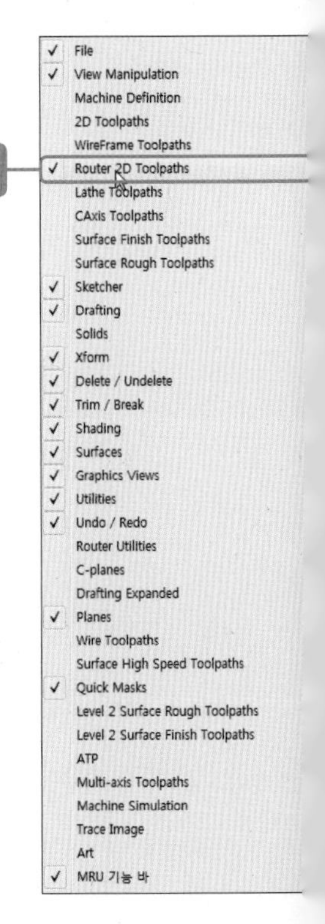

4 | MASTERCAM X5를 이용한 NC data 생성하기

Chapter 01. 모델링 따라하기 단원의 모델링 중 다섯 번째 Modeling "5-modeling"을 MASTER CAM X5를 이용하여 황삭, 정삭, 잔삭 NC data를 생성하며, 각 공정마다 필요한 공구 종류 및 공구 회전 수, 공구 지름, 공구 이송, 절입량 등에 절삭 지시서에 맞게 프로그램에 적용하겠습니다.

1 모델링 파일 변경하기

01 바탕화면의 UG NX 9.0 아이콘( )을 더블클릭하여 프로그램을 실행합니다. [열기] 대화상자에서 '5-modeling'을 선택한 후 [OK] 버튼을 클릭합니다.

02 모델링을 step 파일로 변경한 후 MASTER CAM X5에서 불러옵니다. 파일 형식을 변경하기 위해 [파일-다른 이름으로 저장]을 클릭합니다.

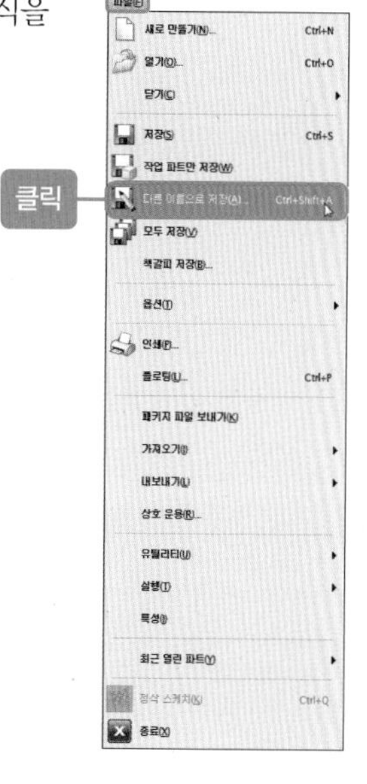

03 [파일 이름]을 “5-modeling”로 지정하고 [파일 형식]을 “STEP203”으로 선택한 후 저장 폴더를 지정하고 [OK] 버튼을 누릅니다.

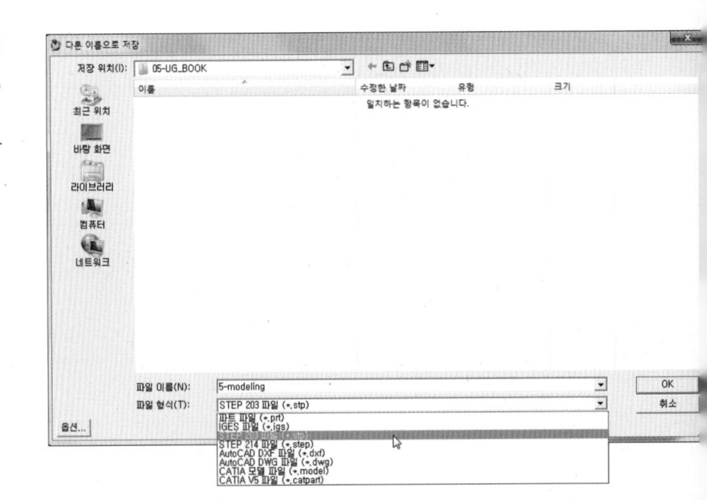

04 UG 모델링 “5-modeling.prt”과 step 파일로 변환된 “5-modeling.stp”이 생성되었는지 확인합니다.

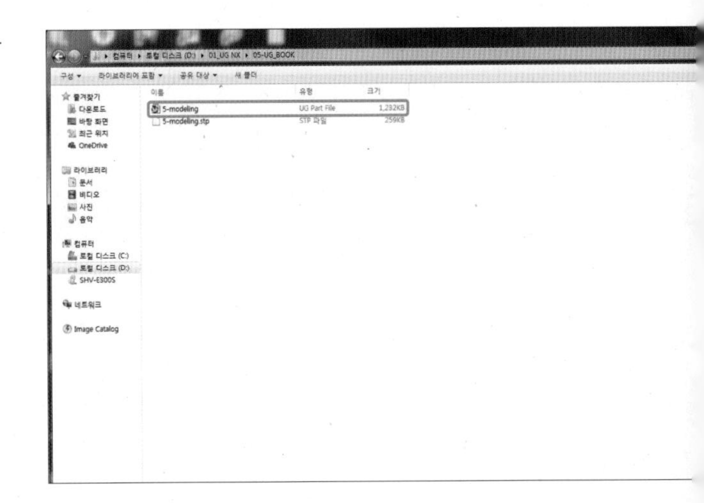

05 파일 변환한 “5-modeling.stp”을 MASTER CAM X5로 불러오겠습니다. 우선 MASTER CAM X5를 실행합니다. 바탕화면의 MASTER CAM X5 아이콘( )을 더블클릭하여 프로그램을 실행합니다.

06 "5-modeling.stp"을 열기 위해 [파일-열기]를 선택합니다.

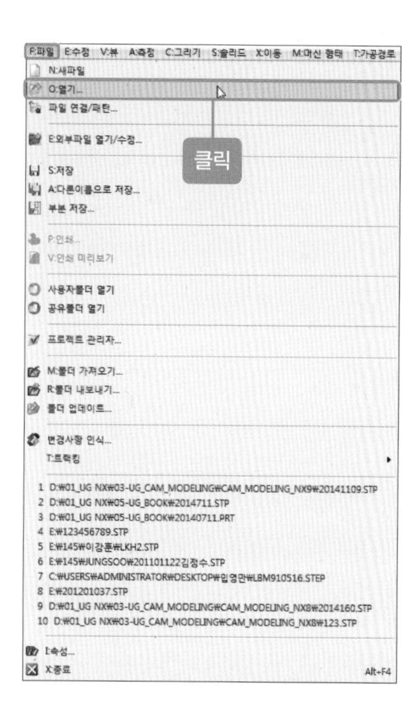

07 파일 형식에서 'step 파일(*STP; *STEP)'을 선택한 후 step 파일 저장 폴더를 찾아 '5-modeling.stp'을 선택하고 [확인] 버튼을 클릭합니다.

08 "5-modeling.stp"을 MASTERCAM X5로 연 첫 화면입니다. 모델링이 화면 중앙으로 올 수 있도록 배치하겠습니다.

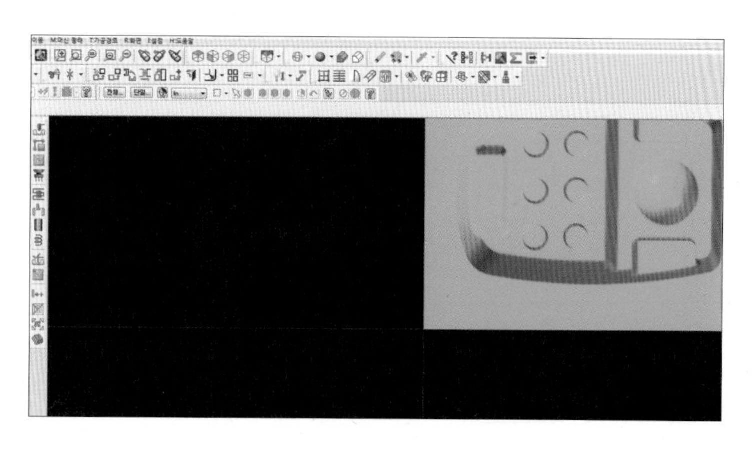

09 상단 중앙 부분의 [입체] 아이콘(▣)을 클릭하여 모델링을 'ISOMETRIC VIEW'로 변경한 후 마우스 휠 버튼 (3)을 누른 상태에서 모델링을 왼쪽 화면의 중앙으로 이동합니다.

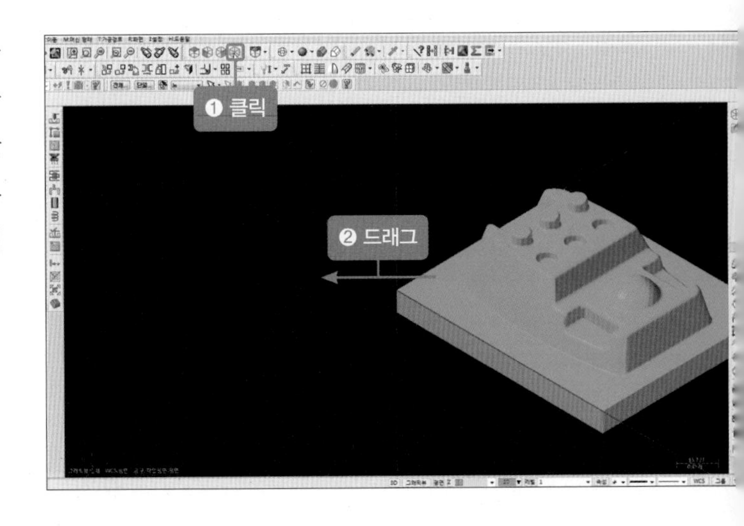

2 황삭, 정삭, 잔삭-환경 설정하기

01 모델링의 크기에 맞는 바운더리 박스를 생성하겠습니다. 풀다운 메뉴의 [그리기-B:바운딩 박스]를 선택합니다.

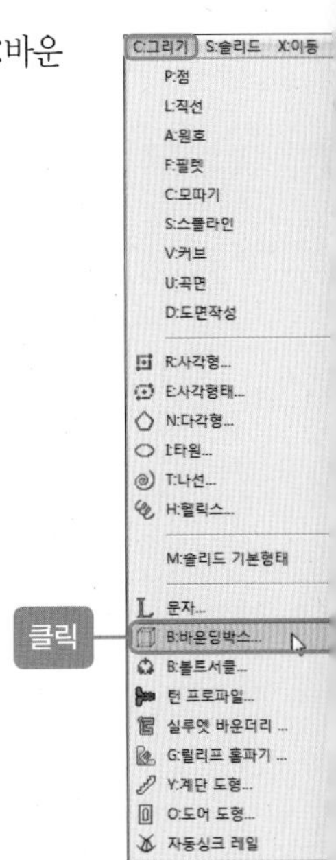

02 [바운더리 박스] 창이 생성되면 [확인] 버튼( )을 클릭합니다. 모델링 외곽 사이즈에 맞게 바운딩 박스를 생성해줍니다.

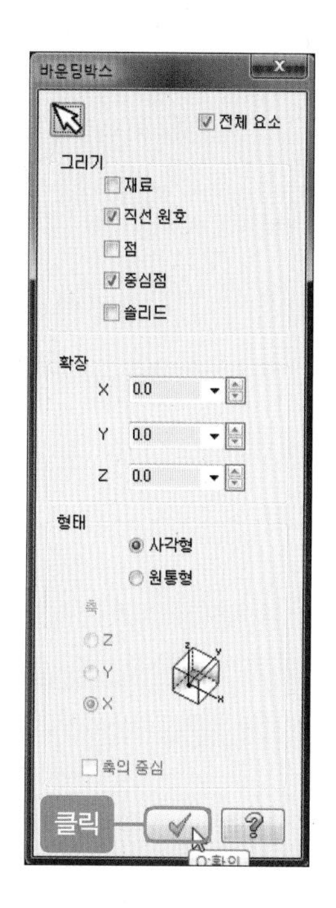

03 바운딩 박스가 생성되었습니다.

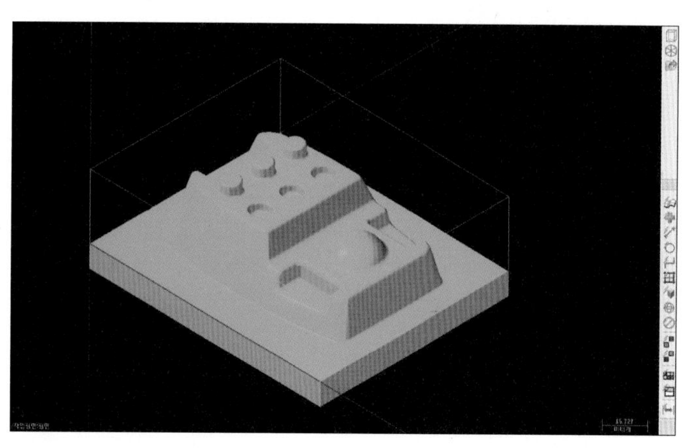

3 황삭-공구 및 절삭 조건 설정하기

01 풀다운 메뉴의 [가공 경로-R: 곡면 황삭-포켓 가공]을 선택합니다.

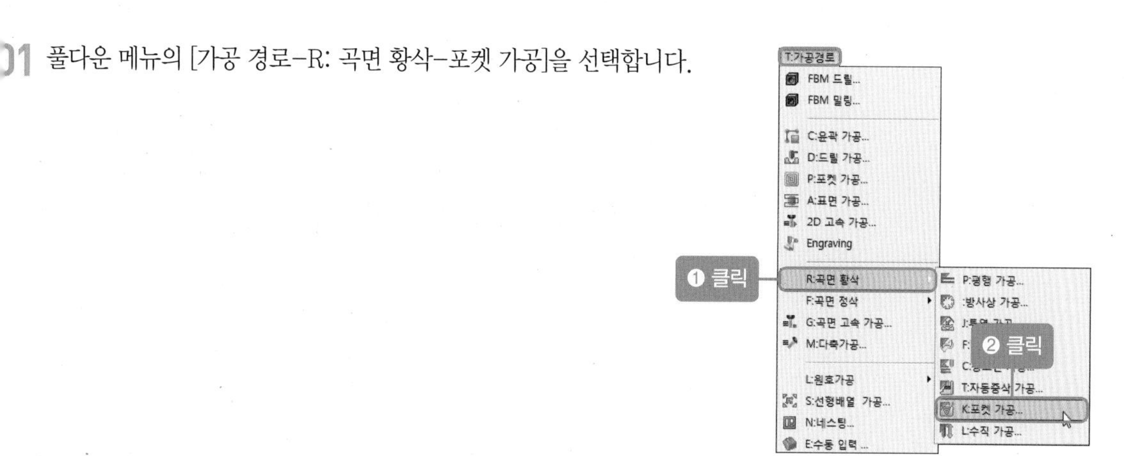

02 [새로운 3D 고급 가공경로 상세조절] 창이 생성되면 [확인] 버튼( )을 클릭합니다.

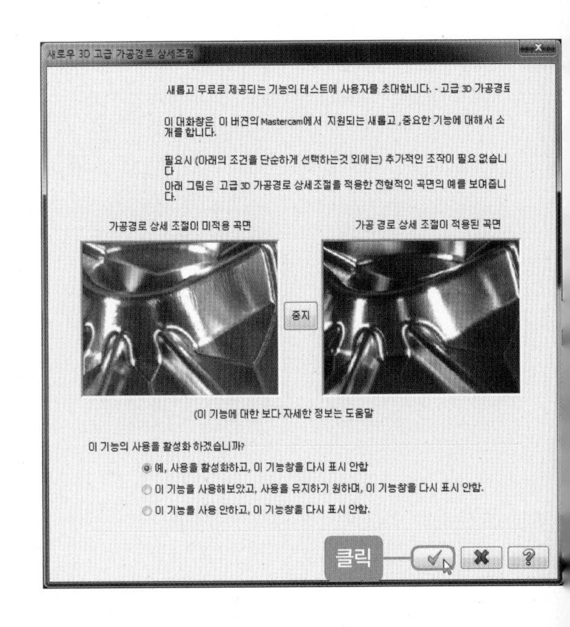

03 모델링 바닥면을 클릭한 후 백그라운드(검정)의 빈 공간을 더블클릭하면 [가공 경로/곡면 선택] 창이 나타납니다. [공구 경로/곡면 선택] 창에서 [공구 중심 영역 선택] 아이콘( )을 선택합니다.

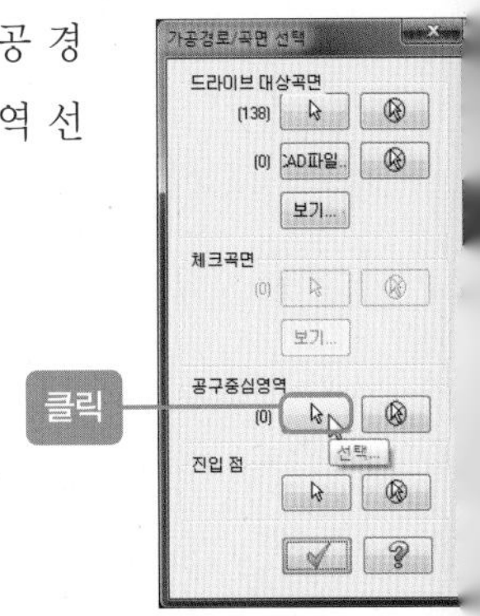

04 바운딩 박스의 상부 선을 클릭합니다(클릭했을 때 상부 바운딩 박스 4개의 선이 노란색으로 변경되어야 체인이 걸린 것입니다. 만약, 변경되지 않았다면 4개의 선을 순차적으로 선택합니다).

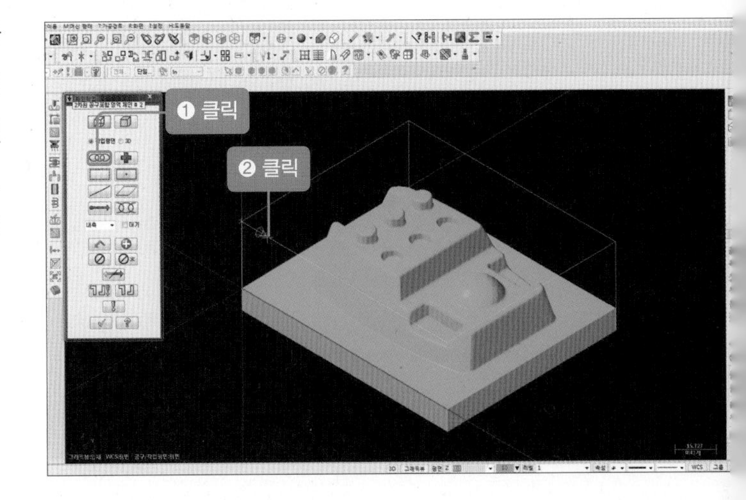

05 [확인] 버튼( )을 클릭합니다.

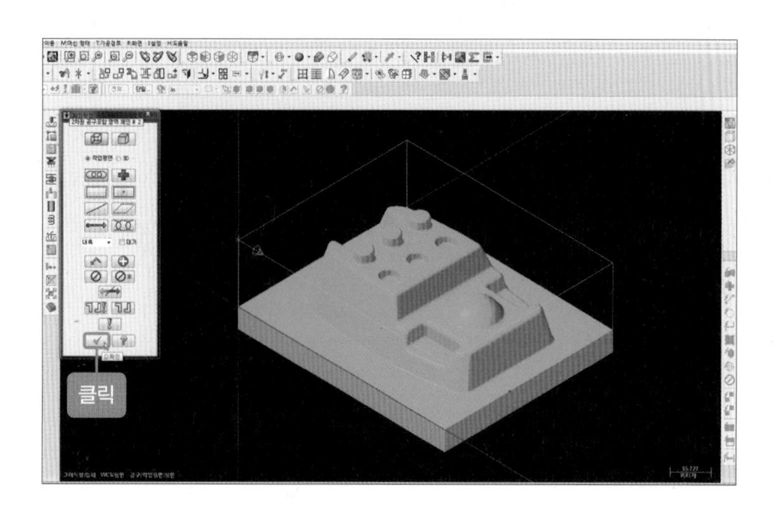

06 [가공 경로/곡면 선택] 창이 생성되면 [확인] 버튼( )을 클릭합니다.

07 [곡면 황삭 포켓 가공] 창이 생성되면 [가공 경로 파라미터] 탭의 하단 빈 공간을 마우스 오른쪽 버튼 (2)로 클릭하고 메뉴 중에서 [N: 새공구 생성]을 선택합니다.

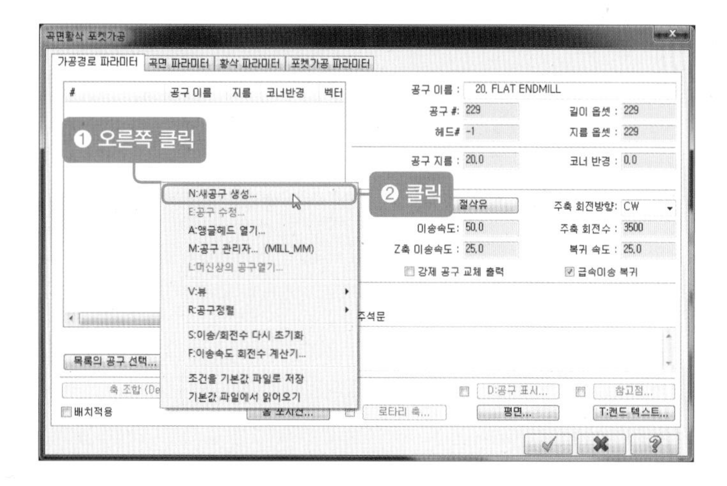

08 [평엔드밀]을 클릭합니다.

09 [공구 번호]에 '1', [엔드밀 지름]에 '1'을 입력하고 [확인] 버튼( )을 클릭합니다.

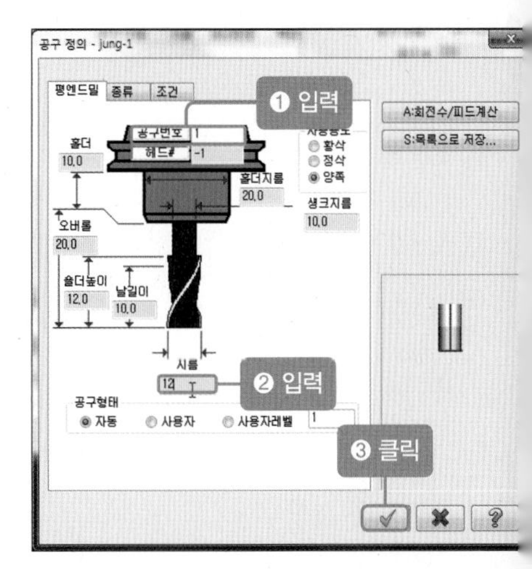

10 [공구 수정 세팅됨] 메시지의 [주의 메시지 끄기]에 체크한 후 [확인] 버튼( )을 클릭합니다.
다음 작업부터는 [공구 수정 세팅됨] 메시지가 나타나지 않습니다.

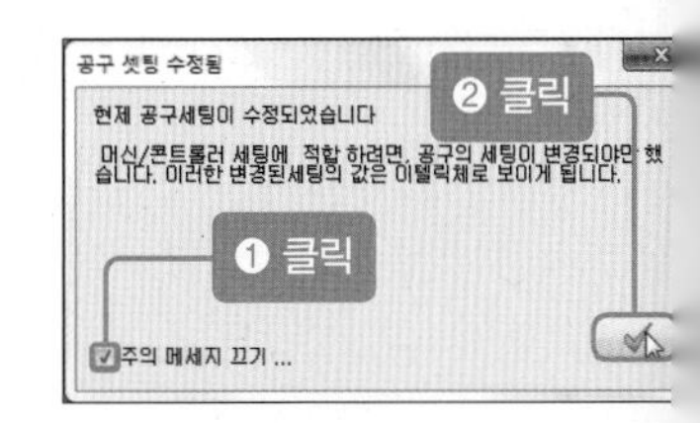

11 [가공 경로 파라미터] 탭에서 [이송 속도]에 '100', [주축 회전 수]에 '1400', [Z축 이송 속도] '100'을 입력합니다.

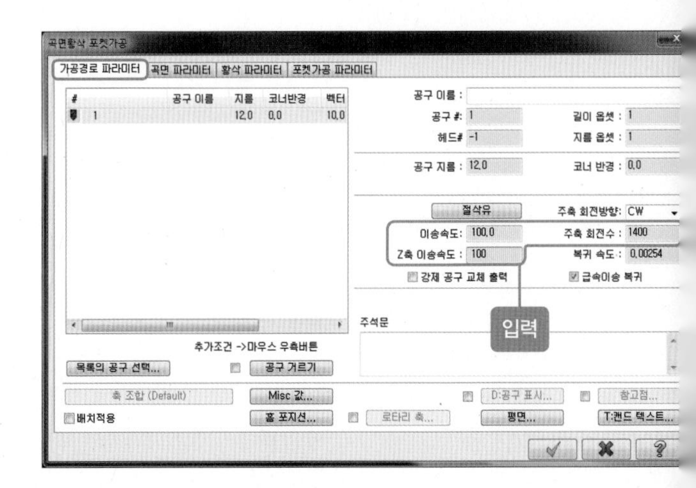

12 [곡면 파라미터] 탭으로 이동합니다. [L:안전 높이]에 '50.0', [가공 여유 대상 곡면]에 '0.5'를 입력합니다(안전 높이와 가공 여유 대상 곡면 양은 절삭 지시서를 따릅니다).

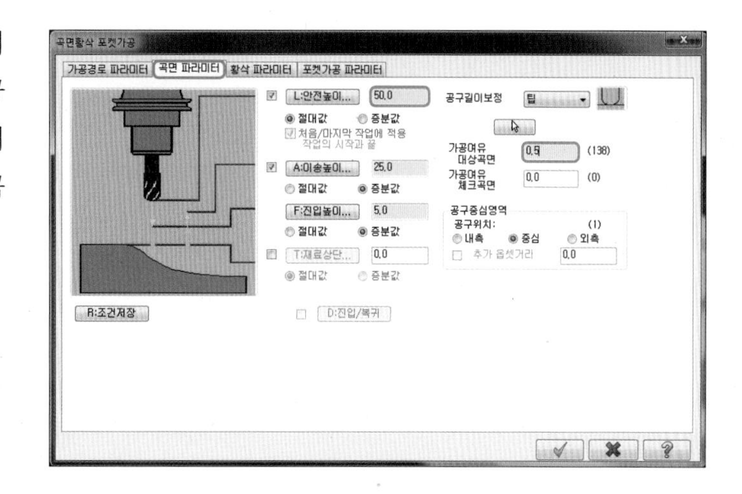

13 [황삭 파라미터] 탭으로 이동합니다. [최대 Z 절삭 간격]에 '5'를 입력합니다.

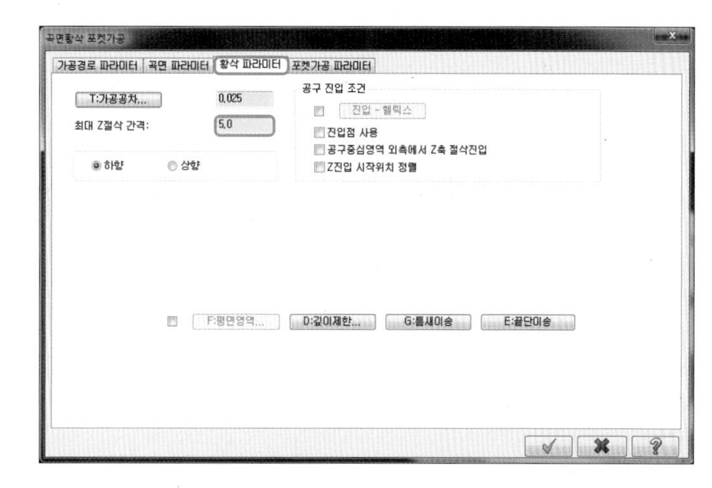

14 [포켓 가공 파라미터] 탭으로 이동한 후 [고속 가공]을 선택하고 [확인] 버튼( )을 클릭합니다.

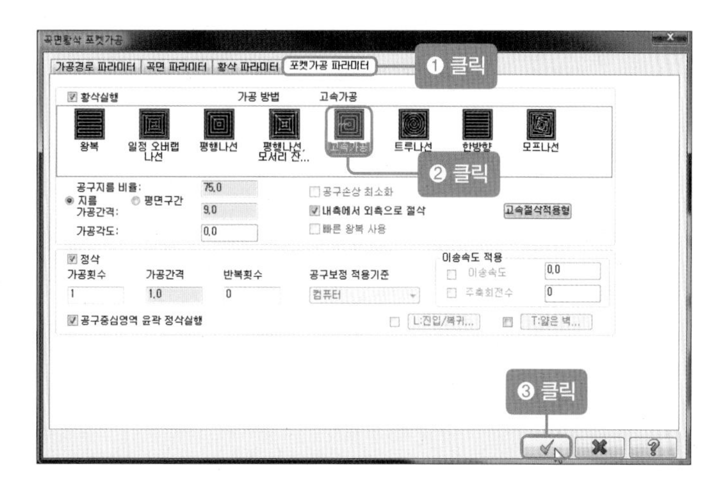

15 황삭 가공 경로가 나타납니다.

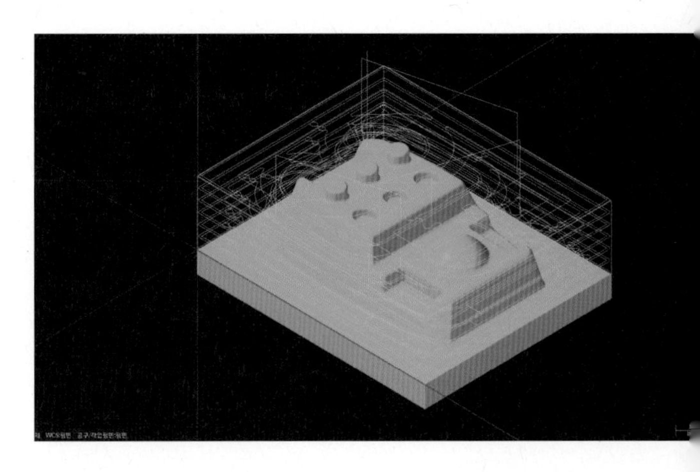

16 [작업 관리자] 하단의 ≋ 아이콘을 선택하여 가공 경로를 숨깁니다.

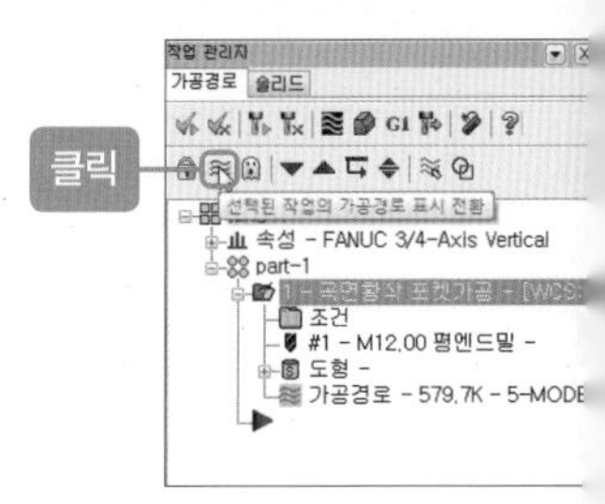

4 정삭-공구 및 절삭 조건 설정하기

01 풀다운 메뉴의 [가공 경로-곡면 정삭-평행 가공]을 선택합니다.

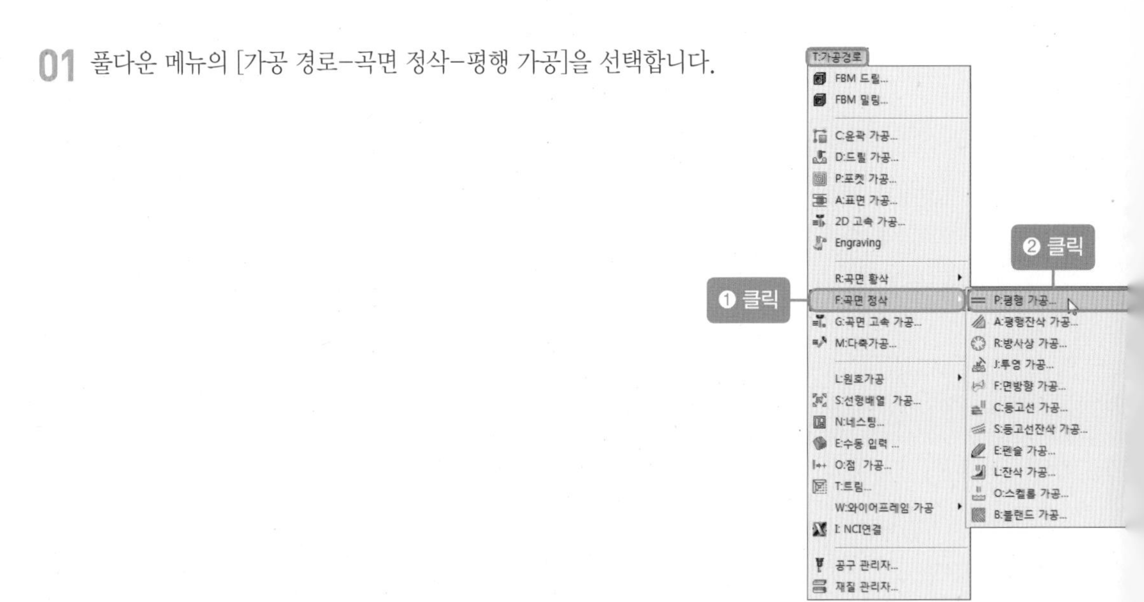

02 [새로운 3D 고급 가공 경로 상세 조절] 창이 나타나면 [확인] 버튼(✓)을 클릭합니다.

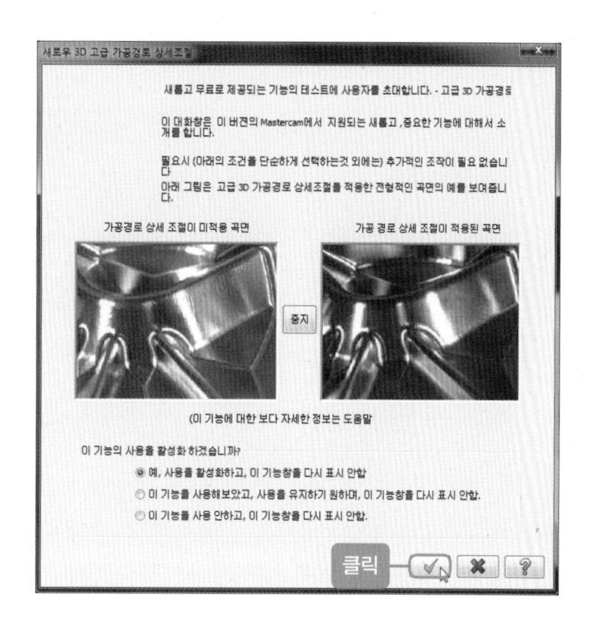

03 모델링 바닥면을 클릭한 후 백그라운드(검정)의 빈 공간을 더블클릭하면 [가공 경로/곡면 선택] 창이 나타납니다. [공구 경로/곡면 선택] 창에서 [공구 중심 영역] 아이콘( )을 클릭합니다.

04 바운딩 박스의 상부 선을 클릭합니다(클릭했을 때 상부 바운딩 박스 4개의 선이 노란색으로 변경되어야 체인이 걸린 것입니다. 만약, 변경되지 않았다면 4개의 선을 순차적으로 선택합니다).

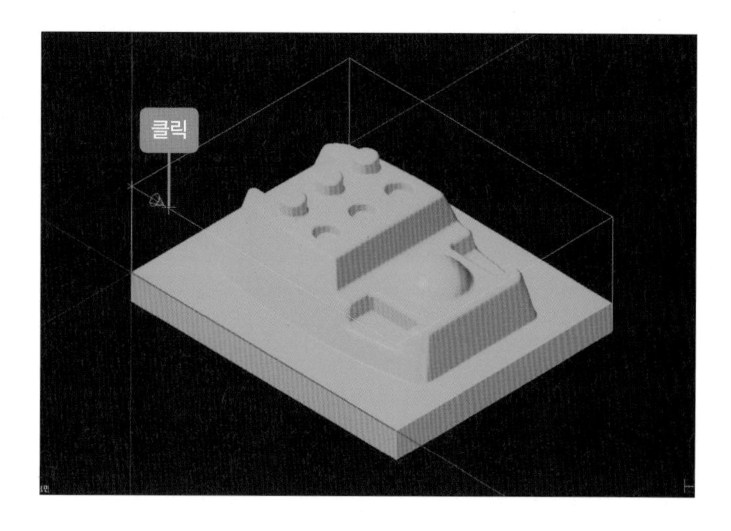

05 [확인] 버튼(✓)을 선택합니다.

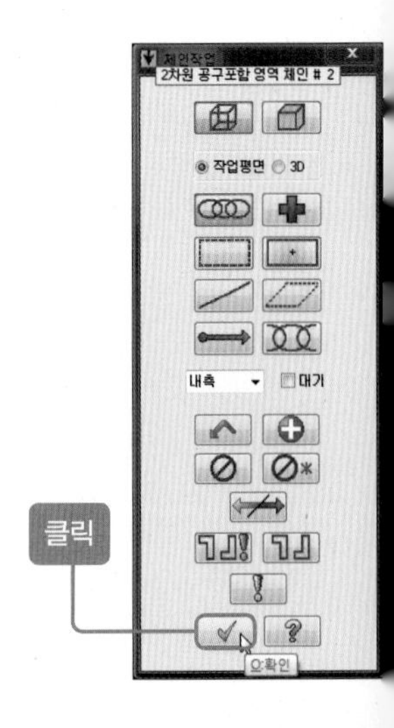

06 [가공 경로/곡면 선택] 창이 생성되면 [확인] 버튼(✓)을 클릭합니다.

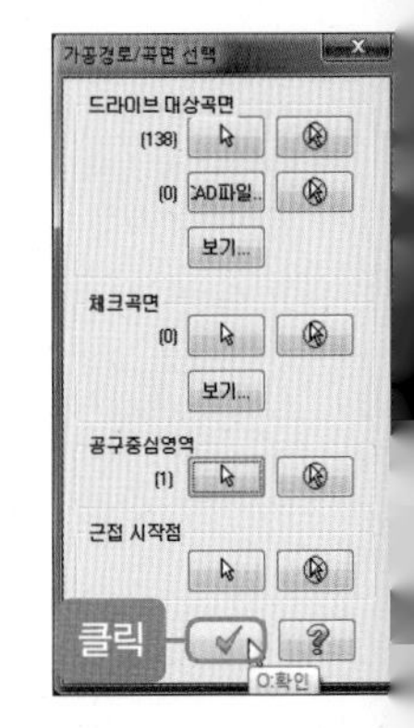

07 [곡면 정삭 평행 가공] 창이 생성되면 [가공 경로 파라미터] 탭 하단의 빈 공간을 마우스 오른쪽 버튼 (2)로 클릭하고 [새공구 생성]을 선택합니다.

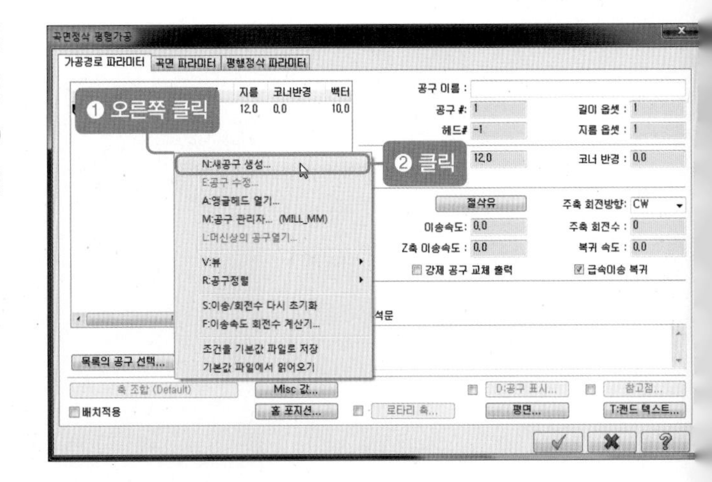

08 [볼엔드밀]을 선택합니다.

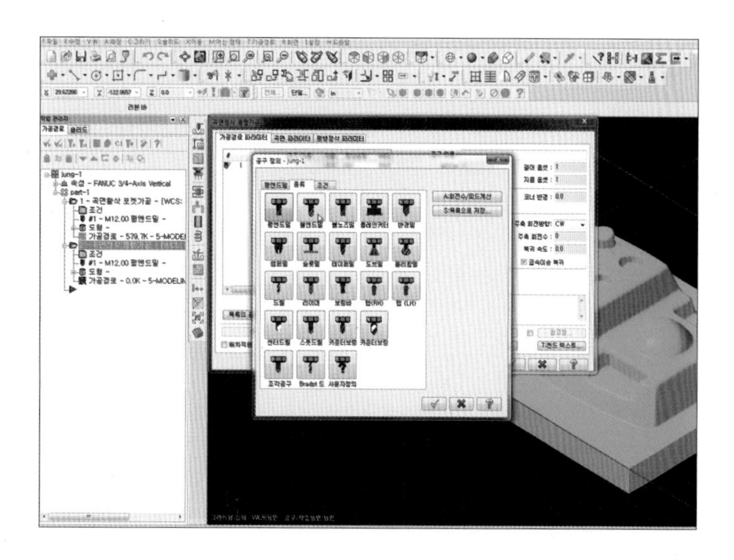

09 [공구 번호]에 '2', [지름]에 '4'를 입력한 후 [확인] 버튼(✓)을 클릭합니다.

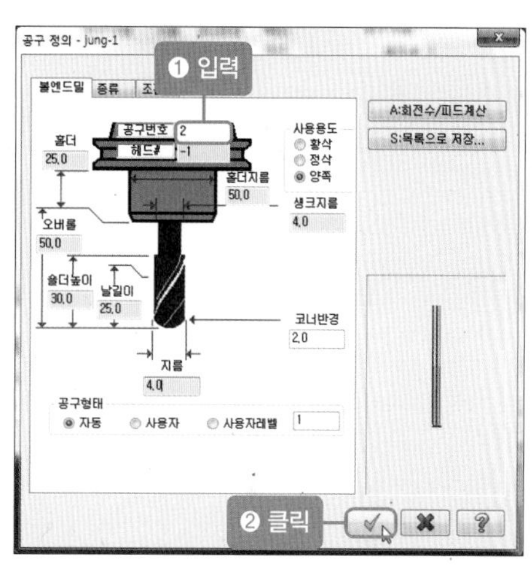

10 [곡면 정삭 평행 가공-가공 경로 파라미터] 창에서 [이송속도]에 '90', [주축 회전 수] '1800', [Z축 이송속도]에 '90'을 입력합니다.

11 [곡면 파라미터] 탭을 클릭한 후 [가공 여유 대상곡면]에 '0', [가공 여유 체크곡면]에 '0'을 입력합니다.

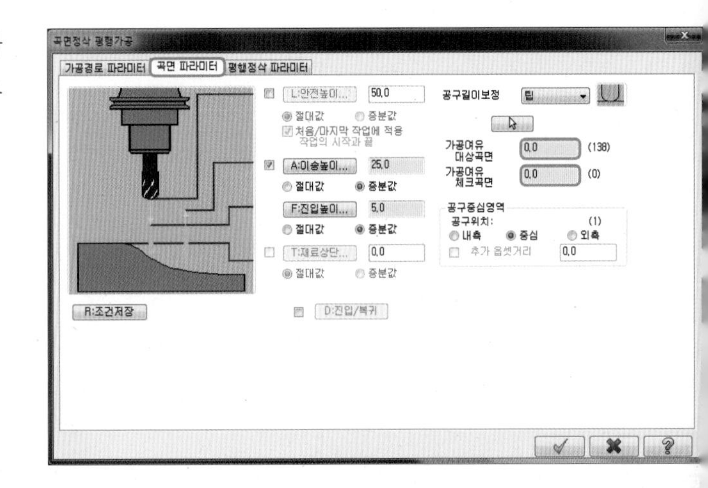

12 [평행 정삭 파라미터] 탭을 클릭한 후 [M: 최대 가공 간격]에 '1', [가공 각도]에 '45'를 입력하고 [확인] 버튼(✔)을 클릭합니다.

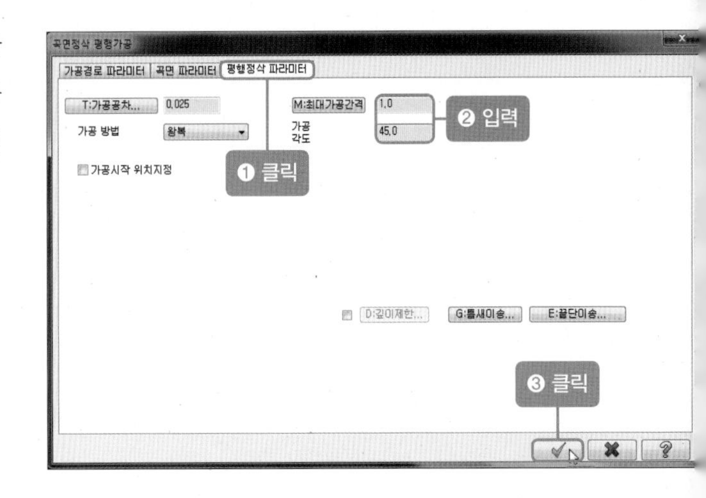

13 정삭 가공 경로가 나타납니다.

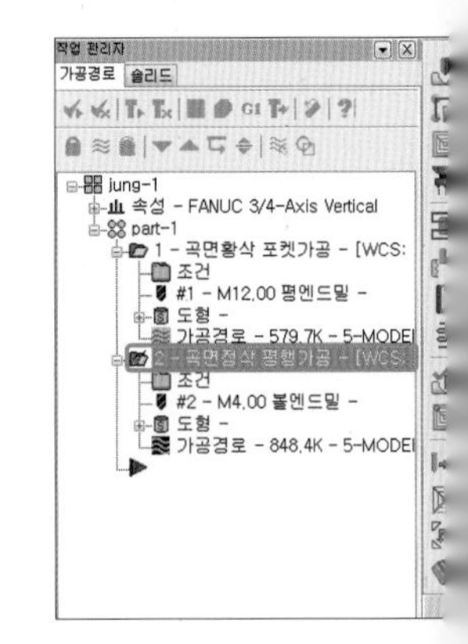

14 [작업 관리자] 하단의 아이콘(≋)을 선택하여 가공 경로를 숨깁니다.

5 잔삭-공구 및 절삭 조건 설정하기

01 풀다운 메뉴의 [가공 경로-G:곡면 고속 가공]을 선택합니다.

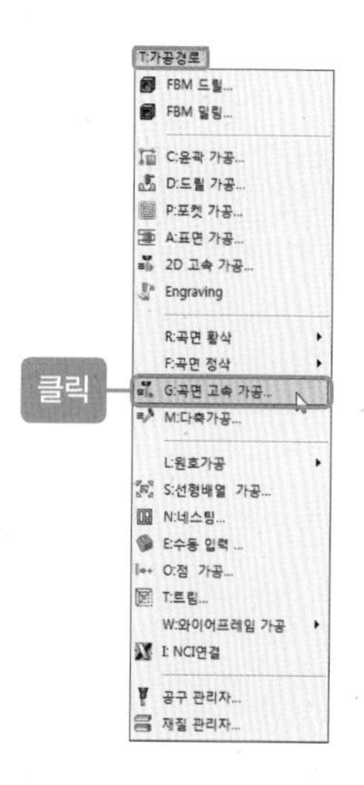

02 [새로운 3D 고급 가공 경로 상세 조절] 창이 생성되면 [확인] 버튼(✔)을 클릭합니다.

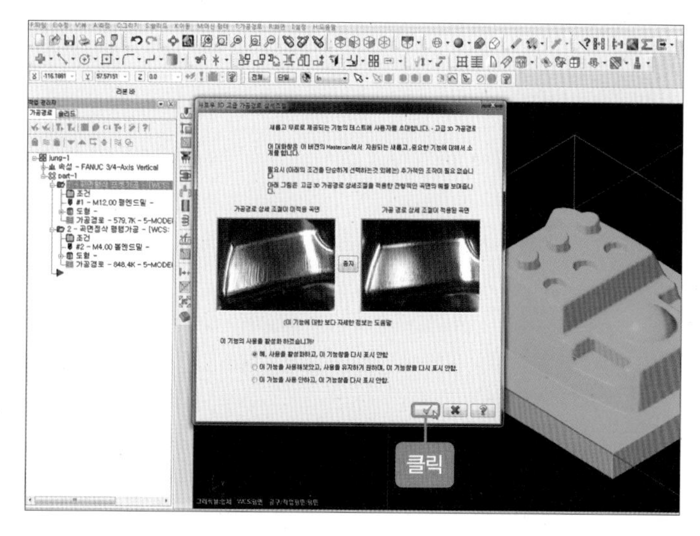

03 모델링 바닥면을 클릭한 후 백그라운드(검정)의 빈 공간을 더블클릭하면 [가공 경로/곡면 선택] 창이 나타납니다. [공구 경로/곡면 선택] 창에서 [공구 중심 영역 선택] 아이콘( )을 선택합니다.

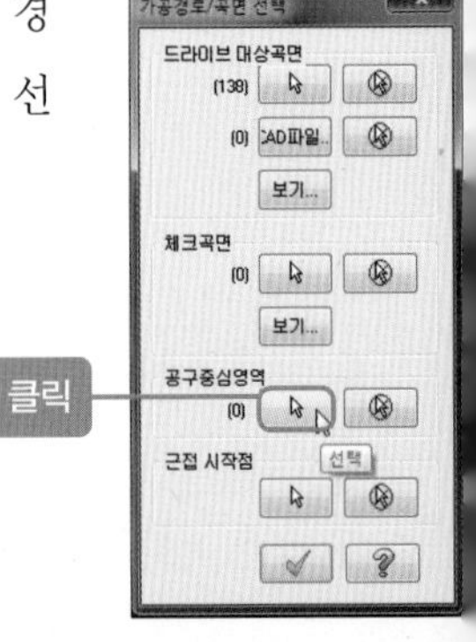

04 바운딩 박스의 상부 선을 클릭합니다(클릭했을 때 상부 바운딩 박스 4개의 선이 노란색으로 변경되어야 체인이 걸린 것입니다. 만약, 변경되지 않았다면 4개의 선을 순차적으로 선택합니다).

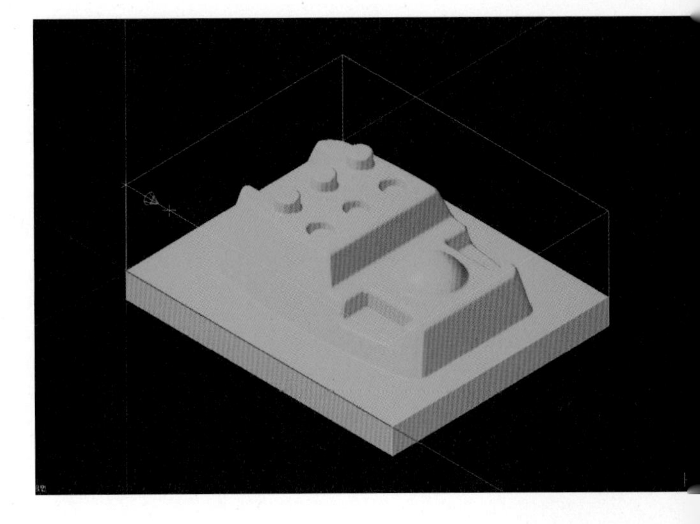

05 [확인] 버튼( )을 클릭합니다.

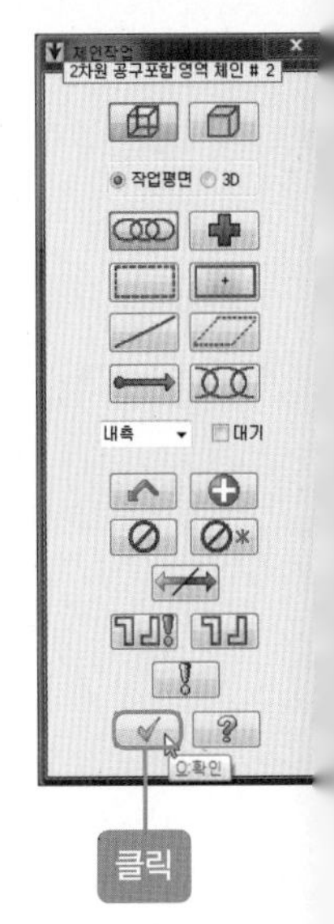

06 [가공 경로/곡면 선택] 창이 생성되면 [확인] 버튼(✓)을 클릭합니다.

07 [곡면 고속 가공 경로-펜슬] 창이 생성되면 [가공 경로 형태] 항목에서 [정삭]에 체크, [펜슬]을 선택합니다.

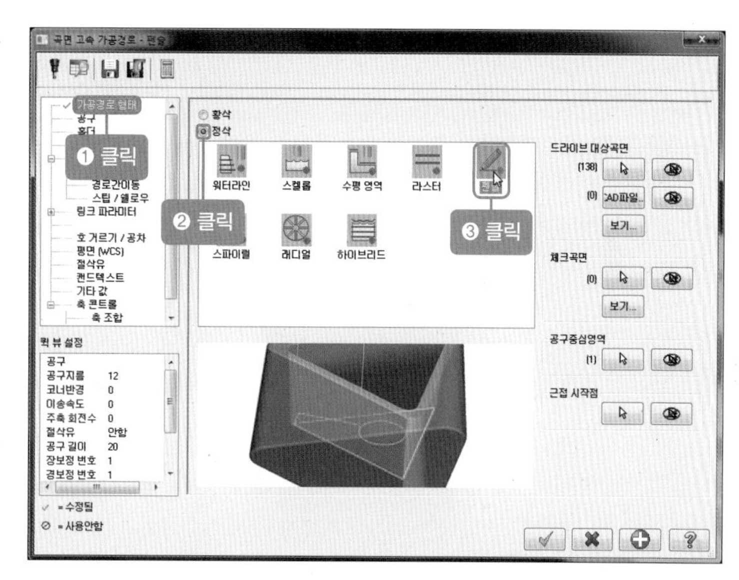

08 [공구] 항목을 선택한 후 [공구 목록] 창에 마우스 오른쪽 버튼(2)를 클릭하고 [N: 새공구 생성]을 클릭합니다.

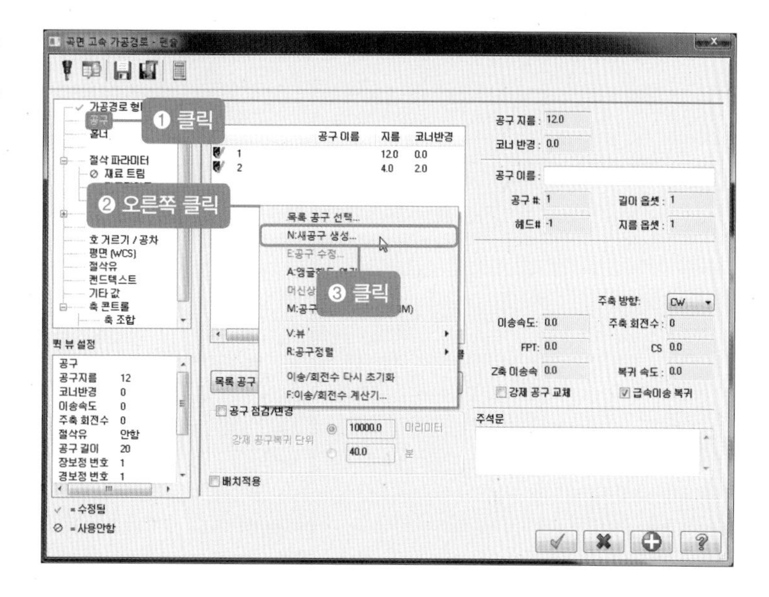

09 [볼엔드밀]을 선택합니다.

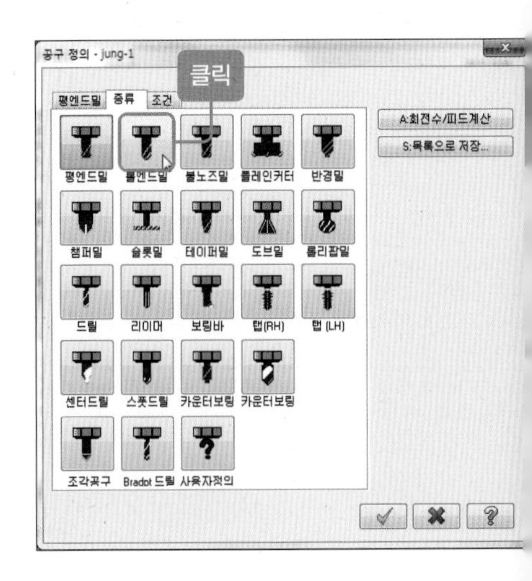

10 [공구 번호]에 '3', [지름]에 '2'를 입력하고 [확인] 버튼(✓)을 클릭합니다.

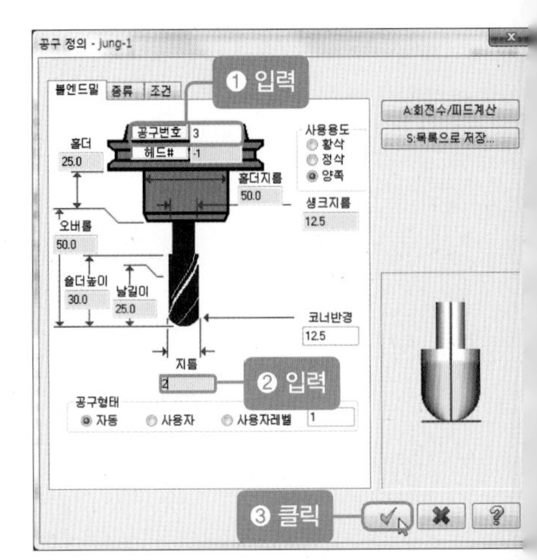

11 [이송속도]에 '80', [주축 회전수]에 '3700', [Z축 이송속도]에 '80'을 입력합니다.

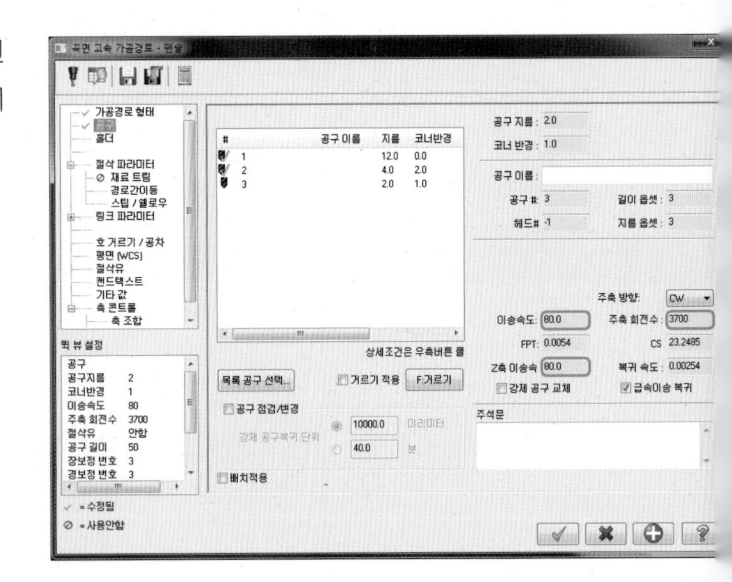

12 [절삭 파라미] 항목을 선택한 후 [참조 공구 지름]에 '4', [측벽면 가공 여유] '0', [바닥면 가공 여유]에 '0'을 입력합니다[정삭 공구(지름 4)를 기준으로 미제거된 부분을 계산하여 잔삭에서 제거합니다].

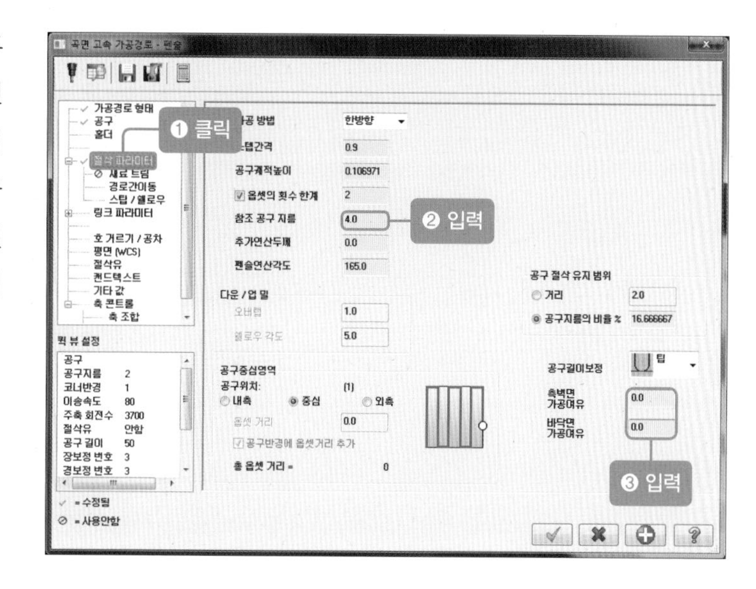

13 [재료 트림]을 선택한 후 [재료 트림]에 '체크', [이전 실행된 하나의 가공 정의 감안]을 클릭하면 오른쪽 창이 활성화됩니다. [2-곡면 정삭 평행 가공-WCS 평면-공구 평면: 평면]에 체크한 후 [확인] 버튼(✔)을 클릭합니다.

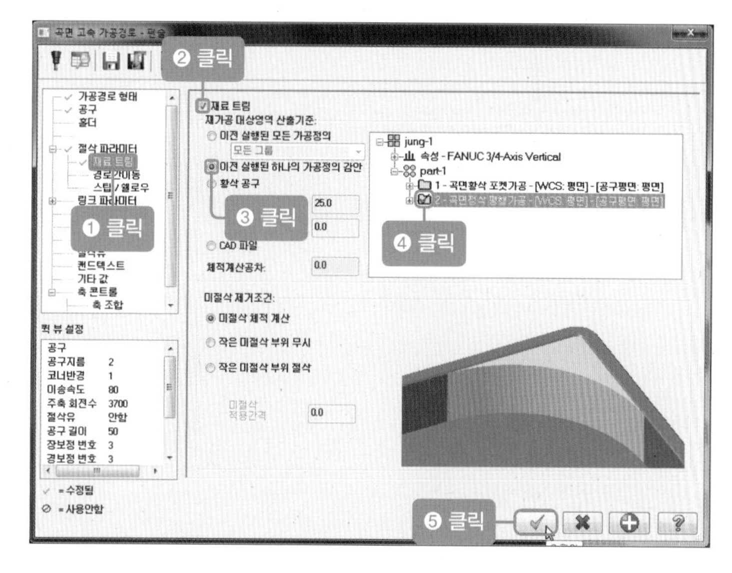

14 잔삭 가공 경로가 나타납니다.

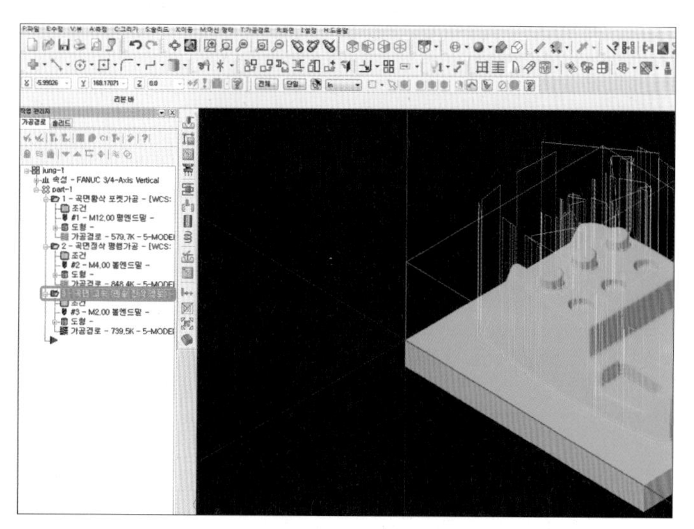

15 [작업 관리자] 하단의 아이콘(≋)을 선택하여 가공 경로를 숨깁니다.

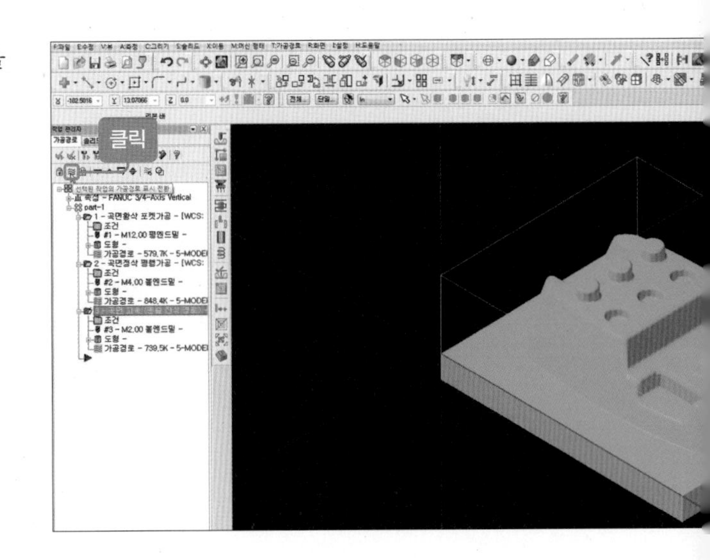

❻ 황삭 NC data 생성하기

01 [작업 관리자] 항목에서 [1-곡면 황삭 포켓 가공]을 클릭한 후 아이콘(G1)을 클릭합니다.

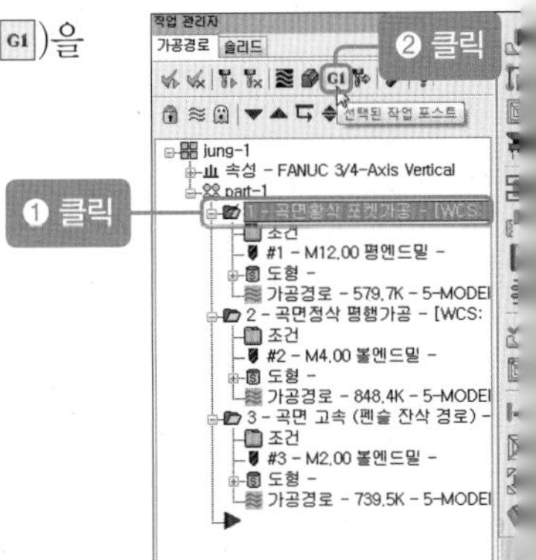

02 [포스트 프로세싱] 창이 나타나면 [확인] 버튼(✓)을 클릭합니다.

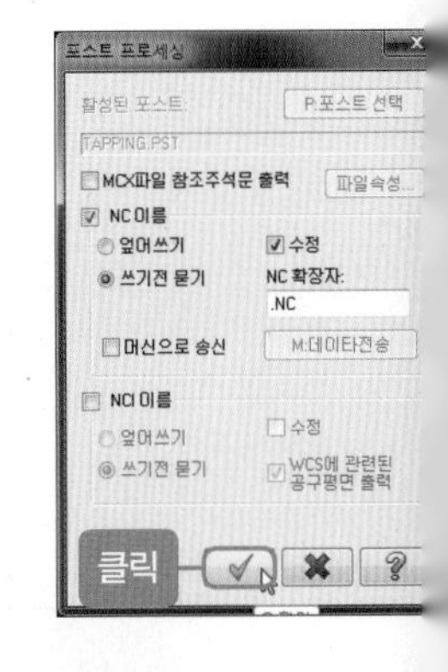

03 [부분 NCI 출력 파일] 창이 나타나면 [아니오] 버튼을 클릭합니다.

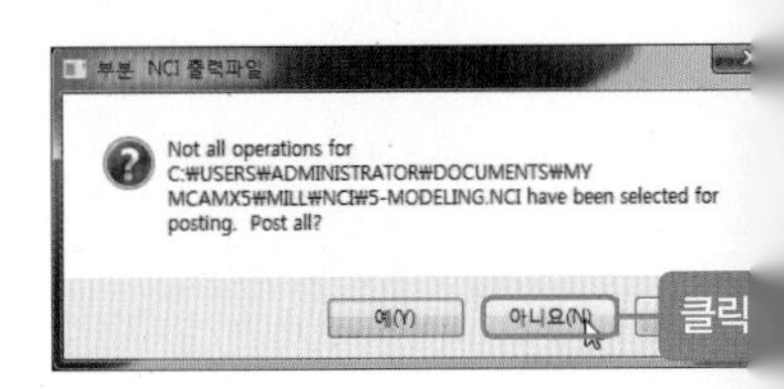

04 파일 이름과 저장 위치를 지정한 후 [확인] 버튼(✓)을 클릭합니다. 필자는 파일 이름을 “황삭01”로 지정했습니다.

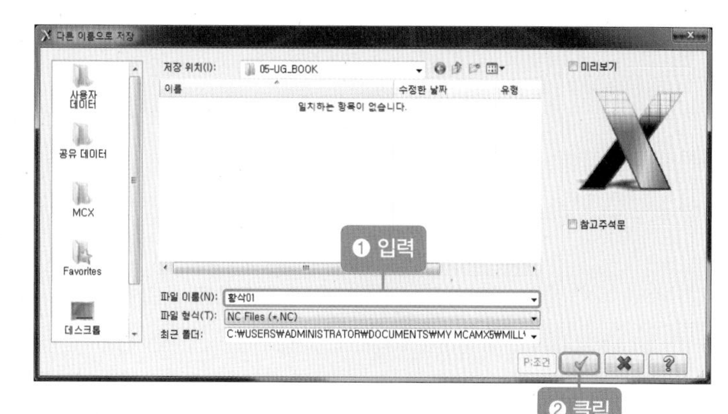

05 CIMCO Edit가 실행되면서 황삭 NC data가 나타나면 창을 닫습니다.

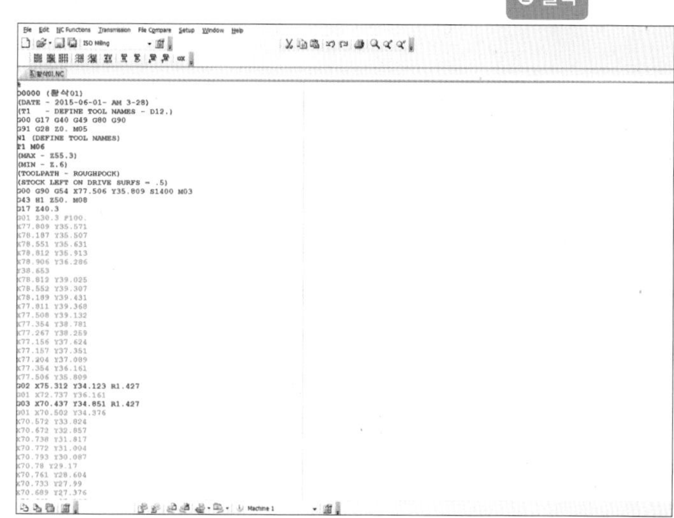

7 정삭 NC data 생성하기

01 [작업 관리자]에서 [2-곡면 정삭 평행 가공]을 선택한 후 아이콘(G1)을 클릭합니다.

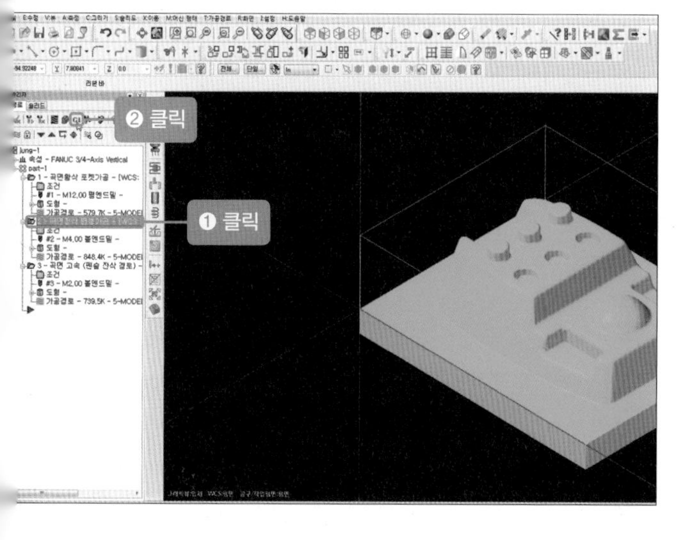

02 [포스트 프로세싱] 창이 나타나면 [확인] 버튼(✔)을 클릭합니다.

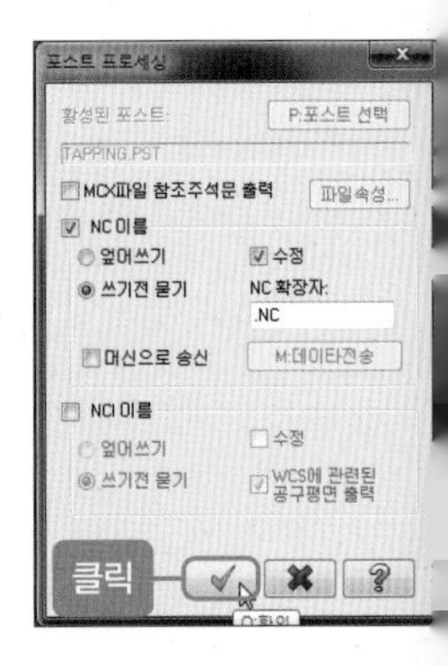

03 [부분 NCI 출력 파일] 창이 나타나면 [아니오] 버튼을 선택합니다.

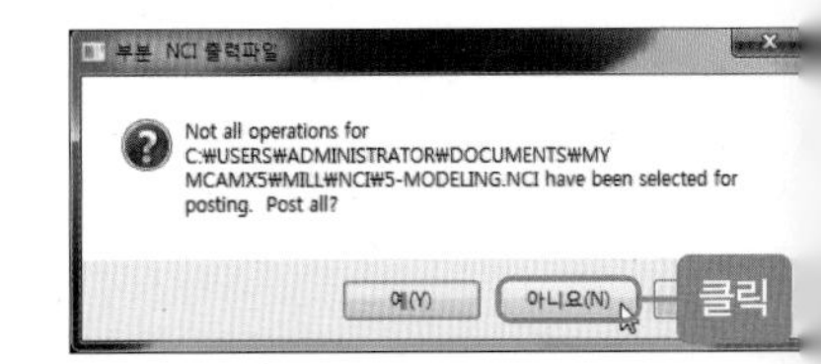

04 파일 이름과 저장 위치를 지정한 후 [확인] 버튼(✔)을 클릭합니다. 필자는 파일 이름을 "정삭01"로 지정했습니다.

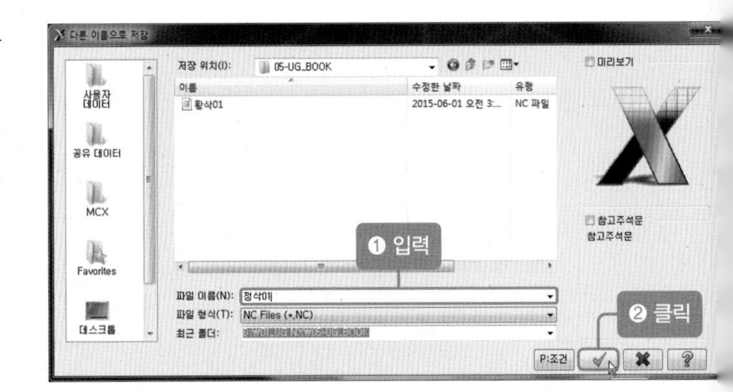

05 CIMCO Edit가 실행되면서 정삭 NC data가 나타나면 창을 닫습니다.

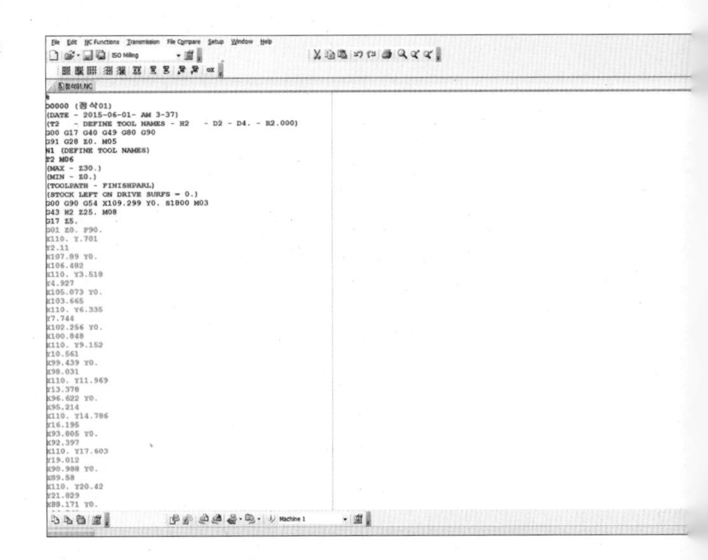

3 잔삭 NC data 생성하기

1 [작업 관리자]에서 [3-곡면 고속(펜슬 잔삭 경로)]을 선택한 후 아이콘(G1)을 클릭합니다.

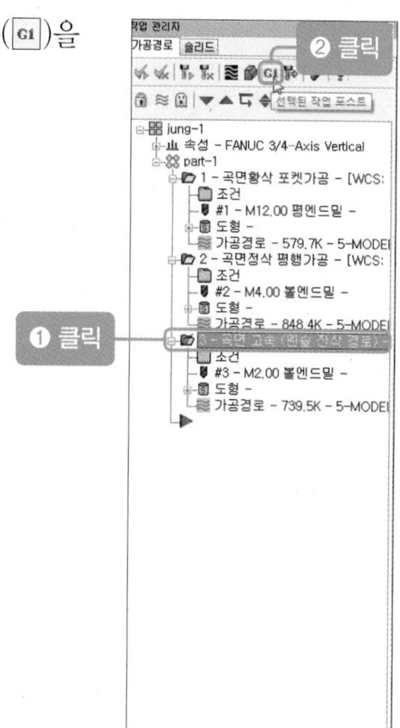

2 [포스트 프로세싱] 창이 나타나면 [확인] 버튼(✓)을 클릭합니다.

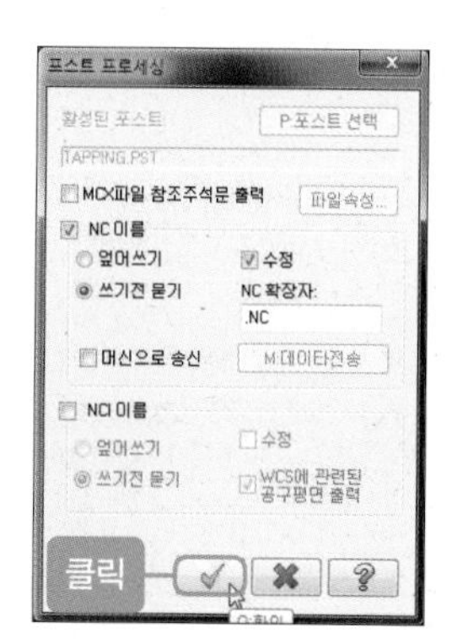

3 [부분 NCI 출력 파일] 창이 나타나면 [아니오] 버튼을 클릭합니다.

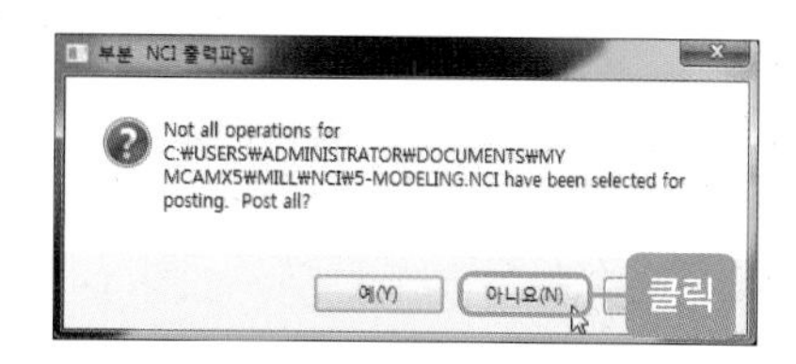

04 파일 이름과 저장 위치를 지정한 후 [확인] 버튼(✓)을 클릭합니다. 필자는 파일 이름을 "잔삭01"로 지정했습니다.

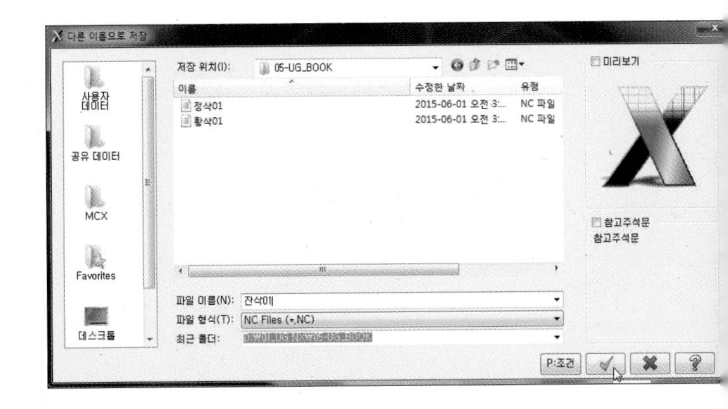

05 CIMCO Edit가 실행되면서 잔삭 NC data가 나타나면 창을 닫습니다.

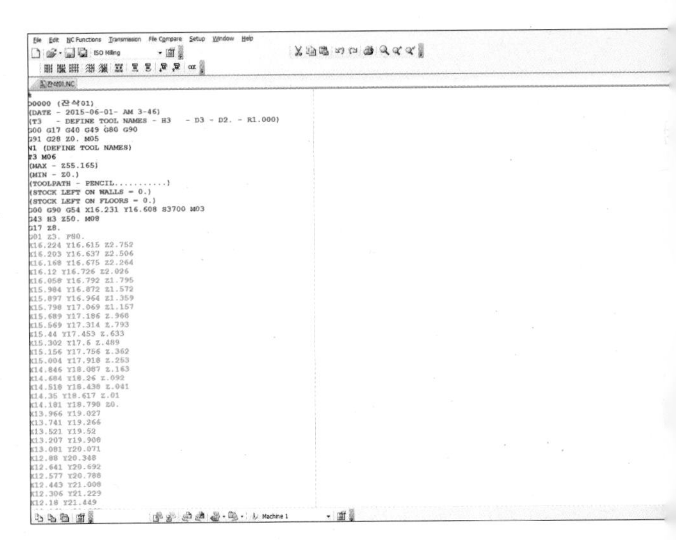

06 지정한 폴더 안에 황삭01, 정삭01, 잔삭01이 생성되었는지 확인합니다.

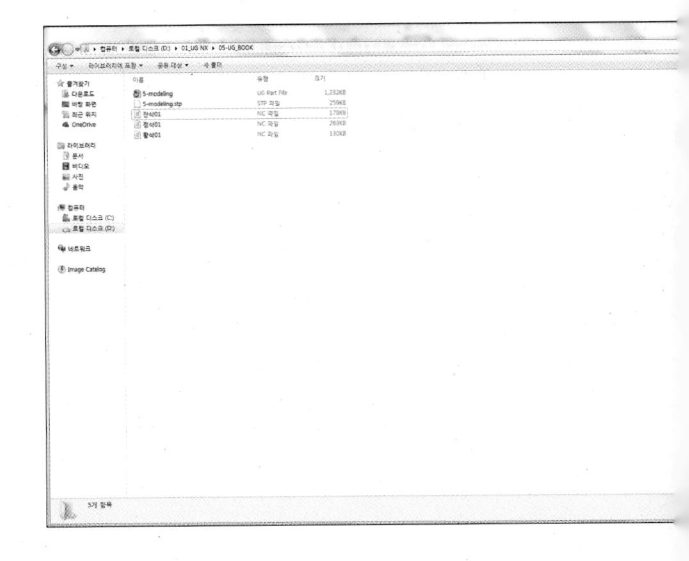

5 | MASTERCAM X5를 이용한 NC data 수정하기

앞 단원에서 황삭01, 정삭01, 잔삭01 파일을 MASTER CAM X5를 이용하여 NC data를 생성했으며, 이때 불필요한 NC data 생성되고 이 부분을 삭제/정리하여 컴퓨터응용가공산업기사 실기 시험 요구 사항에 맞게 프로그램을 수정/보완하여 제출해야 합니다. 이 단원에서는 황삭01, 정삭01, 잔삭01 NC data를 실기 시험 요구 사항에 맞게 프로그램 선두부 및 후미부를 수정 및 보완하는 방법에 대해 알아보겠습니다. 프로그램 파일 번호는 수험장마다 주어지는 방법이 다르기 때문에 각 수험장에서 지시하는 방법에 따라 수정하여 제출해야 합니다.

수험자 요구 사항

컴퓨터응용가공산업기사 수험자 요구 사항의 (다)항을 다시 한 번 살펴보겠습니다.

NC data의 시작 부분은 아래와 같이 순서대로 2 블록을 삽입하여 시작되도록 편집합니다.
G90 G80 G40 G49 G17;
T01 M06; (황삭인 경우), T02 M06; (정삭인 경우), T03 M06; (잔삭인 경우)

주의 숫자 "0"과 영문자 "O"를 확실히 구분하시오.

황삭, 정삭, 잔삭 데이터 선두부를 "G90 G80 G40 G49 G17"로 시작하라는 지시 내용과 공구 교환은 황삭 가공 프로그램 "T01 M06", 정삭 가공 프로그램 "T02 M06", 잔삭 가공 프로그램 "T03 M06"을 사용하라는 지시입니다. 이 점을 숙지하기 바랍니다.

01 "황삭01" NC data를 메모장으로 실행한 후 선두부 및 후미부를 우측 설명에 맞게 수정하고 저장합니다.

```
%
O0011 (황삭01) ->알파벳 대문자"O"와 숫자"0011"에 조합이며 추가와 (괄호) 삭제.
(DATE - 2015-06-01- AM 3-28) ->(괄호) 삭제.
(T1 - DEFINE TOOL NAMES - D12.) ->(괄호) 삭제.
G00 G17 G40 G49 G80 G90 ->G90 G80 G40 G49 G17 변경.
G91 G28 Z0. M05
N1 (DEFINE TOOL NAMES) ->N1 및 (괄호) 삭제.
T1 M06
(MAX - Z55.3) ->(괄호) 삭제.
(MIN - Z.6) ->(괄호) 삭제.
(TOOLPATH - ROUGHPOCK) ->(괄호) 삭제.
(STOCK LEFT ON DRIVE SURFS = .5) ->(괄호) 삭제.
G00 G90 G54 X77.506 Y35.809 S1400 M03 ->황삭가공시 회전수 1400 확인.
G43 H1 Z50. M08 ->황삭공구 T01에 대한 공구길이 보정번호 H01 확인.
G17 Z40.3
G01 Z30.3 F100. ->황삭가공시 이송값 100 확인.
.
.
.
.
G00 Z5.6
Z50.
M09
M05
G91 G28 Z0.
G28 X0. Y0.
G40 G49
M30 ->M02 변경.
%
```

02 "황삭01" NC data의 선두부 및 후미부가 완성된 프로그램입니다.

```
%
O0011
G90 G80 G40 G49 G17
G91 G28 Z0. M05
T1 M06
G00 G90 G54 X77.506 Y35.809 S1400 M03
G43 H1 Z50. M08
G17 Z40.3
G01 Z30.3 F100.
.
.
.
G00 Z5.6
Z50.
M09
M05
G91 G28 Z0.
G28 X0. Y0.
G40 G49
M02
%
```

03 "정삭01" NC data를 메모장으로 실행한 후 선두부 및 후미부를 우측 설명에 맞게 수정하고 저장합니다.

```
%
O0000 (정삭01)    ->알파벳 대문자"O"와 숫자"0011"에 조합이며 추가와 (괄호) 삭제.
(DATE - 2015-06-01- AM 3-37)  ->(괄호) 삭제.
(T2   - DEFINE TOOL NAMES - H2   - D2 - D4. - R2.000)   ->(괄호) 삭제.
G00 G17 G40 G49 G80 G90   ->G90 G80 G40 G49 G17 변경.
G91 G28 Z0. M05
N1 (DEFINE TOOL NAMES)   ->N1 및 (괄호) 삭제.
T2 M06
(MAX - Z30.)   ->(괄호) 삭제.
(MIN - Z0.)   ->(괄호) 삭제.
(TOOLPATH - FINISHPARL)   ->(괄호) 삭제.
(STOCK LEFT ON DRIVE SURFS = 0.)   ->(괄호) 삭제.
G00 G90 G54 X109.299 Y0. S1800 M03   ->정삭가공시 회전수 1800 확인.
G43 H2 Z25. M08   ->정삭삭공구 T02에 대한 공구길이 보정번호 H02 확인.
G17 Z5.
G01 Z0. F90.   ->황삭가공시 이송값 90 확인.
.
.
.
G00 Z5.
Z25.
M09
M05
G91 G28 Z0.
G28 X0. Y0.
G40 G49
M30   ->M02 변경.
%
```

04 "정삭01" NC data의 선두부 및 후미부가 완성된 프로그램입니다.

```
%
O0011
G90 G80 G40 G49 G17
G91 G28 Z0. M05
T2 M06
G00 G90 G54 X109.299 Y0. S1800 M03
G43 H2 Z25. M08
G17 Z5.
G01 Z0. F90.
.
.
.
G00 Z5.
Z25.
M09
M05
G91 G28 Z0.
G28 X0. Y0.
G40 G49
M02
%
```

05 "잔삭01" NC data를 메모장으로 실행한 후 선두부 및 후미부를 우측 설명에 맞게 수정하고 저장합니다.

```
%
O0000 (잔삭01)    ->알파벳 대문자"O"와 숫자"0011"에 조합이며 추가와 (괄호) 삭제.
(DATE - 2015-06-01- AM 3-46)   ->(괄호) 삭제.
(T3   - DEFINE TOOL NAMES - H3   - D3 - D2. - R1.000)   ->(괄호) 삭제.
G00 G17 G40 G49 G80 G90   ->G90 G80 G40 G49 G17 변경.
G91 G28 Z0. M05
N1 (DEFINE TOOL NAMES)   ->N1 및 (괄호) 삭제.
T3 M06
(MAX - Z55.165)   ->(괄호) 삭제.
(MIN - Z0.)   ->(괄호) 삭제.
(TOOLPATH - PENCIL...........)   ->(괄호) 삭제.
(STOCK LEFT ON WALLS = 0.)   ->(괄호) 삭제.
(STOCK LEFT ON FLOORS = 0.)   ->(괄호) 삭제.
G00 G90 G54 X16.231 Y16.608 S3700 M03   ->잔삭가공시 회전수 3700 확인.
G43 H3 Z50. M08   ->잔삭공구 T03에 대한 공구길이 보정번호 H03 확인.
G17 Z8.
G01 Z3. F80.   ->황삭가공시 이송값 80 확인.
X16.224 Y16.615 Z2.752
.
.
.
X89.978 Y27.176 Z11.
Z16.
G00 Z50.
M09
M05
G91 G28 Z0.
G28 X0. Y0.
G40 G49
M30   ->M02 변경.
%
```

06 "잔삭01" NC data의 선두부 및 후미부가 완성된 프로그램입니다.

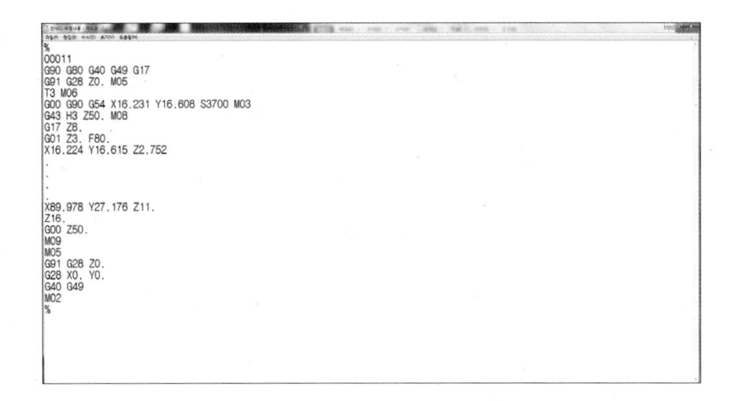

```
%
O0011
G90 G80 G40 G49 G17
G91 G28 Z0. M05
T3 M06
G00 G90 G54 X16.231 Y16.608 S3700 M03
G43 H3 Z50. M08
G17 Z8.
G01 Z3. F80.
X16.224 Y16.615 Z2.752
.
.
.
X89.978 Y27.176 Z11.
Z16.
G00 Z50.
M09
M05
G91 G28 Z0.
G28 X0. Y0.
G40 G49
M02
%
```

07 파일 이름을 변경합니다(프로그램 파일 번호는 수험장마다 주어지는 방법이 다르기 때문에 각 수험장에서 지시하는 방법에 따라 수정하여 제출해야 합니다).

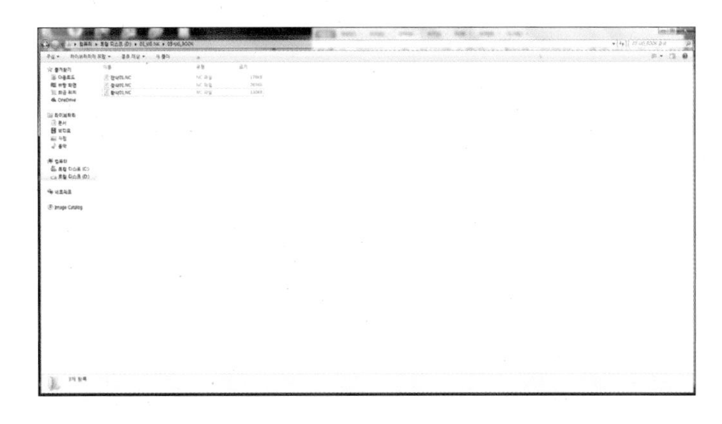

6 | UG NX 9.0을 이용한 드래프팅

01 UG NX9를 실행합니다.

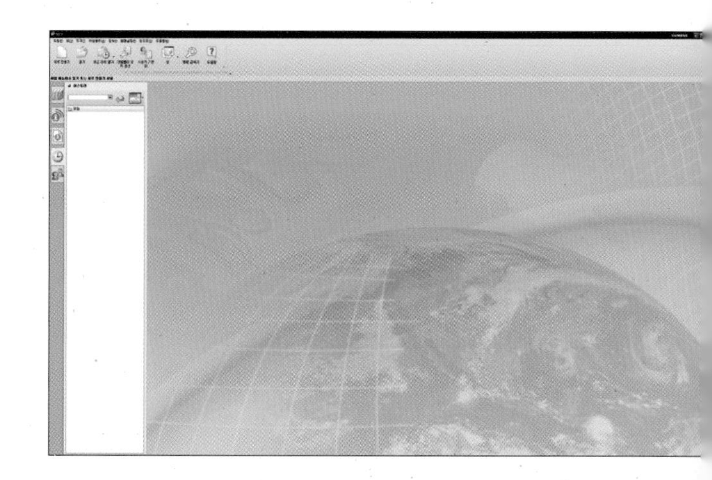

02 파일에서 열기를 클릭하여 저장한 모델링 파일을 불러옵니다.

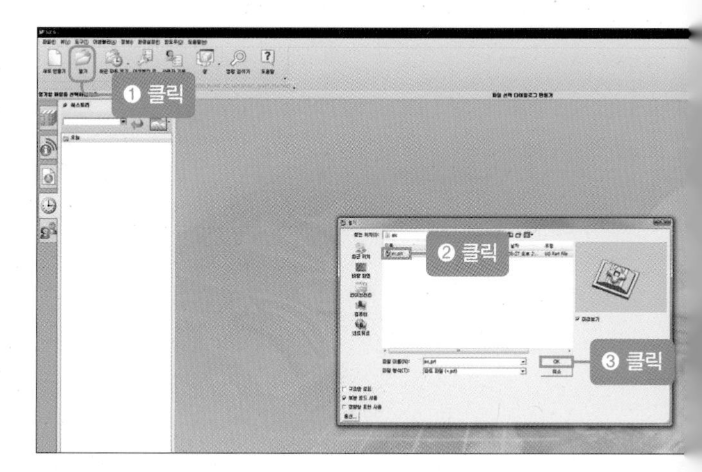

03 Show and Hide 기능으로 스케치 선 및 데이텀 평면을 숨깁니다.

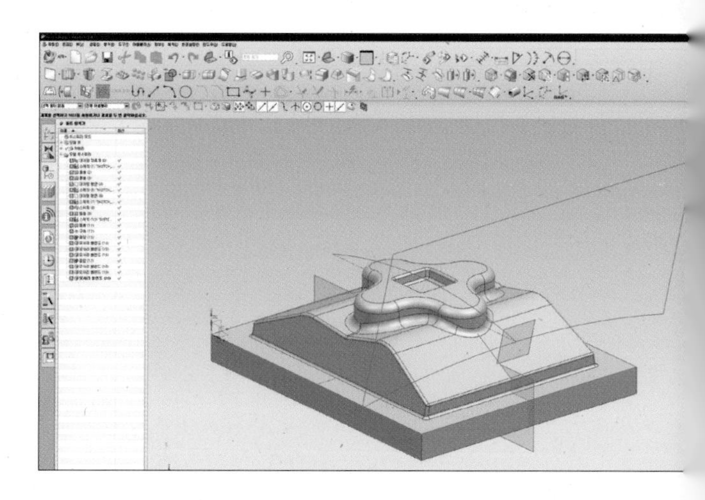

04 Ctrl+W를 누른 후 스케치 숨기기 버튼을 클릭합니다.

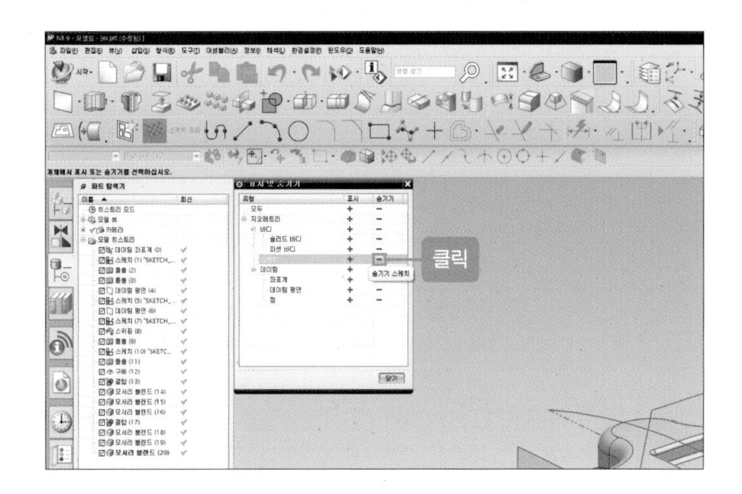

05 데이텀 숨기기 버튼을 클릭하여 숨겨 줍니다.

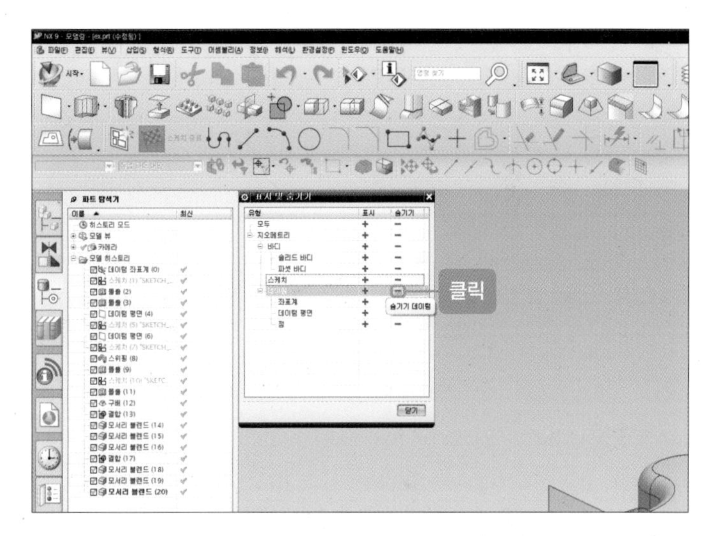

06 드래프팅에 앞서 불필요한 선과 면이 있는지 확인합니다.

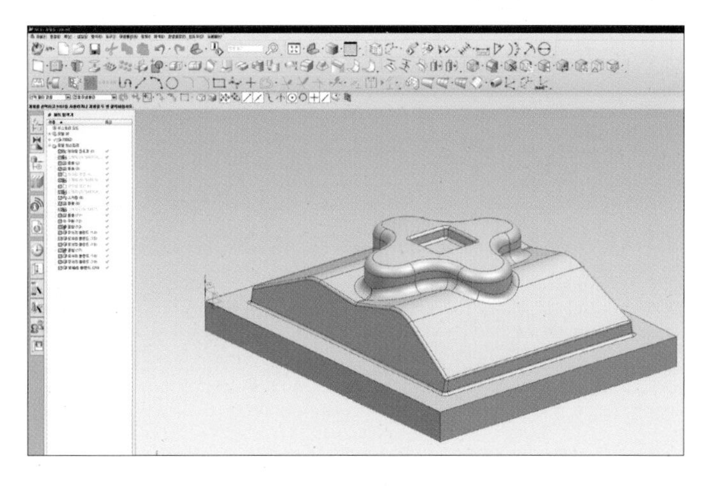

07 좌측 상단 시작에서 드래프팅을 클릭하여 모델링에서 드래프팅으로 변경합니다.

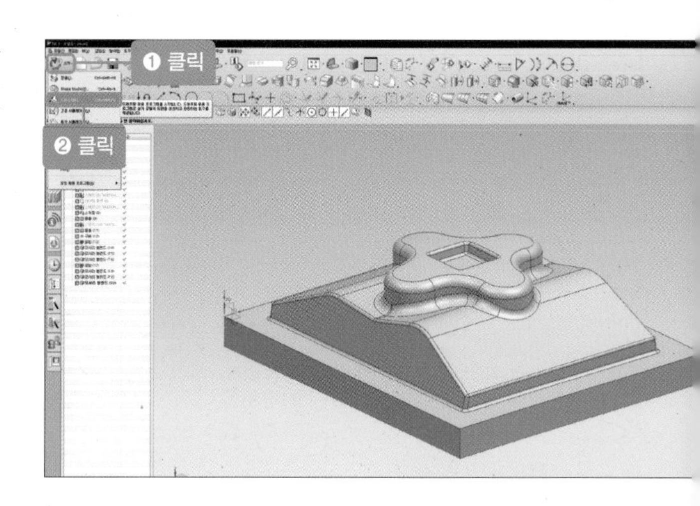

08 드래프팅 시트 창에서 표준크기 및 A4용지 규격을 클릭한 후 적용합니다.

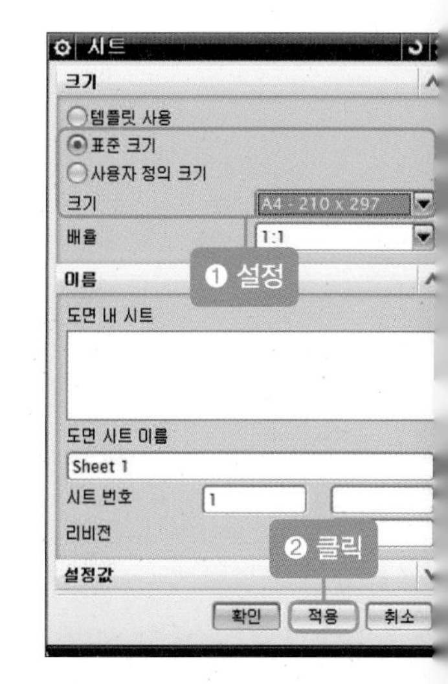

09 뷰 생성 마법사 창에서 취소를 클릭합니다.

10 좌측 상단 기준 뷰를 클릭합니다.

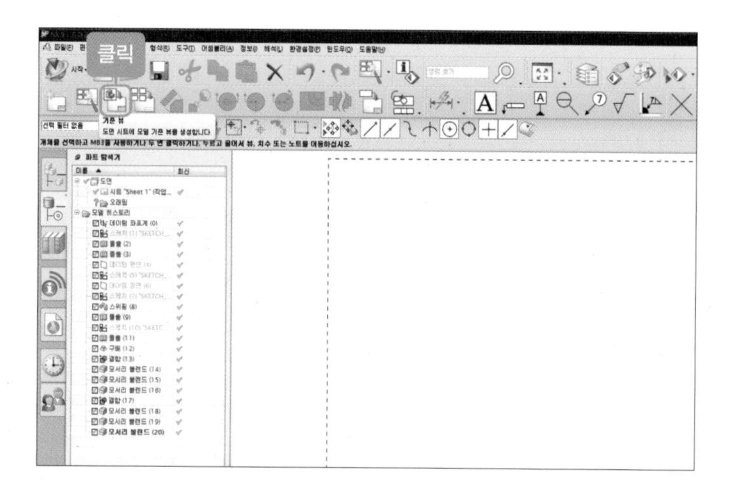

11 기준 뷰 배율 1:1을 확인한 후 평면도 위치를 지정합니다.

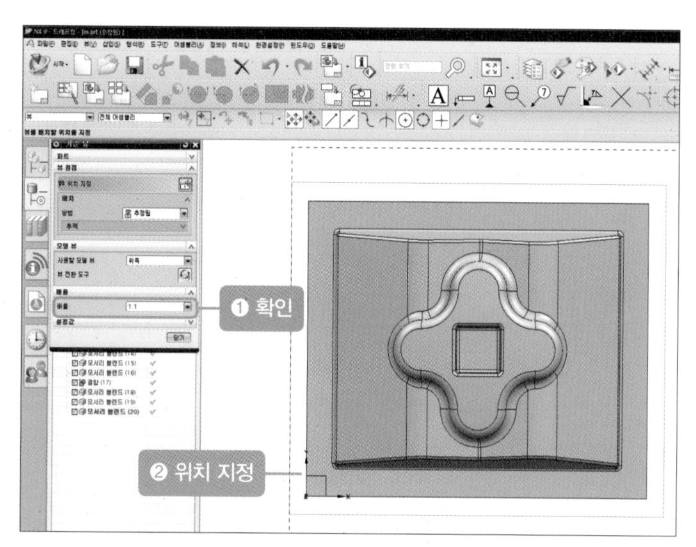

12 정면도 위치를 지정한 후 투영 뷰 닫기를 누릅니다.

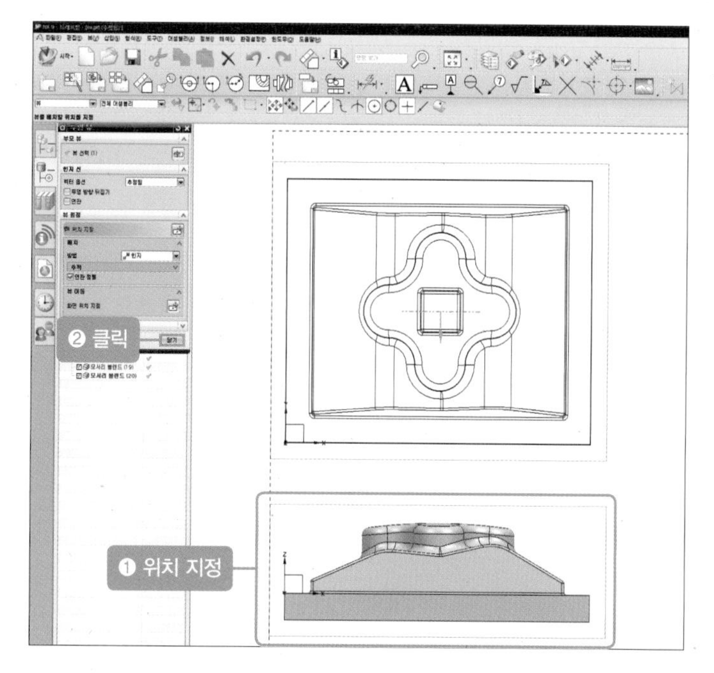

13 다시 기준 뷰를 클릭하여 모델 뷰 배너에서 오른쪽을 클릭합니다.

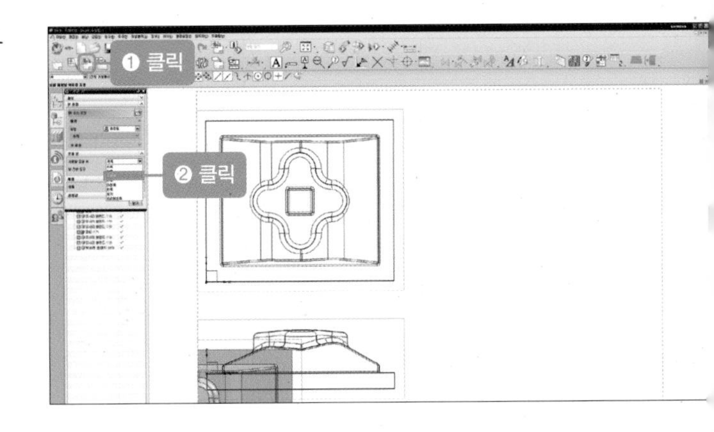

14 우측면도의 위치를 지정하여 기준 뷰에서 투영 뷰로 바뀌면 투영 뷰 닫기를 누릅니다.

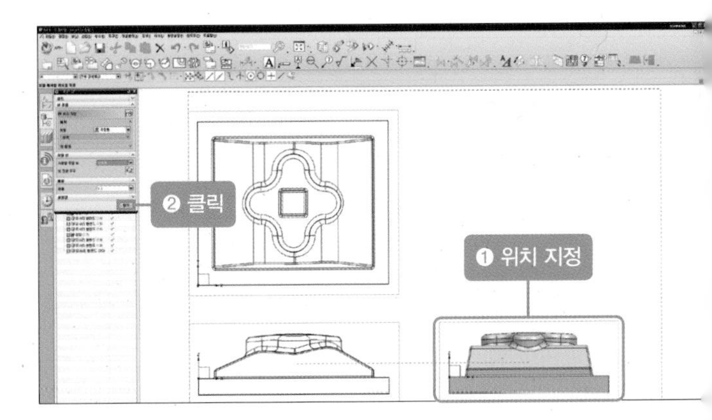

15 기준 뷰를 클릭하여 모델 뷰 배너에서 등각을 클릭합니다.

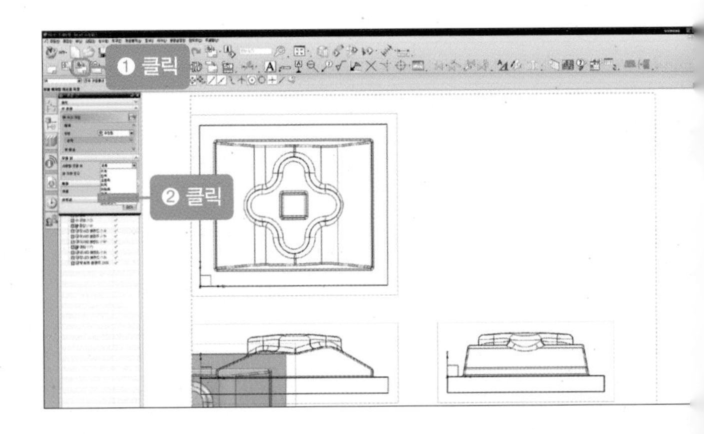

16 등각도 위치를 지정하여 기준 뷰에서 투영 뷰로 바뀌면 투영 뷰 닫기를 누릅니다.

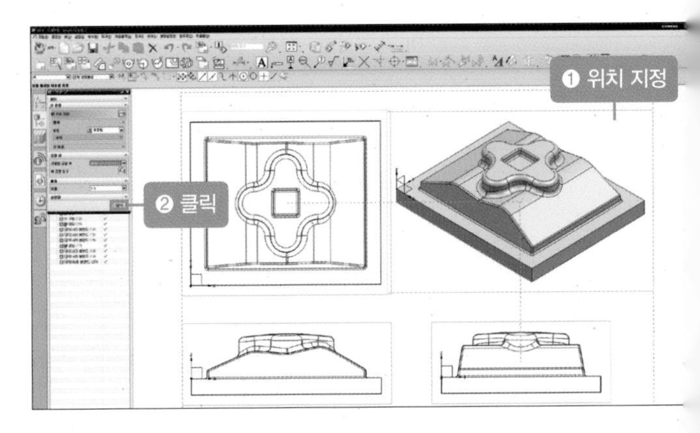

17 정면도, 평면도, 우측면도, 등각도 위치가 알맞게 되어 있는지 확인합니다.

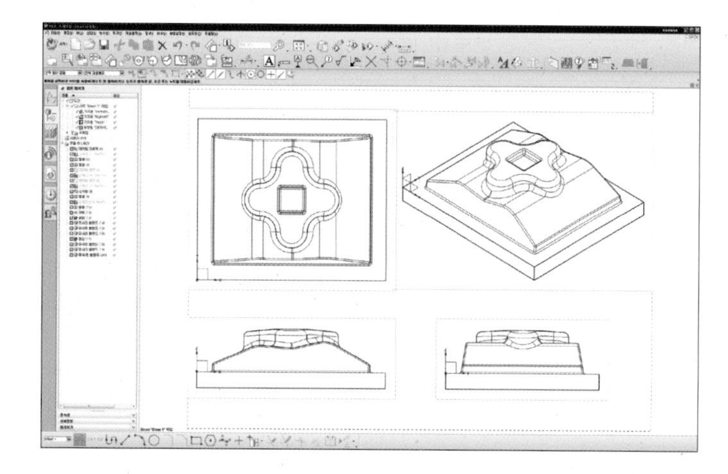

18 4개의 그림 중 하나의 테두리를 더블 클릭하면 설정값 창이 생깁니다.

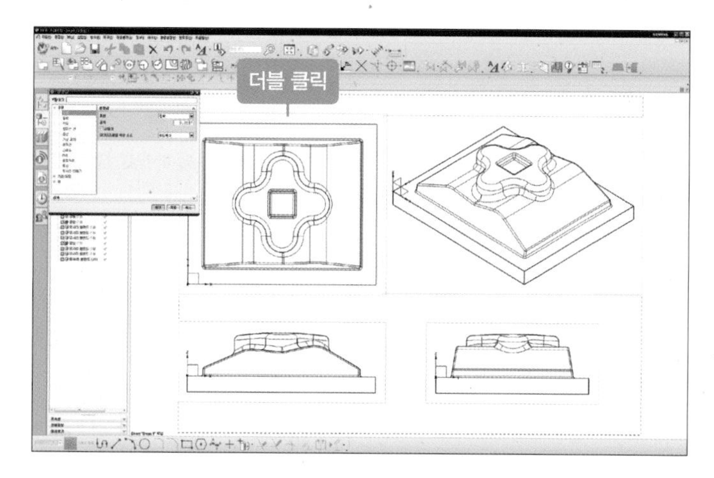

19 설정값 배너 중 은선을 클릭합니다.

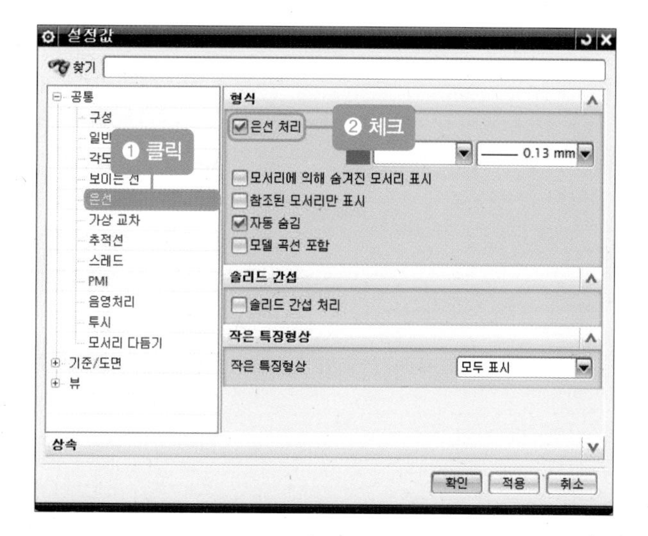

20 4개의 도면 테두리를 더블 클릭하여 사진과 같이 은선을 적용합니다.

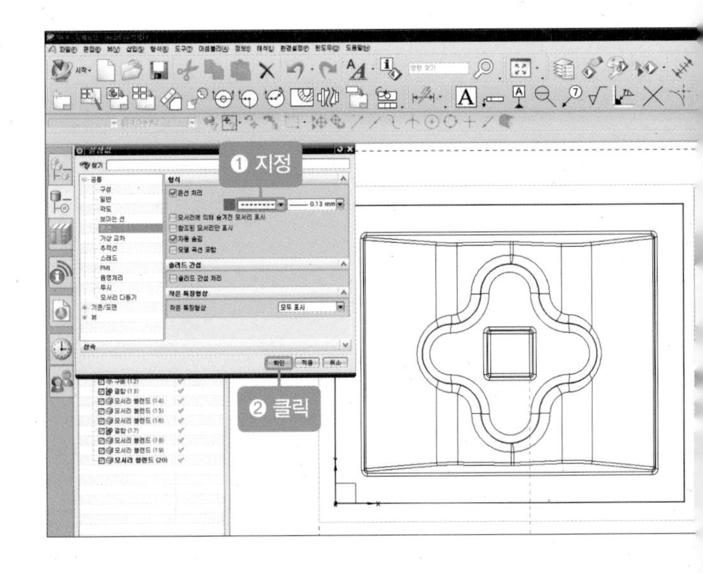

21 4개 도면의 은선 처리가 되어 있는지 확인합니다.

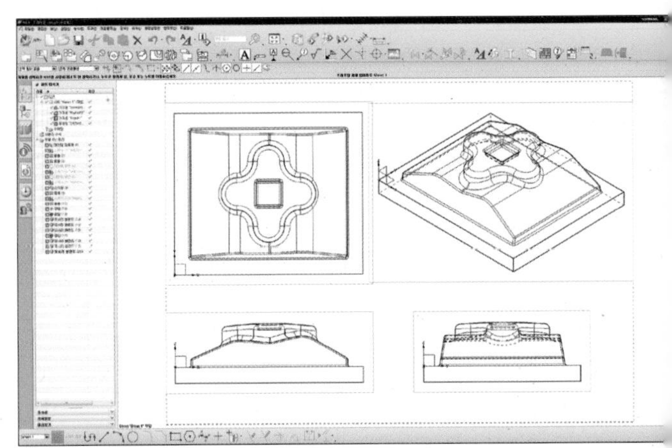

22 상단 환경설정에서 드래프팅을 클릭합니다.

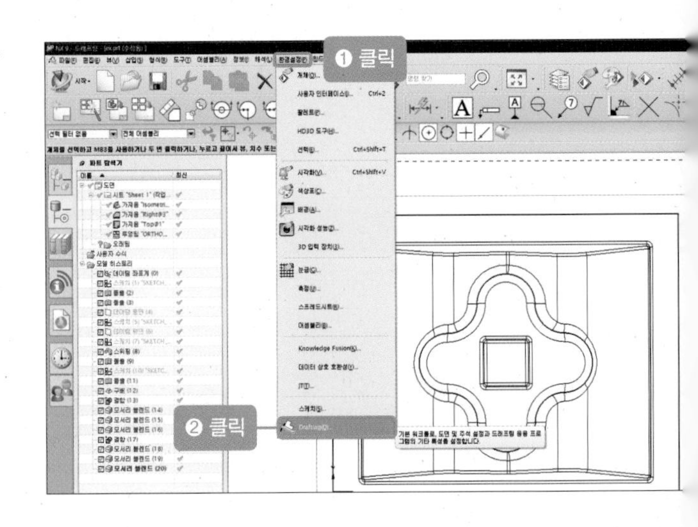

23 드래프팅 환경설정에서 [뷰-워크플로]를 클릭합니다.

24 [뷰-워크플로-경계 부분에서 화면표시]를 체크해제 합니다.

25 사진과 같이 4개의 도면 테두리가 숨겨진 것을 확인할 수 있습니다.

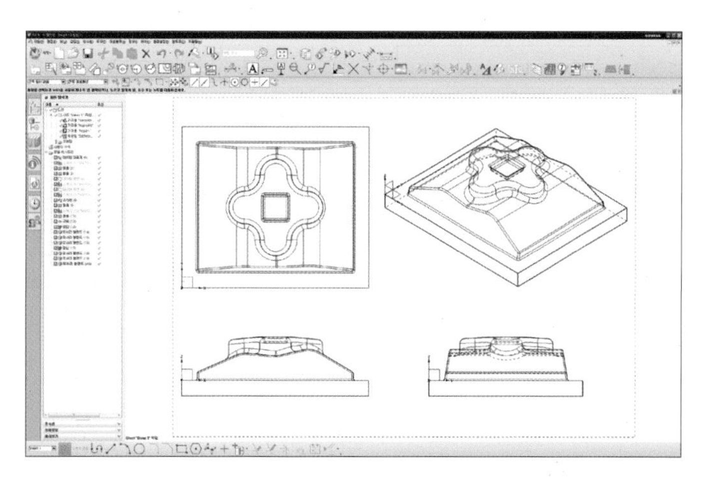

26 좌측 상단 [파일-내보내기-PDF]를 클릭합니다.

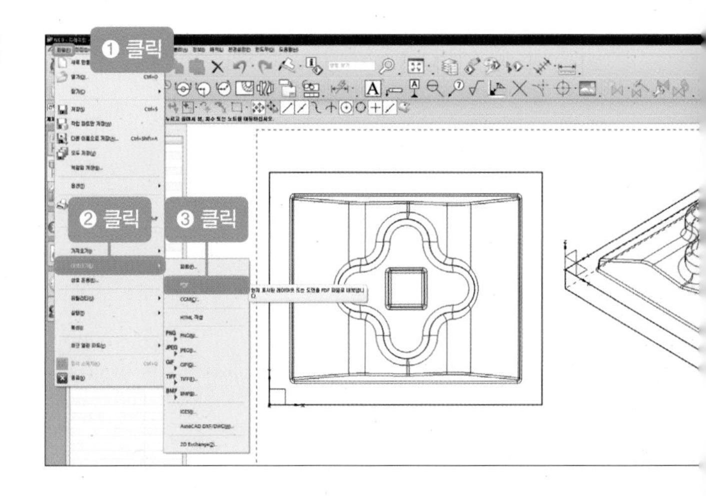

27 PDF 내보내기 창에서 PDF 파일 저장 아이콘을 클릭합니다.

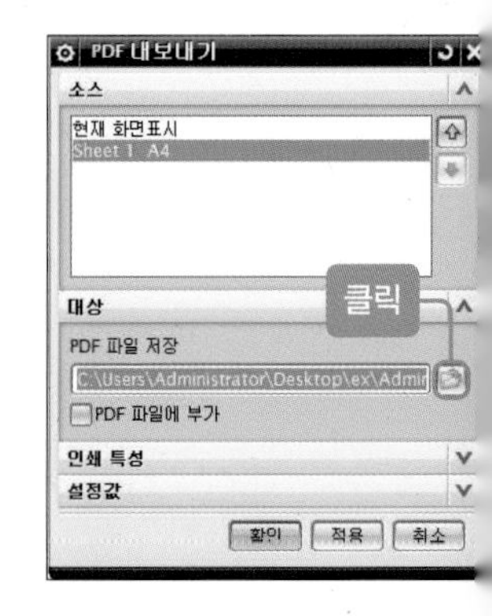

28 폴더를 지정한 뒤 PDF 파일로 저장합니다.

29 지정한 폴더에서 저장된 PDF파일을 실행합니다.

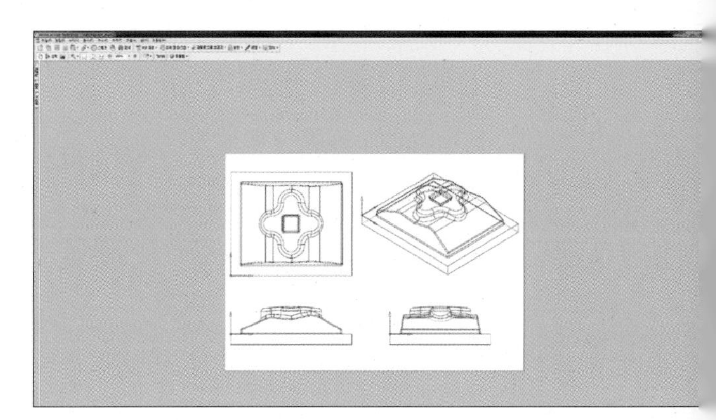

30 좌측 상단 인쇄를 클릭하여 기관에서 지정해준 프린터기로 설정합니다.

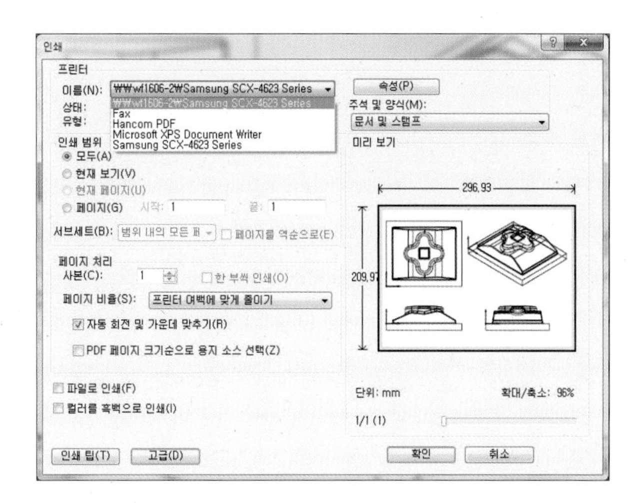

31 모델링한 Top, Front, Right, Isometric 형상을 프린트합니다.

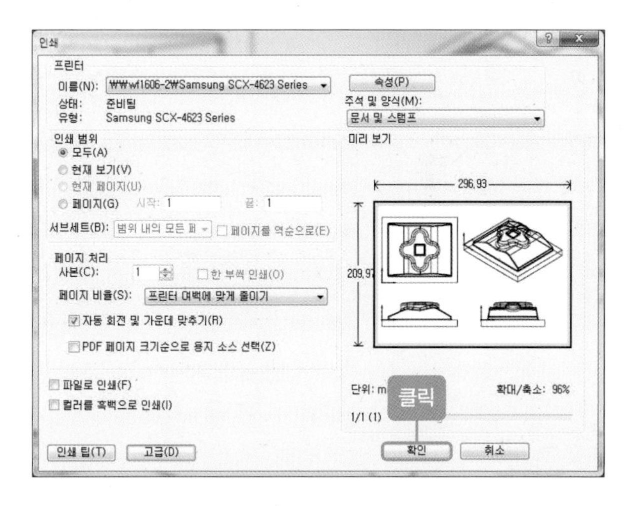

32 프린터 출력한 이미지 파일을 확인합니다.

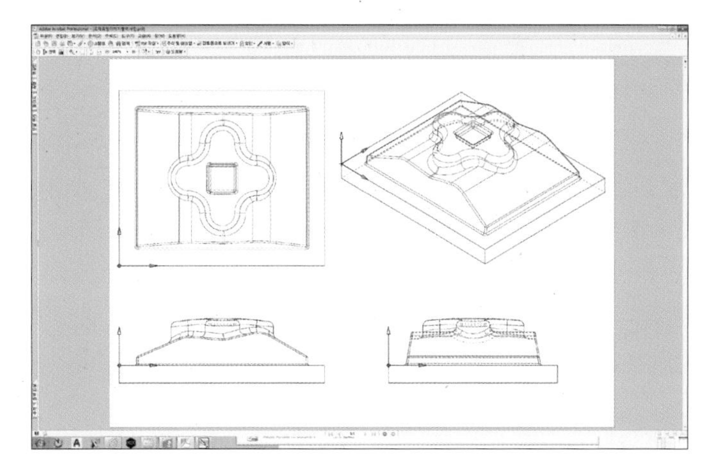

3
PART
컴퓨터응용가공산업기사

프로그래밍

컴퓨터응용가공산업기사의 세 번째 시간인 '프로그래밍'입니다. 실기 시험 중 제시한 도면을 수기 G-CODE로 작성한 후
이를 SIMULATOR를 이용하여 형상을 생성하며 공구 선정의 적정성, 공구 경로의 이상 유무를 판단합니다.
프로그래밍한 데이터를 실행하기까지 알아야 할 것들을 9개의 단원을 통해 G-CODE 정의 및 각 코드 의미, 프로그램의
구성, 좌표계 종류, 공구 길이 보정, 공구경 보정, 고정 사이클 등을 이해하고 배움으로써 수기 G-CODE 작성에
필요한 기본 지식을 습득하게 됩니다. 마지막으로 앞에서 배운 G-CODE 관련 내용을 바탕으로 수기 G-CODE 5개의
예제를 통해 프로그래밍에 순서 및 작업 순서를 습득합니다. 실기 시험을 준비하는 많은 수험생자들이 수기
G-CODE 작성에서 어려움을 느끼며 시험장에서도 이 과목에서 탈락의 고배를 마십니다.
이 단원의 내용을 빠짐없이 숙지하고 작업 방법을 익혀 수기 G-CODE 작성에서 탈락하는 경우가 없기 바랍니다.

Craftsman Compter Aided Architectural Drawing

CHAPTER 1

G-CODE 이해하기

이번 장에서는 머시닝센터의 특징과 구조를 파악하고 G 코드와 M 코드를 이해하며 프로그래밍을 작성에 활용하는 방법에 대해 알아보겠습니다.

1 | NC 개요

수동 프로그래밍 작성한 후에는 이를 운용할 기계가 필요합니다. 또한 사람과 기계와의 정해진 약속에 따라 움직이고 가공해야 합니다. 사람과 기계와의 정해진 약속을 'NC(Numerical Control)'이라고 합니다. 이번에는 NC의 정의와 이를 기반으로 하는 머시닝센터에 구조 및 명칭을 익혀보겠습니다.

1 NC의 정의

NC는 'Numerical Control'의 약자로, "공작물에 대한 공구의 위치를 그것에 대응하는 수치 정보로 지령하는 제어"를 말합니다. NC를 기반으로 하는 기계의 주변 장치에는 어떤 종류가 있는지 알아보겠습니다.

- NC(Numerical Control): 수치 제어
- CNC(Computer Numerical Control): Computer를 내장한 NC
- MC(Machining Center): 일반적으로 NC/CNC에 ATC, APC 추가
- ATC(Automatic tool changer): 자동 공구 교환 장치
- APC(Automatic pallet changer): 자동 베드 교환 장치
- DNC(Direct Numerical control): 1대의 컴퓨터로 여러 대의 NC/CNC 제어
- CAD(Computer Adid Design): Computer에 의한 디자인
- CAM(Computer Adid Manufacturing): Computer에 의한 가공

2 NC 공작 기계의 구성과 정보의 흐름

가공물의 형상이나 가공 조건의 정보를 수치화하고, 이를 기계가 읽어들임으로써 지령한 대로 가공하기까지의 실행 과정을 알아보겠습니다.

NC 공작 기계 정보의 흐름

직업 도면 → 지령 테이프 → 정보 처리 회로 → 서보 기구 → 기계 본체 → 가공물

3 머시닝센터의 특징

머시닝센터는 조작반을 마이크로 컴퓨터의 소프트웨어를 이용하여 고장 부위의 자기 진단, 작업자의 조작 유도, 풍부한 동작 표시 및 신뢰성 높은 안전 기능 등을 바탕으로 설계되었으며, 특징은 다음과 같습니다.

1. 부품은 테이블에 여러 개를 고정하여 연속 작업을 할 수 있습니다.
2. 드릴링, 태핑, 보링 작업 등을 수동으로 공구 교환 없이 자동 공구 교환 장치를 이용하여 연속적으로 가공을 완료할 수 있습니다.
3. 공구를 자동 교환함으로써 공구 교환 시간이 단축되어 가공 시간을 줄일 수 있습니다.
4. 원호 가공 등의 기능으로 엔드밀을 사용해도 치수별 보링 작업을 할 수 있기 때문에 특수 치공구의 제작이 불필요합니다.
5. 주축 회전 수의 제어 범위가 크고, 무단 변속을 할 수 있기 때문에 요구하는 회전 수를 빠른 시간 내에 정확히 얻을 수 있습니다.
6. 컴퓨터를 내장한 NC로서 메모리 작업을 할 수 있고, 한 사람이 여러 대의 기계를 가동할 수 있기 때문에 인건비를 절감할 수 있습니다.
7. 프로그램 오류 시 직접 키보드를 사용하여 수정 작업을 할 수 있습니다.

4 머시닝센터의 구조

NC 기반으로 대표되는 머시닝센터의 주변 기기 명칭 및 기능을 알아보겠습니다.

❶ 자동 공구 교환 장치(ATC)

수직형 머시닝센터의 자동 공구 교환은 터릿형도 있지만, ATC 암(arm)에 의해 공구 매거진에서 공구를 교환하는 방식이 대부분입니다. 소형 수직형 머시닝센터에서는 ATC 암을 갖지 않고 주축에 장착된 공구를 매거진의 빈 포켓에 되돌리고 필요한 공구를 회전하면서 선택하여 공구 교환을 하는 것도 있습니다.

❷ 공구 매거진

매거진의 구조는 드럼형과 체인형이 일반적입니다. 매거진의 공구 선택 방식은 매거진 내의 배열 순으로 공구를 주축에 장착하는 '순차 방식'과 배열 순과는 관계없이 매거진 포트 번호 또는 공구 번호를 지령하는 것에 의해 임의로 공구를 주축에 장착하는 '랜덤 방식'이 있지만, 랜덤 방식이 일반적입니다. 또한 랜덤 방식은 순차 방식에 비하여 구조가 복잡하고 공구의 배치에 주의를 기울여야 하는 단점이 있지만, 사용하는 빈도가 높은 공구를 항상 같은 번호로 매거진에 넣어두고 사용하거나 1개의 공구를 한 작업에서 여러 번 선택하여 사용할 경우에는 공구를 순서대로 배열할 필요가 없기 때문에 프로그램이 간단해지고 사용이 편리하다는 장점이 있습니다.

❸ 자동 팔레트 교환 장치(APC)

자동 팔레트 교환 장치는 대부분이 수평형 대형 머시닝센터에 가공물 로터리 테이블을 첨가할 때 그 상부의 팔레트를 교환하고 기계 정지 시간을 단축하기 위한 장치입니다. 팔레트 교환은 새들 방식에 의한 것이 보편적이며, 테이블을 파트 1과 파트 2로 구분하여 파트 1 위에 있는 가공물을 가공하고 있는 동안 파트 2의 테이블 위에 다음 가공물을 장착할 수 있습니다.

2 | 프로그램의 구성

프로그램을 작성하기 위한 가장 작은 단위인 워드(Word)와 블록(Block)의 구성을 알아보고 G-CODE의 종류 및 ADDRESS의 종류와 기능, 의미를 익혀보겠습니다.

1 워드(Word)의 구성

NC 프로그램의 기본 단위로, 어드레스(Address)와 수치(Data)의 조합으로 구성됩니다.

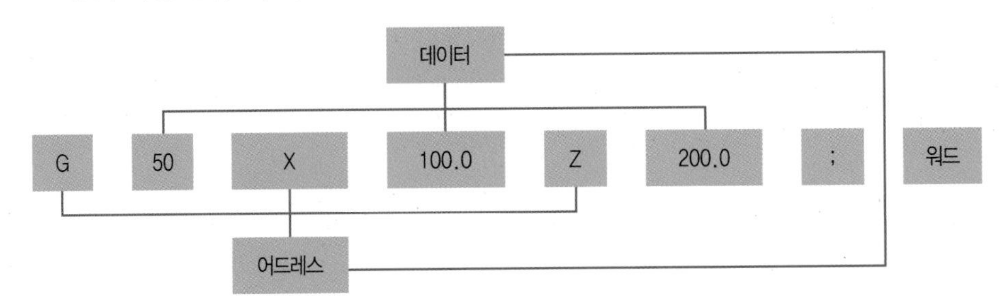

2 BLOCK의 구성

기계 작업을 나타내는 한 줄로, 여러 개의 워드(Word)로 구성합니다.

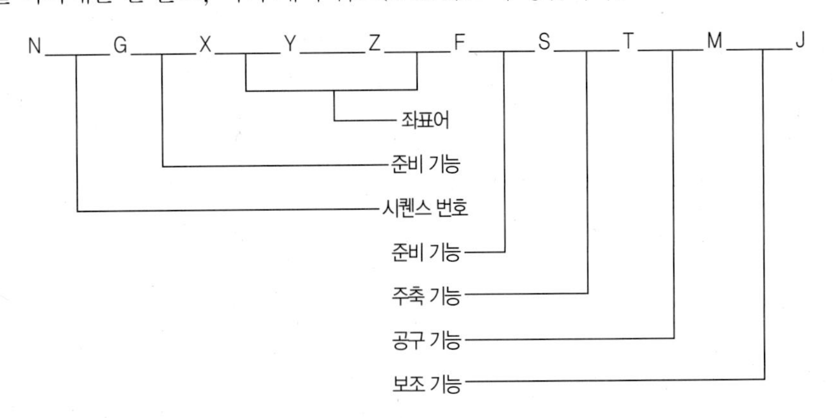

3 G-Code의 종류

G 기능이라고도 하며, 어드레스 "G" 이하 2단의 수치로 구성되어 그 블록의 명령이나 어떤 의미를 지시합니다.

구분	의미	구별
One Shot G-Code	지령된 블록에 한해서만 유효한 기능	"00"그룹
Modal G-Code	동일 Group의 다른 G-Code가 나올 때까지 유효한 기능	"00" 이외의 그룹

4 ADDRESS의 종류 및 기능

G-CODE에서 사용되는 기본 ADDRESS의 종류, 기능 및 의미에 대해 익혀보겠습니다.

어드레스	기 능	의 미
O	프로그램 번호	프로그램 번호
N	시퀀스(Sequence) 번호	시퀀스(Sequence) 번호(블록의 이름)
G	준비 기능	동작의 조건을 지정
X, Y, Z	좌표어	좌표축의 이동 지령
A, B, C	부가축의 좌표어	부가축의 이동 지령
R	원호의 반경 좌표어	원호 반경
I, J, K	원호의 중심 좌표어	원호 중심까지의 거리
F	이송 기능	이송 속도의 지정
S	주축 기능	주축 회전 속도 지정
T	공구 기능	공구 번호 지정
M	보조 기능	기계 보조 장치의 ON/OFF 제어 지령
H, D	보정 번호 지정	공구 길이, 공구경 보정 번호
P, X	Dwell(정지 시간) 지정	Dwell 시간의 지정
P	보조 프로그램 호출 번호	보조 프로그램 번호 및 횟수 지정
P, Q, R	파라미터	고정 사이클의 파라미터

3 | 좌표계의 종류

머시닝센터에서 기본으로 제공되는 축은 3개입니다. 이 축을 이용하여 공구에 이송 거리 및 공작물 이송과 같이 위치 이송 시 필요한 방향 및 거리값을 정의해주는 좌표계에는 어떤 종류가 있으며, 어떤 의미를 가지는지 알아보겠습니다.

1 기계 좌표계(MACHINE)

① 기계의 원점을 기준으로 정한 좌표계입니다.
② 기계 좌표계의 설정은 전원 투입 후 원점 복귀 완료 시 이루어집니다.
③ 기계에 고정되어 있는 좌표계이고, 금지 영역 등의 설정 기준이 됩니다.
④ 기계 원점에서의 기계 좌표치는 X: 0, Y: 0, Z: 0입니다.
⑤ 공구의 현재 위치와 기계 원점과의 거리를 알고자 할 때 사용할 수 있습니다.

2 절대 좌표계(ABSOLUTE)

① 가공 프로그램을 쉽게 작성하기 위해 공작물의 임의 점을 원점으로 정한 좌표계입니다.
② 절대 좌표계 원점은 프로그램을 작성하는 사람이 프로그램을 쉽게 작성하기 위하여 임의의 점을 지정합니다(G54~G59 Setting). 이렇게 지정된 절대 좌표계 원점은 절대 지령의 기준점이 되고, 절대 좌표(G90)값으로 X: 0.Y: 0.Z: 0이라 합니다.

3 상대 좌표계(RELATIVE)

① 현재 위치가 기준점이 되는 좌표계입니다.
② 일시적으로 좌표를 "0"으로 설정할 때 사용합니다.
③ 세팅(Setting), 간단한 핸들 이동, 좌표계 설정 등에 사용합니다.

4 잔여 이동 좌표계(DISTANCE)

① 자동 실행 중에 표시됩니다.
② 잔여 이동 좌표에 나타나는 수치는 현재 실행 중인 블록의 나머지 이동 거리를 표시합니다.
③ 공작물 세팅 후 시제품을 가공할 때 세팅의 이상 유무를 확인하는 방법으로 활용합니다.

4 | 준비 기능(G 기능)

공구의 이동이나 실제 가공, 공구 보정 번호, 주축의 회전, 기계 움직임을 제어 기능을 준비시키기 위한 G-CODE에 종류 및 의미에 대해 알아보겠습니다.

1 절대 지령과 증분 지령(G90, G91)

❶ 절대 지령(Absolute: G90): 프로그램 원점 기준

이동 종점의 위치를 절대 좌표계의 위치(프로그램 원점을 기준으로 한 위치)로 지령하는 방식

```
G90 좌표 지령-프로그램 원점에서 종점까지 거리
예 G90 X_ Y_ Z_;
```

❷ 증분 좌표 지령(Incremental: G91): 공구의 현 위치 (시점) 기준

현재 시점부터 종점까지 어느 축이 어느 방향으로, 얼마만큼 이동할 것인지를 지령하는 방식으로, 현재의 위치가 항상 Start Position이 됩니다.

```
G91 좌표 지령(종점-시점)-시점에서 종점까지 거리
예 G91 X_ Y_ Z_;
```

2 급속 위치 결정(G00)

❶ X, Y, Z에 지령된 위치(종점)을 향해 급속 속도로 이동합니다.

❷ 부가축이 있는 경우 A, B, C축도 지령할 수 있습니다.

❸ 통상 비직선 보간형(각 축이 독립적으로 종점까지 이동)으로 위치가 결정되며, 출발점과 종점에서 자동 가감속합니다.

```
지령 방법
    G90 G00 X_ Y_ Z_ ;
    G91 G00 X_ Y_ Z_ ;
```

❶ 직선형 위치 결정

출발점에서 종점의 이동량을 NC 내부에서 계산하여 각 축의 이송 속도가 결정됩니다.

❷ 비직선형 위치 결정

출발점에서 종점의 이동은 각 축에 독립적으로 최대 이송 속도로 이동합니다.

3 직선 보간(G01)

직선 구간 절삭 가공 시 사용합니다.

```
지령 방법
G01 G90 X_ Y_ Z_ F_
    G91
```

1. 지령된 이송 속도 F에 따라 종점 위치로 직선 가공합니다.
2. F에 지정한 이송 속도는 새롭게 지령할 때까지 유효하기 때문에 다시 블록에 지정할 필요가 없습니다.
3. 이송 속도 지령에는 분당 이송 지령(G94, mm/min)과 회전당 이송 지령(G95, mm/rev)의 두 가지 지령이 있지만 머시닝센터에서는 보통 분당 이송 지령을 사용합니다.
4. F에 소수점 사용 유무
   - ㉮ F0.25(회전당 이송 mm/rev): 주축 1회전당 0.25mm 이송 지령(선반에서 사용)
   - ㉯ F125(분당 이송mm/min): 1분 동안 125mm 이동하는 속도(소수점을 사용해도 이송 속도는 같습니다.➜ F100=F100)
5. G01과 F를 조합하여 지령
   지령이 없는 경우는 해당 Block 이전에 지정된 F로 인식합니다.

   예

   G00 Z-100. ; ➜ Z축 급속 이송 속도
   G01 X100. F500; ➜ 절삭 이송 속도 F500으로 이동
   Y80. ; ➜ 절삭 이송 속도 F500으로 이동
   X-500. F1000 ; ➜ 절삭 이송 속도 F1000으로 이동

4 원호 보간 (G02/G03)

원호 절삭 가공 시 사용합니다.

1. 지령된 시점에서 종점까지 반경 R 크기로 시계 방향(CLOCK WISE-CW)과 반시계 방향(COUNTER CLOCK-CCW)

```
지령 방법
G17 G90 G02 X_ Y_ R_ F_ ;
G18 G91 G03 I_ J_ K_
G19
```

② 회전 방향의 구분은 원호 가공 시 시작점에서 원호 가공 종점으로 이동하는 방향을 기준으로 합니다.

㉮ G02: 시계 방향(CW) 원호 가공

㉯ G03: 반시계 방향(CCW) 원호 가공

③ 원의 반경 선택 R: 360도 이하의 원호 가공에 사용합니다.

㉮ R+: 180도 이하의 원호 가공일 때 사용합니다.

㉯ R-: 180도 이상의 원호 가공일 때 사용합니다.

㉰ 원호 가공 각도가 180일 때는 R+ 또는 R- 중 어느 것을 사용해도 무방합니다.

㉱ R로 360도 원호 가공은 할 수 없습니다.

㉲ G02,G03 다음에 X, Y, Z의 세 축을 동시에 지령하면 헬리컬 보간 기능이 됩니다.

주의 R 지령을 할 경우, 시점과 종점의 좌표가 정확하지 않으면 알람이 발생합니다.

R+ 또는 R-에 따라 아래 그림과 같은 원호 가공이 진행됩니다.

- 1번 원호는 R-일 경우

G90 G03 X50. Y50. R-50. F300;

(181도~359도까지 R- 부호 사용)

- 2번 원호는 R+일 경우

G90 G03 X50.Y50.R50. F300;

(1도~180도까지 R 부호 사용)

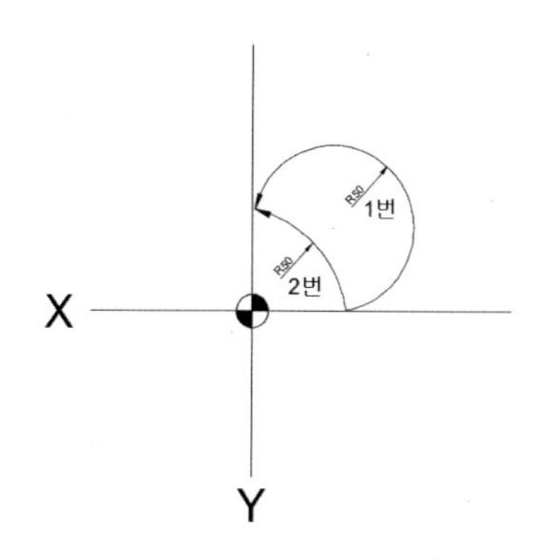

④ I, J, K 지령

㉮ 원의 시점에서 원호 중심점까지 거리(화살표를 수직, 수평으로 그렸을 때 +/-의 방향성이 있습니다. 벡터의 성분으로, 항상 증분값으로 지령합니다.)

㉯ R 지령으로는 360도 원호 가공을 하지 못하므로 I, J, K 지령으로 합니다.

㉰ X, Y, Z값은 끝점의 좌표를 지령하면 됩니다.

㉱ 시점에서 출발하여 종점까지 시계 방향이면 'G02', 반시계 방향이면 'G03'으로 합니다.

㉲ 가상의 화살표가 오른쪽 방향 또는 위쪽 방향은 "+", 왼쪽 방향 또는 아래쪽 방향이면 "–"로 합니다.

㉳ 가상의 화살표가 수평이면 X축으로 I로 지령하고, 수직이면 Y축으로 J로 지령합니다.

5 평면 선택(G17, G18, G19)

원호 보간(G02, G03), 공구경 보정(G41, G42)를 하는 평면을 G17, G18, G19로 지정합니다. 보편적으로 X,Y 평면(G17)에서 많이 사용됩니다.

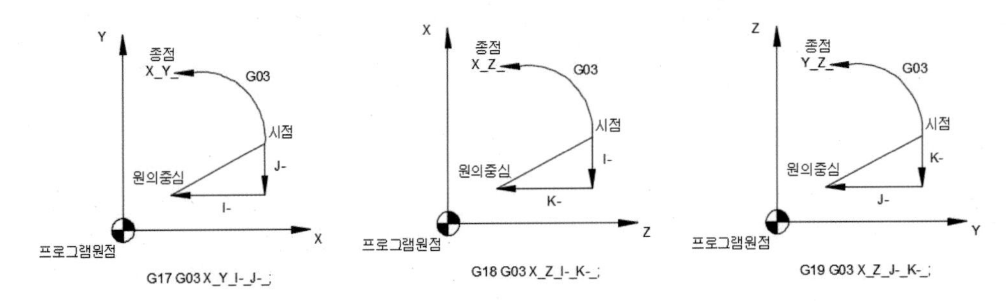

6 DWELL(정지 시간)

㉮ G04 지령에 의해 지정된 시간만큼 정지합니다.

㉯ 어드레스 P 외에 어드레스 X로서도 지령 가능합니다.

㉰ 어드레스 P는 소수점을 입력할 수 없으며, 어드레스 X는 소수점을 입력할 수 있습니다.

㉱ 지령 방법

G04 P _ ;

X _ ;

프로그램 **예**

G04 P2500; → 2.5초 DWELL

G04 P500; → 0.5초 DWELL

G04 X0.5; → 0.5초 DWELL

5 | 기계 원점 복귀

CNC 기계는 각 이송축마다 고유의 기계 원점을 가지고 있으며, 이 점을 원점을 기준으로 공구 교환과 테이블에 고정된 공작물과의 상대 위치를 결정하는 기준이 됩니다. 이러한 원점에는 어떤 종류가 있는지와 작업 완료 후 원점을 찾아가는 방법을 익혀보겠습니다.

1 기계 원점(Reference point)

기계상의 특정 위치로 공구를 간단하고 빠르게 이동시키는 기능으로 주로 공구 교환에 사용되며, 기계 전원 투입 후 수동으로 원점 복귀한 다음에 지령할 수 있습니다. 원점 복귀 속도는 파라미터에 설정된 속도로 이동합니다. 머신 록(Machine Lock) 스위치가 'ON'인 상태에서는 기계 원점 복귀를 할 수 없습니다.

2 자동 원점 복귀(G28)

수직형(Vertical) 머시닝센터에서 자동 공구 교환 시 사용합니다.

1. 급속 이송으로 중간점을 경유한 후, 기계 원점까지 자동 복귀합니다.
2. 주로 ATC(자동 공구 교환) 또는 APC(자동 팔레트 교환)를 하기 위해 프로그램 실행 중 각 축을 원점 복귀시킬 때 많이 사용합니다.

```
지령 방법
G90 G28 X_, Y_, Z_ . ;
```

X_,Y_, Z_는 기계 원점 복귀하고자 하는 축의 중간 경유 지점의 좌표가 됩니다. G90 지령은 공작물 좌표계 원점으로부터의 위치입니다.

※ G91 지령은 공구의 현 위치에서 이동 거리(실제 실무에서 가장 많이 사용하는 방식)입니다.

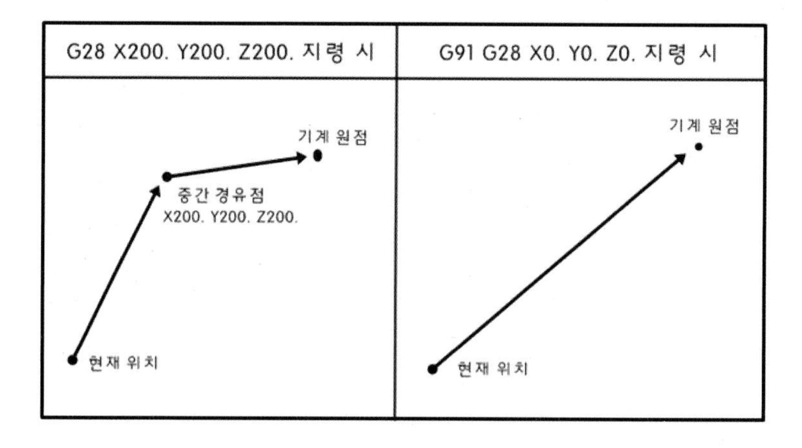

```
실제 프로그램 작성 방법
G91 G28 Z0.;
G28 X0.Y0.;
```

3 원점 복귀 CHECK(G27)

기계 원점에 복귀하도록 작성된 프로그램이 정확하게 원점에 복귀했는지를 점검하는 기능입니다. 지령된 위치가 원점에 있으면 LAMP가 점등되고, 지령된 위치가 원점에 있지 않으면 알람이 발생합니다.

```
지령 방법
G90 G27 X_.Y_.Z. ;
G91
```

4 제2, 제3, 제4 원점 복귀(G30)

수평형(Horizontal) 머시닝센터 자동 공구 교환 시 또는 자동 팔레트(APC) 교환 시에 사용합니다. X, Y, Z: 기계 원점 복귀하고자 하는 축을 지령하며, 어드레스 뒤에 지령된 데이터는 중간점의 좌표가 됩니다.

★ G91(증분) 지령: 현재 위치에서의 이동 거리입니다.

G90(절대) 지령: 공작물 좌표계 원점으로부터의 위치입니다. 중간점을 경유하여 파라미터에 설정된 제2, 제3, 제4의 원점의 위치로 급속 속도로 복귀합니다.

- G30 기능은 기계 원점 복귀 후 사용이 가능합니다(제2 원점의 파라미터는 기계 원점을 기준으로 하여 제2 원점까지의 거리를 입력하기 때문입니다).
- G30 기능은 통상 공구 교환 지점으로 사용합니다.
- G27, G28, G30 기능은 싱글 블록(Single Block) 운전인 경우, 중간점에서 정지합니다.
- G27, G28, G30에서 중간점의 축 지령이 된 축만 원점 또는 제2 원점 복귀합니다.

5 기계 원점에서 자동 복귀(G29)

G28 또는 G30에서 지령한 중간점을 경유해 지령한 위치로 급속 이송합니다. 일반적으로 G28 또는 G30 후에 지령합니다.

6 공작물(WORK) 좌표계

가공할 재료의 기준을 정할 실질적인 좌표계로써 G54~G59까지 NC에 미리 설정하여 사용하는 좌표계로 기계 원점에서 공작물 좌표 원점까지의 거리를 입력합니다.

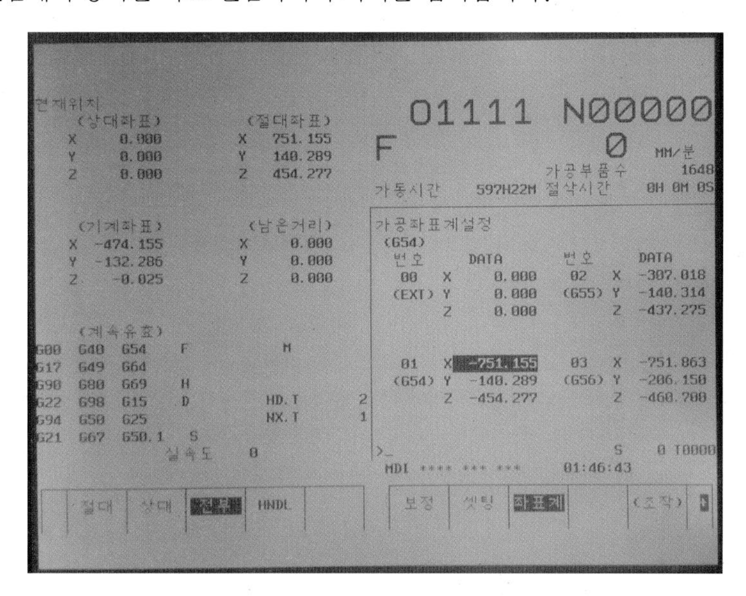

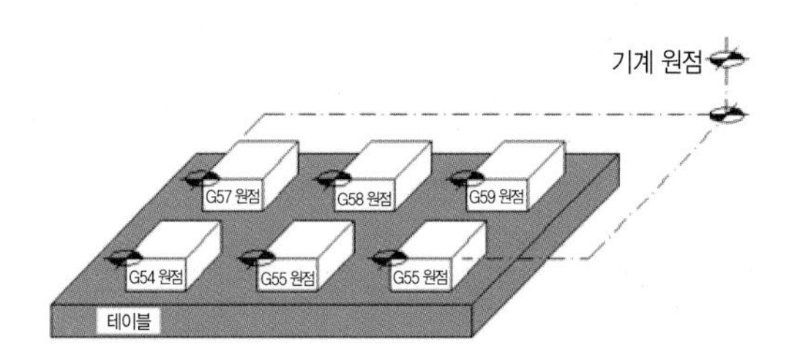

- 좌표계를 추가할 경우는 G54.1 P1~P48로(최대 300개까지 추가할 수 있습니다.) WORK 좌표계가 추가되고 사용 방법은 동일합니다.

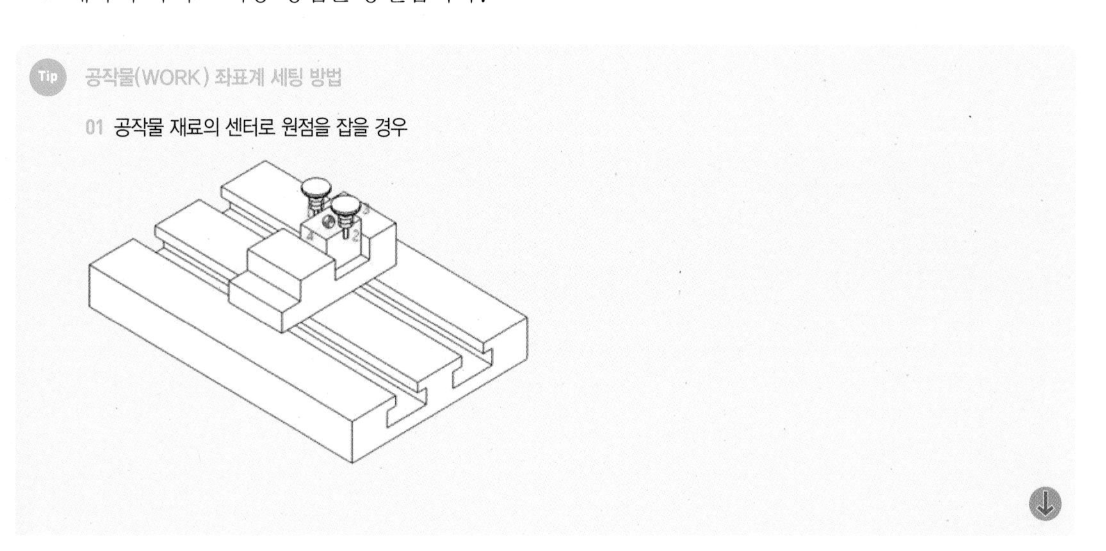

Tip 공작물(WORK) 좌표계 세팅 방법

01 공작물 재료의 센터로 원점을 잡을 경우

02 MDI MODE에서 세팅할 수 있는 공구를 호출합니다.

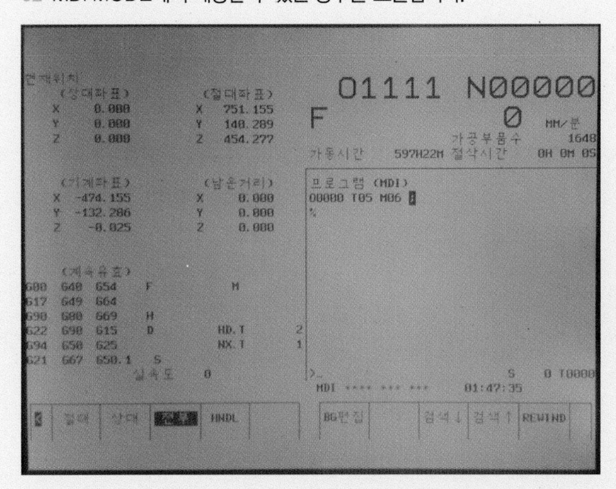

03 HANDLE을 이용해서 1번 터치 아큐 센터가 어긋나면 Z축을 공작물 위로 아큐 센터를 Z축 방향으로 상승시킵니다(일반적으로 1/100).

04 POS 선택 ⇒ 화면 아래 전부 또는 ALL을 선택합니다.

㉮ X ORIGIN 상대 좌표 X값이 0(ZERO)로 변경됩니다.

㉯ HANDLE을 이용해서 2번을 터치하고 아큐 센터가 어긋나면 Z축을 공작물 위로 아큐 센터를 상승시킵니다(일반적으로 1/100).

05 상대 좌표 X값을 X값÷2하여 HANDLE을 이용해서 X값÷2(공작물센터)로 이동합니다.

06 X ORIGIN 상대 좌표 X값이 0(ZERO)으로 변경됩니다.

07 HANDLE을 이용해서 3번 터치 아큐 센터가 어긋나면 Z축을 공작물 위로 아큐 센터를 상승시킵니다(일반적으로 1/100).

08 Y+ORIGIN을 상대 좌표 Y값이 0(ZERO)으로 변경됩니다.

09 HANDLE을 이용해서 4번 터치 후 아큐 센터가 어긋나면 Z축을 공작물 위로 아큐 센터를 상승시킵니다(일반적으로 1/100).

10 상대 좌표 Y값을 Y값÷2하여 HANDLE을 이용해서 Y값÷2(공작물센터)로 이동합니다.

㉮ Y+ORIGIN 상대 좌표 Y값을 0(ZERO)으로 변경합니다.

㉯ 위의 위치에서 WORK 좌표에 입력하는 법

OFFSET SETTING 선택 ⇨ 화면 하단 [좌표계]

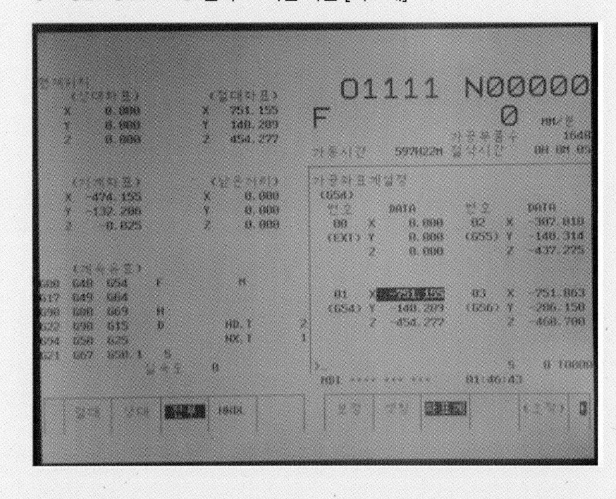

위 그림 G54에 있는 것을 커서로 이동하여 X0 화면 하단 측정[MEASUR(측정)]

Y0 화면 하단 측정[MEASUR(측정)]하면 기계 좌표의 위치가 입력됩니다.

7 공구 길이 보정

❶ 공구 길이 보정(G43, G44, G49)

머시닝센터에서 WORK 좌표계를 설정하여 프로그램 작성 시 Z축의 위치는 공구의 길이에 따라 달라집니다. 이 경우 기준 공구를 사용하여 기준 공구보다 차이가 나는 차이값만 보정할 수 있지만 직접 공작물에 터치하기 때문에 보다 효율적이며 공구가 교환되어도 프로그램은 변경되지 않고 가공할 수 있게 해주는 기능입니다.

㉮ G43: 공구 길이 보정 "+" 보정

㉯ G44: 공구 길이 보정 "−" 보정

㉰ G49: 공구 길이 보정 취소

8 공구경 보정(G40, G41, G42)

측면 날을 이용하여 가공하는 경우, 공구의 지름 때문에 공구 중심(주축 중심)이 프로그램과 일치하지 않습니다. 즉, 지령한 크기보다 작게 또는 크게 가공하는 일이 생깁니다. 이와 같이 공구의 반경만큼 발생하는 편차를 쉽게 자동으로 보상하는 기능으로 공구의 측면을 이용하는 작업(엔드밀, 페이스커터) 등에 많이 사용합니다.

```
지령 방법
G90 G41 G00 X_. Y_. D_. F_;
G90 G42 G00 X_. Y_. D_. F_;
지령 취소 방법
G90 G40 G00 X_. Y_.  F_;
G91 G40 G00 X_. Y_.  F_;
```

◆ 각 코드의 의미 및 공구 경로 ◆

G 코드	의미	공구 경로 설명
G40	공구경 보정 취소	공구 중심과 프로그램 경로가 같습니다.
G41	공구경 보정 좌측(하향 절삭)	공작물을 기준으로 공구 진행 방향으로 보았을 때 공구가 공작물의 좌측에 있습니다.
G42	공구경 보정 우측(상향 절삭)	공작물을 기준으로 공구 진행 방향으로 보았을 때 공구가 공작물의 우측에 있습니다.

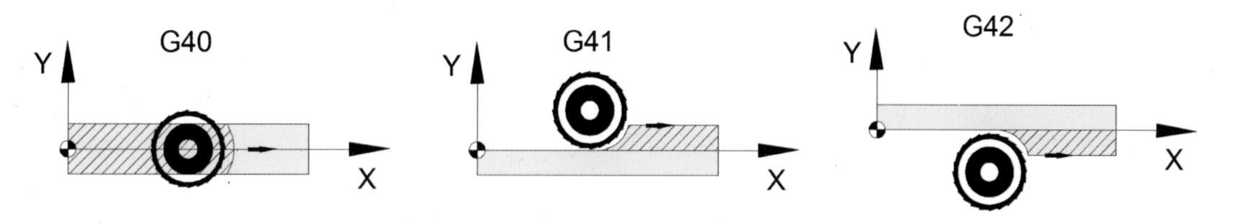

9 고정 사이클(Canned Cycle)

❶ 고정 사이클

여러 블록의 명령을 한 블록으로 명령하는 기능을 장치에 설정함으로써 공구 접근 위치, 가공하는 깊이, 드웰 시간 등의 필요한 정보를 파라미터로 설정하여 프로그램 작업을 간단하게 하는 것을 말합니다.

G code	기능	용도
★ G73	고속 심공 드릴 사이클(고속 Peck Driling)	고속 깊은 구멍의 드릴링 사이클
G74	좌나사 탭핑 사이클(역Tapping)	좌나사 공구를 이용하여 좌나사 가공
★ G76	정밀 보링 사이클(Fine Boring)	구멍 바닥에서 공구 시프트하는 사이클
★ G80	고정 사이클 취소(Cancle)	고정 사이클 모드 해제
★ G81	드릴링 사이클(Spot Driling)	드릴이나 센터 드릴 가공의 일반 사이클
★ G82	카운터 보링 사이클(Counter Boring)	구멍 바닥에서 드웰(일시 정지)을 하는 드릴링 사이클
★ G83	심공 드릴 사이클(Peck Driling)	깊은 구멍가공 고정 사이클
★ G84	탭핑 사이클(Tapping)	탭(오른) 나사 고정 사이클
G85	보링 사이클(Boring)	절입 및 복귀 시 왕복 절삭 가공
G86	보링 사이클(Boring)	일반 황삭 보링 작업용 고정 사이클
G87	백보링 사이클(Back Boring)	구멍 바닥면을 보링할 때 주로 사용
G88	보링 사이클(Boring)	수종 이송이 가능한 보링 사이클
G89	보링 사이클(Boring)	구멍 바닥에서 드웰을 하는 보링 사이클

 ★는 실무에서 많이 사용하고 시험에 자주 출제됨.

◆ 고정 사이클 동작 순서 ◆

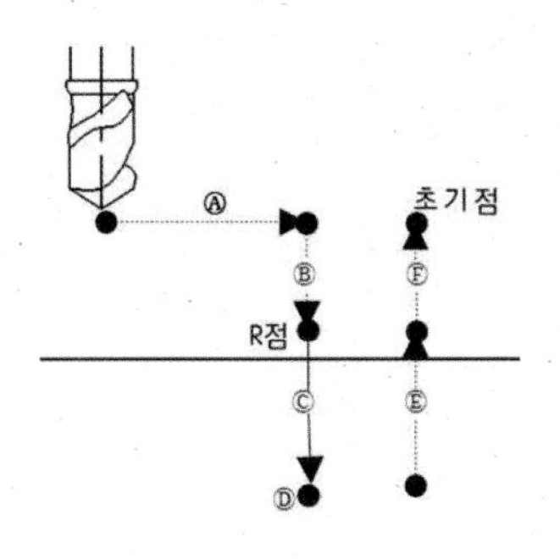

	고정 사이클 동작
Ⓐ	X, Y축 위치 결정
Ⓑ	R점까지 급속 이동
Ⓒ	구멍 가공
Ⓓ	구멍 바닥에서 동작
Ⓔ	R점까지 나오는 동작
Ⓕ	초기점까지 급속 이송

❷ 초기점 복귀 & R점 복귀

가공의 시작은 R점부터 시작합니다(R점 이전 동작은 급속 이송으로 이동 위치). R점은 보통 공작물 상단 3~5mm를 준다. 초기점 위치는 고정 사이클이 시작하는 위 블록 Z축 위치가 초기점의 위치입니다.

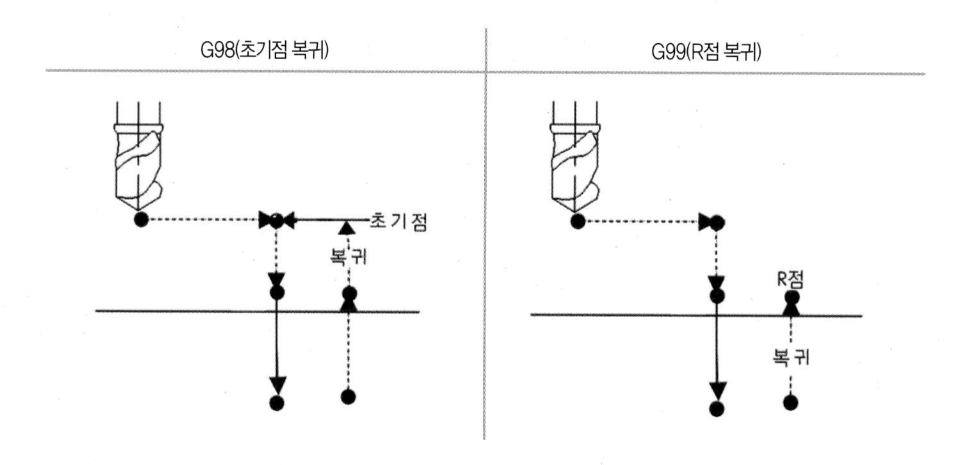

구멍 가공 모드	G	고정 사이클 선택
가공 후 복귀	G98	G98 가공 후 초기점으로 복귀
	G99	G99 가공 후 R점으로 복귀
구멍 위치 좌표	X,Y	구멍 위치를 증분 지령 또는 절대 지령으로 지정합니다.
구멍 가공 데이터	Z	R점에서 구멍 바닥까지의 거리를 증분 지령 또는 구멍 바닥 위치를 절대 지령으로 지정
	R	초기점에서 R점까지 거리를 증분 지령 또는 R점 위치를 절대 지령으로 지정
	Q	G73, G83에서는 절입량 G76, G87에서는 **Shift**량 } 항상 증분값 지령
	P	구멍 바닥에서 드웰 시간을 지정
	F	절삭 이송 속도
반복 횟수	K	반복 횟수

❸ 고정 사이클

㉮ G73(고속 심공 사이클)

깊은 구멍을 고속으로 가공할 때 사용합니다. 구멍 바닥까지 간헐적으로 절삭 이송하여 칩을 구멍 밖으로 배출하면서 가공합니다.

지령 방법

G90 G98 G73 X_Y_Z_R_Q_F_;

G91 G99

Q: 매회 절입량

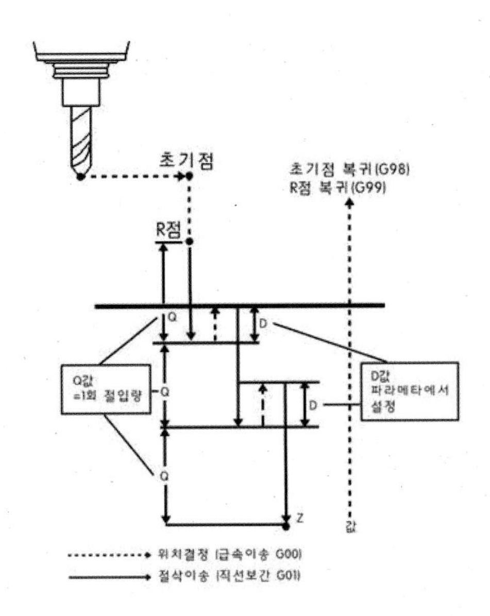

㉯ G81(Spot Drilling 사이클)

통상 드릴 가공에 사용합니다. 구멍 바닥까지 절삭 이송하고, 구멍 바닥에서 급속 이송으로 빠져나갑니다.

지령 방법

G90 G98 G81 X_ Y_ Z_ R_ F_;

G91 G99

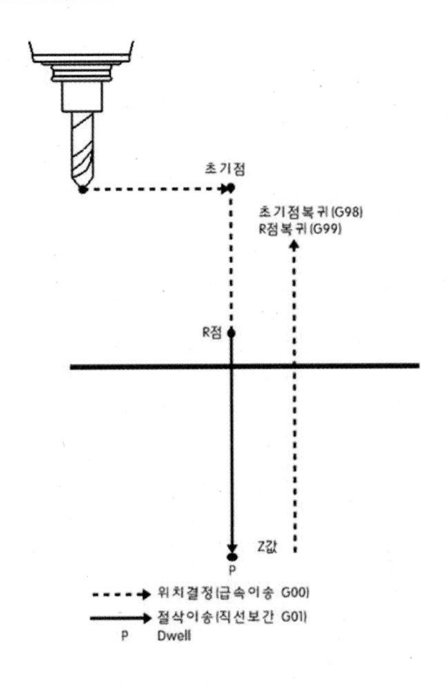

㉰ G82(Counter Boring 사이클)

통상 드릴 가공에 사용합니다. 구멍 바닥까지 절삭 이송한 후 구멍 바닥에서 Dwell을 시행하고, 구멍 바닥에서 급속 이송으로 빠져나갑니다. 구멍 깊이의 정도가 향상됩니다.

```
지령 방법
G90 G98 G82 X_Y_Z_R_P_F_;
G91 G99
P: Dwll
```

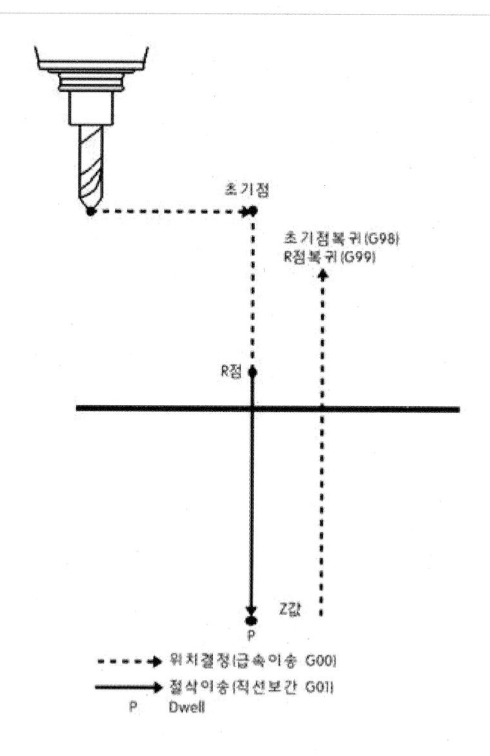

㉱ G83(심공 Drilling 사이클)

깊은 구멍을 가공할 때 사용합니다. 공구가 매회 R점 위치까지 구멍 밖으로 나오기 때문에 칩 배출이 가장 용이합니다.

```
지령 방법
G90 G98 G83 X_ Y_ Z_ R_ Q_ F_
G91 G99
Q: 매회 절입량
```

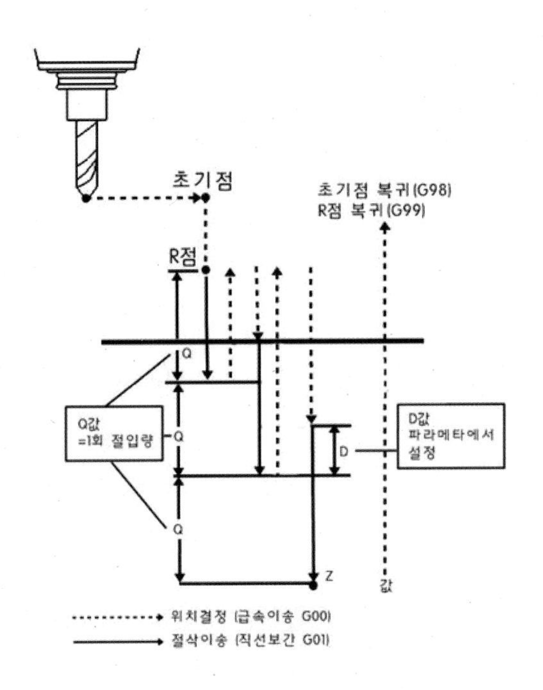

㉤ G84(Tapping 사이클)

Tapping 가공에 사용합니다. 고정 사이클이 시작하기 전에 주축을 정회전해야 하며, 공작물 R점 위치에서 정회전하고, 구멍 바닥에서 주축이 역회전하는 가공 사이클이 행해집니다.

> 지령 방법
> G90 G98 G84 X_ Y_ Z_ R_ F_;
> G91 G99

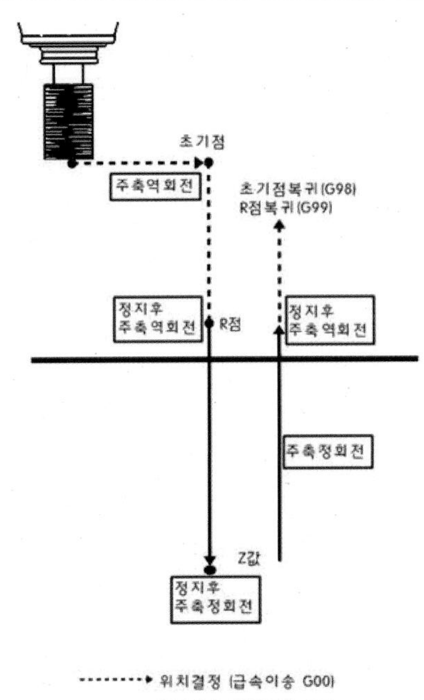

실기 문제 1

다음 도면을 고정 사이클을 사용하여 프로그램을 작성하시오.

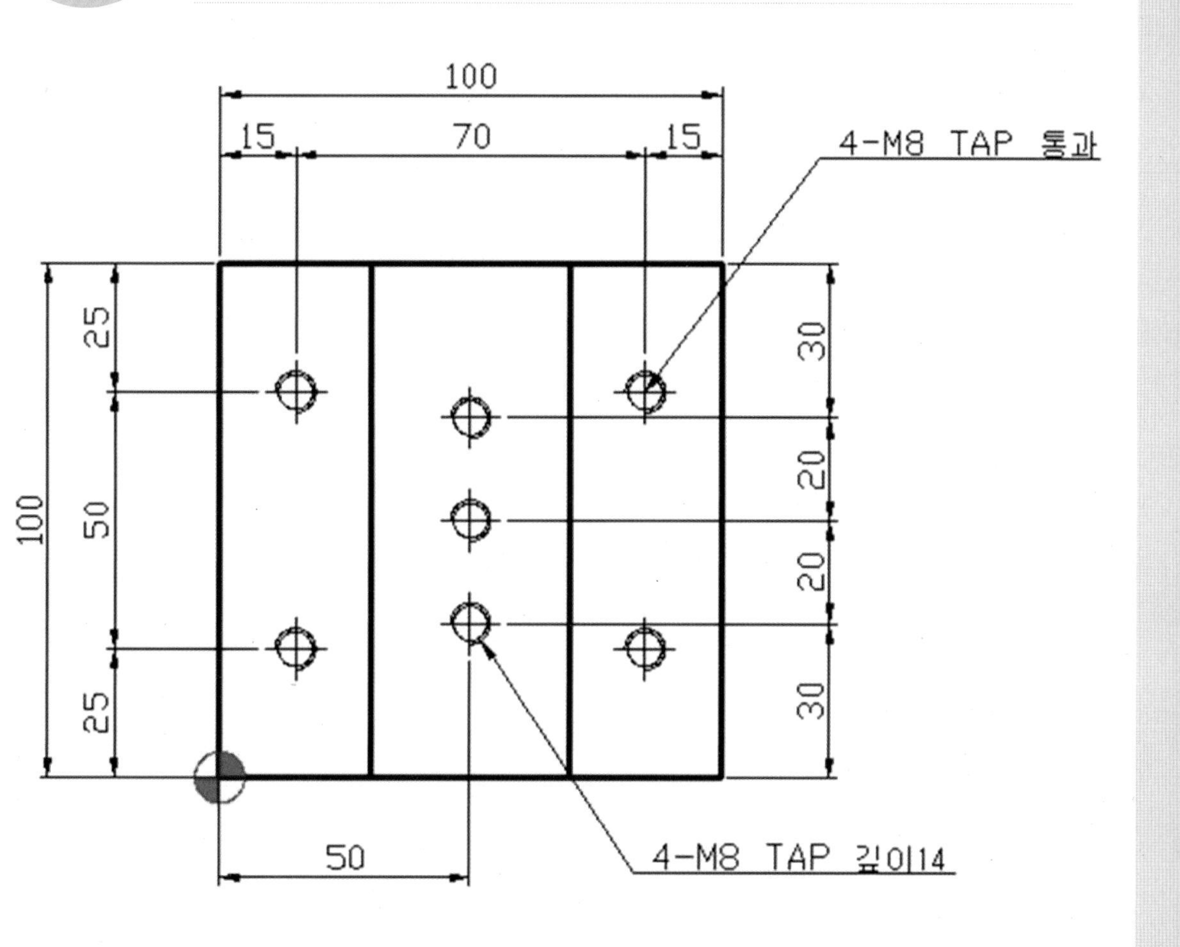

작업 조건표

공구	공구 이름	외경	길이 보정	이송	회전 수
T01	센터 드릴	Ø3	H01	100	1200
T02	드릴	Ø6.8	H02	90	800
T03	탭	M8xP1.25	H03	250	200

센터 드릴 가공	드릴 가공	탭 가공
T01 M06	T02 M06	T03 M06
G90 G00 G54 X15. Y25.	G90 G00 G54 X15. Y25.	G90 G00 G54 X15. Y25.
G43 Z50. H01 M03 S1200	G43 Z50. H02 M03 S800	G43 Z50. H03 M03 S200
G98 G81 Z-15.R-7.F100 M08	G98G83 Z-25.R-7.Q3. F90 M08	G98G84 Z-25.R-7. F250 M08
Y75.	Y75.	Y75.
G80	G80	G80
X50.Y70.	X50.Y70.	X50.Y70.
Z3.	Z3.	Z3.
G99G81 Z-5. R3. F100	G99G83 Z-18. R3. Q3. F120	G99 G84 Z-14. R3. F250
Y50.	Y50.	Y50.
Y30.	Y30.	Y30.
G80	G80	G80
Z50.	Z50.	Z50.
X85.Y25.	X85.Y25.	X85.Y25.
G98 G81 Z-15.R-7.F120	G98G83 Z-25.R-7.Q3. F120	G98G84 Z-25.R-7. F250
Y75.	Y75.	Y75.
G80	G80	G80
G91 G28 Z0.	G91 G28 Z0.	G91 G28 Z0.

6 | G-CODE 이해하기

준비 기능은 공구의 이동 이사 실제 가공, 공구 보정 번호, 주축의 회전, 기계 움직임 등의 제어 기능을 준비시키기 위한 중요한 기능입니다. 어드레스로 "G"를 사용하므로 간단히 "G 기능"이라고도 하며, 지령 숫자는 0~99까지입니다. 이 단원에서는 컴퓨터응용가공산업기사에서 많이 사용하는 G-CODE를 선별적으로 표시했으며, 아울러 실무에서도 사용 빈도가 높은 G-CODE에 표기하여 실기 시험 및 장차 실무에서도 사용할 수 있도록 했습니다. 표시된 G-CODE를 중심으로 G-CODE 번호 및 기능을 숙지하기 바라며, 프로그래밍 작성 시 G-CODE 및 M-CODE 일람표를 참조하여 프로그램을 작성하겠습니다.

1 G-CODE 일람표

G-CODE는 지령 숫자에 따라 각각의 의미가 모두 다릅니다. G-CODE는 제어 지령의 종류에 따라 그룹별로 표시합니다. 그룹이 다른 G-CODE는 한 블록 내에 여러 개의 지령할 수 있고, 동일 그룹의 G-CODE를 겹쳐 지령했을 때는 나중에 지령한 G-CODE가 유효하게 됩니다.

G-코드		그룹	기능	구분
★	G 00	01	급속 위치 결정(급속 이송)	S
★	G 01		직선 보간(절삭 이송)	
★	G 02		원호 보간(CW, 시계 방향)	
★	G 03		원호 보간(CCW, 반시계 방향)	
★	G 04	00	Dwell(휴지)	S
	G 07		가상축 보간	O
	G 09		Exact Stop(정위치 정지)	
	G 10	00	Data 설정	O
	G 11		Data 설정 모드 취소	
	G 15	17	극좌표 지령 취소	O
	G 16		극좌표 지령	
★	G 17	02	X-Y 평면 지정	S
★	G 18		Z-X 평면 지정	
★	G 19		Y-Z 평면 지정	
	G 20	06	Inch Data 입력	O
	G 21		Metric Data 입력	
	G 22	09	금지 영역 설정 ON	S
	G 23		금지 영역 설정 OFF	
	G 25	08	주축 속도 변동 검출 OFF	O
	G 26		주축 속도 변동 검출 ON	

	G-코드	그룹	기능	구분
	G 27	00	원점 복귀 Check	S
★	G 28		자동 원점 복귀(제1 원점 복귀)	
	G 29		원점으로부터 복귀	
★	G 30 G 31		제2, 제3, 제4 원점 복귀 Skip 기능	
	G 33	01	나사 절삭	S
	G 37	00	자동 공구 길이 측정	O
★	G 40	07	공구경 보정 취소	O
★	G 41		공구경 보정 좌측	
★	G 42		공구경 보정 우측	
★	G 43	08	공구 길이 보정 +	S
	G 44		공구 길이 보정 −	
	G 45	00	공구 위치 보정 1배 신장	S
	G 46		공구 위치 보정 1배 축소	
	G 47		공구 위치 보정 2배 신장	
	G 48		공구 위치 보정 2배 축소	
★	G 49	08	공구 길이 보정 취소	S
	G 50	11	Scaling(축소/확대 기능) 취소	O
	G 51		Scaling(축소/확대 기능)	
	G 52	00	지역(local) 좌표계 설정	O
	G 53		기계 좌표계 선택	
★	G 54	14	공작물 좌표계 1 선택	O
★	G 55		공작물 좌표계 2 선택	
★	G 56		공작물 좌표계 3 선택	
★	G 57		공작물 좌표계 4 선택	
★	G 58		공작물 좌표계 5 선택	
★	G 59		공작물 좌표계 6 선택	
	G 60	00	한 방향 위치 결정	O
	G 61	15	Exact Stop(정위치 정지) 모드	O
	G 62		자동 코너 오버라이드(coner override) 모드	
	G 63		태핑(tapping) 모드	
	G 64		연속 절삭 모드	
	G 65	00	Macro 호출	O
	G 66	12	Macro Modal 호출	O
	G 67		Macro Modal 호출 취소	

G-코드		그룹	기능	구분
	G 68	16	좌표 회전	O
	G 69		좌표 회전 취소	
★	G 73	09	고속 펙 드릴링 사이클(peck drilling cycle)	S
★	G 74		역태핑 사이클(tapping cycle)-왼나사	
★	G 76		정밀 보링 사이클(fine boring cycle)	
★	G 80		고정 사이클 취소(cycle cancel)	
★	G 81		드릴링/스폿 드릴링 사이클(drilling/spot drilling cycle)	
★	G 82		드릴링/카운터 보링 사이클(drilling/counter boring cycle)	
★	G 83		펙 드릴링 사이클(peck drilling cycle)	
★	G 84		태핑 사이클(tapping cycle)	
	G 85		보링 사이클(boring cycle)	
	G 86		보링 사이클(boring cycle)	
	G 87		백 보링 사이클(back boring cycle)	
	G 88		보링 사이클(boring cycle)	
	G 89		보링 사이클(boring cycle)	
★	G 90	03	절대 지령(absolute)	S
★	G 91		증분 지령(incremental)	
	G 92	00	공작물 좌표계 설정	S
	G 93	05	Inverse Time 이송	O
★	G 94		분당 이송 지정	S
★	G 95		회전당 이송 지정	
★	G 96	13	주속 일정 제어	O
	G 97		주속 일정 제어 취소	S
★	G 98	10	고정 사이클 초기점 복귀	S
★	G 99		고정 사이클 R점 복귀	

※ ★는 산업 현장에서 자주 사용되므로 반드시 알아두어야 하며, 국가 기술 자격 시험을 볼 때도 사용됩니다.
* S--표준 코드/O--선택 사양 코드
* G 코드 일람표에 없는 코드를 지령하면 알람(Alam)이 발생합니다.
* G 코드는 서로 그룹이 다르면 몇 개라도 동일 블록에 지령할 수 있습니다.
* "00"그룹--One Shot(1회 유효)/"00" 이외의 그룹--Modal (계속 유효)
* 동일 그룹의 코드를 같은 블록에 2개 이상 지령 시 뒤에 지령된 G 코드가 유효합니다.

2 M-CODE 일람표

어드레스 'M'과 두 자리 수치로 지령하고, 기계 측의 보조 장치를 제어하는 기능과 프로그램을 제어하는 기능이 있습니다. 프로그램을 제어하는 기능으로는 M00, M01, M02, M30, M98, M99 등이 있습니다.

기능	내 용
M00	Program Stop: 프로그램의 일시 정지이며 여기까지 Modal 정보는 보존됩니다. 자동 개시를 누르면 자동 운전을 재개합니다.
M01	Optional Program Stop: 조작판의 M01 Stop 스위치가 'ON'일 상태에서만 프로그램이 정지됩니다.
M02	Program End: Modal 정보의 기능이 말소되며, 프로그램이 종료됩니다.
M03	Spindle Rotation(CW): 주축 정회전(시계 방향)
M04	Spindle Rotation(CCW): 주축 역회전(반시계 방향)
M05	Spindle Stop: 주축 정지
M06	Tool Change: 공구 교환
M08	Coolant ON: 절삭유 ON
M09	Coolant OFF: 절삭유 OFF
M29	Rigid Tapping Mode
M30	Program Rewind & Restart: 프로그램을 종료한 후 문단 처음으로 되돌림.
M98	Sub Program 호출: 보조 프로그램을 호출합니다. M98 P 반복 횟수 프로그램 번호
M99	Main Program 호출: 보조 프로그램을 종료하고 주 프로그램으로 되돌아감. 분기 지령을 할 수 있습니다. M99 P SEQUENCE 번호 (예 M99 P50 ⇨ SEQUENCE N50에서 가공 실행)

※ M 코드는 보조 기능으로써 제작 회사와 기계 종류마다 약간의 차이가 있으므로 산업 현장에서 자주 사용되며, 국가 기술 자격 시험을 볼 때도 사용되므로 반드시 알아두어야 할 부분만 정리했습니다.

CHAPTER 2

프로그램 작성 이해하기

프로그램을 예제 형식을 통해 공구 교체, 공구 보정 번호 부여, 블록 안 G-CODE 배열 등 프로그램 작성에 필요한 기본적인 방법에 대해 알아보겠습니다. 각 행의 주의 사항에 유의하여 살펴보기 바랍니다.

1 | 프로그램 작성 형식

프로그램 작성 시 기본 작업이 되는 센터 드릴 작업, 드릴 작업, 탭 작업 시 기본 형식을 살펴보고 각 행의 주의 사항에 대해 살펴보겠습니다. 이와 아울러 주어진 형식을 통해 다음 단원에서 공구 번호, 공구 보정 번호 등을 주어진 작업 지시표를 기준으로 작성해보겠습니다.

1 센터 드릴, 드릴, 탭 작업 기본 작성 프로그램 형식

% ➜ 프로그램 시작과 끝은 "%"를 사용합니다.

O0001 ➜ 프로그램 번호(첫 번째 문자 알파벳 대문자 "O"입니다.)

G17 G40 G49 G80 ➜ X,Y축 평면 지정, 공구경 보정, 길이 보정, 고정 사이클 해제

G91 G28 Z0. ➜ Z축 원점 복귀

T_ M6 ➜ 공구 교환

G90 G00 G54 X_ . Y_ . M3 S_ ➜ 프로그램 원점 선택, 주축 회전

G43 Z_ . H_ M8 ➜ Z축 공구 길이 보정 설정 및 절삭유 ON

G98 G81 Z_ . R_ . F_ ➜ Z축 초기점 복귀, Spot Drilling 사이클, Z축 최종 절입 깊이, 작업 속도

G82 Z_ . R_ .P_ F_ ➜ Counter Boring 사이클, Z축 최종 절입 깊이 및 바닥면 Dwell, 초기점 복귀, 작업 진행 속도

G73 Z_ . R_ . Q_ . F_ ➜ Z축 초기점 복귀, 고속 심공 사이클, Z축 최종 절입 깊이, 절입량, 작업 진행 속도

G83 Z_ . R_ . Q_ . F_ ➜ 심공 Drilling 사이클, Z축 초기점 복귀, 절입량, 작업 진행 속도

G99 G84 Z_ . R_ . F_ ➜ Z축 R점 복귀,Tapping 사이클, Z축 최종 절입 깊이, 작업 속도

;

;

;

G80 M09 ➜ 고정 사이클 취소및 절삭유 정지
G91 G28 Z0. M05 ➜ Z축 원점 복귀 및 주축 정지
M30; ➜ 프로그램 정지 및 Rewind, Restart
% ➜ 프로그램 시작과 끝은 "%"를 사용합니다.

2 엔드밀 작업 기본 작성 프로그램 형식

% ➜ 프로그램 시작과 끝은 "%"를 사용합니다.
O0001 ➜ 프로그램 번호(첫 번째 문자 알파벳 대문자 "O"입니다.)
G17 G40 G49 G80 ➜ X,Y축 평면 지정, 공구경 보정, 길이 보정, 고정 사이클 해제
G91 G28 Z0. ➜ Z축 원점 복귀
T_ M6; ➜ 공구 교환
G90 G00 G54 X_ . Y_ . M3 S_ ➜ 프로그램 원점 선택, 주축 회전
G43 Z_ . H_ M8 ➜ Z축 공구 길이 보정 설정 및 절삭유 ON
G01 Z-_ .F_ ➜ 직선 절삭 Z 방향 최종 절입 깊이로 F 작업 속도로 이송
G41 X_ .Y_ .D_ . ➜ 공구경 좌측 보정으로 X,Y축 이송
;
;
;
;
G40 Z_ . M09 ➜ 공구경 해제, 절삭유 OFF
G91 G28 Z0. M05 ➜ Z축 원점 복귀 및 주축 정지
M30; ➜ 프로그램 정지 및 Rewind, Restart

2 | 실기 문제

앞 단원에서 배웠던 G-CODE의 구성 및 작성 방법, 각 작업에 맞는 기본 형식 프로그램, 그리고 실제 컴퓨터응용가공산업기사에서 출제되었던 문제를 바탕으로 프로그램을 작성해보고, 그 행에서는 어떤 방법으로 작업이 진행되는지를 확인해보겠습니다. 이와 아울러 5개의 예제 도면과 프로그래밍을 작성하면서 프로그램이 작성되는 흐름은 유사하게 진행되는 것을 확인하시기 바랍니다. 프로그램을 이해하고 프로그래밍 작성 시 필요한 중요한 몇 가지 G-CODE를 이번 장을 통해 숙지하기 바랍니다.

실기
문제
2

다음 2D 도면을 이용하여 프로그램을 작성하시오.

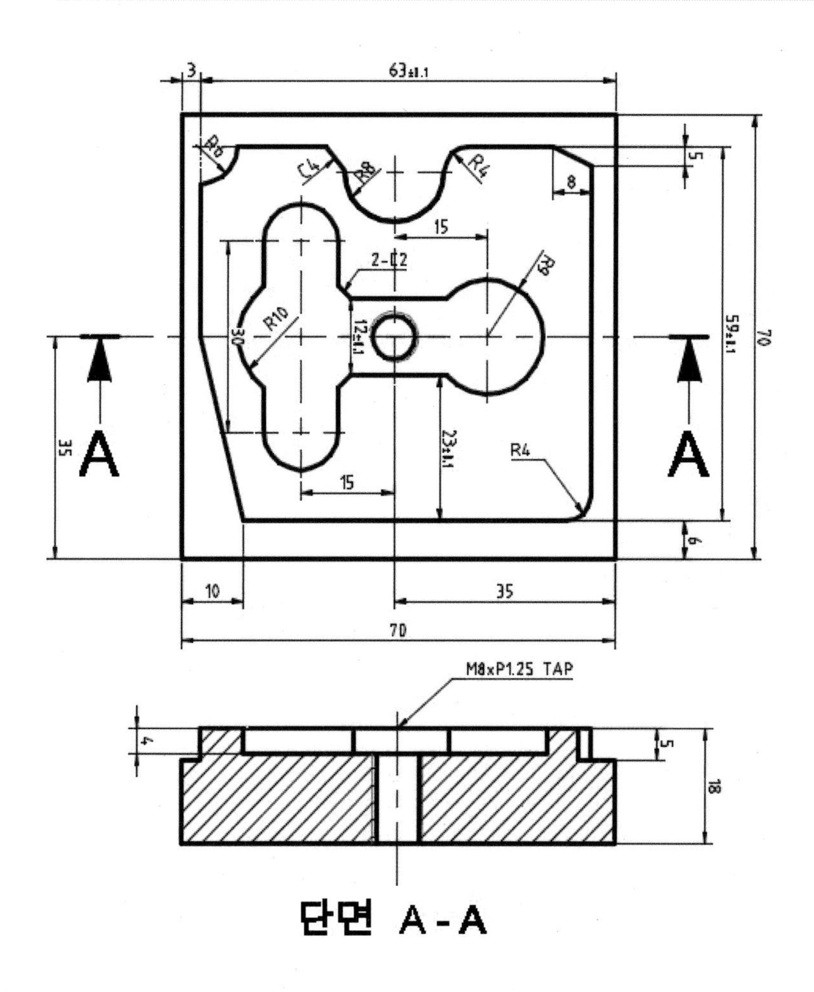

작업 지시서

공구 번호	공구 종류	회전 수(RPM)	이송(mm/min)
T01	ø10.0 E/M	1000	90
T02	ø3.0 센터 드릴	1200	100
T03	ø6.8 드릴	800	90
T04	M8x1.25	100	125

주의 시험장에서는 공구 번호와 공구 종류만 알려줍니다. 회전 수와 이송은 이해를 돕기 위한 부분이므로 참고하기 바랍니다.

% → 프로그램 시작과 끝은 “%”를 사용합니다.

O0001 → 프로그램 번호(첫 번째 문자 알파벳 대문자 “O”입니다.)

G17 G40 G49 G80 → X, Y축 평면 지정, 공구경 보정, 길이 보정, 고정 사이클 해제

G91 G28 Z0. → Z축 원점 복귀

T02 M06 → 2번 공구 체인지

G00 G90 G54 X35. Y35. S1200 M03 → 공작물 좌표계 설정 및 주축 정방향 ‘1200’으로 회전

G43 H02 Z100. M08 → 2번 공구 Z100mm까지 내려오면서 절삭유 ON

G99 G81 Z-1.5 R3. F100 → Z축 1.5mm 깊이로 센터 작업 후 R점 복귀

G80 → 고정 사이클 해제

G91 G28 Z0. M09 → Z축 원점 복귀 및 절삭유 OFF

M05 → 주축 정지

T03 M06 → 3번 공구 체인지

G00 G90 G54 X35. Y35. S800 M03 → 공작물 좌표계 설정 및 주축 정방향 ‘800’으로 회전

G43 H03 Z100. M08 → 3번 공구 Z100mm까지 내려오면서 절삭유 ON

G99 G83 Z-25. R3. Q3. F90 → Z축 25mm 깊이로 드릴 작업 후 R점 복귀

G80 → 고정 사이클 해제

G91 G28 Z0. M09 → Z축 원점 복귀 및 절삭유 OFF

M05 → 주축 정지

T04 M06 → 3번 공구 체인지

G00 G90 G54 X35. Y35. S100 M03 → 공작물 좌표계 설정 및 주축 정방향 ‘100’으로 회전

G43 H04 Z100. M08 → 4번 공구 Z100mm까지 내려오면서 절삭유 ON

G99 G84 Z-22. R5. F125 → Z축 22mm 깊이로 탭 작업 후 R점 복귀

G80 → 고정 사이클 해제

G91 G28 Z0. M09 → Z축 원점 복귀 및 절삭유 OFF

M05 → 주축 정지

T01 M06 → 1번 공구 체인지

G00 G90 G54 X-10. Y-10. S1000 M03 → 공작물 좌표계 설정 및 주축 정방향 1000으로 회전

G43 H01 Z100. M08 → 1번 공구 Z100mm까지 내려오면서 절삭유 ON

Z10. → Z10까지 G00 급속 이동

G1 Z-5. F100 → 직선 절삭 F100으로 Z0점에서 Z-5까지 이동

X-1. F90 → 외곽 테두리 잔살 제거

Y71. → Y축 이동 거리

X71. → X축 이동 거리

Y-1. → Y축 이동 거리

X-10. → X축 이동 거리

Y-10. → Y축 이동 거리

G41 D01 X10. F90 → 공구경 좌측 보정 X축 10mm까지 속도 ‘90’으로 이동

Y6. → 외측 윤곽 가공

X3. Y35. → 외측 윤곽 테이퍼 가공

Y59. → 외측 윤곽 가공

G03 X9. Y65. R6. ➜ 반시계 방향 원호 가공

G01 X23.

X27. Y61.

G03 X43. R8. ➜ 180도 반시계 방향 원호 가공

G02 X47. Y65. R4. ➜ 정방향 원호 가공

G01 X58.

X66. Y60.

Y10.

G02 X62. Y6. R4. ➜ 정방향 원호 가공

G01 X-10.

G40 Y-10. ➜ 경보정 해제 Y-10mm 지점으로 이동

G00 Z100. ➜ Z100까지 급속 이송

X50. Y35. ➜ ø18mm 포켓 구간으로 이동

Z10. ➜ Z10mm까지 급속 이송

G01 Z-4. F90 ➜ 직선 절삭 F90으로 Z0점에서 Z-4까지 이동

X54. ➜ 원호 가공 X축으로 이동

G03 I-4. ➜ 360도 I, J, K 가공

G01 X50.

X35.

G41 D01 Y29. F90 ➜ 공구경 좌측 보정 Y축 29mm까지 속도 90으로 이동

X50.

Y41.

X28.

X26. Y43. ➜ 내측 포켓 테이퍼 가공

Y50.

G03 X14. R6. ➜ 반시계 방향 원호 가공

G01 Y43.

G03 Y27. R10. ➜ 반시계 방향 원호 가공

G01 Y20.

G03 X26. R6. ➜ 반시계 방향 원호 가공

G01 Y27.

X28. Y29.

X35.

G40 Y35. ➜ 경보정 해제 Y35mm 지점으로 이동

G00 Z100. ➜ Z100까지 급속 이송

M05 ➜ 주축 정지

G91 G28 Z0. M09 ➜ Z축 원점 복귀 및 절삭유 OFF

M02 ➜ 프로그램 정지

% ➜ 프로그램 시작과 끝은 "%"를 사용합니다.

실기 문제 3

다음 2D 도면을 이용하여 프로그램을 작성하시오.

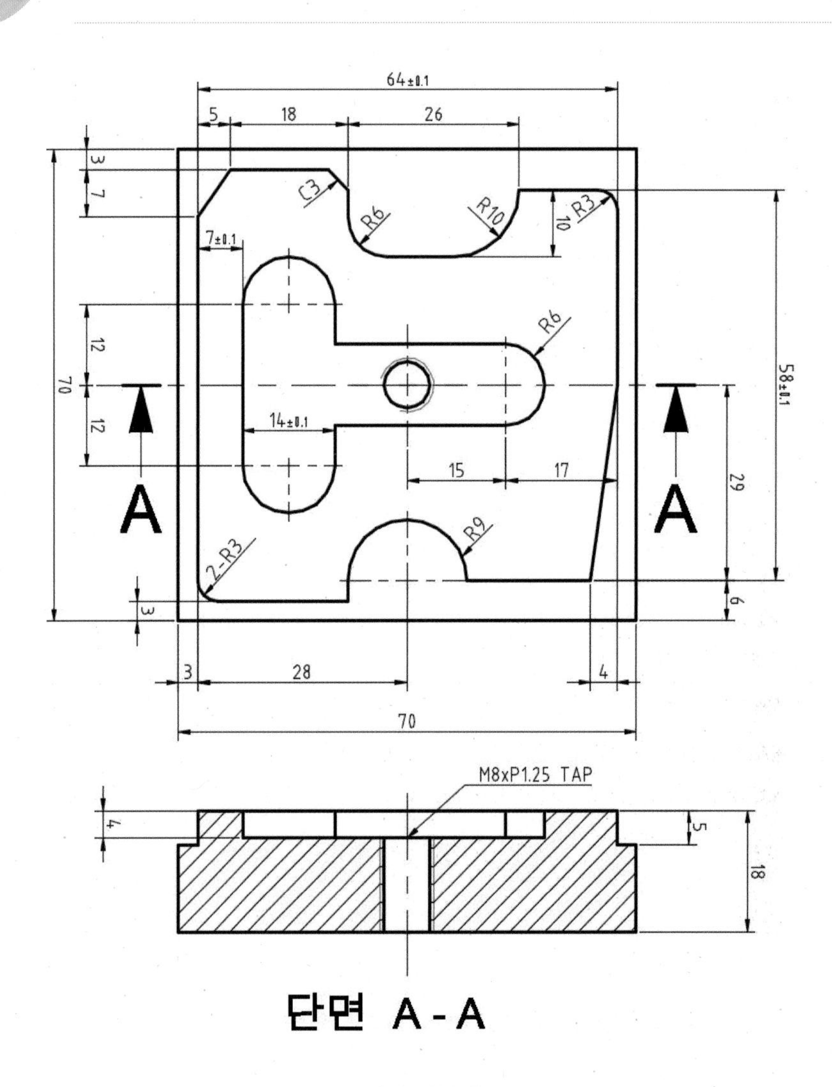

작업 지시서

공구 번호	공구 종류	회전 수(RPM)	이송(mm/min)
T01	ø10.0 E/M	1000	90
T02	ø3.0 센터 드릴	1200	100
T03	ø6.8 드릴	800	90
T04	M8x1.25	100	125

주의 시험장에서는 공구 번호와 공구 종류만 알려줍니다. 회전 수와 이송은 이해를 돕기 위한 부분이므로 참고하기 바랍니다.

% ➜ 프로그램 시작과 끝은 "%"를 사용합니다.

O0002 ➜ 프로그램 번호(첫 번째 문자 알파벳 대문자 "O"입니다.)

G17 G40 G49 G80 ➜ X, Y축 평면 지정, 공구경 보정, 길이 보정, 고정 사이클 해제

G91 G28 Z0. ➜ Z축 원점 복귀

T02 M06 ➜ 2번 공구 체인지

G00 G90 G54 X35. Y35. S1200 M03 ➜ 공작물 좌표계 설정 및 주축 정방향 '1200'으로 회전

G43 H02 Z100. M08 ➜ 2번 공구 Z100mm까지 내려오면서 절삭유 ON

G99 G81 Z-1.5 R3. F100 ➜ Z축 1.5mm 깊이로 센터 작업 후 R점 복귀

G80 ➜ 고정 사이클 해제

G91 G28 Z0. M09 ➜ Z축 원점 복귀 및 절삭유 OFF

M05 ➜ 주축 정지

T03 M06 ➜ 3번 공구 체인지

G00 G90 G54 X35. Y35. S800 M03 ➜ 공작물 좌표계 설정 및 주축 정방향 800으로 회전

G43 H03 Z100. M08; ➜ 3번 공구 Z100mm까지 내려오면서 절삭유 ON

G99 G83 Z-25. R3. Q3. F90 ➜ Z축 최종 25mm, 절입량 3mm 드릴 작업 후 R점 복귀

G80 ➜ 고정 사이클 해제

G91 G28 Z0. M09 ➜ Z축 원점 복귀 및 절삭유 OFF

M05 ➜ 주축 정지

T04 M06 ➜ 4번 공구 체인지

G00 G90 G54 X35. Y35. S100 M03 ➜ 공작물 좌표계 설정 및 정방향 100으로 회전

G43 H04 Z100. M08 ➜ 4번 공구 Z100mm까지 내려오면서 절삭유 ON

G99 G84 Z-23. R5. F125 ➜ Z축 23mm 깊이로 탭 작업 후 R점 복귀

G80 ➜ 고정 사이클 해제

G91 G28 Z0. M09 ➜ Z축 원점 복귀 및 절삭유 OFF

M05 ➜ 주축 정지

T01 M06 ➜ 1번 공구 체인지

G00 G90 G54 X-10. Y-10. S1000 M03; ➜ 공작물 좌표계 설정 및 주축 정방향 1000으로 회전

G43 H01 Z100. M08 ➜ 1번 공구 Z100mm까지 내려오면서 절삭유 ON

Z10. ➜ Z10까지 G00 급속 이동

G01 Z-5. F100 ➜ 직선 절삭 F100으로 Z0점에서 Z-5까지 이동

G41 D01 X1. F90 ➜ 공구경 좌측 보정 X축 1mm까지 속도 '90'으로 이동

Y69 ➜ Y축 이동 거리

X32.5 ➜ X축 이동 거리

Y62. ➜ Y축 이동 거리

X43.5 ➜ X축 이동 거리

Y69. ➜ Y축 이동 거리

X68. ➜ X축 이동 거리

Y2. ➜ Y축 이동 거리

X-10. ➜ X축 이동 거리

Y-10. ➜ Y축 이동 거리

X3. ➜ 외곽 정삭

```
Y60. → 외측 윤곽 가공
X8. Y67. → 외측 윤곽 테이퍼 가공
X23. → 외측 윤곽 가공
X26. Y64. → 외측 윤곽 테이퍼 가공
Y60.
G03 X32. Y54. R6. → 반시계 방향 원호 가공
G01 X42.
G03 X52. Y64. R10. → 반시계 방향 원호 가공
G01 X64.
G02 X67. Y61. R3. → 정방향 원호 가공
G01 Y35.
X63. Y6.
X40.
G03 X22. R9. → 반시계 방향 원호 가공
G01 Y3. → 직선 절삭
X6.;
G02 X3. Y6. R3. → 정방향 원호 가공
G01 G40 X-12. → 경보정 해제 X-12mm 지점으로 이동
G00 Z100. → Z축 100mm까지 급속 이송
X35. Y35. → 포켓 구간으로 이동
Z10. → Z축 10mm까지 급속 이송
G01 Z-4. F100 → 직선 절삭 F100 으로 Z0점에서 Z-4까지 이동
G41 D01 Y29. F90 → 공구경 좌측 보정 Y축 29mm까지 속도 '90'으로 이동
X50.
G03 Y41. R6. → 반시계 방향 원호 가공
G01 X27. → 직선 절삭
G02 X24. Y44. R3. → 정방향 원호 가공
G01 Y47. → 직선 절삭
G03 X10. R7. → 반시계 방향 원호 가공
G01 Y23. → 직선 절삭
G03 X24. R7. → 반시계 방향 원호 가공
G01 Y26. → 직선 절삭
G02 X27. Y29. R3. → 정방향 원호 가공
G01 X35. → 직선 절삭
G40 Y35. → 경보정 해제 Y35mm 지점으로 이동

G00 Z100. → Z축 100mm까지 급속 이송
M05 → 주축 정지
G91 G28 Z0. M09 → Z축 원점 복귀 및 절삭유 OFF
M02 → 프로그램 정지
%
```

실기 문제 4

다음 2D 도면을 이용하여 프로그램을 작성하시오.

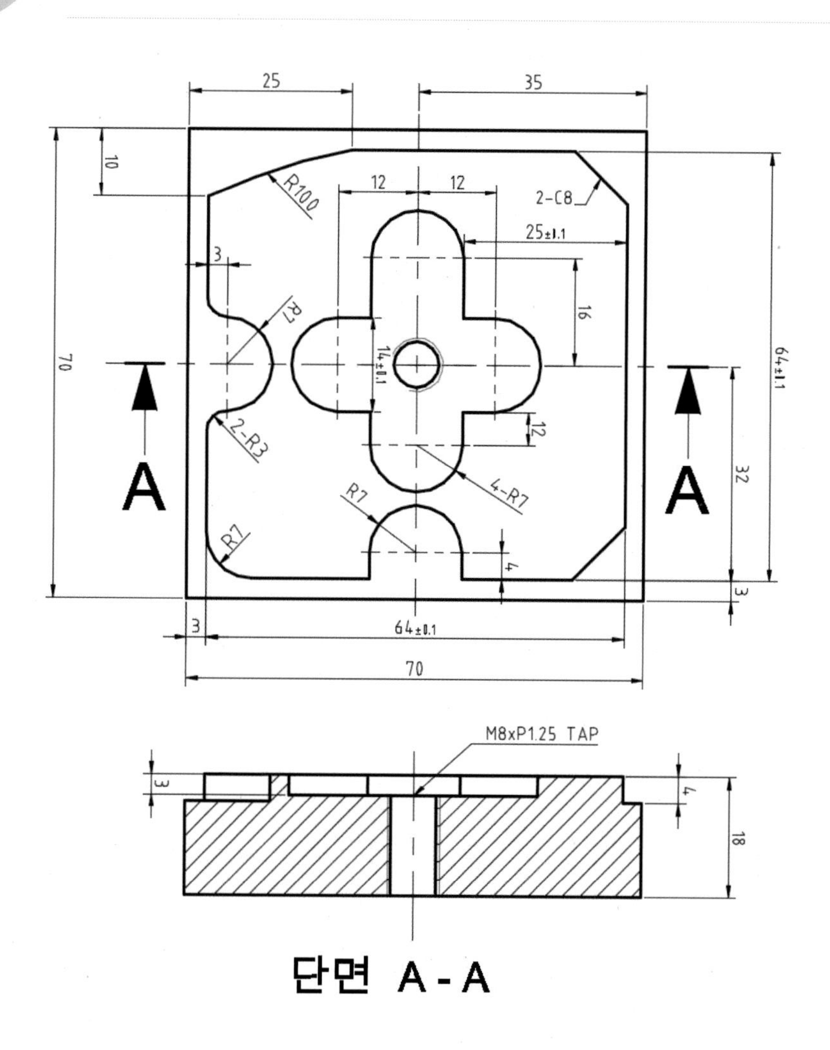

작업 지시서

공구 번호	공구 종류	회전 수(RPM)	이송(mm/min)
T01	ø10.0 E/M	1000	90
T02	ø3.0 센터 드릴	1200	100
T03	ø6.8 드릴	800	90
T04	M8x1.25	100	125

주의 시험장에서는 공구 번호와 공구 종류만 알려줍니다. 회전 수와 이송은 이해를 돕기 위한 부분이므로 참고하기 바랍니다.

% ➜ 프로그램 시작과 끝은 "%"를 사용합니다.

O0003 ➜ 프로그램 번호(첫 번째 문자 알파벳 대문자 "O"입니다.)

G17 G40 G49 G80 ➜ X, Y축 평면 지정, 공구경 보정, 길이 보정, 고정 사이클 해제

G91 G28 Z0. ➜ Z축 원점 복귀

T02 M06 ➜ 2번 공구 체인지

G00 G90 G54 X35. Y35. S1200 M03 ➜ 공작물 좌표계 설정 및 주축 정방향 '1200'으로 회전

G43 H02 Z100. M08 ➜ 2번 공구 Z100mm까지 내려오면서 절삭유 ON

G99 G81 Z-1.5 R3. F100 ➜ Z축 1.5mm 깊이로 센터 작업 후 R점 복귀

G80 ➜ 고정 사이클 해제

G91 G28 Z0. M09 ➜ Z축 원점 복귀 및 절삭유 OFF

M05 ➜ 주축 정지

T03 M6 ➜ 3번 공구 체인지

G00 G90 G54 X35. Y35. S800 M03 ➜ 공작물 좌표계 설정 및 주축 정방향 '800'으로 회전

G43 H03 Z100. M08 ➜ 3번 공구 Z100mm까지 내려오면서 절삭유 ON

G99 G83 Z-25. R3. Q3. F90 ➜ Z축 최종 25mm, 절입량 3mm 드릴 작업 후 R점 복귀

G80 ➜ 고정 사이클 해제

G91 G28 Z0. M09 ➜ Z축 원점 복귀 및 절삭유 OFF

M05 ➜ 주축 정지

T04 M06 ➜ 4번 공구 체인지

G0 G90 G54 X35. Y35. S100 M03 ➜ 공작물 좌표계 설정 및 정방향 '100'으로 회전

G43 H04 Z100. M08 ➜ 4번 공구 Z100mm까지 내려오면서 절삭유 ON

G99 G84 Z-23. R5. F125 ➜ Z축 23mm 깊이로 탭 작업 후 R점 복귀

G80 ➜ 고정 사이클 해제

G91 G28 Z0. M09 ➜ Z축 원점 복귀 및 절삭유 OFF

M05 ➜ 주축 정지

T01 M06 ➜ 1번 공구 체인지

G0 G90 G54 X-10. Y-10. S1000 M3 ➜ 공작물 좌표계 설정 및 주축 정방향 1000으로 회전

G43 H01 Z100. M08 ➜ 1번 공구 Z100mm까지 내려오면서 절삭유 ON

Z10. ➜ Z10까지 G00 급속 이동

G01 Z-4. F100 ➜ 직선 절삭 F100 으로 Z0점에서 Z-4까지 이동

G41 D01 X1. F90 ➜ 공구경 좌측 보정 X축 1mm까지 속도 '90'으로 이동

Y69. ➜ Y축 이동 거리

X69. ➜ X축 이동 거리

Y1. ➜ Y축 이동 거리

X-10. ➜ X축 이동 거리

Y-10. ➜ Y축 이동 거리

X3. ➜ 외곽 정삭

Y25. ➜ 외측 윤곽 가공

G02 X6. Y28. R3. ➜ 정방향 원호 가공

G03 Y42. R7. → 반시계 방향 원호 가공
G02 X3. Y45. R3. → 정방향 원호 가공
G01 Y60.
G02 X25. Y67. R100. → 정방향 원호 가공
G01 X59.
X67. Y59.
Y11.
X59. Y3.
X42.
Y7.
G03 X28. R7. → 반시계 방향 원호 가공
G01 Y3.
X10.
G02 X3. Y10. R7. → 정방향 원호 가공
G01 G40 X-12. → 경보정 해제 X-12mm 지점으로 이동
G00 Z100. → Z축 100mm까지 급속 이송
X35. Y35. → 포켓 구간으로 이동
Z10. → Z축 10mm까지 급속 이송
G01 Z-3. F100 → 직선 절삭 F100 으로 Z0점에서 Z-3까지 이동
G41 D01 Y28. F90 → 공구경 좌측 보정 Y축 28mm까지 속도 90으로 이동
X47.
G03 Y42. R7. → 반시계 방향 원호 가공
G01 X42. → 직선 절삭
Y51.
G03 X28. R7. → 반시계 방향 원호 가공
G01 Y42. → 직선 절삭
X23.
G03 Y28. R7. → 반시계 방향 원호 가공
G01 X28. → 직선 절삭
Y23.
G03 X42. R7. → 반시계 방향 원호 가공
G01 Y28. → 직선 절삭
G40 X36. → 경보정 해제 X36mm 지점으로 이동

G00 Z100. → Z축 100mm까지 급속 이송
M05 → 주축 정지
G91 G28 Z0. M09 → Z축 원점 복귀 및 절삭유 OFF
M02 → 프로그램 정지
% → 프로그램 시작과 끝은 "%"를 사용합니다.

실기 문제 5

다음 2D 도면을 이용하여 프로그램을 작성하시오.

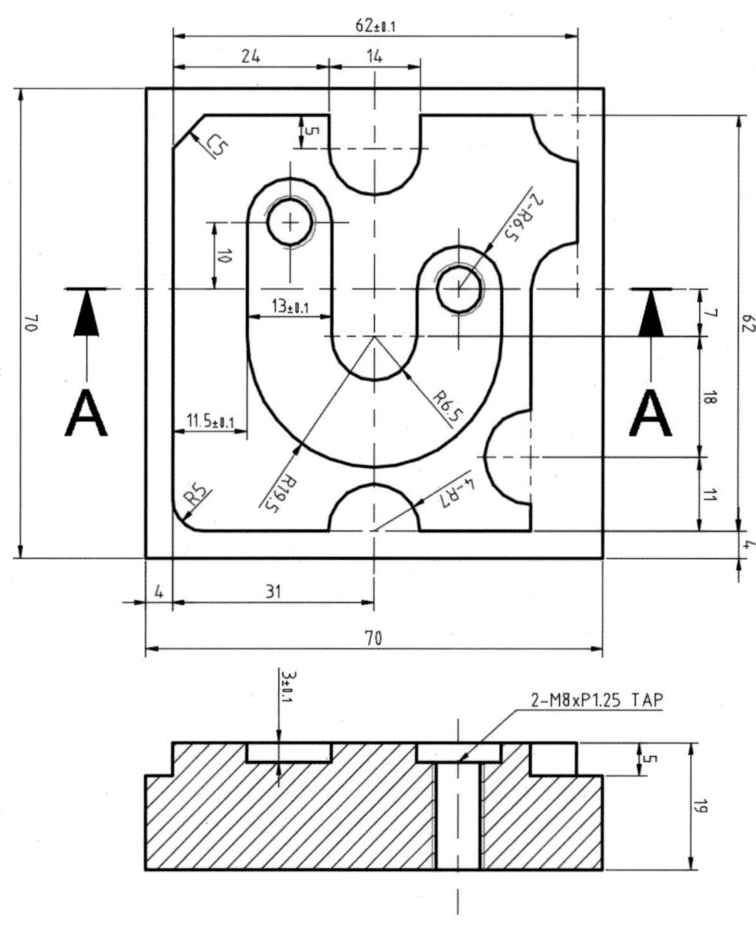

단면 A-A

작업 지시서

공구 번호	공구 종류	회전 수(RPM)	이송(mm/min)
T01	ø10.0 E/M	1000	90
T02	ø3.0 센터 드릴	1200	100
T03	ø6.8 드릴	800	90
T04	M8x1.25	100	125

주의 시험장에서는 공구 번호와 공구 종류만 알려줍니다. 회전수와 이송은 이해를 돕기 위한 부분이므로 참고하기 바랍니다.

% → 프로그램 시작과 끝은 "%"를 사용합니다.

O0004 → 프로그램 번호(첫 번째 문자 알파벳 대문자 "O"입니다.)

G17 G40 G49 G80 → X, Y축 평면 지정, 공구경 보정, 길이 보정, 고정 사이클 해제

G91 G28 Z0. → Z축 원점 복귀

T02 M06 → 2번 공구 체인지

G00 G90 G54 X22. Y50. S1200 M03 → 공작물 좌표계 설정 및 주축 정방향 '1200'으로 회전

G43 H02 Z100. M08 → 2번 공구 Z100mm까지 내려오면서 절삭유 ON

G99 G81 Z-1.5 R3. F100 → Z축 1.5mm 깊이로 센터 작업 후 R점 복귀

X48. Y40. → 2번째 홀 작업 위치로 이동

G80 → 고정 사이클 해제

G91 G28 Z0. M09 → Z축 원점 복귀 및 절삭유 OFF

M05 → 주축 정지

T03 M06 → 3번 공구 체인지

G00 G90 G54 X22. Y50. S800 M03 → 공작물 좌표계 설정 및 주축 정방향 800으로 회전

G43 H03 Z100. M08 → 3번 공구 Z100mm까지 내려오면서 절삭유 ON

G99 G83 Z-25. R3. Q3. F90 → Z축 최종 25mm, 절입량 3mm 드릴 작업 후 R점 복귀

X48. Y40. → 2번째 드릴 작업 위치로 이동

G80 → 고정 사이클 해제

G91 G28 Z0. M09 → Z축 원점 복귀 및 절삭유 OFF

M05 → 주축 정지

T04 M06 → 4번 공구 체인지

G0 G90 G54 X22. Y50. S100 M03 → 공작물 좌표계 설정 및 정방향 '100'으로 회전

G43 H04 Z100. M08 → 4번 공구 Z100mm까지 내려오면서 절삭유 ON

G99 G84 Z-23. R5. F125 → Z축 23mm 깊이로 탭 작업 후 R점 복귀

X48. Y40. → 2번째 탭 작업 위치로 이동

G80 → 고정 사이클 해제

G91 G28 Z0. M09 → Z축 원점 복귀 및 절삭유 OFF

M05 → 주축 정지

T01 M06 → 1번 공구 체인지

G00 G90 G54 X-10. Y-10. S1000 M03 → 공작물 좌표계 설정 및 주축 정방향 '1000'으로 회전

G43 H01 Z100. M08 → 1번 공구 Z100mm까지 내려오면서 절삭유 ON

Z10. → Z10까지 G00 급속 이동

G1 Z-5. F100 → 직선 절삭 F100 으로 Z0점에서 Z-5까지 이동

G41 D01 X2. F90 → 공구경 좌측 보정 X축 2mm까지 속도 '90'으로 이동

Y68. → Y축 이동 거리

X67. → X축 이동 거리

Y2. → Y축 이동 거리

X-15. → X축 이동 거리

Y-15. → Y축 이동 거리

X4. → 외곽 정삭
Y61. → 외측 윤곽 가공
X9. Y66.
X28.
Y61.
G03 X42. R7. → 반시계 방향 원호 가공
G01 Y66.
X59.
G03 X66. Y59. R7. → 반시계 방향 원호 가공
G01 Y47.
G03 X59. Y40. R7.
G01 Y22.
G03 Y8. R7.
G01 Y4.
X42.
G03 X28. R7.
G01 X9.
G02 X4. Y9. R5. → 정방향 원호 가공
G01 G40 X-15. → 경보정 해제 X-15mm 지점으로 이동
G00 Z100. → Z축 100mm까지 급속 이송
X22. Y50. → 포켓 구간으로 이동
Z10. → Z축 10mm까지 급속 이송
G01 Z-3. F100 → 직선 절삭 F100 으로 Z0점에서 Z-3까지 이동
G41 D01 X15.5 F90 → 공구경 좌측 보정 X15.5mm까지 속도 '90'으로 이동
Y33.
G03 X54.5 R19.5 → 반시계 방향 원호 가공
G01 Y40. → 직선 절삭
G03 X41.5 R6.5 → 반시계 방향 원호 가공
G01 Y33. → 직선 절삭
G02 X28.5 R6.5 → 정방향 원호 가공
G01 Y50. → 직선 절삭
G03 X15.5 R6.5 → 반시계 방향 원호 가공
G01 G40 X22. → 경보정 해제 X22mm 지점으로 이동
G00 Z100. → Z축 100mm까지 급속 이송
M05 → 주축 정지
G91 G28 Z0. M09 → Z축 원점 복귀 및 절삭유 OFF
M02 → 프로그램 정지
% → 프로그램 시작과 끝은 "%"를 사용합니다.

실기
문제
6

다음 2D 도면을 이용하여 프로그램을 작성하시오.

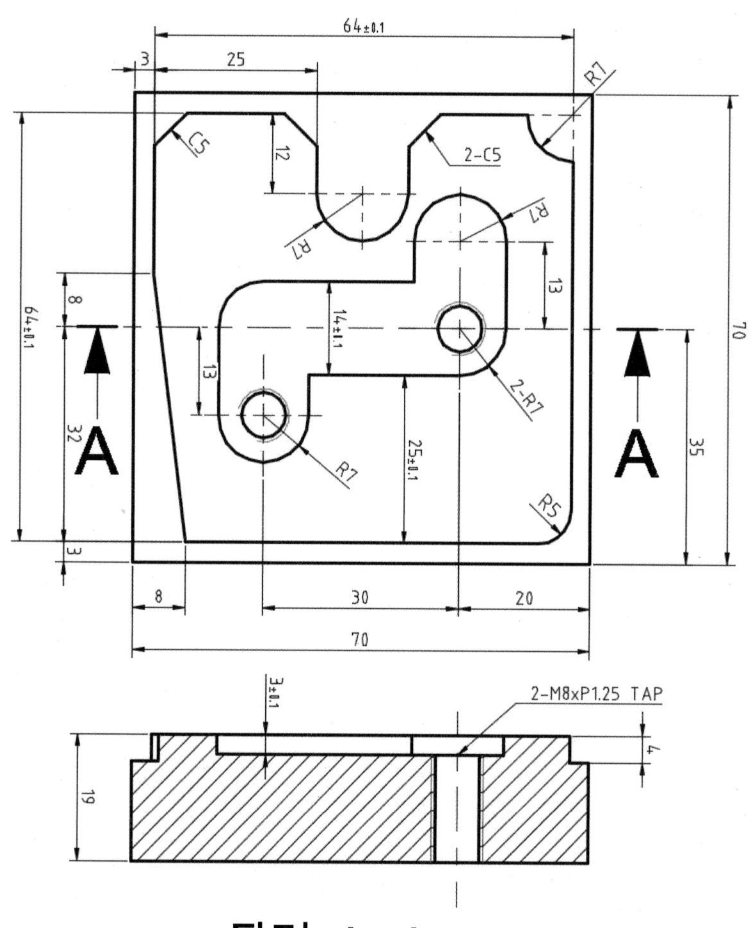

작업 지시서

공구 번호	공구 종류	회전 수(RPM)	이송(mm/min)
T01	ø10.0 E/M	1000	90
T02	ø3.0 센터 드릴	1200	100
T03	ø6.8 드릴	800	90
T04	M8x1.25	100	125

주의 시험장에서는 공구 번호와 공구 종류만 알려줍니다. 회전수와 이송은 이해를 돕기 위한 부분이므로 참고하기 바랍니다.

% ➜ 프로그램 시작과 끝은 "%"를 사용합니다.
O0005 ➜ 프로그램 번호(첫 번째 문자 알파벳 대문자 "O"입니다.)
G17 G40 G49 G80 ➜ X, Y축 평면 지정, 공구경 보정, 길이 보정, 고정 사이클 해제
G91 G28 Z0. ➜ Z축 원점 복귀

T02 M06 ➜ 2번 공구 체인지
G00 G90 G54 X20. Y22. S1200 M03 ➜ 공작물 좌표계 설정 및 주축 정방향 '1200'으로 회전
G43 H02 Z100. M08 ➜ 2번 공구 Z100mm까지 내려오면서 절삭유 ON
G99 G81 Z-1.5 R3. F100 ➜ Z축 1.5mm 깊이로 센터 작업 후 R점 복귀
X50. Y35. ➜ 2번째 홀 작업 위치로 이동
G80 ➜ 고정 사이클 해제
G91 G28 Z0. M09 ➜ Z축 원점 복귀 및 절삭유 OFF
M05 ➜ 주축 정지

T03 M06 ➜ 3번 공구 체인지
G00 G90 G54 X20. Y22. S800 M03 ➜ 공작물 좌표계 설정 및 주축 정방향 '800'으로 회전
G43 H03 Z100. M08 ➜ 3번 공구 Z100mm까지 내려오면서 절삭유 ON
G99 G83 Z-25. R3. Q3. F90. ➜ Z축 최종 25mm, 절입량 3mm 드릴 작업 후 R점 복귀
X50. Y35. ➜ 2번째 드릴 작업 위치로 이동
G80 ➜ 고정 사이클 해제
G91 G28 Z0. M09 ➜ Z축 원점 복귀 및 절삭유 OFF
M05 ➜ 주축 정지

T04 M06 ➜ 4번 공구 체인지
G00 G90 G54 X20. Y22. S100 M03 ➜ 공작물 좌표계 설정 및 정방향 '100'으로 회전
G43 H04 Z100. M08 ➜ 4번 공구 Z100mm까지 내려오면서 절삭유 ON
G99 G84 Z-23. R5. F125 ➜ Z축 23mm 깊이로 탭 작업 후 R점 복귀
X50. Y35. ➜ 2번째 탭 작업 위치로 이동
G80 ➜ 고정 사이클 해제
G91 G28 Z0. M09 ➜ Z축 원점 복귀 및 절삭유 OFF
M05 ➜ 주축 정지

T01 M06 ➜ 1번 공구 체인지
G00 G90 G54 X-15. Y-15. S1000 M03 ➜ 공작물 좌표계 설정 및 주축 정방향 '1000'으로 회전
G43 H01 Z100. M08 ➜ 1번 공구 Z100mm까지 내려오면서 절삭유 ON
Z10. ➜ Z10까지 G00 급속 이동
G01 Z-4. F100 ➜ 직선 절삭 F100으로 Z0점에서 Z-4까지 이동
G41 D01 X1.5 F90 ➜ 공구경 좌측 보정 X축 1.5mm까지 속도 '90'으로 이동
Y68.5 ➜ Y축 이동 거리
X68.5 ➜ X축 이동 거리
Y1.5 ➜ Y축 이동 거리

X-15. ➜ X축 이동 거리
Y-15. ➜ Y축 이동 거리
X8. ➜ 외곽 정삭
Y3. ➜ 외측 윤곽 가공
X3. Y43.
Y62.;
X8. Y67.;
X23.
X28. Y62.
Y55.
G03 X42. R7. ➜ 반시계 방향 원호 가공
G01 Y62. ➜ 직선 절삭
X47. Y67.
X60.
G3 X67. Y60. R7. ➜ 반시계 방향 원호 가공
G01 Y8. ➜ 직선 절삭
G02 X62. Y3. R5. ➜ 정방향 원호 가공
G01 X-10. ➜ 직선 절삭
G40 Y-15. ➜ 경보정 해제 Y-15.mm 지점으로 이동
G00 Z100. ➜ Z축 100mm까지 급속 이송

X50. Y35. ➜ 포켓 구간으로 이동
Z10. ➜ Z축 10mm까지 급속 이송
G01 Z-3. F100 ➜ 직선 절삭 F100 으로 Z0점에서 Z-3까지 이동
G41 D01 X57. F90 ➜ 공구경 좌측 보정 Y축28mm까지 속도 '90'으로 이동
Y48.
G03 X43. R7. ➜ 반시계 방향 원호 가공
G01 Y42. ➜ 직선 절삭
X20.
G03 X13. Y35. R7. ➜ 반시계 방향 원호 가공
G01 Y22. ➜ 직선 절삭
G3 X27. R7. ➜ 반시계 방향 원호 가공
G01 Y28. ➜ 직선 절삭
X50.
G03 X57. Y35. R7. ➜ 반시계 방향 원호 가공
G01 G40 X50. ➜ 경보정 해제 X50mm 지점으로 이동

G00 Z100. ➜ Z축 100mm까지 급속 이송
M05 ➜ 주축 정지
G91 G28 Z0. M09 ➜ Z축 원점 복귀 및 절삭유 OFF
M02 ➜ 프로그램 정지
% ➜ 프로그램 시작과 끝은 "%"를 사용합니다.

CHAPTER 3

NC 코드 검증하기

이단원에서는 앞 단원에서 배운 G-code를 V-cnc 프로그램을 활용하여 simulation한 후 이상 여부를 확인 및 수정하여 머시닝센터에서 작업 전 가상의 공간에서 검증해보겠습니다.

1 | V-CNC 이용한 SIMULATION 따라하기

이 단원에서는 V-CNC를 이용하여 SIMULATION을 앞 단원에서의 G-CODE로 이해하고 주어진 도면으로부터 좌표 및 G-CODE 지령을 이용하여 주어진 도면을 머시닝센터에서 작업 전에 가상에 작업을 실행하는 것에 목적이 있습니다. 이와 아울러 잘못 작업된 부분을 V-CNC를 통해 발견하고 수정함으로써 오작으로 인한 실격을 미리 방지하는 것입니다. V-CNC 프로그램을 이용하여 도면으로부터 작성된 프로그래밍을 시뮬레이션하는 방법을 따라하기 형식으로 작업해보겠습니다.

• 다음 도면을 보고 프로그래밍하시오.

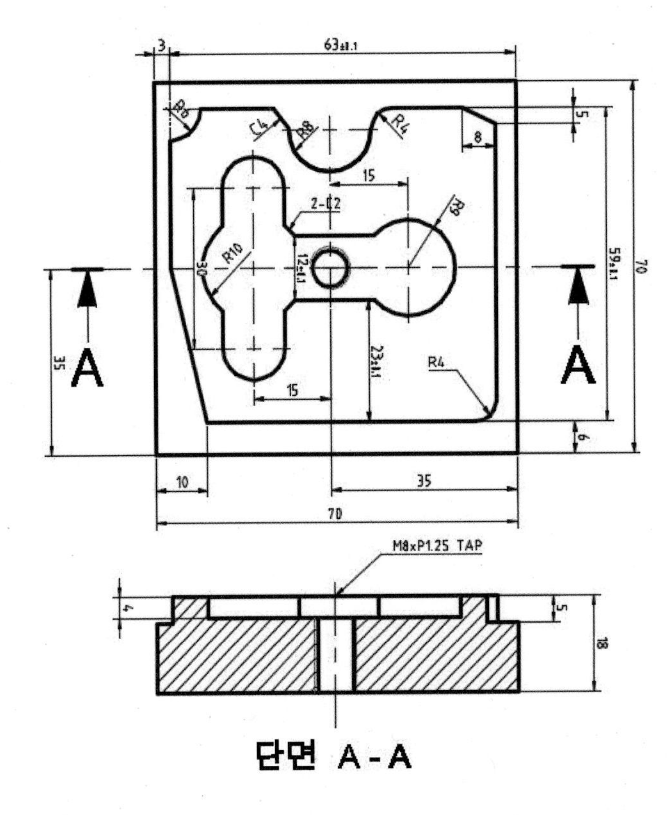

[공구 번호 및 종류]

공구 번호	공구 종류
T01	ø10.0 E/M
T02	ø3.0 센터 드릴
T03	ø6.8 드릴
T04	M8x1.25

[V-CNC를 이용한 SIMULATION을 동작하기 전에 프로그램 실행 방법, 공작물 크기 설정 방법, TOOL 번호에 맞는 공구 설정 방법, 절대 좌표계(공작물 좌표계) 입력 방법 등을 익히며 설정 중 알아두어야 할 중요 사항 및 편리한 기능들을 알아보겠습니다.

01 바탕화면의 V-CNC 아이콘( )을 더블클릭하거나 [시작-모든 프로그램-V-CNC-V-CNC]를 실행합니다.

02 왼쪽의 [Machining Center]를 클릭합니다.

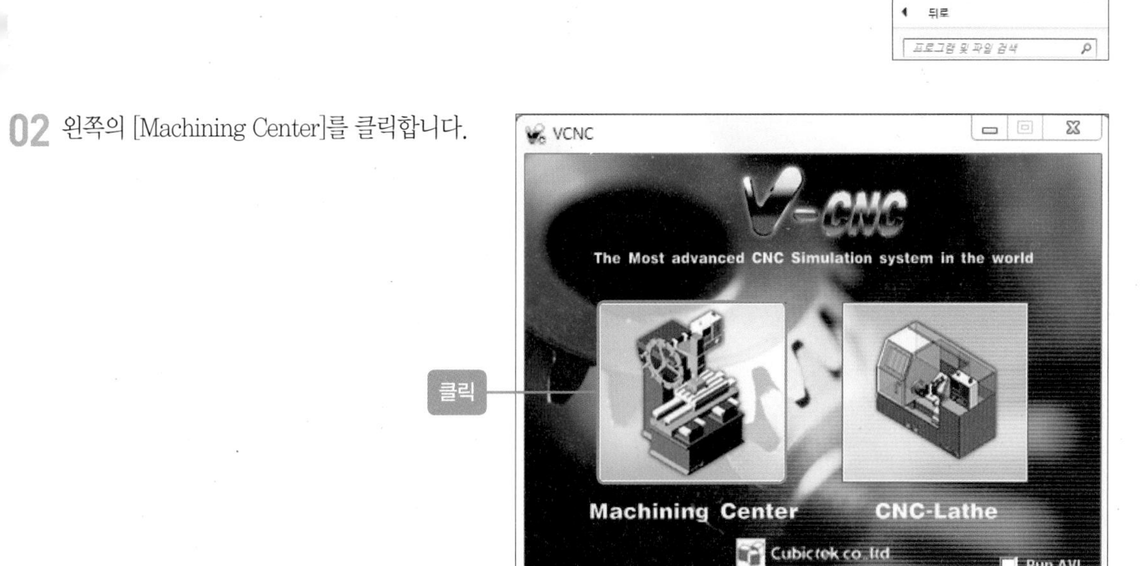

03 [해상도] 창이 나타나면 [아니오] 버튼을 선택합니다.

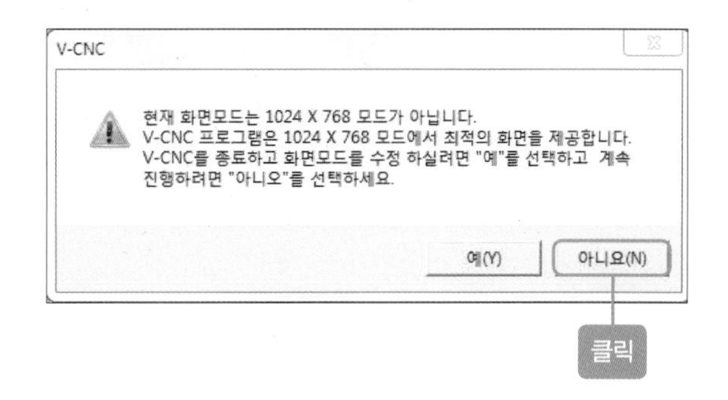

04 V-CNC 프로그램이 실행되면서 [V-CNC 마법사]가 실행됩니다. 오른쪽 상단의 [취소] 버튼을 클릭하여 창을 닫습니다.

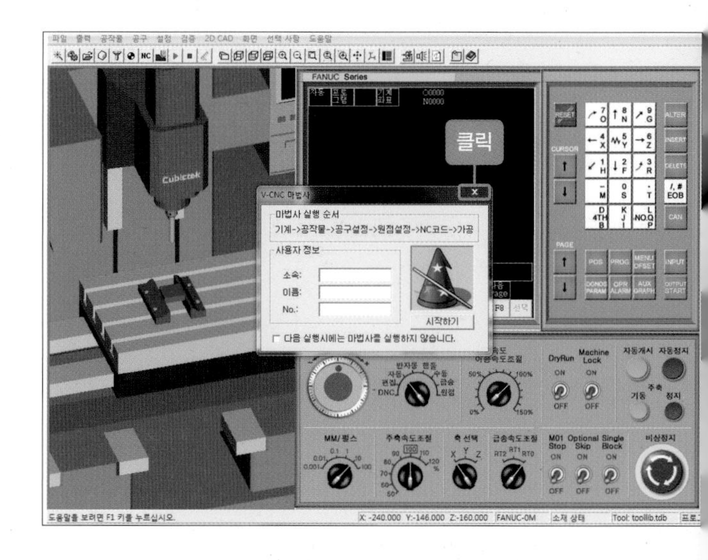

05 풀다운 메뉴의 [열기]를 클릭하여 작성한 파일을 불러옵니다.

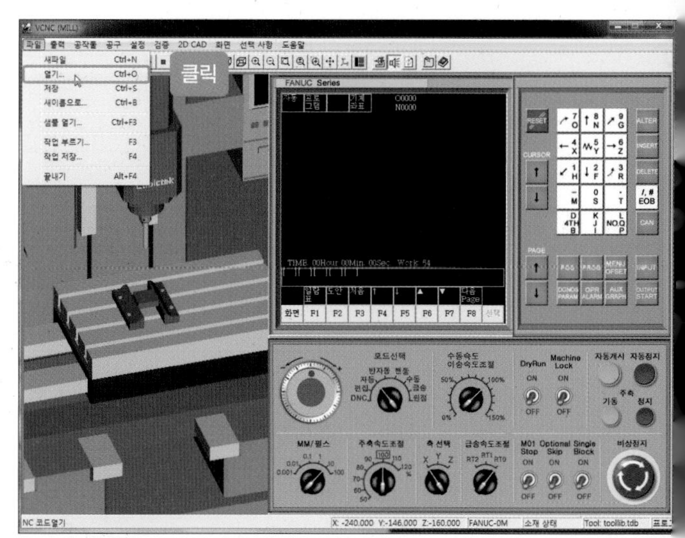

06 [열기] 창이 나타납니다. "Chapter 03. 프로그래밍"에서 작성한 프로그램의 저장 경로를 확인한 후 파일을 선택하고 [열기] 버튼을 클릭합니다. "Chapter 03. 프로그래밍"에서는 바탕화면에 "1234.NC" 파일명으로 저장했습니다.

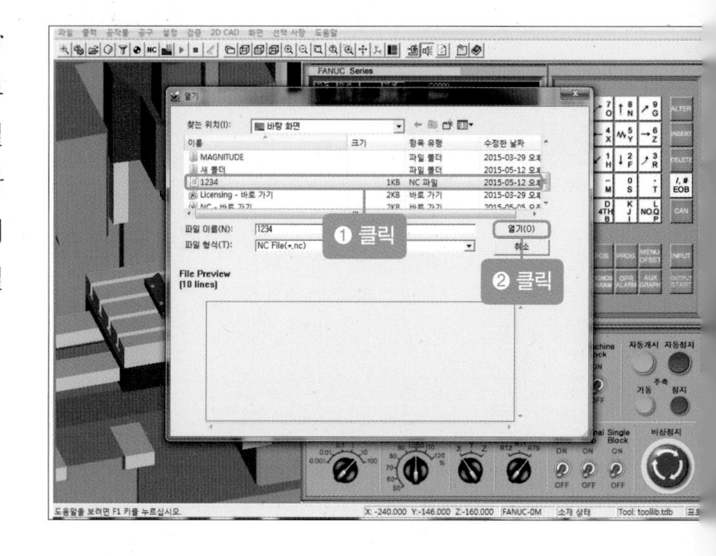

07 V-CNC Machining Center 모니터 안에 작성했던 "1234.NC" 프로그래밍이 입력됩니다.

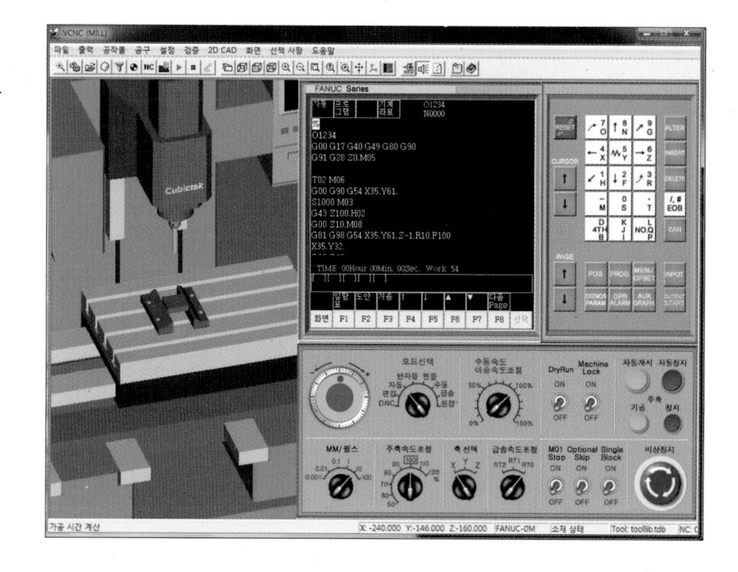

08 풀다운 메뉴의 [공작물-생성]을 클릭합니다.

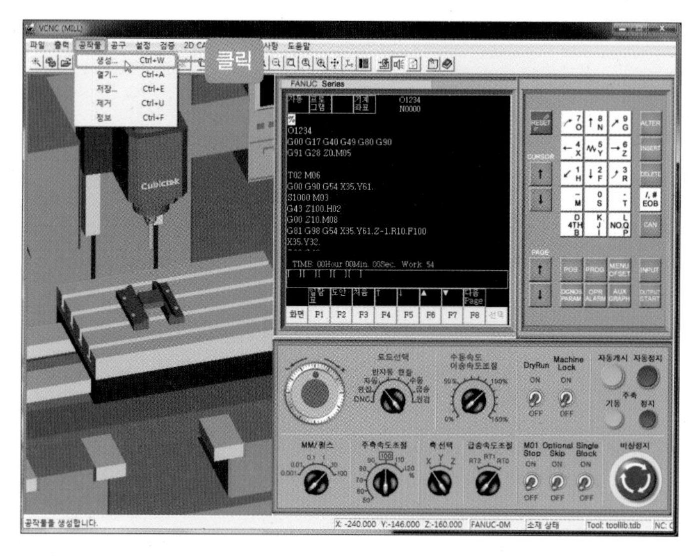

09 [설정 마법사]가 나타납니다. 상부에 [기계-공작물-공구 설정-원점 설정-NC 코드-가공] 탭이 있으며, 첫 번째 탭의 [기계]를 선택하여 기계 선택 사양과 콘트롤러 사양을 확인한 후 [적용] 버튼을 클릭합니다. 이 책에서는 기계를 [소형, 콘트롤러-FANUC 0M]로 선택하기로 합니다. 수험장에서는 머시닝센터 콘트롤러 사양을 확인하고, 그 사양에 맞는 콘트롤러를 선택해야 합니다.

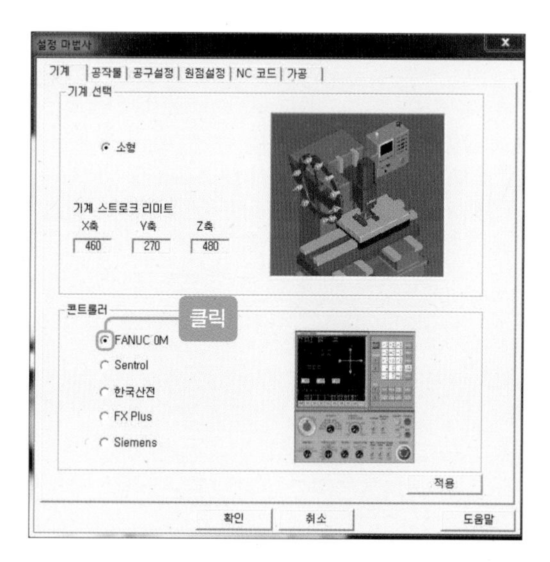

10 [설정 마법사]의 두 번째 탭인 [공작물]을 선택합니다. 지급된 도면에서 공작물의 외곽 크기를 확인하고 공작물의 크기에 맞춰 가로, 세로, 높이를 크기에 맞게 변경합니다. 가로: 70, 세로: 70, 높이: 18을 입력한 후 [적용] 버튼을 클릭합니다.

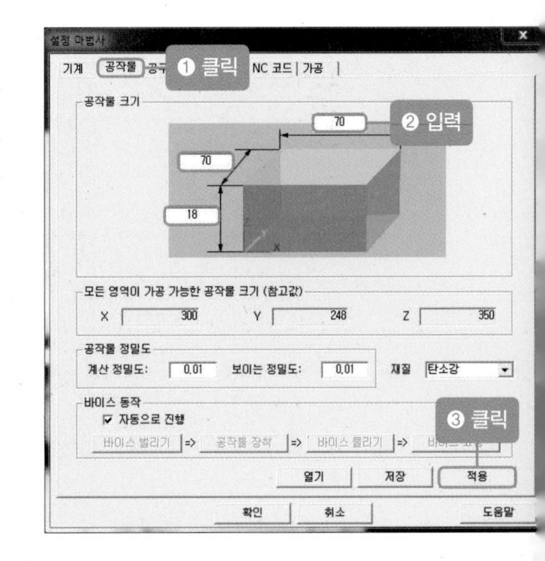

11 [설정 마법사]의 세 번째 탭인 [공구 설정]을 선택합니다. 공작물을 가공하기 위해 필요한 공구 종류, 공구 번호, 공구 크기를 설정합니다. 공구를 설정하는 방법은 다음과 같습니다.

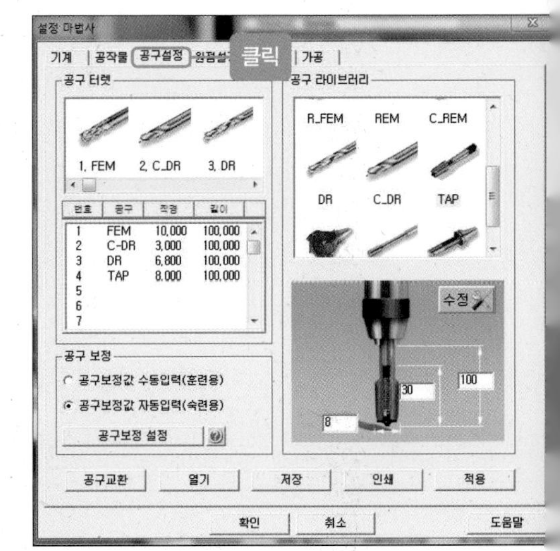

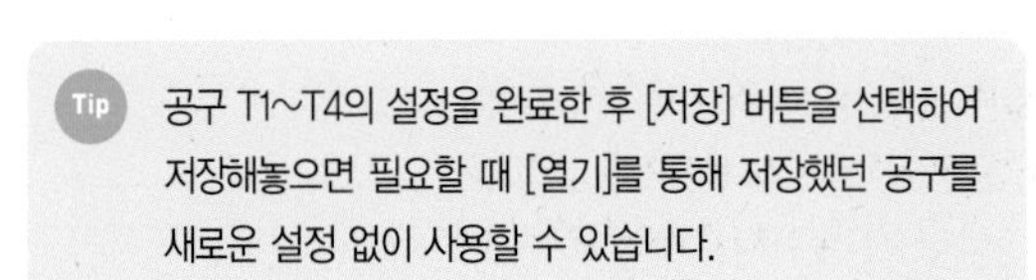
Tip 공구 T1~T4의 설정을 완료한 후 [저장] 버튼을 선택하여 저장해놓으면 필요할 때 [열기]를 통해 저장했던 공구를 새로운 설정 없이 사용할 수 있습니다.

공구 설정 방법

- [공구 라이브러리]에서 사용하는 공구를 선택합니다.
- 공구 라이브러리 하단의 공구 형상에서 지름값을 수정합니다.
- [수정] 버튼을 클릭합니다.
- [공구 라이브러리]의 [공구] 창에서 공구를 생성한 후 드래그합니다. 그런 다음 생성된 공구를 [공구 라이브러리] 창에 드래그하여 [공구 터렛] 창에 올립니다.
- [공구 보정–공구 보정 설정]을 클릭합니다.
- 공구 번호, 공구 이름, 공구 직경이 맞는지 확인하고, [적용] 버튼을 클릭합니다.

12 [설정 마법사]의 네 번째 탭인 [원점 설정]을 선택합니다. 공작물 좌표계를 사용할 원점을 설정한 후 공작물의 상부 면을 기준으로 좌측/하단을 선택합니다. 그런 다음 [가공 원점 알아내기] 버튼을 클릭하고 [가공 원점 입력하기] 버튼을 클릭합니다.

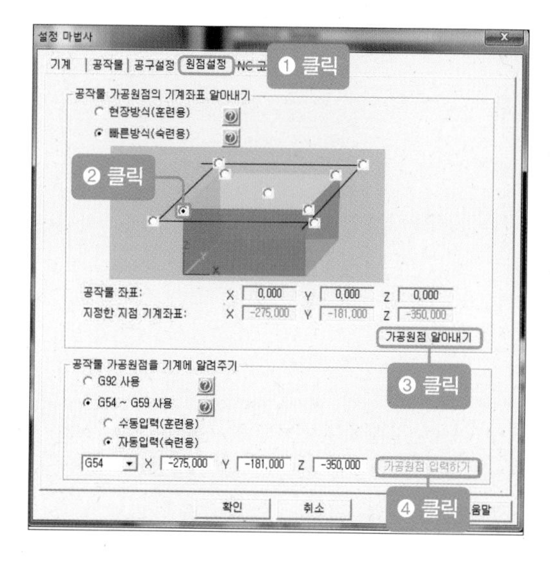

13 [설정 마법사]의 두 번째 탭인 [공작물]을 클릭합니다. 공작물과 공구 사이에 밀착되어 있으면 프로그램 실행 시 오류가 자주 발생하므로 설정 마법사 설정 과정 중 마지막에는 [공작물-적용]을 선택해야 합니다.

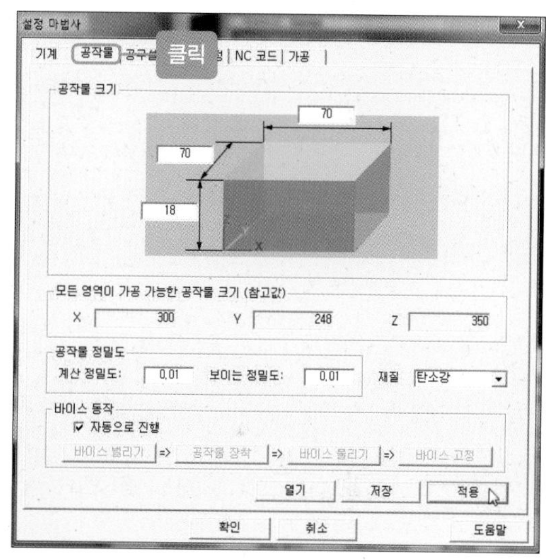

Tip

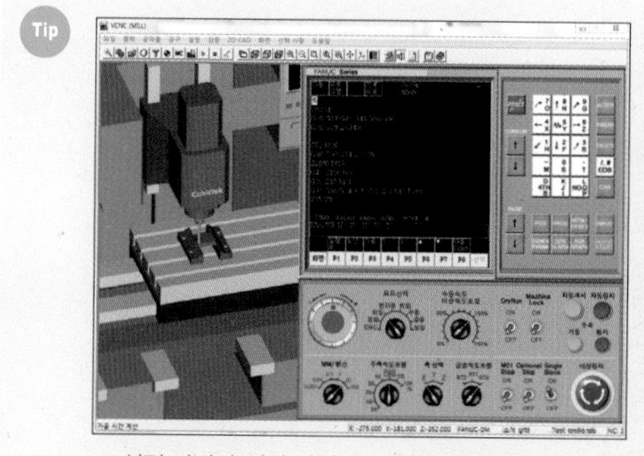

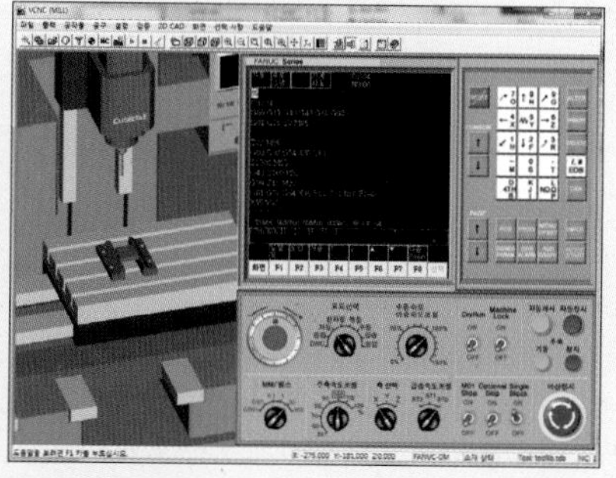

▲ 설정 마법사 설정 과정 중 마지막에 [공작물-적용]을 선택하기 전과 후의 모습

14 [확인] 버튼을 클릭합니다.

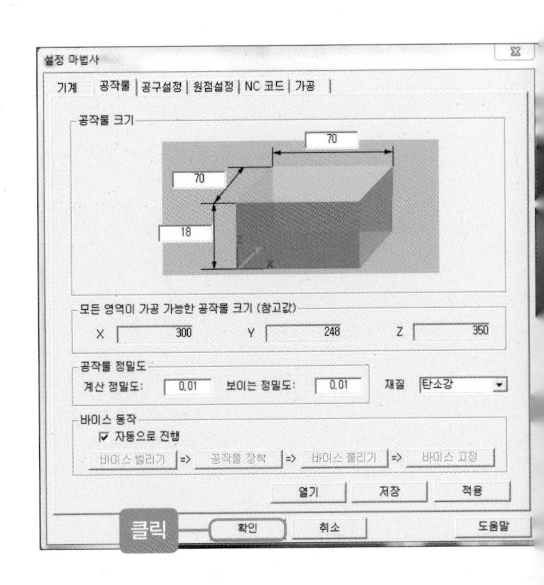

> **Tip** 메모장에서 작성한 CNC-선반 프로그래밍을 V-CNC 조작판을 버튼 기능을 배우고 프로그램을 한 줄씩 실행해봄으로써 작성한 프로그램 이상 유무를 판단하고 잘못 작성된 프로그램을 수정/보완할 수 있는 방법을 습득합니다. 가공 완료된 공작물을 도면 치수와 일치 여부를 판단합니다.

15 [모드 선택]에 '자동', [Single Block]에 'ON'으로 선택합니다. [자동 개시] 버튼을 한 번씩 클릭하면 프로그램이 한 줄씩 실행됩니다.

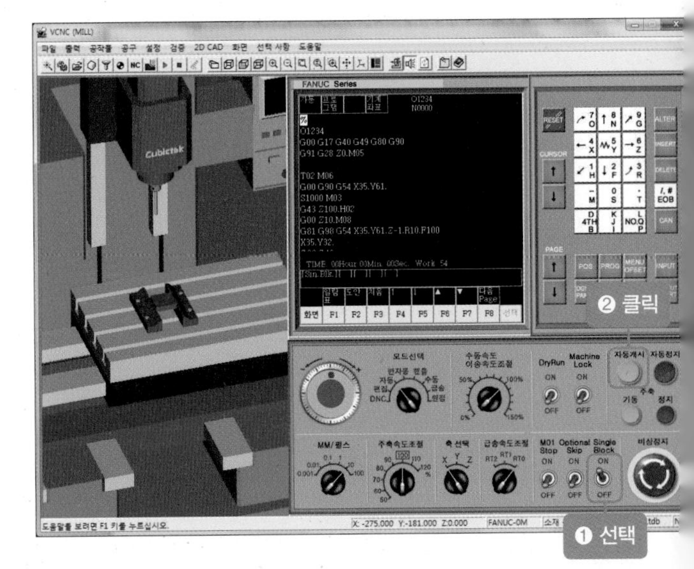

16 [자동 개시] 버튼을 클릭하여 프로그램 마지막 줄까지 실행합니다.

> **Tip** V-CNC 프로그램 실행 중 수정 사항이 발생하면 [모드 선택-편집]으로 변경하고 모니터 수정 부분을 클릭하여 필요한 부분을 수정하면 됩니다. 수정 사항이 완료되면 [모드 선택-자동]으로 변경한 후 [설정 마법사]의 설정 8번부터 14번까지 다시 반복하여 초기 상태로 작업을 다시 시작합니다. 아울러 조작판넬의 [RESET] 버튼을 선택하여 모니터 상의 커서를 프로그램의 상단으로 이동시킵니다.

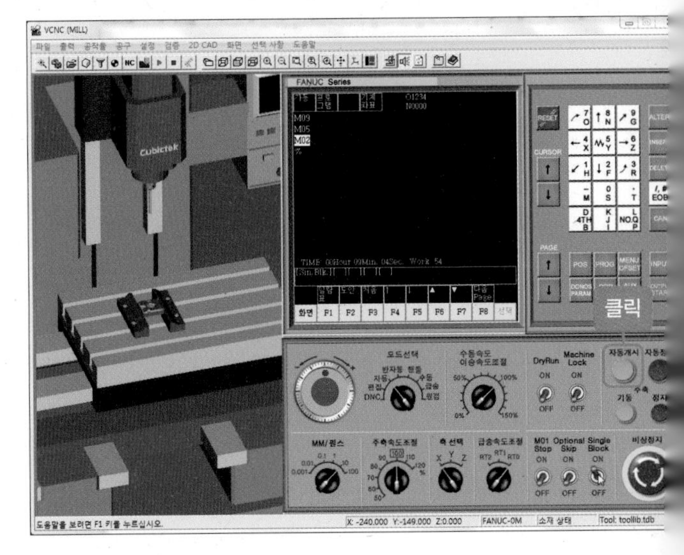

7 풀다운 메뉴의 [편집-도면 작성]을 선택합니다.

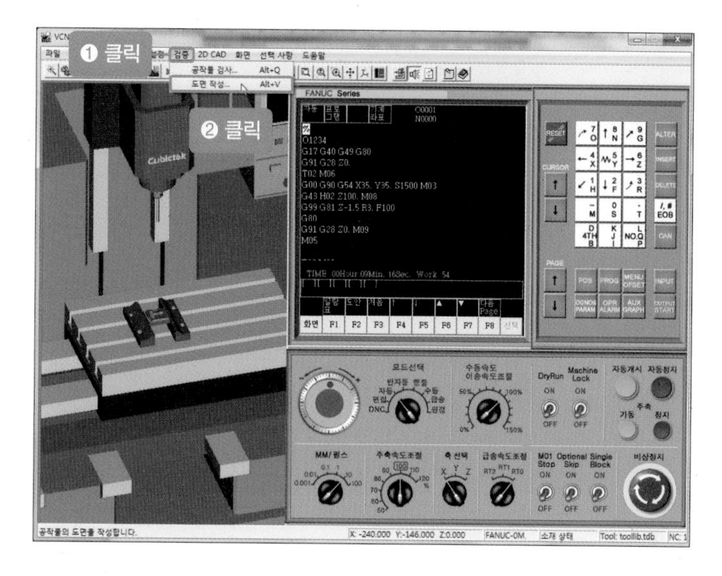

8 작업 완료된 공작물이 Cbdrawer가 실행되면서 2D 형상으로 변환됩니다.

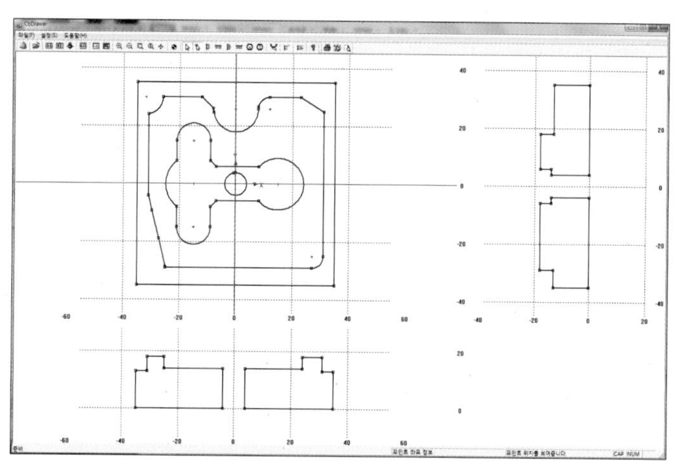

9 상단의 [수평 측정], [수직 측정], [원호 측정] 등에 아이콘을 이용하면 완성된 가공품의 치수를 측정할 수 있으며, 실기 도면에 치수와 비교 판단할 수 있습니다.

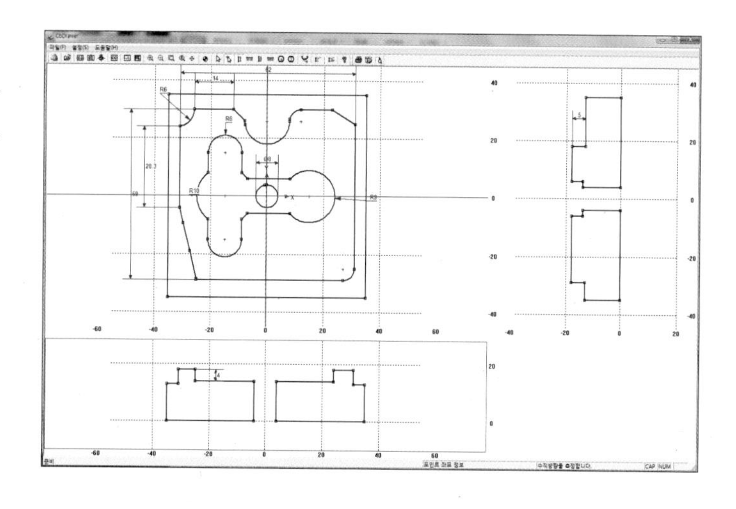

단원에 작성된 프로그램을 위와 같은 방법으로 따라해보도록 합시다.

컴퓨터응용가공산업기사
4
PART

조작 및 가공하기

컴퓨터응용가공산업기사 실기 시험 중에는 머시닝센터에서
공작물을 가지고 가공하는 시간이 배정되어 있습니다.
"Chapter 03. 프로그래밍"에서 작성한 프로그램을 기계에 공작물을
장착하고 공구 세팅하여 주어진 도면과 동일하게 가공이 제작되어야 합니다.
이 단원에서는 머시닝센터 조작에 필요한 기본 사항과 공작물 좌표계를 세팅하는 방법에 대해 알아보겠습니다.
머시닝센터는 수험장마다 제조 회사, 크기, 컨트롤러 사양이 모두 다르기 때문에 실기 시험 전 반드시 기계의 사양을
정확히 파악한 후 시험에 임해야 합니다. 이 단원에서는 두산에서 제조한 'DNM400II'를 예로 들어 설명하겠습니다.

1 | 머시닝센터 안전 운전 준수 사항

컴퓨터응용가공산업기사 실기를 수행하기 위해 MCT를 시험장에서 조작하게 되는데, 그에 대한 기계 안전 수칙 사항을 알아보고 혹시 발생할지도 모를 사고와 사건에 미리 대비할 수 있어야 합니다. 수험장에서 발생하는 사고에 대한 모든 책임은 수험자에게 있습니다. 따라서 수험자는 기계 조작 및 세팅에 더욱 주의를 기울여야 합니다.

안전에 관한 주의 사항은 우발적인 사고로부터 사람과 기계의 부상 및 손상을 방지하는 것이 목적이며 이러한 주의 사항은 본 기계뿐만 아니라 모든 기계의 세팅, 운전 조작에 적용되기 때문에 반드시 숙지하고 준수해야만 합니다.

1 기본적인 안전 사항

① 기계의 오작동을 방지하기 위하여 가동 전에 반드시 스위치들의 기능 및 위치를 확인하여 주십시오.

② 기계 내부는 회전 중인 공구, 이송 중인 기계, 비산하는 절삭유 및 고온의 칩으로 인해 매우 위험하므로 운전 중에는 절대로 문을 열지 마세요.

③ 비상 정지 스위치의 위치를 항상 기억하고, 어떠한 위치에서도 즉시 누를 수 있도록 하십시오.

④ 기계의 운전 중에는 도발적으로 임의의 조작 스위치를 누르지 않도록 주의하십시오.

⑤ 어떠한 환경 아래에서도 회전하고 있는 공구나 가공물을 손이나 임의의 물건으로 만지지 마십시오.

⑥ 기계에 조금이라도 의심스러운 사항이 발생되면, 즉시 감독 위원에게 확인을 받으십시오.

⑦ 작업자의 미끄러짐을 방지하기 위하여 바닥 위의 기름 및 물을 즉시 닦아주십시오.

⑧ 기계 주변을 충분히 밝게, 작업자의 이동에 방해가 되는 장애물을 정리 정돈을 하여 청결한 환경이 되도록 하여 주십시오.

⑨ 공구, 가공물 및 기타 물품을 기계 가공부 및 기계 위에 두지 마십시오.

⑩ 기계 운전 중에는 기계문이 완전히 닫혀 있는지 확인하여 주시기 바랍니다.

⑪ 정전 시에는 즉시 기계의 주 전원을 차단시켜주십시오.

⑫ 젖은 손으로 스위치를 만지지 마십시오. 감전 사고의 위험이 있습니다. 강력 절삭을 수행할 때에는 고온의 칩으로 인하여 발화할 수도 있기 때문에 칩이 쌓이지 않도록 주의하여 주십시오.

2 개인 및 의류에 대한 안전 사항

① 안전 작업에 적합한 복장(안전화, 안전모, 보안경 등)을 착용하고 작업을 하여 주시기 바랍니다.

② 장갑이나 느슨하고 헐렁한 의류를 착용한 상태에서 기계 운전을 하지 마십시오.

③ 기계 운전에서 얽힘에 의한 위험을 피하기 위하여 의복의 단추나 고리를 완전하게 채워주시기 바랍니다.
④ 기계 장치에 뒤엉킬 수 있는 긴 머리는 묶어주시기 바랍니다.
⑤ 작업 영역 내의 머리 위에 장애물이 있는 경우에는 항상 안전모를 착용하십시오.
⑥ 작업 영역에서 날카롭고 뜨거운 칩을 제거할 경우와 가공물 또는 공구를 투입하거나 빼낼 때에는 기계 주 조작반의 전원을 차단시킨 후 손을 보호하기 위한 안전 장갑을 착용한 후 작업을 하여 주시기 바랍니다.

3 준비 작업 시 주의 사항

① 준비 작업을 할 경우에는 전원을 내려주십시오.
② 공구는 기계의 사항과 작업에 맞는 것을 사용하십시오.
③ 마모된 공구는 적당한 공구와 미리 교환해주십시오.
④ 기계 주위는 항상 밝게 하고 건조한 상태를 유지해주십시오.
⑤ 기계 주변은 발판과 통로가 확보될 수 있도록 해주십시오.
⑥ 주축, 자동 팰리트 교환 장치, 매거진, 커머 등에 공구나 물건을 방치하지 마십시오.
⑦ 전원을 넣은 상태에서 작업하지 않으면 안 될 경우에는 조작반 상의 스위치를 다음 주의 위치에 놓아두십시오.
㉮ 모드(Mode Switch)를 수동 조작(Handle)으로 합니다.
㉯ 주축 속도 조정량을 최저로 합니다.
㉰ 각 오버라이드 스위치(절삭 이송, 급이송)를 최저로 합니다.
㉱ 기계 잠금 장치(Machine Look)을 'ON'합니다.
⑧ 공구의 장착 시 돌출 범위를 반드시 지켜주십시오.
⑨ 공작물이나 공구는 항상 정확하게 클램프하십시오. 또 절삭 깊이, 이송량은 작은 단계에서 시작하여 주십시오.
⑩ 가공 중인 공작물을 일시 확인하고자 할 경우에는 공구와 충분한 거리를 유지하여 주시고 주축의 이송, 회전 등을 멈춰주십시오.
⑪ 수동 조작으로 주축을 회전시킬 때에는 주축 속도 조정 스위치를 최저로 하여 주십시오. 또 회전을 중지시킬 때에는 스위치를 최저로 한 후에 정지시켜주십시오.

4 기계 조작 상의 주의 사항

① 물이나 칩, 기름으로부터 기계의 손상을 방지하기 위해 강전반의 반드시 문을 닫은 후 작업을 수행하여 주십시오.

② 공구에 감겨 부은 칩이나 그 외에 떨어진 칩 및 이물질을 처리할 경우 손으로 잡으면 위험하므로 반드시 기계를 정지한 후에 장갑을 끼고 브러시 등을 사용하십시오.

③ 가동 중에는 기계 내부에 절대 손이나 공구 등을 넣지 마십시오. 절삭유 노즐 등의 조정도 반드시 기계가 정지한 상태에서 하십시오.

④ 기계 조작 시 충분한 준비 운전을 하지 않은 상태에서 주축 회전 수를 급상승시키면 스핀들 헤드의 베어링이 손상될 위험이 있으므로 회전 수를 서서히 상승시켜주십시오.

⑤ 안전 커버가 열린 상태에서 운전하지 마십시오.

⑥ 주축 회전 중에 문을 열고 칩을 배출하거나 가공물 및 공구를 만지지 마십시오.

⑦ 수동으로 공구를 탈·부착할 경우에는 반드시 기계를 멈춘 상태에서 하십시오.

⑧ 가공이 완료되고 공작물 교환 시 사이클 스타트(Cycle Start)의 램프가 꺼져 있는지 확인하여 주십시오.

⑨ 최초의 메모리 운전은 프로그래밍 번호를 확인하고 곧바로 연속 운전으로 들어가지 말고, 싱글 블록 등을 사용하여 확인하면서 주의하여 운전하여 주십시오.

5 공작물 장착과 공구 장착 및 제거에 관한 주의 사항

① 자동 팔레트 교환 장치가 회전하고 있는 경우에는 절대 교환 장치의 회전 영역 내에 접근하지 마십시오.

② 공구 매거진이 회전하고 있는 경우에는 절대 공구 매거진의 회전 영역에 접근하지 마십시오.

③ 공작물을 장착할 경우에는 확실히 체결될 수 있도록 하여 주십시오.

6 전기 기기, NC 장치의 주의 사항

① NC 장치 및 강전반 등에는 충격을 주지 마십시오.

② 기계의 1차 배선은 취급 설명서에서 지정한 굵기의 것을 반드시 사용하며, 필요 이상으로 긴 케이블은 사용하지 마십시오.

③ 파라미터, 킵 릴레이 및 그 외 전기적 설정치 등은 바꾸지 마십시오.

7 작업 도중에 멈출 시 주의 사항

① 작업을 잠시 멈추고 기계를 떠날 때도 주 조작반의 전원을 내려주십시오.

② 긴급하게 기계를 멈추고 싶을 때는 비상 정지 버튼을 눌러주십시오.

③ 비상 정지 버튼을 눌러도 주축은 최대 5분 정도까지 회전할 수 있기 때문에 반드시 주축이 정지했는지를 확인한 후 작업을 수행해주시기 바랍니다.

8 작업 종료 시 주의 사항

① 기계와 장치의 청소를 할 때는 기계의 주 전원을 차단시켜 주십시오.
② 기계 각 부의 상태를 작업 시작 시의 초기 상태로 해주십시오.
③ 절삭유, 작동유, 윤활유 상태를 점검하여 교환, 보충하여 주시기 바랍니다.
④ 절삭유 탱크의 필터를 청소하십시오.
⑤ 기계에서 떠날 때에는 주 조작반 전원, 기계 주 전원, 공장 배전반의 순으로 전원을 내려주십시오.

2 | 머시닝센터 명칭 및 상세

컴퓨터응용가공산업기사 실기 시험 중 하나인 "조작 및 가공하기"는 본인이 작성한 프로그래밍을 머시닝센터를 이용하여 직접 가공하는 것입니다. 수기 G-CODE 작성은 "Chapter 03. 프로그래밍"에서 다루었으며, 이번 장에서는 작성한 프로그래밍을 기계를 이용하여 가공하기 위해 머시닝센터의 각 용도 및 조작 방법에 대해 알아보겠습니다.
실기 시험을 보기 위해서는 절삭 공구 선택 및 장착, 공작물 장착, 좌표계 설정, 공구 보정 설정, 수동 운전 및 자동 운전 모드 운전, 공구 보정량 설정, 공구 손상 시 공구 교체, 프로그램 이상 시 조작 판넬을 이용하여 프로그램을 수정할 수 있어야 합니다.
수험생은 본인이 시험을 보는 시험장에 비치된 기계 사양과 시스템 사양을 꼭 확인하고 사용할 기계에 맞게 작동 방법 및 세팅을 연습해야만 합니다. 같은 제조사라도 기계 사양 및 옵션 유무에 따라 조작 방법 및 세팅 방법이 달라질 수 있으므로 사전에 미리 확인한 후 시험에 임해야 합니다.

이번 장에서 다룰 기계는 두산에서 제조한 'DNM400II'이며, FANUC i series 시스템을 탑재한 Machining Center FANAC를 기준으로 좌표계 설정 및 공구 세팅 등을 알아보겠습니다.

수험장에서 다루게 될 기계와 이 장에서 다루는 기계 사양은 다를 수 있음을 명심하고 실기 시험 전에 수험장에서 다룰 머시닝센터 제조사 및 사양을 확인한 후 그에 맞게 준비하기 바랍니다.

1 주요 각 부위 명칭

머시닝센터 두산 DNM400II의 Machining Center 각 부위 명칭 및 배치를 알아보겠습니다.

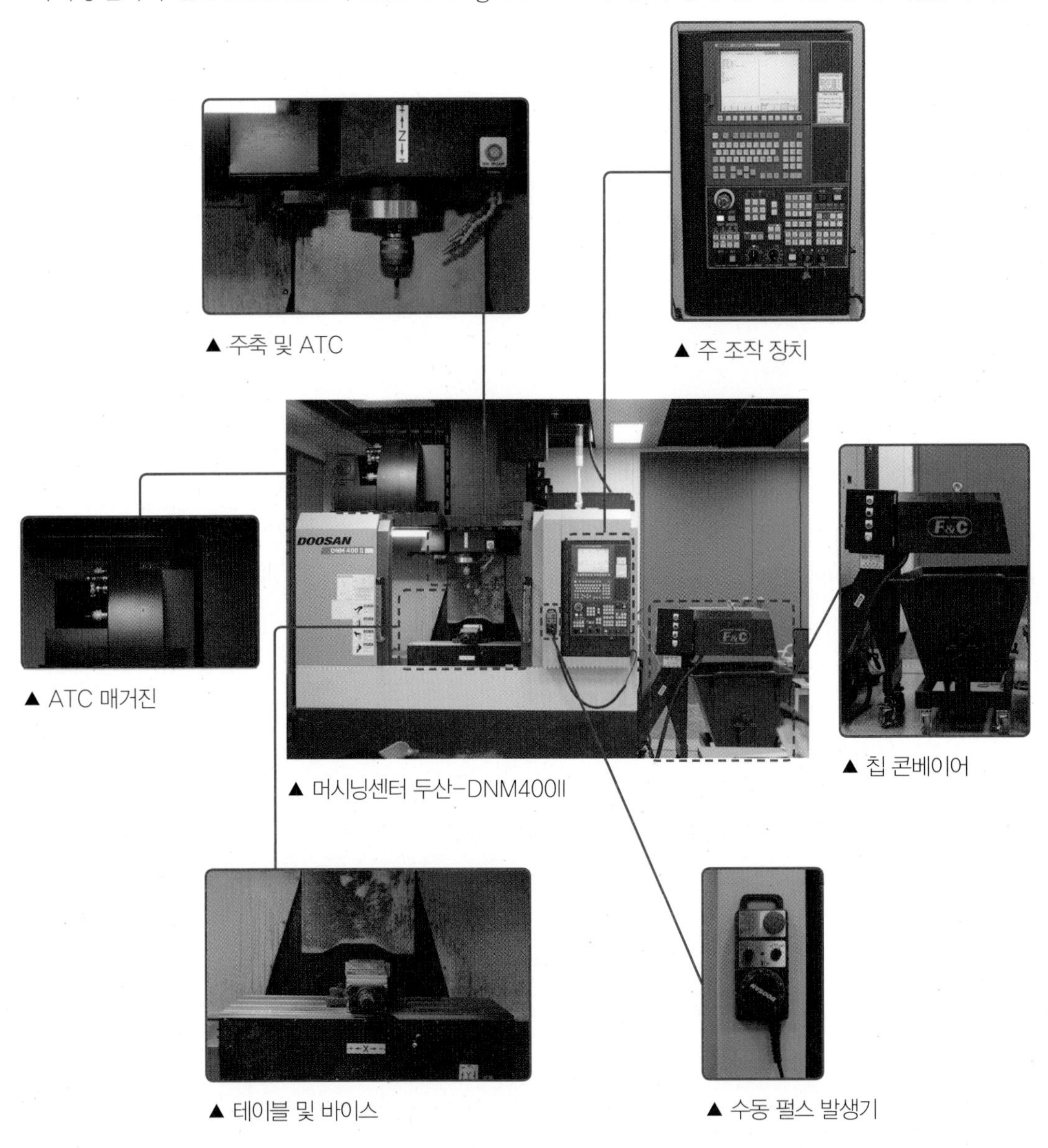

▲ 주축 및 ATC

▲ 주 조작 장치

▲ ATC 매거진

▲ 머시닝센터 두산-DNM400II

▲ 칩 콘베이어

▲ 테이블 및 바이스

▲ 수동 펄스 발생기

2 각 부위 상세 및 설명

각 부위의 사용 용도 및 조작 방법을 알아보겠습니다.

❶ 주 조작 장치

기계 조작에 필요한 입출력 및 조작에 필요한 각종 버튼이 배치되어 있습니다.

㉮ MDI/화면 장치: 입력된 데이터 및 기계 상태를 표시합니다. 화면 하단의 소프트 버튼은 화면 변환에 따른 추가 기능을 입력/편집할 수 있습니다.

㉯ 편집 버튼: 데이터 입력/편집 및 화면 상태 변환 등을 할 수 있습니다.

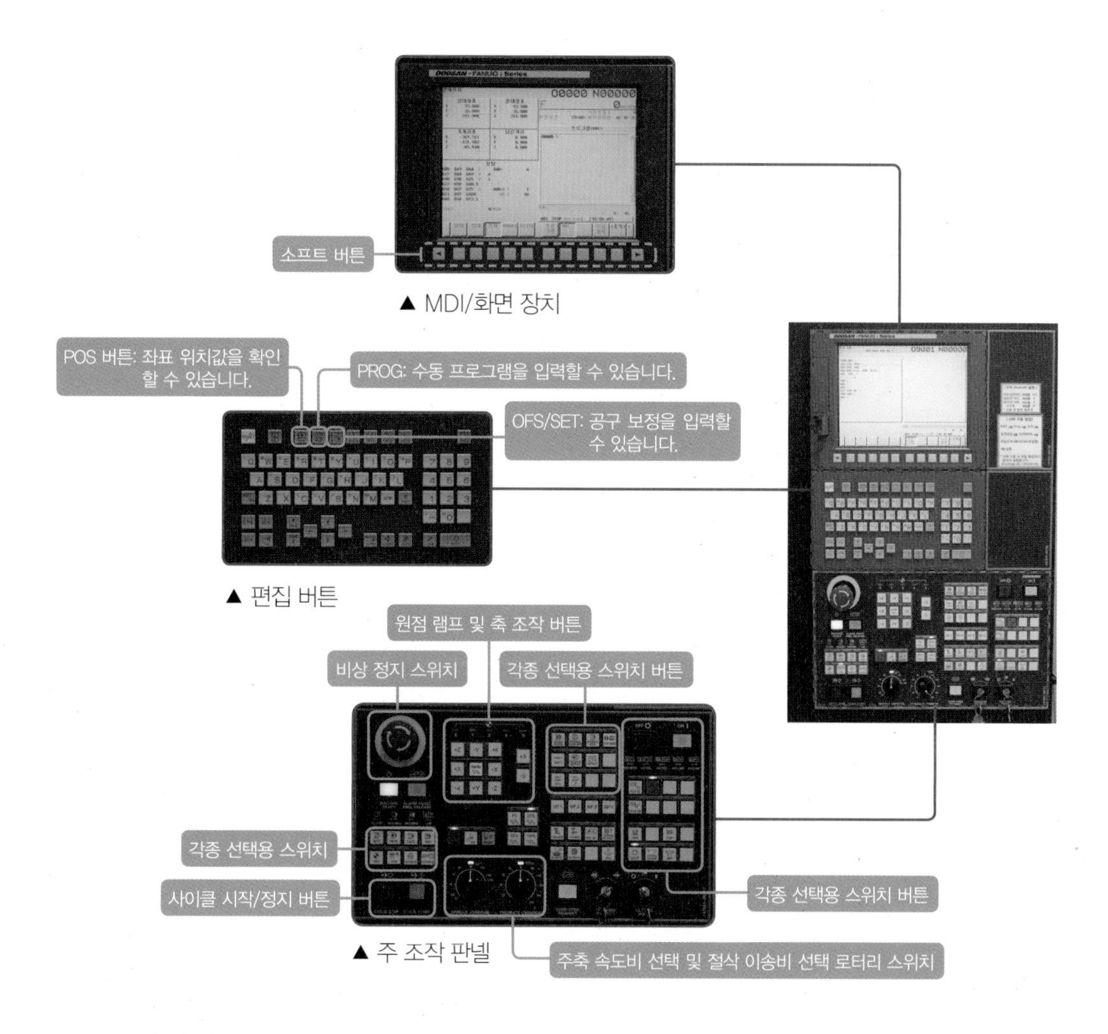

▲ MDI/화면 장치

▲ 편집 버튼

▲ 주 조작 판넬

❷ 주 조작 판넬

㉮ 비상 정지 스위치–긴급 상황 시 비상 정지 버튼 스위치를 눌러 모든 작업을 정지시킵니다.

㉯ 사이클 시작/정지 버튼–프로그램에 의한 자동 운전을 시작 및 정지할 때 사용됩니다.

㉰ 각종 선택용 스위치–운전하고자 하는 형태를 선택하여 작업할 수 있습니다.

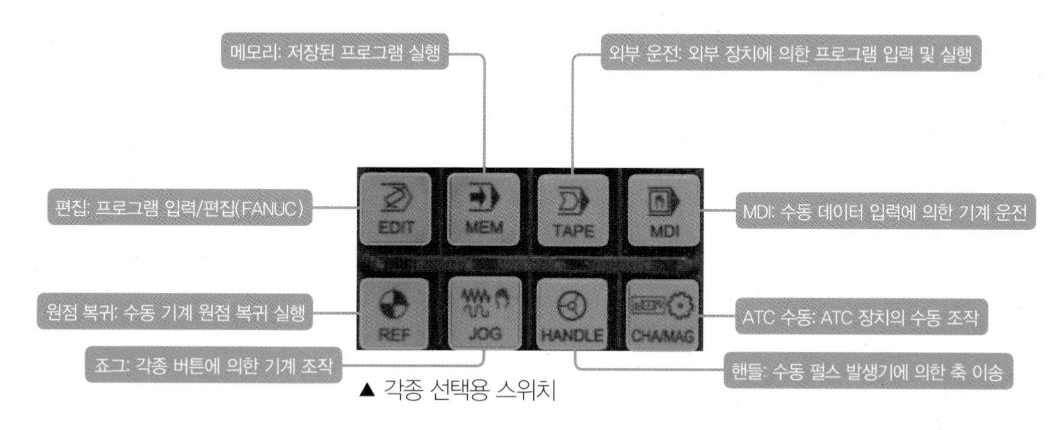

▲ 각종 선택용 스위치

㉣ 주축 속도비 선택 및 절삭 이송비 선택 로터리 스위치

- 주축 속도비 선택 로터리 스위치: 수동/자동 운전 시 주축 속도를 조절합니다.
- 절삭 이송비 선택 로터리 스위치: 수동/자동 운전 시 절삭 이송의 속도를 조절합니다.

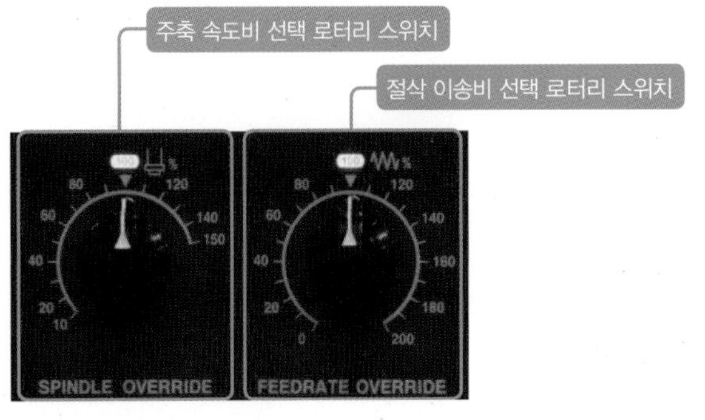

▲ 주축 속도비/절삭 이송비 선택 로터리 스위치

㉤ 원점 램프 및 축 조작 버튼: 각 축이 제1 원점에 위치하면 점등하고, 제2 원점에 위치하면 깜박입니다.

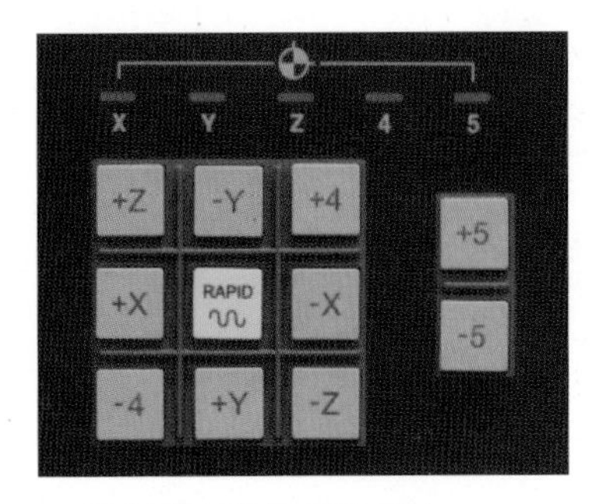

▲ 원점 램프 및 축 조작 버튼

㉥ 각종 선택용 스위치 버튼

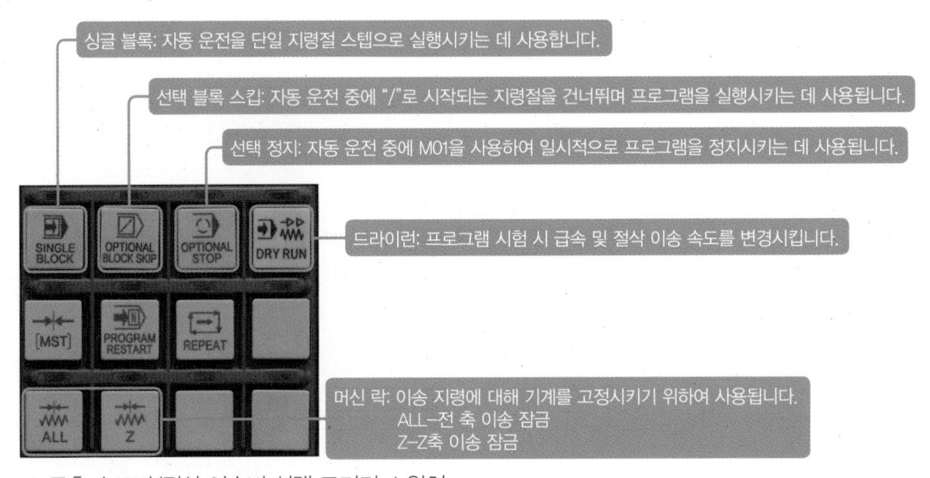

▲ 주축 속도비/절삭 이송비 선택 로터리 스위치

㉳ 각종 선택용 스위치 버튼

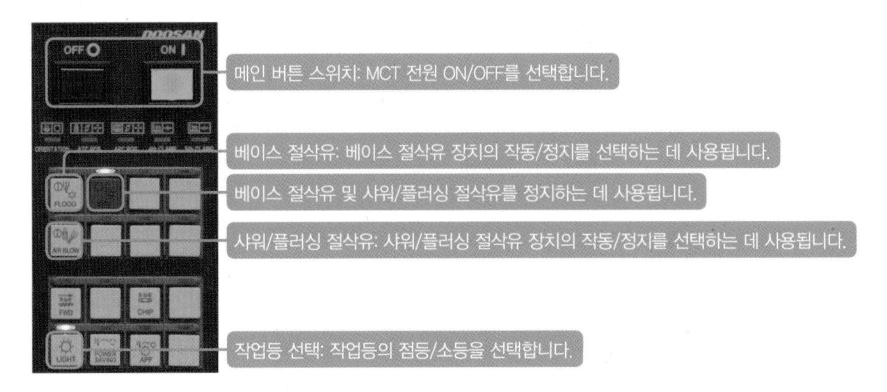

❸ 주축 및 ATC

절삭 작업을 위한 주축과 공구 교환 장치 ATC가 장착되어 있습니다.

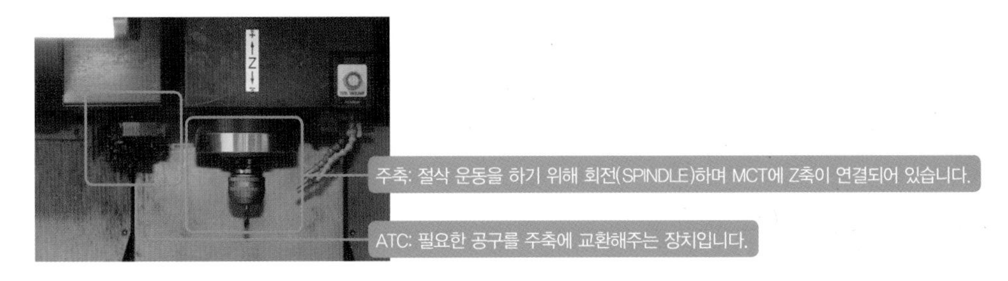

❹ 테이블 및 바이스

❺ 수동 펄스 발생기

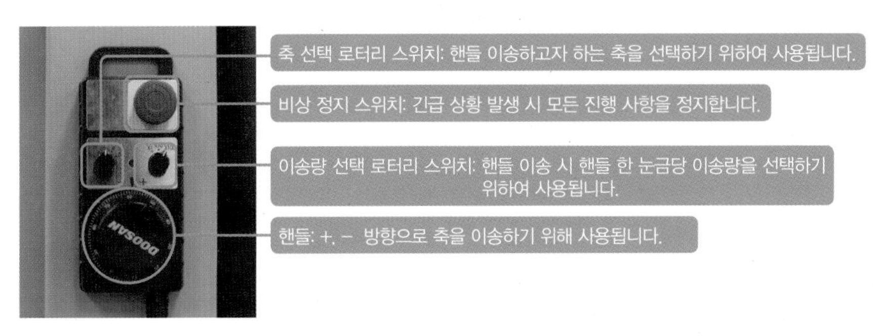

머시닝센터 설명 중 ATC 매거진과 칩 컨베이어는 컴퓨터응용가공산업기사 실기 시험 부분과 관련이 없기 때문에 이 장에서는 다루지 않겠습니다.

3 | 머시닝센터 세팅 따라하기

머시닝센터에 공작물 고정 및 공구 보정 및 공작물 좌표계 설정, 보정값 입력 등 컴퓨터응용가공산업기사에 조작 및 가공하기 위한 세팅 방법을 알아보기로 합니다.

1 조작 및 가공을 위한 세팅 방법

머시닝센터 두산 DNM II FANUC 시리즈 기계 원점 및 기계 세팅을 할 수 있게 합니다.

▲ 메인 전원 스위치

❶ MAIN 전원 및 공압 관련 장치를 'TURN ON'으로 변경합니다.

❷ 기계 뒷면에 있는 장비 메인 전원을 'ON'으로 변경합니다.

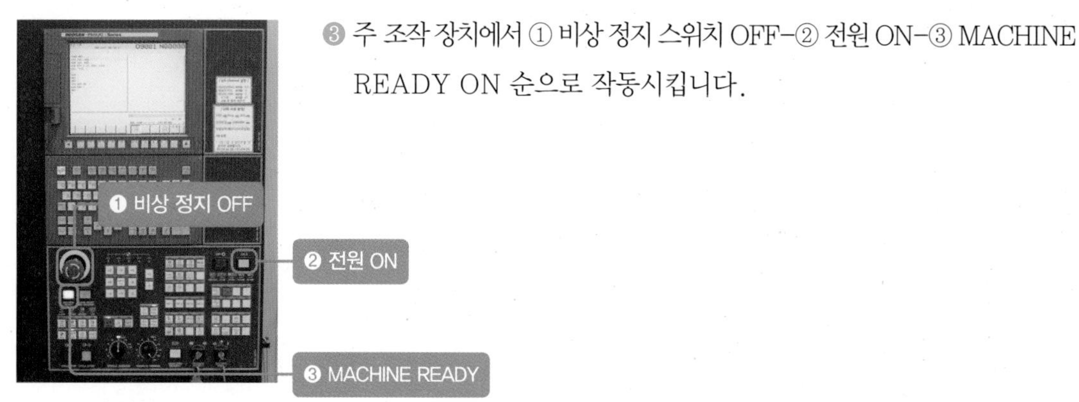

▲ 주 조작 장치

❸ 주 조작 장치에서 ① 비상 정지 스위치 OFF–② 전원 ON–③ MACHINE READY ON 순으로 작동시킵니다.

❹ 주 조작 장치에서 원점 복귀 스위치를 선택하고 각 축 모두를 원점 복귀하여 각 축에 원점이 복귀되었다고 불이 들어 올 때까지 기다립니다.

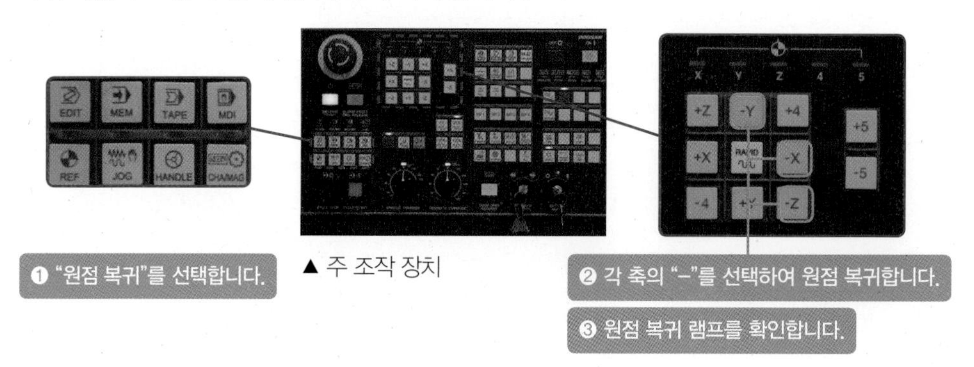

▲ 주 조작 장치

여기까지는 일반적으로 컴퓨터응용가공산업기사 시험장에서 미리 작업을 하여 수험자에게 기계를 인수 인계해줄 것입니다. 혹시 작업이 안 되어 있다면 감독 위원에 문의합니다.

⑤ 머시닝센터 테이블 위에 바이스에 수험장에서 주어진 공작물을 장착합니다. 공작물 하단에 블록을 받치고 상부에 올려놓은 다음 바이스 핸들을 이용하여 단단히 고정합니다. 실제 시험장에서는 알루미늄 사각 소재를 지급받게 될 것입니다.

▲ 바이스에 공작물 장착

⑥ 좌표계를 설정하기 위해서는 기준 공구를 선택해야 합니다. 컴퓨터응용가공산업기사에서는 엔드밀을 기준 공구로 하여 공구에 원점 세팅 및 길이 보정을 하도록 하겠습니다(공구 번호에 따른 공구 종류는 각 시험장마다 다를 수 있습니다. 이 점에 유의하기 바랍니다).

작업 지시서

공구 번호	공구 종류	회전 수(RPM)	이송(mm/min)
T01(기준 공구)	ø10.0 E/M	1000	90
T02	ø3.0센터드릴	1200	100
T03	ø6.8드릴	800	90
T04	M8x1.25	100	125

주 조작 장치에서 ① MDI-② PROG-③ T01 M06 EOB INSERT-④ CYCLE START 실행합니다(공구 교환 중에는 비상 정지 사용을 금합니다).

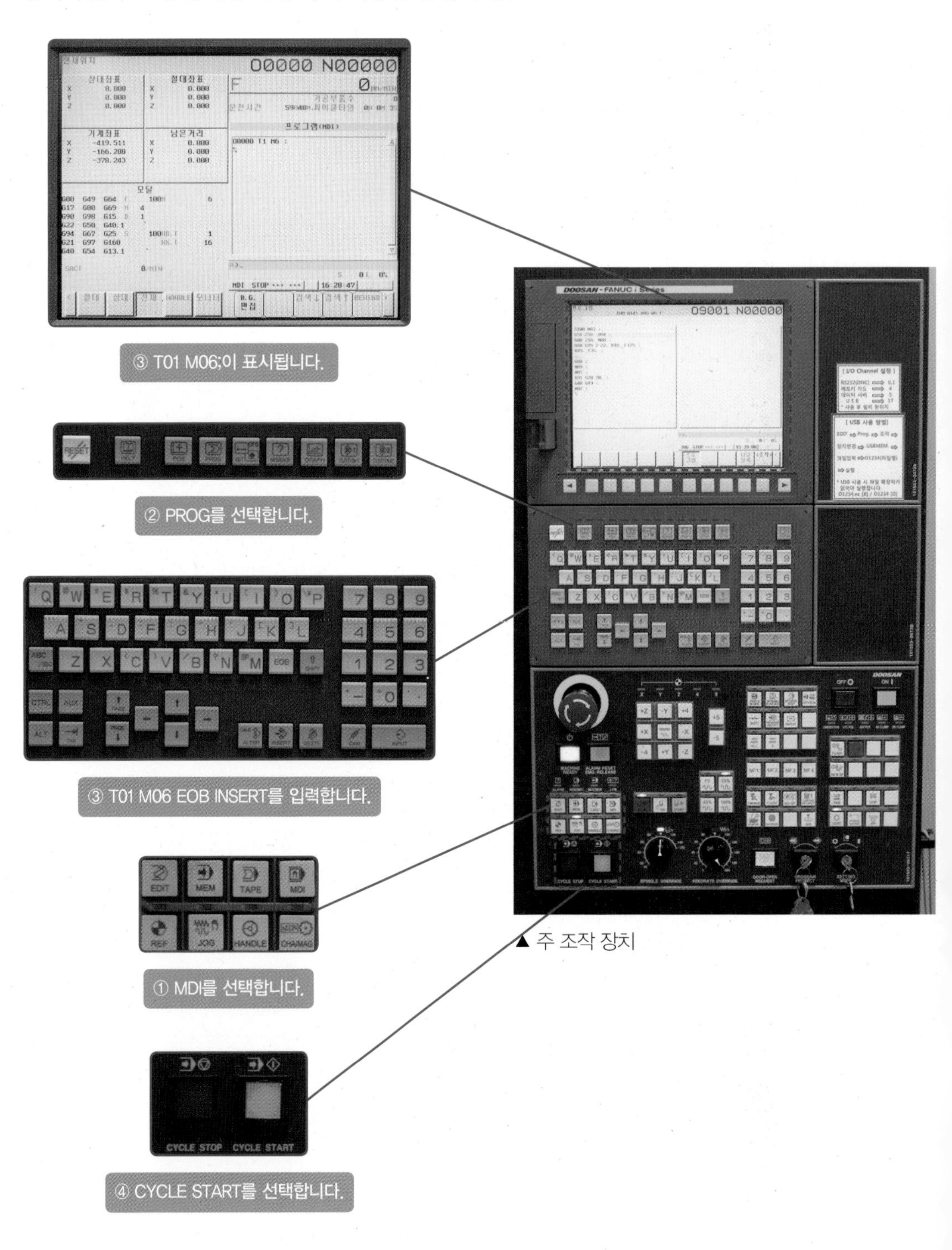

▲ 주 조작 장치

⑦ 기준 공구 “T01”를 회전시키겠습니다.

㉮ S1000 M03 EOB INSERT를 입력합니다.

㉯ CYCLE START를 입력합니다.

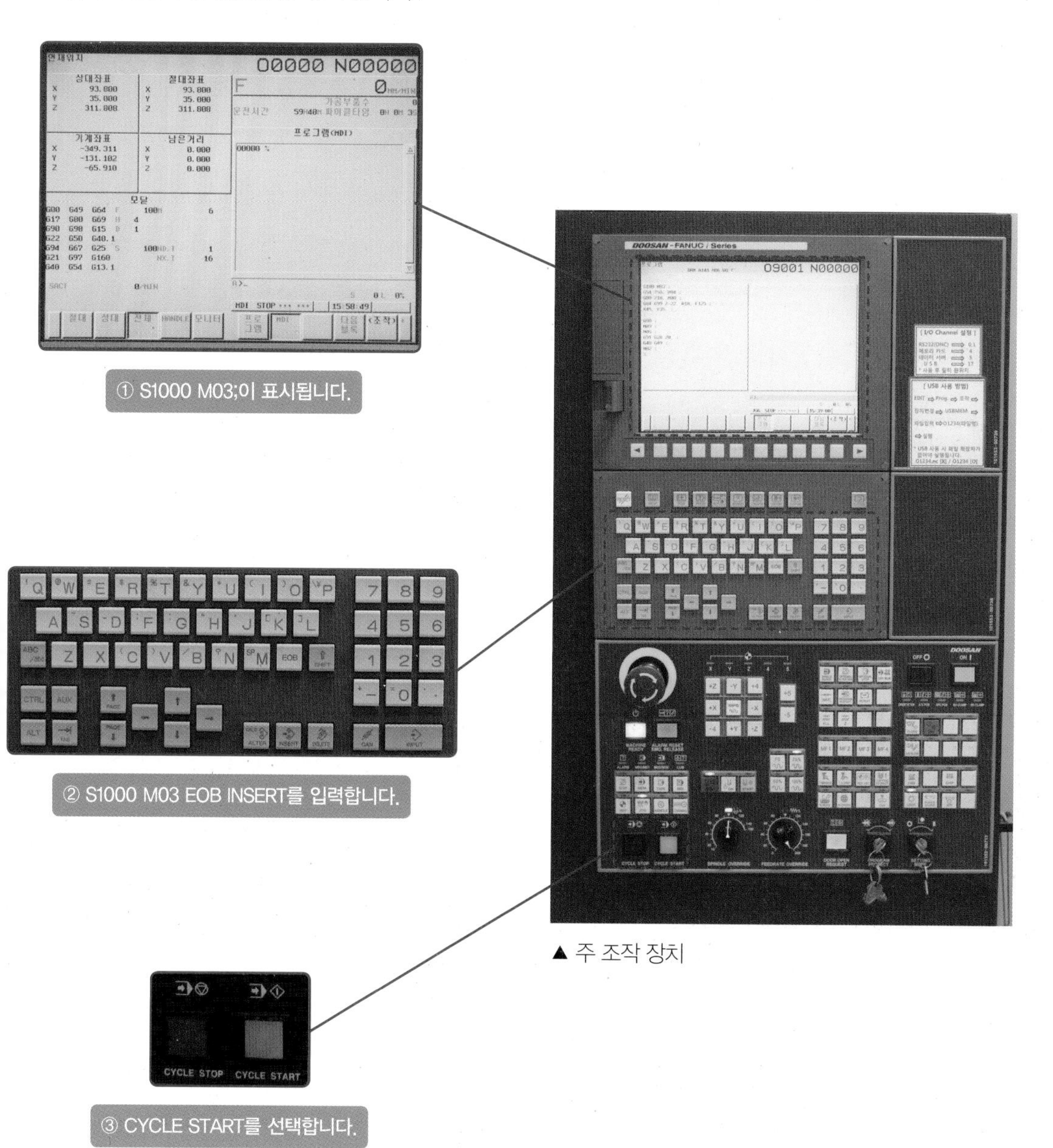

① S1000 M03;이 표시됩니다.

② S1000 M03 EOB INSERT를 입력합니다.

③ CYCLE START를 선택합니다.

▲ 주 조작 장치

⑧ 공작물의 X축을 터치한 후 공작물 좌표계에 입력합니다.

㉮ HANDLE을 선택합니다.

㉯ 수동 펄스 발생기를 조작합니다.

㉰ 공작물에 X축을 터치합니다.

㉱ POS 버튼을 선택합니다.

㉲ 'X'를 입력합니다.

㉳ 오리진을 선택합니다.

㉴ X축의 상대 좌표값 0이 변경됩니다.

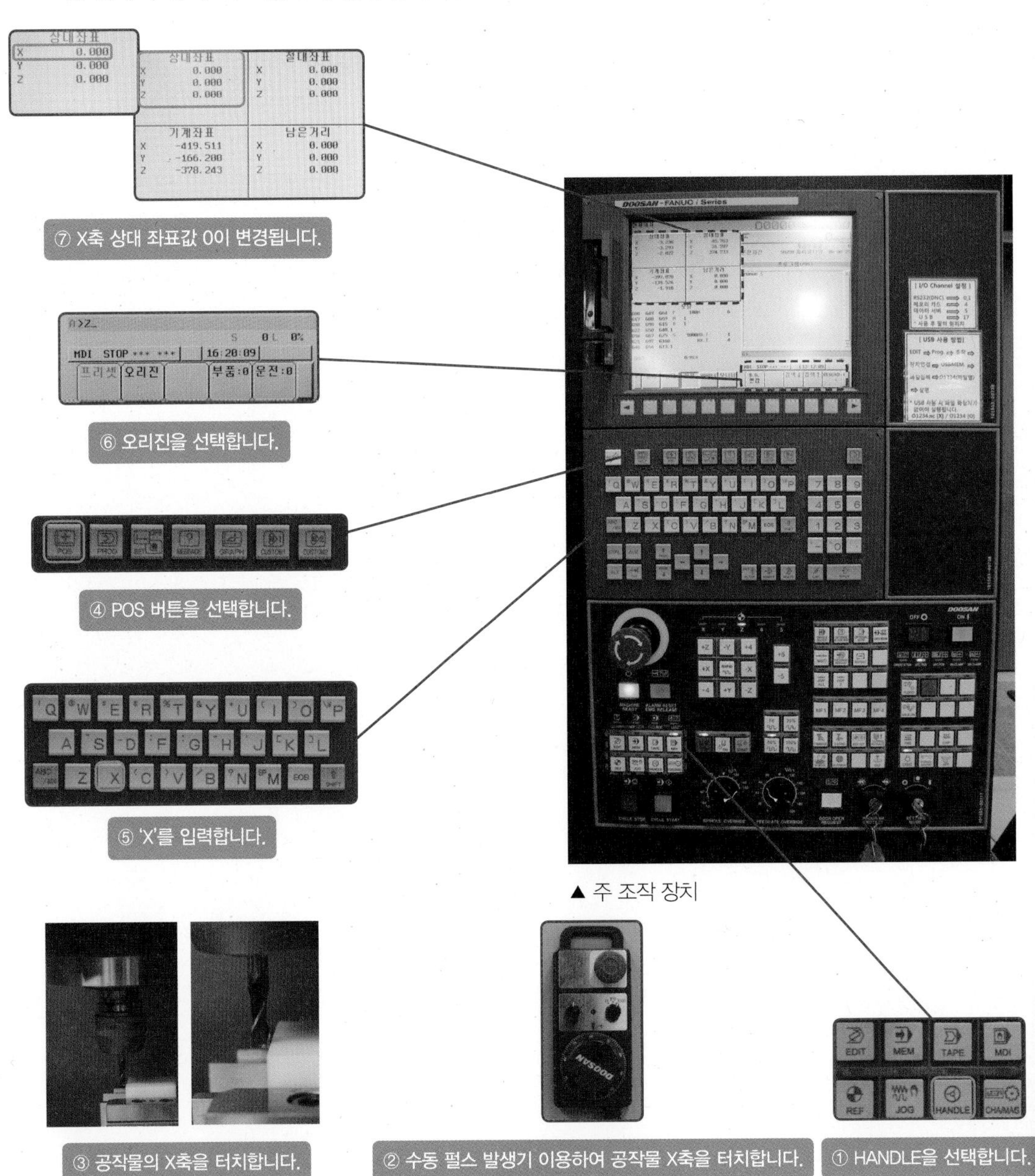

⑨ 공작물에 Y축을 터치한 후 공작물 좌표계에 입력합니다.

㉮ HANDLE을 선택합니다.

㉯ 수동 펄스 발생기를 조작합니다.

㉰ 공작물에 Y축을 터치합니다.

㉱ POS 버튼을 선택합니다.

㉲ 'Y'를 입력합니다.

㉳ 오리진을 선택합니다.

㉴ Y축 상대 좌표값이 '0'으로 변경됩니다.

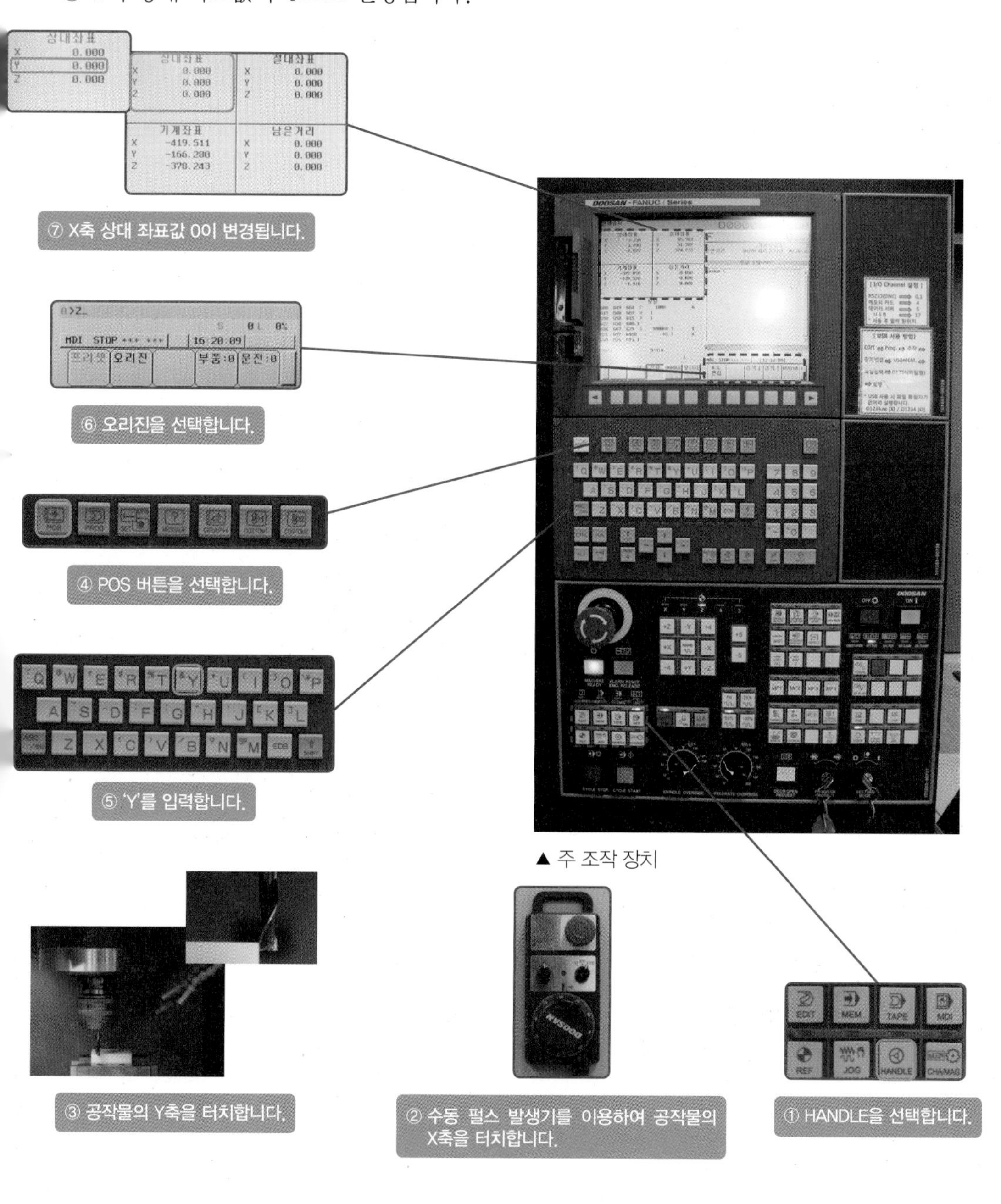

▲ 주 조작 장치

⑩ 공작물의 Z축을 터치한 후 공작물 좌표계에 입력합니다.

㉮ HANDLE을 선택합니다.

㉯ 수동 펄스 발생기를 조작합니다.

㉰ 공작물 좌표계에 공구 중심 위치 이동 및 Z축을 터치합니다.

㉱ POS 버튼을 선택합니다.

㉲ 'Z'를 입력합니다.

㉳ 오리진을 선택합니다.

㉴ Z축 상대 좌표값이 '0'으로 변경됩니다.

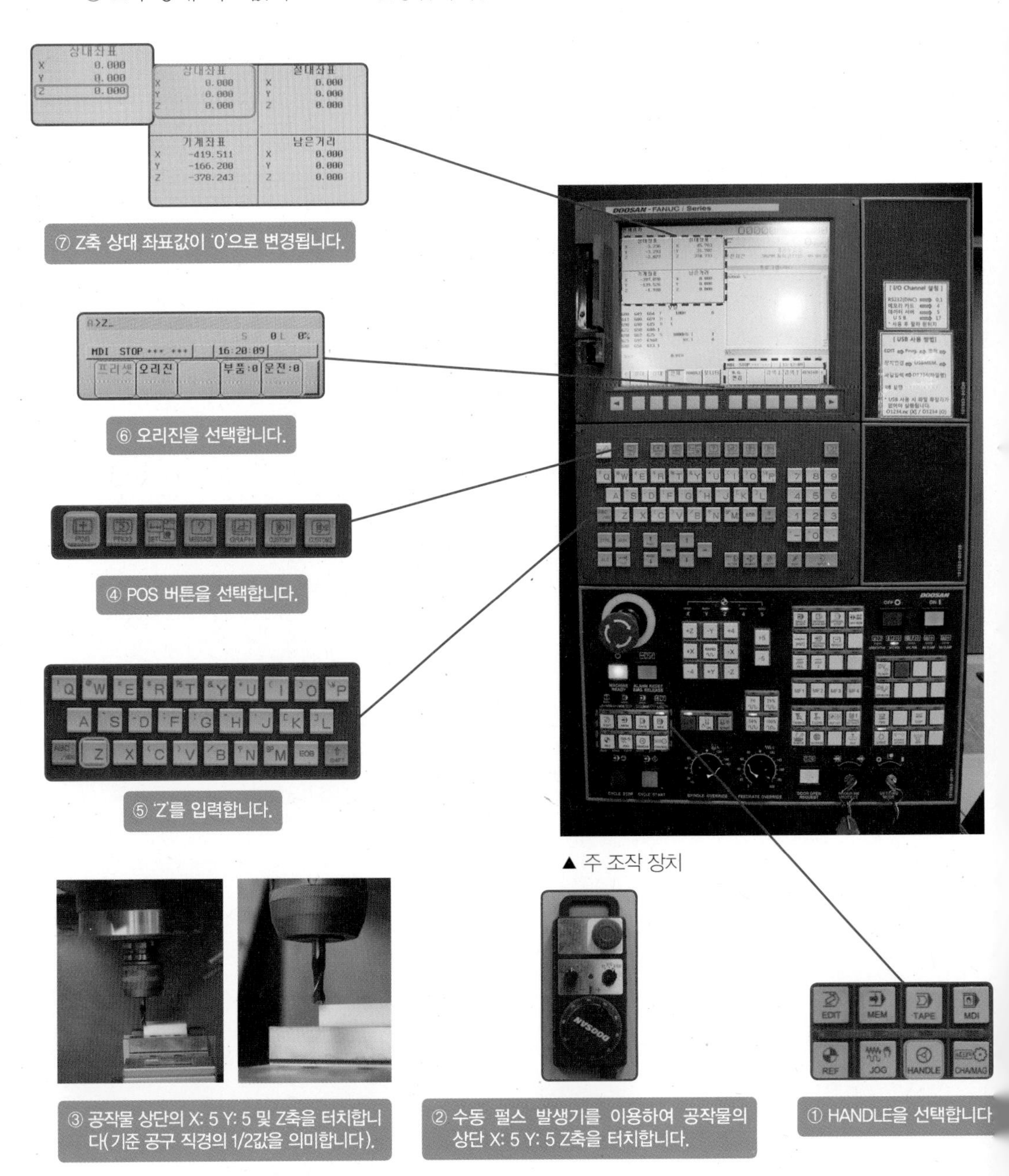

▲ 주 조작 장치

⑪ 제1공작물 좌표계 설정하기(G54)

㉮ OFS/SET 버튼을 선택합니다.

㉯ 'X0'를 입력합니다.

㉰ 측정 버튼을 선택합니다.

㉱ 'Y0'를 입력합니다.

㉲ 측정 버튼을 선택합니다.

㉳ 'Z0'를 입력합니다.

㉴ 측정 버튼을 선택합니다.

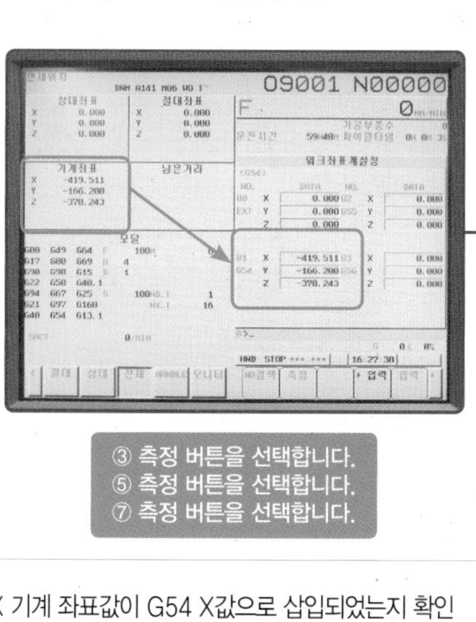

③ 측정 버튼을 선택합니다.
⑤ 측정 버튼을 선택합니다.
⑦ 측정 버튼을 선택합니다.

X 기계 좌표값이 G54 X값으로 삽입되었는지 확인

Y 기계 좌표값이 G54 Y값으로 삽입되었는지 확인

Z 기계 좌표값이 G54 Z값으로 삽입되었는지 확인

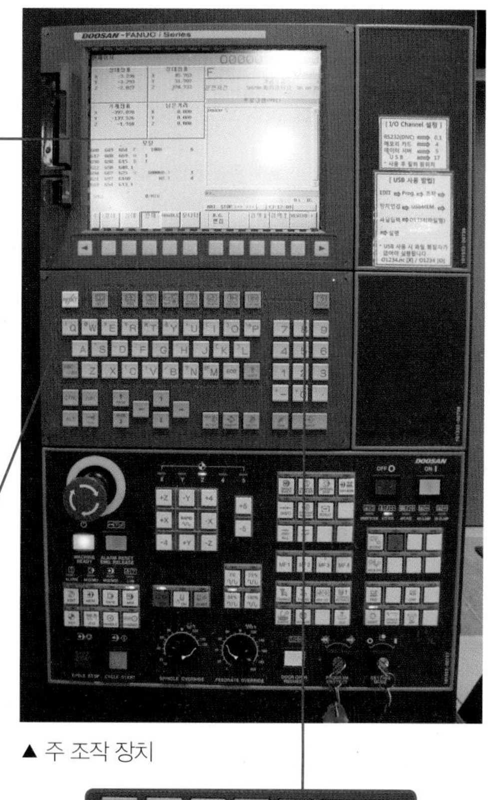

▲ 주 조작 장치

② 'X0'를 입력합니다.
④ 'Y0'를 입력합니다.
⑥ 'Z0'를 입력합니다.

① OFS/SET 버튼을 선택합니다.

⑫ 기준 공구 T01-엔드밀 공구에 대한 직경 보정값을 수정합니다.

㉮ OFS/SET 버튼을 선택합니다.

㉯ 옵셋 버튼을 선택합니다.

㉰ NO 001 반경/형상에 '5'를 입력합니다(기준 공구 반경값입니다).

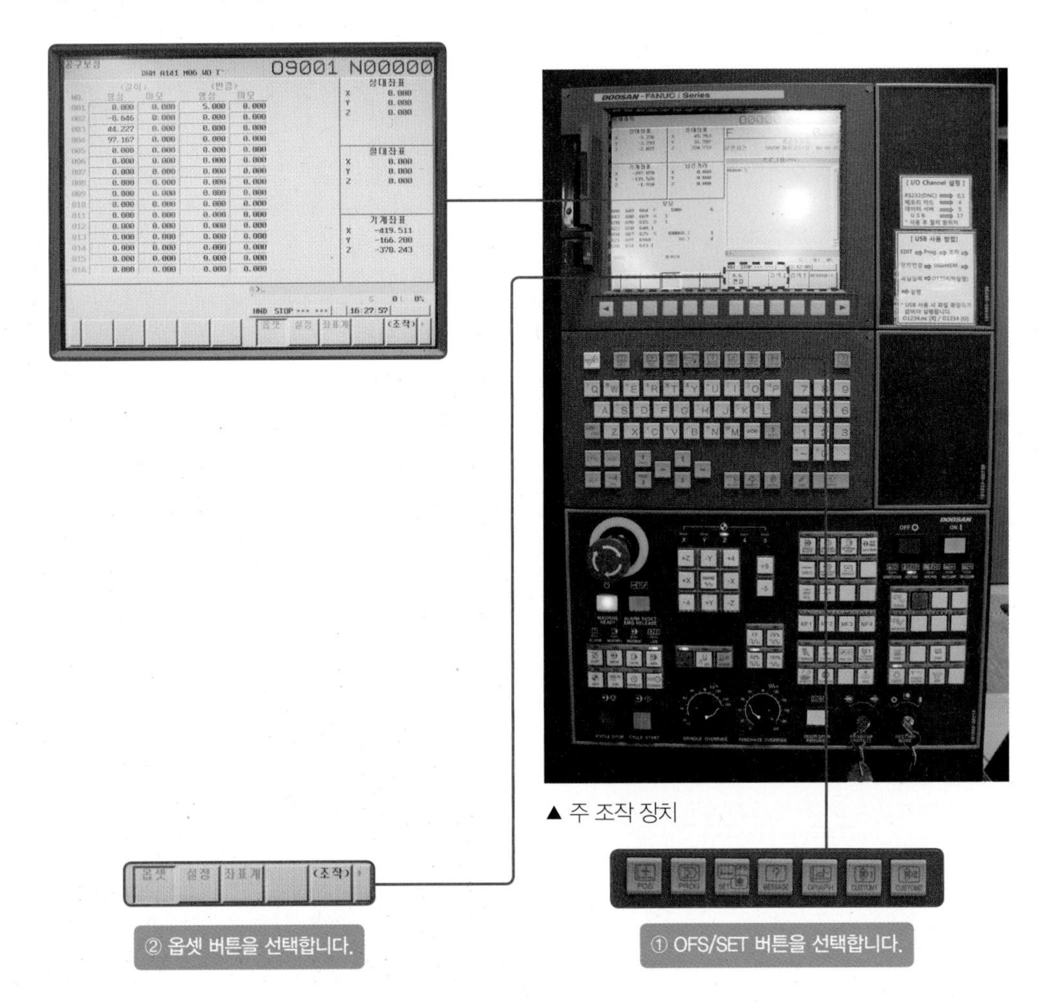

▲ 주 조작 장치

⑬ 주 조작 장치에서

㉮ MDI를 선택합니다.

㉯ PROG를 선택합니다.

㉰ T02 M06 EOB INSERT를 입력합니다.

㉱ CYCLE START를 실행합니다(공구 교환 중에는 비상 정지 버튼의 사용을 금합니다).

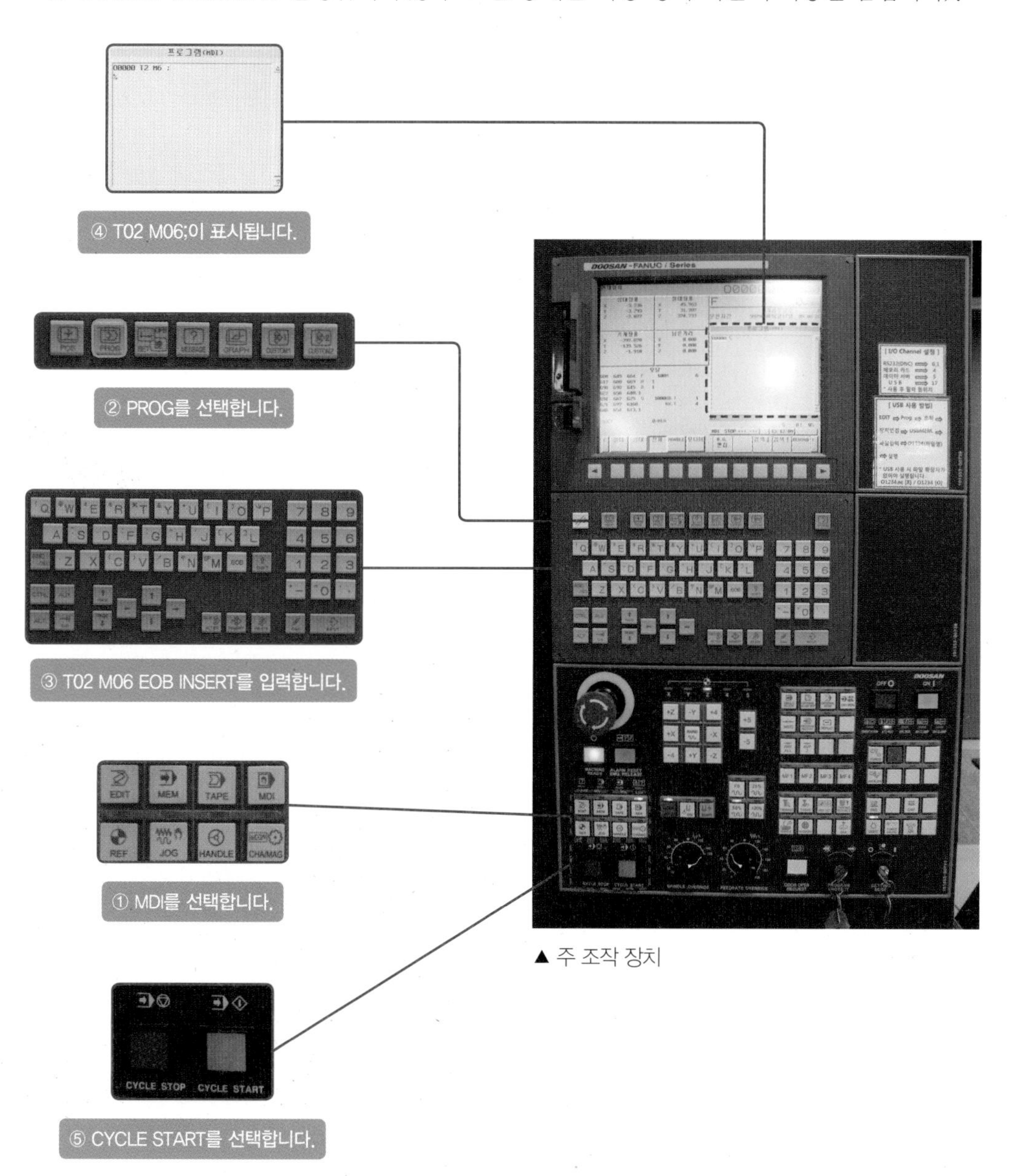

▲ 주 조작 장치

⑭ 2번 공구를 공작물에 Z축을 터치한 후 길이 보정을 넣습니다.

㉮ HANDLE을 선택합니다.

㉯ 수동 펄스 발생기를 조작합니다.

㉰ 공작물의 상단을 터치합니다.

㉱ OFF/SET 버튼을 선택합니다.

㉲ 옵셋 버튼을 선택합니다.

㉳ 2번 공구에 'C'를 입력합니다.

㉴ Z 상대 좌표값이 2번 공구 길이 보정값으로 입력됩니다.

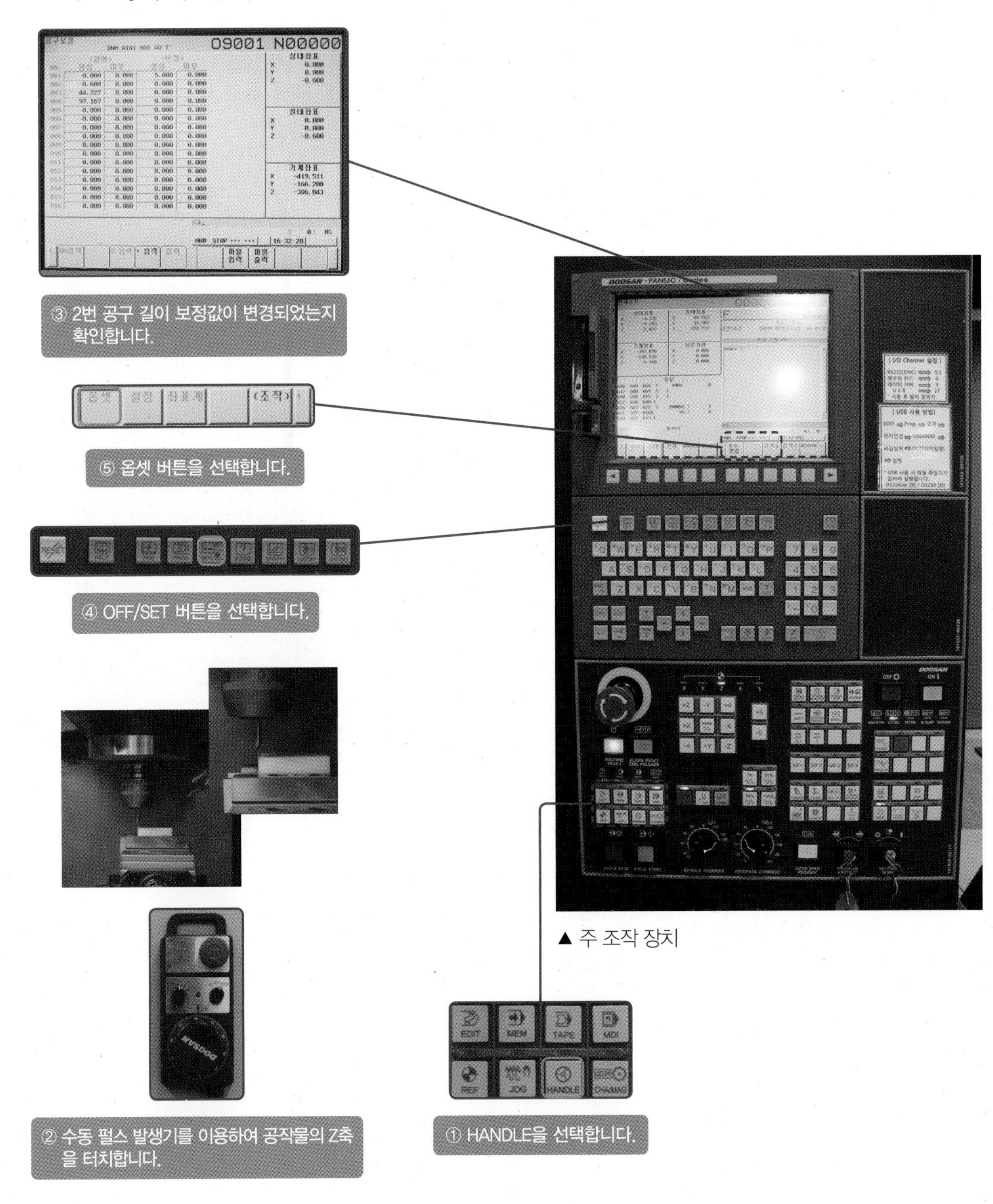

▲ 주 조작 장치

⑮ 주 조작 장치에서

㉮ MDI를 선택합니다.

㉯ PROG를 선택합니다.

㉰ T03 M06 EOB INSERT를 입력합니다.

㉱ CYCLE START를 실행합니다(공구 교환 중에는 비상 정지 버튼의 사용을 금합니다).

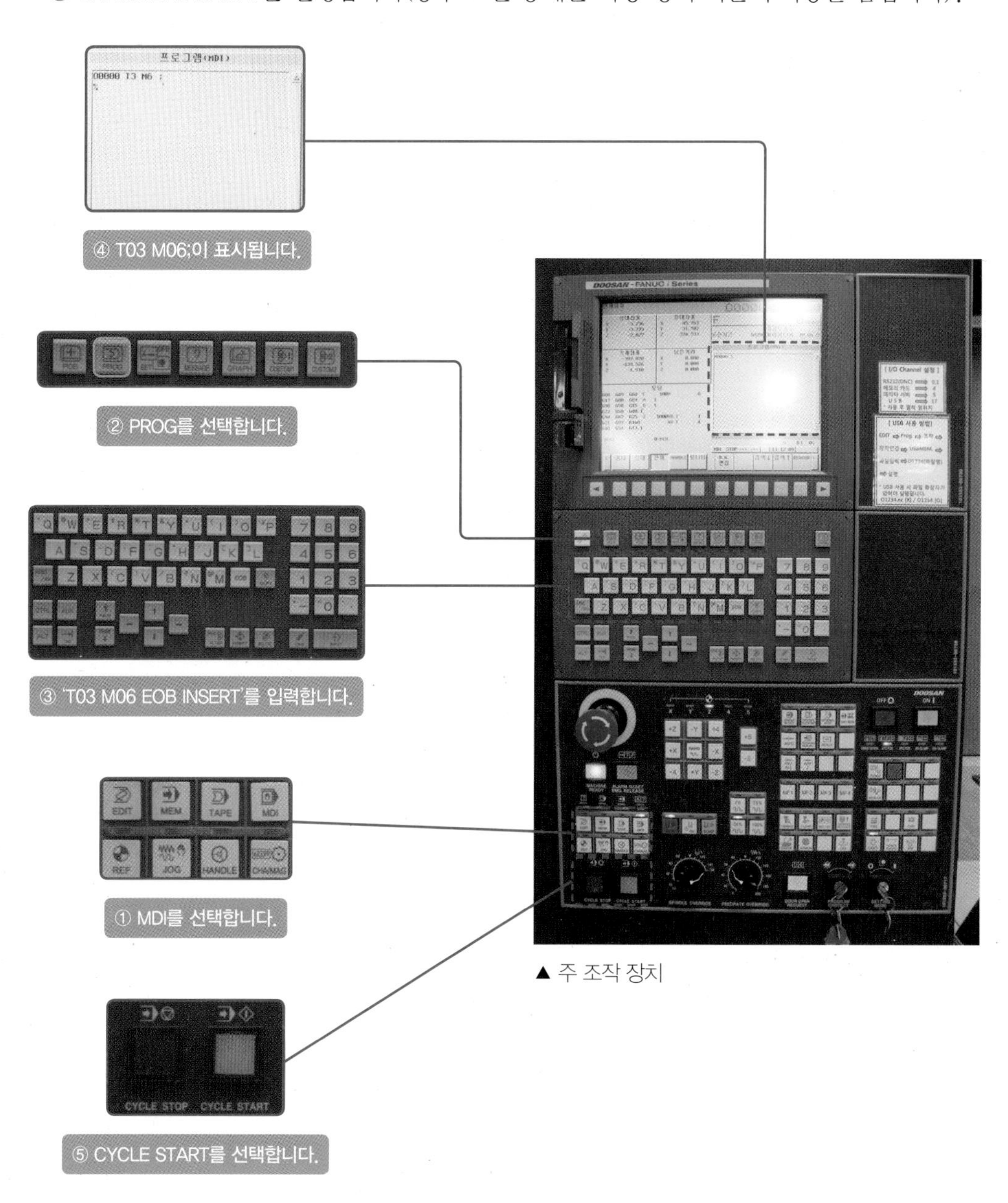

▲ 주 조작 장치

⑯ 3번 공구의 공작물에 Z축을 터치한 후 길이 보정을 넣습니다.

㉮ HANDLE을 선택합니다.

㉯ 수동 펄스 발생기를 조작합니다.

㉰ 공작물의 상단을 터치합니다.

㉱ OFF/SET 버튼을 선택합니다.

㉲ 옵셋 버튼을 선택합니다.

㉳ 3번 공구에 'C'를 입력합니다.

㉴ Z 상대 좌표값이 3번 공구 길이 보정값으로 입력됩니다.

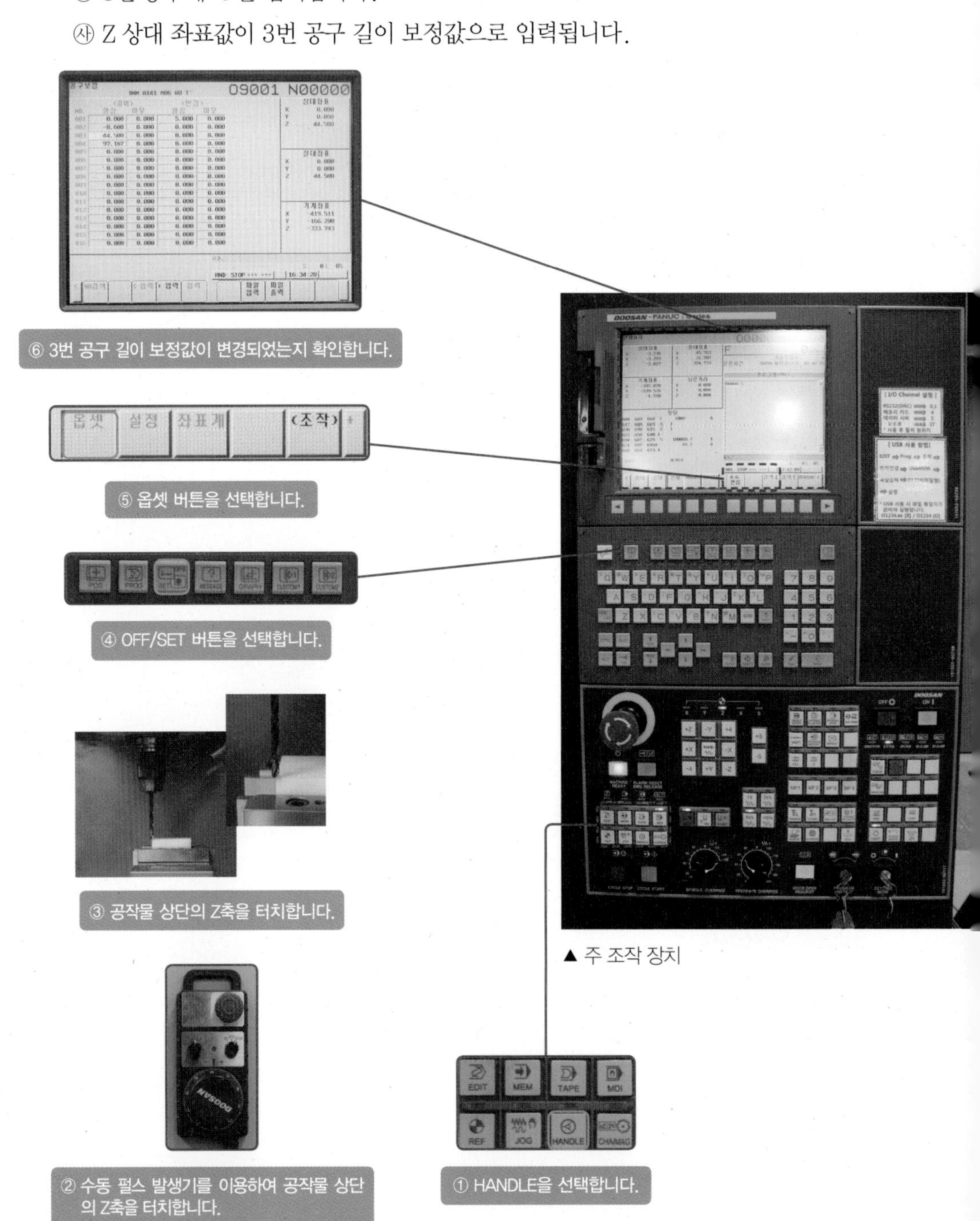

⑥ 3번 공구 길이 보정값이 변경되었는지 확인합니다.

⑤ 옵셋 버튼을 선택합니다.

④ OFF/SET 버튼을 선택합니다.

③ 공작물 상단의 Z축을 터치합니다.

② 수동 펄스 발생기를 이용하여 공작물 상단의 Z축을 터치합니다.

▲ 주 조작 장치

① HANDLE을 선택합니다.

⑰ 주 조작 장치에서

㉮ MDI를 선택합니다.

㉯ PROG를 선택합니다.

㉰ T04 M06 EOB INSERT를 입력합니다.

㉱ CYCLE START를 실행합니다(공구 교환 중에는 비상 정지 버튼의 사용을 금합니다).

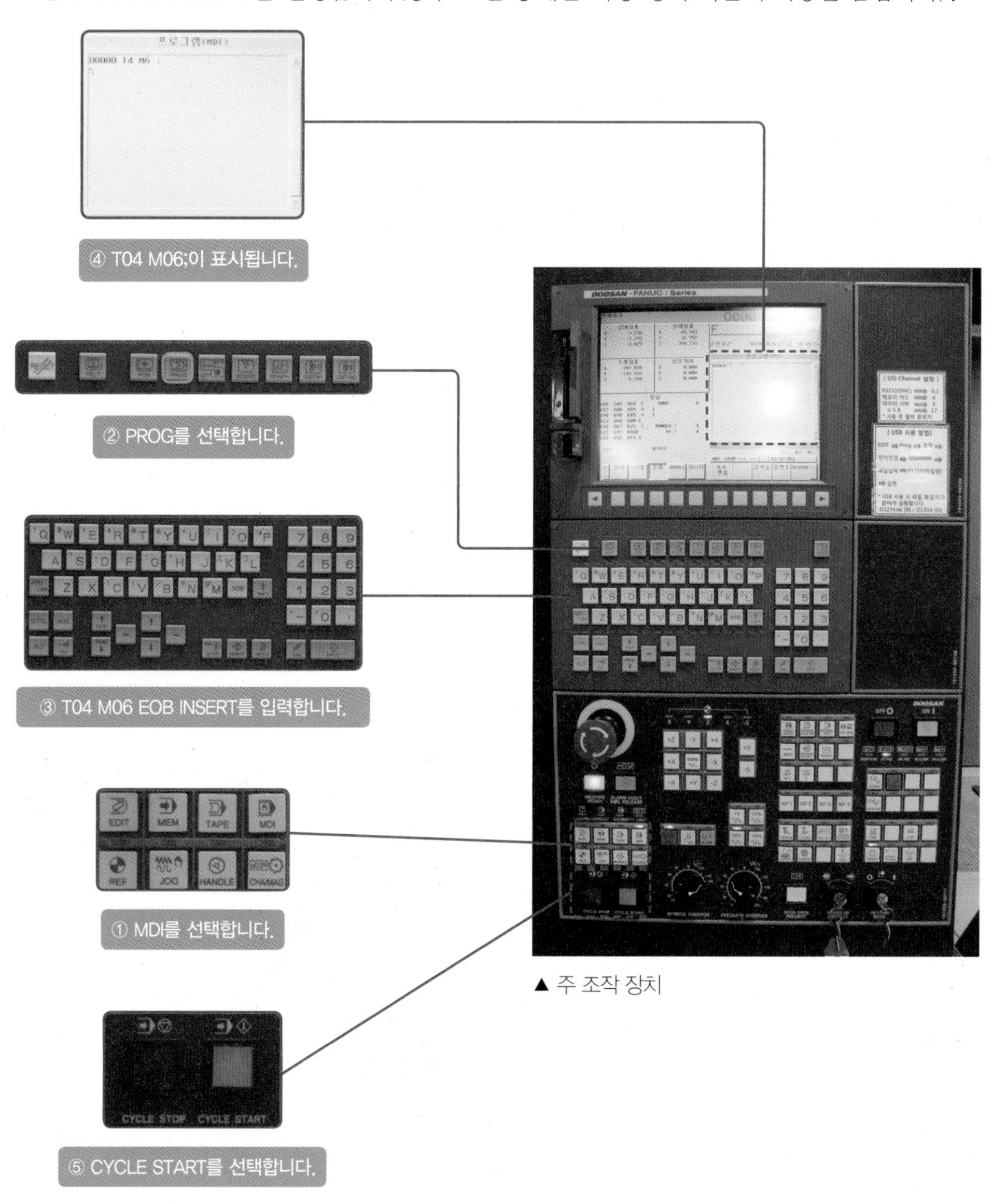

▲ 주 조작 장치

⑱ 4번 공구를 공작물에 Z축을 터치한 후 길이 보정을 넣습니다.

㉮ HANDLE을 선택합니다.

㉯ 수동 펄스 발생기를 조작합니다.

㉰ 공작물의 상단을 터치합니다.

㉱ OFF/SET 버튼을 선택합니다.

㉲ 옵셋 버튼을 선택합니다.

㉳ 4번 공구에 'C'를 입력합니다.

㉴ Z 상대 좌표값이 4번 공구 길이 보정값으로 입력됩니다.

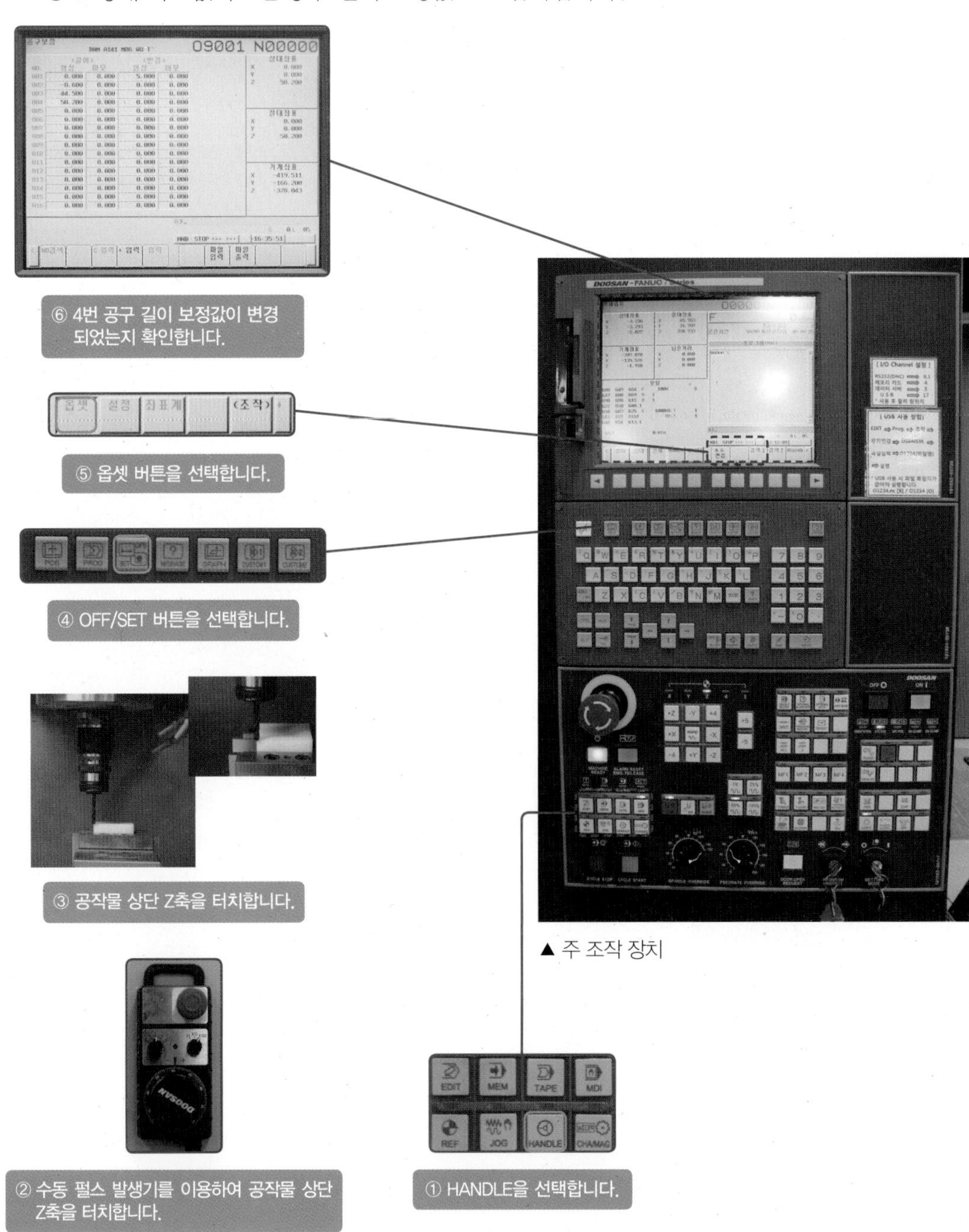

▲ 주 조작 장치

⑲ 감독 위원으로부터 파일을 전송받습니다.

⑳ 파일을 전송받으면 프로그램 번호, 공구 번호, 보정 번호 등을 확인 후 가공에 들어갈 수 있도록 합니다.

㉑ SINGLE BLOCK을 선택하고 CYCLE START를 선택하여 처음 부분은 프로그램을 한 줄씩 실행하고, 어느 정도 확인되었다면 SINGLE BLOCK를 해제한 후 CYCLE START를 선택하여 자동 운전으로 넘어갑니다.

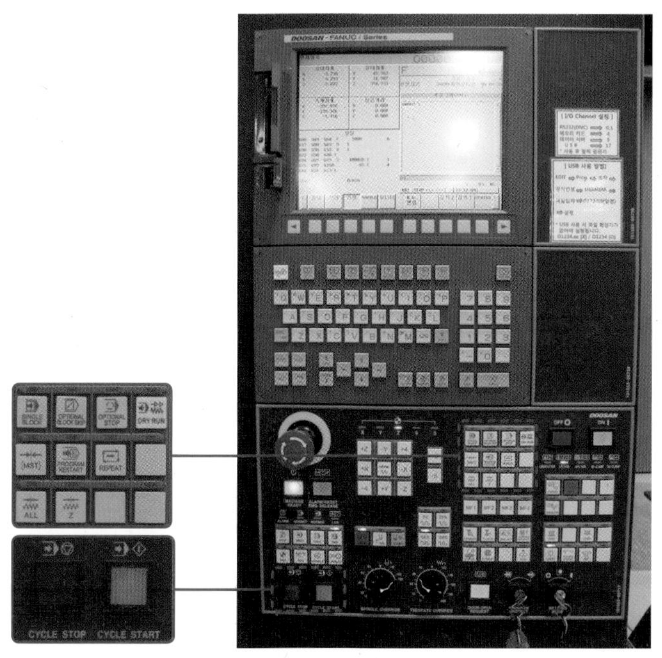

▲ 주 조작 장치

㉒ 도어를 닫고 가공을 지켜봅니다.

㉓ 완성된 가공품의 치수를 확인합니다.

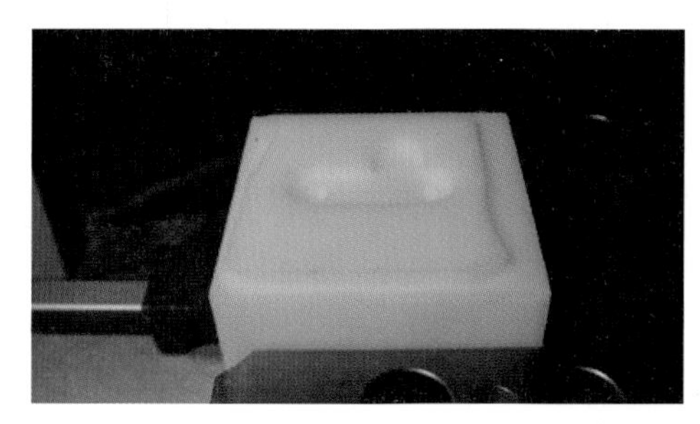

5 PART

기출문제

컴퓨터응용가공산업기사 실기 최신 기출문제를 풀어봄으로써

출제경향을 파악하고 시험에 완벽 대비할 수 있도록 하였습니다.

Craftsman Compter Aided Architectural Drawing

01회 TEST 기출문제

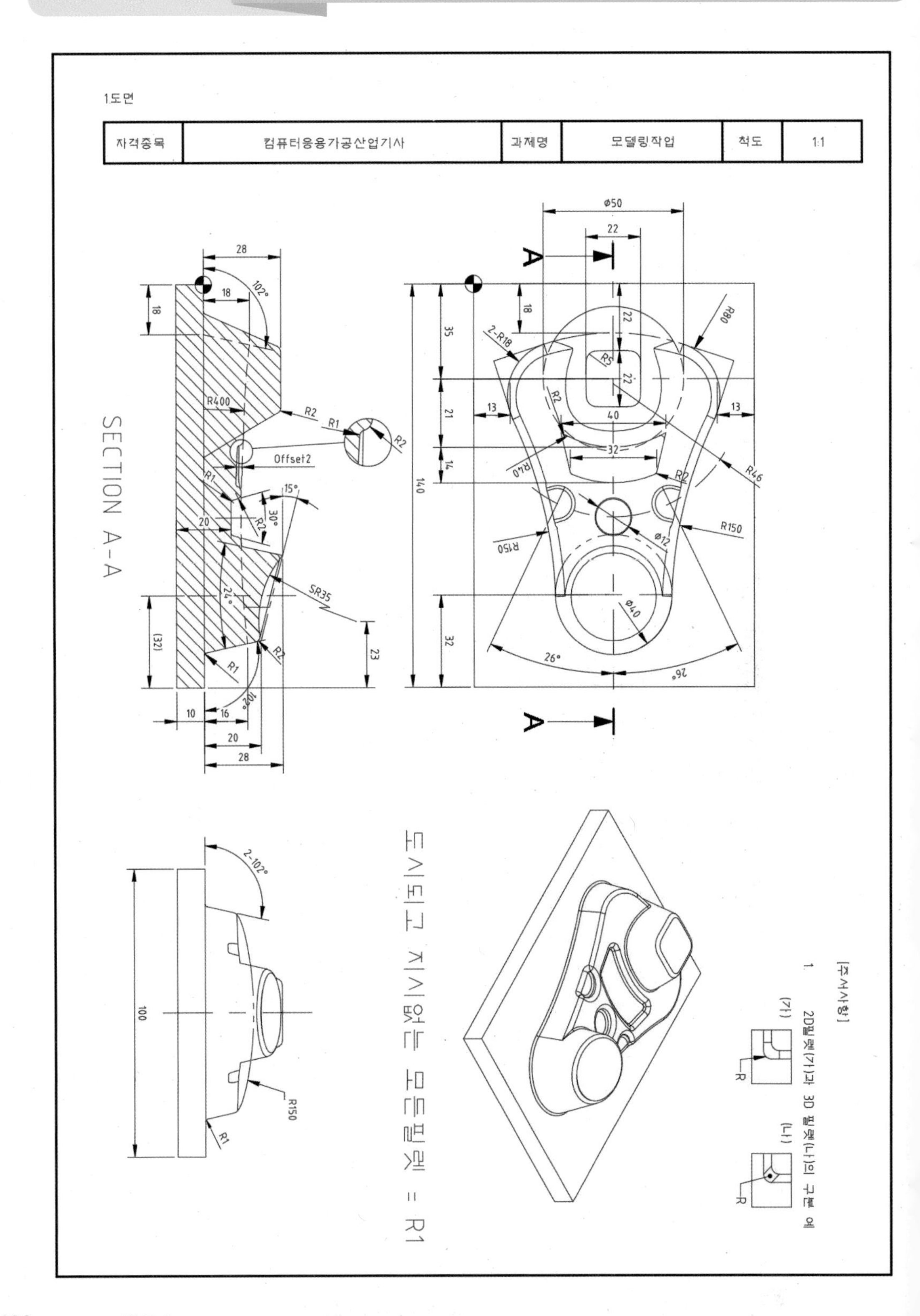

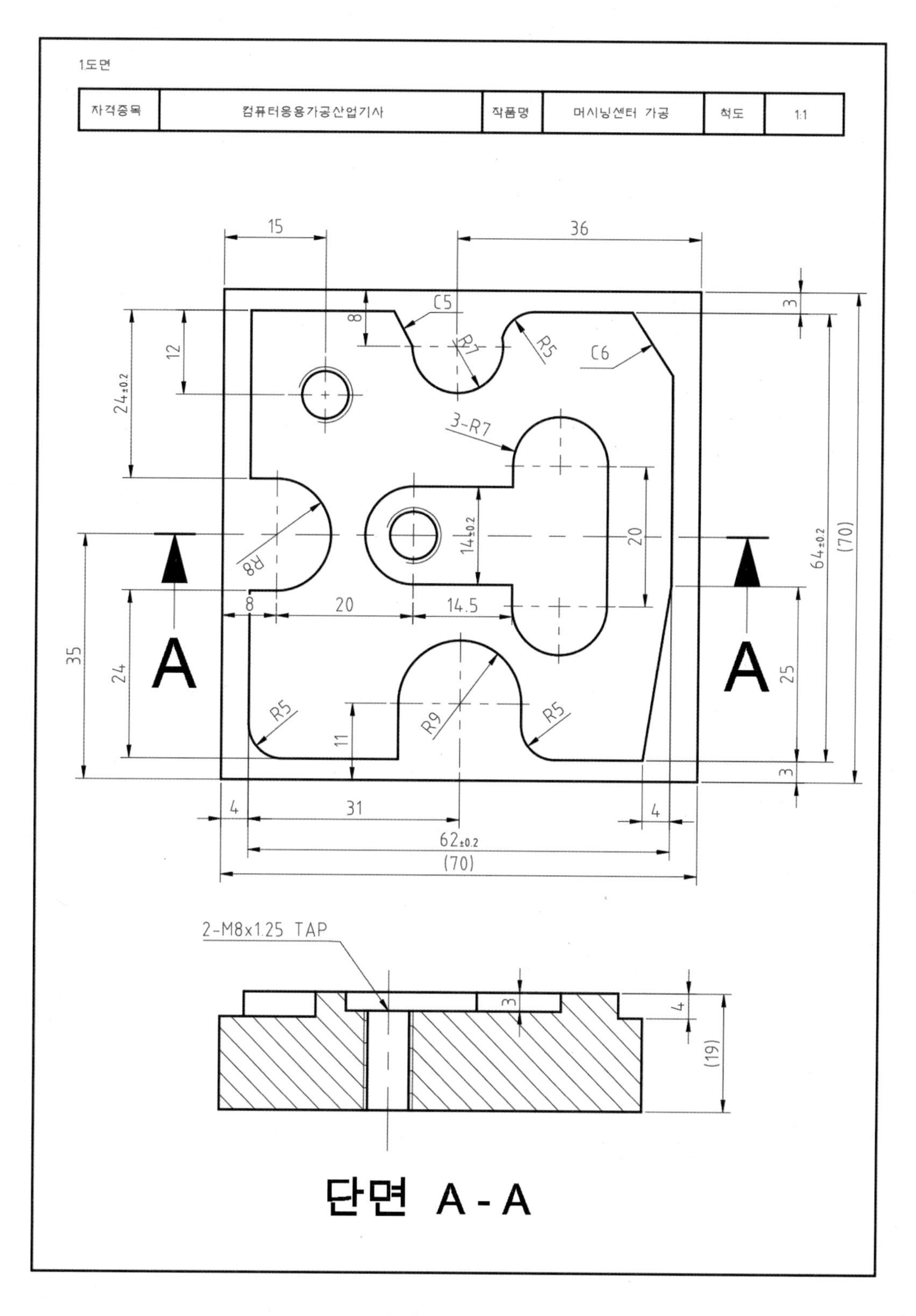
1도면
자격종목
컴퓨터응용가공산업기사
작품명
머시닝센터 가공
척도
1:1
15
36
C5
8
R7
R5
C6
12
24±0.2
3-R7
20
14±0.2
R8
35
24
8
20
14.5
R5
11
R9
R5
A
A
3
64±0.2
(70)
25
3
4
31
4
62±0.2
(70)
2-M8x1.25 TAP
3
4
(19)
단면 A - A

02회 TEST 기출문제

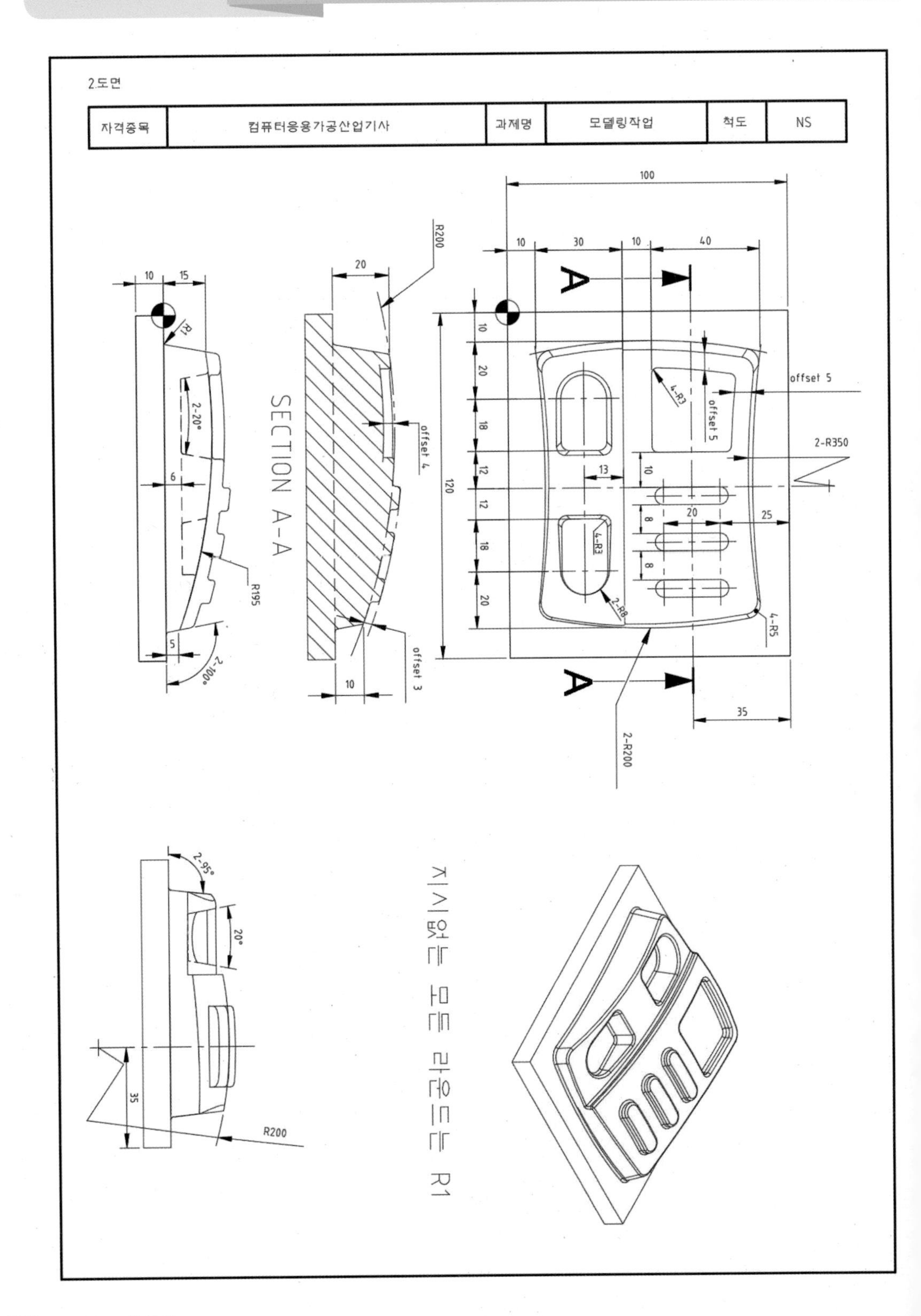

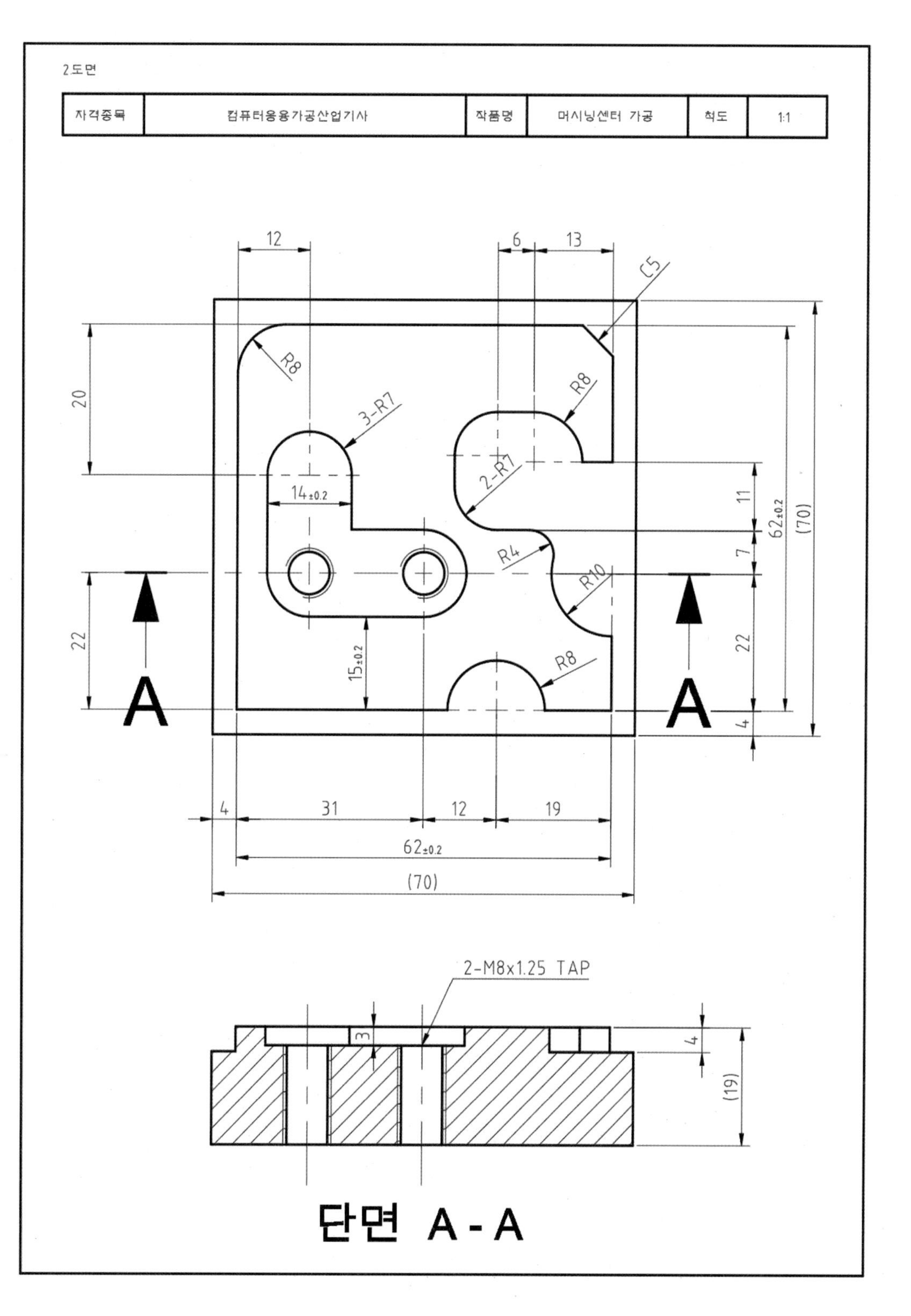
2도면
자격종목
컴퓨터응용가공산업기사
작품명
머시닝센터 가공
척도
1:1
12
6
13
C5
R8
3-R7
R8
2-R7
20
14±0.2
R4
R10
11
7
62±0.2
(70)
22
A
A
15±0.2
R8
22
4
4
31
12
19
62±0.2
(70)
2-M8x1.25 TAP
3
4
(19)
단면 A-A

03회 TEST 기출문제

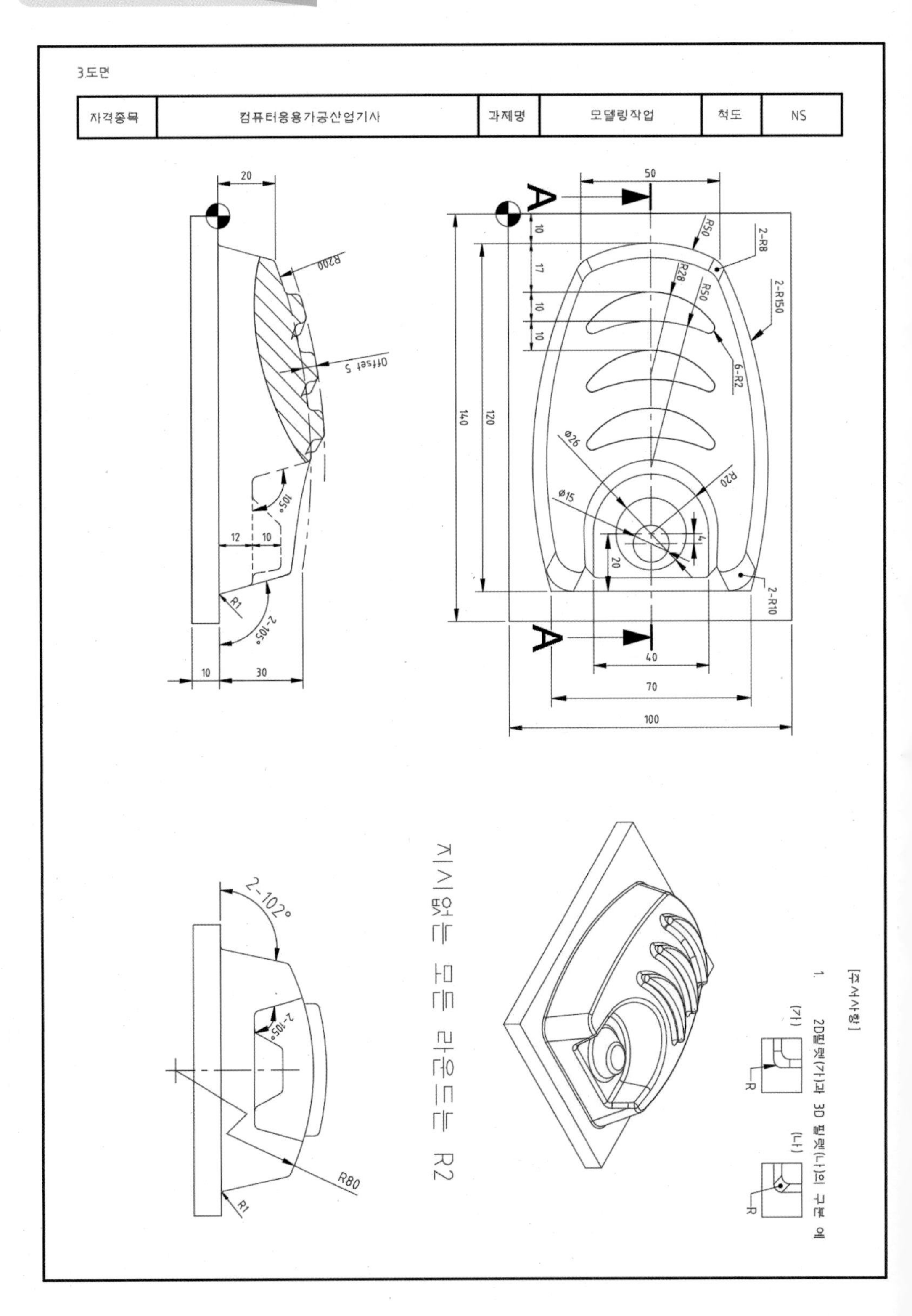

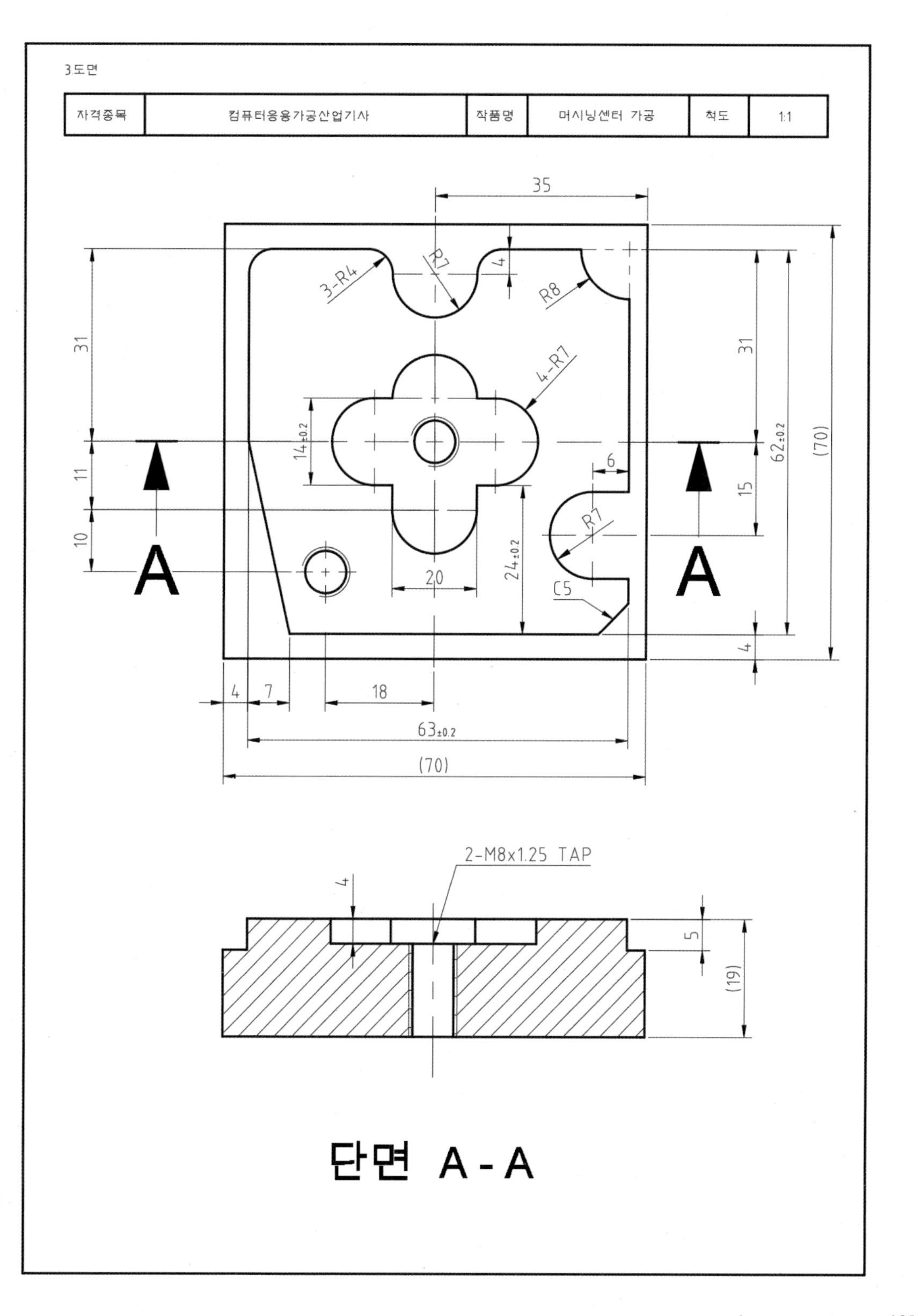
3.도면
자격종목
컴퓨터응용가공산업기사
작품명
머시닝센터 가공
척도
1:1
35
3-R4
R7
4
R8
4-R7
31
11
10
14±0.2
6
R7
15
31
62±0.2
(70)
24±0.2
20
C5
4
A
A
4
7
18
63±0.2
(70)
2-M8x1.25 TAP
4
5
(19)
단면 A-A

04회 TEST 기출문제

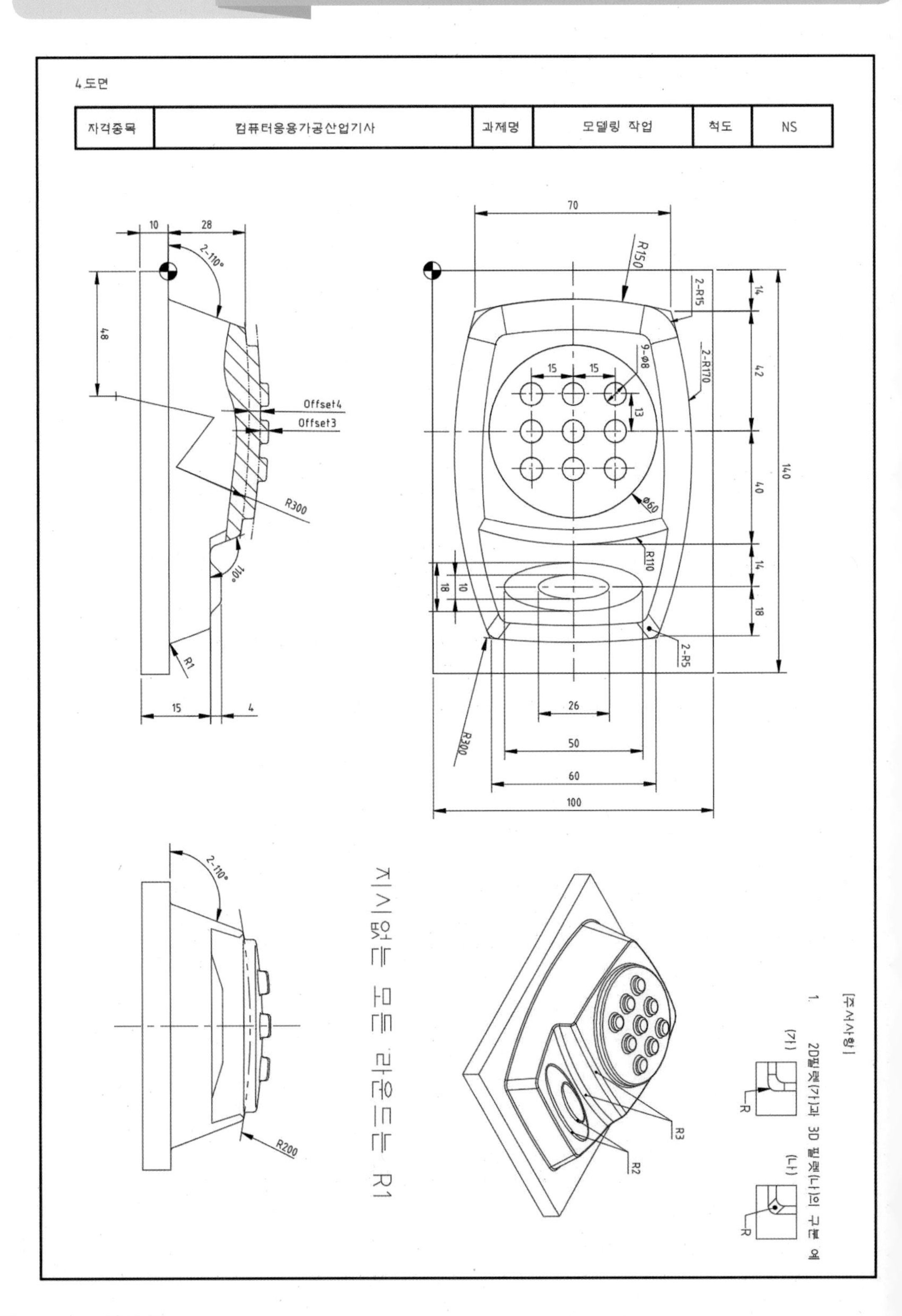

4.도면

자격종목	컴퓨터응용가공산업기사	작품명	머시닝센터 가공	척도	1:1

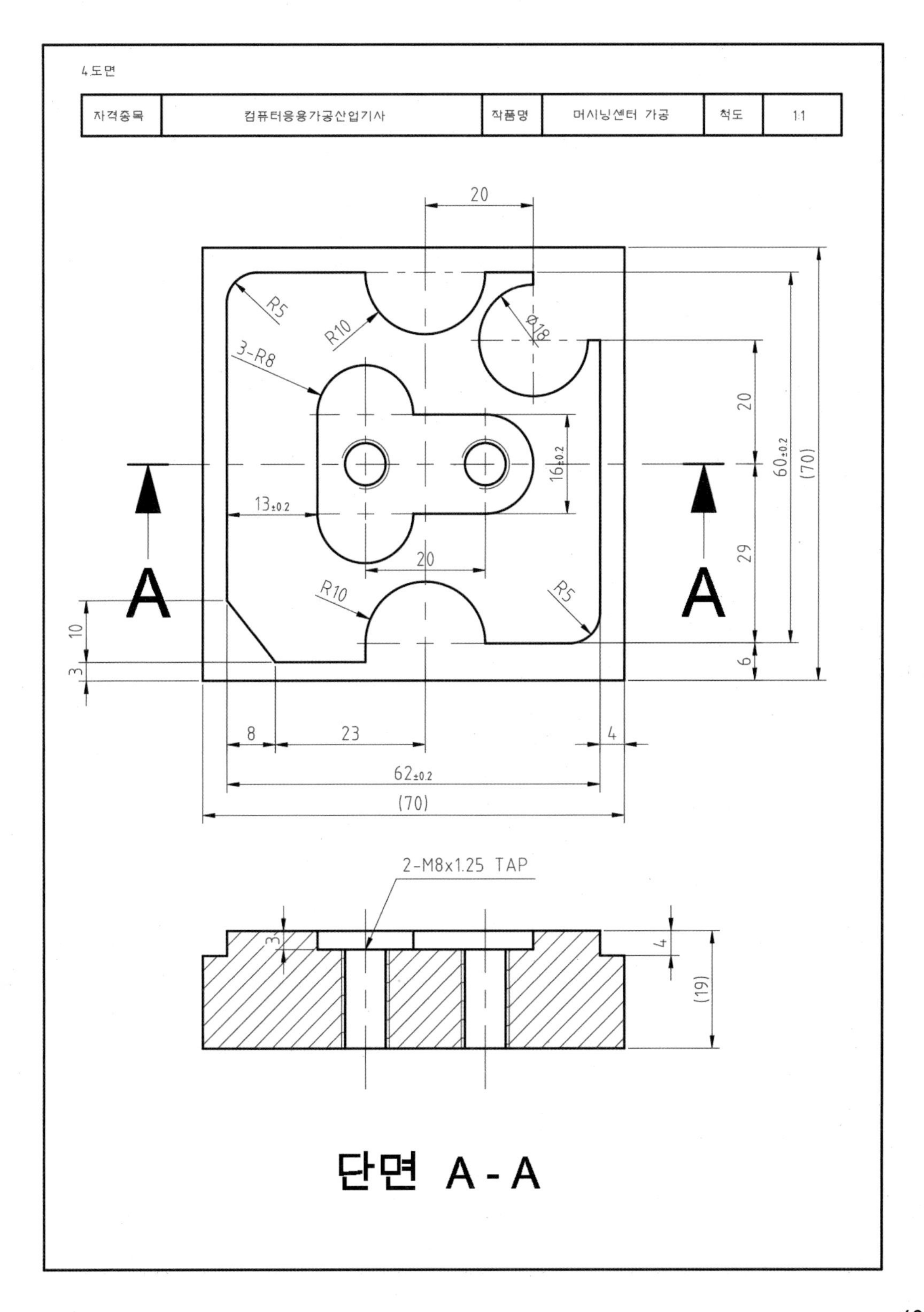

05회 TEST 기출문제

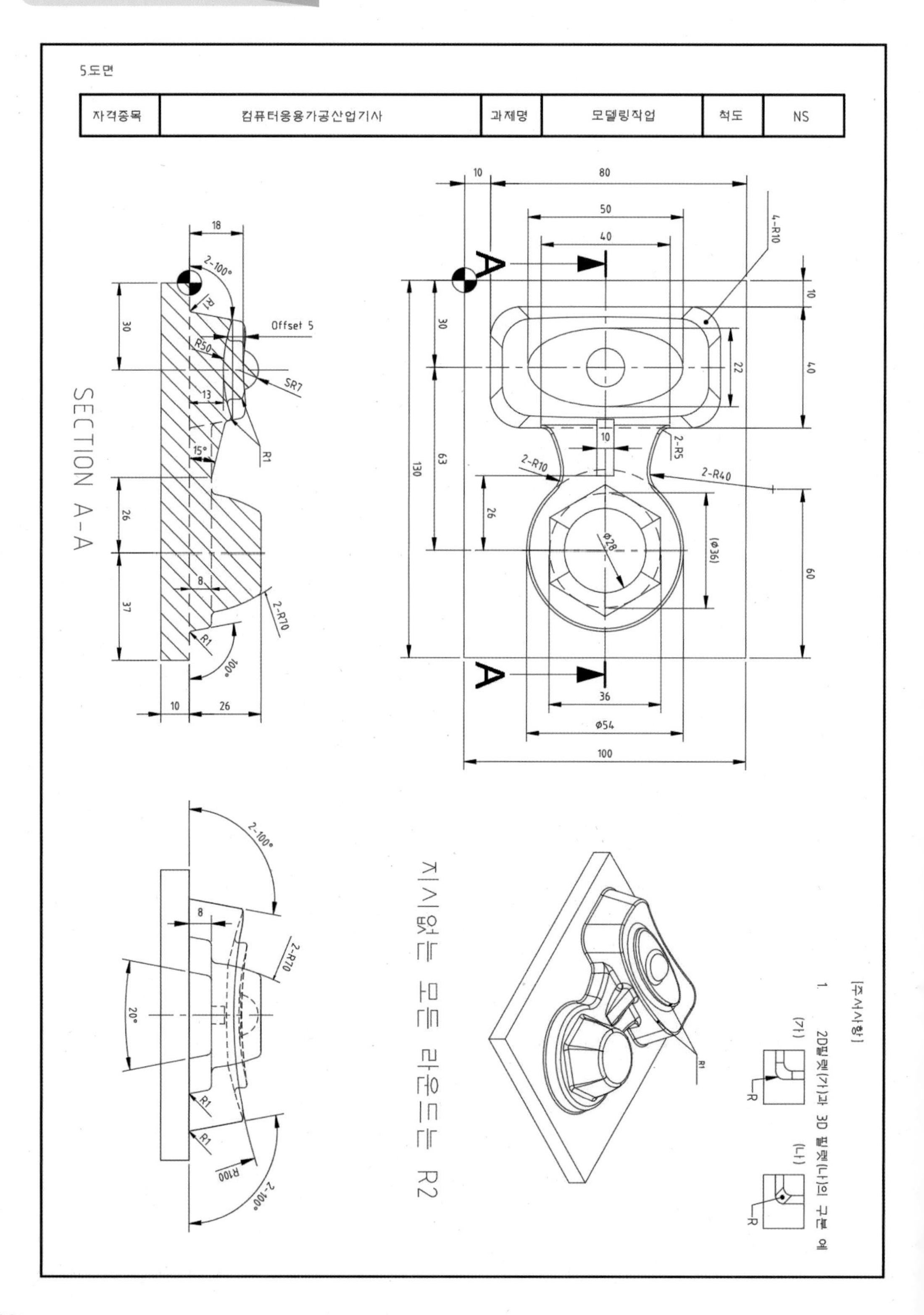

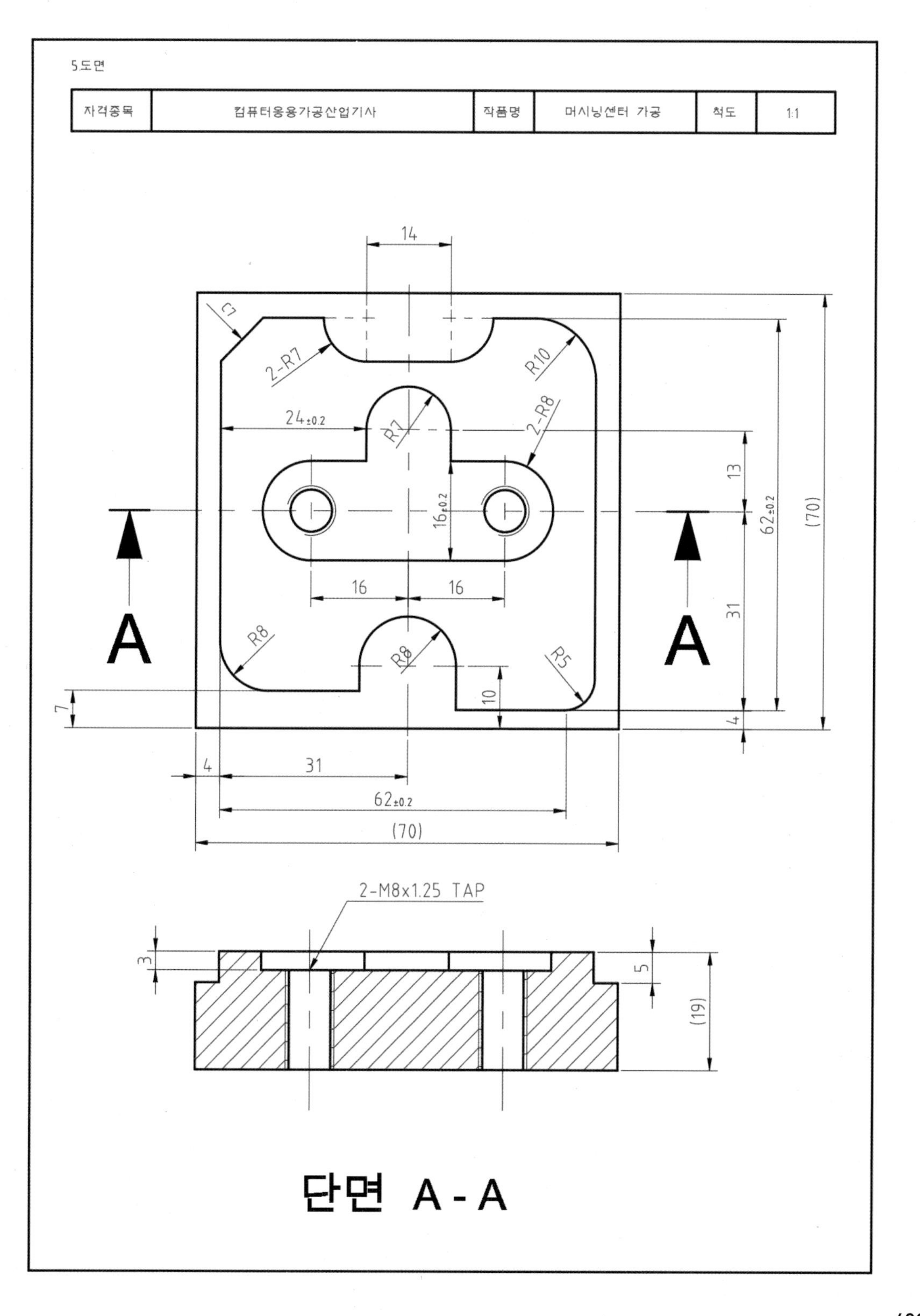

5도면
자격종목
컴퓨터응용가공산업기사
작품명
머시닝센터 가공
척도
1:1
14
C7
2-R7
R10
24±0.2
R7
2-R8
13
62±0.2
(70)
16±0.2
16
16
31
R8
R8
R5
10
7
4
4
31
62±0.2
(70)
2-M8x1.25 TAP
3
5
(19)
단면 A-A

06회 TEST 기출문제

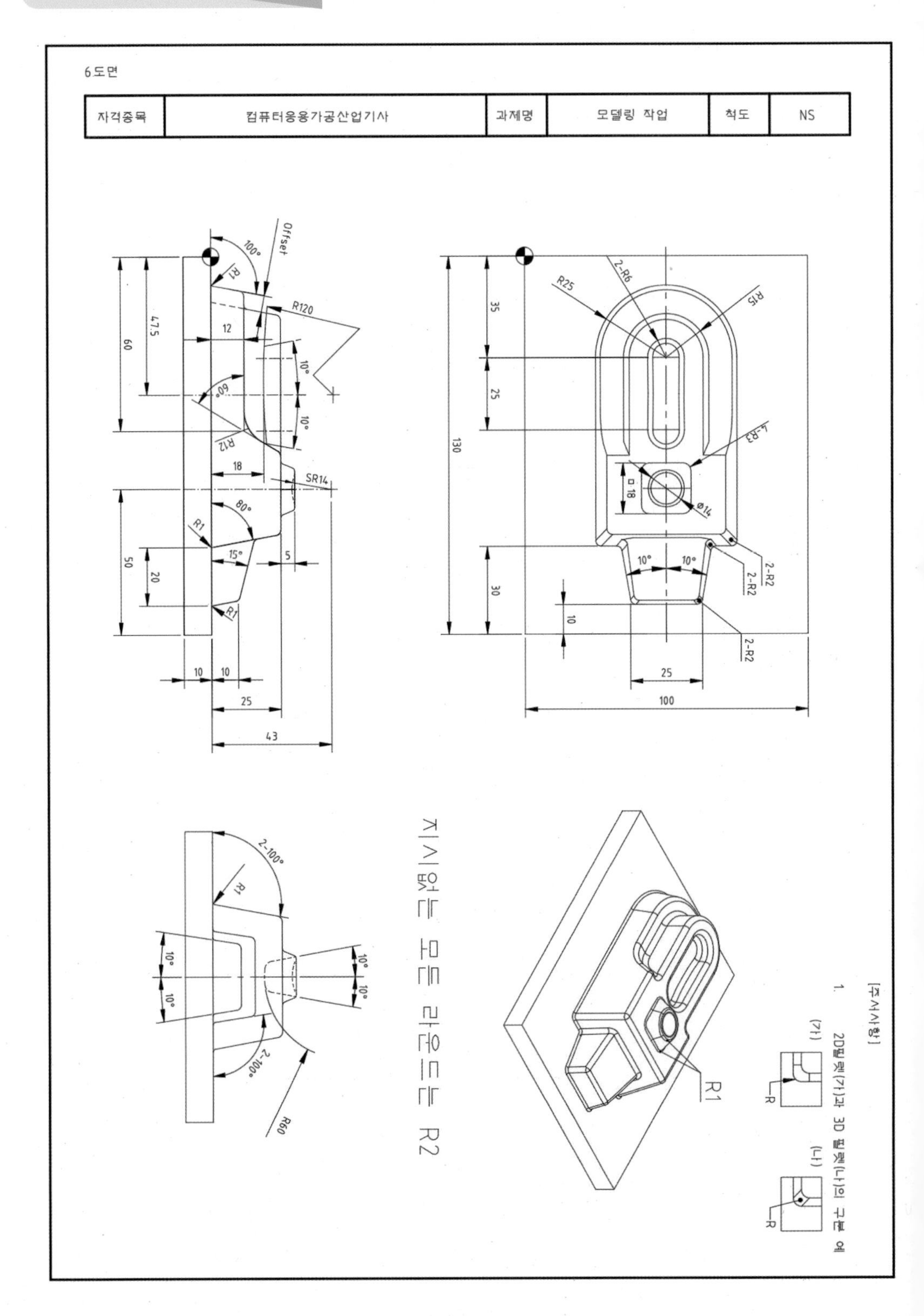

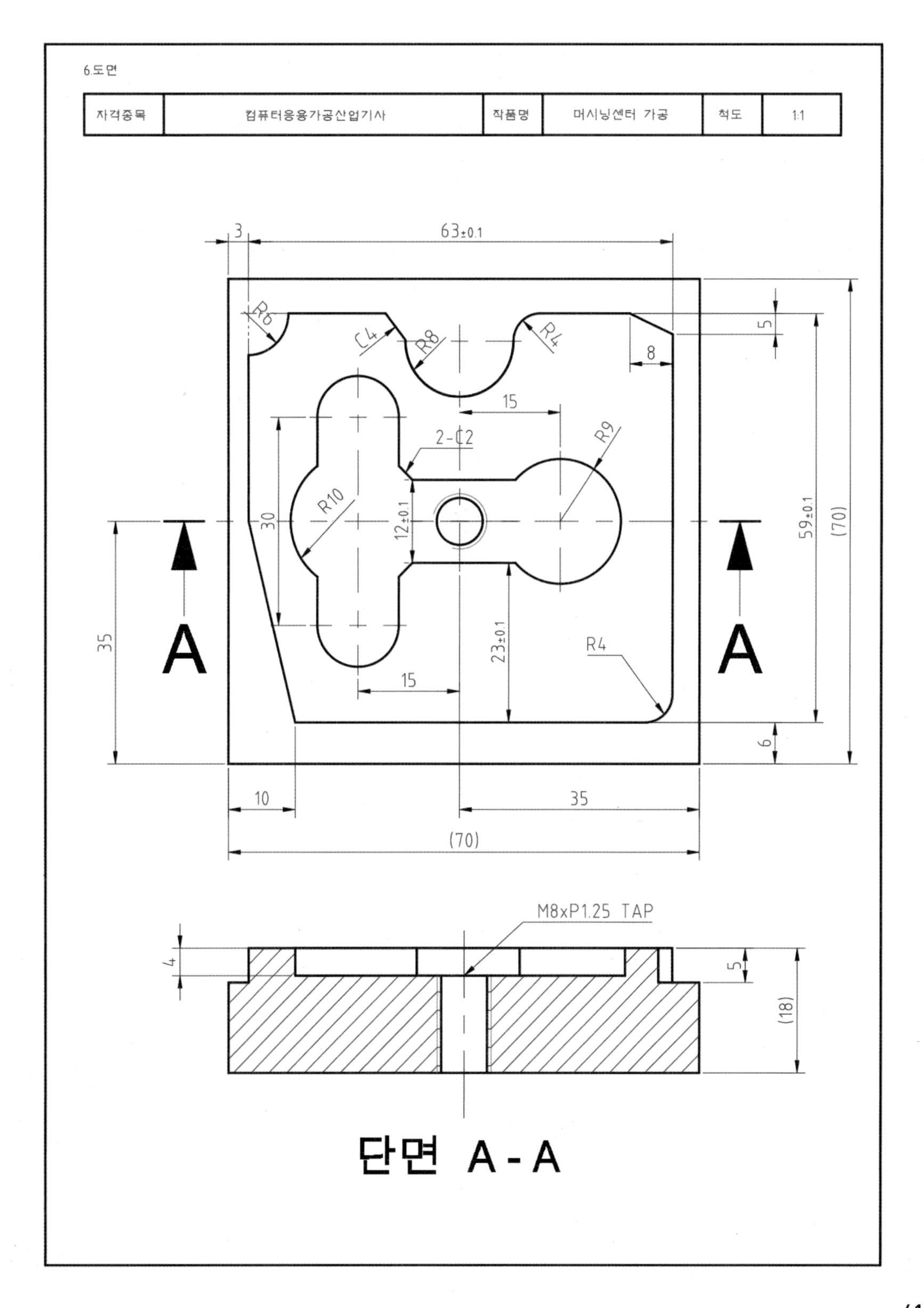
6.도면
자격종목
컴퓨터응용가공산업기사
작품명
머시닝센터 가공
척도
1:1
3
63±0.1
R6
C4
R8
R4
5
8
15
2-C2
R9
R10
30
12±0.1
59±0.1
(70)
A
A
35
23±0.1
R4
6
15
10
35
(70)
M8xP1.25 TAP
4
5
(18)
단면 A-A

07회 TEST 기출문제

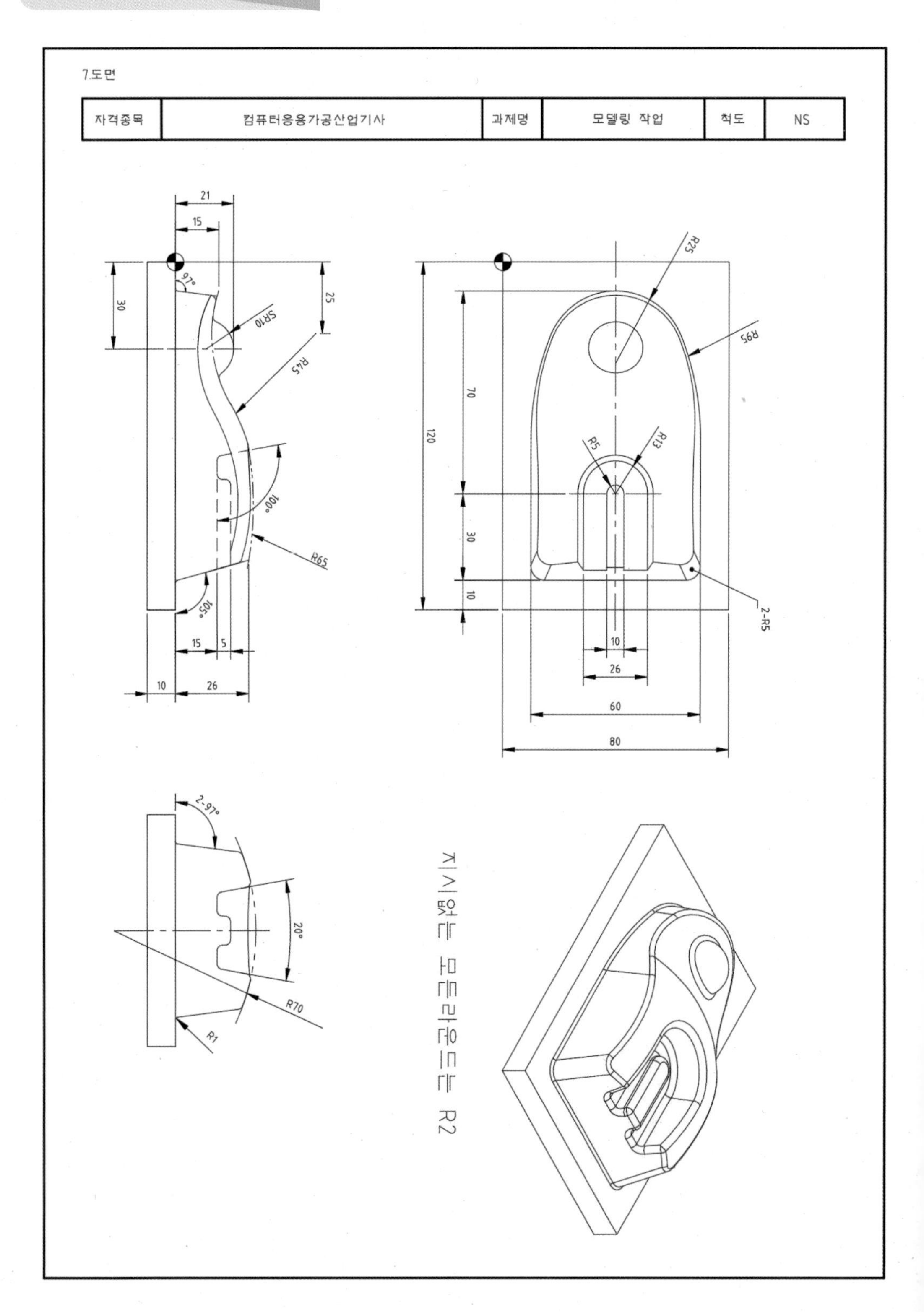

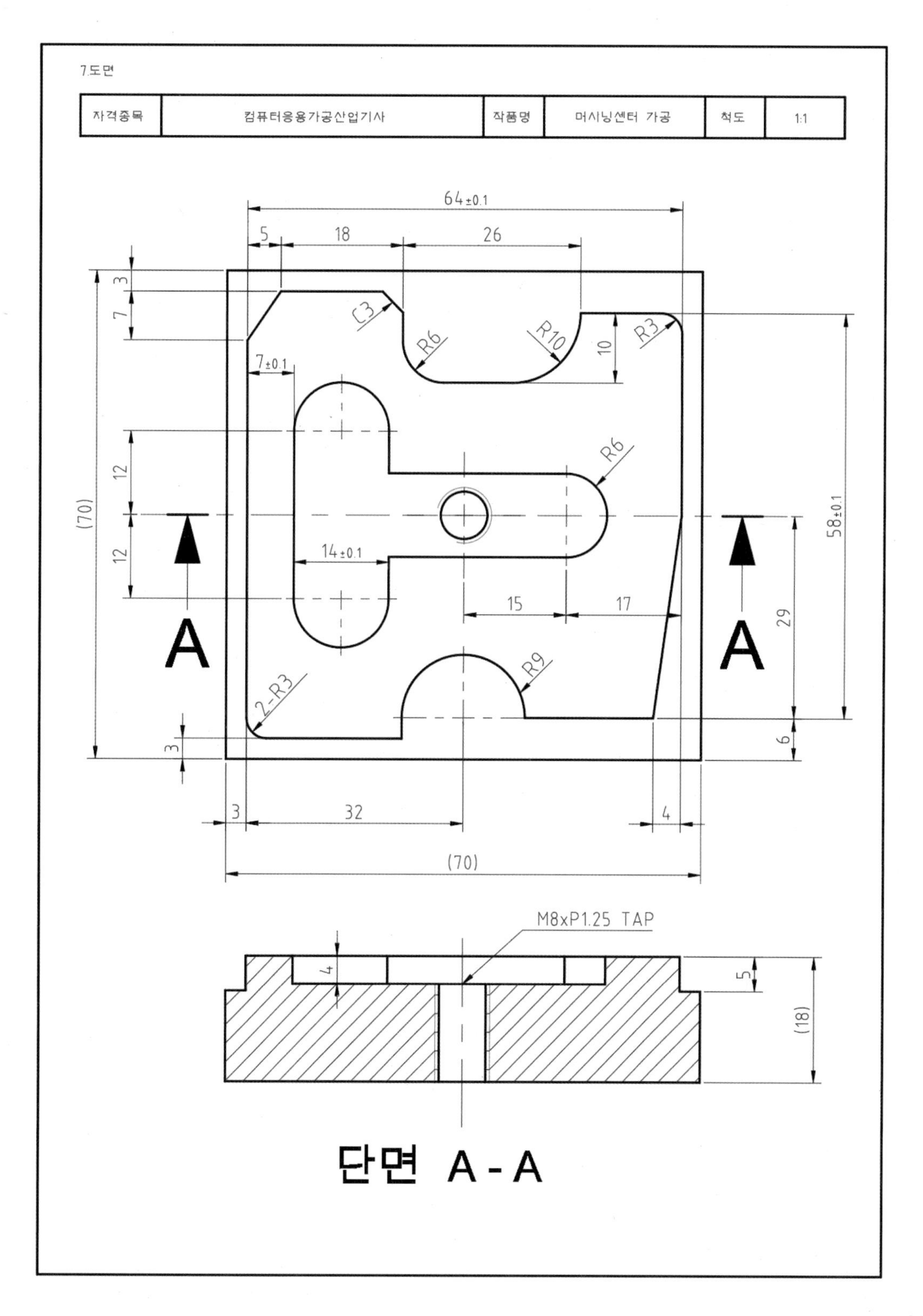

7.도면
자격종목
컴퓨터응용가공산업기사
작품명
머시닝센터 가공
척도
1:1
64±0.1
5
18
26
3
7
C3
R6
R10
10
R3
7±0.1
12
12
(70)
R6
58±0.1
14±0.1
15
17
29
A
A
2-R3
R9
3
6
3
32
4
(70)
M8xP1.25 TAP
4
5
(18)
단면 A-A

08회 기출문제

TEST

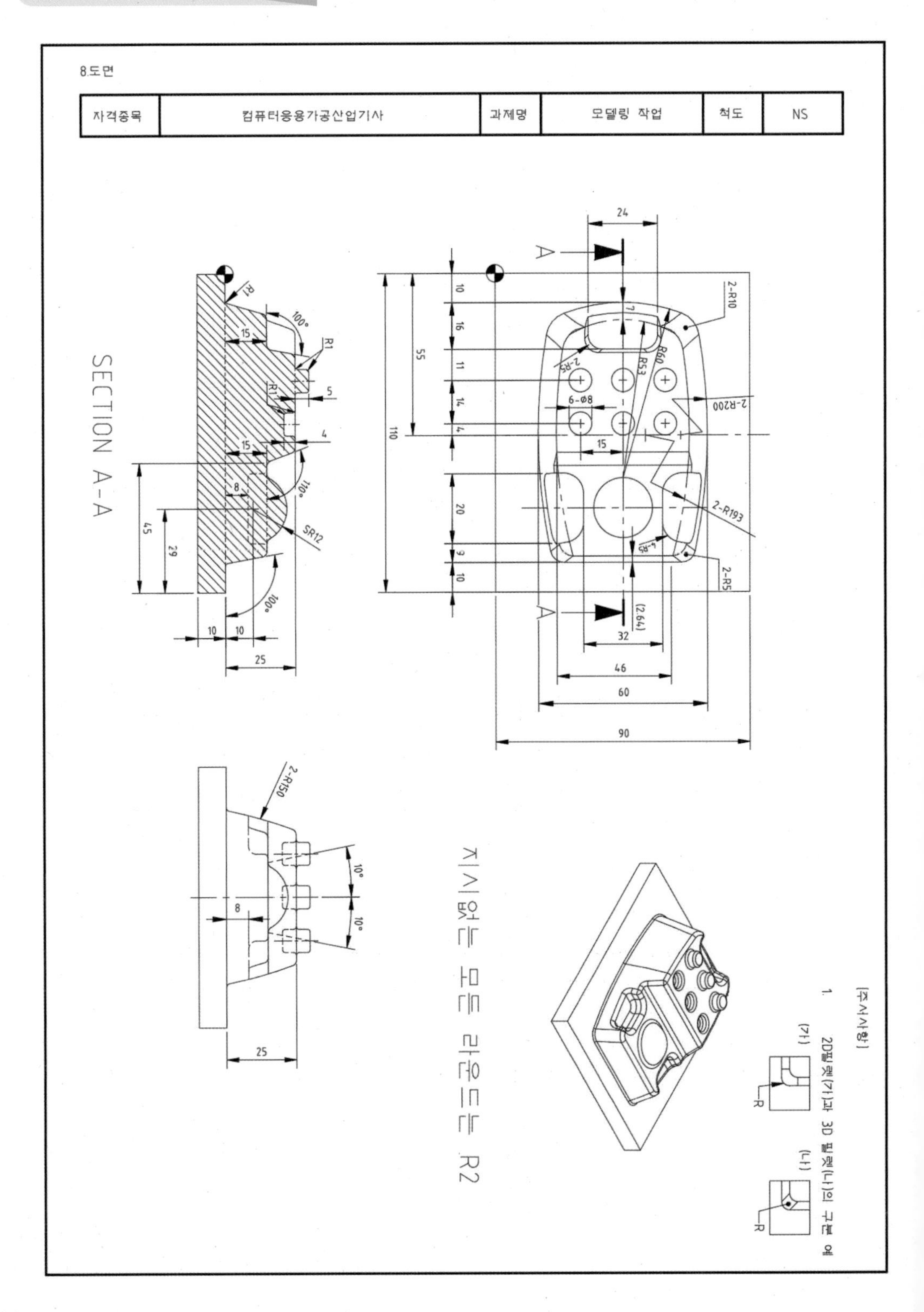

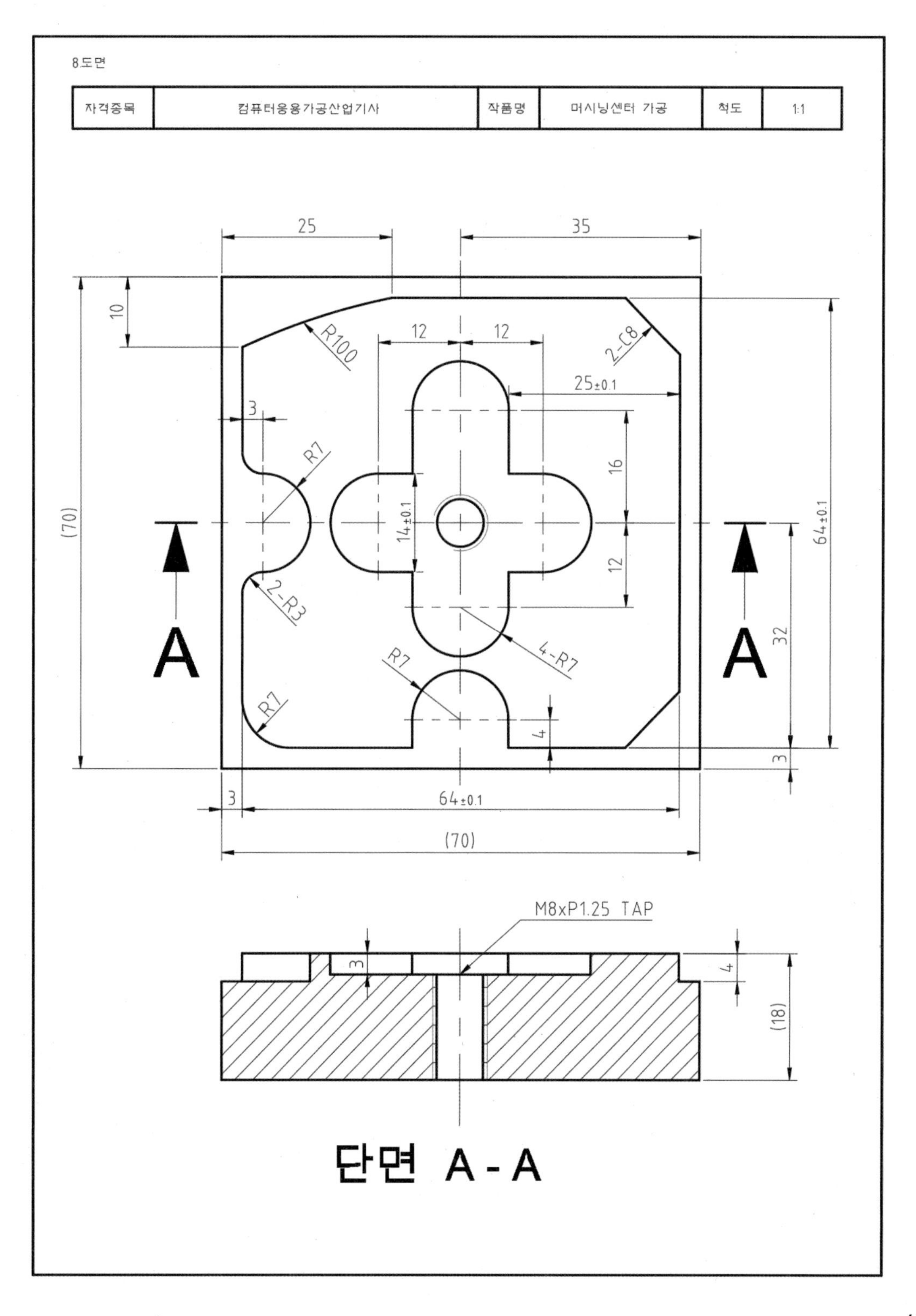
8도면
자격종목
컴퓨터응용가공산업기사
작품명
머시닝센터 가공
척도
1:1
25
35
10
R100
12
12
2-C8
25±0.1
3
R7
16
(70)
14±0.1
12
64±0.1
A
A
2-R3
32
R7
4-R7
R7
4
3
3
64±0.1
(70)
M8xP1.25 TAP
3
4
(18)
단면 A - A

기출문제

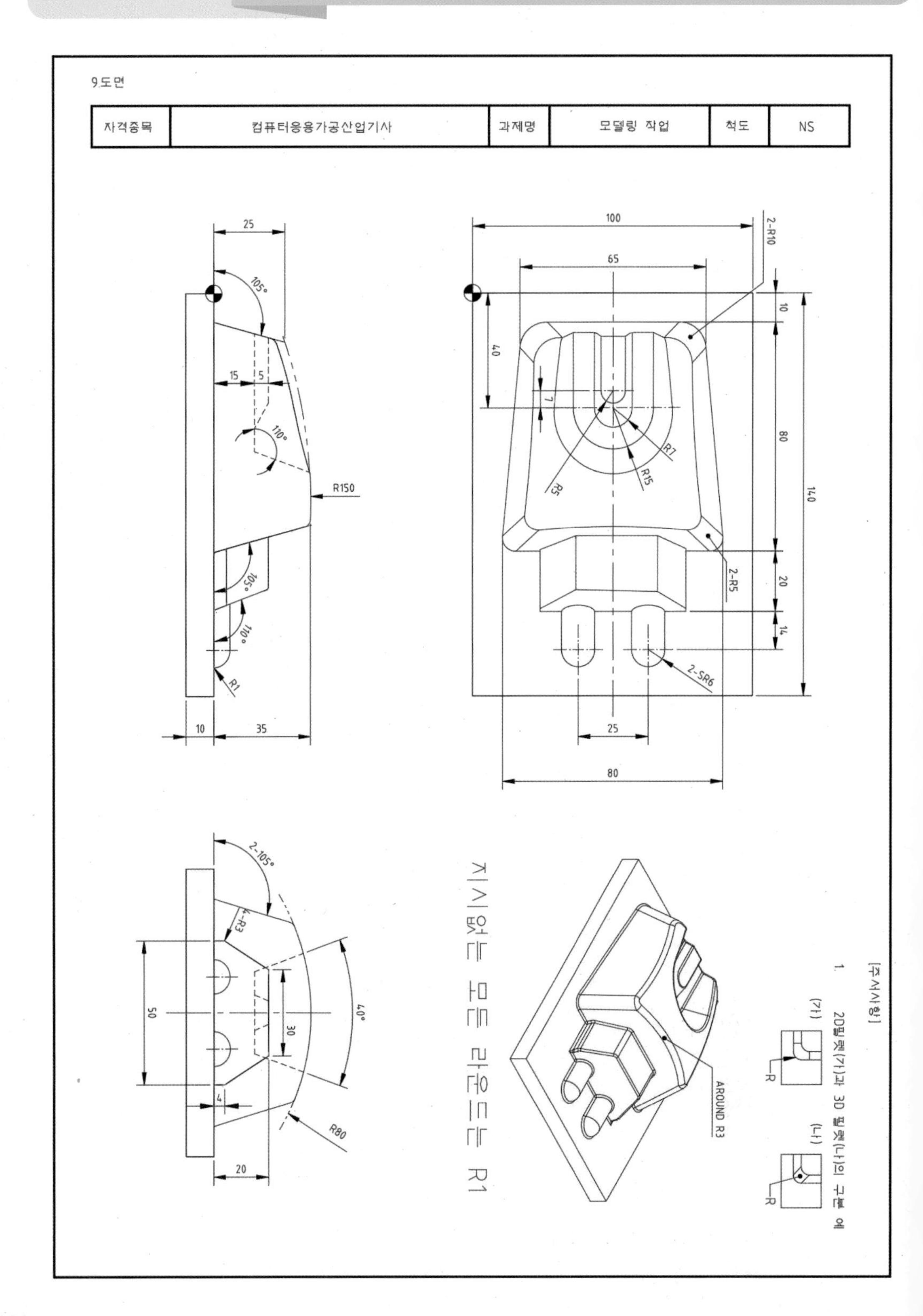
9.도면
자격종목
컴퓨터응용가공산업기사
과제명
모델링 작업
척도
NS
25
105°
15
5
110°
R150
105°
110°
R1
10
35
100
65
2-R10
10
40
7
R7
R5
R15
80
140
2-R5
20
14
2-SR6
25
80
2-105°
4-R3
50
30
40°
4
R80
20
지시없는 모든 라운드는 R1
AROUND R3
[주서사항]
1. 2D필렛(가)과 3D 필렛(나)의 구분 예
(가)
R
(나)
R

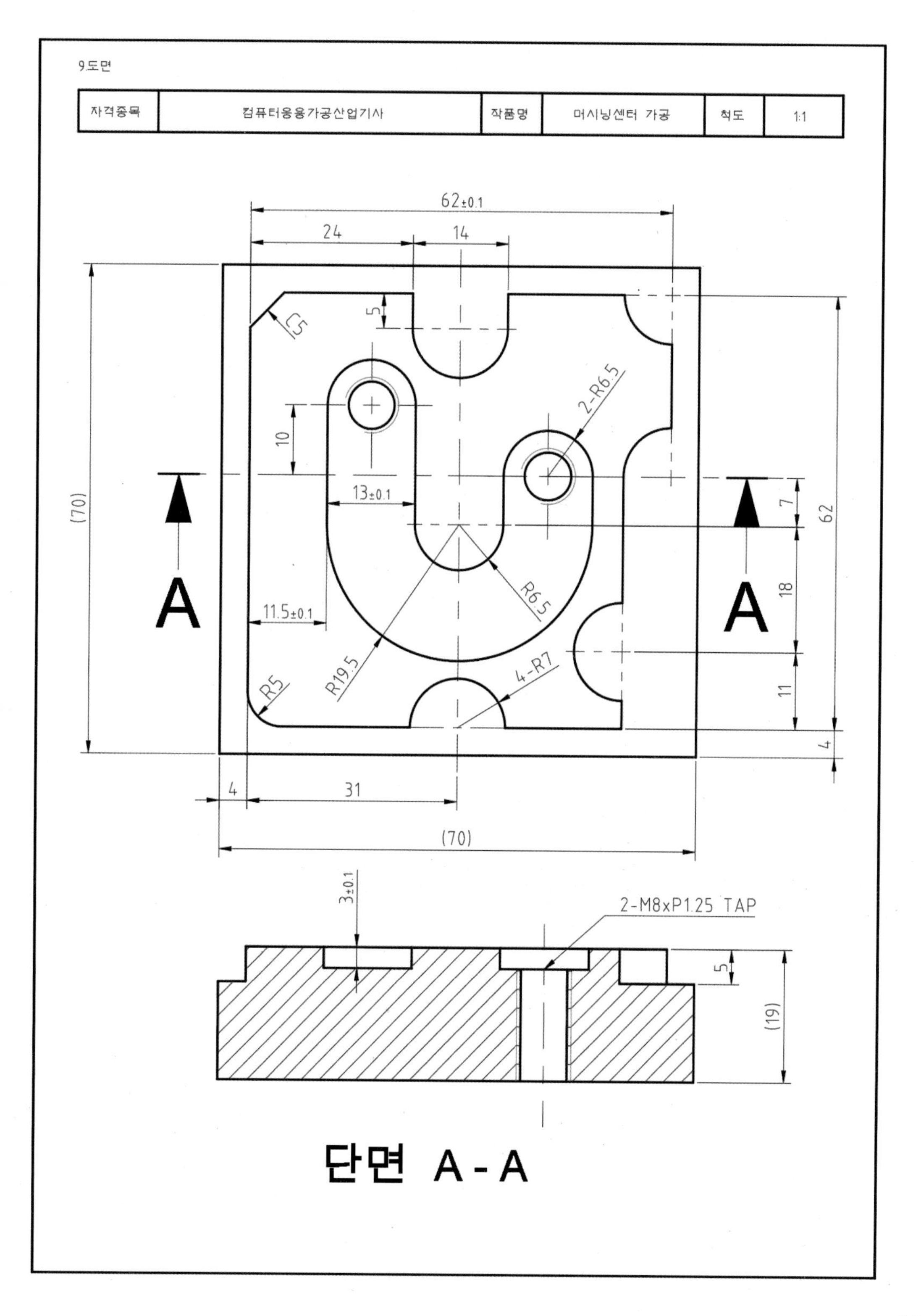

9.도면
자격종목
컴퓨터응용가공산업기사
작품명
머시닝센터 가공
척도
1:1
62±0.1
24
14
5
C5
2-R6.5
10
13±0.1
(70)
7
62
A
A
R6.5
18
11.5±0.1
R19.5
4-R7
11
R5
4
4
31
(70)
3±0.1
2-M8xP1.25 TAP
5
(19)
단면 A - A

10회 TEST 기출문제

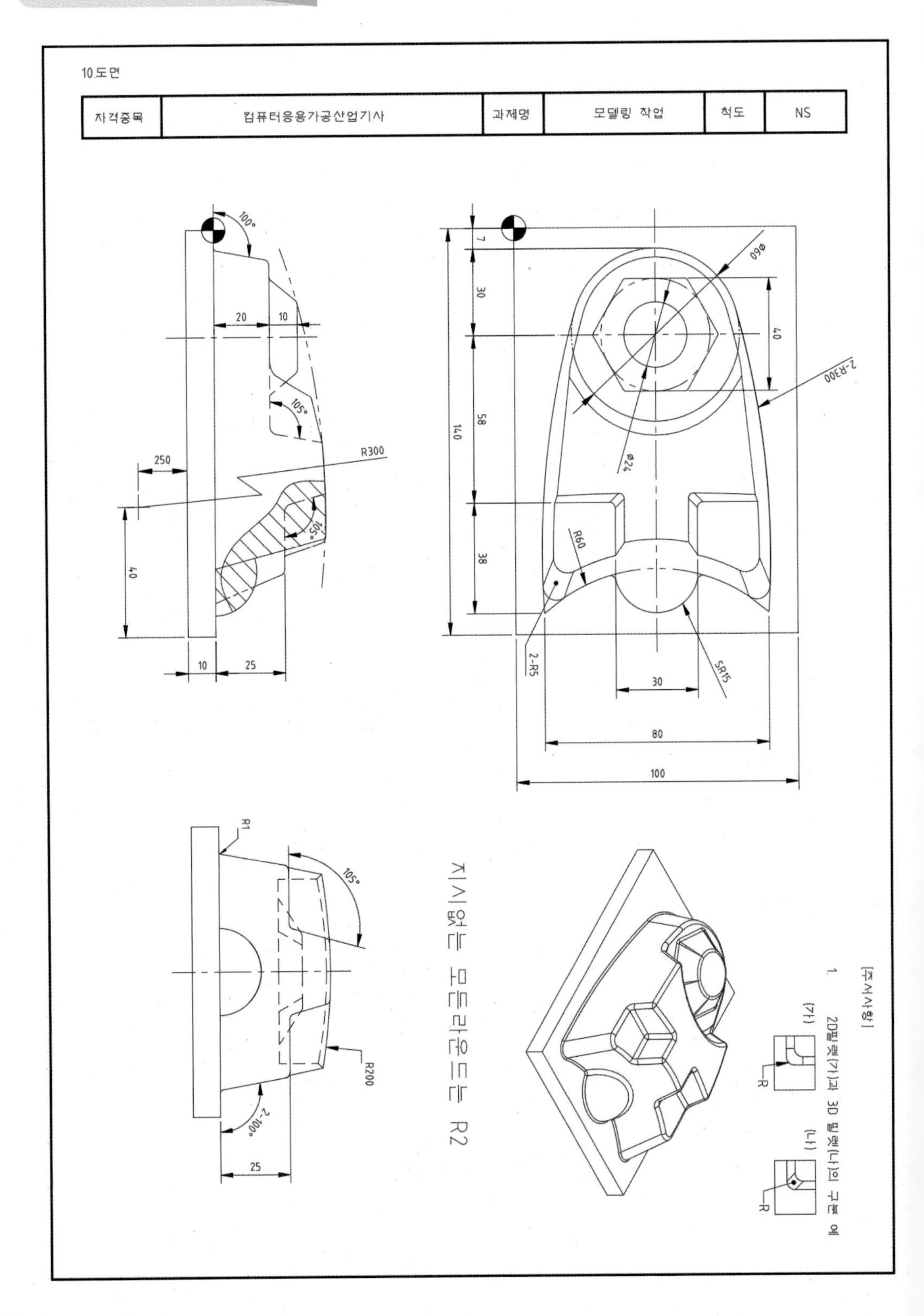

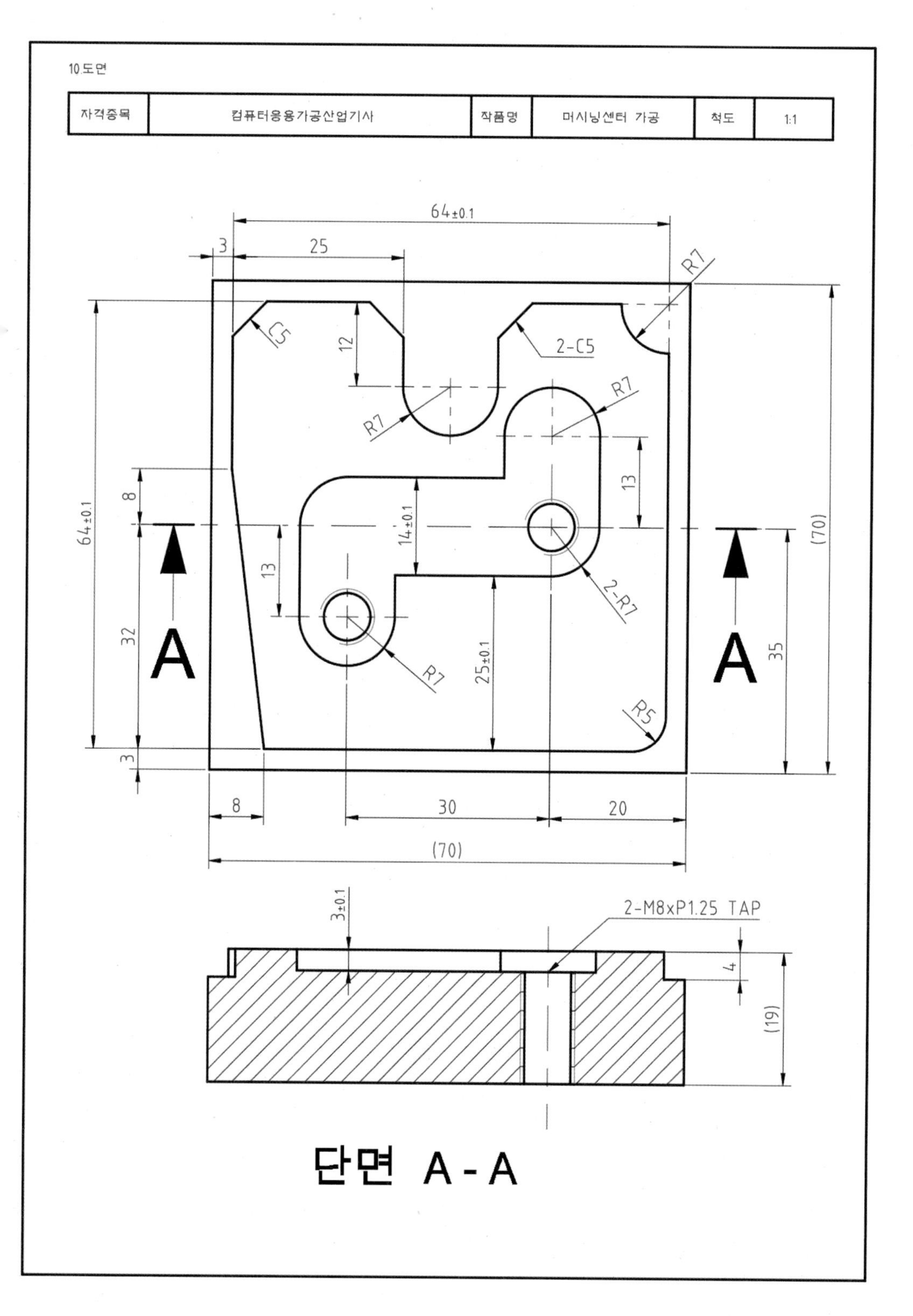
10.도면
자격종목
컴퓨터응용가공산업기사
작품명
머시닝센터 가공
척도
1:1
64±0.1
3
25
R7
C5
12
2-C5
R7
R7
13
8
14±0.1
64±0.1
13
2-R7
(70)
32
A
A
35
R7
25±0.1
R5
3
8
30
20
(70)
3±0.1
2-M8xP1.25 TAP
4
(19)
단면 A-A

11회 TEST 기출문제

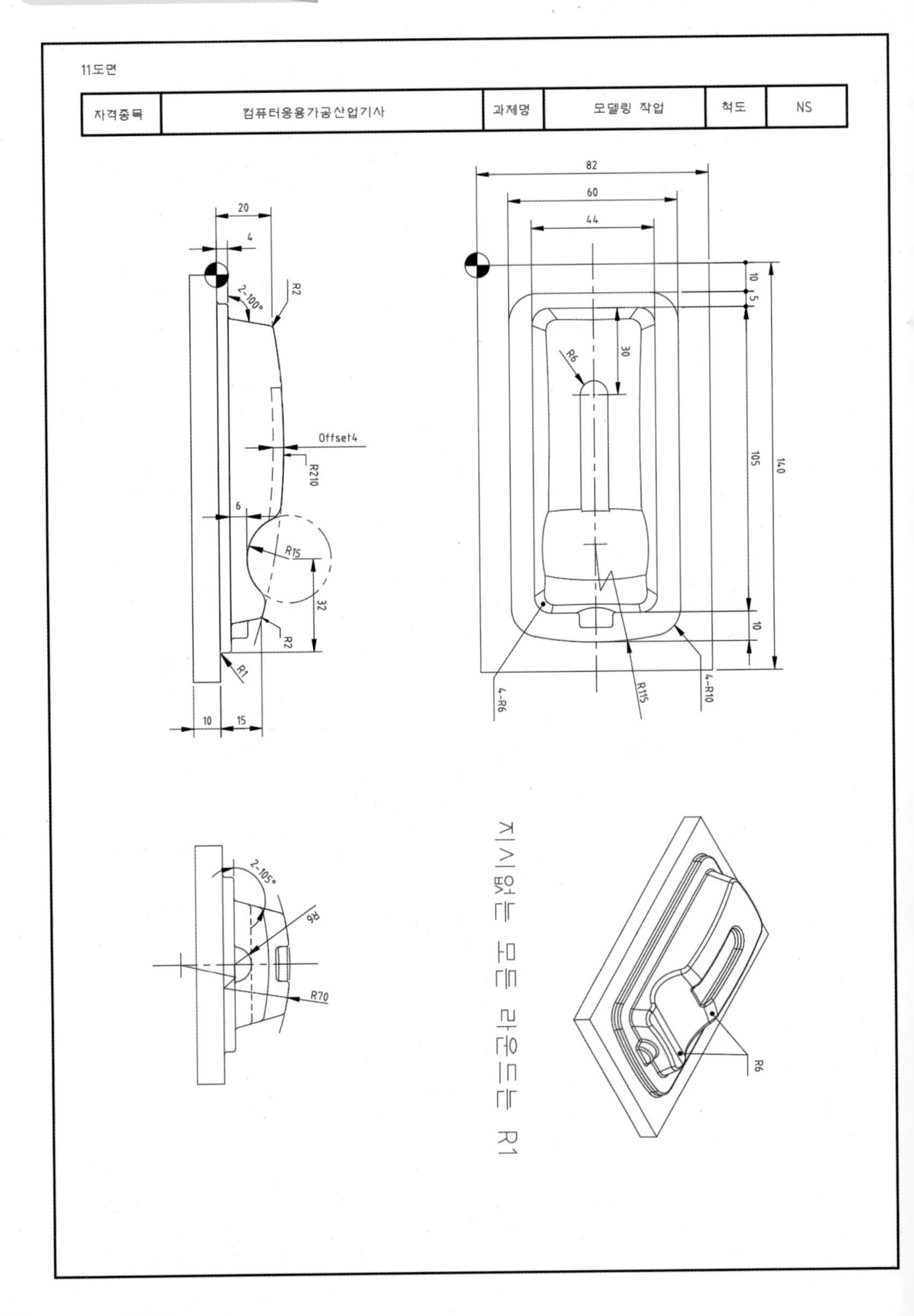

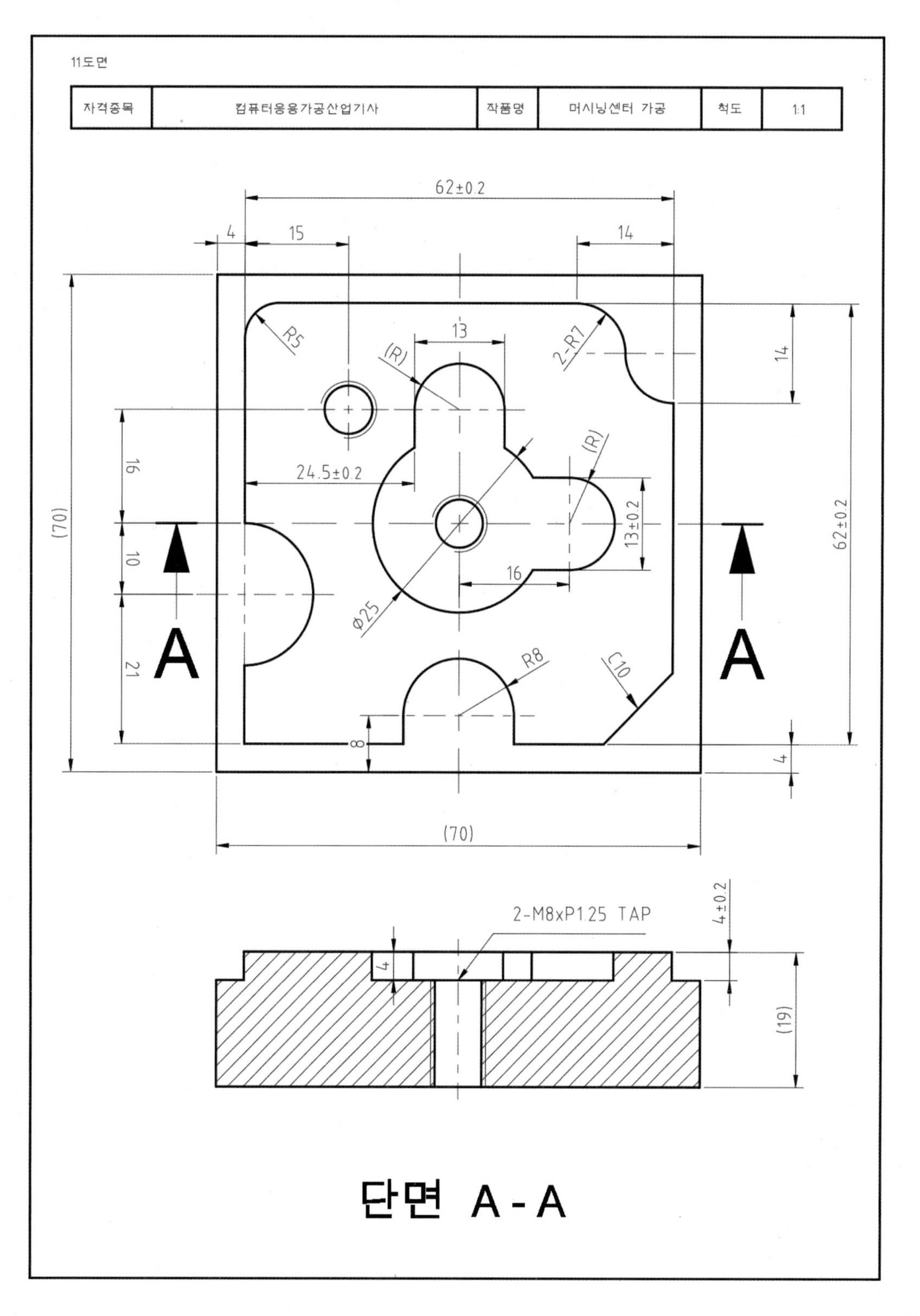
11도면
자격종목
컴퓨터응용가공산업기사
작품명
머시닝센터 가공
척도
1:1
62±0.2
4
15
14
R5
(R)
13
2-R7
14
16
24.5±0.2
(R)
13±0.2
62±0.2
(70)
10
A
A
16
Ø25
21
R8
C10
8
4
(70)
2-M8xP1.25 TAP
4±0.2
4
(19)
단면 A-A

12회 TEST 기출문제

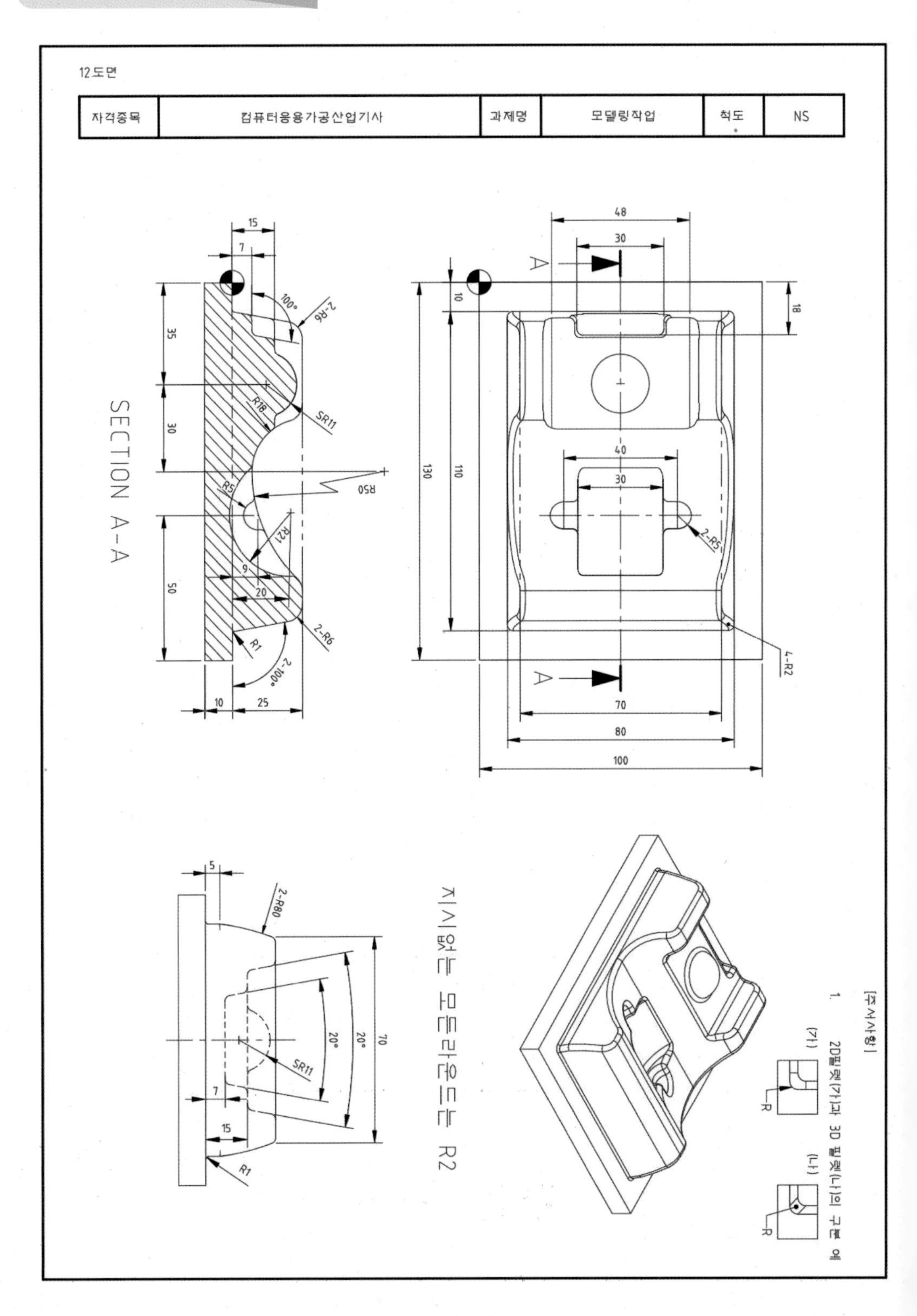

12도면

자격종목	컴퓨터응용가공산업기사	작품명	머시닝센터 가공	척도	1:1

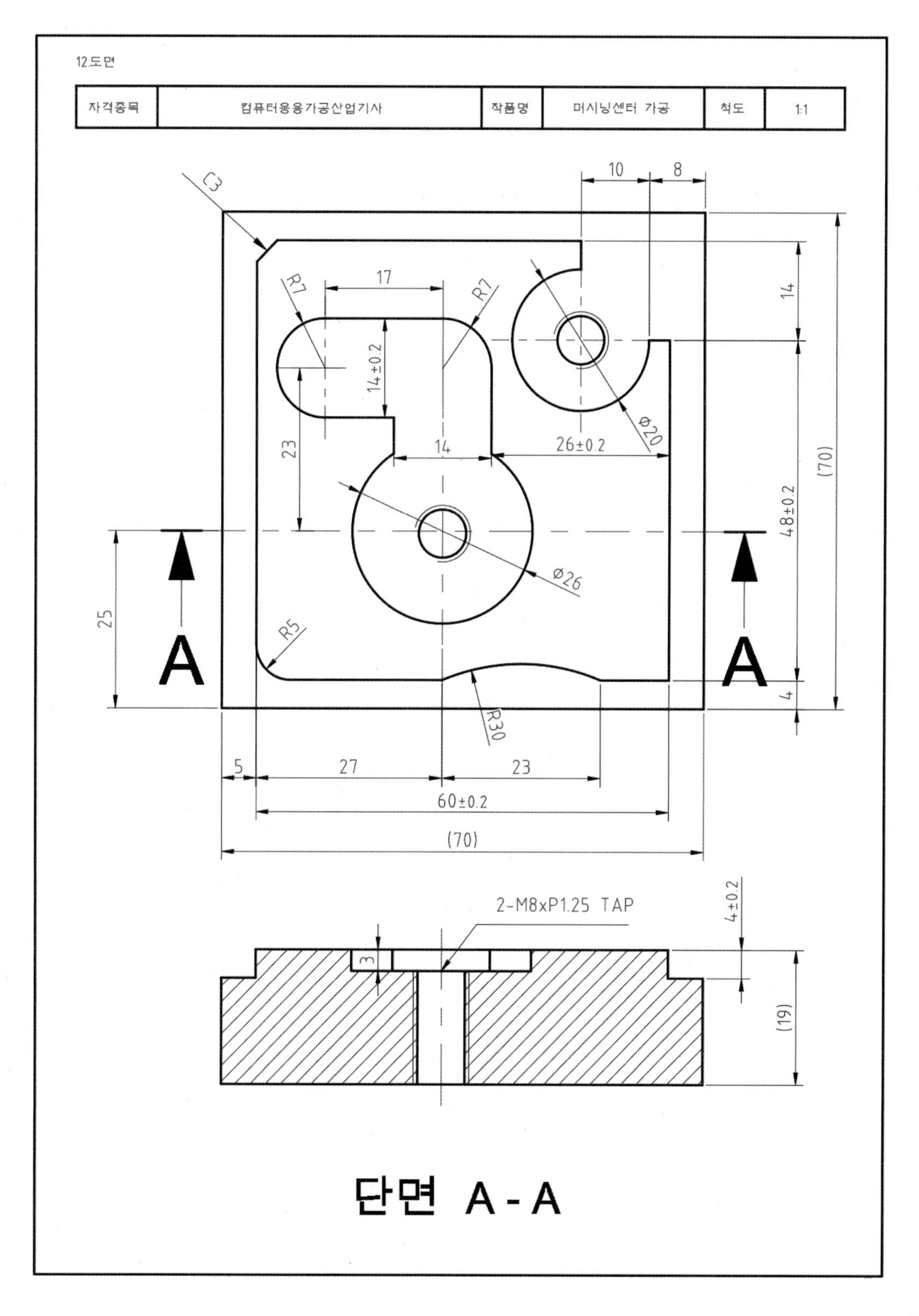

13회 TEST 기출문제

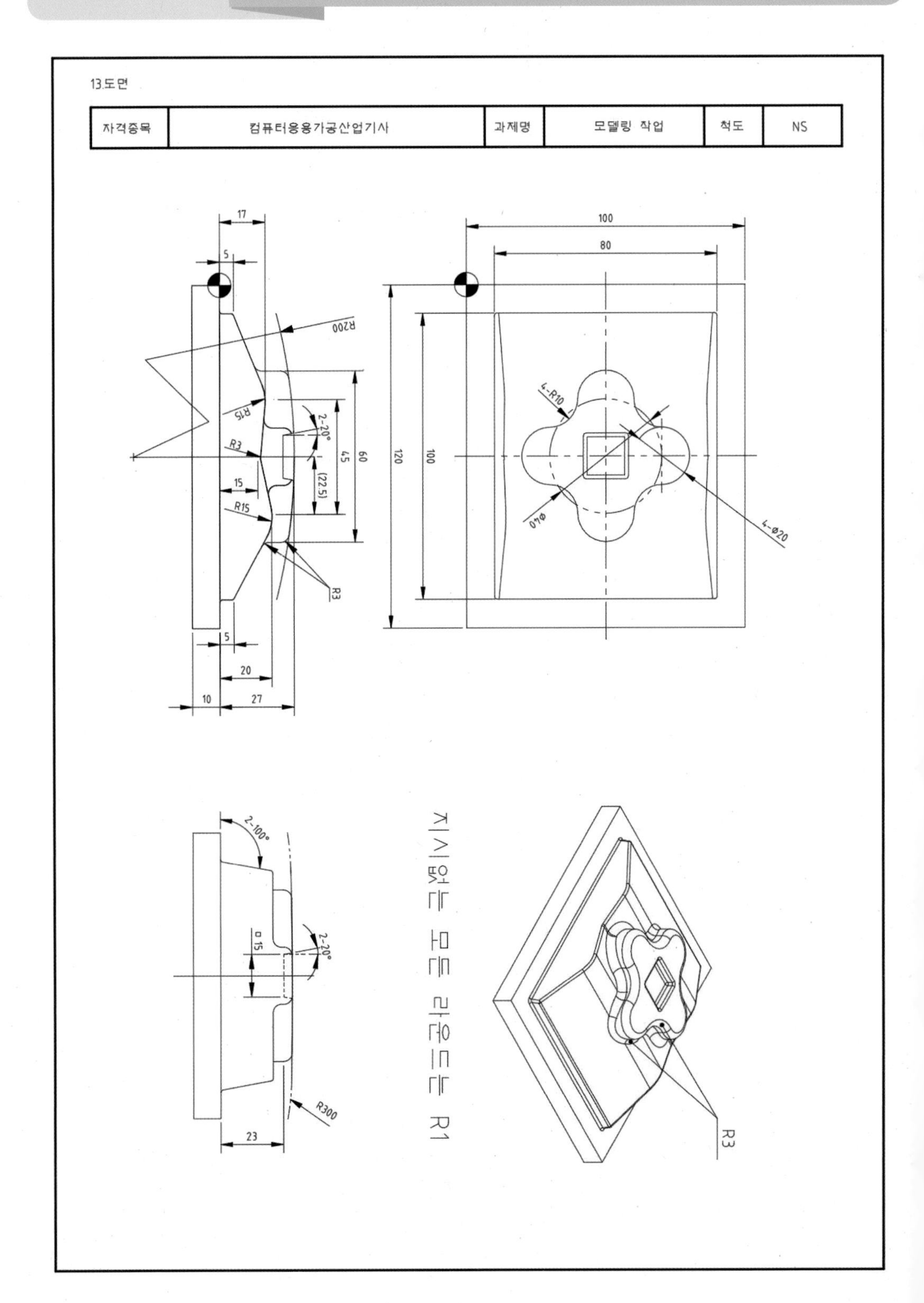

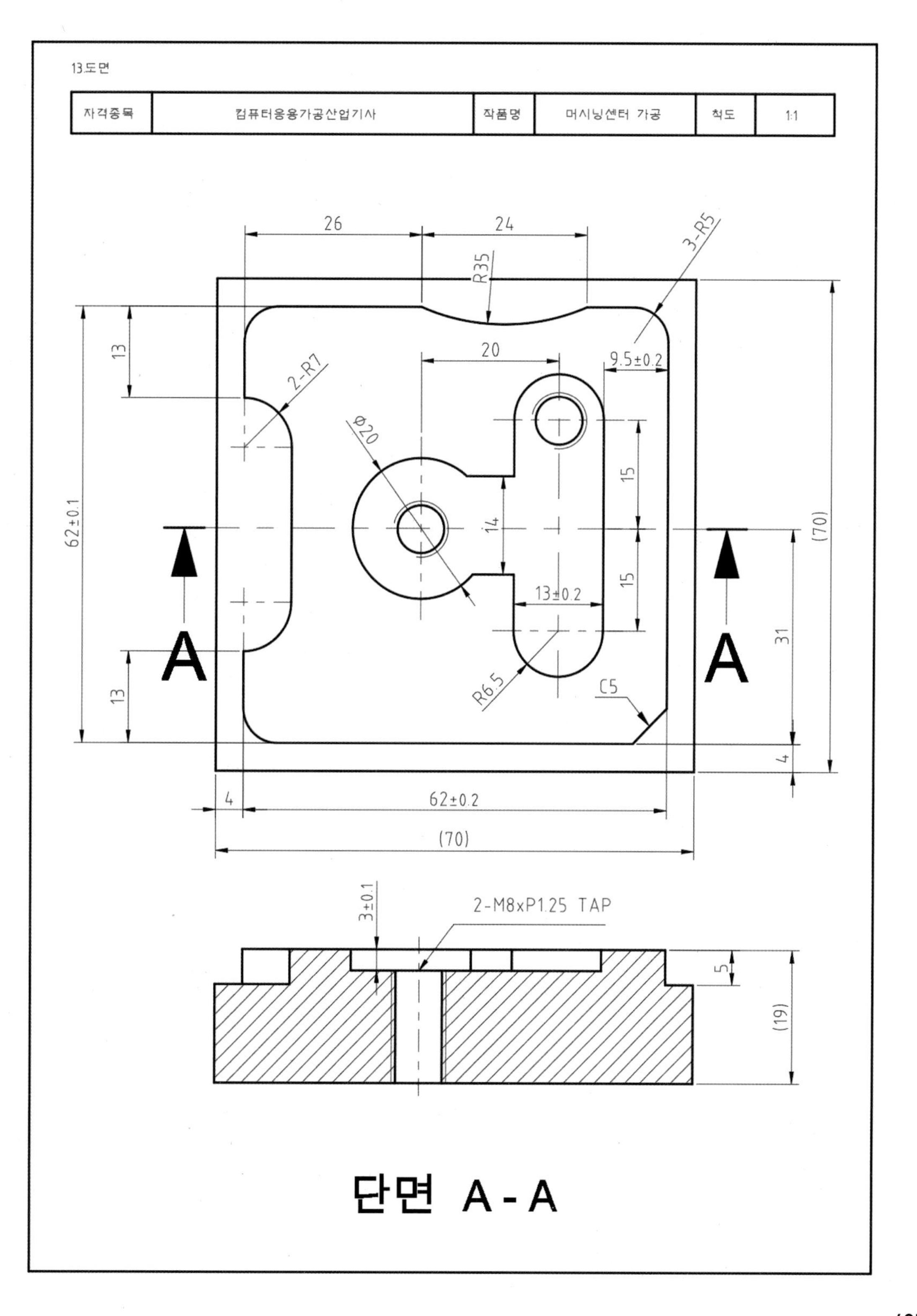
13.도면
자격종목
컴퓨터응용가공산업기사
작품명
머시닝센터 가공
척도
1:1
26
24
3-R5
R35
13
20
9.5±0.2
2-R7
Φ20
15
62±0.1
14
(70)
15
13±0.2
A
A
31
R6.5
13
C5
4
4
62±0.2
(70)
3±0.1
2-M8xP1.25 TAP
5
(19)
단면 A-A

14회 TEST 기출문제

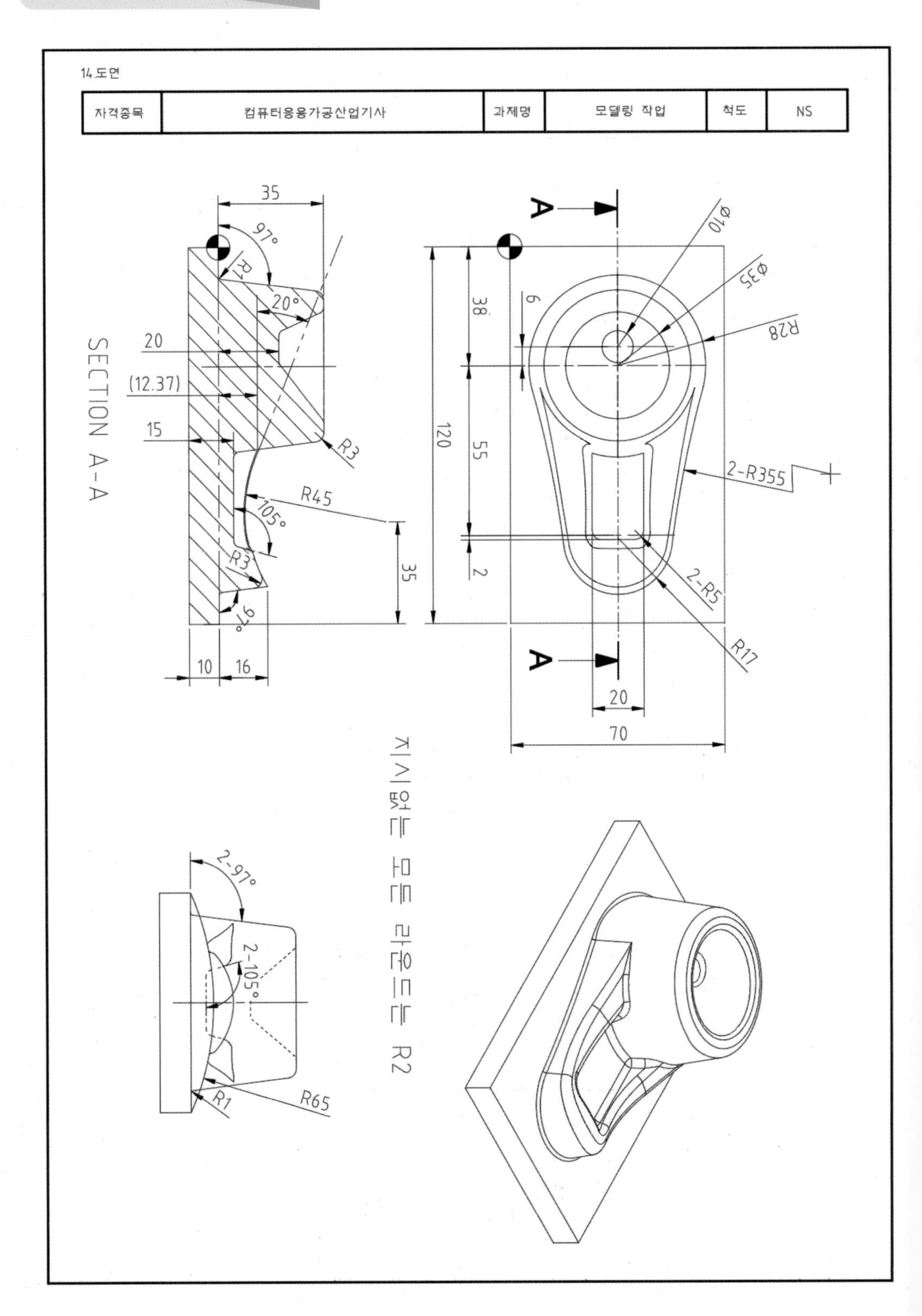

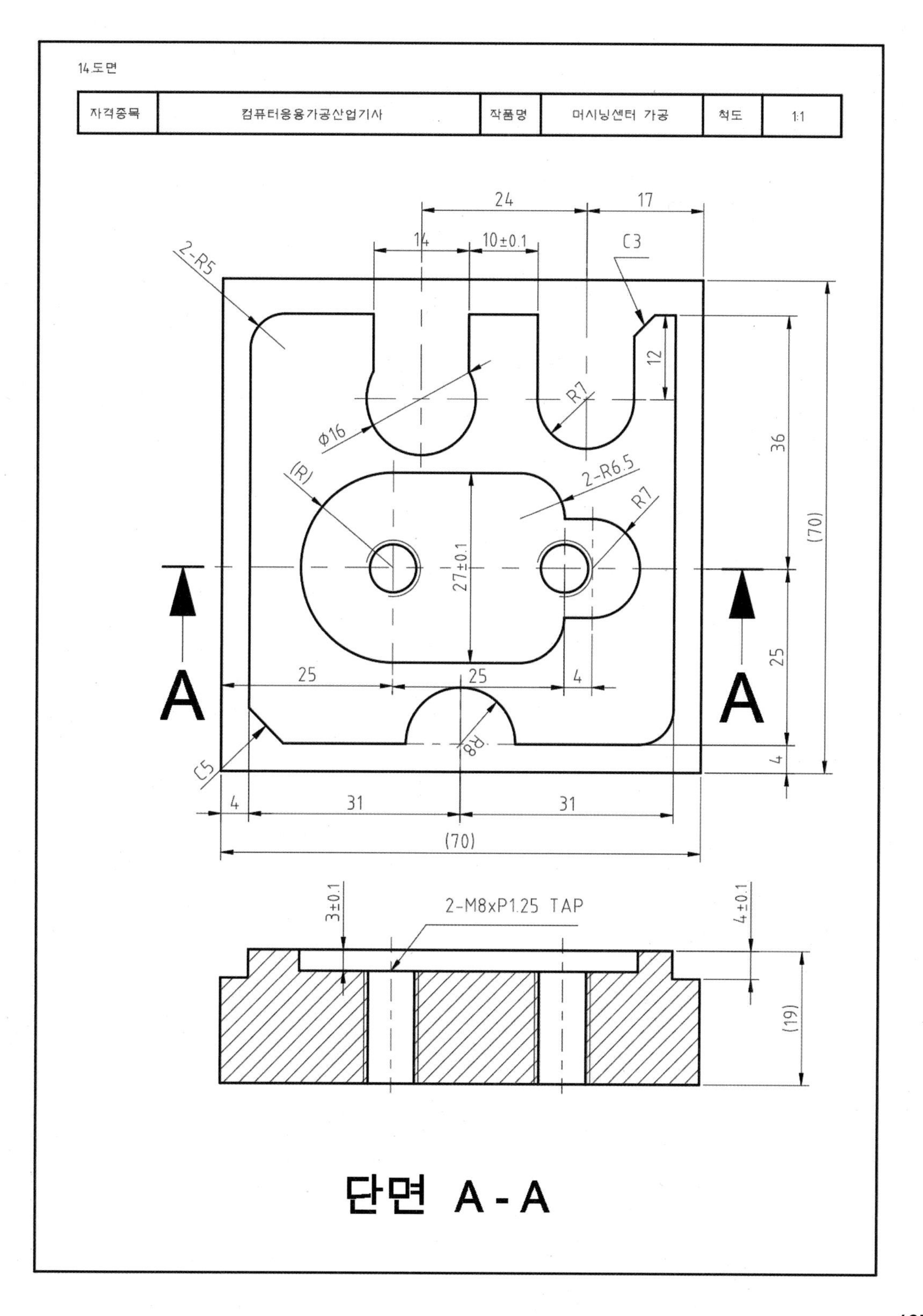
14.도면
자격종목
컴퓨터응용가공산업기사
작품명
머시닝센터 가공
척도
1:1
24
17
14
10±0.1
C3
2-R5
12
R7
Ø16
36
(R)
2-R6.5
R7
(70)
27±0.1
A
A
25
25
4
25
C5
R8
4
4
31
31
(70)
3±0.1
2-M8xP1.25 TAP
4±0.1
(19)
단면 A - A

15회 TEST 기출문제

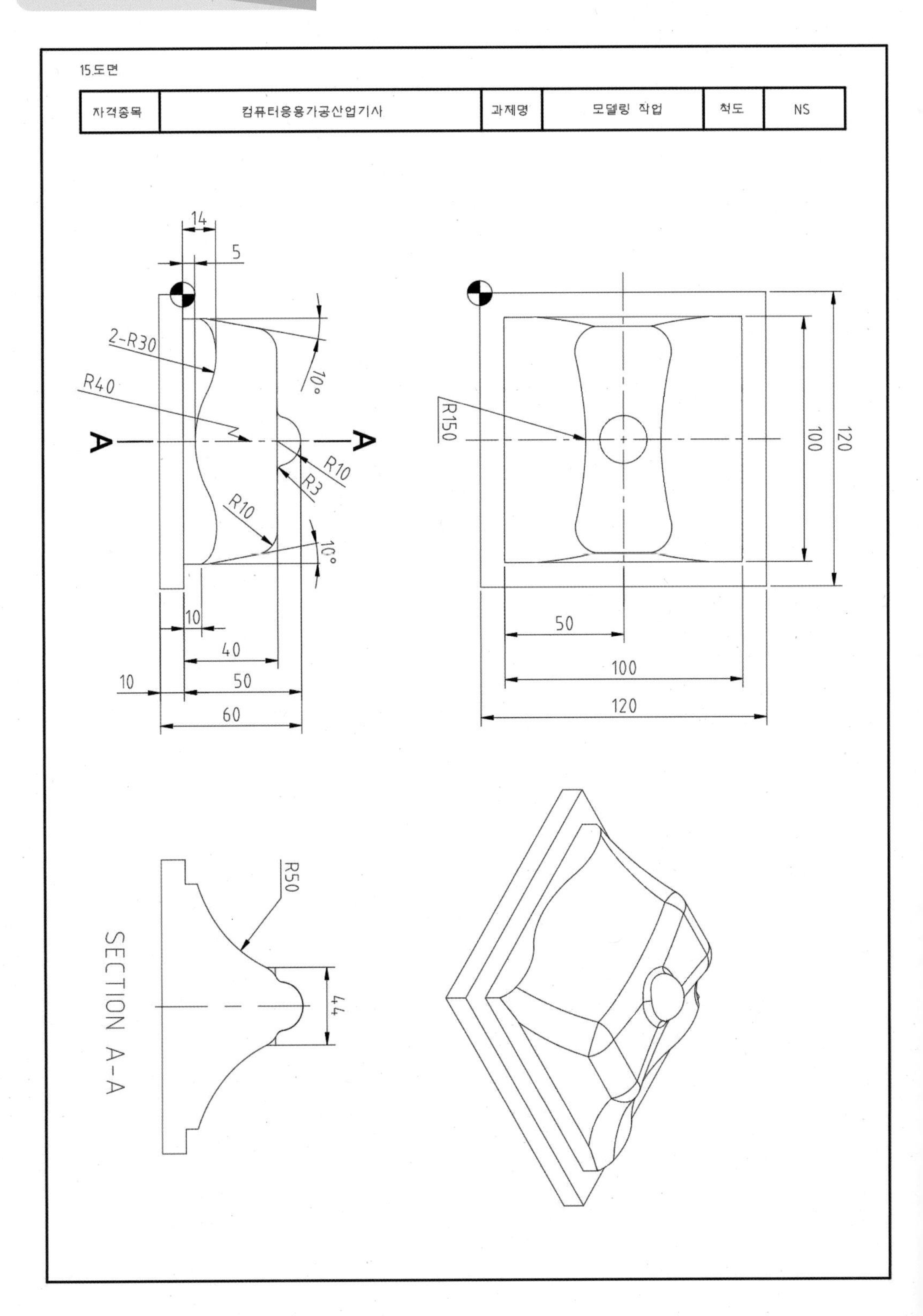

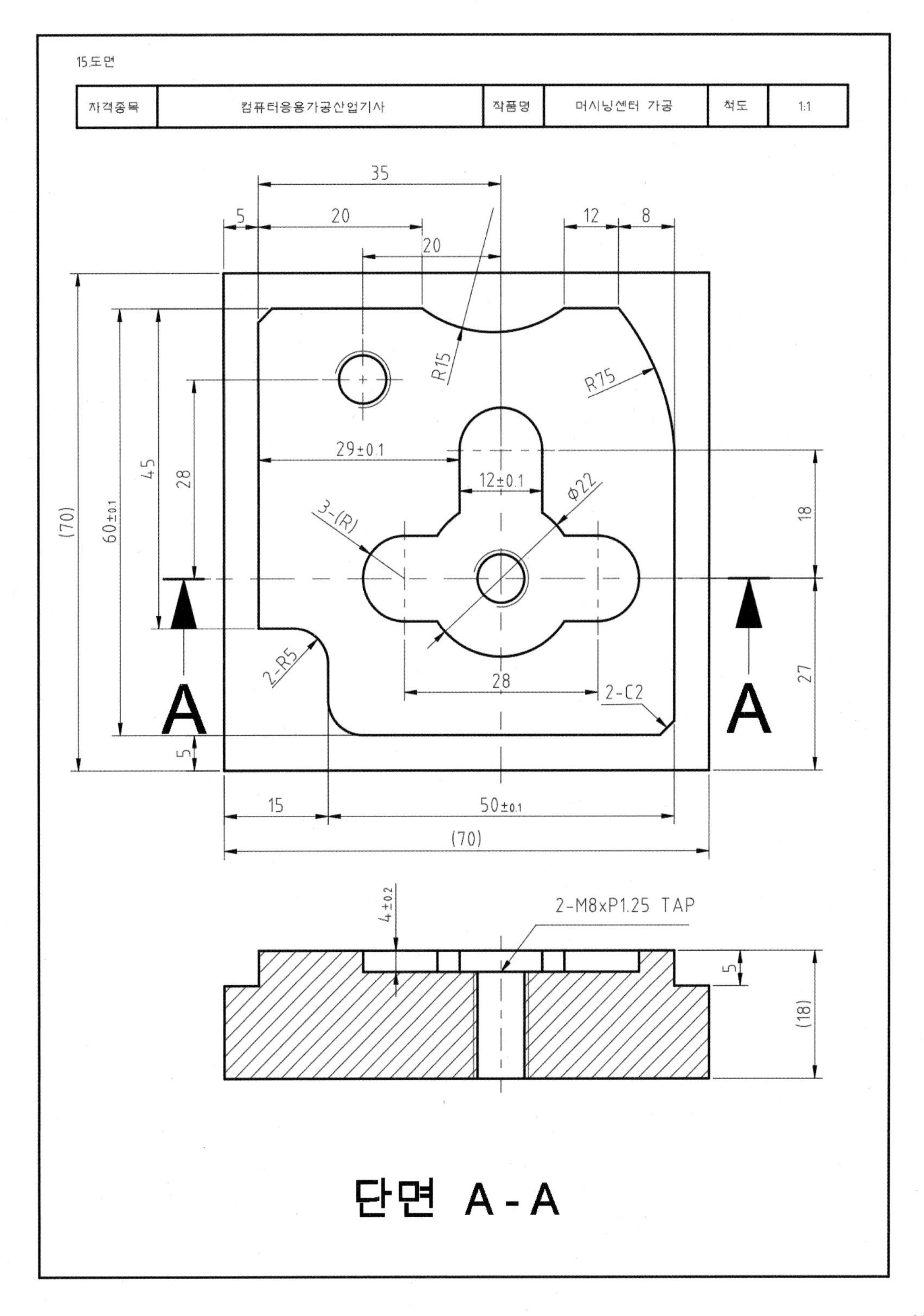
15.도면
자격종목
컴퓨터응용가공산업기사
작품명
머시닝센터 가공
척도
1:1
35
5
20
20
12
8
R15
R75
29±0.1
12±0.1
Φ22
3-(R)
45
28
(70)
60±0.1
18
27
2-R5
28
2-C2
A
A
5
15
50±0.1
(70)
4±0.2
2-M8xP1.25 TAP
5
(18)
단면 A-A

구멍 가공용 공구의 모든 것

툴엔지니어 편집부 지음 | 288쪽 | 25,000원

공구의 실제 사진을 책에 실어 독자들이 책을 통해서도 충분히 공구에 대한 이해를 할 수 있도록 하였다. 또한 데이터 시트에서는 공구의 각 부분 명칭, 드릴의 날 세우기 형상과 특성, 리머의 절삭 조건, 나사 내기 구멍 지름 등의 내용을 담아 독자들이 필요한 내용을 한눈에 살펴볼 수 있도록 정리하였다.

지그·고정구의 제작 사용방법

툴엔지니어 편집부 지음 | 248쪽 | 25,000원

지그, 선반용 고정구, 밀링 머신, MC용 고정구, 연삭기용 고정구 등에 대한 것을 다루었으며, 지그·고정구의 역할을 비롯하여 사용법, 주의점 등을 비롯해 설계에 대한 체크포인트와 사례 등에 관한 자세한 내용을 수록하였다.

절삭 가공 데이터북

툴엔지니어 편집부 지음 | 172쪽 | 25,000원

가공 데이터, 즉 절삭 가공 데이터, 선삭 가공 데이터, 밀링 가공 데이터 등을 설정, 처리하고 사용하는 방법들을 자세하게 다루고 있다. 또한 공구 및 가공상의 트러블과 대책을 수록함으로써 실무자들에게 유용한 정보를 제공하였다.

선삭 공구의 모든 것

툴엔지니어 편집부 지음 | 172쪽 | 25,000원

선삭 공구의 종류와 공구재료, 선삭의 메커니즘, 공구재료와 그 절삭성능, 선삭 공구 활용의 실제, 선삭의 주변 기술 등 선삭 공구에 관한 자세한 내용을 수록하였다. 실제 공구의 사진을 비롯하여 그림과 그래프, 표 등을 활용하여 구성하였다.

국가기술자격 수험서는 45년 전통의 성안당 책이 좋습니다.

기계도면의 그리는 법·읽는 법

툴엔지니어 편집부 지음 | 264쪽 | 25,000원

투영도, 등각도, 분해도, 단면도, 치수 표시, 가공도 등 여러 기계도면에 대해 다루었다. 뿐만 아니라 역사적 관점에서 접근한 기계설계의 도면화에 대한 접근과 설계의 입장과 가공의 입장에서 본 전문가들의 대담, 좋은 가공도를 그리는 노하우 등에 대한 내용을 담고 있어 기계도면을 공부하는 독자들에게 도움을 주고자 하였다.

엔드 밀의 모든 것

툴엔지니어 편집부 지음 | 244쪽 | 25,000원

하이스 엔드 밀, 초경 엔드 밀, 코닉 엔드 밀, 총형 엔드 밀 등 여러 종류의 엔드 밀에 대해 다루고 있다. 뿐만 아니라 이 책에는 엔드 밀 사용방법, 절삭기구 등의 자세한 내용과 더불어 엔드 밀 선택방법, 엔드 밀 활용의 노하우, 엔드 밀이 손상되었을 때 그 대책 등에 대한 내용을 자세히 수록하여 독자들에게 도움을 주고자 하였다.

연삭기 활용 매뉴얼

툴엔지니어 편집부 지음 | 224쪽 | 25,000원

이 책에서는 연삭 가공에 대한 내용을 다루고 있다. 연삭 가공의 기본적인 내용부터 연삭숫돌, 원통 연삭기, 평면 연삭기를 비롯해 연삭가공법과 연삭가공 시 생기는 문제점과 그에 대한 대책 등으로 구성하였다.

공구 재종의 선택법·사용법

기계 가공
기술 시리즈
No. 8

툴엔지니어 편집부 지음 | 210쪽 | 25,000원

고속도강, 초경합금, 서멧, 세라믹스, 다이아몬드 소결체 등의 다양한 공구 재종에 대해 ·며, 각 재종의 특성과 선택기준, 사용조건을 제시하였다. 더 실무에서 발생하는 트러블과 대책을 실례를 들어 제시함으 독자들이 실무에도 무리 없이 적용할 수 있도록 하였다.

머시닝 센터 활용 매뉴얼

툴엔지니어 편집부 지음 | 240쪽 | 25,000원

이 책에서는 머시닝 센터(MC)에 대한 내용을 다루고 있다. 머시닝 센터 입문, 프로그래밍과 가공 실례, 툴 홀더와 시스템 제작, 툴링 기술, 준비 작업과 고정구 외에도 시방서 읽는 법, MC별 생크 규격, BT 50 시스템 등으로 책을 구성하였다.

당 04032 서울시 마포구 양화로 127 첨단빌딩 5층(출판기획 R&D센터) TEL_02.3142.0036
o.kr 10881 경기도 파주시 문발로 112(제작 및 물류) TEL_도서: 031.950.6300 동영상: 031.950.6332 www.cyber.co.kr

컴퓨터응용가공산업기사 실기

2016. 3. 24. 초 판 1쇄 발행
2018. 7. 16. 개정증보 1판 1쇄 발행

지은이 | 최정훈, 정의대
펴낸이 | 이종춘
펴낸곳 | BM 주식회사 **성안당**
주소 | 04032 서울시 마포구 양화로 127 첨단빌딩 5층(출판기획 R&D 센터)
10881 경기도 파주시 문발로 112 출판문화정보산업단지(제작 및 물류)
전화 | 02) 3142-0036
031) 950-6300
팩스 | 031) 955-0510
등록 | 1973. 2. 1. 제406-2005-000046호
출판사 홈페이지 | **www.cyber.co.kr**
도서 내용 문의 | cjh3818@hanmail.net, gold4163@naver.com
ISBN | 978-89-315-3631-7 (13550)
정가 | 25,000원

이 책을 만든 사람들
기획 | 최옥현
진행 | 최창동, 안종군
본문 디자인 | 앤미디어
표지 디자인 | 임진영
홍보 | 박연주
국제부 | 이선민, 조혜란, 김해영
마케팅 | 구본철, 차정욱, 나진호, 이동후, 강호묵
제작 | 김유석